Über dieses Buch

Seit über 8000 Jahren werden Städte planmäßig angelegt – eine Kunst, die zwar meist nicht so bewußt wie die Architektur wahrgenommen wird, aber gerade heute von allergrößter Bedeutung ist.
Dem bewährten dtv-Atlas-System folgend beschreibt und illustriert der Autor – selbst Stadtplaner – zunächst die Geschichte der Stadt, erläutert dann die Struktur einer modernen Gemeinde, ihre Rechte, Pflichten, finanzielle Situation u. ä. Die Planungs- und Bauordnungsgesetze werden behandelt, ein Überblick über die verschiedenen notwendigen »Nutzungen« folgt: Wasserwirtschaft, Versorgungssysteme, Straßen, Fußwege, Arbeitsstätten, Freiflächen, City, Innenstadt usw. Die daraus resultierenden Vorschläge für eine menschenwürdige, naturschonende Stadtplanung sind zum Teil recht eigenwillig, zeugen aber vom Verantwortungsbewußtsein des Autors, der in unserer alarmierenden ökologischen Situation bereit ist, unkonventionelle Erkenntnisse in seine Überlegungen einzubeziehen.

Bisher sind in dieser Reihe erschienen:

dtv-Atlas zur Akupunktur, 3232
dtv-Atlas der Anatomie, 3 Bände, 3017, 3018, 3019
dtv-Atlas zur Astronomie, 3006
dtv-Atlas zur Atomphysik, 3009
dtv-Atlas zur Baukunst, 2 Bände, 3020, 3021
dtv-Atlas zur Biologie, 3 Bände, 3221, 3222, 3223
dtv-Atlas zur Chemie, 2 Bände, 3217, 3218
dtv-Atlas zur deutschen Literatur, 3219
dtv-Atlas zur deutschen Sprache, 3025
dtv-Atlas zur Informatik, 3230
dtv-Atlas zur Mathematik, 2 Bände, 3007, 3008
dtv-Atlas zur Musik, 2 Bände, 3022, 3023
dtv-Atlas zur Ökologie, 3228
dtv-Atlas zur Philosophie, 3229
dtv-Atlas zur Physik, 2 Bände, 3226, 3227
dtv-Atlas der Physiologie, 3182
dtv-Atlas zur Psychologie, 2 Bände, 3224, 3225
dtv-Atlas zur Stadt, 3231
dtv-Atlas zur Weltgeschichte, 2 Bände, 3001, 3002

Weitere dtv-Atlanten sind in Vorbereitung

Jürgen Hotzan:
dtv-Atlas zur Stadt

Von den ersten Gründungen
bis zur modernen Stadtplanung

Tafeln und Texte

Mit 122 farbigen Abbildungsseiten
Graphiker: Florian Urich
Joachim Schreiber
Werner Wildermuth

Deutscher
Taschenbuch
Verlag

dtv

Originalausgabe
September 1994

Umschlaggestaltung: Celestino Piatti
Gesamtherstellung: Appl, Wemding
Printed in Germany · ISBN 3-423-03231-6

Vorwort

Dieser dtv-Atlas zur Stadt behandelt Städtebau und Stadtplanung und damit Ausschnitte aus vielen anderen Lebensbereichen, die je einen besonderen Stellenwert in der Stadt haben. Er versucht, einen allgemeinen Überblick zu geben und durch praxisnahe Hinweise und Antworten denen zu helfen,

die die Entwicklung »ihrer« Gemeinde oder Stadt besser verstehen wollen (siehe zunächst Kapitel 1, 2 und 3)

oder die sich nach der Herstellung der Einheit Deutschlands über das geltende Recht im Bau- und Planungswesen informieren wollen (Kapitel 6)

oder die selber eine Planungsaufgabe zu lösen haben bzw. bei einem Planungsproblem mitplanen wollen (Kapitel 4, 5 und 7)

oder die ein Haus bauen oder erwerben und sich dafür sachkundig machen wollen (Seite 252 f., Kapitel 5 und 6).

Dieser Atlas ist aktuell, jedoch kein Jahrbuch: die Erläuterungsbeispiele für Bemessungen (z. B. S. 199), Methoden (z. B. S. 128), besondere Nutzungen (z. B. S. 101) oder Zusammenhänge (z. B. S. 234) stellen grundsätzliche Aussagen dar; diese sind stets anwendbar und in ihrer Bedeutung unabhängig vom Zeitpunkt der Datenaufnahme.
Der Atlas möchte den Fachleuten im Bauwesen, in den Städten und Gemeinden, den Kommunalpolitikern, den Lehrenden und Lernenden der Fakultäten Architektur, Bauwesen, Bildende Kunst, Historische Wissenschaften, Jura, Pädagogik, Politologie, Soziologie und anderen, sowie der Jugend in allgemeinbildenden und fachorientierten Schulen und vielen anderen Interessierten dienen und bei ihrer Wissenserweiterung behilflich sein.

Der Autor dankt insbesondere den Städten und Gemeinden, die ihm Planunterlagen und kommunale Literatur zur Verfügung gestellt haben, und ist gern bereit, die Auswahl der Fallbeispiele auf weitere Städte oder Gemeinden auszudehnen und kritischen Hinweisen nachzugehen: für jedwede Anregung sei dem Leser gedankt!
Für die Geduld des Verlages möchte der Autor sich auch auf diesem Wege herzlich bedanken; er freut sich, daß dieses Buch nun endlich vorliegt, da es ohne Vorbild ist und als Prototyp für den Bereich von Städtebau und Stadtplanung von vielen erwartet wird.
Der Autor hat sämtliche Bildtafeln eigenhändig entworfen. Bei intensivem Interesse kann es sich lohnen, die Bilder der Pläne und Zeichnungen auf ein Transparentblatt durchzuzeichnen, um den zahlreichen Beziehungen der dargestellten Elemente in einer Stadt nachzugehen, die bei der gebotenen knappen Textdarstellung nicht ausführlicher erläutert werden konnten.

Baden-Baden, den 12. März 1993 — Jürgen Hotzan

Inhalt

Symbol- und Abkürzungsverzeichnis

Symbole

	Hinweispfeil (Richtungspfeil)
	»wirkt auf« (Wirkungspfeil)
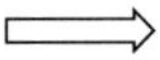	»entwickelt sich zu« (Entwicklungspfeil)
	Länge oder Abstand mit Maßangabe
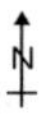	Nordpfeil mit Angabe der Nordrichtung
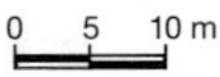	zeichnerischer Maßstab (mit Maßangaben)
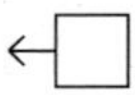	Ausschnittvergrößerung
	Angabe eines Längs- oder Querschnitts

Maßeinheiten

mm	Millimeter
cm	Zentimeter
m	Meter
km	Kilometer
cm^2	Quadratzentimeter
m^2	Quadratmeter
ha	Hektar
km^2	Quadratkilometer
l	Liter
m^3	Kubikmeter
s	Sekunde
min	Minute
h	Stunde
d	Tag
J	Jahr
g	Gramm
kg	Kilogramm
t	Tonne
v	Geschwindigkeit
m/s	Meter je Sekunde
km/h	Kilometer je Stunde
V	Volt
W	Watt
kW	Kilowatt
MW	Megawatt
kV	Kilovolt

Technische Abkürzungen

üNN	(Höhe) über Normalnull
PkwE	Pkw-Einheit
DTV	durchschnittl. Tagesverkehr

Mathematische Zeichen

$=$	gleich
$\neq$	nicht gleich, ungleich
$\approx$	ungefähr gleich, etwa
$\triangleq$	entspricht
$<$	kleiner als
$>$	größer als
$\leqq$	kleiner als oder höchstens gleich
$\geqq$	größer als oder mindestens gleich
∞	unendlich
$+$	plus (Additionszeichen)
$-$	minus (Subtraktionszeichen)
$\cdot$	mal (Multiplikationszeichen)
$:$	geteilt durch (Divisionszeichen)
—	Bruchstrich (Divisionszeichen)
/	je (z.B. m/s = Meter je Sekunde)
$\parallel$	parallel
$\perp$	rechtwinklig zu, senkrecht auf
$\sphericalangle$	Winkel
$\sqrt{}$	Wurzel aus
Δ	endliche Änderung
$\sum$	Summe von
$\int$	Integral
lg	Zehner-Logarithmus
ln	natürlicher Logarithmus
1.	erstens
(1)	Benummerung von Formeln
…	bis
%	Prozent (vom Hundert)
‰	Promille (vom Tausend)

Abkürzungen von Rechtsvorschriften

G	Gesetz
GG	Grundgesetz
Vo	Verordnung
Rili	Richtlinie
§	Paragraph
B	Bundes-
L	Landes-
R	Reichs-

Beispiele:

BBauG	Bundesbaugesetz
BROG	Bundesraumordnungsgesetz
BFernStrG	Bundesfernstraßengesetz
LBO NW	Landesbauordnung Nordrhein-Westfalen
LPlanungsG	Landesplanungsgesetz
LWasserG	Landeswassergesetz
MusterBO	Musterbauordnung
RGaO	Reichsgaragenordnung
BauNVo	Baunutzungsverordnung
PlanZVo	Planzeichenverordnung
Durchf.Vo	Durchführungsverordnung

Sonstige Abkürzungen

Die Endsilben -ich und -isch können abgekürzt sein, z.B. griech. für griechisch, räuml. für räumlich.

abh.	abhängig
ARGEBAU	Arbeitsgemeinschaft der für das Bau-, Wohnungs- und Siedlungswesen zuständigen Minister der Länder
B	Berlin
Bay	Bayern
BbP	Bebauungsplan
Bev.	Bevölkerung
Bf.	Bahnhof
biol.	biologisch
B-Plan	Bebauungsplan
Brb	Brandenburg
BRDtl.	Bundesrepublik Deutschland
BW	Baden-Württemberg
Diff.	Differenzierung
diff.	differenziert
DIN	Deutsche Industrie-Norm
DOG	Deutsche Olympische Gesellschaft
DST	Deutscher Städtetag
dt.	deutsch
E, Einw., Ew.	Einwohner
EDV	Elektronische Datenverarbeitung
EFH	Einfamilienhaus
EG	Erdgeschoß
EH	Einzelhandel
E/ha	Einwohner je Hektar = Siedlungsdichte
E/km^2	Einwohner je Quadratkilometer = Bevölkerungsdichte
entspr.	entsprechend
Entw.	Entwicklung
entw.	entwickelt
erf.	erforderlich
Fedf.	Federführung
fedf.	federführend
Fl.	Fläche
FNP	Flächennutzungsplan
Funkt.	Funktion
funkt.	funktionell
Geb.	Gebiet
gegf.	gegebenenfalls
gegr.	gegründet
gepl.	geplant
Ges.	Gesellschaft
ges.	gesellschaftlich
Gesch.	Geschichte
Grundst.	Grundstück
GV	Gemeindeverbände
GVP	Generalverkehrsplan
HB	(Hansestadt) Bremen
Hess	Hessen
HH	(Hansestadt) Hamburg
Hh	Haushalt
höh.	höhere
insbes.	insbesondere
J.	Jahr
Jh.	Jahrhundert
Kde.	Kunde
Kgr.	Königreich
klass.	klassisch
komm.	kommunal
Lkw	Lastkraftwagen
math.	mathematisch
Max.	Maximum
max.	maximal
mesopot.	mesopotamisch
Min.	Minimum
min.	minimal
Mio.	Million
MV	Mecklenburg-Vorpommern
naturw.	naturwissenschaftlich
NS	Niedersachsen
NW, NRW	Nordrhein-Westfalen
notw.	notwendig
O	Ordnung
öff.	öffentlich
OG	Obergeschoß
ökol.	ökologisch
Opt.	Optimum
opt.	optimal
org.	organisatorisch
Pers.	Person
physik.	physikalisch
Pkw	Personenkraftwagen
plan.	planerisch
Pr	Programm
prim.	primär
RO	Raumordnung
RhPf	Rheinland-Pfalz
RP	Regierungspräsident
SB	Selbstbedienung
S	siehe Seite
S.	Satz
SA	Sachsen-Anhalt
Sachs	Sachsen
sek.	sekundär
SH	Schleswig-Holstein
SL	Saarland
spez.	speziell
städteb.	städtebaulich
StE	Stadtentwicklung
StEP	Stadtentwicklungsplanung
StOP	Standortplanung
Strukt.	Struktur
symm.	symmetrisch
Syst.	System
syst.	systematisch
Tab.	Tabelle
tert.	tertiär
Thür.	Thüringen
TöB	Träger öffentlicher Belange
UG	Untergeschoß
unabh.	unabhängig
urspr.	ursprünglich
Verf.	Verfassung
versch.	verschieden
Verw.	Verwaltung
vgl.	vergleiche
vorh.	vorhanden
waagr.	waagerecht
Wirt.	Wirtschaft
wirt.	wirtschaftlich
wiss.	wissenschaftlich
zahlr.	zahlreich
z.B.	zum Beispiel
zul.	zulässig
zw.	zwischen
[17]	lfd. Nr. im Literaturverzeichnis
[17, 2, S. 85]	lfd. Nr./Band/Seite
[17; 18; 23]	mehrere lfd. Nummern

vorhanden Schraffur	vorhanden farbig	geplant farbig + Schraffur	Abkürzung und Bezeichnung	
W	W	W	W	Wohnbauflächen
WS	WS	WS	WS	Kleinsiedlungsgebiete
WR	WR	WR	WR	reine Wohngebiete
WA	WA	WA	WA	allgemeine Wohngebiete
WB	WB	WB	WB	besondere Wohngebiete
M	M	M	M	gemischte Bauflächen
MD	MD	MD	MD	Dorfgebiete
MI	MI	MI	M	Mischgebiete
MK	MK	MK	MK	Kerngebiete
G	G	G	G	gewerbliche Bauflächen
GE	GE	GE	GE	Gewerbegebiete
GI	GI	GI	G	Industriegebiete
SW Woch	SW Woch	SW Woch	SW	Wochenendhausgebiete
SO Uni	SO Uni	SO Uni	SO	Sondergebiete, z.B. Hochschule, Uni
				Baulinie Baugrenze
				Verwaltungsgebäude Kirche Schule } Flächen für Gemeinbedarf*
				Straßen, Verkehrsflächen
P	P	P		öffentlicher Parkplatz
				Straßenbegrenzungslinie
				von der Bebauung freizuhaltende Sichtflächen (max.0,8 m hoch nutzbar)
Ga	Ga		St GSt Ga GGa	Stellplätze Gemeinschaftsstellplätze Garagen Gemeinschaftsgaragen
				Flächen für Bahnanlagen
				Flächen für den Luftverkehr* (hier: Segelfluggelände)

vorhanden		geplant	Abkürzung und Bezeichnung
Schraffur	farbig	farbig + Schraffur	

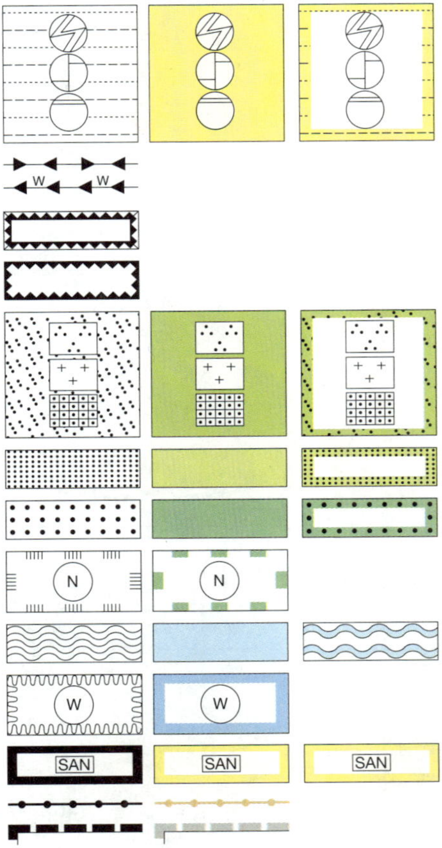

Elektrizitätswerk, Pumpwerk, Kläranlage – Flächen für Versorgungsanlagen*

Elektrizitätsfreileitung
Hauptwasserleitung

Flächen für Aufschüttungen

Flächen für Abgrabungen und die Gewinnung von Bodenschätzen (Kies)

Parkanlage, Friedhof, Dauerkleingärten – Grünflächen*

Flächen für die Landwirtschaft

Flächen für die Forstwirtschaft

N Umgrenzung von Naturschutzgebieten
L Umgrenzung von Landschaftsschutzgebieten

Wasserflächen, Häfen

W Umgrenzung v. Wasserschutzgebieten
Q Umgrenzung v. Quellenschutzgebieten
Ü Umgrenzg. v. Überschwemmungsgeb.

SAN Umgrenzung v. Sanierungsgebieten

Abgrenzung unterschiedl. Nutzungen

Grenze des räuml. Geltungsbereiches des Bebauungsplanes

Füllschema der Nutzungsschablone:

Art der Nutzung	
Bauweise	Z
GRZ	GFZ
	BMZ

≙

WR	
g	II
0,3	(0,4)
	-

Z Zahl der Vollgeschosse:
IV als Höchstgrenze zulässig,
(IV) zwingend vorgeschrieben
GRZ Grundflächenzahl, z.B. 0,3
GFZ Geschoßflächenzahl z.B. (0,4)
BMZ Baumassenzahl, z.B. [2,5]
o offene Bauweise
g geschlossene Bauweise

Die Verordnung über die Ausarbeitung der Bauleitpläne sowie über die Darstellung des Planinhalts (PlanZVo) schreibt die zeichnerische Qualität von Planunterlagen vor. Als Planzeichen sollen die hier dargestellten verwendet werden.
Die Darstellungsarten Schraffur oder Raster in Schwarz-Weiß-Darstellungen mit Buchstaben bzw. in Farbe mit oder ohne Buchstaben können miteinander verbunden werden; ein Beispiel dafür zeigt die rechte Spalte.

Aus den Planzeichen der PlanZVo können weitere sinnvoll entwickelt werden, falls es erforderlich ist.
In diesem Band wird überwiegend die Darstellungsart der mittleren Spalte verwendet.

* Weitere Planzeichen zu »Flächen für den Gemeinbedarf«, »für Versorgungsanlagen« und für besondere »Grünflächen« werden jeweils in der Legende des betr. Kapitels angegeben.

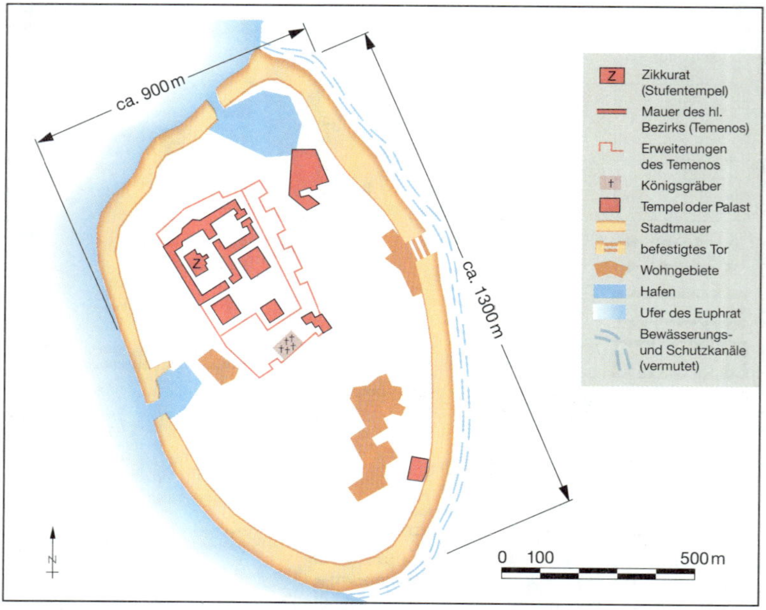

A Grundriß der frühsumerischen Stadt Ur

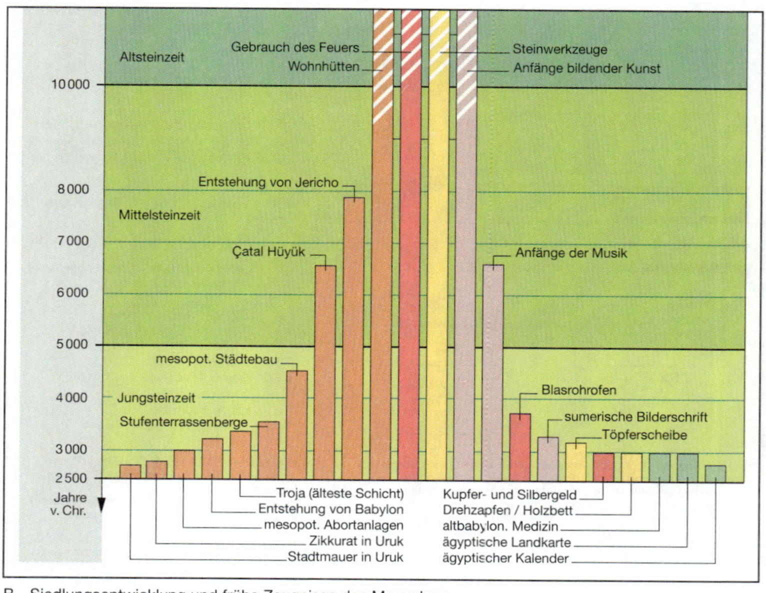

B Siedlungsentwicklung und frühe Zeugnisse des Menschen

Zahlreiche Kulturzeugnisse des Menschen sind aus vorgeschichtlicher Zeit bezeugt; zu ihnen zählt die **Stadt** (A).

Funde aus vorgeschichtlicher Zeit belegen, daß sich der Mensch von allen anderen Lebewesen durch spezifische Eigenschaften und Fähigkeiten unterschied: er besaß die Gabe zu denken und zu sprechen und konnte seinen freien Willen benutzen, um seine Erfahrungen folgerichtig auszuwerten und aus ihnen zu lernen. Dieser »verständige Mensch«, lat. *homo sapiens sapiens,* trat »ziemlich unvermittelt« [10] vor ca. 40000 Jahren auf; frühe Funde aus allen Kontinenten zeigen im Typus relative Einheitlichkeit:

1. Er besaß den **aufrechten Gang** und hatte damit im Unterschied zu allen Tierarten die Hände frei für die Gestaltung seines Lebensraumes und für die Herstellung von Geräten; die ihm fehlende Fluchtanpassung ersetzte er durch den Gebrauch von Werkzeug und Waffen.
2. Er besaß die Fähigkeit des **Raumsehens,** d.h. er konnte Entfernungen und Richtungen in der Drei-Dimensionalität des Raumes richtig abschätzen und somit seinen eigenen Standort im räumlichen Gefüge nur mit Hilfe der Augen bestimmen.
3. Der **Gebrauch des Feuers** als Wärmequelle erlaubte ihm die Ausdehnung seines Wohngebietes über die Tropen hinaus; als Lichtquelle bot es Schutz in der Nacht und begünstigte den Übergang zur Seßhaftigkeit, weil es wegen des schwierigen Anzündens in ständigen Brennstätten gehalten werden mußte. Das Motiv des *Feuerraubes,* in zahlreichen Mythen berichtet, deutet darauf hin, daß das Entzünden eines Feuers weder von allen Völkern zur gleichen Zeit entdeckt, noch von ihnen gleichmäßig gut beherrscht wurde; dort, wo es der Mensch in seinen Dienst zu nehmen verstand, war es Merkmal einer höheren Kulturstufe.
4. Er besaß ein **Bewußtsein** seiner selbst und dank der Leistungseigenschaften seines Gehirns, bes. der Großhirnrinde, die Fähigkeit, die Umwelt sich vorzustellen und Ereignisse in ihr kritisch zu analysieren, sowie in die Zukunft planmäßig zu wirken.
5. Er ist das einzige mit einer **Individualseele** begabte Lebewesen; dies bezeugen Religion und Wissenschaft; um dieser Seele willen bestattete der frühgeschichtliche Mensch die Verstorbenen mit Opfergaben »für die lange Reise«.

In der **Mittelsteinzeit** (Mesolithikum) erfolgte allmählich und teilweise der Übergang vom Sammeln und Jagen zu Fischerei, Tierzucht und Hackbau. Die Fischer bevorzugten Meeresküsten, See- und Flußufer als Wohnplätze; sie erfanden mit dem Boot die Seefahrt. Die Tierzucht treibenden Hirtenvölker blieben mit ihren Rundzelten überwiegend Nomaden, während die Hackbauer die ersten **dörflichen Siedlungen** bauten; von ihnen stammt später der Pflug und die Domestikation der Zuchtherden. Wann der Mensch seine natürl. Hemmung, die eigenen Artgenossen zu töten, durchbrach, ist nicht erwiesen. Nach dem Zeugnis eines Hirtenvolkes war es der seßhafte Ackerbauer KAIN, der den Schäfer ABEL erschlug (Gen. 4.8). Die Gefahr des Brudermordes unter den Menschen erforderte baulichen Schutz vor dem Nachbarn. In Vorderasien wuchs *Jericho* als Dorf von Ackerbauern zur ältesten, befestigten Großsiedlung der Vorzeit heran. In Anatolien entstand die stadtähnliche Siedlung *Çatal Hüyük*, deren neolith. Kultur hohe Handwerkskunst und die Anfänge von Musik und Tanz kannte. In dieser Zeit wird der Anfang der Bilderschrift vermutet.

In der **Jungsteinzeit** (Neolithikum) verlief die Siedlungsentwicklung mit zunehmender Beschleunigung (B). In Mesopotamien führte sie in der Landwirtschaft zunächst zum **Erd- und Wasserbau:** Bewässerungskanäle, Dämme, später wegen Überschwemmungen (um 3600 v. Chr. große Flut, »Sintflut«) Fluchtberge in Stufenterrassenform. Aus Schilf mit Lehmbewurf wurden Häuser gebaut, dann aus Stampflehm, noch später wurden Ziegel getrocknet und schließlich gebrannt. Allein diese neu entwickelten Fertigungsmethoden auf dem Gebiet der **Baukunst** rechtfertigen es, die erste technische Revolution dem neolithischen Zeitalter zuzuordnen; dies galt für alle Produktionsbereiche. Das aufblühende **Handwerk** fächerte sich mit neu entdeckten Produktionsmöglichkeiten auf (Blasrohrofen in Ägypten, Töpferscheibe in Sumer); sumerische Schmiede gewannen mit Hilfe von Schmelzöfen Kupfer und Silber für Waffen, Werkzeuge und jene Schmuckstücke, die bald als **Geld** Zahlungsmittel wurden: der Tauschhandel ging zurück, der selbständige **Handel** entstand als eigenständiger Leistungsbereich. Der **Städtebau** (B) hat seinen Ursprung in dieser Entstehungsgeschichte der Stadt.

Der Grundriß der ausgegrabenen Stadt *Ur* weist die vorgeschichtlichen Sumerer als großartige Stadtplaner aus; der Plan enthält städtebauliche Merkmale, die gemeinsam den Begriff Stadt synonym definieren (A):

Temenos	= politische Macht,
Hafen und Kanal	= Handel und Verkehr,
Haus *und* Palast	= diff. Sozialstruktur,
Stadtmauer	= hohe Einwohnerdichte.

Dieser Plan zeigt seine hohe Qualität durch die Wahl des **Standortes** (Flußufer, reiches Umland) und die an natürlichen Gegebenheiten ausgerichtete **innere Ordnung** des Stadtganzen; in solchen Städten entstanden »Staaten«, der Beamtenstand (um 2850 v. Chr.), die Schrift und die auf die Natur gerichteten Wissenschaften. Zeit und Raum wurden in Maße gefaßt: in Ägypten wurde die erste Landkarte gezeichnet und 2772 v. Chr. der Kalender eingeführt. Zu dieser Zeit war der Hochtempel in der wohl ältesten Sumererstadt *Uruk* vollendet und die 9 km lange Stadtmauer im Bau.

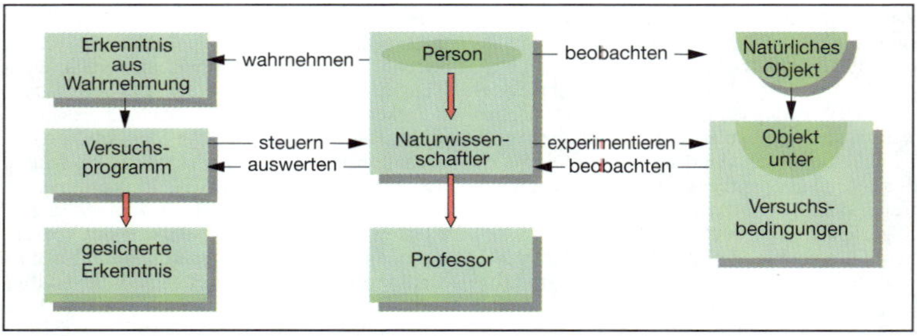

A Arbeitsmethode des Naturwissenschaftlers

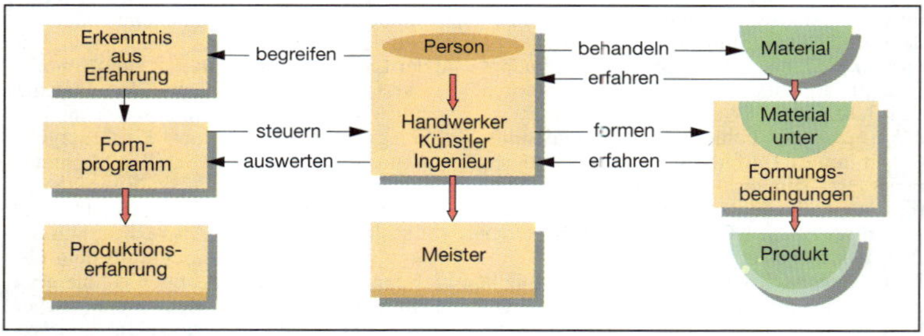

B Arbeitsmethode des Handwerkers, Künstlers, Ingenieurs

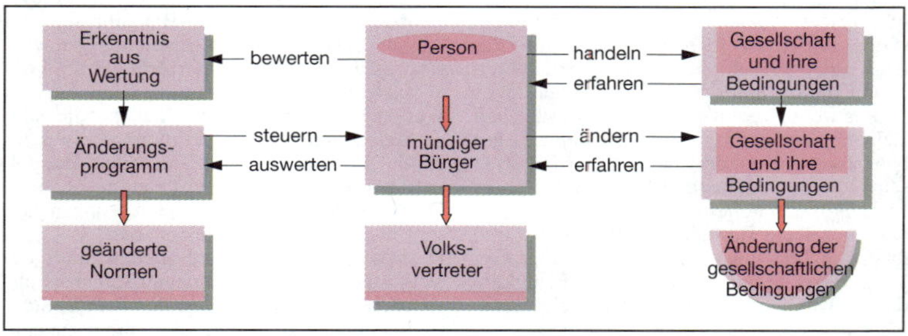

C Arbeitsmethode des Politikers

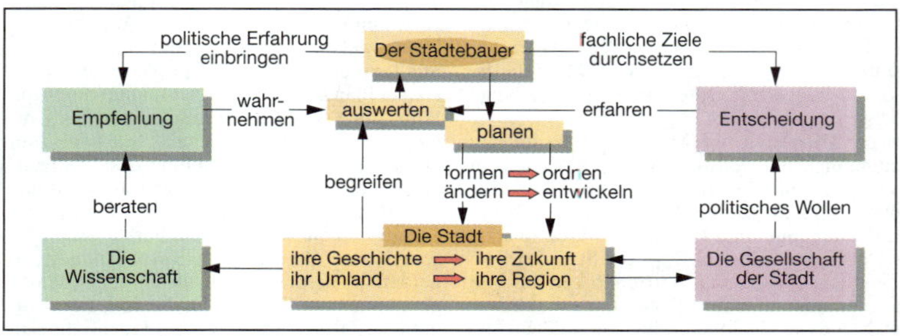

D Methoden des Städtebauers und Stadtplaners

Der Städtebauer muß wegen der Fülle der Ziele, die ihm sein Amt stellt, unterschiedl. **Methoden** benutzen. Methode (griech.) ist die Bezeichnung für ein planmäßiges Verfahren zur Erreichung eines bestimmten Zieles. Die Methoden sind so vielfältig wie die Lebensbereiche, in denen sie angewandt werden. Jedes Problem erfordert seine besondere, ihm angemessene Methode zu seiner Lösung.

Die Methoden der Naturwissenschaften (A) sind Beobachtung, Messung, Zählung, Versuch *(Experiment)*, Modellbildung, Vergleich und Beschreibung. Die Methoden, ihre strenge Anwendbarkeit, Leistungsmöglichkeiten und -grenzen sind ebenfalls Gegenstand der Forschung. Da sich die **Erkenntnisziele** der Naturwissenschaften »nur« auf die *reale* Welt, die Natur und ihre Gesetze beschränken, wird ein naturw. Ergebnis in dem Maße »richtig«, in dem es dieser »Wirklichkeit« nicht widerspricht. Die Frage, ob diese »Richtigkeit« einer *metaphysischen* »Wahrheit« entspricht, untersucht der Naturwissenschaftler nicht, da er sie mit seinen Methoden nicht beantworten kann. Sein Erkenntnisweg führt von der »Wahr-Nehmung« einer Beobachtung über die Auswertung eines Versuchsprogramms zur gesicherten **Aussage** und in den *exakten* Naturwissenschaften zu deren »Mathematisierung«. Damit gewinnt er die Fähigkeit, das Verhalten eines Systems bei bekannten oder bestimmbaren Bedingungen *exakt* vorauszusagen. Seine Eingriffe in die Natur dienen dem Ziel, **Erkenntnisse** wiss. aufzubereiten und zu lehren.

Die Methoden von Kunst und Handwerk (B) haben ihren gemeinsamen Ursprung in dem haptischen (tastenden) »Begreifen« eines natürl. Gegenstandes, der durch »Behandeln« zu einem Gebrauchsgegenstand geformt wird. Urspr. war jedes Handwerk eine Kunst und jede Kunst ein Handwerk; die Produktionsmethoden beider wurden **Techniken.** Der schöpfer. Mensch *(homo faber)* benutzt Natur als Rohstoff zur Veredelung und **Gestaltung.** Der Weg vom Rohstoff *(materia)* zum Produkt wird von den **Produktionsmethoden** eingenommen, die dem gewählten Material und der vorausbestimmten Form zunehmend angepaßt werden (Fortschritt) und den Forderungen nach Sicherheit, Brauchbarkeit und Wirtschaftlichkeit (Prinzip des geringsten Aufwandes) unterliegen. Da das Schaffen von »Kunst« einem Urtrieb (Spiel-, Gestaltungs- und Nachahmungstrieb) entspringt, kann das Vorgehen stärker *motorisch* als rational gesteuert sein. Die **Produktionserfahrung** kann unmittelbar und *intuitiv* Kenntnisse als »richtig« bereitstellen, bevor sie wiss. gesichert werden. Im Laufe der Geschichte sind **Technik** und Naturwissenschaft untrennbare Beziehungen eingegangen; im Ergebnis liefern sie unzählige Möglichkeiten, Teilbereiche der Zukunft durch techn. Handeln zu gestalten. Die Methoden der Technik dienen dem Ziel, Natur in Dienst zu nehmen und dem Menschen **aktiv anzupassen** *(Humanisierung der Natur)*.

Die Methoden der Politik (C) betreffen die Anwendung oder Erlangung von **Macht** in der Gesellschaft zur Erhaltung oder Änderung der gesellschaftl. Bedingungen. Politik und Stadt sind begriffl. eng verwandt; das griech. Wort *polis* bedeutete zunächst »Burg«, dann »Siedlung um die Burg« (Stadt) und endlich »Siedlung um die Burg, einschl. des von ihr beherrschten Raumes« (Stadtstaat). Politik umfaßte im antiken Griechenland das Besorgen öff. Geschäfte der Stadtgemeinschaft. Die Mittel polit. Methoden reichen von der Überzeugungsrede bis zum vorbereiteten Völkermord. **Strategie** als polit. Methode bezieht sich auf das Erreichen langfristiger und/oder umfassender ges. Ziele, **Taktik** auf kurzfristige Teilziele. Wegen der Schwierigkeit, die Reaktionen der betroffenen Menschen auf polit. Aktionen vorauszusagen, können die Sozialwissenschaften kaum exakte Methoden zum »richtigen« Gebrauch von Macht bereitstellen. Der »rechte« Begriff in diesem Zusammenhang ist nicht die »Richtigkeit« im naturw. Sinn, sondern die aus derselben Wortwurzel stammende »Gerechtigkeit«. Die **polit. Verantwortung** muß daher jenen Anteil an Entscheidungen übernehmen, der wegen mangelnder Voraussagbarkeit ihrer Folgen wiss. nicht gesichert werden kann oder auf moral. Wertung beruht. **Demokratische** Methoden bieten dem Bürger insofern Schutz vor Machtmißbrauch, weil sie ihn potentiell an den Entscheidungsprozessen und damit an der **polit. Gestaltung der Zukunft** mitwirken lassen.

Den **Städtebauer** verbinden mit dem Naturwissenschaftler die Exaktheit der Methoden und die bedingte Fähigkeit zur Voraussage; mit dem Politiker verbindet ihn als Ziel eine Gestaltungsaufgabe, deren Lösung wegen ihrer oft nicht umkehrbaren Auswirkungen auf Natur und Gesellschaft polit. vorzubereiten, durchzuführen und zu verantworten ist. Daher muß der Städtebauer **Dolmetscher** sein: seine polit. Erfahrung muß er in die Bewältigung der wiss. zu lösenden Aufgaben einbringen, im Felde der komplexen polit. Zielsetzungen muß er Sachziele in der Sprache der Politiker begründen und trotz der Zufälligkeit polit. Entscheidungen **durchsetzen** können.

Als Material (D), das der Städtebauer mit seinen spez. Methoden auszuwerten und in Planung umzusetzen hat, stellt sich dar:

1. eine Stadt als techn. System,
2. die Empfehlungen der Wissenschaft,
3. die polit. wirksamen Entscheidungen der Stadtgesellschaft.

Das allg. Ziel der Stadtplanung ist Städtebau als **Verwirklichung** der polit. gewollten Stadt; was polit. gewollt und ob der Mensch das Maß dafür ist, haben **alle** Bürger zu verantworten.

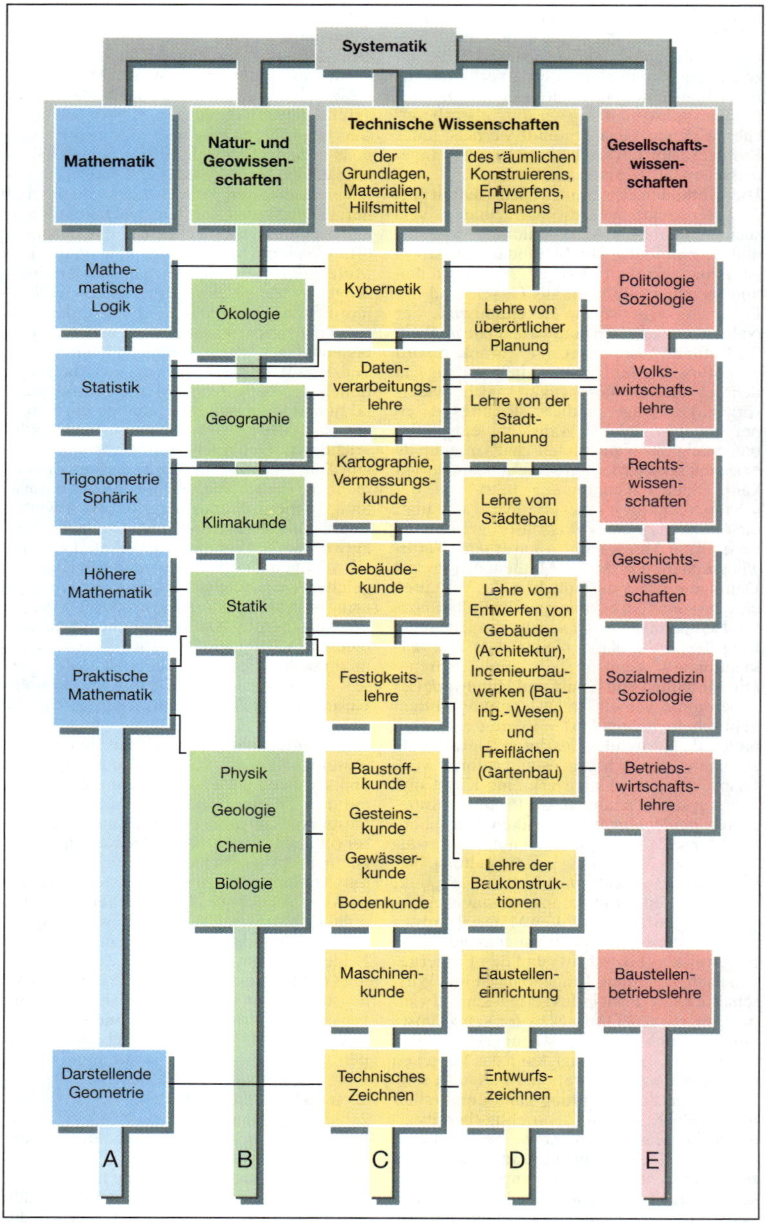

Systematik der Wissenschaften, die an räumlicher Planung beteiligt sind

Die **Wissenschaft** als Gesamtheit der Erkenntnisse auf den unterschiedl. Wissensgebieten ist in ihrer einfachsten Form *Kunde,* d.h. Sammlung, Beschreibung und Klassifizierung von Aussagen, in ihrer höchsten Form bietet sie in *Theorie* und *System* ein »Lehrgebäude«. Ein geschlossenes, logisch zusammenhängendes System, das alle Einzelwiss. umfaßt, gibt es nicht. Vielen, insbes. älteren Systematiken haftet der Mangel an, daß in ihnen die Wirklichkeit nicht erfaßt, sondern *stilisiert* wird. Einerseits sind die Grenzen zwischen den Disziplinen künstl. festgelegt, obwohl fließende Übergänge zwischen ihnen vorhanden sind und neue Spezialwiss. gerade in diesen Grenzgebieten entstehen. Andererseits besteht keine einheitl. Auffassung über die Stellung, Systematik und Bedeutung der techn. Wiss.

Da **Städtebau** und **Stadtplanung** in alle Bereiche der Gesellschaft hineinwirken, sind sie auf die Forschungsergebnisse zahlr. Disziplinen angewiesen. Darüber hinaus bedürfen sie wie alle techn. Wiss. der engen Zusammenarbeit mit der **Praxis.** Die von der Gesellschaft ständig neu gestellten Aufgaben geben die wichtigsten Impulse zu ihrer Fortentwicklung und der notwendigen interdisziplinären Zusammenarbeit.

Wegen der Fülle der vorh. Einzeldisziplinen und der zwischen ihnen bestehenden Wechselbeziehungen kann eine *Systematik* nur wenige Leitgedanken veranschaulichen. Nicht die Vollständigkeit aller Wiss., sondern die wichtigsten Beziehungen von Städtebau und Stadtplanung zu anderen Wiss. soll vereinfachend dargestellt werden (s. S.16). Ausgehend von den **techn. Wiss.,** die in Beziehung zur räuml. Planung zu nennen sind, ist danach zu unterteilen, ob sie sich mit dem Vorgang des **Konstruierens, Entwerfens** und **Planens** und den diesbezügl. Methoden beschäftigen (D) oder ob sie Kenntnisse über **Grundlagen, Materialien** und **Hilfsmittel** für die Planung und deren Verwirklichung bereitstellen (C). Die letztere Gruppe prüft die Forschungsergebnisse der Mathematik (A), der Natur- und Geowissenschaften (B) und ihrer Unterdisziplinen auf ihre **techn. Anwendbarkeit** hin und entwickelt sie für die spez. techn. Erfordernisse weiter. Demgegenüber stehen die **techn. Planungswiss.** (D) den Gesellschaftswiss. (E) näher, da jene zur **Zielfindung** beitragen können und da sich die Verwirklichung jeglicher Planung im ges. Bereich vollzieht, für den ohne Kenntnis seiner Wirkungszusammenhänge nicht erfolgreich geplant werden kann. Das Planbare wird folglich sowohl durch das techn. wie auch durch das ges. Mögliche beschränkt.

Die Lehrgebiete, die sich insbes. an Techn. Universitäten mit **räuml. Planung** beschäftigen, sind hier so zusammengefaßt und geordnet (D), daß die Reihenfolge von unten nach oben vom Einfachen zum Komplexen führt; dies sind:

1. Die Lehrgebiete, die das **Entwurfszeichnen** ausbilden (z.B. Freihandzeichnen). Das Entwurfszeichnen ist für den Planer eine Methode zur *graphischen* Lösung einer Aufgabe »auf dem Papier«. Überdies wird das Ergebnis dieser Tätigkeit, die Zeichnung, der Plan, zum Verständigungsmittel, zur techn. Sprache, die z.T. zu gültigem Recht verfestigt ist (z.B. die PlanZV, s. S.10/11).

2. Die Lehrgebiete, die sich mit der **Baustelleneinrichtung** und ihrer betriebl. *Organisation* beschäftigen. Im Unterschied zu anderen Produktionsbereichen muß die Bauwirtschaft zur Erfüllung ihrer Aufgaben die Produktionsstätte jeweils am Ort des Neubaus schaffen. Die Planung der Baustelle muß deren mögliche Auswirkungen auf den Entwurf des Bauwerkes selbst (z.B. im U-Bahnbau), auf die Planung des Bauvorganges und die Wahl des Bauverfahrens berücksichtigen.

3. Die Lehrgebiete, die sich mit dem materialabhängigen **Konstruieren** befassen (z.B. Stahlbau, Ingenieurholzbau). Materialgerechtes Konstruieren der tragenden und im Gebrauch beanspruchten Teile ist Voraussetzung für wirtschaftl. Bauverfahren und die Standsicherheit fehlerfreier Bauwerke.

4. Die Lehrgebiete, die das **Entwerfen** von Bauwerken ausbilden: Architektur, Bauingenieurwesen und Gartenbau stehen als spez. Entwurfslehren gleichbedeutend nebeneinander. Die Architektur behandelt das Entwerfen von Gebäuden und Plätzen, die vorwiegend zum Aufenthalt von Menschen dienen. Das Bauingenieurwesen lehrt das Entwerfen von Ingenieurbauten, zu denen insbes. die der *Infrastruktur* zählen. Der Gartenbau vermittelt das Entwerfen von Freiflächen jeglicher Art. Sie verfolgen die räuml. optimale Organisation und eine angemessen gestaltete Form als Ziele bei der Lösung der Entwurfsaufgaben.

5. Die Lehrgebiete des **Städtebaus,** die sich mit der räuml. Ordnung und Gestaltung der städt. Lebensbereiche befassen. Sie setzen die unterschiedl. Einzelbauvorhaben in ordnende Beziehungen zueinander, insbes. berücksichtigen sie deren Maßstabs- und Höhenentwicklung in ihren Auswirkungen auf die Stadtgestalt.

6. Die Lehrgebiete der **Stadtplanung,** die die Verbesserung der *Organisation* der Nutzungselemente auf dem Stadtgrundriß behandeln. Insbes. befassen sie sich mit Nutzungsart und -maß, den Standorten und der Zuordnung der künftig möglichen oder gewünschten Einzelbauvorhaben zueinander und in bezug auf den vorh. Gesamtbau- und Nutzungsbestand.

7. Die Lehrgebiete der **überörtlichen Planung,** zu denen die **Regionalplanung, Landesplanung** und **Raumordnung** zu rechnen sind. Sie beschäftigen sich in noch engerer Anlehnung an die Volkswirtschaftslehre mit den Planungsaufgaben, die in ihrer Bedeutung, Größe und Eigenart das Aufgabengebiet der Stadtplanung übersteigen.

1	**Planungsebenen**	**Überörtliche Raumplanung**			**Örtliche Raumplanung**		**Planung einzelner Bauvorgaben**		
2	Planungsbezeichnung	Raumordnung	Landesplanung	Regionalplanung	Bauleitplanung vorbereitend:	Bauleitplanung verbindlich:	Entwerfen		
3	Planbezeichnung	Raumordnungsprogramm mit Plananlage	Landesentwicklungsplan und -programm	Gebietsentwicklungsplan	Flächennutzungsplan mit Erläuterungen	Bebauungsplan mit Begründung	Vorentwurf, Bauanfrage	Entwurf, Bauantrag	Detailentwurf, Ausführungszeichnung
4	Planungsträger	Bund	Land	unterschiedlich	Stadt- oder Dorfgemeinde		Behörde oder privater Bauherr		
5	Maßstab		≥ 1 : 50 000	1 : 25 000	1 : 10 000	1 : 1000 / 1 : 500	1 : 200	1 : 100	1 : 50 bis 1 : 1
6	Planinhalt a) räumlich fachlich	überörtliche Fachplanung; überfachliche Raumplanung		Lenkung → ← Beratung	Planung der städtebaulichen Entwicklung im Stadtgebiet; vorläufige Festlegung aller Mikrostandorte für besondere Nutzungen	Planung der städtebaulichen Ordnung in einem Teilgebiet; Festsetzung von Art und Maß der Nutzung für jedes Grundstück; Kostenausgaben für die Infrastruktur	Ausführungsvorschlag unter Berücksichtigung von Grundstück und städtebaulicher Umgebung	zur Ausführung genehmigter Entwurf des Gesamtbauwerks	künstlerische und technische Details
		Koordinierung aller Fachplanungen ist nach dem Gegenstromprinzip erforderlich						exakte Maßangaben	
	b) wirtschaftl. finanziell	sektorale oder regionale oder konjunkturelle } Investitionssteuerung und -lenkung			selektive Wirtschaftsförderung		Investitionsplan des Bauherrn		
7	**Entscheidungsfeld**	**Staatliche Gesellschafts- und Wirtschaftspolitik**			**Kommunalpolitik**		**Feld privatwirtschaftlicher Entscheidungen**		
8	Ein Beispiel: Gesundheitspolitik	Der Krankenhausneubau wird Gemeinschaftsaufgabe; der Bund fördert finanziell	Im nächsten Krankenhaus-Stufenplan wird das Programm verbessert	Der Regierungspräsident entwickelt ein Dringlichkeitsprogramm für seinen Bezirk	Ein Standort wird ermittelt und im Flächennutzungsplan vorläufig festgelegt	Der Bebauungsplan wird aufgestellt. Der Erwerb der Grundstücke wird gesichert und eingeleitet	Das Grundstück und seine Erschließung werden untersucht. Der Bauherr führt einen Architektenwettbewerb durch und bildet Rücklagen für den Neubau des Krankenhauses.		
9	Koordinierungsebenen	Landesplanung (Landesplanung bis Regionalplanung); Raumordnung (Raumordnung bis Landesplanung)		Stadtentwicklungsplanung (Regionalplanung bis Örtliche Raumplanung)	Stadtplanung		Architektur; Städtebau (Örtliche Raumplanung bis Planung einzelner Bauvorgaben)		

Systematik der Ebenen räumlicher Planung mit Erläuterungsbeispiel

Entsprechend dem mehrstufigen Aufbau der Bundesrepublik Deutschland (BRDtl.) in Bund, Länder und Gemeinden bestehen mehrere Ebenen, in denen **räumliche Planung** erstellt und vollzogen wird (S. 18).
Die unterste Planungsebene beinhaltet den *Entwurf* einzelner **Bauvorhaben,** der je nach Art und Zweck von Architekten, Bauingenieuren oder Gartenarchitekten aufgestellt werden kann. Soweit die Entwurfspläne als Anleitung zur Ausführung dienen, müssen sie, bezogen auf den erwünschten Genauigkeitsgrad, exakte Maßangaben enthalten. Planungsträger sind im Bereich der Hochbauinvestitionen überwiegend private Bauherren und die Wirtschaft; Planungsinhalte und -umfang werden nach privatwirtschaftl. Maßstäben gemäß den Finanzierungsmöglichkeiten vom Bauherrn bestimmt. Demgegenüber haben Behörden ihre Bauvorhaben nach Inhalt, Umfang und Finanzierung an zahlr. Rechtsvorschriften zusätzlich auszurichten.
Alle öffentl. und privaten Bauherren erwarten von der Gemeinde, in der sie ihr Bauvorhaben verwirklichen wollen, daß es ihnen zur Ausführung genehmigt wird. Würde dies dem freien Spiel der Kräfte überlassen bleiben, so könnte sich z.B. eine Abdeckerei in einem Wohngebiet niederlassen oder ein Sägewerk unmittelbar neben einem Krankenhaus. Um solche Mißstände nicht entstehen zu lassen oder vorhandene zu beseitigen, hat sich die Gemeinde der **Bauleitplanung** zu bedienen; damit legt sie den Rahmen fest, in den sich alle einzelnen Vorhaben einfügen müssen, um **planungsrechtlich** genehmigt werden zu können.
Die Rechtsgrundlage war das Bundesbaugesetz (BBauG v. 23.06.60), das durch das Baugesetzbuch (BauGB v. 8.12.86) abgelöst wurde. Da das Planungsrecht so lange gilt wie der Bebauungsplan (BbP), der auf seiner Grundlage entwickelt wurde, und da die Mehrheit der 1993 rechtsverbindlichen BbPläne nach BBauG aufgestellt wurden, folgt hier BBauG, **§ 1** (bez. BauGB § 1 vgl. S. 20):

(1) Um die städtebauliche Entwicklung in Stadt und Land zu ordnen, ist die bauliche und sonstige Nutzung der Grundstücke nach Maßgabe dieses Gesetzes durch Bauleitpläne vorzubereiten und zu leiten.
(2) Bauleitpläne sind der Flächennutzungsplan (vorbereitender Bauleitplan) und der Bebauungsplan (verbindl. Bauleitplan).
(3) Die Bauleitpläne sind den Zielen der Raumordnung und Landesplanung anzupassen.
(4) Die Bauleitpläne haben sich nach den sozialen und kulturellen Bedürfnissen der Bevölkerung, ihrer Sicherheit und Gesundheit zu richten. Dabei sind die öffentlichen und privaten Belange gegeneinander und untereinander gerecht abzuwägen. Die Bauleitpläne sollen den Wohnbedürfnissen der Bevölkerung dienen und die Eigentumsbildung im Wohnungswesen fördern.
(5) Die Bauleitpläne haben die von den Kirchen und Religionsgesellschaften des öffentlichen Rechts festgestellten Erfordernisse für Gottesdienst und Seelsorge zu berücksichtigen, die Bedürfnisse der Wirtschaft, der Landwirtschaft, der Jugendförderung, des Verkehrs und der Verteidigung zu beachten sowie den Belangen des Natur- und Landschaftsschutzes und der Gestaltung des Orts- und Landschaftsbildes zu dienen. Landwirtschaftlich genutzte Flächen sollen nur in dem notwendigen Umfang für andere Nutzungsarten vorgesehen und in Anspruch genommen werden.

GG, Artikel 28, Absatz 2 lautet: »Den Gemeinden muß das Recht gewährleistet sein, alle Angelegenheiten der örtlichen Gemeinschaft im Rahmen der Gesetze in eigener Verantwortung zu regeln.« Die hiermit im Grundgesetz garantierte **Planungshoheit der Gemeinden** ist die Grundlage aller Kommunalpolitik: in ihrer Mitte steht der Ausgleich zwischen überörtlichen Ansprüchen des Staates und den unterschiedlichen Bedürfnissen der örtlichen Gemeinschaft. In diesem Spannungsfeld fallen die Entscheidungen, die den Bürger unmittelbar bezügl. räuml. Planfestsetzungen betreffen können. Deshalb ist es trotz des Aufwandes polit. sinnvoll, die Bürger an den gemeindl. Planungen zu beteiligen.
Die gemeindliche Planungshoheit findet eine Grenze in den Zielen übergeordneter Planungsebenen, denen die Bauleitplanung anzupassen ist. Bund und Länder geben die Ziele der **Raumordnung** und **Landesplanung** vor (S. 234–241); in Fachgesetzen werden zusätzlich Planungsvorgaben zur Durchsetzung gesellschafts- oder wirtschaftspolitischer Ziele des Staates bestimmt. Soweit die **Regionalplanung** als Bindeglied zwischen Landesplanung und gemeindlicher Bauleitplanung eingerichtet ist, wirkt sie im Sinne dieser Ziele lenkend auf die Gemeinden ein.
Zwischen diesen Planungsebenen ist eine ständige Koordinierung und gegenseitige Abstimmung räumlicher, zeitlicher und finanzieller Erfordernisse jeglicher Planung notwendig. Diesem Ziel soll auf gemeindlicher Ebene die **Stadtentwicklungsplanung** dienen, die bes. von den Großstädten ab 1965 als umfassende, integrative Gesamtplanung entwickelt wurde.
Der gesamte Bereich der räumlichen Planung leidet unter dem Mangel allgemein anerkannter Begriffsdefinitionen; ein Beispiel: der Begriff **Stadtplanung** umfaßt die örtliche Raumplanung für Städte wie für Gemeinden; der von der Wissenschaft vorgeschlagene Begriff »Ortsplanung« hat sich in der Praxis nicht durchgesetzt. Die Übersicht (S. 18) soll daher auch der Abgrenzung der Begriffe dienen.

Chronologie deutscher Planungsgesetze:

01.06.1794	**Preuß. Allg. Landrecht**
1868	Badisches FluchtlinienG
02.07.1875	**Preuß. FluchtlinienG**
18.12.1899	TelegraphenwegeG [223]
28.03.1918	Preuß. WohnungsG
05.05.1920	G betreffend Verbandsordnung für den Siedlungsverband Ruhrkohlenbezirk (SVR)
10.05.1920	ReichsheimstättenG
22.09.1933	G über die Aufschließung von Wohnsiedlungsgebieten
04.07.1939	G über Kreuzungen von Eisenbahnen und Straßen
1948–1951	Aufbaugesetze der Länder
12.09.1953	BundesfernstraßenG
16.06.1954	Gutachten des BVerfGerichtes teilt das dt. Baurecht auf: der Bund ist zust. für Boden- und Planungsrecht, die Länder für Bauordnungsrecht (LBOen)
30.10.1959	Musterbauordnung (MBO)
23.06.1960	**Bundesbaugesetz** [3]
ab 1962	LandesplanungsGe der Länder
08.04.1965	BundesraumordnungsG
27.07.1971	StädtebauförderungsG
03.05.1973	BaulandbeschaffungsG
18.08.1976	Neufassung des BBauG und des StBauFG
12.06.1986	**Baugesetzbuch** (BauGB [9])
12.03.1987	BundesnaturschutzG
14.05.1990	Bundes-ImmissionsschutzG
17.05.1990	MaßnahmenG zum BauGB
20.06.1990	Bauzulassungsverordnung
31.08.1990	**Einigungsvertrag**

Das Preuß. Allg. Landrecht hielt die bauliche Nutzung eines Grundstücks nur für möglich, wenn daraus kein Schaden für die Allgemeinheit entstand. 81 Jahre später gab das FluchtlinienG die rechtliche Voraussetzung dafür, daß öffentl. Flächen, insbes. die Straßen und Plätze, durch **Fluchtlinien** festgesetzt und vom übrigen Bauland getrennt werden durften, so daß die öffentl. Erschließung, bes. für die Feuerwehr, der sonstigen *Parzellierung* für privates Bauland vorausgehen konnte.

Erst 85 Jahre später bot das BBauG von 1960 nach Auswertung 12jähriger Erfahrung mit den Aufbaugesetzen der Länder umfangreiche Vorschriften für planungsrechtliche Festsetzungen für alle Nutzungen, die aufgrund der Entwicklung zu dieser Zeit einer gesetzlichen Regelung bedurften (S. 19). Das G kam zur Steuerung der kriegsfolgebedingten Bautätigkeit in den Bereichen der Stadterneuerung und -erweiterung ca. 12 Jahre zu spät, als Städte und Gemeinden aufgrund neuer Planungen und Bauten nicht mehr so frei entscheiden konnten wie nach 1945. Das Baugesetzbuch von 1986 sollte der Zersplitterung in der Planungsgesetzgebung entgegenwirken, die Verfahrensdauer abkürzen und die Anfechtbarkeit festgesetzter Pläne mindern. Dieses BauGB und das von ihm angebotene Planungsinstrumentarium sind so ausgereift, daß es im Einigungsvertrag fast ohne Änderung (S. 208f.) die Rechtsgrundlage für die Stadtplanung in ganz Deutschland wurde. Es ist wie folgt gegliedert: (jeweils erster §)

Nach den allg. Vorschriften zur Bauleitplanung im Allg. Städtebaurecht des BauGB haben die Gemeinden (§ 1.3) in eigener Verantwortung (§ 2.1) Bauleitpläne (§ 1.2) unter Beteiligung der Bürger (§ 3) und der Träger öff. Belange (§ 4) in Anpassung an die Ziele der Raumordnung und Landesplanung (§ 1.4) unter Berücksichtigung zahlreicher Wertvorstellungen und Zielvorschriften nach festgelegtem Verfahren (§ 2.4–5) unter Abwägung sämtl. Belange (§ 1.5–9) in Abstimmung mit allen Nachbargemeinden (§ 2.2) genehmigungsfähig (§§ 6; 11; 13) aufzustellen, um die Grundstücksnutzung (§ 1.1) zu leiten.
Wegen dieser Bedeutung folgen hier [9]:

§ 1: Aufgabe, Begriff und Grundsätze der Bauleitplanung

(1) Aufgabe der Bauleitplanung ist es, die bauliche und sonstige Nutzung der Grundstücke in der Gemeinde nach Maßgabe dieses Gesetzbuchs vorzubereiten und zu leiten.
(2) Bauleitpläne sind der Flächennutzungsplan (vorbereitender Bauleitplan) und der Bebauungsplan (verbindl. Bauleitplan).
(3) Die Gemeinden haben die Bauleitpläne aufzustellen, sobald und soweit es für die städtebauliche Entwicklung und Ordnung erforderlich ist.
(4) Die Bauleitpläne sind den Zielen der Raumordnung und Landesplanung anzupassen.
(5) Die Bauleitpläne sollen eine geordnete städtebauliche Entwicklung und eine dem Wohl der Allgemeinheit entsprechende sozialgerechte Bodennutzung gewährleisten und dazu beitragen, eine menschenwürdige Umwelt zu sichern und die natürl. Lebensgrundlagen zu schützen und zu entwickeln. Bei der Aufstellung der Bauleitpläne sind insbesondere zu berücksichtigen

1. die allg. Anforderungen an gesunde Wohn- und Arbeitsverhältnisse und die Sicherheit der Wohn- und Arbeitsbevölkerung,
2. die Wohnbedürfnisse der Bevölkerung bei Vermeidung einseitiger Bevölkerungsstrukturen, die Eigentumsbildung weiter Kreise der Bevölkerung und die Bevölkerungsentwicklung,
3. die sozialen und kulturellen Bedürfnisse der Bevölkerung, insbes. die Bedürfnisse der Familien, der jungen und alten Menschen und der Behinderten, die Belange des Bildungswesens und von Sport, Freizeit und Erholung,
4. die Erhaltung, Erneuerung und Fortentwicklung vorhand. Ortsteile sowie die Gestaltung des Orts- und Landschaftsbildes,
5. die Belange des Denkmalschutzes und der Denkmalpflege sowie die erhaltenswerten Ortsteile, Straßen und Plätze von geschichtl., künstler. oder städtebaul. Bedeutung,
6. die von den Kirchen und Religionsgesellschaften des öff. Rechts festgestellten Erfordernisse für Gottesdienst und Seelsorge,
7. die Belange des Umweltschutzes, des Naturschutzes und der Landschaftspflege, insbesondere des Naturhaushalts, des Wassers, der Luft und des Bodens einschließlich seiner Rohstoffvorkommen, sowie das Klima,
8. die Belange der Wirtschaft, auch ihrer mittelständischen Struktur im Interesse einer verbrauchernahen Versorgung der Bevölkerung, der Land- und Forstwirtschaft, des Verkehrs einschließlich des öffentlichen Personennahverkehrs, des Post- und Fernmeldewesens, der Versorgung, insbesondere mit Energie und Wasser, der Abfallentsorgung und der Abwasserbeseitigung sowie die Sicherung und Schaffung von Arbeitsplätzen,
9. die Belange der Verteidigung und des Zivilschutzes.

Mit Grund und Boden soll sparsam und schonend umgegangen werden. Landwirtschaftlich als Wald oder für Wohnzwecke genutzte Flächen sollen nur im notwendigen Umfang für andere Nutzungsarten vorgesehen und in Anspruch genommen werden.
(6) Bei der Aufstellung der Bauleitpläne sind die öff. und privaten Belange gegeneinander und untereinander gerecht abzuwägen.

§ 2: Aufstellung der Bauleitpläne, Verordnungsermächtigung

(1) Die Bauleitpläne sind von der Gemeinde in eigener Verantwortung aufzustellen. Der Beschluß, einen Bauleitplan aufzustellen, ist ortsüblich bekanntzumachen.
(2) Die Bauleitpläne benachbarter Gemeinden sind aufeinander abzustimmen.
(3) Auf die Aufstellung von Bauleitplänen besteht kein Anspruch.
(4) Die Vorschriften dieses Gesetzbuchs über die Aufstellung von Bauleitplänen gelten auch für ihre Änderung, Ergänzung und Aufhebung.
(5) Der Bundesminister für Raumordnung, Bauwesen und Städtebau wird ermächtigt, mit Zustimmung des Bundesrates durch Rechtsverordnung Vorschriften zu erlassen über

1. Darstellungen und Festsetzungen in den Bauleitplänen über
   a) die Art der baulichen Nutzung,
   b) das Maß der baulichen Nutzung und seine Berechnung,
   c) die Bauweise sowie die überbaubaren und die nicht überbaubaren Grundstücksflächen;
2. die in den Baugebieten zulässigen baulichen und sonstigen Anlagen;
3. die Zulässigkeit der Festsetzung nach Maßgabe des § 9 Abs. 3 über verschiedenartige Baugebiete oder verschiedenartige in den Baugebieten zul. baul. und sonst. Anlagen;
4. die Ausarbeitung der Bauleitpläne einschließlich der dazugehörigen Unterlagen sowie über die Darstellung des Planinhalts, insbes. über die dabei zu verwendenden Planzeichen und ihre Bedeutung.

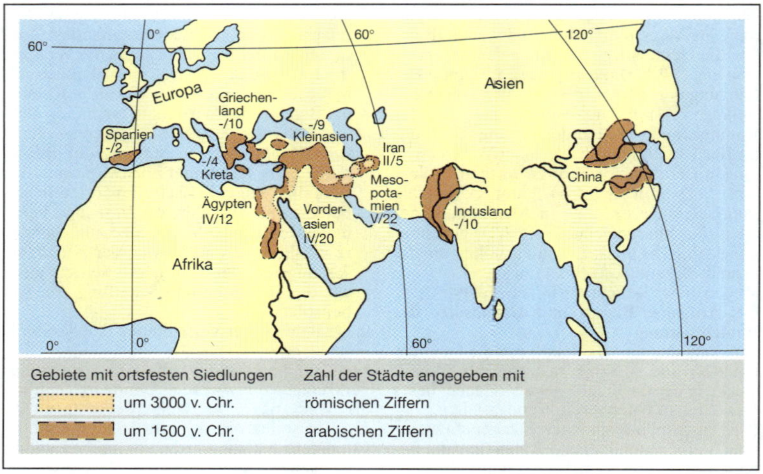

A Vorgeschichtliche Stadtentwicklung

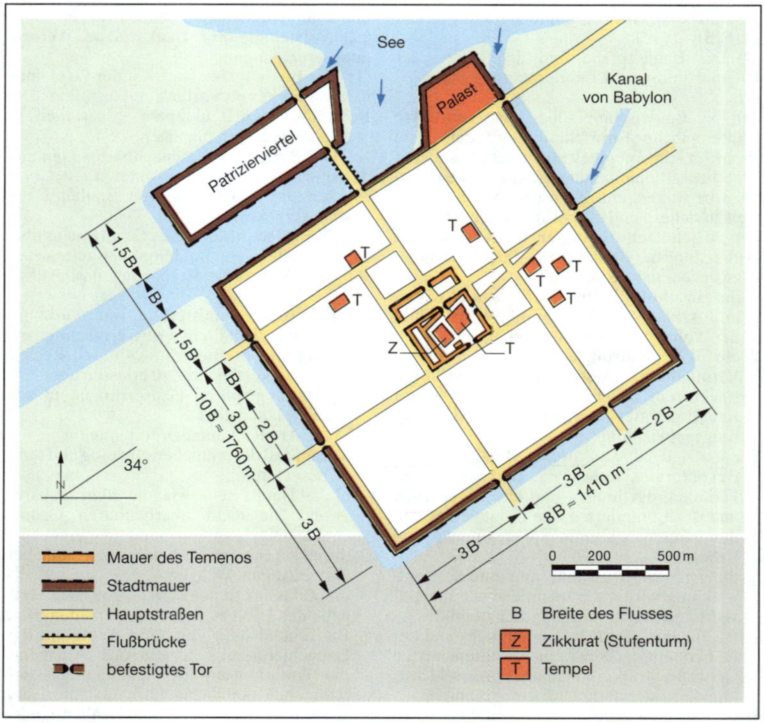

B Grundriß der babylonischen Stadt Borsippa

Geschichte ist objektiv der Geschehenszusammenhang, in dem die Menschheit als ganze oder ein Kulturkreis, ein Staat, ein Volk, eine Stadt erwachsen ist und sich verändert hat; subjektiv ist sie das Wissen um diesen Zusammenhang, seine Erforschung und Darstellung. Beide Bedeutungen gehören zusammen, weil das Vergangene zwar an sich objektive Wirklichkeit ist, aber erst als Gegenstand eines **historischen Bewußtseins** Geschichte wird [1]. Wird Stadtplanung ohne dieses Bewußtsein betrieben, besteht die Gefahr, daß sie zur Utopienträumerei entartet.
Um das Jahr 3000 v. Chr. gab es bereits Städte in Vorderasien *(Jericho)*, Ägypten *(Hierakonpolis)*, Mesopotamien *(Uruk)* und im Iran *(Susa)*. Während sich die Erdbevölkerung (s. Tabelle 1) in den folgenden 1500 Jahren auf ca. 67 Mio. Menschen verdoppelte, stieg die Zahl der uns bekannten Stadtgründungen in diesem Zeitraum auf mehr als das Sechsfache (s. Tabelle 2): die Ausbreitung der Stadtkultur erfolgte klimatisch begünstigt zwischen dem 20. und 40. Breitengrad vorwiegend an Meeresküsten und Flüssen, sie erstreckte sich nach W bis Südspanien und nach O bis zum Gelben Meer (A). Weitere anderthalb Jahrtausende mußten vergehen, bis die Stadtkultur mit dem sich beschleunigenden Wachstum der Erdbevölkerung durch West- und Mitteleuropa bis zu den britannischen Inseln vordrang.

Tabelle 1: Entwicklung der Erdbevölkerung

Zeitraum	Zunahme in Mio. von	auf	Verdoppelung in ungefähr
4000–2500	20	40	1500 J.
2500–1000	40	80	1500 J.
1000–Chr. Geb.	80	160	1000 J.
Chr. Geb.–900	160	320	900 J.
900–1700	320	600	800 J.
1700–1850	600	1200	150 J.
1850–1950	1200	2500	100 J.
1950–1980	2500	5000	30 J.

Die Geschichtsschreibung der frühzeitl. Stadtgründungen, ihrer Planung und ihres Städtebaus muß auf die Ausgrabungsergebnisse der *Archäologie* als Beleg zurückgreifen; doch reichen diese aus, um die Verwendung des Begriffes Stadtplanung schon für diese Zeit zu rechtfertigen (B). Ein Vergleich der beiden am *Euphrat* gelegenen Städte *Ur* (S. 12 A) und *Borsippa* zeigt folgende Gemeinsamkeiten auf: die **SO-NW-Orientierung** der Stadtanlage (begründet durch die Hauptrichtung der »guten Winde« aus NW), die Befestigung der Stadt durch Mauern und Kanäle, die **rechteckige** Anlage des durch Mauern geschützten »heiligen Bezirkes« (griech. *temenos*), die Lage des größten Palastes in der Nordecke der Stadt am Wasser und die aus Hofhäusern unregelmäßig zusammengesetzten Wohnquartiere.

An beiden Stadtgrundrissen ist die grundsätzl. gleiche Differenzierung der **Flächennutzung** und deren Abstimmung auf das jeweils vorherrschende Verkehrssystem ablesbar. Die Unterschiede zwischen beiden Plänen spiegeln die techn. und gesellschaftliche Entwicklung während der über 1000 J. wider, die zwischen der Gründung beider Städte vergingen. Die der Landschaft angepaßte **Ovalform** der frühsumerischen Stadt *Ur* verfestigt sich im babylonischen *Borsippa* zum klaren **Rechteck** mit erkennbaren **Proportionen** in der Grundrißaufteilung. Das als Vorstadt angelegte Patrizierviertel in *Borsippa* kennzeichnet die weiter fortgeschrittene Differenzierung in der Gesellschaftsstruktur. Aus der sumer. *Zikkurat*, dem zentralen Stufentempel auf einem Terrassenberg, wurde der babylon. Stufenturm entwickelt – der Rest des Turmes von *Borsippa* galt in späthebräisch-talmudischer Zeit als der »Turm zu Babel«. Die vermutlich im 3. Jahrtausend gelungene Erfindung des **Rades** führte zum pferdbespannten Streitwagen und zum Ochsenkarren als Verkehrsmittel; dafür war ein neues Verkehrswegesystem erforderlich, ein **Hauptstraßennetz,** das in *Borsippa* selbst nach heutigen Maßstäben meisterhaft angelegt worden war. Während in *Ur* die Waren auf Booten in die innerstädt. Häfen gelangten, wurden sie in *Borsippa* vor den Stadttoren auf Esel und Karren umgeladen. – Eine Besonderheit im Stadtplan von *Borsippa* muß auffallen (B): da der Tempelturm und der *Nana*-Tempel im *Temenos* auf die Einzugsstraße des Königs ausgerichtet waren, ergab sich für den Haupthof des *Temenos* eine nicht rechtwinklige Grundfläche; diese Einzugsstraße vom Nordosttor folgte nicht dem Prinzip der sich rechtwinklig kreuzenden Straßen, sie führte direkt zum *Temenos*. Derartige Verstöße gegen ein Planungsprinzip führen oft zu städtebaul. reizvollen Lösungen. Als **Blickachsen** werden sie erst der Neuzeit, bes. dem Barock, zugeschrieben.
Als »ersten uns bekannten Bauingenieur« [12, I, S. 35] dürfen wir IMHOTEP bezeichnen, der als Architekt des altägyptischen Herrschers DJOSER vermutl. die stadtplanerischen Grundlagen für *Memphis* gelegt und als Abbild dieser Stadt der Lebenden die Totenstadt bei *Sakkarah* gebaut hatte (um 2800 v. Chr.). Andere Baumeister blieben in der Geschichte namenlos.

Tabelle 2: Zahl der nachgewiesenen Städte v. Chr.

in	um 3000	um 2500	um 1900	um 1400
Ägypten	4	6	10	12
Mesopotamien	5	12	22	22
Vorderasien	4	6	13	20
Iran	2	3	3	5
Kleinasien		3	6	9
Kreta				4
Griechenland				10
Südspanien				2
Indusland			10	10

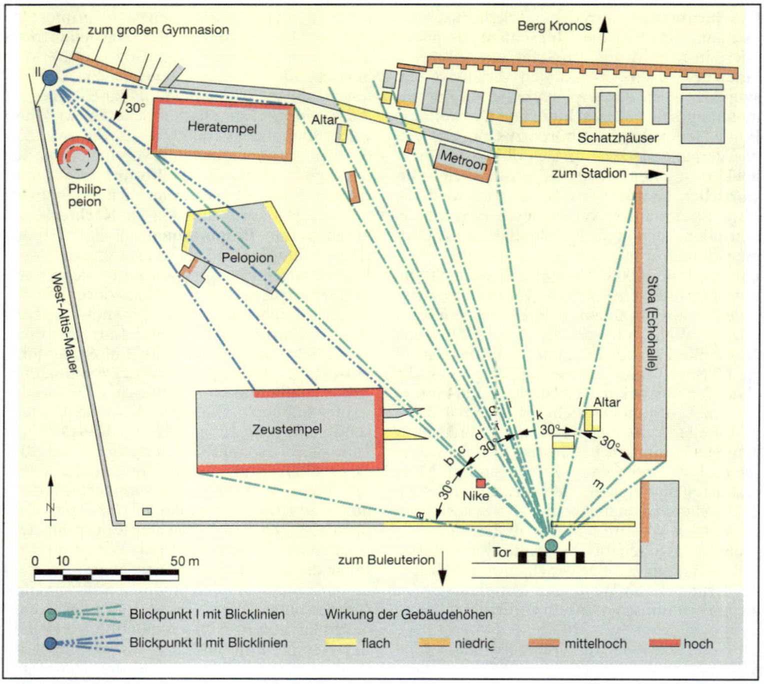

A Altis der griechischen Stadt Olympia

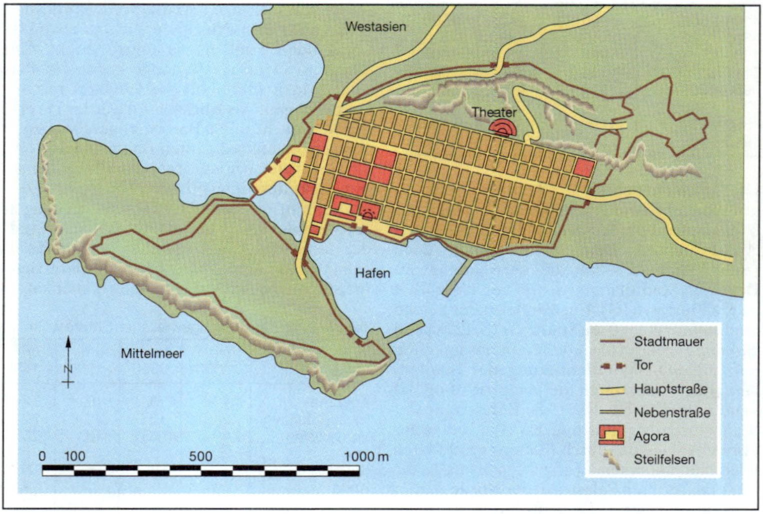

B Stadtplan der griechischen Stadt Knidos

Die **klassische Antike** wird zumeist wegen ihrer maßstabsetzenden Architekturleistungen (Tempel, öffentl. Gebäude) bewundert. Welche Bedeutung die Griechen der Stadt beimaßen, geht aus den Worten ARISTOTELES' (384–322 v. Chr.) hervor: »Das, was den Menschen über den Zustand des Barbarentums erhebt, in dem er bloß ein wirtschaftliches Wesen ist, das, was ihn befähigt, alle seine höheren Fähigkeiten, die im Barbarentum nur schlummern, zu entwickeln, nämlich: gut und richtig zu leben statt nur zu leben, das war seine **Teilnahme und Mitgliedschaft an einer Stadt.** Des Menschen körperliches und animalisches Dasein mag durch das Land befriedigt sein, seine geistigen Bedürfnisse können nur durch die Stadt erfüllt werden.« Dabei bezeugen die Worte »Teilnahme und Mitgliedschaft an einer Stadt«, daß der Begriff *polis* auf die Gemeinschaft der Stadtbewohner und nicht auf die Summe ihrer Bauten gerichtet war.

Im Städtebau unterschieden die Griechen den *archaioteros tropos* (älterer Stil bis ca. 480 v. Chr.) vom *neoteros tropos* (neuerer Stil, ca. 480–335 v. Chr.), der nach HIPPODAMOS von *Milet* auch der *hippodamische* oder *milesische* Stil genannt wird [12, I, S. 171].

Zunächst hatten die Griechen als Eindringlinge die vorgefundenen Siedlungen übernommen, gleichsam unterwandert und durch Jahrhunderte ohne geometr. Vorstellungen für Umriß und Einteilung der Stadt erweitert. Mit Hilfe ihrer Anpassungserfahrungen und durch Zusammenschluß von Dörfern *(Synoikismos)* gründeten sie neue Städte: *Tegea* entstand aus neun Dörfern (um 900 v. Chr.), *Mantinea* aus deren fünf (460 v. Chr.). Dabei nutzten sie die natürlichen Gegebenheiten des Standortes aus und verstanden es meisterhaft, ihre Städte in die Landschaft einzufügen, wie es bes. an Lage und Weite der Stadtmauern abzulesen ist.

Die *Agora* (Marktplatz), umgeben von Säulenhallen *(Stoa),* in der Nähe von Tempeln, dem *Buleuterion* (Sitz des Stadtrates) und anderen öffentl. Versammlungsgebäuden war das lebendige Zentrum der Stadtgemeinschaft. *Gymnasion* (Schule zur Ausbildung von Körper **und** Geist), *Theater* und *Stadion* lagen meist nicht im Kern, jedoch innerhalb der Stadtmauern. War die Stadt als »hoch gelegene Burgstadt« (griech. *akropolis*) entstanden (z. B. *Messene, Athen*), so wurde diese *Akropolis* im Zuge des Stadtwachstums mit Tempeln zu einem »heiligen Bezirk« und gestalterisch zu einer »Stadtkrone« ausgebaut.

Auch die Kultstätten der Vorbewohner wurden zunächst übernommen *(Delphi)* und nach den Forderungen der griech. Religion allmähl. erweitert. Die vorgriech. Stätte *Olympia,* gelegen auf einer flachen Terrasse im Winkel zweier Flüsse am Fuße des Berges *Kronos,* wurde im J. 776 v. Chr. zum *panhellenischen* Treffpunkt, an dem bis 393 n. Chr. Spiele im Vierjahresrhythmus stattfanden. Während dieser 1169 Jahre wurde die Festspielstadt von vielen Stiftern, nicht nur aus Griechenland, kunstvoll ergänzt und reich ausgestattet. Den Kern bildet der »heilige Bezirk«, hier *Altis* genannt. Ihn umgibt ein Kranz profaner Gebäude, dazu im O das *Stadion* und im NW das große *Gymnasion.*

Die Planung der *Altis* soll hier wie in anderen Tempelbezirken nach den Überlieferungen von DOXIADIS das Ziel verfolgt haben, die Gebäude, Altäre, Plastiken so zu stellen, daß sie sich dem beim Tor Eintretenden möglichst ohne Überschneidungen und Verdeckungen darboten. Der Eintretende mußte innehalten und die Gesamtanlage mit den Augen aufnehmen – das heißt **sehen** (A). Man beachte die Stellung der Nikesäule zwischen den Blicklinien b und c und den Ausblick auf den Berg *Kronos* zwischen den Linien k und l im Hintergrund der mittelhohen Schatzhäuser! Zwischen den Linien f und g, die in Abb. A den Ausblick in die freie Landschaft noch offen lassen, wurde später das *Nymphaion* eingefügt. Damit ist ein ästhet. Gestaltungsprinzip im Städtebau belegt, das ganz auf den Menschen als Betrachter abgestellt war.

Nachdem die *Perser* 494 v. Chr. die Stadt *Milet* in Westasien zerstört hatten, verzichteten die zurückkehrenden Einwohner auf einen Wiederaufbau *(Restauration);* statt dessen legten sie dem **Neuaufbau** (ab 479 v. Chr.) erstmals die Grundsätze des neuen hippodam. Stadtbaustils zugrunde. »HIPPODAMOS, der *Milesier«,* so schreibt ARISTOTELES, »hat die **Einteilung** der Städte erfunden und hat den Plan von *Piräus* geschaffen.« Nach der Festlegung des Straßennetzes als Rechteckraster erfolgte die Zuweisung bestimmter Nutzungen zu gewissen Bereichen; es gab solche für öffentl. Gebäude, Hafengebiete, Wohnflächen, militär. Einrichtungen. Aufgefundene Marksteine zu deren Bezeichnung belegen dies [12, I, S. 214]. Es besteht kein Zweifel, daß es sich bei diesem Vorgehen zeitl. um eine Gesamtplanung vor Baubeginn, funkt. um wohlüberlegte **Flächennutzungsplanung** handelte. In ihrer wohl reinsten Form tritt die hippodam. Stadtbauidee in der ausgegrabenen griech. Stadt *Knidos* zutage (B). Dabei muß auch hier zunächst auffallen, daß die Stadtmauer unter Ausnutzung der Topographie die Stadt selbst nicht einengte. Der Standort für eine Neugründung war vorzügl. gewählt: Südhanglage am Meer an einer wichtigen Schiffahrtsstraße, geschützte Hafenbecken, gute Windverhältnisse (Begünstigung der Ost-West-Winde durch die vorgelagerte Insel). In den antiken Diskussionen um den Städtebau spielte die Frage des **Standortes** und seines **Klimas** die vorherrschende Rolle. Die erste uns bekannte Schrift stammt von HIPPOKRATES, der um 400 v. Chr. unter dem Thema ›Luft, Wasser und Lage‹ auch Auswirkungen des Standortes auf den Charakter der Stadtbewohner beschrieb [12, I, S. 169].

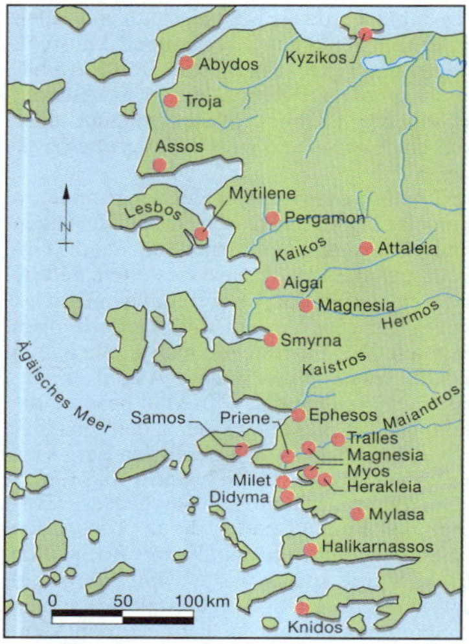

A Griech.-hellenische Städte in Westasien

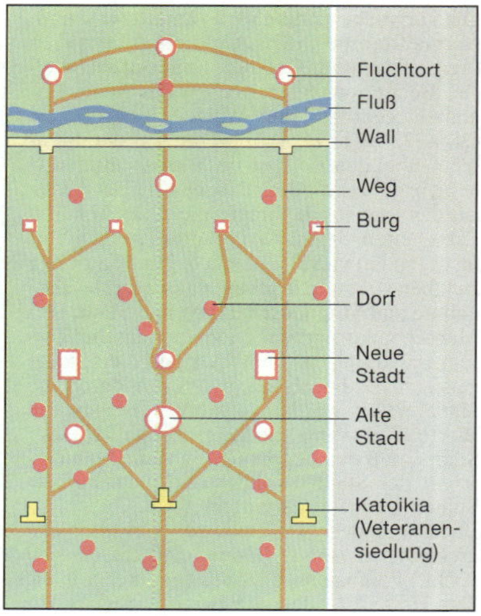

B Alexander-Wall in der Gurgan-Ebene

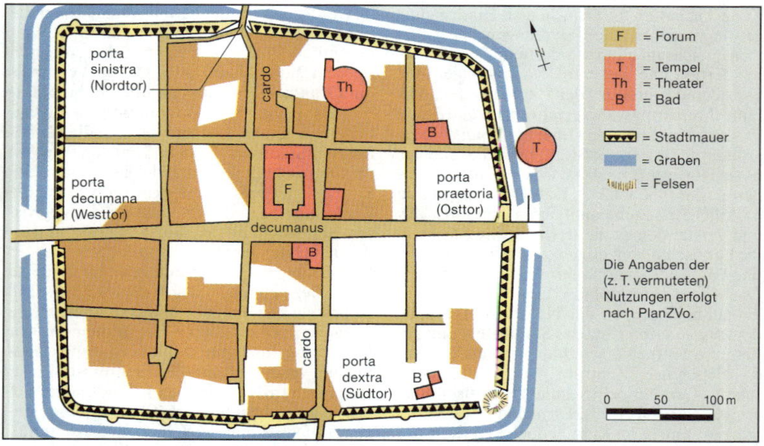

C Stadtplan der Römerstadt Venta Silurum (Caerwent)

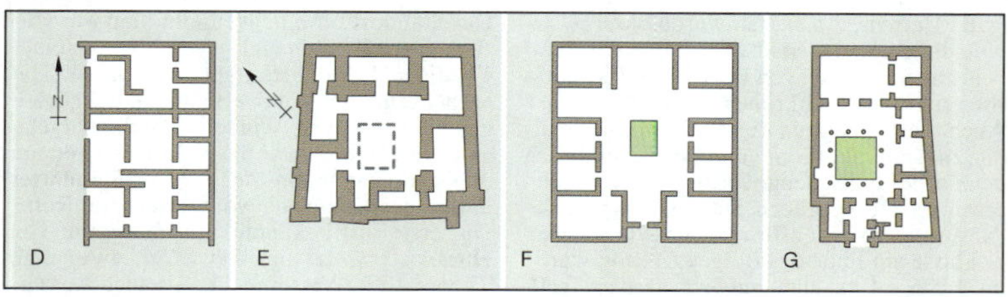

Wohnhausgrundrisse aus Ägypten (D; um 1370 v. Chr.), Ur (E), Rom (F), Delos (G; um 1000 v. Chr.)

Sparta, Ort einer militär. und *feudal* ausgerichteten Dorfges., besaß weder eine *Akropolis* noch einen geschlossenen Stadtkörper; die sechs Hügel, zwischen denen einzelne Quartiere verteilt waren, wurden erst 317 v. Chr. von einer weiten Mauer umgeben. LYKURG soll im 9. Jh. das *Feudalsyst.* der *Spartiaken* (Herren), *Periöken* (Zinspflichtige) und *Heloten* (Sklaven) vorgegeben haben. Sparta hat vermutl. mehr Städte zerstört als neu gegründet; zu den zerstörten zählt auch *Megalopolis,* jene großzügig um 370 v. Chr. gebaute Stadt des EPAMINONDAS, die durch Zusammenschluß von 40 Dörfern Hauptstadt *Arkadiens* werden sollte.

Die Seefahrt und Handel treibenden Städte, unter Führung *Athens* 477 v. Chr. zum *1. Att. Seebund* vereinigt, hatten hingegen neue Städte gegründet und alte Siedlungen zu Städten aufgewertet, um durch sichere Handelsniederlassungen den Wohlstand der Mutterstadt *(metropolis)* zu mehren. Griech. Einflußgebiete waren insbes. Süditalien bis »Neustadt« *(Neapolis),* die Westküste des *Schwarzen Meeres* und Westasiens (A); 425 v. Chr. zählte der Seebund über 400 Mitglieder. In diesem Klima gediehen Philosophie und Baukunst zu kultureller Hochblüte. In der »Metropole« *Athen* fand die *Demokratie* (Volksherrschaft) eine kurz währende Vollendung, bevor 462 v. Chr. auf Antrag des PERIKLES und des EPHIALTES alle polit. Entscheidungen an den Rat, die Geschworenengerichte und die Volksversammlung *(Ekklesia)* übergingen. Während die »Demokraten« vorrangig *Agora* und Häfen ausbauten, ließ der *Demagoge* (Volksführer) PERIKLES die *Akropolis* mit Bundesgeldern erweitern (!).

Nach der Unterwerfung Griechenlands hat ALEXANDER DER GROSSE in den zehn Jahren zwischen Beginn des *pers.* Feldzuges (334 v. Chr.) und der Massenhochzeit von *Susa* dem Städtebau ein Dreifaches hinterlassen: Kolonisation weiter Gebiete durch den Bau neuer Städte (DEINOKRATES schuf das *ägypt. Alexandria*); die Weiterentw. des *hippodam.* zum *hellenist.* Stadtbaustil durch Prachtentfaltung und Aufnahme unterschiedl. Ansätze aus anderen Kulturkreisen; Bau eines Grenzwalles – in der *Gurgan-Ebene* südöstl. des Kasp. Meeres bei Flugaufnahmen zufällig entdeckt – mit vermutl. hoch diff. Verteidigungssyst.(B).

Ob die *Chines. Mauer* oder der *röm. Limes* nach diesem Vorbild errichtet wurden, ist nicht erwiesen; jedoch läßt sich die *röm.* Feste *(castra Romana)* von den rechteckigen *hellenist.* Militärbefestigungen ableiten [12, I, S. 228, 279]. Dieses Castrum wurde für 500 J. Grundlage des *röm.* Städtebaus, wann und wo immer *röm.* Legionen das *Imperium Roms* ausdehnten: bis *Paris, Wien, Bonn* und *London.* Im Grundriß war es quadrat. oder rechteckig, seine Seiten nahmen die Haupthimmelsrichtungen auf. Das röm. *Forum,* der griech. *Agora* nachgebildet, und die öff. Gebäude lagen am Schnittpunkt der beiden Hauptstraßen: der *Cardo* führte vom Nord- zum Südtor, der *Decumanus* vom West- zum Osttor. Die Nebenstraßen wurden rasterförmig eingefügt. In etl. Fällen versprang der *Cardo* am Forum (C). Den Gründungsakt gliederten die *Römer* nach *etrusk.* Riten in vier Vorgänge:

1. *inauguratio* = Standortbestimmung durch Prüfung tier. Eingeweide als Vorzeichen; waren diese gesund, wurde auch für die Menschen Gesundheit erwartet,
2. *limitatio* = Bestimmung der äußeren und inneren Grenzen,
3. *orientatio* = Ausrichtung des Decumanus zwischen Osten und Westen,
4. *consecratio* = Weihe der Stadt unter den Schutz der Götter, wodurch die als **Standortwahl** und **Flächennutzungsplanung** zu bezeichnenden Handlungen **Verbindlichkeit** für jedermann erhielten.

Die *Römer* hatten den *griech.* Städtebau übernommen. Doch ein wesentl. Unterschied blieb: enge Mauern hatten die *Hellenen* nur für militär. Anlagen vorgesehen, die Mauern der *griech.* Städte waren weit gezogen. PLATO (427–347 v. Chr.) hatte sogar angeregt, um der Wehrbereitschaft der Städter willen ganz auf Mauern zu verzichten. Der Begrenzung der *röm.* Stadt durch Mauern entsprach die **Begrenzung der Baufreiheit** durch Gesetze. In jenem *Zwölf-Tafel-Gesetz,* in dem um 450 v. Chr. die *röm.* Staatsidee über die Zwietracht zwischen *Patriziern* und *Plebejern* siegte, wurde erstmalig ein **baupolizeil. Gebot** erlassen: kein Grundeigentümer durfte näher als 2 1/2 Fuß an seine Grenze bauen. Weitere Dekrete zum Bau- und Bodenrecht folgten unter JULIUS CAESAR und Kaiser VESPASIAN, der jedermann das Recht verlieh, einen Baugrund zu beanspruchen, den sein Eigentümer unbebaut ließ [12, I, S. 280].

Die Entw. des Wohnhauses brachte frühzeitig das **Hofhaus** hervor. Als der altägypt. Sonnenkönig ECHN-ATON um 1370 v. Chr. seine neue Residenzstadt *El-Amarna* bauen ließ, wurde in ihrer Nähe eine Arbeiterstadt errichtet, die auf quadrat. Grundriß sechs Zeilen von zweigeschossigen **Reihenhäusern** umfaßte; sie waren auf gleichen Grundst. mit leicht abgewandelten Grundrissen um einen **Innenhof** errichtet (D) – die früheste reine Schlafstadt blieb namenlos! In den Ruinen von *Ur* fanden sich bei unterschiedl. Grundrissen die Reste von zweigeschossigen Hofhäusern (E). In Griechenland entstand aus dem inneren Hof das *Peristyl* (Säulenhof) mit **Ziergarten** (G). Das *Atrium* mit *Impluvium* (Zisterne) wurde früh der Hauptraum des *röm.* Wohnhauses (F). Die vorläufig höchste Vollendung mit *axial* angelegtem *Atrium* **und** *Peristyl* war in den reichen Patrizierhäusern von *Pompeji* anzutreffen, wie auch die Zentralheizung und andere Einrichtungen einer hohen Wohnkultur.

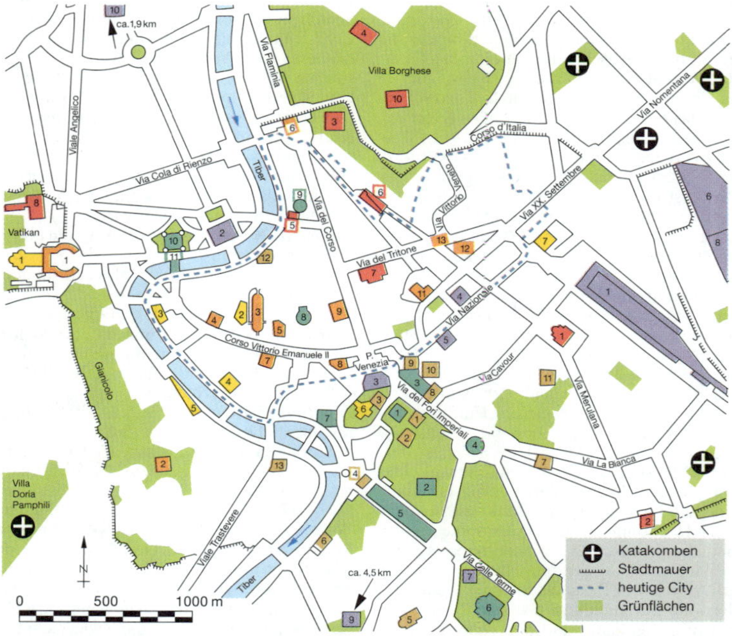

Bauten der Antike

1 Forum Romanum
2 Palastbauten auf dem Palatin
3 Kaiserforen
4 Kolosseum
5 Circus Maximus
6 Thermen des Caracalla
7 Theater des Marcellus
8 Pantheon
9 Mausoleum des Augustus
10 Engelsburg
11 Engelsbrücke

Bauten des Mittelalters

1 SS. Cosma e Damiano
2 S. Maria Antiqua
3 S. Maria in Aracoeli
4 S. Maria in Cosmedin
5 S. Saba
6 S. Sabina
7 S. Clemente
8 Torre dei Conti
9 Torre delle Milizie
10 Torre del Grillo
11 Torre dei Capocci
12 Torre della Scimmia
13 Torre degli Anguillara

Renaissancebauten

1 S. Pietro
2 S. Maria dell'Anima
3 S. Giovanni dei Fiorentini
4 Palazzo Farnese
5 Farnesina
6 Piazza del Campidoglio
7 S. Maria degli Angeli

Barockbauten

1 Kolonnade am Petersplatz
2 Brunnen der Acqua Paola
3 Piazza Navona
4 Chiesa Nuova (Neue Kirche)
5 S. Ivo
6 Porta del Popolo
7 S. Andrea della Valle
8 Chiesa del Gesù
9 S. Ignazio
10 Villa Borghese
11 Quirinal
12 Palazzo Barberini
13 Tritonenbrunnen

Bauten des 18. und 19. Jh.

1 S. Maria Maggiore
2 S. Giovanni im Lateran (Lateranbasilika)
3 Promenade des Pincio
4 Nationalgalerie für moderne Kunst
5 S. Rocco
6 Spanische Treppe
7 Trevibrunnen
8 Vatikanische Museen

Zeitgenössische Bauten

1 Stazione Termini (Hauptbahnhof)
2 Justizpalast
3 Denkmal Vittorio Emanuele II
4 Ausstellungspalast
5 Banca d'Italia
6 Poliklinik
7 Passeggiata Archeologica
8 Universitätsstadt
9 E.U.R. und Sportpalast
10 Bauten der Olympiade 1956

Berühmte Bauten im Stadtgrundriß von Rom

Das lat. *codex,* ältere Form *caudex,* bedeutet urspr. Baumstamm, dann – über die zum Schreiben verwendeten, mit Wachs überzogenen Holztafeln – *Urkunde, Regelheft, Buch.* Der Sinn der Römer für Kodifizierbares schlug sich im Recht wie im Städtebau nieder, soweit er den Aufbau des Imperium Romanum begleitete und als »imperialist. Funktionalismus« bezeichnet werden kann.
Rom selbst wurde zur Ausnahme. Um 650 v. Chr. wurde es durch Zusammenschluß der Latinersiedlung auf dem Palatin *(Roma quadrata)* und der Sabinersiedlungen auf Esquilin, Viminal und Quirinal gegründet. Später galt der 21. April 753 v. Chr. als Beginn der röm. Zeitrechnung *(ab urbe condita).* Das *republikan.* Rom schuf die ersten großen Landstraßen und Aquädukte, das Tabularium auf dem Kapitol und das Forum Romanum als Zentrum der Stadt.
Das Pantheon, 27 v. Chr. von M. Vipsanius Agrippa erbaut (später mehrfach erneuert), war das größte heidn. Heiligtum in Rom; sein Kuppeldurchmesser ist mit 43,30 m um 1,40 m größer als der von St. Peter. Damit erfolgte unter Augustus der Übergang zum Monumentalstil der Kaiserzeit. Die Standorte dieser Bauwerke lagen rings um den Palatin und nach NW bis zum Tiber (A).
Das *christl.* Rom entstand im »Untergrund« der Katakomben im NO, SO und W der Stadt. Die *Basilika,* entw. aus der griech. Stoa, als Gerichtssaal und Markt verwendet, wurde im 4. Jh. zum Heiligtum der Christen und zur Kirche weiterentwickelt. Das Zentrum verschob sich nach SO zur Lateranbasilika. Das *Rinascimento,* »Wiedergeburt«, begann als humanist. Geistesbewegung im 14. Jh. (Petrarca, Boccaccio) im Florenz des Lorenzo Medici und mit Alexander VI. im Rom der Renaissancepäpste. Julius II. ließ St. Peter ab 1506 neu errichten; die größten Künstler Italiens wirkten daran mit: Bramante, Raffael, Michelangelo. Zwischen St. Peter und dem Kapitol wurden ganze Stadtteile nach Bebauungsplänen erneuert; der Vatikan wurde das Machtzentrum Roms und der *kath.* Christenheit.
Im Barock schuf Bernini die Kolonnaden auf dem Petersplatz. Nach N drang die Stadterneuerung vor: die Piazza Navona, die Palazzi Quirinale und Barberini entstanden. Die Vorliebe des Barock für *Szenografie* gab der **Gartenbaukunst** (Villa Borghese) maßgebl. Impulse.
Der Übergang vom Barock zum Klassizismus erfolgte in Rom allmähl.; die Bauten des 18. Jh. (S. Giovanni im Lateran, Trevibrunnen, Nationalgalerie für Moderne Kunst) wurden im O des Stadtkerns errichtet. 1870 wird der Quirinal Sitz des Königs, ab 1947 Sitz des Staatspräsidenten. Mit der Eröffnung der Via Nazionale und der Stazione Termini um 1870 dehnte sich die Stadt nach O aus, zugleich westl. des Tibers im N des Justizpalastes. Mit den Bauten der geplanten Weltausstellung 1942 (E. U. R.) im S und den Olympiabauten 1960 im N hatte das zeitgenöss. Rom die Aurelianischen Mauern weit überschritten [17].

Tabelle 3: Zeittafel der Baustile [12 bis 17]

a) **Griechische Antike**	
Vor 480	*archaioteros tropos* (älterer Stil) z. B.: Altis des frühen Olympia
480–335	*neoteros tropos* (neuerer Stil), im Städtebau auch *hippodam.* oder *miles.* Stil genannt: Knidos
335–40	*Hellenismus:* Alexandria
b) **Römische Antike**	
Vor 200	Baukunst der *Etrusker:* Porta Augusta in Perugia
510–40	Das *republikan.* Rom (Verwendung etrusk. und/oder griech. Stilelemente): Forum Romanum
40 v. Chr.–14 n. Chr.:	Im Zeitalter des Augustus entsteht die röm. Baukunst eigener Prägung: Pantheon
30–476	*Monumentalismus* der Kaiserzeit: Kolosseum, Maxentius-Basilika
c) **Christliches Abendland**	
300–800	Frühchristl. Baukunst: alte Basilika S. Pietro in Rom
750–900	*Karoling.* Baukunst: Hofkapelle von Aachen
950–1050	*Otton.* Baukunst *(Frühromanik):* St. Michael in Hildesheim
1000–1250	*Romanik:* Benediktinerabtei Maria Laach, Dom zu Speyer
1150–1550	*Gotik:* Kathedrale zu Reims, Dome zu Köln, Ulm, Straßburg
1400–1650	*Renaissance:* Dom und S. Spiritu in Florenz, Rathaus in Bremen
1600–1730	*Barock:* Schloß von Versailles, Zwinger in Dresden
1720–1780	*Rokoko:* Sanssouci in Potsdam, Wallfahrtskirche in der Wies
d) **Neuzeitl. Baustile**	
1750–1850	*Klassizismus:* Neue Wache und Brandenburger Tor in Berlin
1805–1820	*Empire (napoleon.* Spielart des *Klassizismus):* St. Madeleine
1815–1848	*Biedermeier (Vormärz):* vorwiegend Innenraumausstattung
1820–1900	*Historismus* (Aufleben aller alten Stile): Der neue Louvre
1895–1910	*Jugendstil:* Hochzeitsturm in Darmstadt
ab 1910	technischer *Funktionalismus:* Faguswerke in Alfeld (1911)
1919–1933	*Bauhaus:* Bauhaus in Dessau

Rom wird wegen seiner Geschichte und Bauwerke als »Ewige Stadt« bezeichnet. Ihre Standorte zeigen die Schwerpunkte der **Stadterweiterungen** und **-erneuerungen** zu versch. Zeiten. Ein stadtplaner. Gesamtkonzept kann aus dem Stadtplan nicht abgelesen werden, doch beweisen die meisten Beispiele im einzelnen, was in versch. Stilepochen als guter Städtebau galt. Bei Stadterneuerungen wurden zumindest Teile des Altbestandes geschont und in neue Pläne einbezogen. Der Umstand, daß diese städtebauliche Weisheit im Verlauf einer so langen Stadtentw. gültig blieb, erhielt uns zahlr. Baudenkmäler.

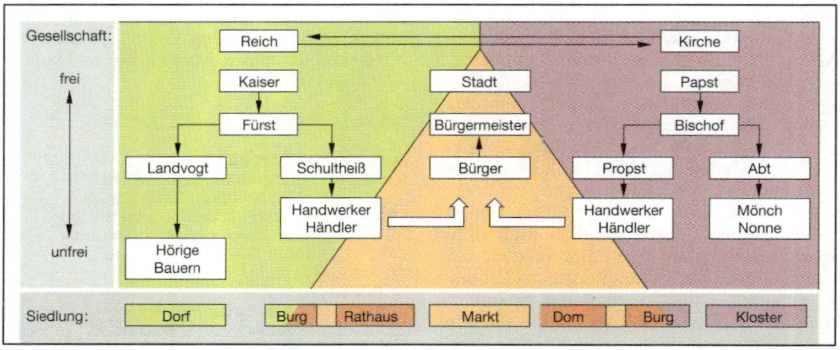

A Mittelalterlicher Gesellschaftsaufbau

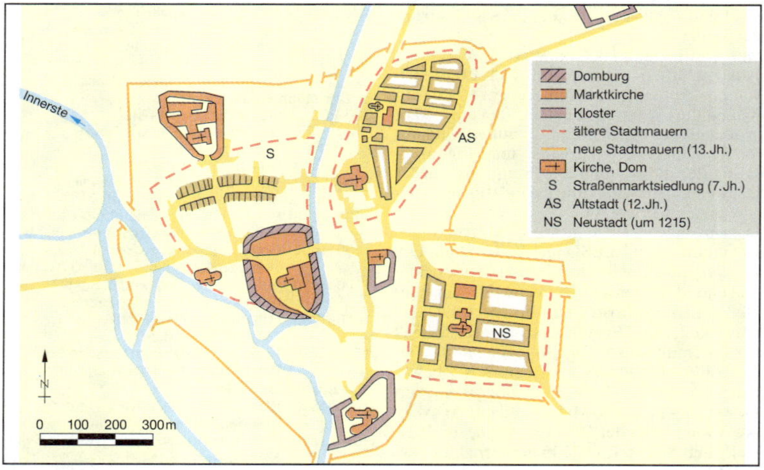

B Hildesheim zwischen 1000 und 1300

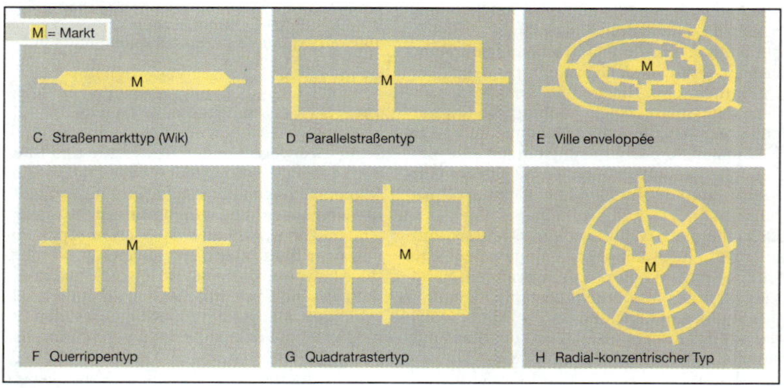

C-H Mittelalterliche Stadtgrundrißtypen

Als Europas Völker nach langen Wanderungen und erbitterten Kämpfen wieder seßhaft wurden, bildeten sie in Mitteleuropa freie **Bauernschaften** und wählten die Führer aus ihrer Mitte – die letzte Freie Bauernschaft bestand im *Land Hadeln* bis 1937 (!). Daraus entwickelte sich das auf dem **Lehnswesen** beruhende »weltl.« **Feudalsyst.:** der urspr. gute Leitsatz, daß Grund und Boden niemandem zu eigen sein, sondern nur geliehen werden könne, führte in der Praxis zur Herrschaft einer dünnen Adelsschicht: 800 wurde KARL DER GROSSE zum ersten dt. Kaiser gekrönt. Daneben entstand aus dem *Christentum* die »geistl.« *Kirchenhierarchie*. Beide Systeme – in ihrem Aufbau einer Pyramide gleich – kämpften um die sehr weltl. Macht, die letztl. auf Ausbeutung der Landwirtschaft beruhte. Auf demselben Konzil zu *Nicäa,* auf dem 325 der noch ungetaufte Kaiser KONSTANTIN I. das Röm. Reich durch Anerkennung des Christentums als Staatsreligion zu festigen versuchte, wurde nicht nur die *Wesenseinheit von Gottvater und -sohn* in einem kaiserl. Gesetz verkündet, sondern auch den Bischöfen die Pflicht auferlegt, in Städten zu wohnen. So wurde die Kirchenhierarchie histor. zum Wegbereiter der Stadt.

Die mittelalterl. Stadt konnte ihren **Ursprung** in versch. Siedlungskernen haben:

1. **Ehemals röm. Städte,** die durch Erstarken ihrer *civitas* (Bürgerschaft), durch einen Bischofssitz (*Regensburg, Köln*) oder eine Kaiserpfalz (*Aachen*) aufblühten.
2. **Klostergründung** mit Bischofssitz und Siedlung für freie und/oder abhängige Gefolgschaft der Kirche (*Bamberg*).
3. Anlage von **kaiserl. Pfalzen** oder **fürstl. Burgen** als Stätten der Rechtsprechung mit Siedlung für Gefolgschaft und für schutzsuchende Handwerker und Händler (*Goslar, Paderborn*).
4. **Marktsiedlungen freier Kaufleute** und Handwerker; sie entstanden meist aus den *Wik*-Siedlungen *german.-slaw.* Ursprungs (als älteste *Hildesheim*, *Dorestad,* das nach 834 von den *Normannen* zerstört wurde) – *Wik* ist mit *vicus* (lat. Dorf) verwandt.
5. Wachstum **freier Meierhöfe** (mit Steuereinnehmerei) oder von Dörfern mit Marktrecht *(Flecken)*.
6. **Gründung** aus best. Anlaß: Silberbergbau in *Frankenberg* (Sachsen) und in *Freiberg* im *sächs. Erzgebirge* Ende des 12. Jhs.

Hildesheim veranschaulicht die Gesch. einer frühmittelalterl. **Stadtentstehung** (B). Das im 7. und 8. Jh. als Straßenmarktsiedlung entstandene *Fernhandelswik* erhielt vor 1000 sein Marktrecht vom Adel bestätigt. 815 wurde es Bischofssitz; 852 wurde der Dom gebaut. Bischof BERNWARD (933–1022) befestigte die Domburg um 1000; er und sein Nachfolger GODEHARD (1022–38) gründeten mehrere Klöster und bauten die Marktkirche nördl. des *Wiks* – umgeben von einer Mauer, war dies die **erste Stadtzelle.** Im 12. Jh. wurde die nordöstl. Bürgerstadt (Altstadt) planmäßig mit Quermarkt angelegt, zu Beginn des 13. Jh. folgte im O die Neustadt mit Zentralmarkt. Jede Stadt und jedes Kloster besaß eigene Befestigungen, bevor im 13. Jh. eine **gemeinsame Stadtmauer** alle Siedlungsteile umschloß und sie unter ihrem Schutz im Inneren zusammenwachsen konnten. Der griech. *Synoikismos* (s. S. 25) fand hier seine städt. Nachahmer – heute nennen wir diesen Vorgang *Gebietsreform.*

Der wiss. Streit, ob Castra oder Kaufmann, ob Kaiser oder Kirche die maßgebl. Städtegründer des Mittelalters waren, ist müßig: vor 1200 entfielen in Deutschland 3 Klosterstädte auf 1 Adels- und 1 reine Bürgerstadt. Kirche, Adel und Bürger haben je eigene Beiträge zum Städtebau ihrer Zeit geleistet. Jene Klosterbruderschaften, die die ersten frühchristl. Kloster- und Gemeindekirchen erbauten, entwickelten sich zu **Bauhütten** (Genossenschaften von Steinmetzen und Maurern), die in der Hochblüte des MA die *gotischen* Dome und Münster als **Stadtkirchen** errichteten.

Die Kaiserpfalz, zunächst als Stätte öff. Rechtsprechung gebaut, wurde Vorbild für die Bauten des Adels, aber auch für das **Rathaus,** das vom niederen Gericht zum Sitz der Selbstverwaltung freier Reichsstädte aufstieg und damit Symbol städt. Freiheit wurde. Von den Adels- und Klosterburgen übernahmen die Städte die **Mauern,** Befestigungsanlagen und – den Namen: der Begriff »Bürger« für das lat. *civis* entstand im Mittelalter.

Dom, Rathaus und Stadtmauern wurden für Jhe. die weithin sichtbaren »Wahrzeichen« der Stadt (A). Ihre Mitte jedoch blieb seit eh und je der **Markt,** dessentwegen Kaufleute und Handwerker Städte gebaut und mit der Welt über ihre Handelswege verbunden hatten.

Im **Grundriß** zeigen die mittelalterl. Städte üppige Formenvielfalt. Es gab keinen einheitl. Stadtbaustil wie im *hippodam.* Griechenland oder mit den *kodifizierten röm.* Castra. Nach den häufigeren Straßennetzen lassen sich folgende Grundrißtypen unterscheiden:

a) **Straßenmarkt-** oder **Langzeilentyp** (C) als rein linearer Einstraßentyp (die *Wike*) oder zum Parallelstraßentyp (D) erweitert *(Bern, Lemgo),*

b) **Querrippentyp** (F; s. S. 32 A) oder abgewandelt zum Fischgrätentyp *(Prenzlau),*

c) Rechteck- oder **Quadratrastertyp** (G), ähnl. dem Schachbrett *(Breslau),*

d) **radial-konzentr. Typ** (H; *Nördlingen*),

e) **Sonderformen,** z. B. die *ville enveloppée* = Stadt auf einem Hügel, deren Straßen den Höhenlinien folgend die Stadt »einhüllen«.

Für den **Stadtumriß** fehlte ebenfalls ein *Kodex.* Die topograph. Gegebenheiten wurden für den Schutz der Stadt und ihrer Handelswege ausgenutzt; von der freien Landschaft grenzte sie sich durch ihre Mauern klar ab.

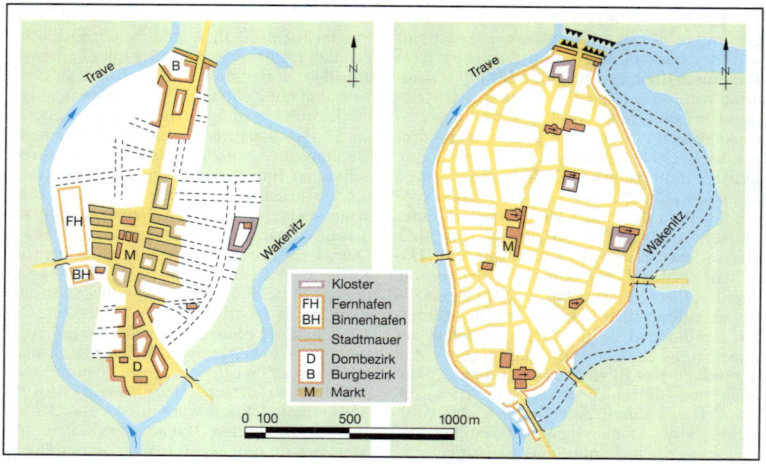

A Lübeck zwischen 1160 und 1225

B Lübeck von 1226 bis 1570

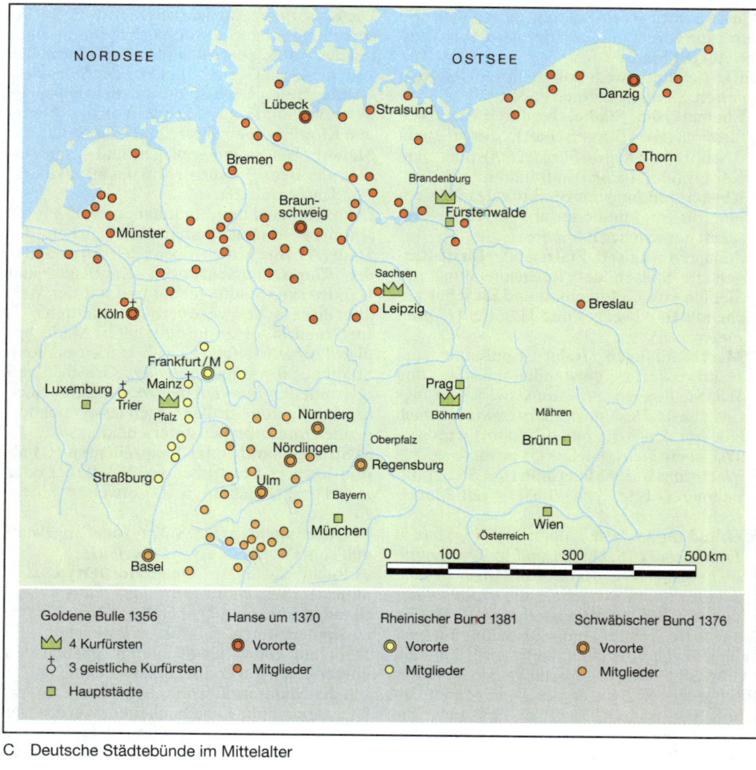

C Deutsche Städtebünde im Mittelalter

Die **Zahl** der deutschen **Städte** stieg von ca. 40 im 9. Jh. auf ca. 3000 im 14. Jh. [18, S. 43]; ihr Anstieg war im 13. Jh. am größten. Allein König OTTOKAR VON BÖHMEN (reg. 1252–78) gründete über 60 Städte in seinem Reich. Dafür gab es mehrere Gründe: Einführung der Dreifelderwirtschaft aus Frankreich und verbesserte Geräte (Pflug aus Eisen), dadurch **Ansteigen der Bevölkerungszahl** (s. Tabelle 4). Mit dem Ziel der **Christianisierung** heidn. Gebiete betrieben Kaiser und Kirche deren **Kolonisation** durch Bau neuer Städte. ALBRECHT DER BÄR wirkte als erster Markgraf in der Altmark und Brandenburg (seit 1150); HEINRICH DER LÖWE (1129–95) unterwarf den Abodritenfürsten PRIBISLAW, machte sich Pommern lehnspflichtig und gründete u. a. *Lübeck* neu (1159). Die Wahl des **Makrostandortes** richtete sich überwiegend nach den Bedürfnissen von **Handel und Verkehr.** An der Ost- see- und Nordseeküste, insbes. an Flußmündungen, Förden und Haffs, entstanden Städte als Umschlagplätze zwischen See- und Landverkehr. Entlang den O-W-Handelsstraßen am Nordrand der Mittelgebirge und in den N-S-Tälern der großen Flüsse, insbes. an ihren Kreuzungspunkten, wurden zumindest marktdörfl. Siedlungen gegründet; die Formen der Brückenkopf-, Furt- oder Hafenstadt bildeten sich früh heraus. Der **Mikrostandort** hatte bes. das **Schutzbedürfnis** zu erfüllen: Flußinseln *(Breslau)*, Flußschleifen *(Bern)*, Einzelberge in Tälern *(Salzburg)* zeigen mit der Vielfalt der bevorzugten Standorte den Reichtum an städtebaulichen Lösungen – bei vergleichsweise geringen Einwohnerzahlen.

Tabelle 4: Bevölkerungsentwicklung in Deutschland

Jahr	Mio. Einw.	Ereignis
um 900	ca. 2	
um 1050	ca. 5	
um 1200	ca. 10	
um 1340	ca. 16	Pest
um 1360	ca. 8,5	
um 1500	ca. 16	
um 1620	ca. 26	Dreißigjähr. Krieg
um 1650	ca. 16,5	
um 1750	ca. 20,5	

Ein Beispiel: *Lübeck* wurde auf einem flachen Hügel zwischen *Wakenitz* und der schiffbaren *Trave* (17 km zur Ostsee) gegründet (1143). Nach Machtkämpfen unter den Schutzfürsten und nach einer Feuersbrunst verließen die Gründungssiedler die Stadt, kehrten jedoch 1158 unter dem Schutz HEINRICHS DES LÖWEN zurück, dessen Burg an der Engstelle zwischen den Flüssen die Stadt sicherte. Im S lag der Dombezirk, im O ein Kloster und im W Fern- und Binnenhäfen. Dazwischen wurde die Kaufmannsstadt als *Querrippentyp* gebaut (A: farbige Fl.). Die Erweiterungsfähigkeit (A: gestrichelte Fl.) erwies sich als bes. Vorzug. Um die wachsende Stadt mit **Trinkwasser** zu versorgen (zusätzl. wegen des Schutzes), wurde um 1226 die *Wakenitz* am Einfluß in die *Trave* aufgestaut. Wassermühlen und Wasserkünste wurden angelegt. Das Straßennetz wurde dem natürl. Umriß der Stadt angepaßt, der für 5 Jhe. unverändert blieb [19].

Auf die Ablösung des alten Wanderhandels durch moderne Handelsformen (Schriftverkehr und Buchführung, Kredit- und Kommissionsgeschäfte) folgte die wirt. Blüte *Lübecks* als einflußreichster **Vorort** der *Hanse*. Mit zeitweise über 200 Mitgliedern und zahlr. Niederlassungen *(Stalhof* in *London, Petershof* in *Nowgorod)* wurde die *Hanse* der bedeutendste Städtebund des Mittelalters (C).

Der *Rhein. Städtebund*, 1254 zur Sicherung des Landfriedens im *Interregnum* gegründet, richtete sich später gegen Ritter, Fürsten und Könige. Obwohl die GOLDENE BULLE von 1356 alle Bündnisse verbot, gründeten 14 Städte 1376 den *Schwäb. Städtebund*, schlossen sich mit dem 1381 neugegr. Rhein. Bund zum *Süddeutschen Städtebund* zus. und nahmen 1385 die *eidgenöss.* Städte auf. In den Kämpfen der Bünde gegen Kaiser und erstarkende Hausmachtfürsten gingen Macht und Einfluß der Städte verloren. Die **Pest,** Folge übler *hygien.* Zustände, dezimierte die Stadtbevölkerung. Das in den *Zunftordnungen* erstarrte Stadtrecht förderte das Mittelmaß und damit den Adel bei seinen Machtkämpfen (vgl. MACHIAVELLI).

Dennoch sind der Stadt des Mittelalters zahlr. **Kulturleistungen** zu verdanken:

um 1225 schrieb vermutl. der sächs. Rechtskundige EIKE VON REPGOW (REPGAV) den SACHSENSPIEGEL, der in 244 Artikeln das allg. dt. **Landrecht** erstmals schriftl. festhielt;

das im wesentl. *magdeburg., lüb.* oder *Nürnberger* **Stadtrecht** faßte die Rechte auf Selbstverwaltung, niedere Gerichtsbarkeit, Verteidigung (Stadtmauer) und die Markt- und Stapelrechte zus. und hatte die Städte damit dem Anspruch des Feudalsyst. teilweise entzogen (»Stadtluft macht frei«);

die *Gotik* als Baustil der christl. Stadt; an Kloster- und Domschulen bildeten sich im 12. Jh. Genossenschaften von Lehrenden und Lernenden *(Universitas magistrorum et scholarium)* als Anfänge jener **Universitäten,** die als Wegbereiter eines neuen Wissenschaftsbegriffes ein neues Zeitalter ankündigten und im Schoß der Stadt vorbereiteten (s. Tabelle 5).

Tabelle 5: Universitätsgründungen in Europa

Land	13. Jh.	14. Jh.	15. Jh.
Italien	8	9	2
Spanien	6	2	6
Frankreich	3	7	9
Deutschland	–	5	13
England	2	–	3
Dänemark	–	–	1
Schweden	–	–	1
Übriges Europa	–	3	1
Summe:	19	26	36

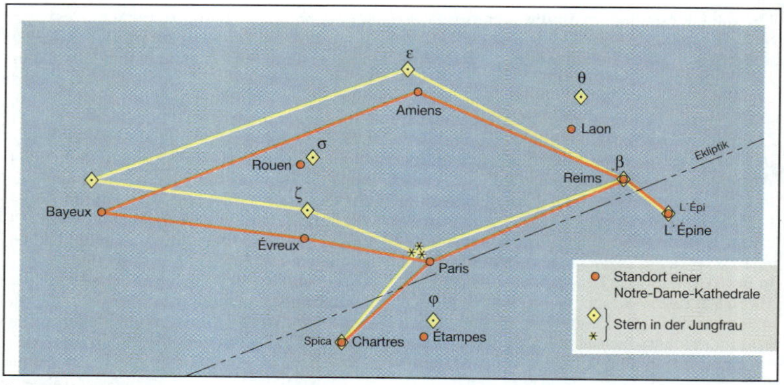

A Vergleich: Sternbild Jungfrau ♍, Figuration der »Notre-Dame-Städte«

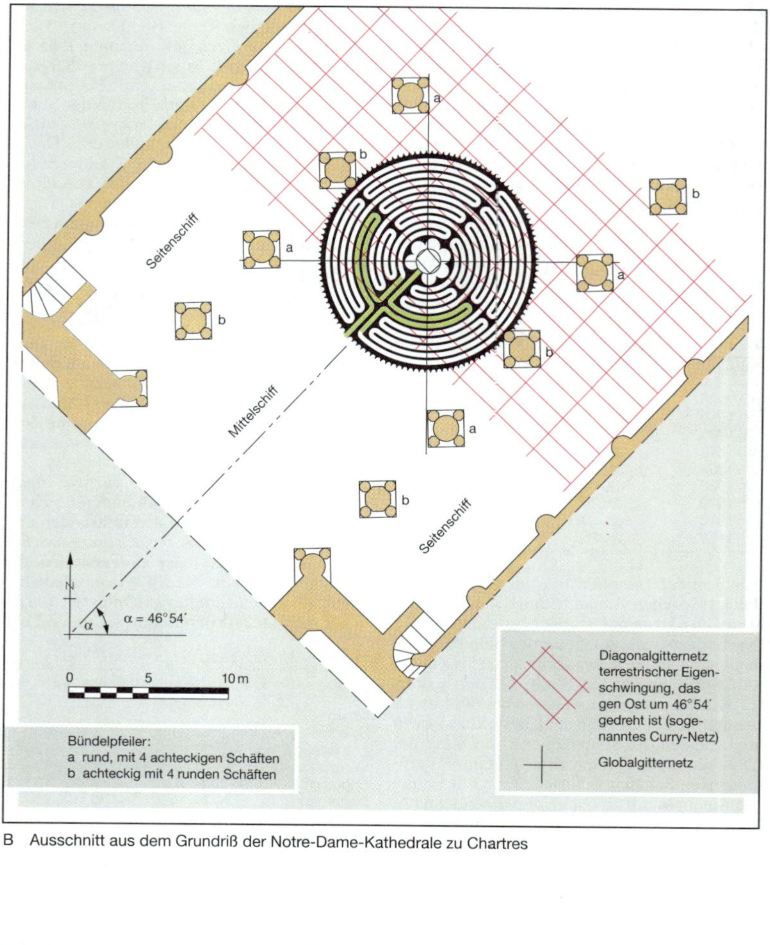

B Ausschnitt aus dem Grundriß der Notre-Dame-Kathedrale zu Chartres

Die **Basilika** (griech. *basilikos* = königl.) war im 2. Jh. v. Chr. als weltl. Bauform entstanden; sie war flachgedeckt oder eingewölbt. Seit dem 4. Jh. errichteten Christen als Kirchen Basiliken (nach O gerichtet, mit Apsis, auch Krypta). Nun brachte die Gotik die **Kathedrale** hervor (von *cathedra* = Bischofsstuhl), die in Dtl. **Dom** oder **Münster** genannt wird.

Der Ursprung der Gotik liegt in Nordfrankreich *(Ile de France)* zur Zeit Ludwigs VI. (reg. 1108–37). Sein Ratgeber, Abt Suger von Saint-Denis, verhalf nicht nur dem Königtum zu neuer Erstarkung, er ließ auch die Abteikirche in jenem neuen Stil errichten, der ein Jh. später im Ausland *opus francigenum* (französ. Stil) genannt wurde. Die Verwendung des Kreuzrippengewölbes läßt das Bauwerk im Innern in die Höhe streben, der horizontale Gewölbedruck wird über nach außen verlegte Strebebögen und -pfeiler abgetragen, die Vertikallasten der Kreuzrippen werden zusammengefaßt von Bündelpfeilern übernommen. Die lichte Höhe unter dem Gewölbe nimmt zu: 24 m in Laon und Paris, 36,5 m in Chartres, 38 m in Reims und als höchste standhafte Höhe 42,3 m in Amiens.

Zur Entstehung der Kathedralen:

1. **Laon:** Bischof Gautier de Mortagne ließ eine kaum 50 Jahre alte Kirche niederreißen, um ab 1160 den Bau der ersten Kathedrale der Gotik zu beginnen, die mit ihrem Westwerk, der zwölfblättrigen Fensterrose, der Einheit von Bauteil und Kunstwerk als Leitbild wirkte.
2. **Paris:** Maurice de Sully, seit 1160 Bischof von Paris, erreichte es, daß Papst Alexander III. 1163 den Grundstein legte. Bei Maurices Tod 1196 war das Bauwerk fast vollendet.
3. **Chartres:** auf dem Boden eines vorchristl. Heiligtums mit Quelle war hier ein Marienbild, die *Virgo partitura,* von Pilgern verehrt worden. Um 876 bestimmte Karl der Kahle, die heiligste Reliquie der Jungfrau Maria, die *sancta camisia,* d. i. die Hl. Tunika, die sie bei der Ankunft Jesu trug, von Aachen – dort hatte Karl der Gr. sie aufbewahrt, seit er sie vom Kaiser von Konstantinopel erhalten hatte – nach Chartres zu überführen; es wurde »Lieblingsaufenthalt der Jungfrau auf Erden« [20, S. 119]. Als bei dem Brand am 10. 6. 1194 zwar die Kirche zerstört, jedoch beide Reliquien auf wunderbare Weise gerettet wurden, war klar, daß – so denken es die Chroniken – »die Jungfrau eine neue und prächtigere Kirche zu ihren Ehren wünschte«. Der sofort begonnene Neubau war um 1220 im wesentlichen beendet, die Krypten aus dem 9. und 11. Jh. blieben erhalten, das *Portail Royal* (Königsportal) aus den Jahren 1145–70 blieb Haupteingang. Die Einweihung fand am 24. Okt. 1260 statt – z. Zt. Ludwigs IX. des Heiligen (reg. 1226–70).
4. **Étampes** (12. Jh.) erinnert mit der Krypta aus dem 11. Jh. und dem got. Portal sehr an Chartres.
5. **Rouen:** nach dem Brand um 1200 wurde der got. Neubau begonnen; der Rohbau war um 1250 fertig, doch der Südturm entstand erst nach 1487. 1431 starb Jeanne d'Arc vor dieser Kirche den Feuertod.
6. **Reims:** hier taufte der hl. Remigius (wahrscheinlich an Weihnachten 498) den Frankenkönig Chlodwig – es wurde Krönungsstadt im Frankenreich. Ein Jahr nach dem großen Brand, am 6. 5. 1211, wurde der Neubau der Kathedrale begonnen – aber sie war noch nicht fertig, als Jeanne d'Arc Karl VII. nach Reims zur Krönung führte.
7. **Amiens:** berühmt durch die Reliquie vom Schädel Johannes des Täufers, erhielt diese Kirche die höchste lichte Höhe im Innern. Das Portal, die Fensterrose, die Skulpturen und das »Labyrinth« sind Zeichen dafür, daß diese Kathedrale als höchste Vollendung der Verkörperung gotischen Geistes gilt.
8. **Évreux** wurde ab dem 12. Jh. in 4 Jahrhunderten erbaut.
9. **Bayeux** ist ein Meisterwerk normannischer Gotik aus dem 13. Jh.
10. **Abbaye de l'Epine:** »wie ein brennendes Feuer und ein blühender Rosenstrauch« hat die kleinste der hier genannten Kirchen die Erhabenheit einer Kathedrale, sie ist ein Kleinod des *Flamboyantstils* (1410–1524) und mit ihrem Brunnen Wallfahrtsstätte (7 km östl. von Châlons-sur-Marne).

Louis Charpentier [21, S. 27] weist darauf hin, daß diese hier genannten Kathedralbauten – er zählt Abbeville hinzu – dem Patronat Mariens (Notre-Dame) unterstehen und daß ihre Standorte auf der Landkarte von Frankreich (B) das gleiche Zeichen ergeben wie das Sternbild »Jungfrau« (A) am Himmel. Er zitiert auch, daß in der Normandie die Standorte von Benediktinerabteien das Sternbild des Großen Bären nachzeichnen. Diese beiden Sternzeichen sind übereinander auf der Mittelplatte des Bodenmosaiks, des sog. *Labyrinths,* durch große Nägel mit Vierkantköpfen dargestellt. Im Zentrum dieser Platte fallen die Knotenpunkte der beiden Gitternetze terrestrischer Eigenschwingung, des *Global-* und des *Diagonalgitternetzes* (vgl. S. 176 f.), in einem Punkt zusammen, so daß hier einer der seltenen Punkte höchster Schwingungsintensität zu finden ist.

Aus der Richtung der Kirche parallel zur Richtung des Diagonalnetzes und aus dem Umstand, daß kein Knotenpunkt des Gitternetzes in die Grundfläche der Pfeiler fällt, darf geschlossen werden, daß die Baumeister der Gotik dieses Wissen zur Erhöhung der Standsicherheit ausgenutzt haben. Es muß später verloren gegangen sein; 1284 stürzt das höchste ausgeführte Gewölbe (von 48 m in Beauvais) 12 J. nach Fertigstellung ein. Der Kreuzritterorden der Templer, der dieses Wissen aus dem Hl. Land mitgebracht haben soll, wurde 1312 auf Betreiben des französ. Königs verboten.

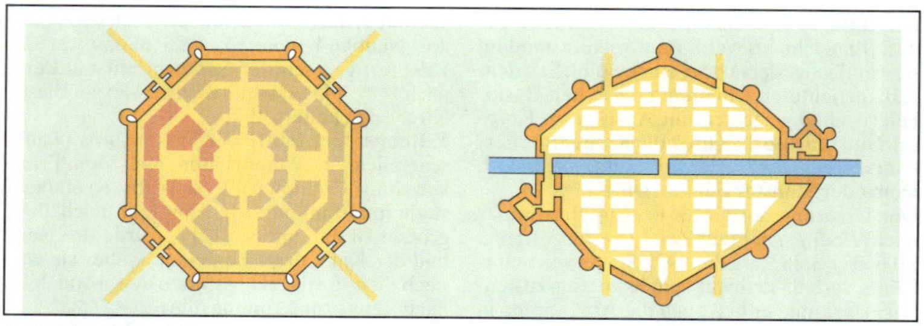

A Idealstadtentwürfe von Francesco di Giorgio Martini

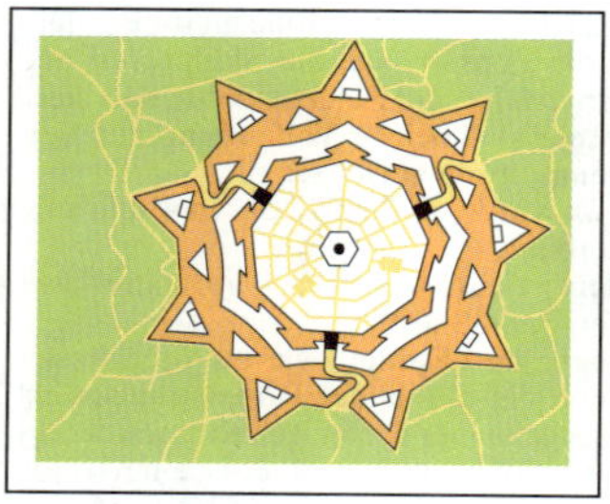

B Palmanova, ab 1593 erbaut von Vincenzo Scamozzi

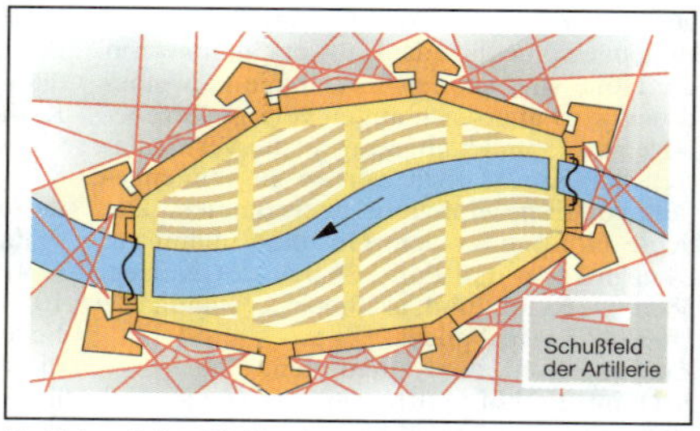

C Entwurf einer Flußstadt von Francesco de Marchi

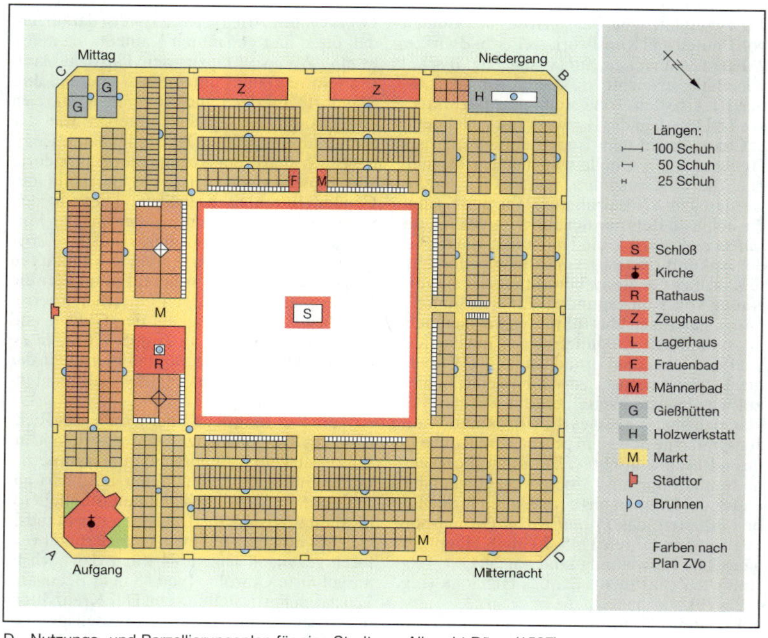

D Nutzungs- und Parzellierungsplan für eine Stadt von Albrecht Dürer (1527)

Die Vorstellungen des MA über die Welt, die Erde und den Menschen erfahren in der Renaissance eine grundlegende **Wandlung.** LEONARDO BRUNI (1369–1444) entwirft das Ideal der gebildeten und zugleich polit. tätigen Persönlichkeit. Baldassare CASTIGLIONE (1478–1529) setzt den Begriff vom *Uomo universale,* dem umfassend gebildeten Menschen, der »alles kann, wenn er nur will«. Auf PHILIPP MELANCHTHON (1497–1560) geht das humanist. Gymnasium zurück. Die exakten Wiss. entstehen und sagen aus, daß die Erde als Planet im Sonnensyst. zu begreifen ist. Die Berichte der seefahrenden Entdecker bestätigen die These von der Kugelgestalt der Erde; die »Neue Welt« Amerika wird entdeckt (s. Tab. 6). Die Entdeckung der perspektiv. Darstellung um 1400 beeinflußte die Malerei für 5 Jhe., bis Cézanne, für die Stadtplanung hatte sie eine revolutionierende Bedeutung. Der florentin. Baumeister BRUNELLESCHI fand die **zentralperspektiv. Konstruktion** um 1410; LEON BATTISTA ALBERTI, Baumeister von bahnbrechender Bedeutung für die Baukunst und ihre Theorie, hat die Perspektive 1435 wiss. begründet. Wie die Perspektive das Dargestellte auf das Auge des Betrachters bezieht (Augenpunkt), so werden Erde und Welt auf den Menschen bezogen.
1415 wird die Handschrift des zehnbändigen Werkes ›De architectura‹ aufgefunden, die der röm. Architekt und Ingenieur VITRUVIUS POLLIO, genannt VITRUV, um 25 v. Chr. nach griech. Schriften verfaßt hatte – so wird VITRUV zum antiken Lehrmeister der italien. Städtebautheoretiker. ALBERTI behandelte u. a. die Fragen der Standortwahl (Gegend, Klima, Umweltbedingungen), der Größe, des Umrisses, der Sicherheit, der funkt. Zweckmäßigkeit (commoditas) und des ästhet. Vergnügens (voluptas). »Die Schönheit« definiert ALBERTI als »Zusammenklang der Teile zu einem Ganzen, das nach einer bestimmten Zahl (numerus), einer bes. Beziehung (filitio) und Anordnung (collocatio) aufgeführt wurde, wie es das Ebenmaß, d. h. das vollkommenste und oberste Naturgesetz, fordert« [12, III, S. 23]. Viele italien. Idealstadtentwürfe zwischen 1430 und 1570 zeigen geometr. Formalismus und die Loslösung des Städtebaus von Natur und Antike (A, C); nur wenige wurden gebaut (B).
ALBRECHT DÜRER (1471–1528) veröffentlicht 1527 die Schrift ›Etliche underricht zu befestigung der Stett, Schloß und Flecken‹. Sie enthält den **Idealplan** einer quadrat. Stadt, umgeben von drei Mauern und ausgerichtet auf die Haupthimmelsrichtungen. Ein Viertel der geschützten Stadtfläche, die Mitte, nimmt das Schloß ein; um Markt und Rathaus liegt das Wohngebiet der »edelleut, haubtleut und der fürnemsten der Kriegsknecht«. Ahnte Dürer den Absolutismus? Die exakte »Einteilung« der gesamten Stadt ist die stadtplaner. Festschreibung der spätgot.-mittelalterl. Zunft- und Ständeordnung. DÜRER beginnt mit der Festsetzung der Kirche; »des Pfarherß garten« und »das klein Gertlein« sind die einzigen Grünflächen in dieser Stadt: »also hat er herlich zu wonen«. Als nächstes »ordnet« DÜRER die Gießhütten wegen der Winde, die den »giftigen« Rauch hinwegtreiben sollen. Auch diese Stadt wurde nicht gebaut (D).
Wegen der Bevölkerungsentw. (s. Tab. 4) blieb die Bautätigkeit zumeist auf Bürger- und Rathäuser, Befestigungen und Schlösser (Weserrenaissance) beschränkt. Wenn auch die Bevölkerungsdichte in den Städten nur allmähl. zunahm, so wurde doch die Einführung des **Baurechtes** notwendig. So gab die Stadt Köln als ›Juramentum der Meister von den Steinmetzen und Zimmerleuten‹ am 6. 7. 1478 eine Bauordnung heraus. 1564 erschien die **Bauordnung** von LEONHART FRÖNSPERGER, die in drei Büchern die rechtl., techn. und wirt. Probleme des Bauwesens regelte und somit als Vorläufer der Preuß. Einheitsbauordnung von 1919 angesehen werden kann [22].
Während THOMAS MORUS zum Vater neuzeitl. Utopien wurde, entw. der **Frühkapitalismus** seine erste Hochblüte. Die FUGGER in Augsburg besaßen neben ihrem Bankhaus das Quecksilbermonopol und die Kontrolle über die europäische Blei-, Silber- und Kupferproduktion. Die WELSER erhielten für ein Darlehen zur Kaiserwahl von Karl V. 1528 das Recht zur Einfuhr von Negersklaven nach Amerika und zur Kolonisation in Südamerika – dies geschah im Zeitalter des **Humanismus.**

Tabelle 6: Wegbereiter der Neuzeit

geb.–gest.	Forscher	Sachgebiet
um 1300	Mondino de Luzzi	Anatomie
1377–1446	Brunelleschi	Zentral-perspektive
1404–1472	Alberti	Stadtplanung
1452–1519	Leonardo da Vinci	Kunsttheorie
1469–1527	Machiavelli	polit. Wiss.
1473–1543	Kopernikus	Heliozentrismus
1478–1535	Morus	polit. Utopie
1512–1594	Mercator	Kartografie
1564–1642	Galilei	Math.; Physik
1571–1630	Kepler	Astronomie
1643–1727	Newton }	Infinitesimal-
1646–1716	Leibniz }	mathematik
	Entdecker	Land
1451–1506	Kolumbus	Kuba, Haiti
1451–1512	Vespucci	Brasilien
1478–1541	Pizarro	Inkareich
um 1480–1521	Magalhães	erste Erdumseglung
1485–1547	Cortez	Aztekenreich

Tabelle 7: Europäisches Wissen über die Erdoberfläche [11, S. 661]

um	Land	Wasser	insgesamt
1000	15,2 %	5,2 %	8,1 %
1400	21,0 %	7,0 %	11,2 %
1500	25,0 %	20,9 %	22,1 %
1600	49,0 %	52,5 %	49,0 %
1900	90,0 %	97,0 %	95,7 %

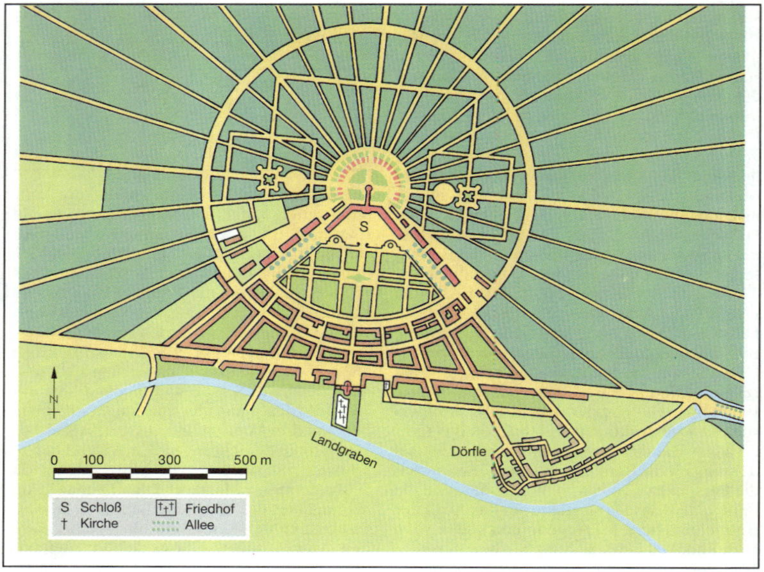

A Karlsruhe: Stadtplan von 1739

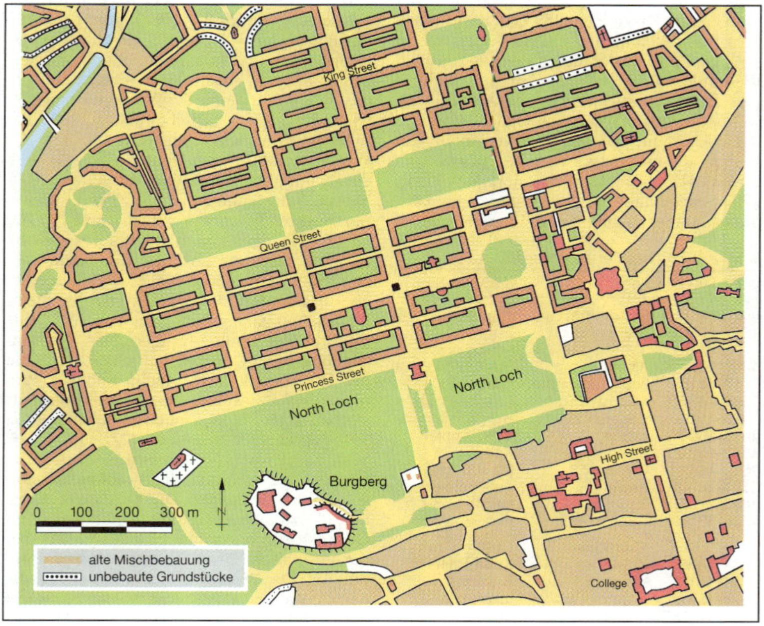

B Edinburgh: Zustand 1834 nach einem Plan von 1767

Der italien. Renaissance-Maler VASARI hatte den Spätstil des christl. MA »Gotik« genannt und damit verächtlich Barbarisches gemeint. Diese Kritik trifft nicht; denn Kaiser, Kirche und Kaufmann hatten ihr Land durch ihre Städtebaupolitik »über den Zustand des Barbarentums erhoben« (S. 33). Die Zeit der Stadtgründungen ist abgeschlossen, als die Renaissance sich über Europa auszubreiten beginnt. Die Gegenreformation und der erstarkende **Absolutismus** bringen als höf. Weltstil den Barock (portugies. *barocco* = unregelmäßige Perle) hervor. Seine Merkmale: Unterordnung aller Teile unter das Ganze, Betonung einer Hauptachse, Bewegung in Grund- und Aufriß, reiches Schmuckwerk und Innenraummalerei. Die Fürsten erbauen ihre Residenzen zumeist vor der Stadt – oft in Vorstädten (Versailles, Schönbrunn, Potsdam). Schnurgerade Alleen dienen als Straßen. Die Bauten BERNINIS und BORROMINIS in Rom sind stilist. die ersten Vorbilder. LUDWIG XIV. *(»L'État c'est moi!«)* läßt seit 1661 von LE VAU, später von HARDOUIN-MANSART das Schloß Versailles errichten und den Garten in barocker Strenge von LE NÔTRE anlegen. Ihm eifern Europas Fürsten nach. Nachdem LUDWIG 1689 Durlach zerstört hatte, gründete Markgraf KARL WILHELM (reg. 1709–38) Karlsruhe in der Rheinebene [23]. Sein Berater LICHTENFELS hatte diesen verkehrsgünstigen Standort vorgeschlagen, um die Grafschaft im Sinne des **Merkantilismus** wirtschaftl. zu stärken. Die Gesamtanlage der Residenzstadt wurde auf den Schloßturm ausgerichtet (A). Die Landschaft wird Objekt der Architektur – der geometr.-rationale Barockgarten tritt neben den seit dem 14. Jh. bekannten *Botan. Garten.*

G. W. LEIBNIZ (1646–1716) schreibt 1669 die Abhandlung über ›Ursachen worumb Cannstatt füglich zur Hauptstadt des Herzogtums Württemberg zu machen‹, in der es heißt [24, S. 200]: »Zum Bauernstand gehören alle diejenigen, die Rohstoffe erzeugen, Wein und Getreide bauen, Holz fällen, Vieh aufziehen, Erz graben und dergl. Diese … gehören ihrer Eigenart gemäß auf die Dörfer … Die Handwerksleute bereiten die von den Bauern herangeschafften Rohstoffe auf und machen sie fertig zum Verladen, Verkaufen und zum Gebrauch, gehören also ihrer Eigenart gemäß in kleine Städte … Der oberste Stand ist der der Regenten und ihrer Bedienten. Zu diesem Stand nun gehören alle diejenigen, die sich … nicht mit ihrer Hand, sondern mit ihrem Kopf ernähren … Ihr Amt ist es, den Bauern- und Handwerksleuten, aber auch ihresgleichen, durch guten Rat und Hilfe zu zeigen, wie sie bei Verstand, Gesundheit und Nahrung bleiben sollen.« Zu letzteren zählt LEIBNIZ die Regenten, die Lehrer, Geistlichen, Juristen, Mediziner, Kaufleute und jene »Realphilosophen, nämlich die Physiker und Mathematiker, die durch ihre Experimente und Erfindungen neue Künste und Vorteile zum Nutzen der Menschen … hervorbringen …« Damit hat LEIBNIZ über die **Hauptstadt** »zur Genüge ausgeführt, daß Residenz, Handelsstadt und Universität ein Ganzes sein sollen«, und die Definition des **primären, sekundären** und **tertiären** Wirtschaftssektors vorweggenommen (s. S. 54 B).

Das erste Theater in Deutschland errichtet der Stadtbaumeister JOSEPH VON FURTTENBACH 1641 in Ulm; SARTORIO baut in Hamburg 1677 die erste Oper [25]. Die Fürsten nutzten ihre unbeschränkte Macht auch als Bauherren zu eigenem Ruhm und lassen ohne Rücksicht auf Bau- oder Bodenordnungen ihre Schlösser, Gärten, Theater, Kunstgalerien und Akademien errichten. Der erste König in Preußen FRIEDRICH I. verlangt sogar von ANDREAS SCHLÜTER (um 1660–1714) den Bau eines Münzturmes nahe dem Berliner Schloß, der höher als das Straßburger Münster sein sollte [22, S. 37]: er war »auf Sand gebaut« und muß wegen Einsturzgefahr abgetragen werden. Dieses Ereignis wird nicht als Menetekel begriffen. Europas Fürstenhäuser schrecken erst auf, als das »Zeitalter der Vernunft und Aufklärung« nach der Unabhängigkeitserklärung der USA in die Französische Revolution einmündet: am 5. 5. 1789 fordert der »Dritte Stand« die Abstimmung nach Köpfen statt nach Ständen, am 26. 8. 1789 folgt die Erklärung der Menschen- und Bürgerrechte (*liberté, égalité, fraternité* – Freiheit, Rechtsgleichheit, Weltbürgertum), am 21. 1. 1793 endet LUDWIG XVI. unter der Guillotine.

England war bereits konstitutionelle Monarchie. 1649 hatte das von CROMWELL »gereinigte« Parlament König KARL I. hinrichten lassen und die Monarchie abgeschafft. Nach CROMWELLS Tod (1658) muß der absolutist. KARL II. in der *Habeas-Corpus-Akte* von 1679 Schutz vor willkürl. Verhaftung und Sicherung der persönl. Freiheit *(»My home, my castle!«)* zusagen. Im Parlament bilden sich **Parteien** (Whigs und Tories). Im Städtebau kann CHRISTOPHER WREN (1632–1723) seinen Neuordnungsplan für die 1666 abgebrannte Londoner City gegen die Grundeigentümer nicht durchsetzen. Der Planausschnitt von Edinburgh (B) zeigt im S die im 16. Jh. nach einem Brand erneuerte Altstadt und im N die nach Plänen von JAMES CRAIG errichtete barocke Bürgerstadt mit hohem Anteil an Grünflächen und dem zu einem *Englischen Garten* umgestalteten vormaligen Schutzgewässer *North Loch.* Der Landschaftsgarten wird in England (von W. KENT und W. CHAMBERS) entw.; seine maler. gestalteten Anlagen mit lockeren Baumgruppen, weiten Rasenflächen und offenen Ausblicken vermitteln den Eindruck frei »gewachsener« Landschaft. Die *Herrenhäuser Gärten* in Hannover vereinen die drei histor. Formen der Gartenarchitektur: einen Botan., einen Barock- und einen Engl. Garten [26].

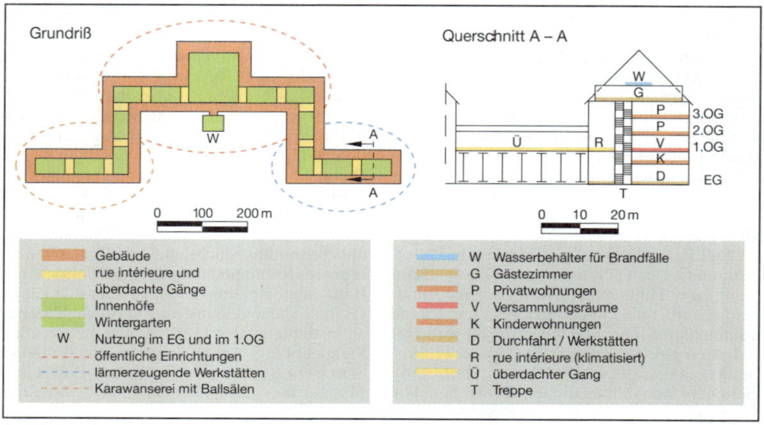

A Phalanstère von Fourier

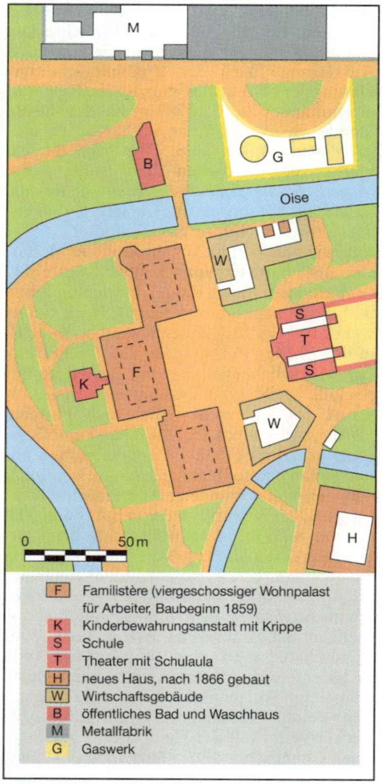

B Familistère in Guise

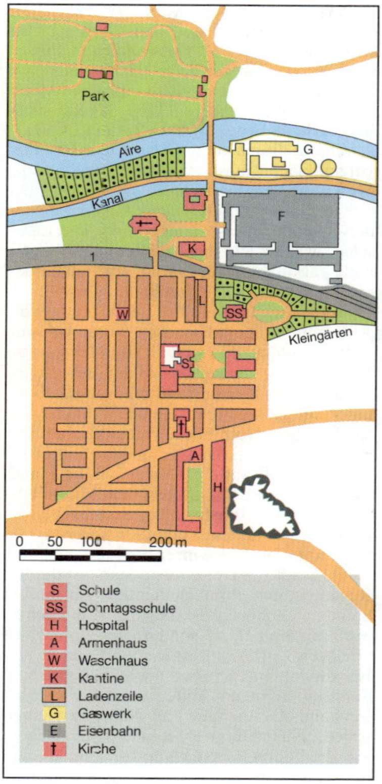

C Plan der Siedlung Saltaire

»Als Junge sah der Graf de Saint-Simon (1760–1825) einmal, wie ein Wagen auf ein Kind losfuhr, das auf der Straße spielte. Jeder Philanthrop älterer Prägung wäre auf das Kind losgestürzt, um es von der Straße zu reißen, aber der spätere Prediger des Sozialismus pflanzte sich vor dem Wagen auf und wich nicht von der Stelle, damit das Kind ruhig weiterspielen konnte. So wies er auf seine Art schon auf die Wertskala des französ. Sozialismus und seine Reformbestrebungen hin ...« [27, S. 63]. Saint-Simon vertritt in seinen Schriften (1821–25 veröffentlicht) die Theorie, daß die »industriels« (= Techniker und Arbeiter) die herrschende Klasse ablösen und die Führung der Gesellschaft übernehmen sollten.

Neue Erkenntnisse aus Mathematik und Naturwiss., die Erfindung von Meßinstrumenten und neuartigen Maschinen (s. S. 43, Tab. 8) bereiten die **industrielle Revolution** vor, die in England und Frankreich im 18. Jh. einsetzt. Jean-Jacques Rousseau (1712–78) entwirft 1762 als Idealbild vom Staat, daß er auf einem ›contrat social‹ (Gesellschaftsvertrag) freier Individuen beruhe; Adam Smith (1723–90), Begründer der klass. Nationalökonomie, veröffentlichte 1776 die »Bibel des Kapitalismus« (›An Inquiry into the Nature and Causes of the Wealth of Nations‹), in der er die **Arbeit** als Ursache des Wohlstandes ansieht und den **Marktpreis** aus dem »Naturgesetz« von Angebot und Nachfrage ableitet. Damit ist der Übergang vom absolutist. Merkantilismus zum kapitalist. **Liberalismus** vorbereitet, der vom absoluten Staat verlangt, daß er »nur« das »freie Spiel der Kräfte« (»Laissez faire, laissez aller!«), die persönl. Sicherheit und das Privateigentum schütze. »So führt der Liberalismus in Europa und Amerika zwischen 1776 und 1832 zu einer fast vollständ. Aufhebung aller gesetzl. oder auf Gewohnheitsrecht beruhenden Beschränkungen, Stadt und Land aber entbehren dadurch jeder planer. Kontrolle« [27, S. 22]. Städtebaul. Wildwuchs, dicht gedrängte Menschenmassen in primitiven Elendsvierteln, ungeordnete Mischung aller Nutzungen und hygien. üble Zustände sind die Folgen der neuen »Freiheiten«.

Friedrich Engels (1820–95) sammelt Material für sein Buch ›Die Lage der arbeitenden Klasse in England (nach eigener Anschauung und authent. Quellen)‹, 1845. Saint-Simon in Frankreich und Robert Owen (1771–1858), Mitbegründer der Genossenschaftsbewegung in England, treten als frühe Sozialisten hervor; mit stadtplaner. Lösungsvorschlägen versuchen Charles Fourier (1772–1837), Étienne Cabet (1788–1856) und Jean Godin (1817–88) die anstehenden Probleme anzugehen. Fourier nennt die kleinste Form seiner künftigen Gesellschaft ein **Phalanstère** und entwirft unter Verzicht auf »Ähnlichkeit mit unseren städt. oder dörfl. Bauten« für ihn einen »Palast«: »Der mittlere Teil ... des *Phalanstère* soll friedl. Beschäftigungen, den Speisesälen, der Börse, dem Beratungssaal, der Bibliothek und einem Lesesaal vorbehalten sein ... Einer der Flügel vereinigt alle lärmerzeugenden Werkstätten wie Schreinerei und Schmiede ... außerdem versammeln sich hier auch die Kinder, die ja gewöhnl. sehr viel Lärm machen ... Im anderen Flügel liegt die Karawanserei mit ihren Ballsälen und Räumen, um sich mit Fremden zu treffen, damit sie keinen Platz im Mittelbau wegnehmen und nicht die häusl. Beziehungen der *Phalange* stören ...« (A, A-A). Benevolo [27] beschreibt die städtebaul. Versuche der Frühsozialisten und die lange Gesch. ihrer Mißerfolge. Eine Ausnahme ist der junge Unternehmer Godin. Er baute sein **Familistère** 1859–77 als abgewandelte Verkleinerung des *Phalanstère;* seine Fabrik mit *Familistère* überführt er 1880 in eine Genossenschaft seiner Arbeiter, die sich erweitert und bis 1939 existiert haben soll. In seinem Buch ›Solutions sociales‹, 1871 in Paris erschienen, legt er u. a. sein Erziehungssystem dar: »Im *Familistère* ist die Erziehung in 7 Bereiche unterteilt, von denen jeder seine Leiter, seine Lehrer, seine Räume und Büros hat. Diese Bereiche entsprechen dem Lebensalter der Kinder« [27, S. 91]. Es sind die Krippe, der Kindergarten und die Vorschule (bis zu 6 J.), die dreiklassige Schule (bis zu 13 J.), der »Oberkurs für die besonders Begabten« und die »Lehrzeit, die für jeden Jungen in der Fabrik unentgeltlich möglich ist ... und von Anfang an entlohnt wird.« Godin hat ein Idyll geschaffen; hier in *Guise* gelingt es dem **Frühsozialismus,** die Theorie in die Praxis umzusetzen.

Während im MA Wohn- und Arbeitsstätte als »Einheit unter einem Dach« bestanden, begann in der Renaissance das Aussondern störender Betriebe (S. 37). Fourier versuchte in seinem Großbau die unterschiedl. städt. Nutzungen übereinander anzuordnen; dennoch gelangt er im Grundriß zu »Flügeln«, in denen einige Nutzungen getrennt aufzunehmen sind (A). In *Guise* (B) wird die vertikale Mischung mehrerer Nutzungen vollends aufgegeben: der viergeschossige *Familistère,* dessen Laubengänge zum Innenhof durch ein Glasdach geschützt sind, dient nur dem Wohnen, die Gemeinschaftsnutzungen (Krippe, Schule) und die wirtschaftl. Nutzungen (Bäckerei, Waschhaus) finden bes. Gebäude, das Fabrikgelände wird durch den Fluß und öffentl. Grünflächen räumlich getrennt. In den Modellsiedlungen des späten 19. Jh. wird die horizontale **Trennung der Nutzungen** noch konsequenter verwirklicht. Hierzu zählen u. a. die 1851 von Titus Salt gegründete Siedlung *Saltaire* (C), ebenso *Kronenberg* (1873: Krupp), *Port Sunlight* (1887: Lever), *Bournville* (1895: Cadbury). Die Gründung dieser Industriesiedlungen ist ein Ausweichen vor den Problemen der wachsenden Städte, aber auch der Versuch, eine »heile Welt« in ländl. Idylle trotz und mit Industrie zu schaffen.

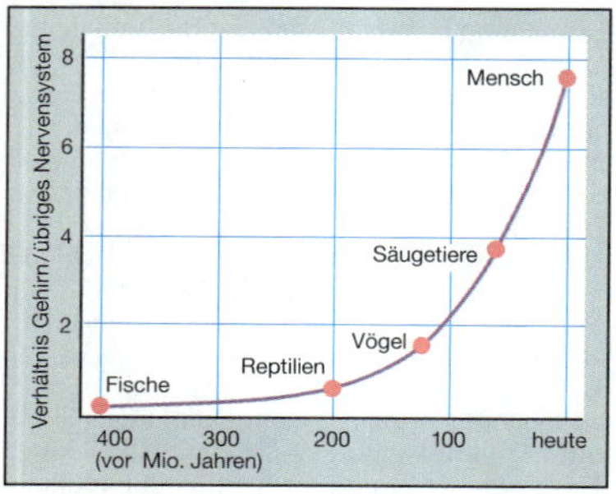

A Verhältnis Gehirn/übriges Nervensystem

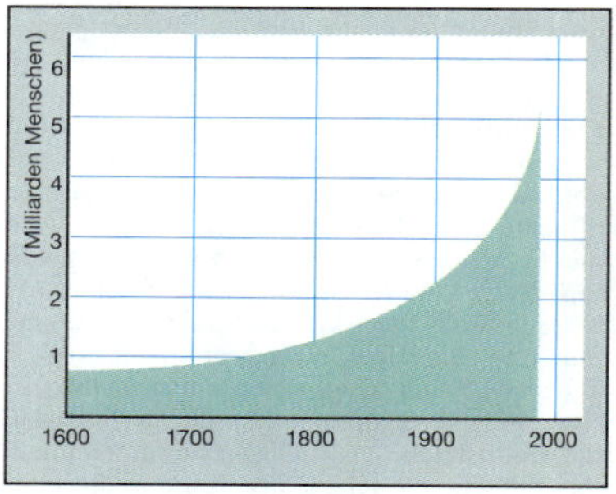

B Zunahme der Weltbevölkerung

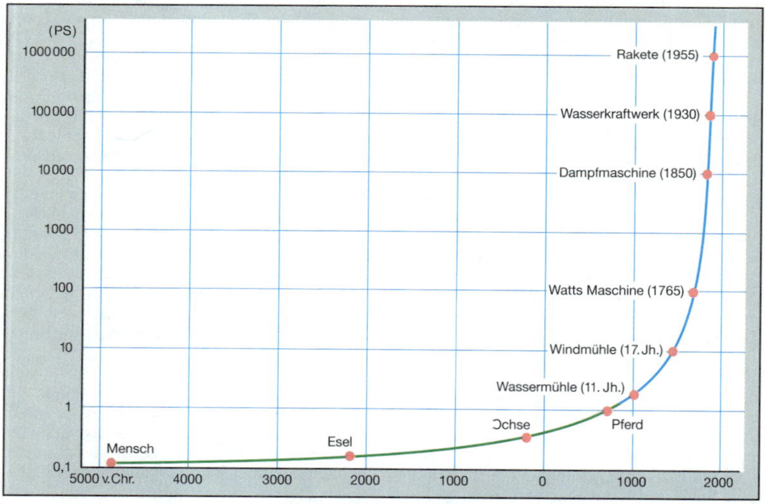

C Entwicklung der vom Menschen genutzten motorischen Kraft in PS

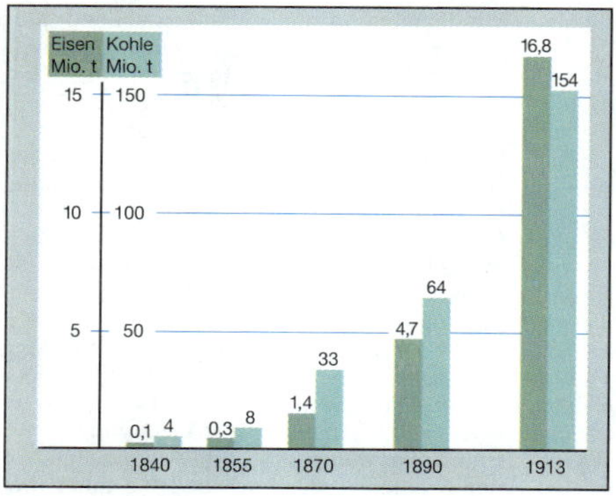

D Roheisenerzeugung und Steinkohleförderung

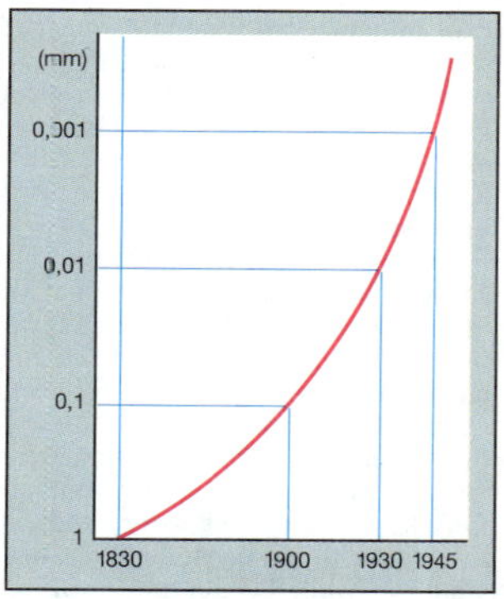

E Präzision im Maschinenbau

Die Geschichte (S. 23) ist einer »Mathematisierung« schwer zugängl.; doch lassen sich einzelne Ereignisse in Abläufe zusammenfassen, die in Abhängigkeit von der Zeit mathematisch darstellbar sind. Dies gilt für quantitative Aussagen (A-E) wie für qualitative (A, E). Gemeinsam scheint den hier ausgewählten Kurven die Form der Exponentialkurve zu sein, wie sie auch der Zinseszinsrechnung zugrunde liegt – nur der Zinsfaktor ist jeweils ein anderer. Gleicht man die unterschiedl. Exponenten durch die Wahl unterschiedl. Maßstäbe aus, so wird die Ähnlichkeit der Zunahme des Wachstums, wie sie in den dargestellten Beispielen zu gelten scheint, sichtbar: »Der Ablauf der Geschichte unterliegt einem **Gesetz der Beschleunigung«** [28, S. 59].
Die Kurven D und E sollen veranschaulichen, welche gewaltigen Beschleunigungsimpulse durch die Industrialisierung ausgelöst wurden und fortan das Wachstum der neuzeitl. Stadt mitbestimmen. Die Kurve C und die Tab. 8 (s. auch Tab. 5, 6 und 7) sollen den langen histor. Anlauf (Bertaux) dieser jungen Entwicklung verdeutlichen.

Tabelle 8: Neuzeitl. Forschungsergebnisse

8.1 **Informationstechnik**

≈ 1450	Buchdruck mit bewegl. Lettern	Gutenberg
1674	Multipliziermaschine	Leibniz
1711	Dreifarbendruck	Le Blond
1714	Schreibmaschine (für Blinde)	Mill
1727	Lichtempfindlichkeit der Silbersalze (Grundlage der Fotografie)	Schulze
1745	Techn. Lehranstalt in Braunschweig	
1780	erster Füllfederhalter	Scheller
1794	1. Techn. Hochschule (in Paris)	
1795	Graphit-Ton-Mischung für Bleistifte	Jacques
1795	Einführung des Metermaßsyst. in Frankreich	
1797	Steindruckverfahren (Lithographie)	Senefelder
1798	Langsieb-Papiermaschine	Robert
1805	Rundsiebpapiermaschine für Endlospapier	Bramah
1812	Schnelldruckpresse	Koenig
1837	Schreibtelegraf	Morse
1839	Fotografie	Niepce, Daguerre
1843	Holzpapier	Keller

8.2 **Mathematik:**

1614	Logarithmentafel	Napier
1617	Triangulation	Snellius
1637	Analyt. Geometrie	Descartes, Fermat
1639	Kegelschnitte	Desargues
1660	Sozialstatistik	Conring
1662	Sterblichkeitstafel	Graunt
1665	Infinitesimalrechnung	Newton
1671	Rentenermittlung mit Hilfe der Wahrscheinlichkeitsrechnung	Witt
1705	Wahrscheinlichkeits- und Variationsrechnung	Bernoulli
1715	math. Reihenentw.	Taylor
1798	Darstellende Geometrie	Monge
1801	moderne Zahlentheorie	Gauss

8.3 **Wiss. Instrumente:**

1590	Mikroskop	Jansen
1610	Astronom. Fernrohr	Kepler
1626	Hygrometer	Santorio
1643	Quecksilberbarometer	Torricelli
1657	Pendeluhr	Huygens
1663	Manometer	v. Guericke
1669	Spiegelteleskop	Newton
1718	Quecksilberthermometer	Fahrenheit
1730	Weingeistthermometer	Réaumur
1742	Thermometereinteilung	Celsius
1782	Pyrometer	Wedgwood

8.4 **Naturwissenschaften:**

1609	Fall- und Pendelgesetze	Galilei
1628	Blutkreislauf	Harvey
1662	Gasgesetz	Boyle
1665	Gravitationsgesetze	Newton
1675	Berechnung der Lichtgeschwindigkeit	Römer
1690	Theorie der Lichtwellen	Huygens
1693	Veredelung von Bäumen durch Kopulation	Holyk
1697	Elastizitätsgesetz	Hooke
1735	›Natürl. System‹	Linné
1738	Ansätze zur Kinet. Gastheorie	Bernoulli
1747	Zuckergehalt der Rübe	Marggraf
1766	Wasserstoff	Cavendish
1772	Stickstoff	Rutherford
1774	Sauerstoff	Scheele, Priestley
1780	Verbrennungstheorie	Lavoisier
1800	Elektrolyse	Volta
1809	Abstammungslehre	Lamarck
1820	Elektromagnetismus	Ørsted
1827	Ohmsches Gesetz	Ohm
1831	Elementar-Analyse	Liebig

8.5 **Maschinenbau:**

1649	Kolben-Luftpumpe	v. Guericke
1670	Dreschmaschine	Amboten
1673	Pulvermaschine	Huygens
1679/80	Überdruckkochtopf	Papin
1690	einfache Dampfmaschine	Papin
1711	Ventilator in Bergwerken	Partels
1713	Kokserzeugung	Darby
1735	Tiegel- (Guß-) Stahl	Huntsman
1736	Koks zur Eisenschmelze	Darby D. J.
1742	Schwefelsäurefabrikation	Ward
1754	Eisenwalzwerk	Cort
1764	Wagenspinnmaschine	Hargraves
1765	Dampfmaschine	Watt
1770	Spiralbohrer	Cooke
1785	Mechan. Webstuhl	Cartwright
1791	künstliche Soda	Leblanc
1795	Hydraul. Presse	Bramah
1815	Sicherheitslampe	Davy
1821	Anfänge des Elektromotors	Faraday
1829	Schwefelzündholz	Walker

8.6 **Bauwesen:**

1752	Blitzableiter	Franklin
1796	Zement	Parker
1814	Straßengasbeleuchtung in London	
1824	Portland-Zement	Aspdin
1867	Eisenbeton	Monier
1907	Betongußverfahren	Edison

Neben die Gesetzmäßigkeit der Beschleunigung histor. Prozesse tritt als weitere die der Wachstumsgrenzen (s. S. 51 ff.).

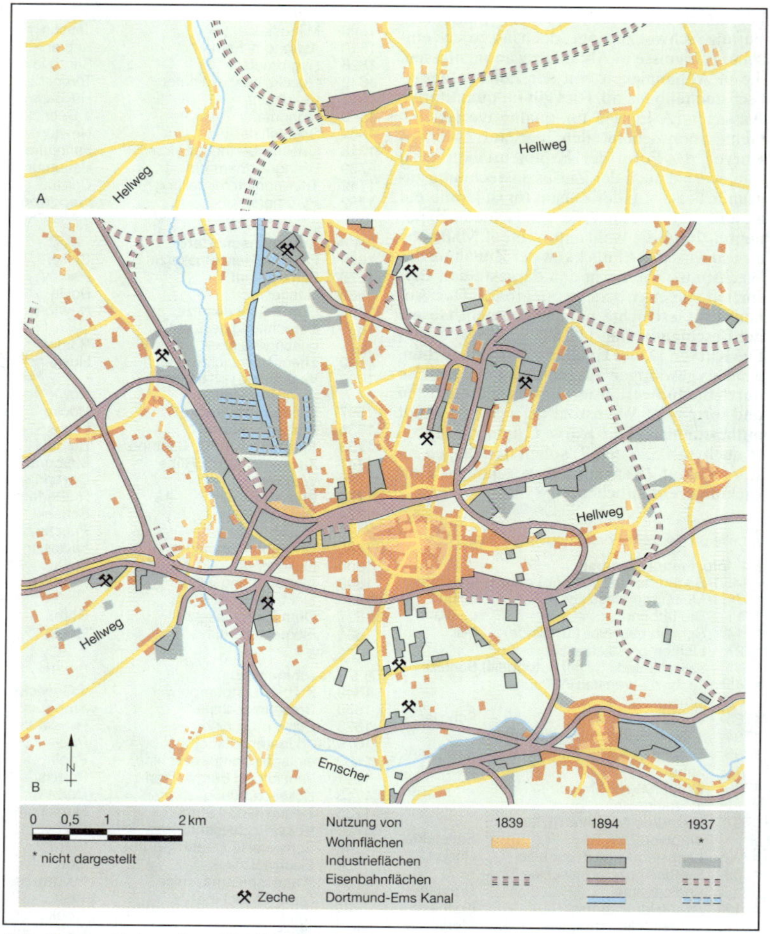

A-B Plan von Dortmund um 1839 (A) und 1894 (B) mit Industrieentwicklung bis 1937

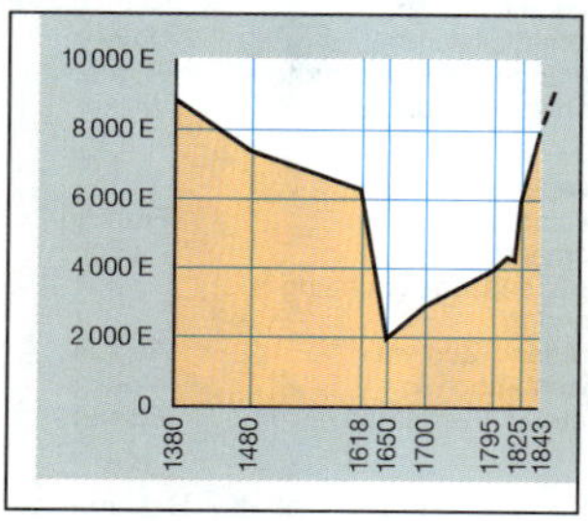

C Einwohnerentwicklung von Dortmund

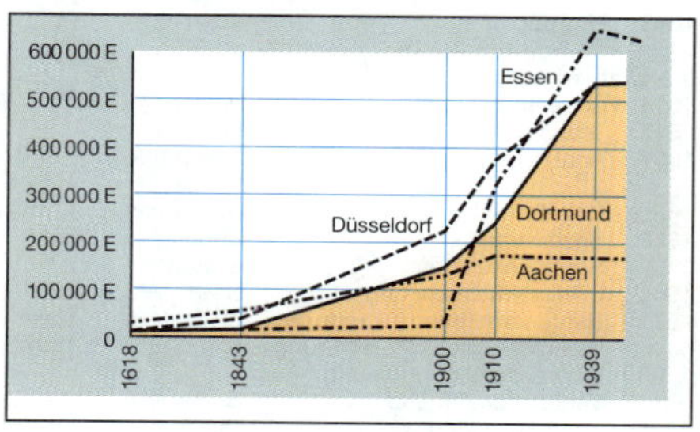

D Dortmund: Vergleich mit anderen Städten

Kurfürst FRIEDRICH WILHELM (reg. 1640–88) führt 1641 anstelle der drückenden Kopf- und Grundsteuer die Akzise als indirekte Steuer ein und fördert damit die Baulust der Städter. Über 200000 Hugenotten fliehen aus Frankreich ins weltanschaulich tolerante Brandenburg-Preußen, wo sie 1685 aufgenommen und als Gewerbetreibende in Klein- und Mittelstädten angesiedelt werden. FRIEDRICH WILHELM I. (reg. 1713–40) nimmt ca. 15000 Protestanten auf, die Erzbischof FIRMIAN 1731 aus Salzburg vertrieb, und unterstützt im Sinne des **Merkantilismus** die Gründung von Handwerks- und **Manufakturbetrieben.** Parallel zur Förderung des produzierenden und dienstleistenden Gewerbes wird die gemeindliche Selbstverwaltung zunehmend abgebaut. Im Entwurf für das Rathäusliche Regiment für Berlin von 1736 heißt es: »Principia republicana bringen dem Publico mehr Schaden als Nutzen, sind schon längst wohlbedächtlich abgeschafft ...; es werden seine königliche Majestät ... besser als der Magistrat wissen, wie das Rathaus besetzet (und) die Stadt regieret werden müsse« [29]. § 157 des Preuß. Allg. Landrechts von 1794 spricht deutlicher: »Übrigens genießen Stadtgemeinden in Ansehung ihres Cämmereyvermögens die Rechte der Minderjährigen« [31]. Im Reichsdeputationshauptschluß erzwingt NAPOLEON 1803 die Verminderung der Freien Reichsstädte von 51 auf 6. Die Agrarstaaten Baden, Bayern, Preußen und Württemberg gewinnen dadurch ein Mehrfaches an Staatsfläche und Bevölkerung. Der Stadt als polit. Einheit ist ihre Selbständigkeit endgültig genommen; sie hat sich bis heute aus der Abhängigkeit vom Staat und der Bevormundung durch seine zahlr. Bürokratien nicht lösen können.

Die Freiheitsbestrebungen in Dtl. wurden durch liberale Reformpolitik auf nationale und wirtschaftl. Ziele abgedrängt. Der Reichsfreiherr VOM UND ZUM STEIN (1757–1831), KARL AUGUST VON HARDENBERG (1750–1822) und WILHELM VON HUMBOLDT (1767–1835) reformieren Preußen zwischen 1807–14: Bauernbefreiung, Verwaltungsreform (Schaffung der 5 klass. Ministerien für Krieg, Finanzen, Inneres, Justiz und Äußeres), **Städteordnung** *(Magistratsverfassung),* Aufhebung der Zünfte, eingeschränkte **Gewerbefreiheit,** Gründung der Berliner Universität als einer Stätte »akademischer Freiheit«, staatliche Gymnasialordnung, Volksschulreform und Einführung der allgemeinen Wehrpflicht. Nach 1815 beginnt die Zeit der *Restauration.* Die Gründung des Deutschen Zollvereins bringt 1834 unter preußischer Führung den vergrößerten Markt, der den letzten Anstoß zur **Industrialisierung** in Dtl. gab. Gelehrte disputieren zwar 1848 in der Paulskirche zu Frankfurt am Main, doch das polit. System überdauert das Jh.: die dt. Bevölkerung steigt zwischen 1815 und 1914 von 22 auf 67 Mio. Einw.

Dortmund, 952 noch »vicus« (Dorf), 990 mit Marktrechten versehen, erlebt z. Z. der Hanse seine erste wirtschaftl. Blüte; es war Oberhof (oberste Berufungsinstanz) des bedeutendsten Stadtrechtskreises in Westfalen, überdies darf der Rat der Stadt seit 1418 als kaiserl. Feme-Appellationsgericht wirken. Die Fehde, die der Erzbischof von Köln 1388–90 mit seinen Verbündeten der Stadt Dortmund aufzwingt, leitet ihren wirtschaftl. Niedergang ein. Erst ab 1650 nimmt die Bevölkerung wieder zu (C). Mit Beginn der industrialisierten Kohleförderung und dem Entstehen der Schwerindustrie entwickelte sich Dortmund zu einem der wichtigsten Oberzentren des Ruhrgebietes. Seine Einwohnerzahl steigt von 1825–1900 auf das 25-fache (D). »Diese Entwicklung wandelte die Stadt hinsichtl. ihrer Wirtschafts- und Sozialstruktur wie auch ihres städtebaul. Erscheinungsbildes in einer Weise, daß heute die histor. Zusammenhänge mit der alten Reichsstadt nur noch in spärl. Vereinzelung spürbar werden« [32]. Ca. 50 Baudenkmale und eine Femlinde mit steinernem Richtertisch und -stuhl zeugen noch heute von dieser traditionsreichen Stadtgeschichte. Der Vergleich des noch mittelalterl. Stadtgefüges um 1839 (A) mit dem Gesamtzustand der Stadt um 1894 (B) zeigt das Ausmaß der industrialisierungsbedingten Veränderungen im Städtebau.

Die Wohnflächen breiten sich »breiartig« um die bestehenden Siedlungskerne aus und führen im Weichbild der Städte zur zunehmenden **Zersiedlung** der Landschaft. Die Industrieflächen, die eingestreut in Wohnbebauung entstehen, konzentrieren sich zunehmend um wachstumsfähige Betriebe und verdrängen Wohnbebauung. Die vom Staat allmähl. geförderte Entmischung der Nutzungsarten führt zu einer hohen Verkehrsnachfrage, die selbst unsere Gesellschaft im 20. Jh. nicht befriedigend bedient hat. Die Köln-Mindener Eisenbahn wird 1847 gebaut; 5 weitere Eisenbahnges. zerteilen das Stadtgebiet nach eigenem Gutdünken und Bedarf, bis mit der Gründung der Reichsbahndirektion Essen 1895 übergeordnete Gesichtspunkte der Planung weiterer Strecken zugrunde gelegt werden. Der Güterverkehr erzwingt die Großbauten für die Binnenschiffahrt.

Zur Zeit dieser gewaltigen Siedlungsentw. waren stadtplaner. und städtebaul. Belange kaum gefragt, auch die Belastung der Umwelt mit Schad- und Giftstoffen wurde kaum thematisiert. Das Erbe dieser liberalen Wirtschaftspolitik belastet unsere Gesellschaft bis heute. Der Stadtplan von Dortmund ist Beispiel für die Auswirkungen der Industrialisierung (B), die gleich einer Revolution Stadt und Land ohne Maß und Plan veränderte. Die Verantwortlichen bedachten die Folgen nicht; man glaubte voll Vertrauen an die Zukunft und den technischen Fortschritt.

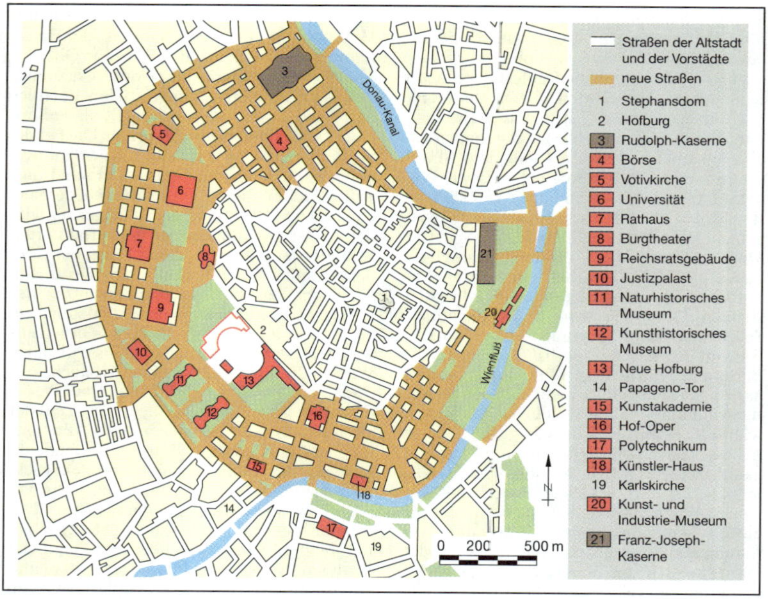

A Die Ringstraße zu Wien

B Kiel um 1866

C Kiel um 1875

Karl Marx (1818–83) veröffentlicht 1848 mit Friedrich Engels das ›Kommunistische Manifest‹ als internationalen Aufruf an das Proletariat zum Klassenkampf gegen die feudal-kapitalistische Gesellschaftsordnung. Er begründete in London (Hauptwerke: Grundrisse der Kritik der politischen Ökonomie, 1859; Das Kapital, 1867) den *Historischen und Dialektischen Materialismus* als »wissenschaftlichen« **Sozialismus,** wandelt die *Dialektik* Friedrich Hegels (1770–1831) um und gibt in seiner Gesellschaftstheorie die Deutung, daß die Gegensätze zwischen den Klassen zum Klassenkampf führen, der angeblich die Geschichte nach exakten Gesetzen vorantreibe und durch Revolutionen höherwertige Gesellschaftsformen hervorbringe: den Aufstieg von der Urgemeinschaft zur *klassenlosen Gesellschaft,* in der die Ausbeutung des Menschen durch den Menschen aufgehoben sein werde.

Benevolo entlarvt die im Kern idealistischen Ansätze des Sozialismus als Weltfremdheit mit verhängnisvollen Folgen. Die Weltrevolution im Sinn fordert der Marxismus die Vergesellschaftung von Grund und Boden und läßt damit viele Reformkräfte ungenutzt. »Von nun an unterschätzt die politische Theorie fast immer die stadtplanerischen Überlegungen und Experimente ...« [27, S. 10].

Baron Georges Eugene Haussmann (1809–91), Präfekt von Paris, gilt ihm als Typ des Technokraten, dem *eine richtig erklärte Handlungsweise immer eine gebilligte* ist und der mit der **Objektivität der Technik** Politik, nämlich die Napoleons III., in die Praxis umsetzt: mit Hilfe des ›Gesetzes über die Sanierung ungesunder Wohnungen‹ von 1850 legt er 1853–70 in Paris ein Netz neuer, breiter Boulevards und Straßen von über 100 km Gesamtlänge an und nimmt dafür Abbrüche im engen histor. Stadtbild in Kauf.

Die zunehmende Baudichte in der Kernstadt Wiens und das Ausufern der Vorstädte hatten Maria Theresia (reg. 1740–80) veranlaßt, Pläne für urbane Nutzung der Festungsflächen erstellen zu lassen. Doch die Funktion einer **Festungsstadt** wegen osmanischer Belagerung (1529, 1683) und zum Schutz vor dem Vorstadtpöbel [28] – immerhin war 1793 die Kaisertochter Marie-Antoinette in Paris guillotiniert worden – hatte bis 1857 Vorrang. Dann ließ Franz Joseph I. einen umsichtig vorbereiteten Concurs (= Wettbewerb) zur Erlangung eines **Grundplanes** für die innere Stadterweiterung (A: farbig angelegte Fläche) ausschreiben und 1858 den Abbruch der Basteien beginnen. Während in Paris, Berlin und anderswo die Bodenspekulation blühte, wurde die 4,05 km lange Ringstraße und die Gebäude dieser Zone in 50 Jahren »auf Grundbesitz des Staates nach Vorstellungen des Kaisers und seiner Regierung ... unabhängig vom Staatsbudget« nach einem Grundplan gestaltet; ihre Monumentalbauten im Stil der Gründerzeit repräsentieren die kulturell bevorzugten Nutzungen (A) der aufblühenden Donau-Monarchie: diese Anordnung von Öffentlichkeit ist ein einmaliger Fall in der Stadtbaugeschichte, dessen Entstehung und Durchführung Rudolf Wurzer umfassend dokumentierte [28]. Die Erhaltung dieses **Gesamtkunstwerks** von übereurop. Rang ist eine zu würdigende Leistung Wiens und Österreichs.

Im Protest gegen die Epigonik des Ringstraßenstils [34, S. 274] bildet sich um 1900 die Sezessionsbewegung: Joseph Olbrich, Otto Wagner und der Architekt des »blanken« ornamentlosen Materials Adolf Loos setzen neue Zeichen. 1917 hat Wien für 2,1 Mio. Ew. 554545 Wohnungen, davon besitzen 405991 (= 73 %) nur ein oder eineinhalb Zimmer.

In Dtl. wird mit der Gewerbeordnung vom 21. 6. 1869 der Grundsatz der völligen **Gewerbefreiheit** eingeführt, der die bürgerlichen Freiheiten in der Wirtschaft bis zur Zügellosigkeit erstarken läßt. Das *steinerne* Berlin zeugt dafür mit dem Wohnungselend seiner Mietskasernen und Hinterhöfe, in denen die wachsende Zahl der Arbeiterschaft auf unwürdige Art zusammengepfercht ist [33]. Allein in Preußen gab es über 300 Bauordnungen, nach denen die »Baupolizei« ihren Konsens zur Vornahme von Neu- oder Reparaturbauten erteilte. Die Maße der Hinterhöfe richteten sich nach dem Wendekreis der Feuerwehrwagen. Bodenspekulanten und Bauunternehmer versuchen, die höchste Ausnutzung der Baugrundstücke zu erzielen. In Hamburg entsteht so die *berüchtigte Schlitzbauweise* [22, S. 52].

Ein auffälliges Beispiel für staatliche Eingriffe in die Entwicklung einer Stadt ist Kiel: es wurde 1242 Stadt, erhielt 1665 die Universität, war 1721–73 Herzogsresidenz und wurde 1871 zum Reichskriegshafen erklärt [35]. Der Vergleich der städtebaulichen Gesamtsituation vor (B) und nach dieser Entscheidung (C) zeigt das gewaltige Ausmaß, in dem der Bau von Werften, Bahnen, Kasernen und Wohnungen die Stadt sprunghaft anwachsen ließ.

Tabelle 9: Baudichte in Wien [12, Bd. 3]

Jahr	Summe der Häuser	Häuser der Kernstadt mit	
		max. 2 OG	mehr als 2 OG
1566	1085	996	89
1644	943	586	357
1795	1127	236	891

Tabelle 10: Zunahme der Industriearbeiter

Kieler Werften		Krupp-Konzern	
Jahr	Beschäftigte	Jahr	Arbeiter
1838	ca. 25	1826	7
1855	ca. 180	1846	ca. 130
1877	ca. 700	1862	ca. 2000
1882	ca. 4200	1872	ca. 10000
1900	ca. 12200	1887	ca. 20000

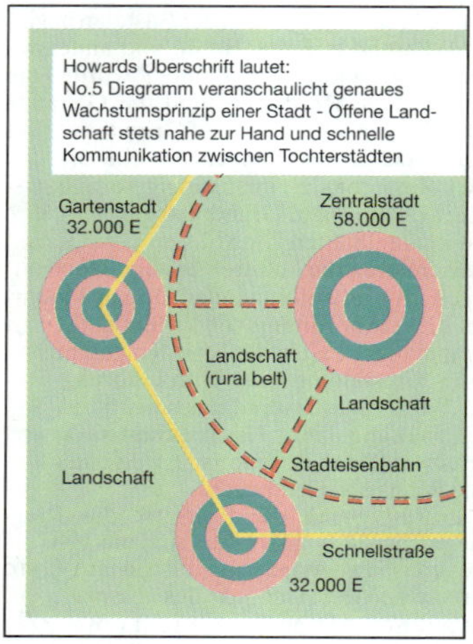

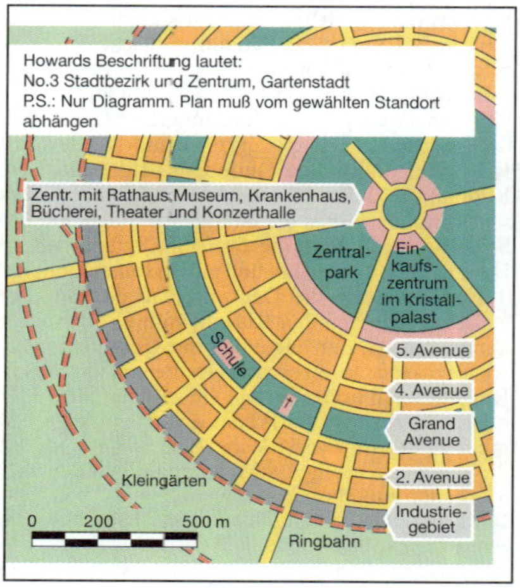

A, B Gartenstadtdiagramm nach Ebenezer Howard

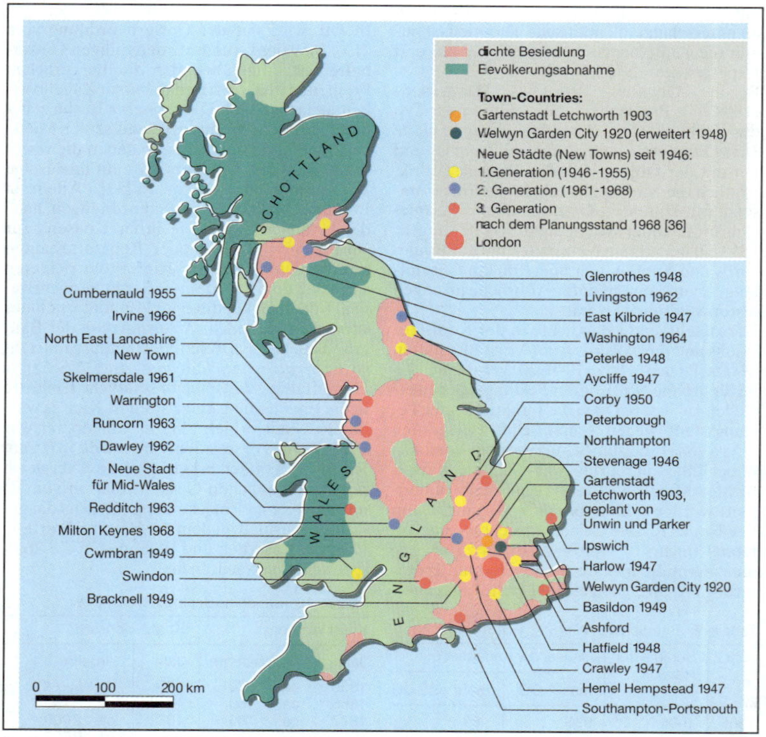

C Town-Countries und New Towns nach 1945 in Großbritannien

England ist das Mutterland der Industrialisierung (Dampfmaschine, erste Dampf-Eisenbahn 1830 zwischen Liverpool und Manchester). Die Bevölkerung steigt 1750–1820 von 7,8 auf 14,3 Mio. Ew. Schon 1819 wird in Manchester eine Demonstration von 60000 Arbeitern blutig auseinander getrieben (»Schlacht von Peterloo«). Das Elend in den übervölkerten Städten, Epidemien in den *Slums* und die Unruhen in der Arbeiterschaft sind Anlaß genug zum ersten *Public Health Act* (1848, Gesetz über öffentl. Wohl); es werden geregelt: 1. Kanalisation und Hausentwässerung, 2. Müllabfuhr, 3. Beseitigung von Gesundheitsgefahren, 4. Schlachthofordnung, 5. Belüftung und Hygiene von Mietshäusern, 6. Pflasterung und Instandhaltung von Straßen, 7. Neubau und Ausbau von öff. Grünanlagen, 8. Wasserversorgung, 9. Leichenbestattung; 10. sowie die Verwaltung und Finanzierung dieser Aufgaben durch spez. Gebühren und allg. Steuern.

1865 beendet L. W. Bazalgette mit dem *Victoria-* und *Albert-Embankment* das neue Vorflutersystem für London; 1863 beginnt der Bau der ersten **Untergrundbahn.** Die Verbesserungen auf Teilgebieten [27, S. 36–45] bringen jedoch keine Lösung des Hauptproblems: die Städte wachsen, am stärksten London.

Als Stenograph und kluger Beobachter des engl. Parlaments veröffentlicht Ebenezer Howard (1850–1928) sein Buch ›Tomorrow‹ (1898; Titel der dt. Erstausgabe 1907: ›Gartenstädte in Sicht‹). Gleich in der Einleitung [36] steuerte er das Kernproblem an: »Eine Frage jedoch gibt es, bei deren Behandlung man kaum auf Meinungsverschiedenheiten stößt: Der Umstand, daß das Volk dauernd in die schon übervölkerten Städte strömt und so die ländlichen Distrikte mehr und mehr entvölkert, wird allg. aufs tiefste von den Anhängern aller Parteien beklagt ... In Wirklichkeit aber gibt es nicht, wie man immer annimmt, nur zwei Alternativen – Stadtleben oder Landleben – sondern noch eine dritte, die alle Vorteile des intensiven tätigen Stadtlebens vollkommen mit all den Schönheiten und Freuden des Landlebens verschmilzt.« Am Gleichnis der beiden »Magneten« Stadt und Land entwickelt Howard aus deren anziehenden Vorteilen einen »dritten Magneten«, den er für den stärksten hält und *Town-Country* nennt. Bei seinem Bemühen, die zahlr. Mißverständnisse, die um dieses Buch und die Idee der Gartenstadt bes. in Deutschland entstanden sind, auszuräumen, übersetzt Hillebrecht [37, S. 160] dies mit »Stadt in der Landschaft«.

Howard sieht in seinem »Projekt eine Verschmelzung von drei versch. Plänen« [36, S. 121], die einzeln bekannt wären: eine **organisierte** Siedlungsbewegung, ein neues System eines **Bodenrechts** und eine neue **Stadtvorstellung.** Die *Town-Country* sollte als Ziel staatl. Siedlungspolitik gegen Landflucht und planloses Stadtwachstum wirken, sie sollte fehlende Raumordnungskonzepte ersetzen, den Stadt-Umland-Konflikt lösen und bei sozialer Gerechtigkeit eine ausgewogene Sozialstruktur in der Stadt ermöglichen; die »Gartenstadt« war niemals als »Schlafstadt« gedacht. Nach Lewis Mumford [36, S. 189] »ist sie kein Vorort, sondern das genaue Gegenteil eines Vorortes: nicht ein Platz im Grünen, wohin man sich zurückzieht, sondern eine neue Stadtgestalt, die Stadt und Land vereint und in der kräftiges städt. Leben sich entwickeln kann«.

»Die Zeit für einen vollständigen Neuaufbau Londons ... ist jedoch noch nicht gekommen. Ein einfacheres Problem muß zunächst gelöst werden. Es gilt, eine kleine Gartenstadt als Arbeitsmodell und später eine Gruppe von Gartenstädten zu erbauen ... Nachdem diese Aufgaben gelöst, und zwar gut gelöst sind, muß der Neuaufbau Londons unvermeidlich folgen ...«, fordert Howard am Schluß seines Buches [36, S. 157]. Von diesem Ziel her, die **Stadterneuerung** Londons, der »größten und am planlosesten angelegten unserer Städte«, dadurch zu ermöglichen, daß der Siedlungsdruck in eine Gruppe von Gartenstädten (A) umgelenkt werden sollte, muß Howards Werk verstanden werden.

Unter seiner Mitwirkung wurde 1919 folgende Definition verfaßt: »Eine Gartenstadt ist eine **Stadt,** die für **gesunde** Lebens- und Arbeitsverhältnisse entworfen wurde; von einer Größe, die ein volles Maß sozialen Lebens möglich macht, aber **nicht** größer; umgeben von einem **Landschaftsgürtel** (rural belt); das gesamte Land ist **öffentl. Eigentum** oder wird treuhänderisch für die Gemeinschaft verwaltet« (übersetzt nach dem engl. Urtext [36, S. 179]). In nur 5 Diagrammen (A, B) hat Howard seine stadtplaner. Vorstellungen dargestellt; denn eigentl. ist er als Sozial- und Bodenreformer, also als Staatsmann, zu sehen.

Die Vorstellung eines landwirtschaftl. genutzten Landschaftsgürtels rings um jede Stadt läßt sich in Thomas Morus' ›Utopia‹ nachweisen; auch Königin Elisabeth I. hatte 1580 bereits in einem Erlaß verfügt, daß in einem Streifen von 3 Meilen um die Stadtmauern Londons nicht neu gebaut werden dürfe. Trotzdem wuchsen die großen Städte, auch nachdem Raymond Unwin 1903 mit dem Bau der ersten Gartenstadt Letchworth begonnen hatte. Obwohl es Howard selbst gelang, 1919/20 Welwyn Garden City durch De Soissons als weiteres Beispiel seiner Idee errichten zu lassen, greift man sein Konzept in England erst nach 1945 mit der Gründung der *New Towns* auf (C [38]) und gibt damit dem zerstörten Nachkriegseuropa ein Leitbild.

Tabelle 11: London (1580 km²) hatte

im Jahr 1801	1117 Tsd. Einw.,
im Jahr 1851	2685 Tsd. Einw.,
im Jahr 1951	8348 Tsd. Einw.,
im Jahr 1988	6740 Tsd. Einw.

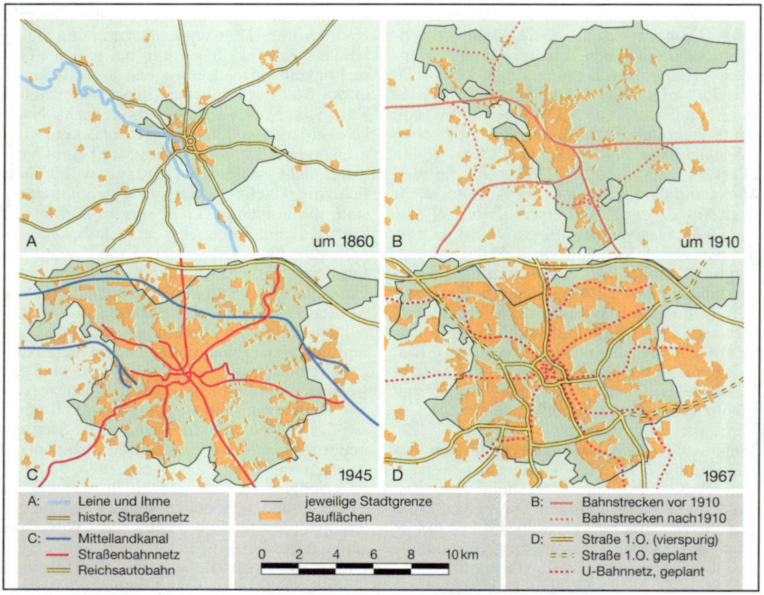

A-D Hannover als Beispiel für die zeitliche Folge verschiedener Verkehrssysteme

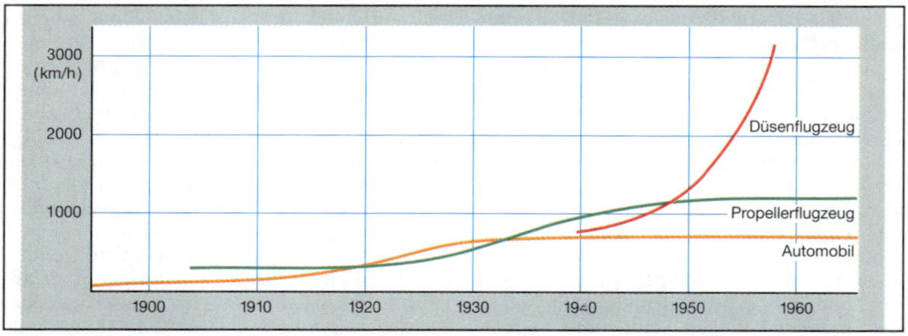

E Geschwindigkeit lenkbarer Fortbewegungsmittel

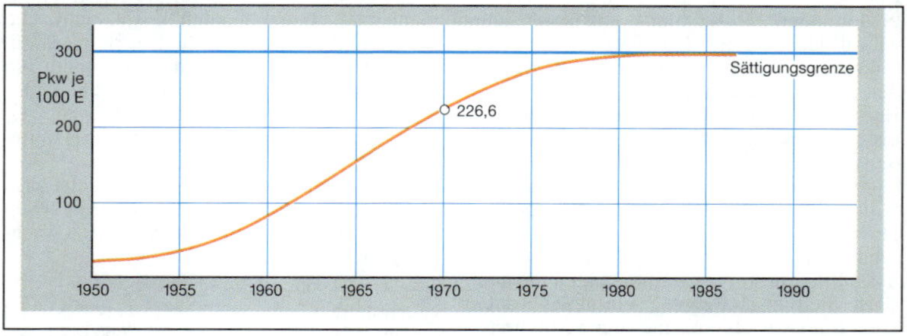

F Pkw-Dichte in der BRD: Prognose 1970; tatsächlich 1990: ca. 490 Pkw je 1000 Einwohner

Bis ins 19. Jh. gab es nur einfache Verkehrsmittel, deren erste Vorläufer seit der »neolith. Revolution« nachweisbar sind. Als Wasserfahrzeuge waren dies Floß, Einbaum und Lederrundboot. Noch vor der Blütezeit der antiken Ruderboote (vor 1000 v. Chr.) wurden »vor dem Wind« zusätzl. **Hilfssegel** verwendet. Selbst die großen Seefahrer (s. Tab. 6, S. 37) kannten das »Segeln am Wind« nicht; sie mußten Meeresströmungen und die Windsysteme von Passat und Monsun »vor Wind« ausnutzen. Das erste Landfahrzeug ist bei den Sumerern bezeugt (um 3000 v. Chr.): ein Kriegswagen mit vier **Scheibenrädern,** gezogen von vier Eseln. Um 2000 v. Chr. entstand das **Speichenrad.** Vom antiken Streitwagen über das mittelalterl. Fuhrwerk bis zur modernsten Postkutsche um 1850 ist kaum eine techn. Entw. zu erkennen. Der Verkehrsbau – einerseits See- und Flußhäfen, andererseits Marktanlagen, Straßen und Brücken – war seit Anbeginn der Stadtgesch. Bestandteil des Städtebaus.

Die **Post** (ital. von mlat. *posita,* Standort) entwickelte sich im Reich Karls V. zu einer allg. Verkehrseinrichtung, nachdem Franz von Taxis um 1500 die erste ständige Verbindung von Wien nach Brüssel geschaffen hatte. Soweit die »Standorte« für Pferdewechsel, die in Abständen notwendig waren, außerhalb von Städten entstanden, wurden damit neue Siedlungskerne geschaffen, die sich später zu »Zentralen Orten« entwickeln konnten.

Leonardo da Vinci eilte mit Entwürfen von »Luftschrauben«, »Unterwasserbooten« u. ä. seiner Zeit voraus. Erst die Erfindungen zur Antriebs-, Treibstoff-, Fahrzeug- und Steuerungstechnik schaffen die Voraussetzungen für den grundlegenden Wandel im Verkehr, dem erhebl. Auswirkungen auf den Städtebau folgen. Um 1820 wurde die Leistungsfähigkeit der histor. Straßen durch die Neuerungen von Metcalfe und McAdam im Straßenbau (Makadamdecke) erhöht und der Verkehr zur Stadtmitte begünstigt (A). Folglich konnte um 1850 in New York vorausgesagt werden, daß der Cityverkehr ab 1890 »im Pferdemist ersticken« werde.

Die Entwicklung verlief anders: zur Trennung von Politik und Städtebau (s. S. 47) kam mit jedem neuen Verkehrsmittel eine neue Gruppe von Technikern, die neben- und nacheinander »ihr« bes. Verkehrssystem planten und bauten, ohne die **Zusammenhänge** in einer Stadt ausreichend zu kennen und zu beachten.

Zunächst wurde die Eisenbahn gebaut; der Bahnhof wurde meist »vor den Toren« der mittelalterl. begrenzten Städte angelegt: ein Standort neuer Cityentwicklung, in dessen Wirtschaftsschatten so manche »Altstadt« verkam. Während der Nahverkehr in London, Budapest, Paris, Berlin, New York und Hamburg »eigene« Gleisstrecken erhielt, wurde die »Elektrische« vielerorts als »Straßen«-Bahn eingesetzt (C). Die Entwicklung des Automobils führte 1894 zum 1. Internat. Autorennen Paris–Rouen und in Europa ab 1928 zur Planung von Autobahnen: die 1. Strecke Köln–Bonn wurde 1932 (!) eröffnet. 1948 begann Hillebrecht in Hannover das zweckmäßigste Stadtstraßennetz in Dtl. zu verwirklichen (vgl. D mit A, [41]). Jedes Verkehrsmittel hat spezif. Auswirkungen auf die Siedlungsentwicklung: die »histor.« Post und die Bahnen begünstigten ihre Stationen als **Schwerpunkte,** die »histor.« Straßen und Straßenbahnen führten zu **Linienbebauung,** der Pkw erst ermöglichte die **Flächenbesiedlung** und bewirkte damit die **Zersiedlung** der Landschaft. Die Rückkehr zur Schiene ist notwendig – die »autogerechte Stadt« bleibt ein »verkehrtes« Ziel.

Im Unterschied zu den Kurven der S. 42 zeigen die Kurven in E und F der S. 50 die Form eines flachen **S. S-**Kurven veranschaulichen das Wachstum einer Größe, die einen oberen Grenzwert nicht übersteigt. Damit tritt neben das Gesetz der Wachstumsbeschleunigung (s. S. 43) ein **Gesetz der Wachstumsgrenzen:** man muß fragen, ob die Kurven der S. 42 nur den bekannten »unteren« Teil von **S-**Kurven bilden, die sich in unbekannter Zukunft abflachen werden; denn für jedes Verkehrsmittel gelten bezügl. seiner techn. Werte derartige Obergrenzen.

Tabelle 12: Erfindungen zur Entwicklung der modernen Verkehrsmittel

1769	Straßendampfwagen	Cugnot
1778	Taucherglocke	Smeaton
1783	Heißluftballon	Montgolfier
1803	Gleisdampfwagen	Trevithick
1804	Dampfbagger	Evans
1807	Dampfschiff	Fulton
1825	Dampflokomotive	Stephenson
1834	Elektromotor	Jacobi
1851	Berufsfeuerwehr in Berlin	
1853	Tretkurbelfahrrad	Fischer
1859	Akkumulator	Planté
1865	Ringstruktur des Benzols	Kekulé
1867	Dynamo-Maschine	Siemens
1876	Viertakt-Motor	Otto
1879	Elektro-Lokomotive	Siemens
1881	erste elektr. Straßenbahn	Siemens
1883	Dampfturbine	De Laval
1885	Kraftwagen	Daimler/Benz
1891	Gleitflugzeug	Lilienthal
1897	Dieselmotor	Diesel
1900	Luftschiff	Zeppelin
1903	Motorflugzeug	Gebr. Wright
1912	Propellerturbine	Kaplan
1915	Ganzmetallflugzeug	Junkers
1930	Strahltriebwerk	Schmidt

Tabelle 13: Länge des dt. Schienennetzes

1840	in Deutschland	ca. 500 km
1870		ca. 16600 km
1913		ca. 63700 km
1939	DR (Dt. Reichsbahn)	64518 km
1945	brit. und amerikan. Zone	23296 km
1970	DB in der BRDtl.	29479 km
1990	DB+DR	40989 km

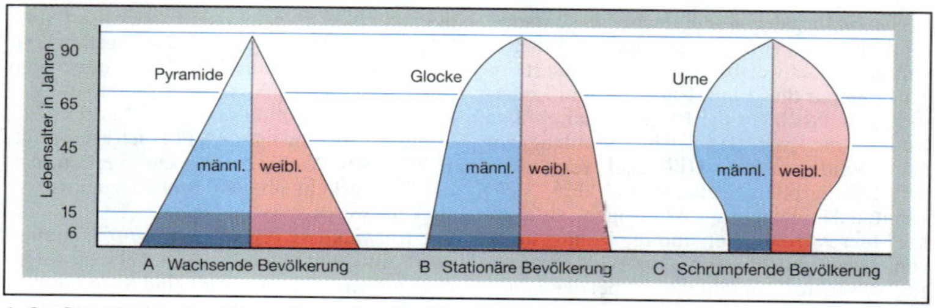

A-C Grundformen des Altersaufbaus einer Bevölkerung

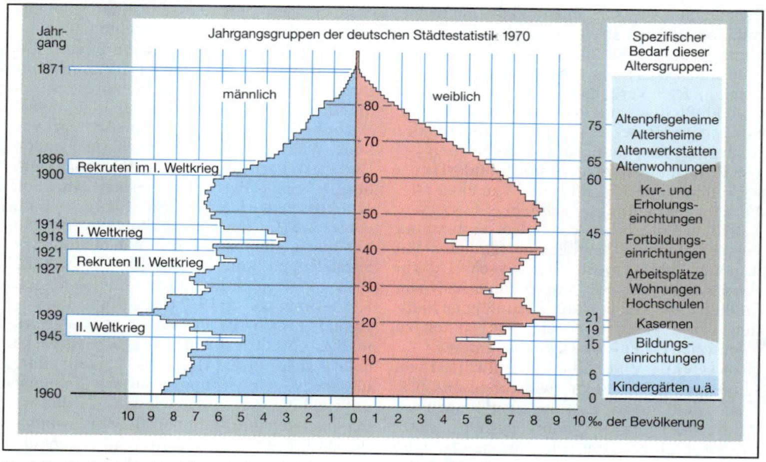

D Altersaufbau der Bevölkerung in der Bundesrepublik Deutschland 1961

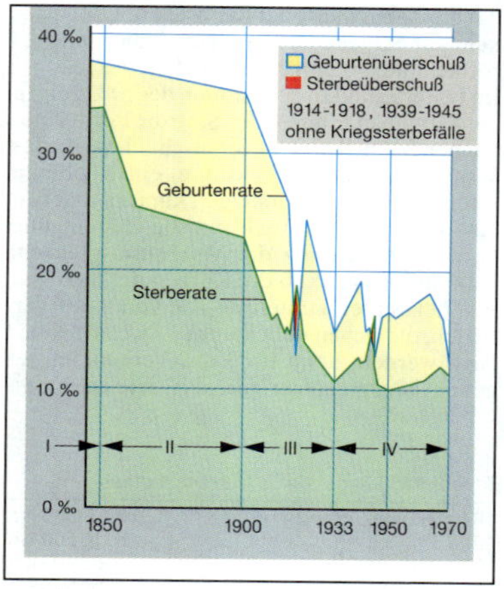

E Natürliche Bevölkerungsbewegung in ‰ der Gesamtbevölkerung

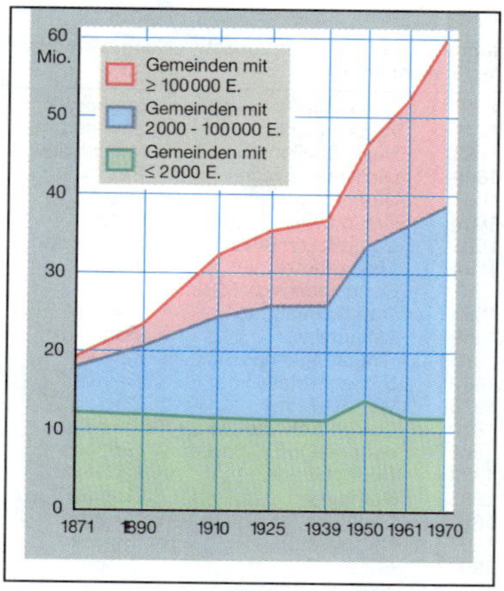

F Die Entwicklung der Einwohnerzahl nach Größenklassen der Gemeinden

Die »Schätzung« des Kaisers AUGUSTUS ist die bekannteste histor. Volkszählung. Seit urdenkl. Zeiten bedient sich der Staat der **Bevölkerungsstatistik,** um aus Erhebungen Entscheidungshilfen für öffentl. Handeln zu gewinnen. 1955 führte GUILLARD den Begriff Demographie ein; im engeren Sinn »beschreibt« sie formal den Zustand und die Veränderungen einer Bevölkerung mit Hilfe der Statistik. Sie weitet sich zur Bevölkerungswiss. aus, wo sie nach den äußeren Ursachen für Veränderungsvorgänge forscht. »Eine universale Theorie des Bevölkerungswechsels, vor allem des Bevölkerungswachstums, gibt es bis heute nicht« (SCHUBNELL [8, Bd. 1, S. 254]).

Die **Altersgliederung** einer Bevölkerung wird in Form einer Summenkurve für ein Stichjahr veranschaulicht, indem die einzelnen Jahrgänge, getrennt nach Geschlecht, in liegenden Säulen aufgetragen werden (A bis D), die zu Altersgruppen summiert werden können. Ist jeder neue Geburtenjahrgang größer als der frühere (zuzügl. seiner altersspezif. Sterberate), so zeigt die Summenkurve die Form einer »Pyramide« (junge wachsende Bevölkerung). Ist jeder Geburtenjahrgang ebenso groß, wie es der frühere war, so ergibt sich eine »Glocke« als Form (kein Wachstum bei ausgewogener Altersgliederung). Das Zeichen der »Urne« entsteht, wenn die Geburtenjahrgänge abnehmen (schrumpfende, alternde Bev.). Der Aufbau der dt. Bev. für 1910 entsprach dem Grundmodell der Pyramide; die Summenkurven für die Jahre nach 1918 zeigen zunehmend **zerklüftete** Formen (D), aus denen die Einflüsse von Kriegs- und Notzeiten auf die Geburtenzahl ablesbar sind. Alle Versuche, künftige Entwicklungen abzuschätzen, beruhen daher auf der Voraussetzung, daß Kriege und Naturkatastrophen nicht stattfinden.

Die Daten der Alters- und Geschlechtsstatistik geben Aufschlüsse über die biolog. Gliederung einer Bev. und wichtige Ansatzpunkte für polit. Handeln. Aus der Stärke der Jahrgänge kann frühzeitig auf deren spezif. Bedarf an öffentl. Einrichtungen geschlossen werden, für den rechtzeitig vorgesorgt werden sollte. In Bild D wird das gestörte Geschlechterverhältnis oberhalb der 30-J.-Grenze zu Lasten eines hohen Frauenüberschusses sichtbar. Hinter dieser nüchternen Aussage verbargen sich viele Schicksale alleinstehender, häufig einsamer Menschen. Für den Staat ergibt sich daraus die Pflicht, rechtzeitig bes. für die betroffenen Frauen »vorzusorgen«.

Die entspr. Summenkurven zeigten für die meisten dt. Großstädte erhebl. Abweichungen; eine höhere Besetzung der Altenjahrgänge und einen schwächeren Unterbau. Aus dieser ungleichen räuml. Verteilung der Altersklassen auf Städte und ländl. Gemeinden lassen sich Ziele zur kommunalen Entwicklungspolitik ableiten: die Stadt ist als Aufenthaltsort für Kinder und Jugendl. zu verbessern!

Die Altersgliederung hat die Aussagekraft einer »Momentaufnahme«; zur Beurteilung von Veränderungen in einer Bevölkerung bedarf es der Fortschreibung von Daten in Zeitreihen (E): trägt man die jährl. Geburten- und Sterberate für die Zeit von vor 1850 bis 1970 auf, so sind vier unterschiedl. Phasen zu erkennen, die in der Bevölkerungswissenschaft zur »Theorie des demograph. Überganges« (u. a. nach MACKENROTH [8]) geführt haben.

In Phase I vor 1850 stand einer hohen Geburtenrate eine ähnl. hohe Sterberate gegenüber, so daß der Geburtenüberschuß gering war. Als Erfolg von Medizin, Hygiene und Technik begann in Phase II die Sterblichkeit zu sinken, so daß der Geburtenüberschuß bei gleichbleibend hoher Geburtenrate auf das Vierfache anstieg. Etwa ab 1900 nahm die Geburtenrate ständig ab; da auch die Sterberate weiterhin sank, verblieb ein beträchtl. Geburtenüberschuß – jedoch mit fallender Tendenz (Phase III). Die IV. Phase erbringt bei niedrigen Geburten- und Sterberaten einen ähnl. geringen Geburtenüberschuß wie in Phase I. Das Zeitalter der Industrialisierung entpuppt sich mit seiner großen Bevölkerungszunahme als »dynamischer« Übergang von der »statischen« Agrargesellschaft zur technisierten Wohlfahrtsgesellschaft mit wiederum statischen Merkmalen: daß die dt. Bevölkerung in der BRDtl. ab 1971 zu schrumpfen begann, wurde in der Statistik durch die Geburtenüberschüsse der Gastarbeiterfamilien überdeckt. Im Verlauf dieser Entwicklung wandelte sich die Altersgliederung: die hohe Kinderzahl je Familie nahm ab, die Lebenserwartung stieg, mit ihr stiegen das Durchschnittsalter der Bev. und der Anteil der Alten, der die Gesellschaft vor neue Aufgaben stellt (S. 240).

Um 1910 wurde der Höhepunkt des Anstiegs der Bev. erreicht (F); die Zuwachsraten nach 1945 haben z. T. unnatürl. Ursachen in den Kriegsfolgen, polit. begründeten Wanderungen und der Aufnahme der Gastarbeiterbev. Diese Zuwächse verteilten sich nicht – was denkbar wäre – gleichmäßig auf die bestehenden Siedlungen; sie konzentrierten sich auf die Städte. Die Entwicklung der räuml. Verteilung der Bev. hat BOUSTEDT für die Größenklassen der Gemeinden ermittelt: ein anschaul. Beleg für den **Verstädterungsprozeß** (F).

Tabelle 14: Amtl. Gemeindegrößenklassen

Benennung um 1965	Einwohnerzahl	Symbol
Weltstadt	≥ 1 000 000	A/1
Großstadt 1. Ordnung	≥ 500 000	A/2
Großstadt 2. 〃	≥ 200 000	A/3
Großstadt 3. 〃	≥ 100 000	B
Mittelstadt 1. 〃	≥ 50 000	C
Mittelstadt 2. 〃	≥ 20 000	D
Kleinstadt	≥ 10 000	E
Ländl. Kleinstadt	≥ 5 000	F/1
Landstadt	≥ 2 000	F/2
Landgemeinde	< 2 000	G

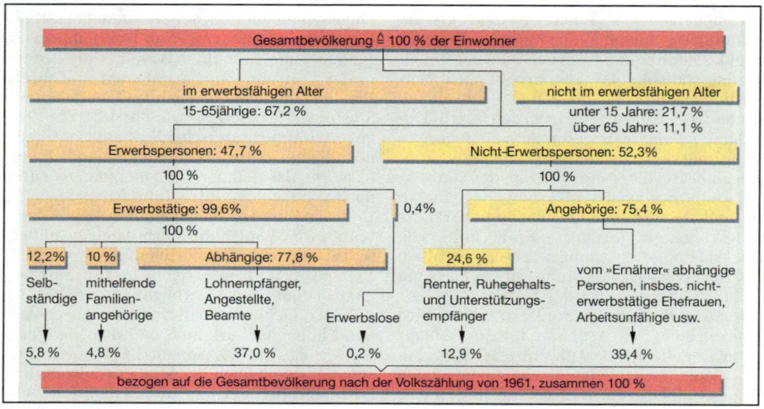

A Gliederung der Bevölkerung nach dem Erwerbskriterium; Daten von 1961 für die BRDtl.

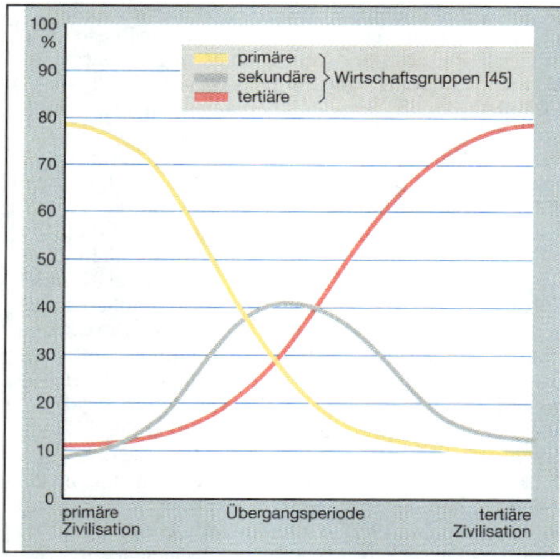

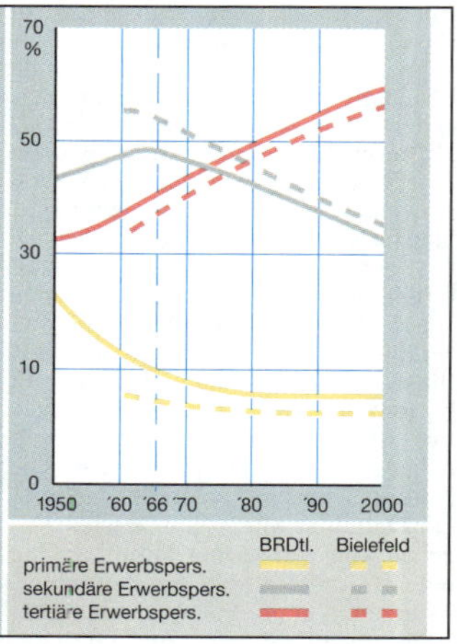

B Entwicklung der Erwerbsstruktur (nach Fourastié)

C Amtliche Prognosen

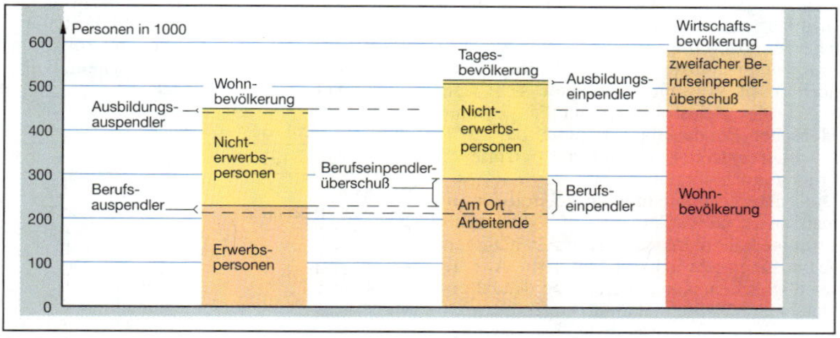

D Die Wohn-, Tages- und Wirtschaftsbevölkerung von Nürnberg 1961

In Deutschland sind die Statist. Ämter auf Bundes-, Landes- und Kommunalebene Träger der Bevölkerungsstatistik. Sie erfüllen ihre Aufgabe auf gesetzl. Grundlage (BRahmenG, VolkszählungsGe) mit »laufenden« Statistiken und Stichtagserhebungen (Volkszählung, Arbeitsstättenzählung, *Mikrozensus* als Repräsentativerhebung). Zu den laufenden Statistiken zählt die über Stand und Entwicklung der Bevölkerung, die in Zehn-Jahres-Abständen durch die Ergebnisse der **Volkszählungen** berichtigt werden. Für die BRDtl. hatten die Volkszählungen von 1950 und 1961 als Grundlage sämtl. Planungen bes. große Bedeutung (A, D). Da die Zeitabstände und die Fragenkataloge nicht beibehalten wurden, verlor die Statistik später an Einfluß und die darauf aufbauenden Planungsrechnungen an Genauigkeit (S. 86 f.).

Die Gliederung der Bevölkerung nach dem **Erwerbsmerkmal** (A) unterscheidet zunächst nach Erwerbsfähigkeit auf Grund des Alters; die Erwerbsfähigen stellen das Arbeitskräftepotential dar, das allmählich durch Heraufsetzen des Ausbildungs- und Senken des Ruhestandsalters vermindert wird (S. 52 D). Das Verhältnis der Erwerbspersonen zur Gesamtbevölkerung gibt die *Erwerbsquote* an. Die Erwerbspersonen werden nach Beruf, Stellung im Beruf und Wirtschaftszweig unterschieden. Die Wirtschaftsabt. der amtl. Berufssystematik werden mit Grundnummern (Tab. 16) eingeteilt und zusätzlich untergliedert. Die Statistik unterscheidet begrifflich *Erwerbspersonen,* die in Volkszählungen am Wohnort gezählt werden, und *Beschäftigte,* die bei Arbeitsstättenzählungen am Arbeitsort erfaßt werden. Die Erfassung der *Berufspendler* ist das Bindeglied zwischen beiden Erhebungen [43; 44].

Tabelle 15: Schema einer Monatsstatistik

Daten: Stadt Hannover, Februar 1972

1. **Bevölkerungsstand** (per 01. 02. 1972)		
Einwohnerzahl insgesamt		518679
darunter: männl.		239575
weibl.		279104
Ausländer		33916
weibl. Personen je 1000 männl.		1165
Haushalte		234132
darunter Einpersonenhaushalte		88121
Personen je Mehrpersonenhaushalt		2,95
2. **Natürl. Bevölkerungsbewegung**		
Eheschließungen		216
Heiratsziffer (je 1000 E. und J.)		5,0
Lebendgeborene	+ 370	
Totgeborene	2	
Gestorbene	– 623	
natürl. Saldo:		– 253
3. **Wanderungsbewegung**		
zugezogene Personen	+ 2801	
fortgezogene Personen	– 2844	
Wanderungssaldo:		– 43
Stadtumzüge in Personen	3292	
4. **Bevölkerungsentwicklung**		
Einwohnerzahl Januar		518975
Bevölkerungssaldo Februar		– 296
Einwohnerzahl Februar		518679

Tabelle 16: Erwerbstätige nach Wirtschaftszweigen in der BRDtl. (Stichtag: 30. 6.)

Nr.	Wirtschaftsabteilung	in % 1966	% 1985	% 1991
0	Land- und Forstwirtschaft, Tierhaltung, Fischerei	10,6	1,1	1,0
1	Energiewirtschaft, Wasserversorgung, Bergbau	2,4	2,3	2,0
2	Verarbeitendes Gewerbe (ohne Baugewerbe)	37,9	39,1	38,2
3	Baugewerbe	8,1	7,2	6,6
4	Handel	11,9	13,5	13,6
5	Verkehr und Nachrichten	5,8	4,9	4,9
6	Kreditinstitute, Versichrgn.	2,0	4,0	4,0
7	Dienstleistungen von Unternehmen; Freie Berufe	11,8	19,0	20,9
8	Organisationen ohne Erwerbscharakter, private Haushalte	1,7	2,1	2,3
9	Gebietskörperschaften und Sozialversicherung	7,8	6,8	6,5

Leibniz hatte eine dreiteilige Erwerbsgliederung gewählt (s. S. 39). Der *primäre* Wirtschaftssektor (Landwirtschaft), der *sekundäre* (Produktion) und der *tertiäre* (alle Dienstleistungen) sollten sich nach den Prognosen von Jean Fourastié qualitativ in Abhängigkeit vom techn. Fortschritt ändern und quantitativ den in B dargestellten Wandel bedingen: der sekundäre Sektor nimmt in der Mechanisierungsphase Erwerbstätige aus dem primären auf und setzt welche in der Automatisierungsphase für den tertiären frei. Nach 1957 wurden seine Thesen stark beachtet, »aber vermutlich in ihrer Bedeutung für die Planung überschätzt« [Buchholz in 8, Bd. 1, S. 647]. Amtl. Prognosen gingen von Zählungen aus (C; [42, Bd. 4]; s. Tab. 16). Der erkannte Wandel der Erwerbsgliederung bestätigt den **Übergangscharakter** des Industrialisierungszeitalters.

Die Größenordnung dieses Wandels verursachte den Umbau der Städte in Funktion und Gestalt. Die Stadt des MA war baulich gegen die »Landschaft« und funktional gegen das »Land« klar abgegrenzt; sie kannte das Pendlerproblem grundsätzlich nicht. Seit sie über ihre histor. Wallanlagen ohne sichtbare Begrenzung auszuufern begann, wuchs ihr unmittelbarer Einzugsbereich durch die tägl. Verkehrsströme der **Pendler,** die in der Stadt zwar Arbeit, jedoch keine Wohnung fanden. Daher werden Wohn-, Tages- und Wirtschaftsbevölkerung einer Stadt begrifflich unterschieden (D). Die Erwerbsgliederung einer Wohnbevölkerung kann also von derjenigen der »am Ort Beschäftigten« abweichen. Das Verhältnis der »Beschäftigten« zu den »Erwerbspersonen« erfaßt man gebietsweise im Beschäftigungsfaktor.

Hans Paul Bahrdt nennt die Pendler »nicht integrierte Elemente der Gemeinde«. Godin (S. 40 f.) und Howard (S. 48 f.) versuchten dies zu ihrer Zeit zu vermeiden. Um so unverständlicher ist es, daß immer wieder »neue« Städte als »reine« Schlafstädte gebaut werden.

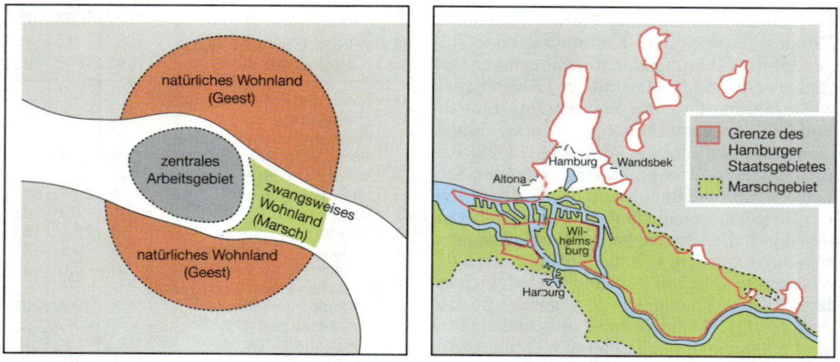

A-B Hamburg: Schema der geolog.- wohnungspolit. Situation (A) und seine Staatsgrenzen vor 1937 (B)

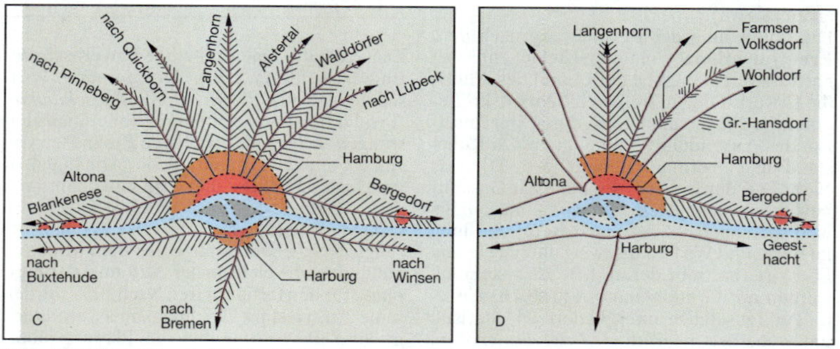

C-D Natürliche (C) und wirkliche (D) Entwicklung des Organismus Hamburg (nach Schumacher)

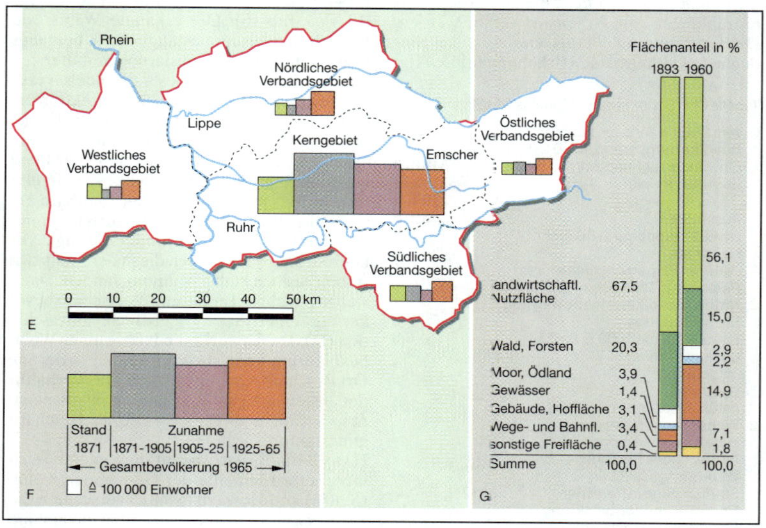

E-G Siedlungsverband Ruhrkohlenbezirk (SVR) : Gebiet (E), Bevölkerung (F), Bodennutzung (G)

Fritz Schumacher (1869–1947) studierte in Berlin und München Architektur. Sein späterer Freund Theodor Fischer (1862–1938) richtete um 1893 in München das erste dt. Stadtplanungsamt ein. Nachdem Schumacher 10 Jahre an der TH Dresden gewirkt hatte, folgte er 1909 dem Ruf nach Hamburg. Als Leiter des Hochbauwesens gab er durch Verwendung des Backsteinrohbaus der Stadt ein neues Gepräge; überdies gelangen ihm auf den Gebieten der Stadt-, Regional- und Landesplanung wegweisende Leistungen (Wortmann [8, Bd. 3, S. 2818]; Kallmorgen [46]).

Am Beispiel »von Antwerpen und Rotterdam, die planmäßig das Hinterland für ihre hafentechn. Weiterentwicklung freihalten und festlegen«, forderte Schumacher 1921 [50] »eine hafenbau- und betriebstechn. Einheit, die das ganze Gebiet der gespaltenen Elbe, also auch Altona und Harburg umfaßt«, um für »Hamburgs Bedürfnisse eine ähnl. weitblickende Politik treiben« zu können. »Arbeitsstätten (Hafen- und Industriegebiete) von dem Umfange, wie sie für die Zukunft vorbereitet werden müssen, würden immer ein kaum benutzbares Instrument bleiben, wenn nicht zugleich für geeignete Wohnstätten der in ihnen beschäftigten Menschen gesorgt wird.« Dieser Wohnungsbedarf führte ihn zu der Forderung, daß gute, gesunde und preiswerte »Kleinwohnungen« in ausreichender Anzahl an den geolog.-wohnungspolit. richtigen Standorten bereitzustellen seien. »Das Entstehen solcher Wohnungen ... wird trotz aller guten Absichten unterbunden, wo der Grund und Boden durch bes. Bevorzugung der Natur oder durch die geheimnisvollen Gesetze der Bodenpreise bereits zu teuer geworden ist« oder wo er zur Arbeitsstätte »verkehrstechnisch zu unwirtschaftlich liegt«. Da »die Marsch zum Arbeitsgebiet Hamburgs gestempelt ist« und »die tiefe Lage des Geländes eine großstädt. Form der Besiedlung als Wohngebiet unmöglich macht, weil eine ordnungsmäßige *Besiedlung* unmöglich ist« (A), mußte Schumacher auf Grund der »erschwerenden Eigentümlichkeiten« des zu engen Stadtgebietes (B, D) »gebieterisch zu einer Neugestaltung der Hamburger Grenzen« drängen. »Sobald wir in diesem vergrößerten Bezirk mit neuen Schnellbahnen zu rechnen vermögen, eröffnet sich die Möglichkeit der Anlage neuer Nebenzentren neben dem alten morschen Kerngebilde der jetzigen großstädt. Wohnquartiere, und damit tauchen die Lösungsformen auf, die uns ... von den Leiden der gegenwärtigen Wohnübel zu befreien vermögen« (C, [50]).

Den Städten Altona und Wandsbek war es im Kaiserreich mit ihrer Bittschrift von 1910 nicht gelungen, nach Hamburg einverleibt zu werden; das Dt. Reich der *Weimarer* Zeit folgte den Gedankengängen Schumachers in der Denkschrift Hamburgs von 1921 ebenfalls nicht. Stattdessen wurden »wie zum Hohn ein Groß-Altona, Groß-Wandsbek und Harburg-Wilhelmsburg« geschaffen. Jedoch gelang es 1928 mit einem Staatsvertrag zwischen Hamburg und Preußen, die »Gemeinsame Landesplanung« einzurichten, in der Schumacher maßgebl. Einfluß auf die grenzüberschreitende Planung um Hamburg gewann. Er hatte frühzeitig erkannt, daß der wirtschaftl. Einfluß der Großstadt weit über ihre Grenzen reichte, und versuchte, eine Einheit von Wirtschafts- und Planungsraum herzustellen.

Dieses Ziel war durch Gebietserweiterung nicht zu erreichen; auch die Bildung leistungsfähigerer Städte im Umkreis der eingezwängten Großstadt löste das **Stadt-Umland-Problem** nicht. Es blieb nur der Weg über die »Gemeinsame Landesplanung« offen; daß er mit Erfolg beschritten wurde, darin liegt Schumachers größtes Verdienst. Es war ihm eine Genugtuung, daß der Staat, der ihn 1933 fristlos entließ, seine Ideen verwirklichte: 1937 entstand Groß-Hamburg [46 bis 56].

Robert Schmidt (1869–1934), geb. in Frankfurt a. M., studierte in Hannover Bauingenieurwesen, war zunächst im Wasserbau und Bahnbau tätig und entwickelte, nachdem er 1907 in Essen als techn. Beigeordneter gewählt wurde, eine neue Bauordnung und die erste dt. Gartenstadt *Margarethenhöhe*. 1910 erhielt er vom Regierungspräsidenten Düsseldorf den Auftrag, eine Denkschrift über die Sicherung der Grünflächen im rechtsrhein. Teil seines Bezirks zu bearbeiten – es wurde seine Dissertation über ›Grundsätze zur Aufstellung eines General-Siedlungsplanes‹ [57], die räuml. auf das gesamte Ruhrgebiet bezogen war. »Diese Denkschrift hat Epoche gemacht, weil sie die Notwendigkeit einer über die Verwaltungsgrenzen hinweggreifenden, regionalen Gesamtplanung begründete und den Gedanken eines kommunalen Verbandes für das Ruhrgebiet entwickelte.« (Umlauf [8, Bd. 3, S. 2809]). Schmidt unterstützte den Essener Oberbürgermeister Dr. Hans Luther darin, mit Gemeinden, Landkreisen, Wirtschaft und Industrie einen Gesetzentwurf zu erarbeiten – er wurde am 5. 5. 1920 im preuß. Landtag einstimmig angenommen. Das G übertrug dem Siedlungsverband Ruhrkohlenbezirk (SVR) u. a. die »Festsetzung von Fluchtlinien für die Durchgangs- oder Ausfallstraßen« und für die »Umgrenzung von Grüngebieten, die für die Gesamtsiedlung des Verbandsgebietes von Bedeutung sind«. Schmidt beeinflußte als erster Verbandsdirektor die kommunale Neugliederung im Ruhrgebiet 1928/29 wesentl. und schuf ein »Vorbild für die regionale Ordnung eines industriellen Ballungsraumes« (Umlauf [8]).

Die Lebenswege von Schumacher und Schmidt verdeutlichen die Schwierigkeiten und die Fortschritte, unter denen Stadtplanung zur Regionalplanung wurde; beide begründeten die Notwendigkeit einer übergreifenden **Raumordnung** im Interesse der Städte.

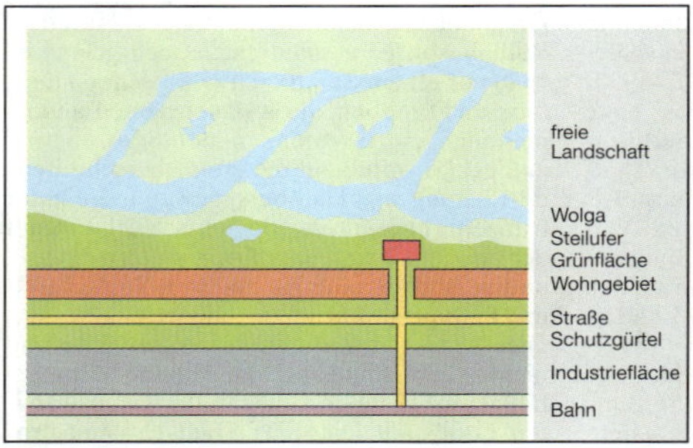

A Sowjetische Bandstadt für Wolgograd

B Die 4 Funktionen des Städtebaus

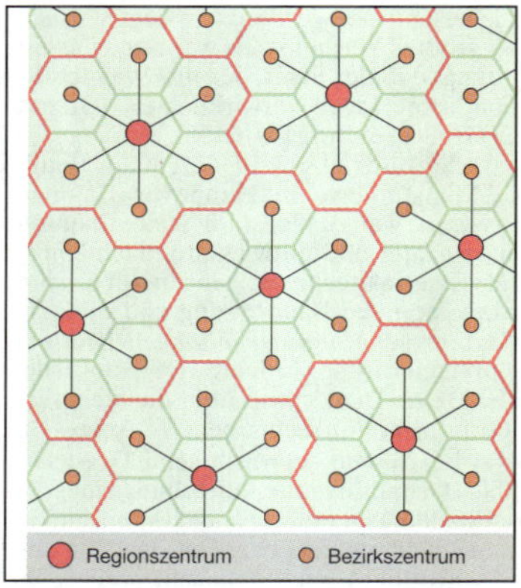

C Regionen (Schema mit Zentrengefüge)

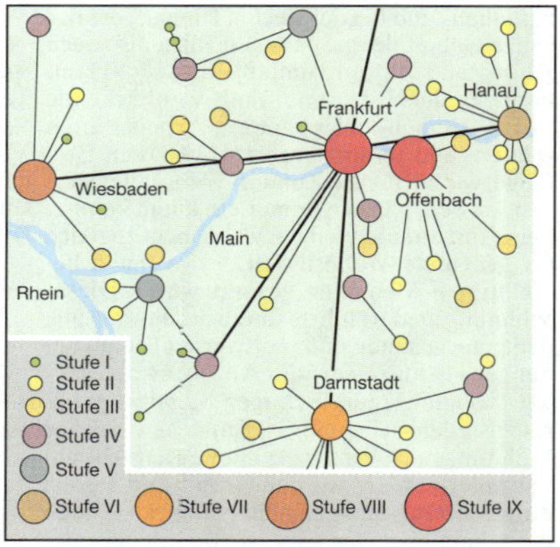

D Zentrale Orte in Hessen (Ausschnitt)

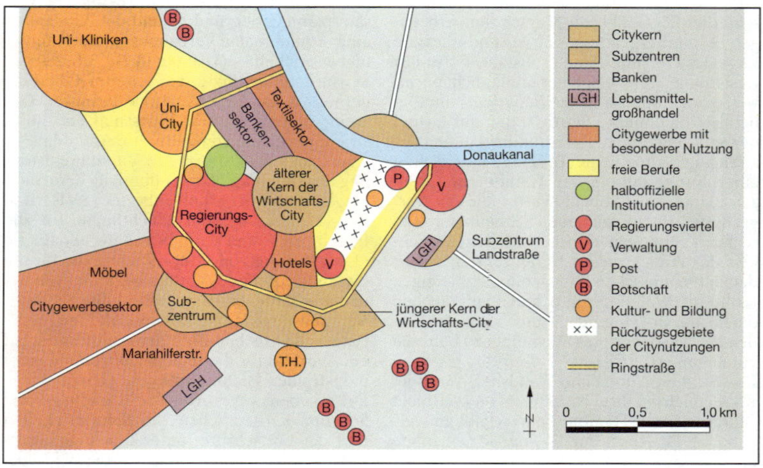

E Funktionsschema der Wiener City 1970

Camillo Sitte (1843–1903) veröffentlicht 1889 sein Buch ›Der Städtebau nach seinen künstlerischen Grundsätzen‹ [58]; der Begriff **Städtebau** tritt erstmals als Buchtitel auf. Sitte wendet sich gegen »das regelmäßige Parcellieren vom rein ökonomischen Standpunkte aus«, gegen das »noch immer landesübliche Blockrastrum für Stadterweiterungspläne« [58, S. 180] und stellte dem Praktischen unter Hinweis auf zahlreiche historische Vorbilder das »Malerische« [58, S. 116] gegenüber; er rechnet damit die 3. Dimension, die **Bauhöhe,** zu den Aufgaben der Stadtgestaltung [58, S. 196 f.].

Um 1900 wird der Begriff Stadterweiterung durch den der **Stadtplanung** abgelöst. 1922 vereinigen sich führende Fachleute des Städtebaus in der »Freien Deutschen Akademie für Städtebau und Landesplanung«; zunächst diskutieren sie soziale Fragen des Wohnungsbaus: Kleinhaus/Großhaus? Privatbau/Gemeindebau? Bereits in der Gründungsversammlung schneidet Robert Schmidt (S. 57) das Thema der rechtl. Verbesserung des Planungsinstrumentariums an. 1927 ergibt die Aussprache in der Akademie, daß ein einheitl. ReichsG für den Städtebau zu fordern sei, das bezügl. der Durchsetzung von Planungen »handhabbar« sein müsse, eine Bodenrechtsreform einleite und die Befugnisse zur Enteignung erweitere. Die Mißstände (S. 44 f.) drängen nach Ordnung, nach Leitbildern und nach Instrumenten, mit denen Planung durchgesetzt werden kann.

Nach 1920 plant Miljutin die Bandstadt für Wolgograd (A); parallel zum Steilufer der Wolga ordnet er bandförmig die Nutzung Wohnen und – getrennt durch einen Schutzstreifen – die Industrieflächen an. Er will mit diesem Entwurf erreichen, daß Wohn- und Arbeitsflächen trotz Trennung gegenseitig gut erreichbar bleiben und die Bandstadt in beiden Richtungen wachsen kann. Was Godin, Salt (S. 40 f.) und auch Howard (S. 48 B) zu lösen versuchten, greift Miljutin im größeren Maßstab auf – die Trennung industrieller Nutzungen.

Auf Anregung von Le Corbusier versammeln sich 1928 Architekten aus fast allen Ländern Europas, um gemeinsame Grundlagen für das moderne Bauen und neuzeitl. Städtebau zu erarbeiten: die *CIAM (Congrès Internationaux d'Architecture Moderne)* ist gegründet und führt bis 1956 zehn internationale Kongresse durch, bevor sie sich 1959 auflöst. *CIAM IV* fand 1933 in Athen statt; die Ergebnisse werden in der ›Charta von Athen‹ [60; 61], einer programmat. Schrift für eine funktionelle Stadtplanung, festgehalten. Der gesellschaftskrit. Ansatz tritt in der öffentl. Diskussion hinter dem Schlagwort von der »Trennung der Funktionen« zurück, das sich auf 2 der 95 Thesen stützt: »These 77: Die Schlüssel zum Städtebau liegen in folgenden 4 Funktionen: wohnen, arbeiten, sich erholen (in der Freizeit), sich bewegen (B). These 78: Die Planungen werden die Struktur eines jeden den vier Schlüsselfunktionen zugewiesenen Viertels bestimmen und die entspr. Standorte innerhalb des Ganzen festsetzen.« Weder wurde der Begriff *Funktion* eindeutig definiert, noch ist es möglich, die Art der Bodennutzung nur nach diesen »Funktionen« einzuteilen.

Walter Christaller (1893–1969) hat als Siedlungs- und Wirtschaftsgeograph 1933 ein Raumgesetz ermittelt, wonach die räumliche Gliederung der Siedlungen als ein hierarchisch aufgebautes Netz zentraler Orte und ihrer zentralörtl. Bereiche anzusehen ist [62]. Diese »Theorie der zentralen Orte« wird bes. von Gerhard Isbary [8, Bd. 2, S. 1366] zu einem bestimmenden Prinzip der gesamten Raumplanung ausgebaut, z. B. folgt I. Perenyi [63] dieser Theorie ebenso (C) wie die dt. Landesplanung (D). Dabei werden die Zentren nach Größe, Ausstattung und Funktion definiert.

Die Geographin Elisabeth Lichtenberger [64; 65] hat den allmählichen Nutzungswandel in Cityrandgebieten an der »Wiener Ringstraße« untersucht und u. a. ermittelt (Tab. 17), daß der Wandlungsprozeß zu einer »natürlichen Entflechtung der unterschiedl. Nutzungen und zu einer Sammlung gleichartiger Nutzungen im gleichen Standortbereich führte« (E). Dabei ist der Anteil der Tertiärnutzungen zu Lasten ehemaliger Mischnutzungen gestiegen. Der wachsende Bedarf an Büroflächen dürfte auch künftig diesen attraktiven Standortbereich bedrohen. Da die Ringstraßenerweiterung urspr. (S. 46 A) vorwiegend für Wohn- und Mischnutzung neben den öffentl. Monumentalbauten geplant war, ist dies ein Lehrbeispiel dafür, daß Planung zwar die Standorte von Bauwerken, aber nicht deren langfristige Nutzungsinhalte bestimmen kann.

Die Entwicklung der Stadtplanung, ausgehend vom ökonom. vermessungstechn. Parzellieren für »Stadterweiterungen«, führt über den »städtebaulich« gestalteten Entwurf zur »funktionalen« Bauleitplanung, die allen Nutzungen in optimaler Zuordnung zueinander die Standorte innerhalb des Stadtganzen zuzumessen hat. Die »Trennung der Funktionen« wirkte als theoret. Forderung eher Verkehr erzeugend und integrationshemmend auf den Städtebau ein.

Tabelle 17: Vergleich der Wohn- und Betriebsnutzung der Ringstraßenbauten Wien

	1914		1961/63	
Nutzungsart:	Zahl	%	Zahl	%
vorwiegend Wohnnutzung	212	30,4	200	29,3
mäßige Wohnnutzung	138	19,8	159	23,3
gemischte Nutzung	119	17,1	52	7,6
Einheit Wohnung-Betrieb	54	7,7	1	0,1
vorwiegende Betriebsnutzg.	68	9,8	67	9,8
reine Betriebsnutzg.	55	7,9	127	18,6
öffentl. Gebäude	51	7,3	76	11,2
Summe:	697	100	682	100

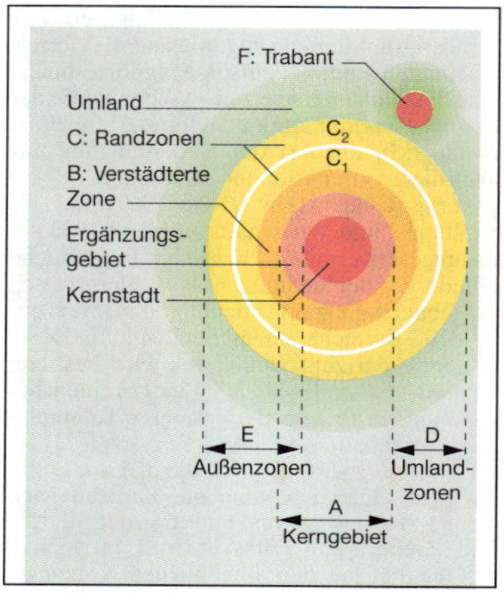

A Schema der Stadtregion nach Boustedt

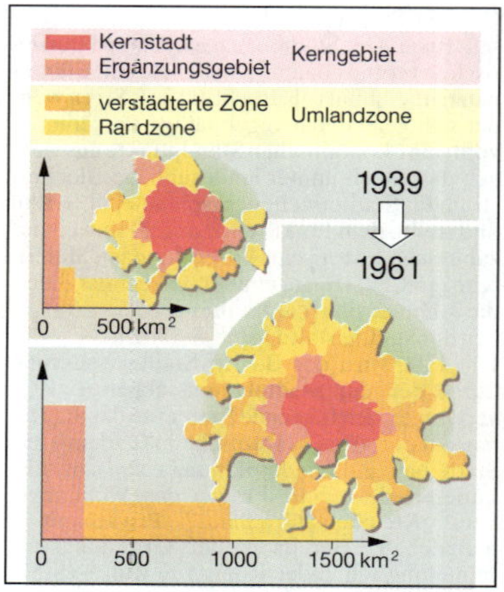

B Entwicklung der Stadtregion München

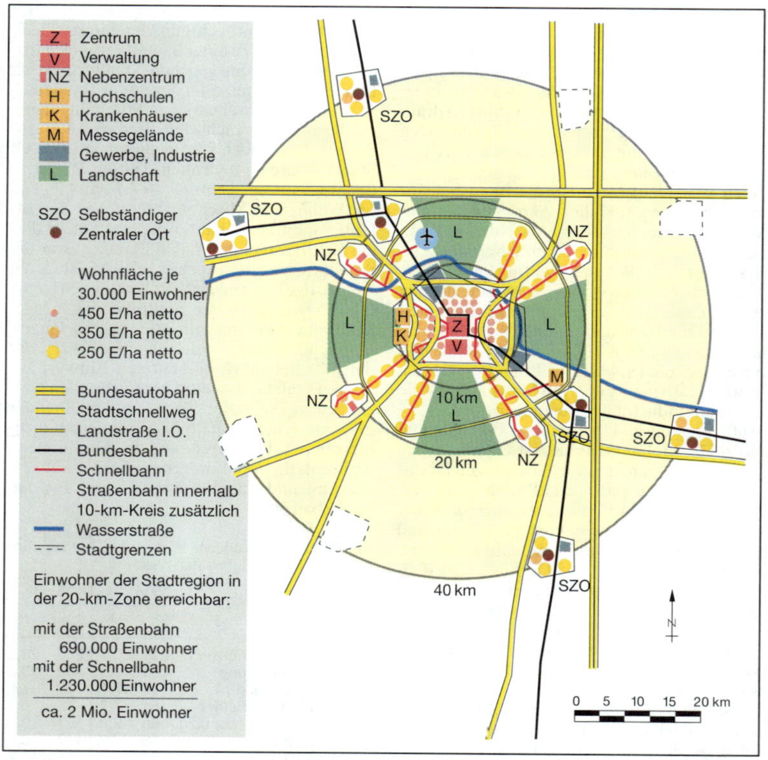

C Schemaskizze zur Entwicklung einer neuen städtebaulichen Form der Stadtregion nach Hillebrecht

»Die **Stadtregion** ist die Bezeichnung für ein wiss. Modell, das vor allem der vergleichenden Stadtforschung dient; darüber hinaus ist es aber ganz allg. als ein Instrument zur empirisch-quantitativen Beobachtung des Agglomerations- und insbes. des Metropolisationsprozesses entwickelt worden ... Die Stadtregion erweist sich als eine sozioökonom. Raumeinheit, als deren entscheidende Bestimmungsmerkmale neben einer erhebl. Größe und Verdichtung eine bes. enge soziale und wirtschaftl. Verbundenheit zwischen der Stadt und ihrem Umland hervortritt.« [8, Bd. 3, S. 3207]. Die Grundlage zur Erarbeitung des Modells gibt Olaf Boustedt 1953 vor; die »Akademie für Raumforschung und Landesplanung« entwickelt das endgült. Modell mit folgenden Abgrenzungsmerkmalen [8]:

1. Anteil der landwirtschaftl. Erwerbspers. in % aller Erwerbspers. zur Kennzeichnung der Wirtschaftsstruktur der Gemeinden und des Grades der sozialen Verstädterung,
2. Auspendler Richtung städt. Kerngebiet
   a) in % der Erwerbspersonen insgesamt,
   b) in % der Auspendler insgesamt zur Kennzeichnung der Verflechtungsintensität des Umlandes mit dem Kerngebiet,
3. absolute Zahl der Einpendler zur Ermittlung der Gravitationszentren, d.h. der Kernstädte und Kerngebiete,
4. Bevölkerungsdichte (E/qkm) zur Kennzeichnung des Siedlungscharakters der Gemeinden, insbes. des Grades der baulichen Verstädterung (nur für das Kerngebiet).

Die Differenzierung der Gemeinden in den Stadtregionen wird erstmalig 1960 nach den Ergebnissen der Volkszählung von 1950 für die BRDtl. vorgenommen; zu den Abgrenzungsmerkmalen werden Schwellenwerte [8] für die gemäß Bild A bezeichneten »Zonen« festgesetzt (Anwendung vgl. Bild B).

1950 gibt es nach dieser Einteilung 56 Stadtregionen in der BRDtl., die 2382 Gemeinden (von 24 502) umfaßten; 1961 sind es 68 Stadtregionen, die auf 17,3 % der Fläche der BRDtl. in 3704 Gemeinden 56,1 % der Bevölkerung (ohne Berlin-West) beherbergten. Für die Volkszählung 1970 werden die Schwellenwerte der Entwicklung angepaßt, auf die Unterscheidung des »Kerngebietes« in Kernstadt und Ergänzungsgebiet wird verzichtet und für die Zuordnung der Gemeinden zu den versch. Zonen nur noch das Merkmal der sog. Einwohner/Arbeitsplatzdichte (EAD) vorgegeben: EAD ist die Summe der Einw. und Erwerbspers. am Arbeitsort in Pers./qkm.

Tabelle 18: Merkmale und Schwellenwerte für die Abgrenzung der Stadtregionen 1970

Zone	Pendler (s. 2a)	EAD	Einw.
A Kerngebiet	≥25 %	≥600	≥80 000
B Verstädterte Zone	≥25 %	250–600	≥80 000
C Randzone	≥25 %	< 250	≥80 000
Satellit	≥25 %	≥600	≥ 5000
F Trabant	< 25 %	≥600	≥ 5000

Tabelle 19: Dt. Wohnungsfertigstellungen

Jahr	in 1000		je 1000 Einw.
1919	36	Deutsches Reich	0,5
1929	316	Deutsches Reich	4,9
1938	276	Deutsches Reich	4,0
1949	218	BR Deutschland	4,5
1954	561	BR Deutschland	11,0
1959	578	BR Deutschland	10,7
1970	478	BR Deutschland	7,8
1980	389	BR Deutschland	6,3
1990	256	BR Deutschland	4,1
1992	375	»alte Länder«	5,8

In der Gründerzeit war die Einheit von Verwaltungs-, Planungs- und Investitionsraum verloren gegangen [66]. Die Einführung der Stadtregion als »Modell« war notwendig, um Staat und Baugenossenschaften, die »sozialen Wohnungsbau« in großen Mengen schon für guten Städtebau hielten, zu mahnen, die Stadt wieder als Ganzheit zu sehen und zu fördern.

»Die gegliederte und aufgelockerte Stadt«, als Begriff erst 1957 von Göderitz, Rainer und Hoffmann formuliert, war für ein halbes Jh. ein Leitmotiv dieser einseit. Entwicklung [68].

»Für diese Aufgaben des Städtebaus kann es nur einen Bezug geben, näml. die Stadt als Ganzes, als ein ›Gefäß‹, das den Bedürfnissen und Wünschen materieller und immaterieller Art einer vielschichtigen Bürgerschaft Erfüllung bietet, das sozialen und wirtschaftl., kulturellen und polit. Verhältnissen der jeweiligen Generation Entsprechung gibt, das auf Grund der lokalen Bedingungen von Standort und Klima seine Eigenart besitzt, das mit den techn. Mitteln der Zeit geschaffen wird und das schließl. in der Darstellung seines Sinngehalts durch Gestalt und Form ein Kunstwerk sein sollte. Dieses alles ist unter ›Stadt‹ verstanden ein Ganzes, und das Ganze nur kann Bezugspunkt für die Aufgaben des Städtebaus sein« [68, S. 49]. Von diesem Ansatzpunkt ausgehend fordert Rudolf Hillebrecht: »Es sind organisator. Voraussetzungen zu schaffen, um in polit., administrativer, rechtl. und finanzwirtschaftl. Art die Integrationsvorgänge zu erleichtern, die zu einer neuen städtebaul. Form (C), der Stadtregion, führen.« [68, S. 62]

»Die *Dekonzentration* der Flächennutzungen im Gegensatz zu den Dezentralisationsvorgängen wuchernder Art« wird Prinzip dieser neuen städtebaul. Form, deren Schwerpunkt die alte Stadt mit ihrem Zentrum auch in Zukunft bleiben soll. Er hat damit das Modell für eine sozio-ökonom. Raumeinheit zum Modell für eine neue städtebaul. Ganzheit erweitert – zur *Regionalstadt*. Seit 1951 bereitete er die Gründung des *Verbandes Großraum Hannover* vor [69], die 1963 erfolgte. Dessen Verbandsplan (1968) und Verkehrskonzept bewiesen als regionalplaner. Leistung in der Praxis die Richtigkeit dieser Leitidee [70].

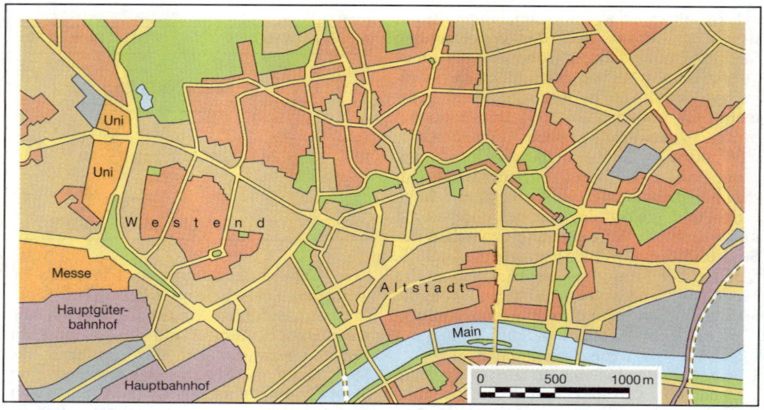

A Frankfurt am Main: generalisierter Innenstadtausschnitt nach FNP (Stand: Mai 1972)

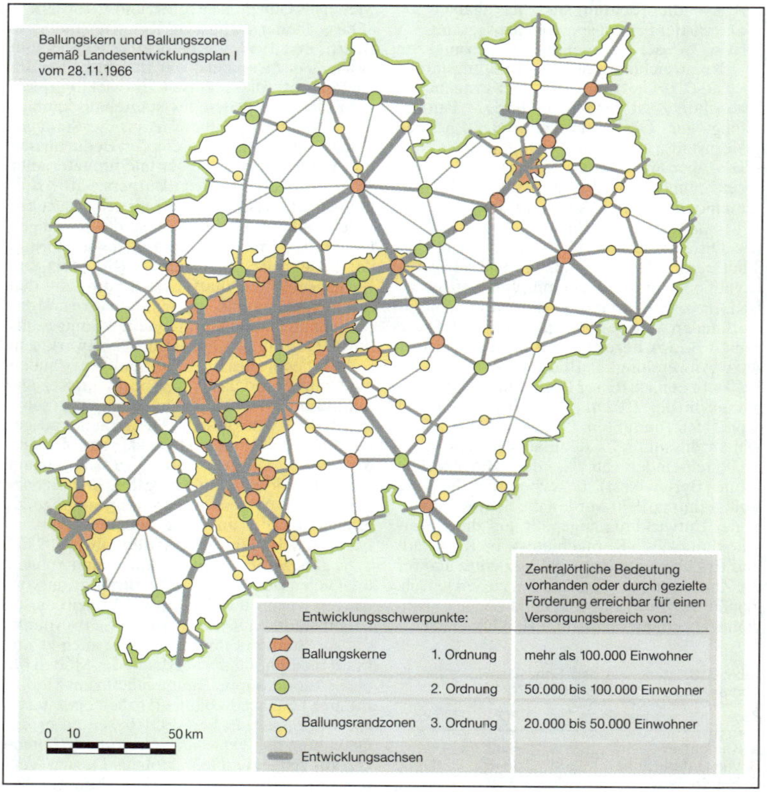

B Landesentwicklungsplan II des Landes Nordrhein-Westfalen vom 3.3.1970

»Das **Leitbild,** das wir von einer Stadt haben, ist eine mittelalterl. Stadt mit Fernheizung, aber ohne kirchl. oder feudale Herrschaft, eine bürgerl. Repräsentationsstadt des 19. Jhs. ohne Hinterhäuser, eine Stadt mit Autofahrverbot für die jeweils anderen, eine Stadt ohne Industrie, ohne Banken, ohne Beton, ohne Büros – allerdings mit gleichmäßig hohem Einkommen für alle.« So kennzeichnet Frankfurts Stadtbaurat H. ADRIAN 1972 die Not der Städtebauer angesichts der Wünsche ihrer Bürger und zeigt damit, daß Leitbilder für eine moderne Stadtentwicklung nicht aus vermeintl. Vorteilen histor. Städte aufsummiert werden können.
Frankfurt am Main, karoling. Pfalz seit 794, Oberhof einer weitreichenden Stadtrechtsfamilie, bed. Handelsplatz wegen der Messe. Seit 1356 werden hier die dt. Könige gewählt, 1562–1792 die dt. Kaiser gekrönt. 1848/49 tagt in der Paulskirche die Nationalversammlung. 1866 fällt die Freie Stadt an Preußen. Auch nach dem 2. Weltkrieg und der Auflösung Preußens wird Frankfurt keine Hauptstadt. Im Unterschied zu England oder Frankreich, deren Metropolen die mit deutl. Abstand größten Städte im Lande sind, gibt es in der BRDtl. als »glückliche« Folge des dt. Partikularismus mehrere bedeutsame Großstädte in allen Bundesländern. Den Organisationen und Verbänden aus Gesellschaft und Wirtschaft bleibt es überlassen, den Sitz ihrer Zentralen neu zu bestimmen und damit föderale »Metropolitas« zu festigen.
Wegen seiner geograph. zentralen Lage und der Nähe zur neuen Hauptstadt Bonn wird Frankfurt der bevorzugte Standort der Geld- und Kreditwirtschaft. Der tertiäre Siedlungsdruck (vgl. S. 54/55) auf die Innenstadt und die auf Wachstum gerichtete liberalist. Kommunalpolitik führen dazu, daß die Innenstadt innerhalb der histor. Wallanlagen (A) und die Wohnfläche an ihrem Rand von Bürogebäuden unterwandert wurden; die Umwidmung von Wohnflächen in Kerngebiete folgt. Die Nachteile für die Wohnbevölkerung, bes. im Westend (A), führen zu unüberhörbaren Bürgerprotesten. Gegenüber dem städtebaul. »Mainhattan« der tertiären Hochhauslandschaft hebt sich selbst der Wohnungsbau wohltuend ab, der in der Altstadt am Mainufer nach 1945 entstand.
Ähnl. Probleme werden auch aus anderen Städten, bes. aus Stuttgart und München, bekannt. Die Citybildung und ihr Wachstum im Stadtkern zählen zu den Vorgängen, deren Steuerung weder von der Wissenschaft, noch von der stadtplaner. Praxis oder der Politik einwandfrei beherrscht werden. Landesplanung und Raumordnung bleiben den Städten Problemlösungen schuldig.
Nordrhein-Westfalen stellt 1964 das erste Landesentwicklungsprogramm auf [72] – es enthält neben Planungsgrundsätzen Sollvorschriften für ein Planungshandeln, durch das »alle Teile des Landes an seiner Entwicklung *angemessen* teilnehmen sollen«.
Darauf aufbauend unterscheidet der Landesentwicklungsplan (LEP) I von 1966 *Ballungskerne* (Fläche=50 qkm; E/qkm≥2000), *Ballungsrandzonen* im Anschluß an Ballungskerne (E/qkm von 1000–2000) und *ländl. Zonen;* außerdem sind 21 *Städt. Verflechtungsgebiete* und 309 Gemeinden als Zentrale Orte mit ihren *Versorgungsbereichen* dargestellt [73]. Der LEP II von 1970 enthält das System der *Entwicklungs-Schwerpunkte* (B) und *Entwicklungs-Achsen* [74], das Grundlage für den weiteren Ausbau der örtl. Infrastruktur und der Verkehrs- und Versorgungsbänder ist, soweit NRW für Ausbau oder Förderung zuständig und im Rahmen seiner mittelfrist. Finanzplanung dazu in der Lage ist. Da NRW die Entwicklung bes. durch sein Finanzgebaren nach diesen LEPlänen steuert, können Städte und Gemeinden darin Entscheidungshilfen, aber auch den Zwang des »goldenen Zügels« sehen.
Die histor. Stadt [76], als Stätte gewerbl. Produktion, öff. Dienstleistungen und Markt am verkehrsgünstigen Standort entstanden, bietet ihren Bürgern den bestmögl. Schutz vor Feinden und damit Sicherheit nach außen. Nach innen bot sie ein relativ hohes Maß an Freiheit, Wissen und »Künsten« – aber auch an »freiwilligen« Verpflichtungen; in ihr wurden die Voraussetzungen für Industrialisierung, Bürokratisierung und neue Systeme äußerer Sicherheit geschaffen, die einer zahlenmäßig vielfach vergrößerten Menschheit Lebenschancen bieten. Der größte Umbruch der Geschichte, der sich seit Beginn der Industrialisierung in Wirtschaft, Staat und Gesellschaft vollzog, führte zur **Verstädterung** fast aller Lebensbereiche. Die Stadt und das Dorf histor. Prägung haben in diesem Prozeß ihre »alte« Bedeutung verloren – an ihre Stelle sind Stadtregionen und zentrale Orte mit ihren Verflechtungs- und Versorgungsbereichen getreten.

Tabelle 20: Merkmale verschiedener Stadttypen [71]

Ort (1966)	Einw. 1000	Typ	a) sek.	a) tert.	b) %	c) DM
Münster	200	1	20,2	79,1	4,7	205,50
Wolfsburg	85	2	92,5	7,4	58,2	643,30
Hannover	545	3	44,7	55,0	22,1	342,30
Bielefeld	173	3	48,5	51,1	25,8	317,10
Reichenhall	15	4	28,8	68,0	–	148,80

a) Anteil am BIP in %; b) Industriebeschäftigte in % der Einw.; c) Gewerbe- und Lohnsummensteuer je Einw.

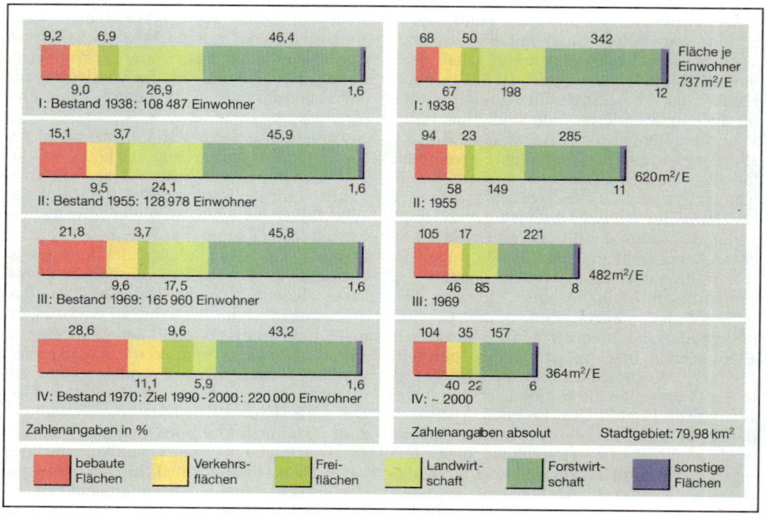

A Absolute und relative Flächenbilanz der Stadt Freiburg/Breisgau, 1970

B Bielefeld vor und nach der kommunalen Neugliederung vom 1.1.1973

Im Flächennutzungsplan-Entwurf [77], den Freiburg 1970 für das Ziel 1990–2000 vorlegte, wird die Siedlungsentwicklung zwischen 1938–1969 in einer Flächenbilanz aufgezeigt. Der Anteil der »bebauten Fläche« steigt in einem Vierteljh. um 137%, die Freifläche sinkt um 46%. Die Planer sehen **Zuwachs** vor für: Einwohnerzahl 33%, bebaute Fläche 31%, Verkehrsfläche 16% und Freifläche 159%. Der Flächenanteil je Einwohner ist gesunken und wird sinken (vgl. relative Bilanz in A: Veranschaulichung des Verstädterungsprozesses). Das Planziel war jedoch fragwürdig: die bebaute Fläche je Einw. war ständig gestiegen, bei der unterstellten Abnahme dieser Größe einen Zuwachs von 54000 Einw. anzustreben, überstieg realist. Erwartungen in demograph. und stadtplaner. Hinsicht (Trend um 1970).

Aus dem Rückblick auf die Geschichte der Stadtentwicklung sind Lehren zu ziehen. Die Industrialisierung bettete die histor. Stadt in eine quantitativ vergrößerte Siedlungsfläche – die »alte Stadt« wurde zur Stadtmitte und war den gestiegenen Anforderungen an das Zentrum nicht gewachsen. Der Wohnungsbau wurde zumeist in »Schlafsiedlungen« erbracht – die vorhandenen Verkehrssysteme reichten dafür nicht aus. Die Freizeit nahm zu – die Freiflächen wurden teilweise von anderen Nutzungen belegt. Der private Wohlstand (u.a. Eigenheimwelle) wuchs – und auch die öffentl. Armut. Durch Einseitigkeit staatl. Förderungsmaßnahmen, ungesteuertes Wachstum und fehlende gesamtpolit. Ziele geriet diese Stadt aus dem Gleichgewicht. Der Nachholbedarf an Gemeinschaftseinrichtungen und Ordnungsaufgaben erforderte polit. Zielsetzungen und entspr. Gesetze.

SCHUMACHER [78] stellte fest: »Für die Planung mag ein Zustand, als ob keine Grenzen vorhanden wären, genügen. Sobald beim Ausführen finanzielle Fragen in Betracht kommen, bleibt jede Grenze das, was sie immer war – eine Macht, die in wirklich schwierigen Fällen das Vorzeichen des Interesses umkehrt. Dagegen hilft kein guter Wille und keine Erkenntnis.« Landesplaner. Regelungen wie die zwischen Hamburg und Preußen von 1928 können Voraussetzungen schaffen, »zu planen, als ob keine Grenzen vorhanden wären«. Auch die Errichtung von Regionalplanungsverbänden (S. 57, 61) kann diesem Ziel dienen. Das BBauG [2] bot im § 4 den Gemeinden und sonstigen öffentl. Planungsträgern die Möglichkeit, »sich zu Planungsverbänden zusammenzuschließen, um durch gemeinsame zusammengefaßte Bauleitplanung den Ausgleich der verschiedenen Belange zu erreichen«. Er wurde kaum angewendet; einheitl. Planung allein kann die Welt nicht verändern. Die Grenzen zwischen polit. und finanziellen Zuständigkeiten sind durch **einheitl.** Wirtschafts-, Verwaltungs- und Planungsräume zu überwinden – so forderten viele Städte.

Nach 1945 hatte es Gründe genug für ein schnelles Handeln gegeben. Die Aufbauleistung in der BRDtl. war quantitativ nicht zu überbieten (Tab. 19), obwohl der Dt. Bundestag in den ersten 30 Jahren seines Bestehens nicht über Grundfragen der Stadtentwicklung debattiert hatte. 20 Jahre zu spät, nachdem die aus den Kriegsfolgen entstandenen Wachstumskräfte sich längst städtebaulich verfestigt hatten, begannen die Bundesländer Programme zur kommunalen Neuordnung durch eine **Gebietsreform** zu entwickeln; das am dichtesten besiedelte Flächenland NRW leistete dabei Schrittmacherdienste und schaffte den Siedlungsverband Ruhrkohlenbezirk (S. 56 f.) als leistungsstarken Planungsrivalen ab. Ähnlich erging es dem Verband Großraum Hannover in Niedersachsen.

Die selbständigen Gemeinden nahmen der Zahl nach ab, nach Einwohnern zu. Dank intensiver Vorarbeit [79] erreicht Bielefeld die »große« Lösung (B, Tab. 21). Bei der Ermittlung des »planerischen Flächenbedarfs« hatte die alte Stadt 350 qm Freifläche/Einw. für die neue Stadt verlangt und erhalten. In verwaltungsreformerischer Hinsicht sind neue Zuständigkeiten auf die neue Stadt nicht übergegangen, wohl aber die Verpflichtung, in 7 äußeren Bezirken »Bezirksausschüsse« einzurichten [80]. Der Rat entschied, auch das alte Stadtgebiet zu gliedern und durch Bezirksausschüsse polit. betreuen zu lassen. Diese Erfahrungen dienten einer Landtagsnovelle als Begründung für die Einführung von max. 10 Bezirken je Großstadt, die von gewählten Bezirksvertretungen »vertreten« werden. Dies war 1974 ein Ansatz zur Schaffung der mehrstufigen Regionalstadt (S. 61).

Tabelle 21: Daten vor und nach der kommunalen Neugliederung für Bielefeld

Merkmal	– alt – Zahl	%	– neu – Zahl	%
Fläche* km²	47,98	–	259,08	–
Dichte* E/km²	3486	–	1239	–
Einwohner*	167249	–	320997	–
davon männl.	76620	45,4	145943	46,5
Frauen/1000 M.	1204	–	1148	–
Altersaufbau < 6	13692	8,1	27141	8,6
Altersaufbau 6<15	18273	10,8	37809	12,1
Altersaufbau 15<65	109957	65,0	203342	64,8
Altersaufbau ≥65	27015	16,1	45436	14,5
Private Haushalte	69121	–	118765	–
Haushalts-Größe ∅	2,44	–	2,64	–
Beschäftigte	75009	–	136800	–
Erwerbsquotient	–	44,4	–	43,6
Erwerbspersonen	102879	–	159011	–
davon prim.	177	0,2	455	0,3
" sek.	50079	48,7	86237	54,2
" tert.	52623	51,2	72319	45,5
Wohnungen**	60867	–	106070	–
Wohngebäude**	16830	–	36190	–
Einfamilienhaushalte**	3976	23,6	10643	29,4

Daten: 27. 5. 1970; *1. 1. 1973; **25. 10. 1968

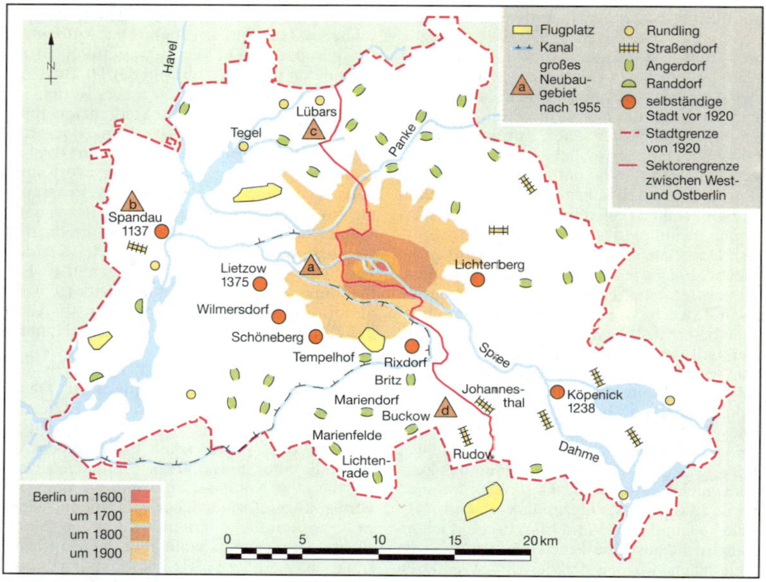

A Berlin: siedlungsgeschichtliche Entwicklung zur Weltstadt

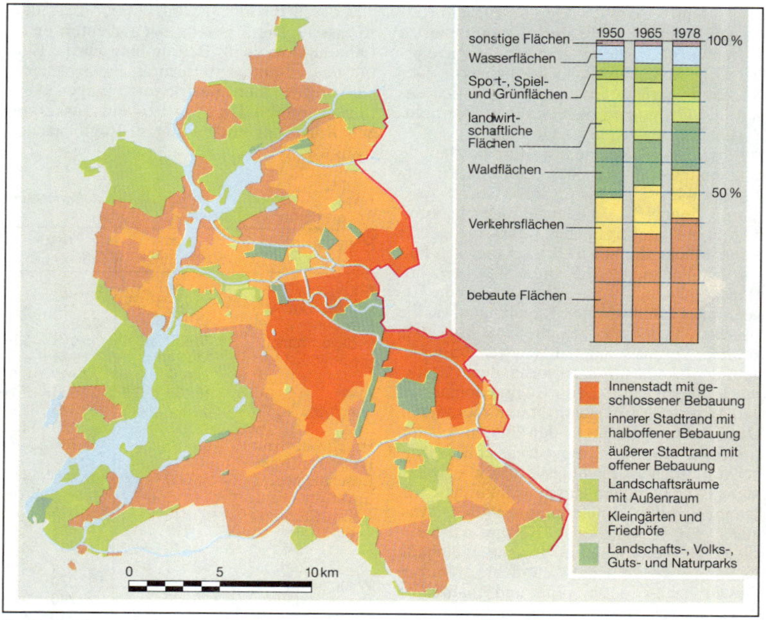

B Berlin-West: Landschaftsprogramm-Entwurf 1984; oben rechts: Änderung der Bodennutzung

Wo die Spree sich in mehrere Arme teilt, lagen einst die beiden Orte *Berlin* und *Cölln* einander gegenüber. Als Pfarrer SIMEON VON CÖLLN in der ältesten Urkunde vom 28.10. 1237 erwähnt wurde, hatten die Askanier die Stadtrechte bereits um 1230 an Berlin verliehen. MARSILIUS als Stadtschulze wird erst 1247 urkundlich bezeugt [81]. ALBRECHT DER BÄR kolonisierte und christianisierte den Raum zwischen Elbe und Oder, bekämpfte das Raubrittertum, begründete mit Hilfe der französ. Prämonstratenser die Bistümer Havelberg und Brandenburg neu und holte den Kreuzritterorden der Templer als Schutztruppe und Flamen, Holländer und Rheinländer als Siedler ins Land; er legte damit das Fundament des späteren Staates Brandenburg, als dessen Markgraf er sich ab 1250 bezeichnete.

Der *Templerorden* (S. 35), um 1119 in Jerusalem gegr., errichtete etwa 1120 nach den besten Baukunstregeln die älteste der 1990 noch vorh. 55 Berliner Dorfkirchen in *Marienfelde,* ca. 10 Jahre später die in *Mariendorf;* die Namen, die die Templer wählten, belegen bis heute deren Zeiten überdauernde Verehrung der Jungfrau MARIA. Ihre zentrale Ordenskirche errichteten sie nahe ihrer Komturei *Tempelhof* – sie ist mit 235 m^2 Grundfläche die größte Dorfkirche der Mark Brandenburg. Auch *Richardsdorf* (später: Rixdorf, heute: Neukölln) und *Lichtenrade* sind Templergründungen. Nachdem Papst KLEMENS V. den Orden 1312 aufgelöst hatte, ging dessen Eigentum an den Johanniter-Ritterorden über, der diesen Besitz unter dem Druck der erstarkten Schwesternstädte an Berlin und Cölln 1435 verkaufen mußte.

1442 erhoben sich die 4 Zünfte gegen den Stadtrat und riefen den Kurfürsten FRIEDRICH II. zu Hilfe – er half, indem er der Stadt fast sämtliche Rechte und sich selbst den Baugrund für ein Schloß nahm. Trotz des »Berliner Unwillens«, eines Aufstandes von 1448, blieb Berlin bis 1918 Residenz der Hohenzollern.

1740 schrieb König FRIEDRICH II.: »Und wen Türken und Heihden kämen und wollten das Land pöplieren, so wollen wir sie Mosqueen und Kirchen bauen.« 1746 erteilte er die königl. Erlaubnis für den Bau der ersten kath. Kirche seit der Reformation und entschied, daß sie nach der Patronin des eroberten Schlesiens heißen soll: der *Hedwigsdom* steht. Aber das Schloß der preuß. Könige lag 1945 im Ost-Sektor und wurde 1950 von der DDR »als nicht mehr aufbauwürdige Ruine« abgerissen.

Tabelle 22: Entwicklung der Stadt Berlin

Jahr	Stadtgebiet	1000 Einw.
1641	0,83 qkm	6
1737	13,3 qkm	81
1915	65,7 qkm	1880
1920	883,3 qkm	3858
1939	883,3 qkm	4322
1975	883,3 qkm	3049
davon West-Berlin:	480,1 qkm	1951
1992	889,1 qkm	3457

Die Stadtwerbung arbeitet gern mit dieser »Toleranz aus Staatsraison«, um die Mentalität der Berliner zu beschreiben. Um 1870 war die Stadt baulich aus dem eiszeitlichen Urstromtal der Spree nach N auf die Hochflächen des Barnim und nach S auf die des Teltow hinaufgewachsen. Als sie 1871 **Reichshauptstadt** wurde, mußte die friderizian. Residenzstadt den Neubauten von Regierung und ausländ. Diplomatie und dem Boom der Gründerzeit Bauflächen bieten. Dies verwirklicht erst die Preuß. Landesversammlung am 27.4. 1920 durch das ›Gesetz über die Bildung einer neuen Stadtgemeinde Berlin‹ aus 7 Stadt- und 59 Landgemeinden. Nun entsteht mit Hilfe des integrierten Verkehrssystems aus Bus, Straßenbahn, U-Bahn und S-Bahn eine Weltstadt, deren Industrieproduktion, bes. in der Elektrobranche, an 1. Stelle in Dtl. steht und deren Niedergang, Zerstörung und Demontage mit der »Machtergreifung« der Nationalsozialisten 1933 eingeleitet wird. Im Juni 1945 räumen die russ. Truppen 12 der 20 Verwaltungsbezirke für Amerikaner, Engländer und Franzosen. Trotz der Vorläufigen Verfassung vom 13.8. 1946 für Groß-Berlin verhängen die Sowjets am 24.6. 1948 die totale *Blockade* der West-Sektoren: dies führt zur Spaltung der Stadt und zur *Luftbrücke* bis 12.5. 1949, durch die insbes. die USA die demokrat. Freiheit und den Bestand West-Berlins sichern.

Die Westmächte erweitern 1949 im Berlin-Statut die Selbstverwaltungsrechte für West-Berlin. Am 13.8. 1961 riegelt sich die DDR durch umfassende Grenzsicherungsanlagen, weltweit als »die Mauer« bekannt, gegen West-Berlin ab. Das Vier-Mächte-Abkommen von 1971 sichert Berlins Lebensfähigkeit in Freiheit, obwohl und weil die oberste Gewalt von Militärbefehlshabern ausging.

Diese bes. Insellage zwingt dazu, **Siedlungsdruck** im Innern auch im Innern zu bewältigen – deshalb entstehen die großen Neubauwohngebiete (A) wie Hansaviertel (a), Falkenhagener Feld (b), Märkisches Viertel (c) und Gropiusstadt (d); deshalb liegen Versorgungsflächen für Flughäfen oder Kraftwerke nahe bei Wohngebieten; dadurch ist auch die Forderung der Berliner nach Erhaltung, Schutz und Erweiterung der Wald-, Frei- und Wasserflächen begründet. Die offiziellen Planungen zur **Landschaftsfürsorge** und zum Umweltschutz (B [82]) werden von zahlr. prakt. Maßnahmen begleitet: Bundesgartenschau 1985 im Bezirk Neukölln, Programm für Nachpflanzung von Alleebäumen an Stadtstraßen usw. So bietet Berlin zwischen Luftbrücke und Fall der Mauer (ab 9.11. 1989) als **Stadt ohne Umland** ein Lehrstück zeitgenöss. Städtebaus.

Die Entscheidung, Sitz von Bundestag und -regierung zu werden, eröffnet 1991 für Berlin eine neue städtebauliche Zukunft.

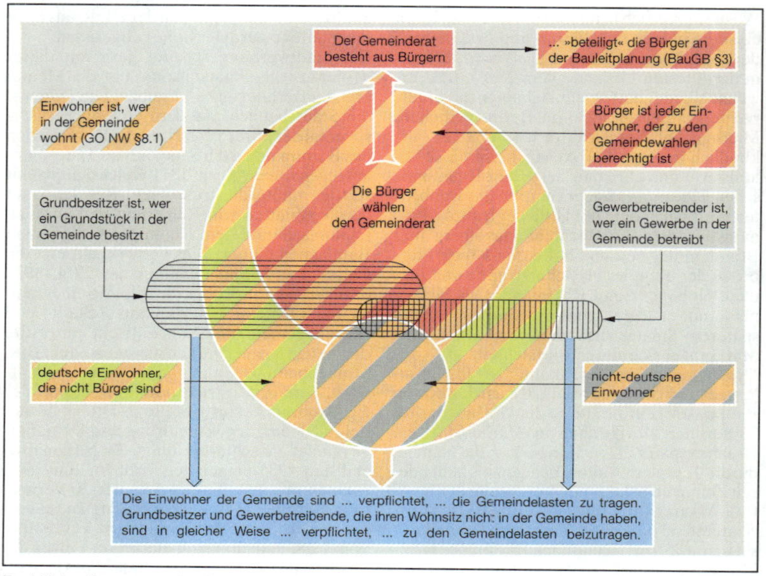

Rechtliche Abgrenzung des Begriffes »Bürger«

Das Verfassungsrecht für die Gemeinden ist in den Gemeindeordnungen der Bundesländer geregelt und in den Verfassungen der Länder verankert. Verfassung und Gemeindeordnung fallen in den Stadtstaaten zusammen. Die Gemeindeordnung für Baden-Württemberg von 1955 definiert so:

> § 1 Begriff der Gemeinde
> (1) Die Gemeinde ist Grundlage und Glied des demokratischen Staates.
> (2) Die Gemeinde fördert in bürgerschaftlicher Selbstverwaltung das gemeinsame Wohl ihrer Einwohner und erfüllt die ihr von Land und Bund zugewiesenen Aufgaben.
> (3) Die verantwortliche Teilnahme an der bürgerschaftlichen Verwaltung der Gemeinde ist Recht und Pflicht des Bürgers.
> (4) Die Gemeinde ist Gebietskörperschaft.

Der **Gemeindebegriff** ist damit eine Funktion der Begriffe »demokrat. Staat«, »gemeinsames Wohl der Einw.«, »verantwortl. Teilnahme ... des Bürgers« und »Gebiet«; eine der kürzestmöglichen Definitionen lautet also: in einem Teilgebiet des Staates besorgen (verantworten) die Bürger in freier Selbstbestimmung das gemeinsame Wohl aller Einwohner – das ist Gemeinde (vgl. S. 25).

Einwohner ist, wer in der Gemeinde wohnt. Ew. haben das Recht, die öffentl. Einrichtungen der Gemeinde nach gleichen Grundsätzen zu benutzen. Sie sind verpflichtet, die Gemeindelasten zu tragen. Auch die Grundbesitzer und Gewerbetreibenden, die ihren Wohnsitz nicht in der Gemeinde haben, sind verpflichtet, aus ihren Grundstücken und Betrieben zu den Lasten der Gem. beizutragen.

Die Verantwortung für das Wohl der Einwohner und der Gemeinde tragen die **Bürger** – das sind jene Ew., die die deutsche Staatsangehörigkeit nach GG Art. 116 und das Wahlrecht besitzen. Die Bürger entscheiden über alle Angelegenheiten, die die Gemeinde betreffen, also auch über solche, die nur Nicht-Bürger betreffen. Daraus können kommunalpolit. Streitfragen und Belastungen entstehen.

Zu den Einwohnern, die (noch) nicht Bürger sind, zählen

- Kinder und Jugendliche vor Erreichen der Volljährigkeit,
- Einwohner, die nicht mündig (geworden) sind, einen Vormund haben und oft bes. Pflege oder Zuwendung bedürfen,
- Urlaubs-, Ferien- und Kurgäste, deren Wohl die kommunalpolit. Ziele in den diesbezügl. Gemeinden festlegen kann,
- ein Teil der Kranken in Groß- und Spezialkrankenhäusern oder Pflegeheimen,
- Berufs- und Ausbildungspendler, die zur Nacht oder zum Wochenende in ihren Wohnort fahren,
- Rekruten in Garnisonorten,
- nicht-deutsche Einwohner (unter denen Angehörige ausländ. Vertretungen eine

rechtl. Sonderstellung einnehmen), darunter die Gastarbeiter und ihre Familien,
- Teilnehmer am Durchgangsverkehr, deren »Durchreise« durch örtl. Entscheidungen erleichtert oder erschwert werden kann,
- Personen, die sich in Quarantäne befinden,
- z. T. die Insassen von Haftanstalten usw.

Diese Liste öffnet den Zugang zu den gemeindl. Aufgaben, die für Gruppen von Minderheiten zu entscheiden und zu besorgen sind, welche in der Gemeinde (noch) nicht selbst polit. entscheiden können oder dürfen. Die »Anhörung« ihrer Wünsche und Begründungen findet meist in dem Abwägungsvorgang statt, bevor die polit. verantwortl. Bürger entscheiden. Da im Durchschnitt der BRDtl. der Anteil der gültig abgegebenen Stimmen bei Kommunalwahlen bei $^{3}/_{5}$ der Einwohnerzahl liegt – oft niedriger –, ist jede Mehrheit im Gemeinderat gut beraten, der Tatsache eingedenk zu bleiben, daß sie für mehr Einwohner zu sorgen hat, als Bürger sie gewählt haben, und mit Ernst und Eifer darum bemüht zu sein, breiteste Zustimmung bei denen zu finden, die die Lasten der Gemeinde tragen.

Immer wieder versuchen Einwohnergruppen die Erreichung gruppenspezif., also auch parteipolit. Ziele, durch Verwendung allg. anerkannter Wertbegriffe zu fördern. Am Beispiel des Begriffs **Gerechtigkeit** sei dies erläutert: wer Gerechtigkeit auf einen Teil des Ganzen bezieht, schadet der Gerechtigkeit des Ganzen. So weisen Forderungen nach der »autogerechten«, »behindertengerechten«, »energiespargerechten«, »sozialgerechten« oder »umweltgerechten« Stadt darauf hin, daß ein Teil des Ganzen zum Maßstab für das Ganze gemacht werden soll; auf solche Weise geht verloren, daß Gerechtigkeit unteilbar ist. Nur wenn alle Ansprüche gegeneinander und untereinander mit Sorgfalt für das Ganze abgewogen werden, wird Gerechtigkeit dem polit. Kompromiß zugänglich. Wer zum Rathaus geht, um Gerechtigkeit zu erfahren, muß wissen, daß der Beamte und Wahlbeamte nach seinem Diensteid zur »Gerechtigkeit gegenüber jedermann« verpflichtet ist (S. 73), nicht hingegen die gewählten Volksvertreter (S. 71).

Der Bürger sollte seine Rechte in der Gemeinde kennen. Bezügl. der Stadtplanung sind sie im BauGB im § 3 dargestellt, der hier wegen seiner grundsätzl. Bedeutung vollständig wiedergegeben wird [9]:

»§ 3: **Beteiligung der Bürger**

(1) Die Bürger sind möglichst frühzeitig über die allg. Ziele und Zwecke der Planung, sich wesentlich unterscheidende Lösungen, die für die Neugestaltung oder Entwicklung eines Gebiets in Betracht kommen, und die voraussichtlichen Auswirkungen der Planung öffentlich zu unterrichten; ihnen ist Gelegenheit zur Äußerung und Erörterung zu geben.

Von der Unterrichtung und Erörterung kann abgesehen werden, wenn

1. der Flächennutzungsplan geändert oder ergänzt wird und dadurch die Grundzüge nicht berührt werden,
2. ein Bebauungsplan aufgestellt, geändert, ergänzt oder aufgehoben wird und sich dies auf das Plangebiet und die Nachbargebiete nur unwesentlich auswirkt oder
3. die Unterrichtung und Erörterung bereits zuvor auf anderer planerischer Grundlage erfolgt sind.

An die Unterrichtung und Erörterung schließt sich das Verfahren nach Absatz 2 auch an, wenn die Erörterung zu einer Änderung der Planung führt.

(2) Die Entwürfe der Bauleitpläne sind mit dem Erläuterungsbericht oder der Begründung auf die Dauer eines Monats öffentlich auszulegen. Ort und Dauer der Auslegung sind mindestens 1 Woche vorher ortsüblich bekanntzumachen mit dem Hinweis darauf, daß Bedenken und Anregungen während der Auslegungsfrist vorgebracht werden können. Die nach § 4 Abs. 1 Beteiligten sollen von der Auslegung benachrichtigt werden. Die fristgemäß vorgebrachten Bedenken und Anregungen sind zu prüfen; das Ergebnis ist mitzuteilen. Haben mehr als hundert Personen Bedenken und Anregungen mit im wesentlichen gleichem Inhalt vorgebracht, kann die Mitteilung des Ergebnisses der Prüfung dadurch ersetzt werden, daß diesen Personen die Einsicht in das Ergebnis ermöglicht wird; die Stelle, bei der das Ergebnis der Prüfung während der Dienststunden eingesehen werden kann, ist ortsüblich bekanntzumachen. Bei der Vorlage der Bauleitpläne nach § 6 oder § 11 sind die nicht berücksichtigten Bedenken und Anregungen mit einer Stellungnahme der Gemeinde beizufügen.

(3) Wird der Entwurf des Bauleitplans nach der Auslegung geändert oder ergänzt, ist er erneut nach Abs. 2 auszulegen; bei der erneuten Auslegung kann bestimmt werden, daß Bedenken und Anregungen nur zu den geänderten oder ergänzten Teilen vorgebracht werden können. Werden durch die Änderung oder Ergänzung des Entwurfs eines Bebauungsplans die Grundzüge der Planung nicht berührt oder sind Änderungen oder Ergänzungen von Flächen oder sonstigen Darstellungen im Entwurf des Flächennutzungsplans im Umfang geringfügig oder von geringer Bedeutung, kann von einer erneuten öffentlichen Auslegung abgesehen werden; § 13 Abs. 1 Satz 2 ist entsprechend anzuwenden.« –

Für die Gemeinden ist der **Anschluß-** und **Benutzungszwang** ein von den Gemeindeordnungen getragenes Recht, durch Satzung für Grundstücke ihres Gebietes den Anschluß an Wasserleitung, Kanalisation, Müllabfuhr und Fernwärme (GO NW) festsetzen zu können; weil dies dem Gemeinwohl dient, muß es jeder Ew. hinnehmen.

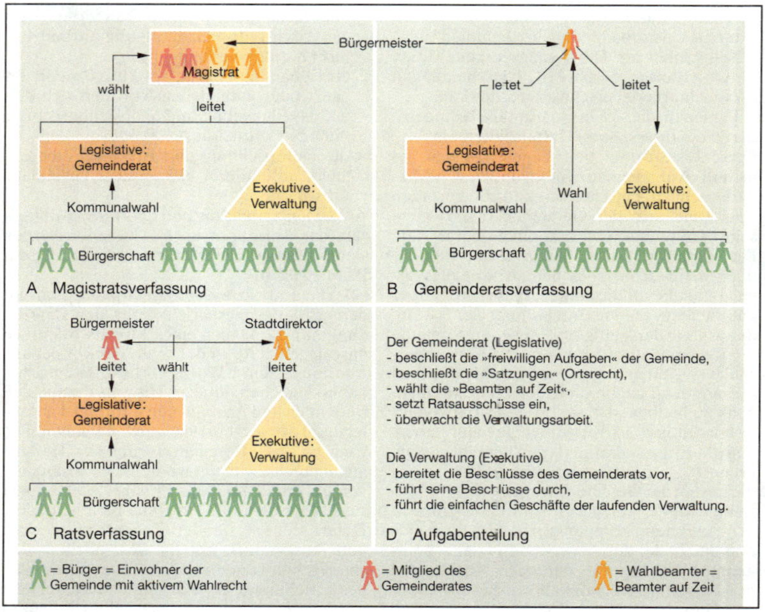

A-D Kommunalverfassungen

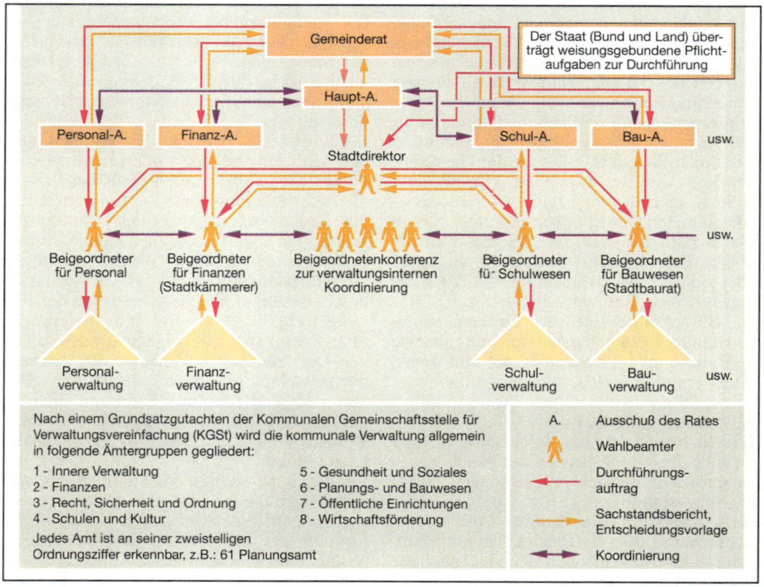

E Zusammenarbeit von Gemeinderat und Kommunalverwaltung

Die Städte erhalten 1808 in Preußen das Recht der kommunalen Selbstverwaltung in Gestalt der *Magistratsverfassung*. Der **Magistrat** ist Führungsorgan der Gemeinde, das *kollegial* aus ehrenamtl. Mitgliedern des Gemeinderates und berufsmäßigen Beamten auf Zeit *(Beigeordnete)* zusammengesetzt ist (A). Art. 127 der Weimarer Verf. gibt allen Gemeinden und Gemeindeverbänden das Recht der Selbstverwaltung. Die Dt. Gemeindeordnung (GO) von 1935 hebt die 29 Gemeindeordnungen der Länder und die Unterscheidung in Stadt- und Landgemeinden auf und »schaltet alle gleich«. Nach 1945 entstehen als erste Zellen der neuen demokrat. Gesellschaft die Gemeinden, die sich in ihrem Aufbau an die Verfassungssysteme der Besatzungsmächte anlehnen.

Seit 1948 erlassen die Bundesländer neue GOen. »Die Gemeinde ist die **Grundlage** des demokrat. Staates. Sie verwaltet in **eigener** Verantwortung **ihre** Angelegenheiten im Rahmen der Gesetze mit dem Ziel, das Wohl ihrer Einwohner zu fördern. Die Gemeinden sind Gebietskörperschaften« (§ 1 GO NS). Die den Gemeinden im GG zugesicherte **Allzuständigkeit** bestätigt § 4 GO NS: »Zum eigenen Wirkungskreis gehören *alle* Angelegenheiten der örtl. Gemeinschaft sowie die Aufgaben, die den Gemeinden durch Gesetz als eigene zugewiesen sind. Neue Pflichten können den Gemeinden nur durch Gesetz auferlegt werden; dabei ist gleichzeitig die Aufbringung der Mittel sicherzustellen.«

Die Gemeinde ist unterstes Glied im Staatsaufbau der BRDtl. und führt staatl. Aufgaben aus; hierzu § 5 GO NS: »Den Gemeinden können durch G staatl. Aufgaben zur Erfüllung nach Weisung übertragen werden (Aufgaben des übertragenen Wirkungskreises); dabei sind die *erforderl.* Mittel zur Verfügung *zu stellen.«*

Im allg. ist der **Rat** (Gemeinderat, Stadtrat) für die Aufgaben des eigenen Wirkungskreises zuständig. Er hat das Recht, eigene Angelegenheiten durch *Satzung* (örtl. G) zu regeln. Die Ausführung der Ratsbeschlüsse und der weisungsgebundenen Pflichtaufgaben obliegt der Verwaltung (D). Der Staat übt bei den Aufgaben des eigenen Wirkungskreises »nur« eine formalrechtl. Aufsicht aus, bei den übertragenen Aufgaben auch die Fachaufsicht.

Die GOen der Bundesländer regeln das Verhältnis zwischen Rat als Organ mit örtl. *legislativer Autonomie* und der Kommunalverwaltung als Ausführungsorgan (Exekutive) unterschiedl. In Bayern und Baden-Württemberg gelten *Gemeinderatsverf.,* die dem in bes. Wahlen zu wählenden Bürgermeister (in kreisfreien Städten: Oberbürgermeister) eine starke Stellung geben. Er ist Vorsitzer des Gemeinderates *und* Leiter der Verwaltung; er bereitet die Sitzungen des Gemeinderates vor, vollzieht dessen Beschlüsse, erledigt in eigener Zuständigkeit die »Geschäfte der laufenden Verwaltung« und die übertragenen staatl. Pflichtaufgaben (Einfluß des Präsidialsystems der USA, B). Demgegenüber sorgt der engl. Einfluß in NS und NW für eine Stärkung des »Kommunalparlaments« durch strenge Trennung von Legislative und Exekutive; an der Spitze des Rats steht der aus seiner Mitte gewählte Bürgermeister, während die Verwaltung vom Gemeinde- bzw. Stadtdirektor geleitet wird (C, E). Zwischen beiden Systemen stehen die an die Magistratsverfassung angelehnten *Bürgermeisterverfassungen* in Schleswig-Holstein, Saarland, Rheinland-Pfalz und Hessen; der zentralist. französ. Einfluß gibt den Bürgermeistern in Rheinland-Pfalz und im Saarland die relativ stärkere Stellung. Da in den Stadtstaaten Berlin, Bremen und Hamburg die Landesverfassungen die GO ersetzen, nimmt deren kommunaler Aufbau eine Sonderstellung ein. Bestrebungen nach Vereinheitlichung des Kommunalverfassungsrechts haben bisher keinen Erfolg gehabt.

In allen Bundesländern werden die Mitglieder des Gemeinderates in *allg., unmittelbarer, freier, gleicher* und *geheimer* Wahl gewählt; sie üben ein *freies Mandat* aus und sind bei ihren Entscheidungen nur ihrem Gewissen unterworfen (gemäß GG Art. 28.1). Sie werden durch Handschlag »verpflichtet«, z. B. nach § 32 GO NW: »Ich verpflichte mich, daß ich meine Aufgaben nach bestem Wissen und Können wahrnehmen, das Grundgesetz, die Verfassung und die Gesetze beachten und meine Pflichten zum Wohle der Gem. erfüllen werde.« (Verpflichtungsformel). Die bes. Pflichten und Rechte des gesamten Rates einer Gem. sind der jeweil. GO zu entnehmen. Die GO NW verleiht dem Rat den größten Zuständigkeitsbereich; hierzu § 28 (1): »Der Rat der Gemeinde ist für *alle* Angelegenheiten der Gemeindeverwaltung zuständig.« (E)

In den Bereich der eigenen Verantwortung der Gemeinden und damit in die Zuständigkeit des Rates fallen im Rahmen der Gesetze:

a) die Personalhoheit,
b) die Organisationshoheit,
c) die Finanzhoheit und
d) die Planungshoheit,

die gemeinsam die Grundlage für erfolgreiches Handeln sind. Nach dem *Subsidiaritätsprinzip* ziehen Bund und Länder nur die Aufgaben an sich, die von der Gemeinde nicht erledigt werden können. Damit ist die Gem. die wichtigste öffentl. Dienstleistungseinrichtung des Staates.

Um die zahlr. Planungs- und Kontrollaufgaben sachgemäß erfüllen zu können, bildet der Rat Ausschüsse zur Vorbereitung seiner Entscheidungen und zur Erledigung zulässiger Teilaufgaben; die Zuständigkeit der Ausschüsse wird auf die Verwaltungsgliederung abgestimmt (E entspr. GO NW [90]).

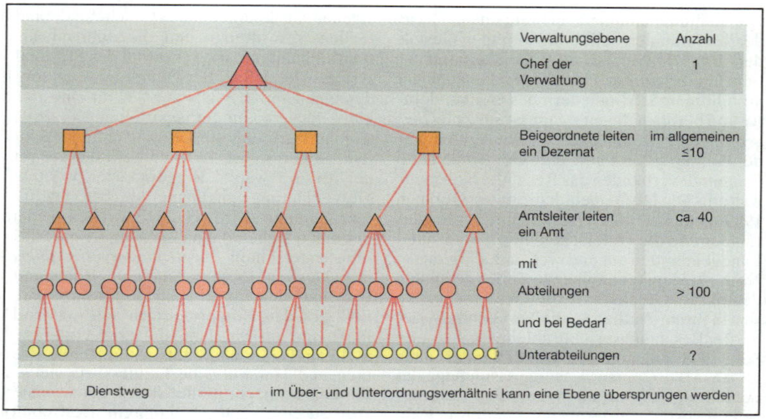

A Gliederung und Aufbau einer Stadtverwaltung (schematisch)

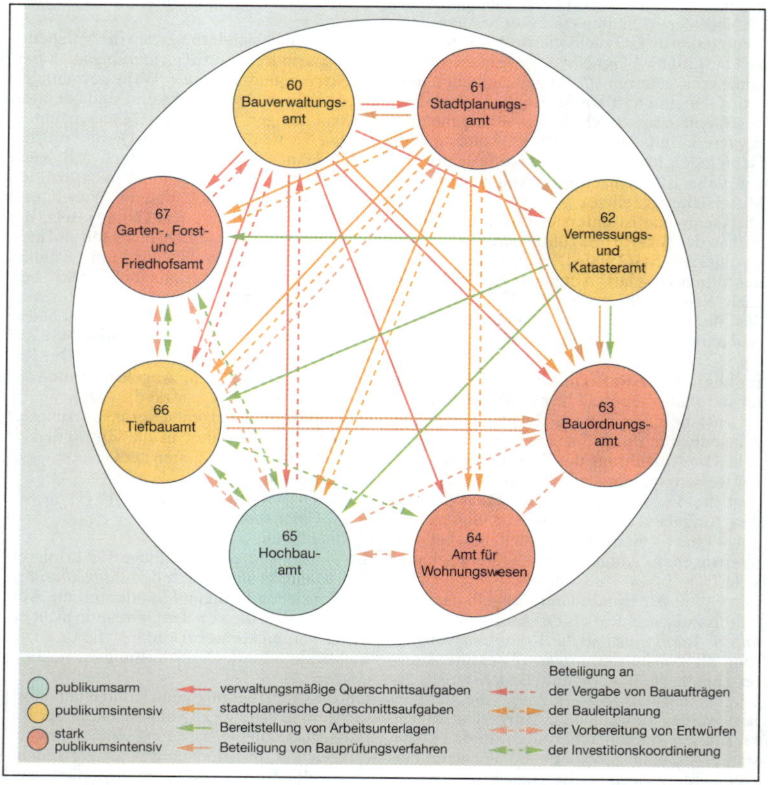

B Auswahl der zahlreichen Querbeziehungen zwischen den Ämtern einer Stadtbauverwaltung

J. Locke (1632–1704) spricht in England vom Grundsatz der *Volkssouveränität* und der *monarch. Exekutive.* In Anlehnung an ihn begründet Montesquieu (1689–1755) die Lehre von der »Gewaltenteilung« [83], mit der er erhebl. Einfluß auf die Französ. Revolution und die Verfassung der USA gewinnt. Die Verantwortung für eine Stadt und ihre Entwicklung soll nach der preuß. Gemeindeordnung von 1808 der Magistrat, also das Spitzengremium aus Persönlichkeiten des Rats und der Verwaltung, tragen; ihm fällt die Kontrolle über die Verwaltung zu. Damit ist das Prinzip der Gewaltenteilung nicht bis zur letzten Konsequenz in den Gemeinden durchführbar. Um so notwendiger ist es, daß Rat und Verwaltung die ausschließl. Rechte der jeweils anderen Verfassungsgewalt achten und schützen (s. S. 70 E).

Die kommunale Verwaltung wird in Arbeitseinheiten von optimaler Größe gegliedert (A: Dezernate oder Referate, Ämter, Abteilungen usw.). Nach einem Grundsatzgutachten der kommunalen Gemeinschaftsstelle für Verwaltungsvereinfachung (KGSt) von 1953 hat sich im allg. die Gliederung in 8 Ämtergruppen eingebürgert (s. S. 70 E). In Städten werden diese Ämtergruppen (Dezernat, Referat) von einem *Beamten auf Zeit* (Wahlbeamter, Beigeordneter) geleitet. In Gemeinden mit Magistratsverfassung bilden der Bürgermeister und die Beigeordneten ein *kollegiales* Ausführungsorgan der Gemeinde. Die Gemeinderats- und die »echte« Bürgermeisterverfassung unterstellen sie dem Bürgermeister, die Ratsverfassung dem Gemeinde- bzw. Stadtdirektor. Dieser Chef der Verwaltung leitet und verteilt die Geschäfte; ihm steht im allg. das **Organisationsrecht** zu. Nach außen tritt die Verwaltung mit einer intern abgestimmten Meinung als **Einheit** auf. Der Chef der Verwaltung führt periodisch eine Beigeordnetenkonferenz bzw. Magistratssitzung zur gegenseitigen Abstimmung durch. Die Wahlbeamten werden vom Rat nach **öffentl.** Ausschreibung der Stelle auf eine festgesetzte Zeit (je nach GO 6, 8 oder 12 J.) in ihr Amt gewählt. Der Sinn der öffentl. Ausschreibung liegt darin, dem Rat Gelegenheit zu geben, den geeigneten Bewerber nach Eignung, Befähigung und Sachkunde auszuwählen, jedoch werden die Entscheidungen häufig unter polit. Gesichtspunkten getroffen. Die Wahlbeamten haben den beamtenrechtl. Diensteid zu leisten, z. B. in NRW: »Ich schwöre, daß ich das mir übertragene Amt nach bestem Wissen und Können verwalten, Verfassung und Gesetze *befolgen* und *verteidigen,* meine Pflichten gewissenhaft erfüllen und Gerechtigkeit gegen *jedermann* üben werde, so wahr mir Gott helfe.« Man beachte die Unterschiede zur Verpflichtungsformel für Ratsmitglieder (s. S. 71)!

Das Organisationsrecht des Verwaltungschefs ist in einigen GOen bezügl. der Geschäftskreise der Wahlbeamten eingeschränkt, z. B. in Nordrhein-Westfalen kann dies der Rat festlegen. Damit steht dem Vorteil der parlamentar. Entscheidungsmöglichkeit – in Fällen einer sachdienl. Korrektur – der Nachteil gegenüber, daß rein parteipolit. Entscheidungen nicht verhindert werden können.

Die Zahl der Vorgänge, die von einem Amt nur unter Mitwirkung eines anderen Amtes entschieden werden können, wäre hierfür ein sachbezogener Maßstab: Danach gehören Standesamt, Stadttheater und Müllabfuhr nicht in ein Dezernat, wohl aber die Ämter der Gruppe »6« (s. S. 70 E) wegen ihrer zahlr. Querbeziehungen untereinander (B). Die Anzahl der vorhandenen Querbeziehungen zwischen den Abteilungen einer städt. Bauverwaltung (s. Tab. 23) ist so hoch, daß diese Ämter im allg. in einem »Baudezernat« zusammengefaßt werden.

Die 3. Ordnungsziffer 0 bezeichnet die Verwaltungsabteilung jedes Amtes. Die Ordnungsziffern 68 und 69 stehen für Ämter der Bauverw. zur Verfügung, die aus übergroßen Abteilungen gebildet werden können.

Tabelle 23: Mögliche Abteilungsgliederung einer städt. Bauverwaltung

60	**Bauverwaltungsamt**	*
60.1	Erschließungsabteilung	*
60.2	Baurechtsabteilung	*
61	**Stadtplanungsamt**	**
61.1	Flächennutzungsplanung	*
61.2	Bebauungsplanung	**
61.3	Umlegung und Bodenordnung	**
61.4	Sanierungsplanung	**
62	**Vermessungs- und Katasteramt**	
62.1	Vermessungsabteilung	
62.2	Katasterabteilung	*
62.3	Kartograf. Abteilung	
63	**Bauordnungsamt** (Bauaufsichtsamt)	**
63.1	Bauaufsicht	**
63.2	Prüfung von Baustatik	*
63.3	Baupflege	*
64	**Amt für Wohnungswesen**	**
64.1	Erfassung von Wohnraum	*
64.2	Unterbringungsabteilung	**
64.3	Wohnungsbauförderung	*
64.4	Wohngeldabteilung	**
65	**Hochbauamt**	
65.1	Entwurfsabteilung	
65.2	Neubauabteilung	
65.3	Gebäudeunterhaltung (Werkstatt)	
65.4	Maschinen- und Heizungsabteilung	
66	**Tiefbauamt**	*
66.1	Verkehrsplanung und -lenkung	*
66.2	Straßenbau	*
66.3	Straßenunterhaltung (Bauhöfe)	*
66.4	Stadtbahnbau (U-Bahnbau)	*
66.5	Stadtentwässerung (Klärwerke)	**
66.6	Wasserbau und Landeskultur	*
67	**Garten-, Forst- und Friedhofsamt**	**
67.1	Entwurf und Neubau	*
67.2	Grünflächenabteilung	*
67.3	Forstabteilung	
67.4	Friedhofabteilung	**

* publikumsintensiv, ** sehr publikumsintensiv

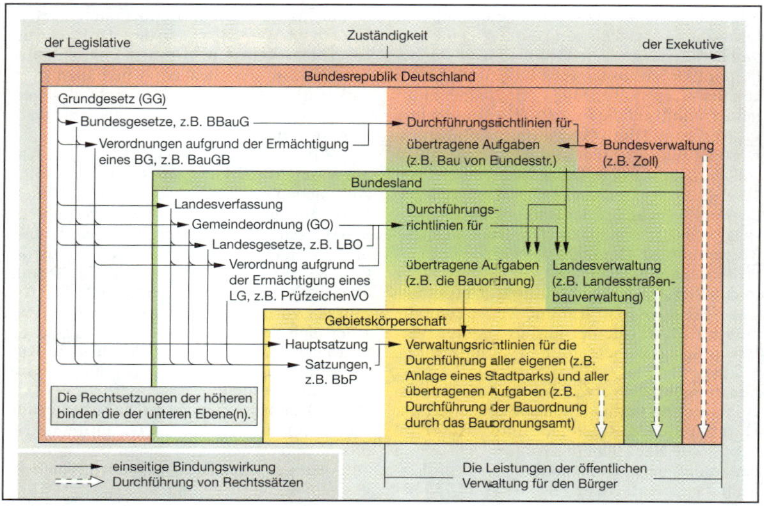

A Die kommunale Verwaltung und die übergeordneten Rechtssätze

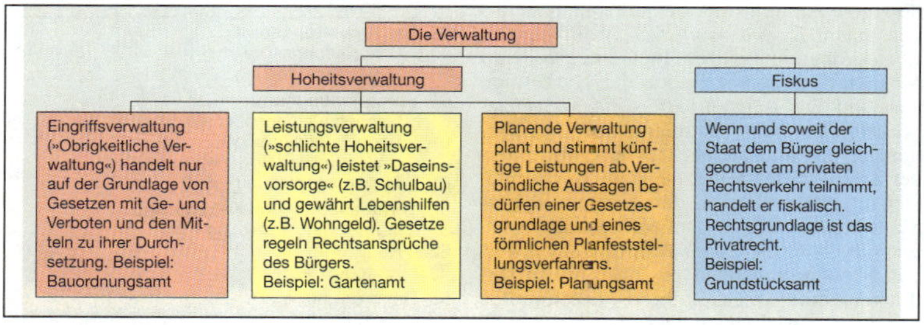

B Gliederung der Verwaltung

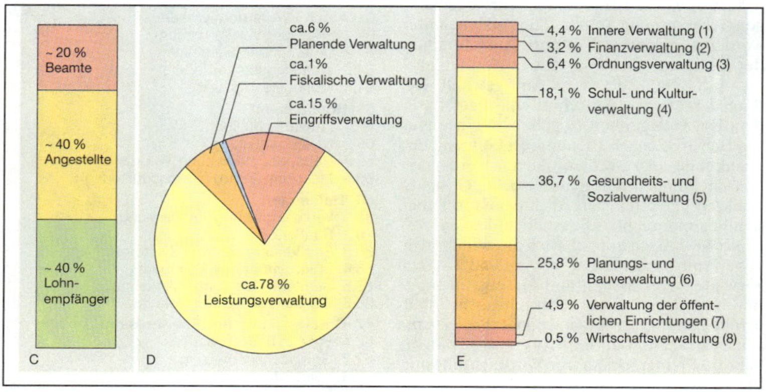

C-E Bedienstete einer Großstadt (ohne Versorgungsbetriebe)

Verwaltung ist jede Tätigkeit von Staatsorganen (Verwaltungsträgern) zur Erfüllung des Staatszieles (gemäß GG: Ausfüllung des sozialen Rechtsstaates, Erfüllung der Gemeinschaftsaufgaben) durch Regelung im **Einzelfall** (Erlaß, Verfügung, Verwaltungsakt usw.) im Rahmen der Rechtsordnung (GG, G, VO); Verwaltung ist jede Tätigkeit des Staates, die nicht Rechtsetzung (Aufgabe der Legislativorgane) oder Rechtsprechung (Aufgabe der Judikative) ist (A). Damit sind sämtl. **Durchführungsaufgaben** der Verwaltung zuzuordnen.
Entspr. dem *Subsidiaritätsprinzip* werden die meisten öffentl. Aufgaben von den Gemeinden und Gemeindeverbänden (GV) erfüllt. Beim Bund verbleiben nur Aufgaben von gesamtstaatl. Bedeutung; die anderen überträgt er den Ländern zur Durchführung. Die Länder selbst übernehmen nur einen Teil (z.B. Bau der Bundesautobahn) und übertragen Bundes- und Landesaufgaben weitgehend auf Gemeinden und Gemeindeverbände. Diese führen sie durch (A). Die Verwaltungen sind dabei an die Einhaltung aller Rechtssätze (GG, G, VO usw.) gebunden und müssen außerdem die verwaltungsinternen Durchführungsrichtlinien der übergeordneten Fachbehörden zur einheitl. Behandlung eines Gesetzes einhalten. Die Gemeinde ist in ihrem Verwaltungshandeln damit am engsten in das System allg. Rechtssätze und Verwaltungs-Vorschriften eingebunden. Diese Rechtsordnung leidet unter dem Mangel, daß für die Gemeinden kein Rechtsanspruch besteht, an den Rechtsetzungsverfahren des Bundes und der Länder beteiligt zu werden. Gerade weil die Gemeinden die meisten Gesetze auszuführen haben und auf eine möglichst einfache »Handhabbarkeit« der Gesetze in der Praxis achten, müßte ihre Beteiligung an den Rechtsetzungsverfahren um dieser Erfahrungen willen begründet werden. Dabei wäre eine Vertretung der Städte und Gemeinden durch ihre Spitzenverbände denkbar.
Die Verwaltung wird nach ihrer Stellung gegenüber dem Bürger wie folgt gegliedert (B):
a) Die **Eingriffsverwaltung,** urspr. aus der staatl. Finanz-, Wehr- und Polizeiverwaltung entstanden, handelt mit Geboten, Verboten und den Mitteln zu ihrer Durchsetzung, soweit Gesetze dies ausdrücklich erfordern und zulassen; sie verfolgt bei der Anwendung **hoheitl. Gewalt** das Ziel, den Rechtsstaat zu erhalten und dem Bürger innere und äußere Sicherheit zu geben. Erkennbare Gefahren sind abzuwehren, ggf. durch »Eingriffe« in Eigentum und Privatbereich. Aus der Überordnung dieses Ziels über alle anderen ergibt sich, daß die Eingriffsverwaltung in einem übergeordneten Verhältnis zum Bürger steht. Derartige Eingriffe sind auf ein Minimum zu beschränken und bedürfen stets einer gesetzl. Grundlage. Katastrophenfälle (Hamburger Sturmflut von 1962) lösen für die handelnde Behörde den übergesetzl. Notstand aus; dieser wird im KatastrophenschutzG geregelt. Das Bauordnungsamt ist eine kommunale Eingriffsverwaltung.
b) Die **Leistungsverwaltung,** auch »schlichte Hoheitsverwaltung« genannt, leistet Daseinsvorsorge und gewährt Lebenshilfen. Sie »leistet« die allg. und bes. Hilfen zur sozialen Sicherheit aller, die der Sozialstaat als System sozialer Sicherheit entwickelt hat; Gesetze regeln die **Rechtsansprüche** des Bürgers. Wegen dieser gesetzl. Anspruchsgrundlage steht er der Verwaltung in einem Gleichordnungsverhältnis gegenüber. Das Sozialamt und Zweige der Bauverwaltung zählen zur kommunalen Leistungsverwaltung.
c) Die **planende Verwaltung** plant künftige Leistungen des Staates als Daseinsvorsorge und stimmt sie unter den beteiligten Behörden ab. Verbindl. Aussagen der planenden Verwaltung bedürfen eines förml. Verfahrens, in dem die Planaussagen öffentlich-rechtlich festgestellt werden. Die **Planfeststellungsverfahren** sehen Beteiligung der Betroffenen innerhalb der Verfahren vor. Die Stellung des Bürgers ist die eines Planungsbeteiligten. Das Stadtplanungsamt ist eine planende Verwaltung.
d) Wenn und so weit der Staat am privaten Rechtsverkehr teilnimmt, handelt er *fiskalisch.* Rechtsgrundlage für solches Handeln ist das **Privatrecht.** Daraus ergibt sich ein unbedingtes Gleichordnungsverhältnis zwischen Staat als *Fiskus* und Bürger. Das Grundstücksamt handelt überwiegend fiskalisch.

Aus der Gliederung der rd. 6000 Bediensteten einer Großstadt ist abzulesen [84], wie sich die Aufgaben einer modernen Stadtverwaltung gegenüber der histor. Verwaltung des Feudalstaates verlagert haben. Der Anteil der Beamten liegt bei etwa $^1/_5$ aller Bediensteten; der Rest entfällt zu etwa gleichen Teilen auf Angestellte und Lohnempfänger (C). Die Abnahme des Anteils der Beamten ist u. a. auf die ständige Zunahme der Aufgaben der Leistungsverwaltung zurückzuführen, die überwiegend von Angestellten und Lohnempfängern erfüllt werden. Zu dem großen Bereich der Leistungsverwaltung (D) gehören Kindergärten, Kultur- und Bildungsstätten, Krankenhäuser und Sozialeinrichtungen, Müllabfuhr, Klärwerke und vieles andere. Auch die Aufgliederung der Bediensteten auf die 8 Ämtergruppen gemäß KGST-Gutachten (s. S. 70 E) zeigt den hohen Anteil der Leistungsverwaltung an einer kommunalen Gesamtverwaltung. Der Anteil der »Planer« ist in der Bauverwaltung am größten, er nimmt in fast allen Fachverwaltungen zu. (Anmerkung: die in C, D und E angegebenen Zahlen stehen für Bielefeld 1974; das Beispiel darf nicht verallgemeinert werden.)

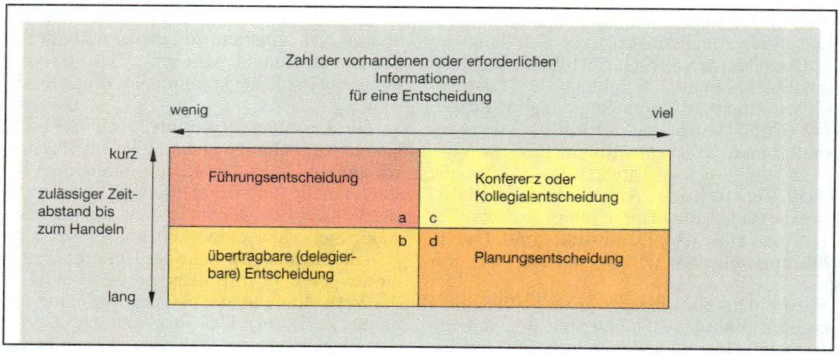

A Entscheidungen (allgemein)

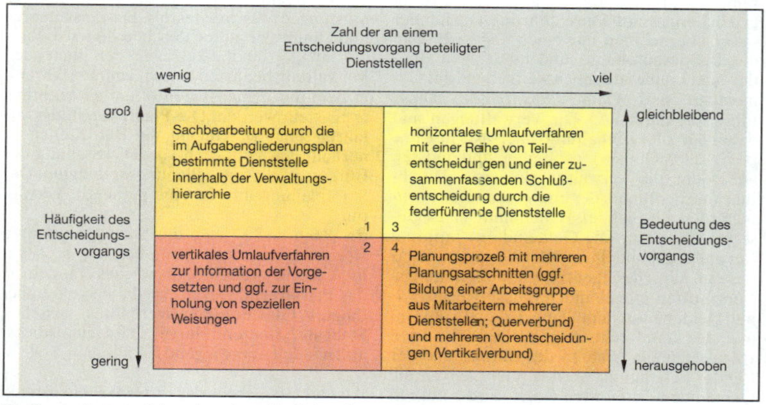

B Bearbeitungsverfahren in unterschiedlichen Entscheidungsvorgängen

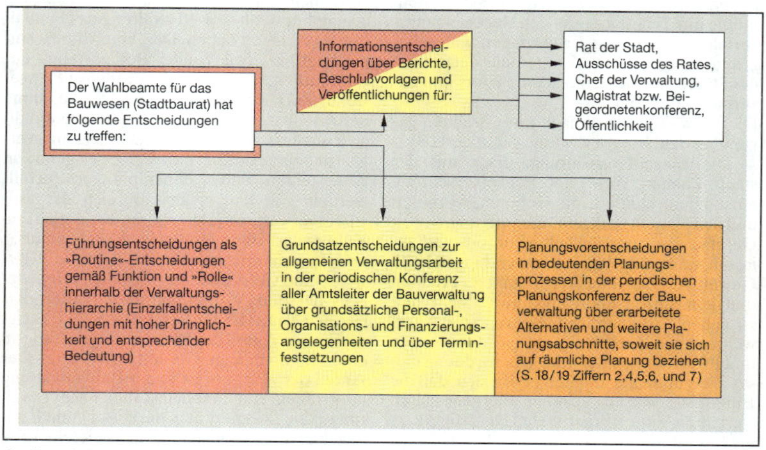

C Entscheidungen, hier speziell eines Stadtbaurats

»Die **Entscheidung** ist das Ergebnis der nur vom Menschen erlebten Alternative, Handlungen durchzuführen oder zu unterlassen (aufzuschieben). Die Alternative wird oft angstvoll empfunden, und hierin liegt ein wesentliches Motiv für das Ausweichen in die fatalist. Vorstellung, die Zukunft sei schon festgelegt, um die Entscheidungssituation zu umgehen. Die Geschichte, nach der Zukunft hin völlig offen, steht zu einem Teil unter dem Zeichen der menschl. Entscheidung.« [1]. Die Entscheidung steht vor dem Handeln, vor ihr steht die **Verarbeitung** von Informationen und die **Bewertung** von mögl. Alternativen; sie ist damit »Ergebnis eines Informationsverarbeitungsprozesses, bei dem ein Entscheider zwischen Alternativen wählt« [85, S. 38].

Die Tätigkeit einer Verwaltung besteht im wesentl. aus Vorbereiten und Durchführen von Entscheidungen und dem Entscheiden selbst. Nach den Merkmalen des Zeitabstandes zur Handlung und der Zahl der Informationen werden Entscheidungen eingeteilt in (A):

a. *Führungsentscheidungen;* z. B. »Die Autobahnbrücke ist in den Rhein gestürzt – was ist zu tun?« Zahl der Informationen: 1, Zeitabstand: 0. Die zu treffenden Entscheidungen beinhalten erhebl. Risiko und können Leben und Sicherheit von Menschen berühren. Der Entscheider trägt hohe Verantwortung. Um das Risiko zu mindern, regeln Einsatzpläne denkbare Notfälle (Feuer, Unfall, Deichbruch).

b. *Übertragbare* Entscheidungen; z. B. »An der Kreuzung der Hoppel- mit der Rappelstr. sind zwei Schlaglöcher entstanden – was hat zu geschehen?« Bei wenig Information steht ein angemessener Zeitraum zur Erledigung zur Verfügung. Diese Entscheidung kann und sollte nur der zuständige Straßenmeister treffen.

c. *Kollegialentscheidungen* (durch Abstimmung nach Erörterung=Beschluß) oder *Konferenzentscheidungen* (durch den Vorsitzer nach Anhörung der Teilnehmer); z. B. »Die Bauverwaltung beantragt 30 Mehrstellen für Personal; der Stadtdirektor hat vorentschieden, daß er aus Finanzgründen nur 10 Stellen vor dem Rat vertreten könne. Welche sind vordringlich?« In kurzer Zeit sind viele Informationen zu einer Vorentscheidung zu verarbeiten; sie wird am besten in der Amtsleiterkonferenz der Bauverwaltung getroffen (C).

d. *Planungsentscheidungen;* z. B. »Der Rat fordert den Bau eines neuen Rathauses – was ist zu tun?« Die Zahl der erforderl. Informationen über Standort, Größe usw. ist groß, der Zeitabstand bis zu einem mögl. Baubeginn ist notwendigerweise groß: zahlr. Entscheidungen sind in einem Planungsprozeß zu treffen.

Für die unterschiedl. Entscheidungsabläufe (A) sind möglichst optimale Bearbeitungsverfahren entwickelt worden (B):

1. Die *Sachbearbeitung* (mit Rechtsanwendung) gliedert sich in die Prüfung

1.1 der Bedeutung (rechtl. Gehalt),

1.2 der Zuständigkeit nach innen und außen,

1.3 von Fristen, Terminen und Dringlichkeit der Erledigung,

1.4 des Sachverhalts (Lebensvorgangs),

1.5 des Tatbestandes (Rechtslage),

1.6 des Ermessensspielraums mit Entscheidungsvorschlag (Rechtsfolge),

1.7 und der Form der Entscheidung.

2. *Vertikale* Umlaufverfahren werden bei den Vorgängen notwendig, die in ihrer Bedeutung herausgehoben sind und ggf. einer spez. Weisung der Vorgesetzten bedürfen. Zur Abkürzung der dafür erf. Zeit entscheidet im allg. die Posteingangsstelle nach vorgegebenen Richtlinien zu Ziff. 1.1–1.3, über welche Vorgesetzten jeder Vorgang zum Sachbearbeiter gelangt. Damit ist die optimale Information und Verminderung vertikaler Einzelumläufe gesichert.

3. *Horizontale* Umlaufverfahren sind einzurichten, wenn eine große Zahl von Vorgängen gleicher Bedeutung Teilentscheidungen von mehreren Dienststellen erfordern, die am Ende eines Umlaufes von der federführenden Dienststelle zu einer Schlußentscheidung zusammengefaßt werden, z. B. Baugenehmigungsverfahren (S. 232 f.).

4. Werden in der Bearbeitung eines Vorgangs mehrere Dienststellen, die in ihren Teilentscheidungen voneinander abhängig sind, parallel zueinander tätig und sind Vor- und Zwischenentscheidungen von Vorgesetzten nach einzelnen Bearbeitungschritten erfaßt, so handelt es sich um einen *Planungsprozeß,* der in seinem Ablauf selbst Planungsgegenstand sein kann. Während in Umlaufverfahren die Entscheidungen versch. Dienststellen nacheinander fallen, werden bei Planungsprozessen die erf. Entscheidungen von den Beteiligten **gemeinsam** getroffen. Dies erfordert einen engen *Querverbund* unter denen, die die große Zahl von Informationen zu Alternativen verarbeiten (regelmäßige Konferenzen, Bildung von Arbeitsgruppen), und den (vorgesetzten) Entscheidern. Bild A auf S. 78 zeigt einen einfachen Planungsprozeß: die Entscheidung E_4 ist die typ. Planungsvorentscheidung.

Im allg. werden die Spitzenentscheider (Chef der Verwaltung, Wahlbeamte, auch Amtsleiter, s. S. 72 A) von Bürgern und Ratsmitgliedern mit Vorgängen belastet und belästigt, die ihrer Bedeutung nach von unteren Ebenen erledigt werden können.

Gemäß A und B ist zu fordern (C):

- Führungsentscheidungen sind durch Delegation zu minimieren!
- Grundsatzentscheidungen sind – nach delegierter Vorarbeit – kollegial zu treffen!
- Planungsvorentscheidungen haben Vorrang!
- Spitzenentscheider haben Informationsentscheidungen gemeinsam zu treffen!
- Stets beachten, daß jede unterlassene Entscheidung wie Sand im Getriebe wirkt!

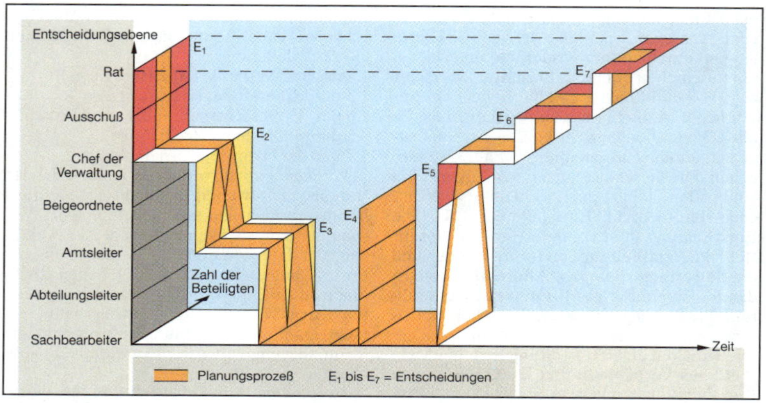

A Ablaufdiagramm einer Planung vom Auftrag (E_1) bis zur Schlußentscheidung (E_7)

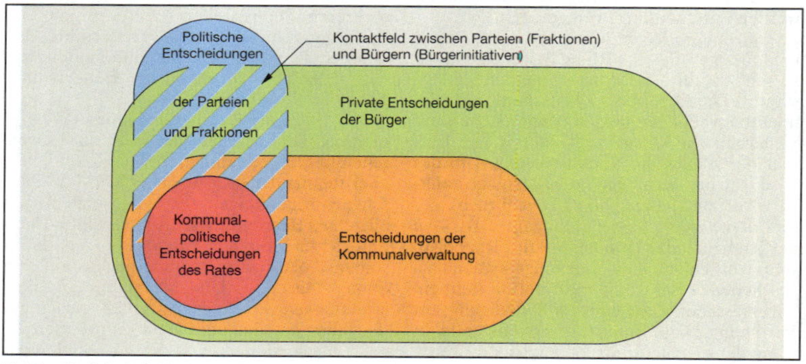

B Zuständigkeitsfelder in der Gemeinde

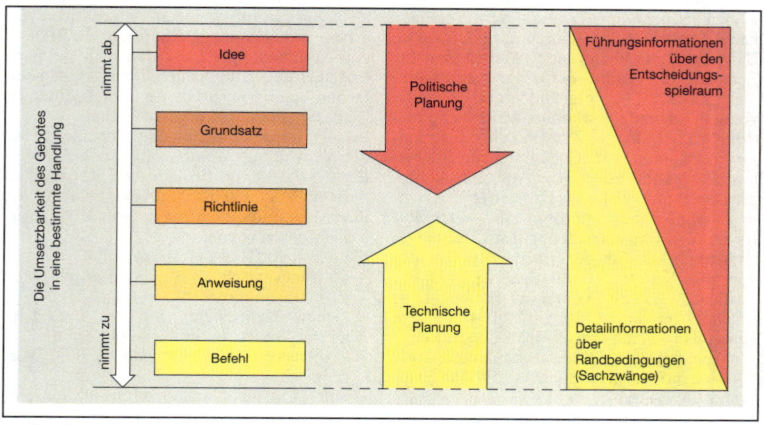

C Zuordnung von Geboten zu Planungs- und Informationsarten

Jede Planung ist ein Ablauf von Informationsverarbeitungsschritten und Entscheidungen:

1. Erkennung/Erzeugung des Problems; zur Erkennung sind Entscheidungen nicht erf., jedoch zu seiner Erzeugung, falls es »hochgespielt« werden muß, um »erkannt« zu werden.
2. Kennzeichnung als **lösenswert** (polit. ≙ E_1 in Bild A) und als im Grundsatz **lösbar** (Spitze der Verwaltung ≙ E_2) und Erteilung des Planungsauftrages im engeren Sinn.
3. Fachurteil über Lösungsaussichten bei versch. Vorgehensweisen und deren relative Kosten mit Entscheidung über die an der Planung zu beteiligenden Personen und Dienststellen (Planung der Planung ≙ E_3).
4. Formulierung von Alternativen und Ermittlung und Darstellung ihrer Vor- und Nachteile, ggf. mit Vorentscheidung über auszusondernde oder zusätzl. zu prüfende Alternativen oder Varianten (E_4).
5. Urteil über die zu überwindenden Widerstände gegen die mögl. Alternativen und Abschätzung der Risiken.
6. Schlußentscheidung über die Alternativen und den Lösungsweg (E_5 bis E_7).
7. Durchsetzung und Durchführung der Entscheidung (Verwirklichungsphase).
8. Kontrolle des Erfolges und des tatsächl. Aufwandes zur Sicherung von Erfahrung, die für nachfolgende Planungen als Beurteilungsgrundlage dienen kann.

Bild A veranschaulicht einen relativ einfachen Planungsprozeß, der jedoch alle im »Rathaus« vorhandenen »Ebenen« (s. S. 70, 72 A) einbezieht. In der Kommunalpraxis können die drei deutlich gegeneinander abgrenzbaren Phasen der **Problemerzeugung** (Ziff. 1–2), der **Planung** im engeren Sinn (Ziff. 3–5) und der **Entscheidung** (Ziff. 6 f.), bedingt durch sachl. Erfordernisse oder polit. Kalkül, je für sich beliebig ausgeweitet werden. Während die in der Verantwortung stehende Ratsmehrheit daran interessiert ist, die Zahl der Probleme zu beschränken und bei vertretbarem Aufwand überzeugende Lösungen bald zu bieten, kann die als Opposition wirkende Minderheit zusätzl. Probleme »erzeugen«, die Forderung nach Alternativen überziehen und das in jeder Schlußentscheidung verbleibende Restrisiko als unzureichende Vorbereitung bewerten.

Die hiermit angedeuteten Möglichkeiten der Fraktionen und der hinter ihnen stehenden Parteien bergen die Gefahren in sich, daß der parteipolit. Machtkampf auf dem Rücken der Verwaltung ausgetragen wird oder daß sich die Verwaltung auf die Seite der Ratsmehrheit schlägt oder daß zwischen Parteien und Verwaltung enge »Verfilzungen« (Vetterleswirtschaft) entstehen.

Damit die Verantwortlichkeiten klar erkennbar bleiben, bedarf es einer präzisen Aufgabenteilung zwischen Rat und Verwaltung unter strenger Anwendung der Gemeindeordnung bei der Umsetzung von Politik in Verwaltungshandeln (s. S. 73). Für die Aufgabenteilung gibt es rechtliche und organisator. Grundlagen (s. S. 70 D, E, 72 A). Dabei können aus den unterschiedl. **Entscheidungsfeldern,** die vom Rat, von den Fraktionen und von der Verwaltung innerhalb des Gesamtentscheidungsfeldes einer Stadt ausgefüllt werden (B), unterschiedl. Informationen und Ansprüche in die Planungen und Entscheidungen im »Rathaus« einfließen [84]. Oft genug liegen darin die Ursachen für Konflikte; denn das Entscheidungsfeld der Fraktionen geht nahtlos in das der über die örtl. Gemeinschaft hinausreichenden Parteien mit ihren Ideologien, Programmen und Zielsetzungen über.

Eine andere Planungserschwernis beruht darauf, daß wichtige Informationen aus dem Feld privater Entscheidungen dem Rathaus nicht oder zu spät bekannt werden, z. B. ein Unternehmer verkauft seinen Betrieb an eine Großfirma, die nach außerörtl. Kriterien bei einer Umorganisation die Zahl der örtl. Arbeitsplätze wesentl. verändert. Trotz erhebl. Auswirkungen auf die Stadtentwicklung besteht oft keine Zugriffs- oder Steuerungsmöglichkeit für die kommunale Politik oder Planung.

Behinderungen für kommunale Planungen und Entscheidungen werden wirksam, wenn ein Entscheider die ihm zugeordnete **Entscheidungsebene,** auf der er für eine bestimmte Art von Handlungsgeboten zuständig ist, überschreitet. Der Rat hat die polit. Ideen der Bevölkerung (»Chancengleichheit verwirklichen«!) zu einem Grundsatz zu verdichten (»Eine Sonderschule ist zu bauen!«), aus dem die Verwaltungs-Spitze die Richtlinien für das allg. Verwaltungs-Handeln entwickelt (»Zunächst sind Bedarf und Standorte zu untersuchen!«). Auf der nächsten Ebene werden daraus Anweisungen abgeleitet (»Es sind die Grundstücke XYZ zu prüfen!«). Erst auf der untersten Entscheiderebene folgt daraus der Befehl (»Das Grundstück X ist für die Prüfung zu vermessen!«). Die Zahl der Gebote und ihre Umsetzbarkeit in eine konkrete Handlung *(Operationalität)* nehmen von der Idee zu den Befehlen hin zu, auch die »Sachzwänge« und die Details, in denen »der Teufel steckt«; daß diese Details eine unmittelbare Folge der übergeordneten Ideen sind, hat nicht der Planer zu vertreten, der Detailinformationen für polit. Entscheidungen aufbereitet. So sinnvoll es ist, daß die an einem Informationsverarbeitungsabschnitt Beteiligten in engem Querverbund »planen« können, so sinnvoll ist es auch, daß die mögl. Entscheidungen in engem Vertikalverbund erörtert werden. Doch darf dies nicht dazu verführen, in die Entscheidungen anderer Ebenen einzugreifen. Wollte der Techniker die Politik bestimmen, so entstünde »Technokratie«; »Bonzokratie« entstünde, wollten die Politiker die Grenzen ihrer Kompetenz laut GO überschreiten.

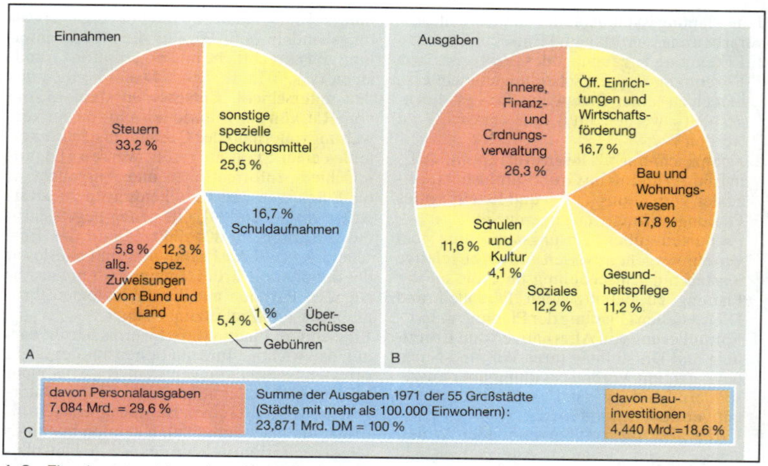

A-C Einnahmen und Ausgaben der 55 Großstädte der BRD 1971

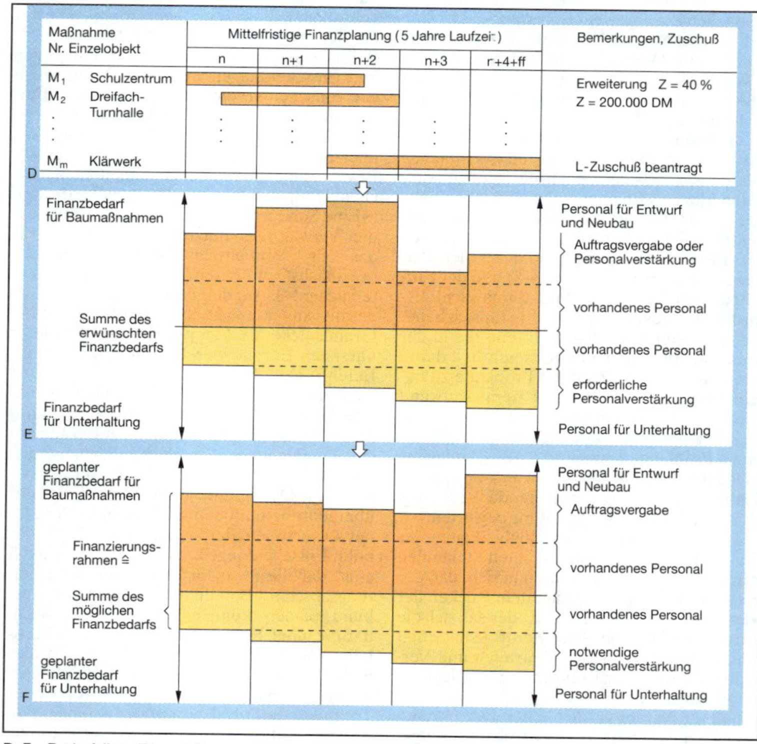

D-F Bedarfsliste (D) und Summenkurven des erwünschten (E) und möglichen (F) Finanzbedarfs

Das GG hat in den Art. 105–115 das **öffentl. Finanzwesen** in der BRD tl. geregelt. Die öffentl. Finanzwirtschaft wird auch als *Haushaltswirtschaft* bezeichnet, da der **Haushaltsplan** Grundlage für die Wirtschaftsführung der öffentl. Körperschaften ist; jegliche Betätigung findet ihre Grenzen durch die darin festgesetzten Einnahmen und Ausgaben. Damit arbeitet die öff. Finanzwirtschaft **planmäßig**; sie strebt jedoch im Unterschied zur privaten Wirtschaft nicht nach einem wirtschaftl. Erfolg *(Erwerbswirtschaft)* sondern nach optimaler Erfüllung der öffentl. Aufgaben *(Verbrauchswirtschaft)*. Während die Privatwirtschaft ihre Ausgaben nach der Höhe der Einnahmen begrenzen muß, richtet sich der öffentl. Finanzbedarf zunächst nach den notw. Ausgaben, die zur Erfüllung der öffentl. Aufgaben erforderlich sind. Über die Notwendigkeit der öffentl. Aufgaben ist polit. zu entscheiden; die hohen und zahlr. Ansprüche an den Staat führen zu entspr. hohen Belastungen des Bürgers mit Steuern und anderen öffentl. Abgaben. Da alle gesellschaftl. Gruppen immer neue Forderungen an den Staat richten, bleibt eine Begrenzung der Aufgaben auch künftig sehr erschwert.

Die **Finanzwissenschaft** befaßt sich als Teil der Staatswissenschaft mit der Erforschung der öffentl. Finanzwirtschaft. Sie untersucht, wie die öffentl. Mittel zu beschaffen, zu verwalten und zu verwenden sind. Dabei ergeben sich enge Verbindungen zur Volkswirtschaft (z. B. Begründung von Steuern), mit dem Allg. Staatsrecht (z. B. Finanzausgleich), mit den Verwaltungswissenschaften (z. B. Rechtsmittel im Veranlagungsverfahren) und der Betriebswirtschaft (z. B. Rechnungs- und Prüfungswesen). Die Finanzwissenschaft verwendet hierbei die Erkenntnisse aus der Finanzgeschichte, der Finanzstatistik und der Finanztheorie.

Das **Finanzrecht** als rechtl. Grundlage der öffentl. Finanzwirtschaft gliedert sich in Haushaltsrecht und Steuerrecht. Gemäß Gemeindehaushaltsverordnung (GemHVO vom 6. 12. 1972) enthält der Haushaltsplan alle im Haushaltsjahr voraussichtl. eingehenden Einnahmen, alle zu leistenden Ausgaben und die notw. Verpflichtungsermächtigungen, das sind »Ermächtigungen zum Eingehen von Verpflichtungen, die künft. Haushaltsjahre mit Ausgaben für Investitionen und Investitionsförderungsmaßnahmen belasten«. Der jährl. Haushaltsplan ist in einen Verwaltungs- und einen Vermögens-Haushalt zu gliedern, wobei letzterer alle vermögenswirksamen Einnahmen und Ausgaben oberhalb der Wertgrenze von 800 DM auszuweisen hat. Verwaltungs- und Vermögens-Haushalt arbeiten nach dem Prinzip der **Gesamtdeckung,** d. h. die jeweil. Gesamteinnahmen dienen zur Deckung der jeweiligen Gesamtausgaben (s. A, B, C; [87]).

Die Systematik der zahlr. Haushalts-Stellen ergibt sich nach dem Aufgabenabschnitt durch eine vierstell. *Gliederungsziffer* und nach der Art der Einnahme oder Ausgabe durch eine vierstell. *Gruppierungsziffer* (Tab. 24). Die umfassende Aufschlüsselung dient der »Haushaltswahrheit und -klarheit«.

Die Planung des jeweils nächsten Haushalts muß angesichts der über mehrere Jahre laufenden Maßnahmen und Verpflichtungen aus der Mittelfristigen Finanzplanung (Mifrifi) entwickelt werden, die die voraussichtl. Entw. für jeden Haushalts-Abschnitt enthält. Das Beispiel der Baumaßnahmen (D, E, F) zeigt die Einzelschritte, die zu einer Mifrifi führen: die Bauverwaltung verarbeitet die Bauwünsche aller Verwaltungs-Zweige nach den techn. Möglichkeiten zu einem vereinfachten Balkendiagramm (D); durch Summierung wird der erwünschte Finanzbedarf für Baumaßnahmen und Unterhaltung ermittelt (E); die Finanzverwaltung gibt den mögl. Finanzierungsrahmen vor, der unter Beachtung unvermeidbarer Personalverstärkungen zur Festlegung des mögl. Finanzbedarfs führt (F); da dieser zur Finanzierung aller Wünsche im allg. nicht ausreicht, sind im Balkendiagramm zeitl. Verschiebungen vorzunehmen. Nach erfolgter Abstimmung unter allen Verwaltungs-Zweigen wird die Mifrifi dem Rat der Stadt zur endgült. Entscheidung vorgelegt, die er im Rahmen der gemeindl. »Finanzhoheit« trifft. Die Mifrifi ist jährlich fortzuschreiben.

Tabelle 24: Gruppierungsplan für Einnahmen und Ausgaben nach ihrer Art

0	Steuern, allg. Zuweisungen (vom Land)
1	Einnahmen aus Verwaltung und Betrieb
12	Gebühren und ähnl. Entgelte
13/15	Mieten, Pachten u. ä.
16	Erstattung von Verwaltungs- und Betriebsausgaben (für Kriegsopfer vom Bund)
17	Zuweisungen und Zuschüsse für laufende Zwecke (Lastenausgleich u. a.)
2	Sonstige Finanzeinnahmen
20	Zinseinnahmen
21/22	Gewinnanteile, Konzessionsabgaben
24/25	Ersatz von sozialen Leistungen
26	Weitere Finanzeinnahmen (Geldbußen)
27	Kalkulatorische Einnahmen
3	Einnahmen des Vermögens-Haushalts
30	Zuführung vom Verwaltungs-Haushalt
31	Entnahmen aus Rücklagen
32/34	Einnahmen aus Vermögen
35	Beiträge und ähnl. Entgelte
36	Zuweisungen und Zuschüsse für Investitionen und Förderungsmaßnahmen
37	Einnahmen aus Krediten
4	Personalausgaben
5/6	Sächl. Verwaltungs- und Betriebsaufwand
7	Zuweisungen und Zuschüsse für laufende Zwecke (nicht für Investitionen)
8	Sonstige Finanzausgaben
9	Ausgaben des Vermögens-Haushalts
90	Zuführung zum Verwaltungs-Haushalt
91	Zuführung an Rücklagen
92, 98	Gewährung von Darlehen, Zuweisungen und Zuschüsse für Investitionen
93	Vermögenserwerb
94/96	Baumaßnahmen
97	Tilgung von Krediten

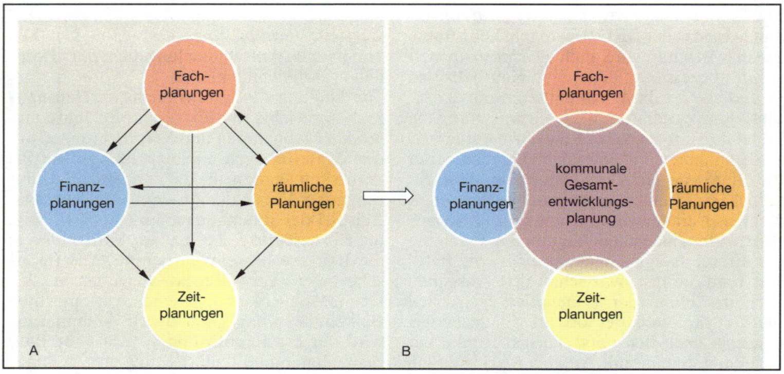

A-B Ressortplanung (A) erfordert eine »integrierte« Gesamtentwicklungsplanung (B)

Die kommunale Gesamtentwicklungsplanung soll als Instrument dienen:

der Aufstellung eines Zielsystems mit Gewichtung der Einzelziele, mit Darstellungen der Zielkonflikte und der notwendigen Entscheidungsverpflichtungen	der Aufstellung eines Prioritätenprogramms, bestehend aus den voneinander abhängigen Fachprogrammen, Finanzprogramm und Standort- und Bauflächenprogramm	der Verbesserung der Steuerungsverfahren zum Informationsfluß einschließlich Öffentlichkeitsarbeit, zur Koordinierung aller Planungen und zur Ablaufsteuerung der Durchführungsmaßnahmen

C Begriff der Gesamtentwicklungsplanung

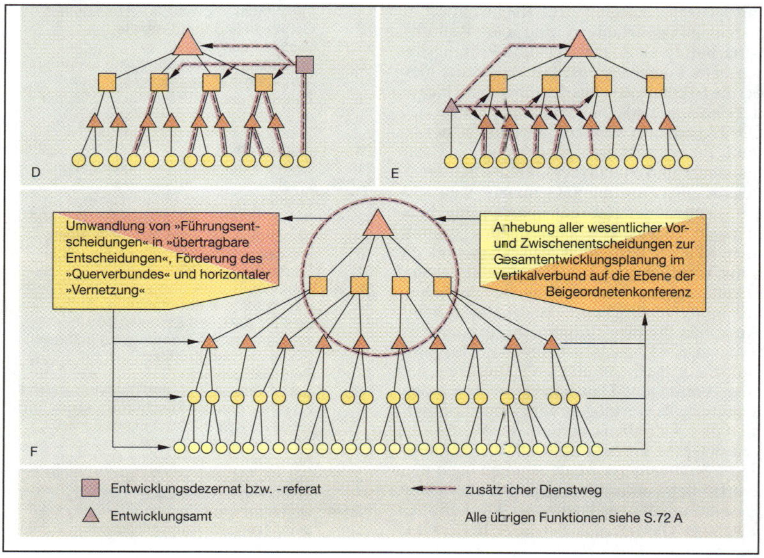

D-F Organisationsmodelle der federführenden Zuständigkeit für die Gesamtentwicklungsplanung

Da Gesetze (z. B. [9] durch Erweiterung und Verschärfung) den Spielraum für öffentl. und private Entscheidungen in ständig zunehmendem Umfang einschränken, muß die kommunale Politik und Planung eine höhere Verantwortung dafür übernehmen, daß ihre Vorgaben rechtlich einwandfrei, sachlich fehlerfrei und trotzdem der durch *öffentl.* und *private* Entscheidungen getragenen Stadtentwicklung optimal zugeordnet sind.
Dies führt zu den entgegengerichteten Zielen, daß die öffentl. Planungsvorgaben einerseits langfristig verbindl. und gültig bleiben, andererseits anpassungsfähig an die sich ständig ändernden Bedingungen sein sollen. Dieser Konflikt zwischen festzusetzender *Verbindlichkeit* und offen zu haltender *Anpassungsfähigkeit* muß in jedem Planungsprozeß ausgetragen werden. Jegl. kommunale Planung hat die Voraussetzungen für das Leben überhaupt und die ohnehin *beschränkt* vorhandenen Naturgüter (atembare Luft, trinkbares Wasser, nicht vermehrbarer Boden) vorrangig zu schützen. Deshalb müssen die Gemeinden mit ihren knappen **Ressourcen** (Hilfsquellen: verfügbares Kapital, bebaubare Fl.) bestmögl. organisierte **Stadtentwicklungsplanung** (s. S. 19) betreiben [88; 89; 90].
»Der Gebietskörperschaft wächst (dadurch) gegenständl. keine neue Aufgabe, der Verwaltungs-Führung keine neue Funktion zu. Vielmehr werden in erster Linie bestehende Zuständigkeiten, z. B. zur Zielsetzung, Koordination und Entscheidung, bestätigt und aktiviert.« [91; 92] Zwischen den versch. Ressortplanungen (Fach-, Finanz- und räuml. Planung) erfolgte eine meist zweiseitige Abstimmung (A), deren Ergebnisse nicht jeder Kritik standhielten, z. B. Neubaugebiete, deren Bewohner mehrere Jahre auf die Errichtung von Kindergärten oder Schulen warten mußten. Die zweiseit. Abstimmung der Ressorts (s. S. 70 E) leidet darunter, daß die Abhängigkeit der Vor- und Zwischenergebnisse einer Fachplanung von denen anderer Einzelplanungen übersehen wird und »fertige« Ergebnisse abgestimmt werden.
Zwischen Planungen, die eine Gemeinde zur gleichen Zeit betreibt, ist ein ständ. Informationsfluß erf. Eine Schule kann erst gebaut werden, wenn das Raumprogramm (Fachplanung), die Finanzmittel (Finanzplanung), der Standort (Bauleitplanung), das Grundstück (Bodenvorratsplanung) und der Gebäudeentwurf (Hochbauplanung) zusammen vorhanden sind; sie können nicht isoliert erstellt werden. Die Aufstellung eines Schulentwicklungs-Programms für eine Großstadt erfordert einen noch engeren Querverbund mehrerer planender Ressorts; da diese Forderung für alle fachl. Entwicklungs-Programme gilt, ist es notwendig, alle Planungen zu einer Stadtentwicklungsplanung (StEP) zusammenzufassen (B). Sie soll als Instrument der Aufstellung eines widerspruchsfreien Zielsystems für die Stadtentwicklung und eines ausgewogenen Rangfolgeprogramms für Investitionen und sonstige Maßnahmen dienen und die Möglichkeiten zur Steuerung des ohnehin ablaufenden Entwicklungsprozesses verbessern (C, [93]). StEP muß deshalb alle fachl., räuml., finanziellen und zeitl. Planungsinhalte, ihre Zusammenhänge und Abhängigkeiten im Rahmen kommunaler Leistungsfähigkeit und polit. Bewertung kennen.
Viele Städte versuchen, diese Aufgabe durch neu geschaffene Organisationseinheiten zu lösen (D, E). »Kommunale Gesamtentwicklungsplanung ist aber gleichwohl *kein* eigenständiger Sachbereich, der neben die übrigen Sachbereiche bzw. Aufgabengruppen gestellt werden kann ... Auch die geschäftsleitende Koordination im fach- und ressortübergreifenden Rahmen begründet *keine* neue Aufgabe, denn sie ist Teil der Leitungsfunktion für die Gesamtverwaltung.« [92]
Wo trotz dieser Einsicht »Stadtentwicklungs-Dezernate« oder »-Ämter« neu gebildet wurden (D, E), haben sie Aufgaben anderer Organisationseinheiten und Führungsaufgaben, die dem Chef der Verwaltung zustehen, übernommen – beides mit entspr. Nachteilen für die Leistung der Gesamtverwaltung; »Erfahrungen, die eine süddt. Großstadt mit dieser Organisationsform gesammelt hat«, wurden öffentl. kritisiert [92, S. 100]. Dies galt in den 70er Jahren auch für andere Städte.
Die kommunale Gesamtentwicklungsplanung ist weder eine neue Planungsart, noch eine neue Planungsstufe, sondern ein Planungsablauf wie jeder andere (s. S. 78 A), der lediglich wegen seiner herausgehobenen Bedeutung das wichtigste *Führungsinstrument* der Spitzenentscheider sein sollte. Im Unterschied zu einfachen Planungsabläufen haben sich die Spitzenentscheider an allen Vor- und Zwischenentscheidungen in period. Abständen im Vertikalverbund zu beteiligen (F). Der Chef der Verwaltung und die Wahlbeamten können diese Forderung zeitl. nur erfüllen, wenn ein Teil der in ihrer Bedeutung meist überschätzten Führungsentscheidungen in **übertragbare** Entscheidungen (s. S. 76 A, B) umgewandelt und delegiert wird.
StEP erfordert ein neues Verhältnis zur Planung und ein neues Verhalten vom Chef der Verwaltung bis zum Mitarbeiter in der untersten Organisationseinheit, die sich sämtl. als Mitglieder einer insgesamt planenden Verwaltung (d. h. kooperationsbereit, konfliktfähig, gesamtverantwortlich, ressortübergreifend, vorausschauend ...) verstehen müssen. Die hierarch. Gliederung der herkömml. Verwaltung kann als »Verantwortungsstruktur« bestehen bleiben, wenn Entscheidungsbefugnisse umfangreich delegiert werden.

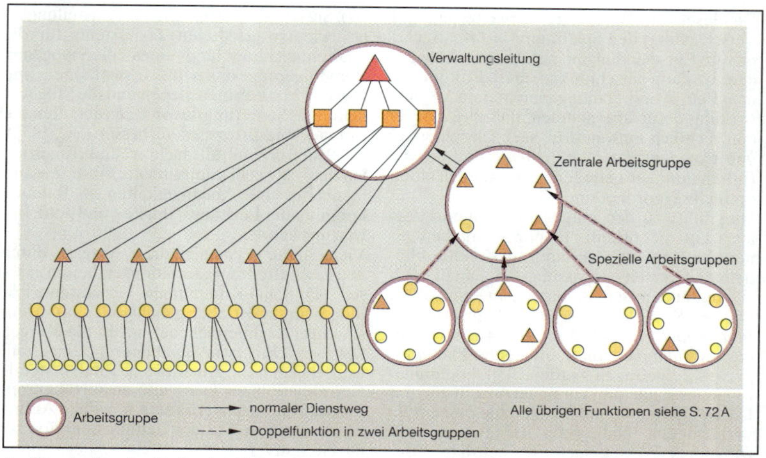

A Organisation der Stadtentwicklungsplanung in Arbeitsgruppen neben der Verwaltungshierarchie

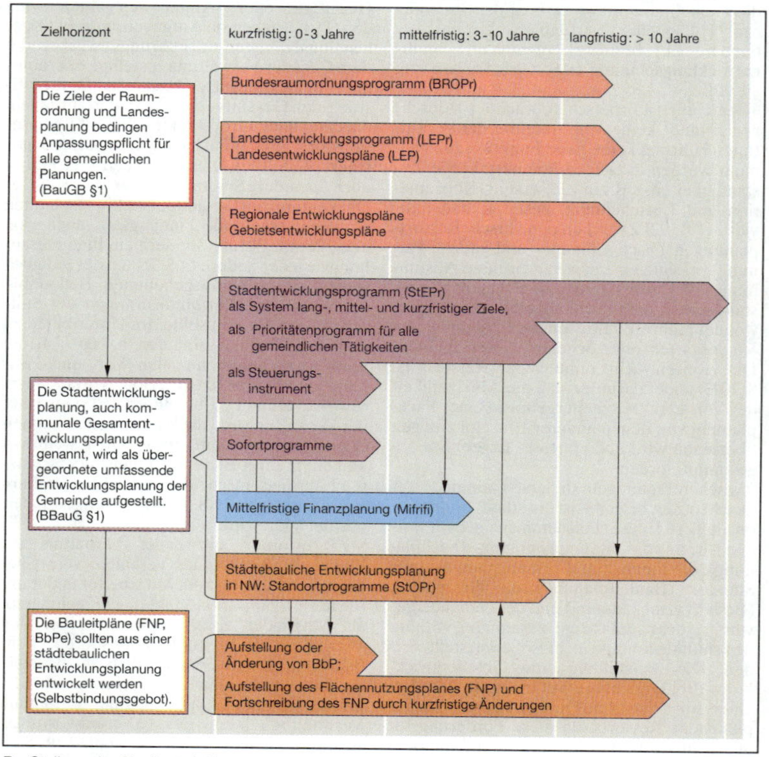

B Stellung der Stadtentwicklungsplanung

Das **Bundesbaugesetz** (BBauG [3]) von 1960 bot umfangreiche Vorschriften für planungsrechtl. Festsetzungen für sämtl. Nutzungen (s. S. 19). Es wurde das rechtl. Instrument der Stadtplaner, die nun mit Bauleitplänen deren Inhalte »nach den sozialen und kulturellen Bedürfnissen der Bevölkerung richteten, ... die Eigentumsbildung im Wohnungsbau förderten, ... die Erfordernisse für Gottesdienst und Seelsorge berücksichtigten« usw. Die Stadtplaner hatten für jeden und alles zu planen, auch für den, der gar nicht sagen konnte, welche Ansprüche er in den Bauleitplänen gesichert wissen wollte. Die Stadtplaner mußten damit weit über ihr Fachgebiet hinausdenken und in *Fürsorge* für die, die (noch) nicht selbst planten, deren zukünftige Ansprüche im voraus erkennen und planerisch sichern. Diese Überforderung der Planer führte zu dem Gedanken, die Beplanten an den Planungsabläufen zu beteiligen. Der Dt. Städtetag (DST) hatte 1965 unter dem Motto »Wer baut die Stadt?« diese Diskussion selbst eröffnet [88; 95].

NEUFFER begann als Oberstadtdirektor von Hannover neuartige Organisationsmodelle zu erproben; er richtete 1966 eine interdisziplinär besetzte »Arbeitsgruppe Stadtentwicklung« ein, die Lösungen für die Einordnung der kommunalen Einzelplanungen in die Gesamtentwicklungsplanung vorbereiten sollte. Das ›Stadtentwicklungsprogramm 1974–1985‹ für Hannover wurde von 12 Facharbeitsgruppen erarbeitet, die zentrale Arbeitsgruppe besorgte die Abstimmungsaufgaben, die Dezernentenkonferenz leitete durch rechtzeitige »Vorentscheidungen« den Planungsablauf. Die organisator. Betreuung lag bei einer Stelle im Hauptamt, die NEUFFER sich selbst unterstellt hatte. Mit diesem Organisationsmodell war es ihm gelungen, die gesamte Stadtverwaltung ressortübergreifend an dieser Planungsaufgabe zu beteiligen. Auf die bedenklichen Erfahrungen anderer Städte mit anderen Vorgehensweisen wurde bereits hingewiesen (S. 83 [94]). Der Vorteil des Hannover-Modells liegt darin, daß unter Verzicht auf neue Verwaltungseinheiten die eigentl. Arbeit in den Fachämtern erbracht wird, ohne daß die bestehende Verwaltungsgliederung geändert werden mußte (A, S. 80 F).

Stadtentwicklungsplanung (StEP) bezeichnet jede kommunale Entwicklungsplanung, die in sachl. und zeitl. umfassendem Sinn alle gemeindl. Planungsaufgaben wie Finanz- und Personalplanung, die Bauleitplanung sowie die Fachplanungen (z. B. Schulentwicklungsplanung) mit dem Ziel der bestmögl. Entwicklung der »Stadt (bzw. Gemeinde) als ganzer« zu einem Planungsvorgang zusammenfaßt und unter Berücksichtigung der gemeindl. Ressourcen und polit. Wertungen Steuerungsmöglichkeiten für die ohnehin ablaufenden Veränderungen bietet. Die Stadtentwicklungsplanung setzt damit den Rahmen für alle kommunalen Planungen (B). Deshalb muß Stadtentwicklungsplanung alle Vorgaben, z. B. die Ziele der Landesplanung oder die Eckwerte der Bundesfinanzplanung, berücksichtigen. Da der Anteil der Gemeinden am direkten Steueraufkommen des Staates sinkt, werden die Gemeinden zunehmend von Zuschüssen von Bund und Land abhängig, auch hinsichtlich ihrer Terminplanung. Mit Einrichtung der Stadtentwicklungsplanung wurde die Forderung nach einer Reform der Zuständigkeits- und Aufgabenverteilung **(Funktionalreform)** und nach einer Steuerreform, die das Zuschußunwesen abbauen sollte, lauter. Hierin zeigt sich der Konflikt zwischen *Subsidiaritäts-* und *Zentralitätsprinzip* (S. 19, 71, 75): die Städte beanspruchen mehr Einfluß, den Bund und Länder verweigern.

Aufgrund der Empfehlungen des ›Dt. Rates für Stadtentwicklung‹ [96] sah die BBauG-Novelle vor, daß die Bauleitpläne in die »städtebaul. Entwicklungsplanung« als Teil einer umfassenden gemeindl. Entwicklungsplanung einzufügen sind, wenn eine solche »vorhanden« ist (B); 1976 faßte man den § 1 [5] so [3]: »Ist eine von der Gemeinde beschlossene Entwicklungsplanung vorhanden, so sind deren Ergebnisse, soweit sie städtebaul. von Bedeutung sind, bei der Aufstellung der Bauleitpläne zu berücksichtigen. Wird eine Entwicklungsplanung geändert, so soll die Gemeinde prüfen, ob und inwieweit Auswirkungen für Bauleitpläne in Betracht kommen ...« usw.

Da die Zuständigkeit des Bundes auf das Bodennutzungsrecht beschränkt ist, kann der Bund den Gemeinden nicht vorschreiben, daß und wie sie Stadtentwicklungsplanung betreiben sollen. Die Länder könnten ein solches Gebot im Kommunalverfassungsrecht verankern – sie müßten sich allerdings fragen lassen, ob sie selbst auf Landesebene als Vorbild für die Gemeinden eine alle Landesressorts umfassende Entwicklungsplanung vorweisen können. Folgerichtig wurde o. a. § 1 [5] im Baugesetzbuch vom 8. 12. 1986 [9] gestrichen.

Die Gemeinden entscheiden also in eigener Verantwortung über ihre Stadtentwicklungsplanung. Der bessere Verwaltungs-Chef zeigt sich in der wirksameren Stadtentwicklungsplanung, der bessere Chef einer Bauverwaltung in der Qualität der städtebaul. Entwicklungsplanung. Ob beide in erforderl. Umfang Personal, Finanzen (z. B. für unabhängige Gutachter) und Zeit erhalten, damit abgestimmte, abgewogene und ausgereifte Konzepte vorgelegt werden können, das entscheidet die Gemeidevertretung. Deren Mitglieder suchen als Politiker meist den Erfolg kurzfristig »und vor der nächsten Wahl«. Vor dem Verzicht auf Stadtentwicklungsplanung ist wegen der Nachteile für die langfristige Entw. zu warnen: Die Freiheit der Planungshoheit ist im Kern eine Verpflichtung zur Selbstbindung in guter »Stadtplanung«.

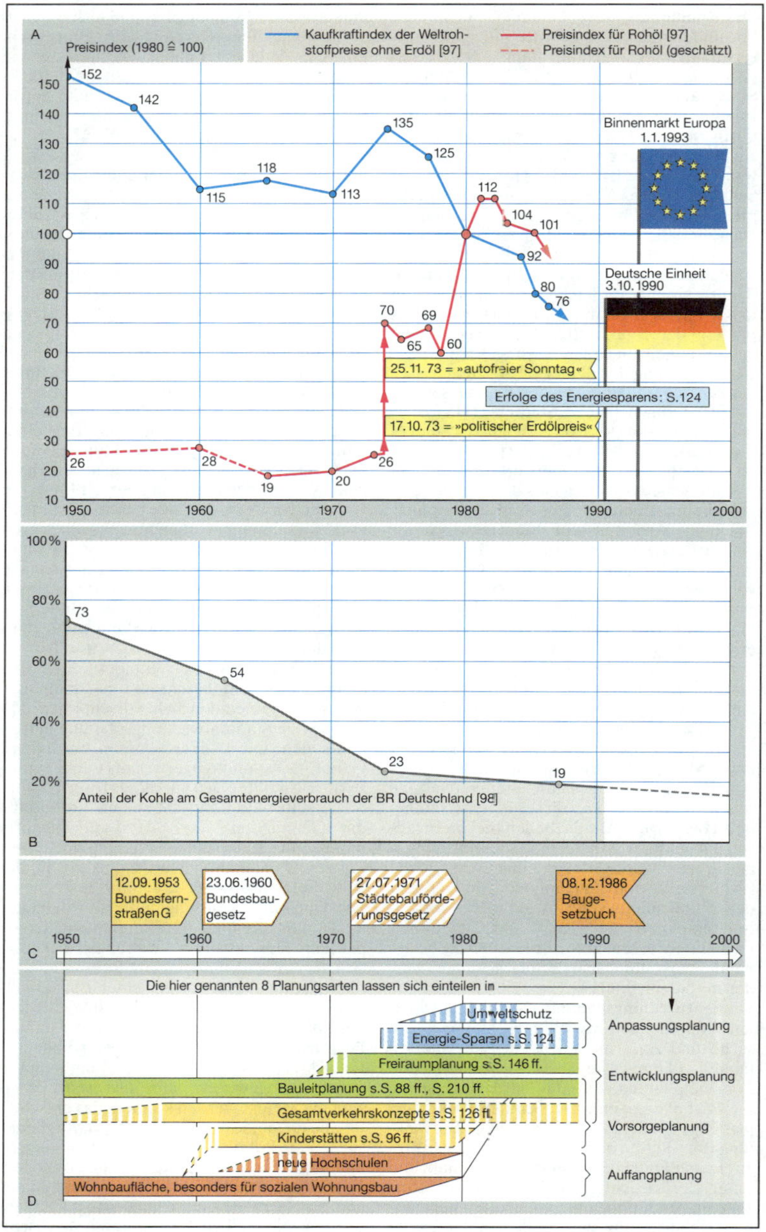

A-D Übergemeindliche Ursachen (A-C) für gemeindliche Planungen (D)

Nach der Ursache ihrer Entstehung werden vier Planungsarten unterschieden (D):
1. Ist ein Bedarf vorhanden, der zeitnah durch Einsatz vorhandener und Erschließung zusätzl. Hilfsquellen befriedigt werden soll, so nennt man die Planung, mit deren Hilfe dieses Ziel erreicht werden soll, eine **Auffangplanung.** Beispiel für eine langzeitige und mehrfach geänderte Auffangplanung ist die Planung für Wohnbauflächen, insbes. für den sozialen Wohnungsbau in der jungen BRDtl. Der Bedarf an Wohnungen war so groß, daß für drei Jahrzehnte jede neu gebaute Wohnung ihren Mieter oder Käufer fand. Der schnelle Erfolg war der Maßstab, an dem die Bürger in Wohnungsnot die Politiker und diese ihre Planer maßen. Anforderungen an die Qualität der Planung wurden erst später, oft viel zu spät gestellt.
Ein anderes Beispiel ist die Planung für neue Hochschulen in der BRDtl.: in der bildungspolitischen Diskussion hatte sich die Auffassung, den Bildungsstandard zu heben (höhere Abiturientenquote, höhere Studentenquote) durchgesetzt – dieser Bedarf war polit. erzeugt worden und führte unter diesem Druck zu einer Auffangplanung, die in ihrer Zielsetzung nicht ausdiskutiert, in ihren quantitativen Vorgaben schwankend und nicht ausreichend vom gesellschaftlichen Bedarf getragen war und in ihren Anforderungen an stadtplanerische und städtebauliche Vorgaben die Städte der neuen Standorte überforderte (S. 100 f.), so daß diese einmalige Chance, durch städtebaulich integrierte Hochschulen zu einer ausgewogenen Stadterneuerung beizutragen, vertan war, bevor sie ausreichend geprüft worden war.
2. Ist erkennbar, daß im Verlauf der beobachteten Entwicklung Bedarfe entstehen werden, die zu befriedigen sind, so nennt man die Planung zu diesem Zweck eine **Vorsorgeplanung;** sie versucht, den Bedarf zum Zeitpunkt seines Entstehens zu decken. Beispiel hierfür ist die Planung von Kinderstätten in neu geplanten Wohngebieten. Als um 1960 erkannt wurde, daß in Neubaugebiete vorwiegend junge Familien ähnlicher Altersgruppen einzogen, für die ein höheres Angebot an Kinderstätten (S. 94–99) bereitzustellen war, versuchten die Gemeinden mit einer breiter gefächerten Planung dafür vorzusorgen.
Ein anderes Beispiel für Vorsorgeplanung ist die Generalverkehrsplanung. Da das Bundesfernstraßengesetz vom 12. 9. 1953 ein übersichtl. und zweckmäßiges Planungs-, Durchführungs- und Verwaltungsinstrumentarium für Bundesstraßen bereitstellte und in der Novelle vom 6. 8. 1961 der neue § 5 a Zuwendungen für fremde Träger der Straßenbaulast vorsah, wurden die Gemeinden angeregt, Verkehrspläne zu erstellen, um Anträge für Bundeszuschüsse zu ihren Straßenbauten zu begründen. So wurde die Verkehrsplanung früh zu dem am besten entwickelten Instrument der Stadtplaner (S. 126–145).
3. Ist die Ursache für die Einrichtung einer Planung die Absicht, mit ihr die Entwicklung zu steuern, so heißt sie **Entwicklungsplanung. Bauleitplanung** als die auf das gesamte Gemeindegebiet, seine Bau- und Nichtbauflächen, sowie deren Nutzung nach Art und Maß bezogene Gesamtplanung war immer auch Entwicklungsplanung; seit etwa 1965 trat dieser Aspekt in den Vordergrund. Im Schoß dieser Gesamtplanung wurde die Freiraumplanung zum Schutze der nicht-bebaubaren und nicht-bebauten Flächen entwickelt; sie hat sich, gefördert durch die Länder und ihre Gesetzgebung als **Landschaftsplanung** verselbständigt. Die Gefahr, daß die Einheit der Planung für die Gemeinde verlorengeht, darf nicht unterschätzt werden.
4. Wirken erhebliche Fremdeinflüsse plötzlich auf eine Planung von außen ein, so wird durch eine **Anpassungsplanung** versucht, das gefährdete Gleichgewicht zu erhalten oder wiederherzustellen. Das sinnfälligste Beispiel hierfür war die Umstellung der gesamten Energieplanung auf allen Planungsebenen (S. 124 f.) nach dem 17. 10. 73 (A). Trotz der Erfolge des geplanten Energie-Sparens trat kaum eine Förderung des dt. Steinkohlebergbaus und der mit ihm kooperierenden Industrien ein (B), obwohl dies im Ruhrgebiet und Saarland erwünscht war. Die Prioritätenverschiebung bei den öffentlichen Zuschüssen als Folge der gestiegenen Energiekosten nahm der Städtebauförderung die Bedeutung, die ihr nur zwei Jahre zuvor durch ein neues Gesetz gegeben werden sollte (C). Seit dieser Zeit wandelte sich die Einstellung der Gesellschaft zum Umweltschutz, der urspr. ein Ziel war und nun zum Rahmen für die Planung wurde, dessen Grenzen nicht überschritten werden durften (S. 92 f.) – Anpassungsplanung stellt damit über die Frage nach dem techn. Machbaren die Frage nach dem Zumutbaren für die Menschen, für die Natur und das Leben in ihr.

Für die Diskussion um Ziele, Lösungswege und Zeitpunkte, zu denen Planungen begonnen werden können oder sollten, gilt für Gemeinden und Städte in gleicher Weise, was Bundespräsident VON WEIZSÄCKER für eine neue Bundesregierung aussprach: »Umstritten unter Demokraten in Deutschland sind weniger die Ziele als der jeweils beste Weg zur Lösung der großen Aufgaben unserer Zeit.
Gemeinsam geht es darum,
– die Schöpfung zu bewahren,
– die Arbeitslosigkeit abzubauen,
– den Generationsvertrag zu sichern,
– die europäische Einigung energisch voranzubringen ...« [99].

Vor diesen Oberzielen, denen auf Bundesebene nicht widersprochen wurde, könnten die Länder, die Städte und Gemeinden ihre Planungen auf Zukunftstauglichkeit prüfen.

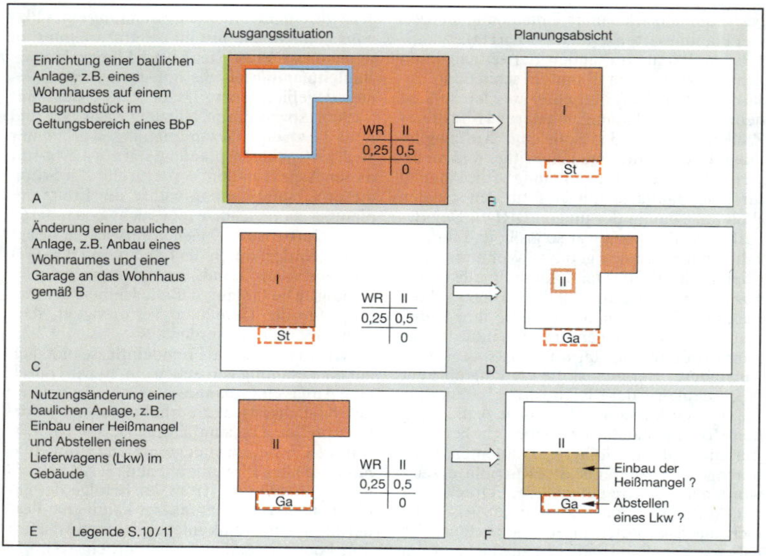

A-F Inhalte des Begriffs »Vorhaben« nach BauGB §29

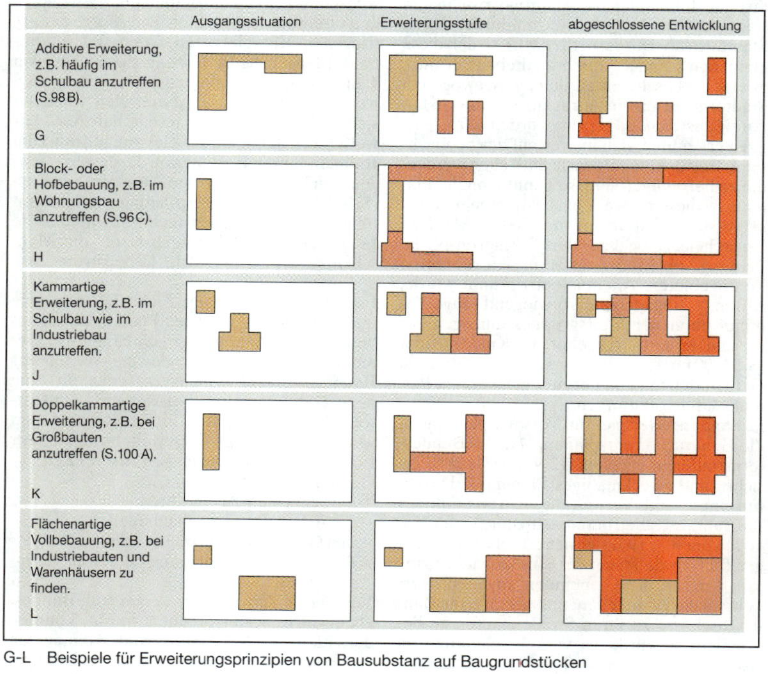

G-L Beispiele für Erweiterungsprinzipien von Bausubstanz auf Baugrundstücken

Seinen ›Unterricht in der Land-Baukunst‹ beginnt JÖNDL im Jahr 1840 so [100]: »Soll etwas gebaut werden, so ist es die erste, notwendigste, zugleich natürlichste Frage: Was soll gebaut werden? Die Antwort darauf kann so mannigfaltig sein, als es verschiedene Gebäude gibt, und deren ist überhaupt eine Unzahl ... Dieses muß der *Bauherr* wissen und bestimmen; allein, wenn er auch weiß und bestimmt, so ist er doch nicht zugleich Bauverständiger. Er wird sich also um einen Bau-Werkmeister umsehen, welcher ihm zuvörderst einen Bauplan ... verfasse ...«

Dieser histor. Text stellt die Frage nach dem »Was«. Das Baugesetzbuch (BauGB [9]) behandelt in den §§ 29–44 die ›Regelung der baulichen und sonstigen Nutzung‹; § 29 BauGB definiert den Begriff des **Vorhabens** so: »Für Vorhaben, die die Errichtung, Änderung oder Nutzungsänderung von baul. Anlagen zum Inhalt haben und die einer bauaufsichtl. Genehmigung oder Zustimmung bedürfen oder die der Bauaufsichtsbehörde angezeigt werden müssen, gelten die §§ 30 bis 37; die §§ 30 bis 37 gelten auch, wenn in einem anderen Verfahren über die Zulässigkeit entschieden wird. Dies gilt auch für Vorhaben, die der Landesverteidigung dienen. Für Aufschüttungen und Abgrabungen größeren Umfangs sowie für Ausschachtungen, Ablagerungen einschließlich Lagerstätten, auf die Satz 1 keine Anwendung findet, gelten die §§ 30 bis 37 entsprechend. Die Vorschriften des Bauordnungsrechts und andere öffentlich-rechtliche Vorschriften bleiben unberührt.«

Der Begriff des **Vorhabens** umfaßt also:

1. **Errichtung** baul. Anlagen, z. B. Neubau eines eingeschossigen Wohnhauses mit einem PKW-Stellplatz (B) auf einem Baugrundstück in einem reinen Wohngebiet im Geltungsbereich eines Bebauungsplanes (BbP), der für die Stellung des Gebäudes durch Baulinien verbindliche Bauvorschriften enthält und durch Baugrenzen einen zulässigen Rahmen (A); diese Planung ist planungsrechtlich genehmigungsfähig,
2. **Änderung** baul. Anlagen, z. B. Anbau, Aufstockung, Garagenanbau an das Wohnhaus (D); dieser Anbau ist zulässig,
3. **Nutzungsänderung** von baul. Anlagen, z. B. wäre das Vorhaben, in das Wohnhaus (E) eine Heißmangel einzubauen und dort einen LKW abzustellen (F), bei den Planfestsetzungen (A) nicht zulässig,
4. Planungsabsichten wie 1.–3. bezüglich **nicht-baulicher Anlagen,** z. B. Mülldeponien, Schrottplätze, Tongruben (S. 92 f.).

JÖNDL fährt fort [100, S. 7]: »Ist einmal ... festgesetzt worden, was gebaut werden soll, so erscheint die zweite Frage: Wohin und wo soll gebaut werden? Hier aber stößt man gewöhnlich schon auf mehrere Schwierigkeiten ... Der Bau-Werkmeister muß beflissen sein, allen Nachteilen des Platzes auszuweichen und dort durch Kunst nachzuhelfen, wo die natürliche Lokalität Mängel zeigt. Allein auch in den häufigeren Fällen, wo man an einen Platz gebunden und wo immer der Eigengrund scharf begrenzt ist, wird man doch oft eine bessere Lage und Stellung auszumitteln im Stande sein ...«

Das **Ausmitteln** von Bauten auf Grundstücken zählte urspr. zu den Aufgaben des »Bau-Werkmeisters«. Seit das BBauG 1960 alle Vorhaben dem Planungsrecht unterwarf und damit in jedem Einzelfall die Frage der **Zulässigkeit** eines Vorhabens (was? und wohin?) zu prüfen war, mußten sich Bauherren, Architekten und Stadtplaner in die Verantwortung für einen »humanen« Städtebau teilen. Die Beispiele A–F zeigen die »wirklichen« Ursachen städtebaul. »Wachstums« als Folge privater Entscheidungen, deren frühere die späteren nicht kennen, nicht vorbereiten und nur selten erleichtern.

G–L sind andere Beispiele für »Wachstum« von Bausubstanz auf Baugrundstücken: G kann sich so abgespielt haben: Ein Gemeinderat baut 1965 auf einem ausreichend großen Grundstück eine Schule mit Gang zur Turnhalle. Als die Schülerzahl anwächst, beschließt der Gemeinderat 1970, zusätzl. Pavillons aufzustellen. Später erfolgen weitere An- und Neubauten. Damit gehen die erf. Freiflächen für eine sinnvolle Gesamtanordnung verloren. In solchen Fällen sollte Schulerweiterung durch Grunderwerb und gute Planung gesichert werden. – Alle Beispiele G bis L verdeutlichen, daß der Architekt mit jedem Gebäudeentwurf, der Stadtplaner mit jeder planungsrechtl. Ausweisung und der Gemeinderat mit jeder Entscheidung über Bauleitpläne Wege für die Erweiterungs- und Veränderungsfähigkeit von Vorhaben aufzeigen und offenhalten sollten.

Denn »die Stadtentwicklung stellt sich als ein System dar, das durch weitgehende *Verteilung* der Entscheidungsfunktion und graduell unterschiedl. Verantwortlichkeiten zwischen dem öff. und priv. Bereich gekennzeichnet ist« [95, S. 237]. Soweit die »öffentl. Hand« Bauherr ist (vgl. S. 100 f.), trägt sie ein Mehrfaches an Verantwortung dafür, daß sie mit ihren Baumaßnahmen den vorbildl. **Städtebau** verwirklicht, den der Gesetzgeber vom Bürger erwartet und den der Staat oft gegen den Bürger im öffentl. Interesse durchsetzt.

Neben dem planungsrechtl. Begriff des Vorhabens besteht der haushaltsrechtl. Begriff der **Baumaßnahme** (GemHVO § 46); das ist »die Ausführung von Bauten (Neu-, Erweiterungs- und Umbauten), sowie die Instandsetzung an Bauten, soweit sie nicht der Unterhaltung baul. Anlagen dient«.

Als **Stätte** wird hier die Einheit von Standort und Einrichtung bezeichnet, die gemeinsam einem Zweck dienen, z. B. »Altenstätte«.

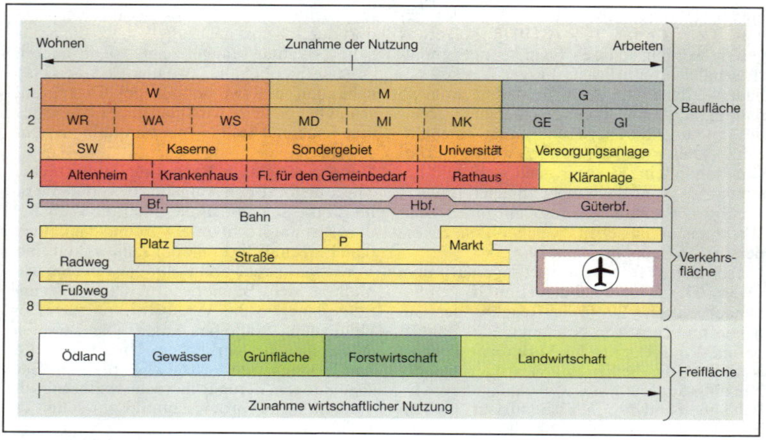

A Gliederung nach Art der Flächennutzung

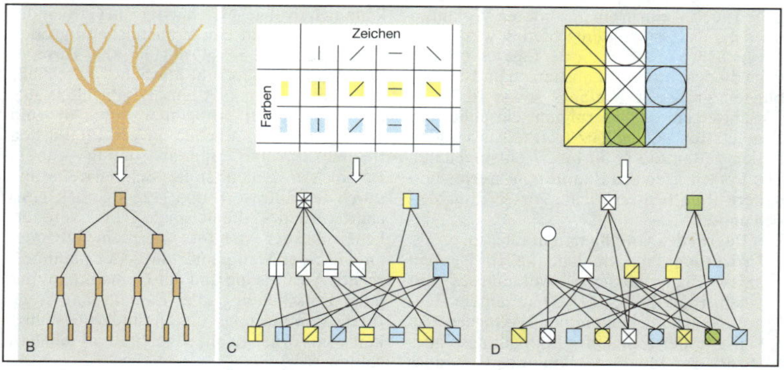

B-D »Baum« (B), Matrix (C) und »Halbverband« (D) als Gliederungsmöglichkeiten

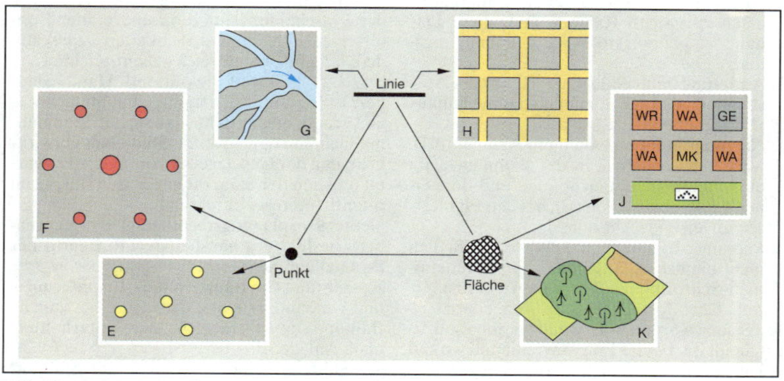

E-K Die geometrischen Grundgrößen als Gliederungsprinzip

Das dt. Planungsrecht (BauGB, BauNVO, PlanZVO) geht von der Annahme aus, daß die baul. Nutzung der Grundstücke nach der **Art** ausreichend unterschieden und gegliedert werden kann. Nach der »allg. Art ihrer baul. Nutzung« ergeben sich Wohnbauflächen, gemischte Bauflächen, gewerbl. Bauflächen (A: Zeile 1) und Sonderbauflächen; nach der »bes. Art ihrer baul. Nutzung« werden diese Flächen in »Gebiete« untergliedert (A: Zeilen 2 und 3 – ohne Flächen für Versorgungsanlagen). Diese Gliederung folgt der Vorstellung, daß die Art der baul. Nutzung nach dem Anteil der *Funktionen* »Wohnen« und »Arbeiten« graduell unterschieden werden könne. Nach diesem Merkmal wären die »Flächen für Versorgungsanlagen« den Arbeitsflächen zuzuordnen, während die »Flächen für den Gemeinbedarf« (A: Zeile 4) je nach ihrem Nutzungszweck die gesamte Breite dieser Skala besetzen können. Ihre gesonderte Ausweisung folgt dem Gliederungsprinzip, ob auf dem Grundstück ein dem Gemeinwohl dienender Zweck zu erfüllen ist und durch diese Ausweisung bes. öffentl. Schutz erhalten soll: damit tritt neben das Merkmal der **Nutzungsart** das Merkmalpaar »öffentl.-privat«. Weitere Unterscheidungsmerkmale könnten aus dem Baurecht abgeleitet werden. Sie sind jedoch nicht klar abgegrenzt. Hierin zeigt sich die grundsätzl. Schwierigkeit, die Elemente einer Stadt nach einem einzigen Merkmal zu gliedern.

Christopher Alexander nennt »solche Städte, die mehr oder weniger spontan im Laufe einer langen Zeit entstanden sind, *natürl.* Städte« und »diejenigen Städte und Stadtteile, die von Planern und Stadtplanern bewußt angelegt worden sind, *künstl.* Städte«. Vergleicht man sie, »so sind unsere modernen Versuche, künstl. Städte zu schaffen, vom menschl. Standpunkt aus völlig erfolglos geblieben« [101, S. 283]. Man könnte sagen, künstl. Städte seien meist *einsinnig* entworfen. Wer Wohnhäuser zu Wohngruppen zusammenfaßt, diese zu »Nachbarschaften«, diese zu Stadtteilen und letztere zu »Städten«, wird dennoch keine »Stadt« gebaut haben, allenfalls eine künstliche; denn er hat in der »Denkweise« des *Baumes* (B) gedacht. Alexander definiert [101, S. 284]: »Eine Ansammlung von Mengen bildet einen Baum, wenn und nur wenn von jeden beliebigen zwei Mengen der Ansammlung entweder die eine vollständig in der anderen enthalten ist oder beide gänzl. getrennt sind« (B).

Wenn die »natürl. Stadt« in ihrer Vielfalt und Mehrschichtigkeit nicht nach einem einsinnigen Prinzip entstanden ist, dann können ihre Teile nicht nach nur einem Gliederungsprinzip unterschieden werden. Man könnte nun zwei Merkmale nehmen: man könnte die *polis* nach Aristoteles (S. 25) auf die **Gemeinschaft** der Stadtbewohner beziehen und die Flächen nach ihren Benutzern gliedern – und andererseits die Stadt als »Gefäß« auf die Gesamtheit ihrer **Bauwerke** beziehen und diese nach ihrer Nutzung unterscheiden. Dann verfährt man in der »Denkweise« einer *Matrix* (C). Albrecht Dürer tat dies bei seinem Stadtentwurf (S. 36 D) für eine »geschlossene Gesellschaft«, deren hierarch. Aufbau jedermann seinen festen Platz zuwies. Untersucht man die Leitbegriffe Bürgerschaft, Generation, Standort und Klima, Technik der Zeit und Kunstwerk, auf die Rudolf Hillebrecht seine Definition stützt (S. 61), so wird man vielfältige Beziehungen zwischen ihnen ermitteln, die, bezogen auf die Nutzungen in einer Stadt, zu zahlr. **Überschneidungen** führen.

Bild D veranschaulicht diese Aussage an einem abstrakten Beispiel: 9 Quadrate zeigen versch. Merkmale. Die Verbindungslinien der Quadrate mit Linksdiagonalen und der Quadrate mit Rechtsdiagonalen überschneiden einander in Quadraten mit beiden; die der gelben und blauen Quadrate im grünen usw. Die Unterscheidung dieser 9 Quadrate nach allen ihren Merkmalen führt zu einer Gliederung mit zahlr. Überschneidungen. Christopher Alexander nennt solch eine Ansammlung einen *Halbverband*; er definiert [101]: »Eine Ansammlung von Mengen bildet einen Halbverband, wenn und nur wenn (zwei) sich überschneidende Mengen zur Ansammlung gehören und dann auch die ihnen gemeinsame Menge von Elementen zur Ansammlung gehört.« Die »natürl. Stadt« einer »offenen Gesellschaft« kann allenfalls durch die »Denkweise« des Halbverbandes in Elemente gegliedert werden. Dabei ist es undurchführbar, alle bekannten Merkmale so auf den »Menschen in der Stadt«, auf die »Flächen in der Stadt« und auf die »Tätigkeiten des Menschen« (Aktivitäten) anzuwenden, daß die daraus abzuleitende Gliederung der Elemente einer Stadt vollständig und übersichtl. zugleich sein könnte.

Um auf einfache Weise den Rahmen für eine **Systematik** der Grundst., ihrer Nutzungen und Nutzer zu erhalten, werden die geometr. Grundgrößen Punkt, Linie und Fläche zu Hilfe genommen. Mit diesem Systematisierungsansatz lassen sich sowohl »natürl.« wie »künstl.« Elemente erfassen; »natürl.« könnten sein:

E – »beliebige« Verteilung von Zeitungskiosken in einer City,
G – »natürl.« Gewässersystem,
K – »histor.« entstandenes Dorf

Beispiele für »künstl.« Elemente sind:

F – mehrstufiges Zentrensystem,
H – Raster für ein Stadtstraßennetz,
J – Nutzflächenverteilung zu H.

Die wesentl. »Bausteine« einer Stadt sollen in der Reihenfolge von punktförmigen über linien- und netzförmige bis zu flächenförmigen Nutzungen dargestellt werden. Dabei soll jede Nutzung bes. in ihrer Bedeutung für »die Stadt als Ganzes« gewürdigt werden.

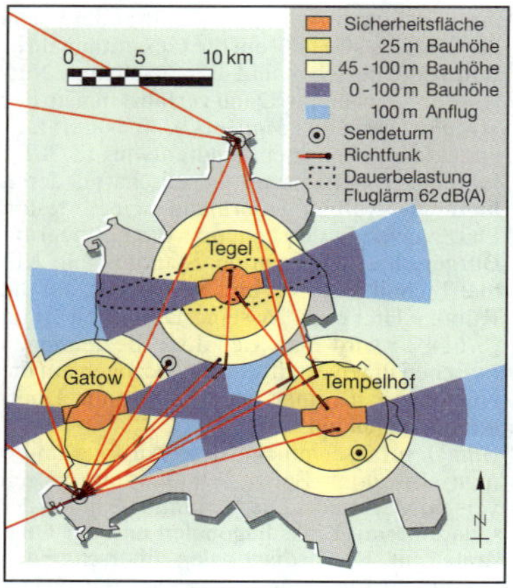

A Bauhöhenbeschränkungen und Fluglärm

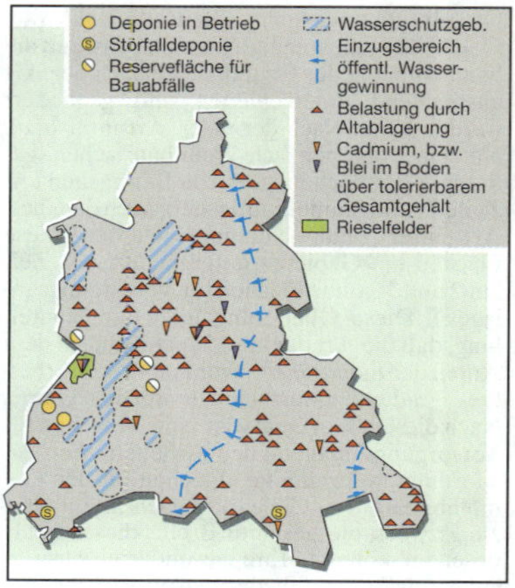

B Deponien und Wassergewinnung in Berlin-West

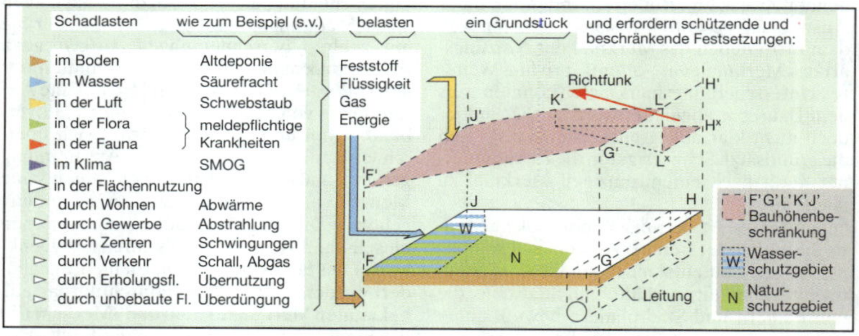

C Anwendung eines Schadlastenverzeichnisses auf die Prüfung eines Grundstücks

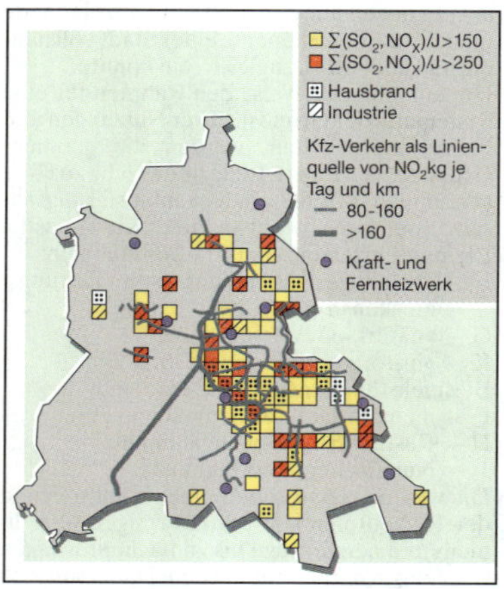

D Ausgewählte Emissionen in Berlin-West

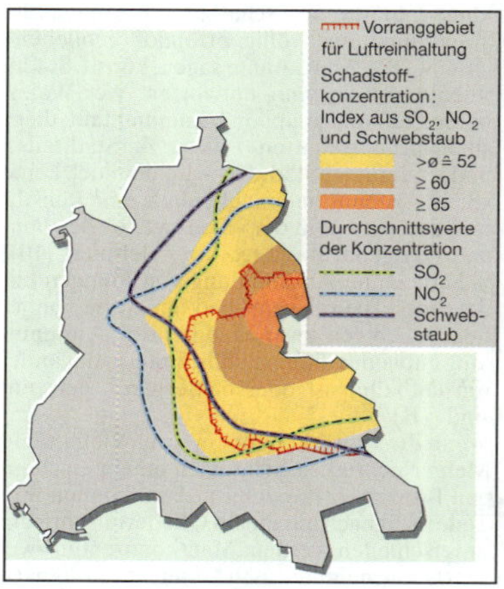

E Ausgewählte Immissionen in Berlin-West

Der Begriff **Umwelt** taucht im offiziellen Sprachgebrauch 1971 erstmalig in der 16. Hauptversammlung des Dt. Städtetages auf [102, S. 10]. Der Begriff **Umweltschutz** wurde 1970 als dt. Übersetzung des engl. »environmental protection« in kurzer Zeit zum Schlagwort [1]. Nur zwei Jahre später in der 17. Hauptversammlung waren einer von fünf Arbeitskreisen und der Leitvortrag durch ein Mitglied des Club of Rome diesem Thema gewidmet [103]. Obwohl beide Begriffe problematisch und umstritten sind, weil in hohem Maße ideologiebeladen und mehrdeutig, haben sie sich in der gesellschaftspolit. Diskussion durchgesetzt und wurden 1980 in das Straf- und Steuerrecht eingeführt [104; 111]. Das Umweltbundesamt wurde durch G vom 22. 7. 74 als Bundesoberbehörde in Berlin errichtet.
Umwelt im engeren Sinn ist
- die gesamte Umgebung eines Organismus, damit auch die Gesamtheit des natürlichen wie kulturell, bes. technisch, veränderten Lebensraumes des Menschen,
- die Gesamtheit der existenzbestimmenden Faktoren, die von einem Lebewesen wahrgenommen werden oder auf es einwirken, somit ein Ausschnitt der Umgebung (grundsätzl. ohne Unterschied zum *Milieu*); nach JAKOB V. UEXKÜLL (1864–1944) besteht die spezif. Umwelt einer Art aus deren *Merkwelt* (die Umgebung, die sie mit ihren Sinnesorganen wahrnimmt) und aus deren *Wirkwelt* (die Umgebung, die sie verändern kann); als *minimale Umwelt* oder *ökologische Nische* werden die für das Existenzminimum einer Art notwendigen Umweltfaktoren bezeichnet,
- die Umgebung, die besonders zu schützen ist, weil der Mensch in ihr, aus ihr und von ihr in ständigem Austausch lebt, so daß auch die vom Menschen selbst abgegebenen Rückstände als Abfälle (S. 120 f.), Abwässer und Abluft, sowie seine sonstigen Emissionen auf Umweltverträglichkeit zu prüfen und gegebenenfalls zu mindern, zu vermeiden oder gesondert zu entsorgen sind; hierauf beruht der oberste **Grundsatz** des Umweltschutzes, nämlich jede vermeidbare Umweltbelastung zu vermeiden;

im weiteren Sinne werden unter dem Begriff des Umweltschutzes auch der Schutz von Flora und Fauna, von Landschaften, Gewässern, Meeresküsten, Meeren und der die Erde umgebenden Lufthülle von den o. a. Rückständen gemeint. So definiert § 1 des Bundes-Immissionsschutzgesetzes [105]: »Zweck dieses G ist es, Menschen sowie Tiere, Pflanzen und andere Sachen vor schädlichen Umwelteinwirkungen und, soweit es sich um genehmigungsbedürftige Anlagen handelt, auch vor Gefahren, erheblichen Nachteilen und erheblichen Belästigungen, die auf andere Weise herbeigeführt werden, zu schützen und dem Entstehen schädlicher Umwelteinwirkungen vorzubeugen.«

§ 3 definiert
- *schädliche Umwelteinwirkungen* als »Immissionen, die nach Art, Umfang oder Dauer geeignet sind, Gefahren, erhebliche Nachteile oder erhebliche Belästigungen für die Allgemeinheit oder die Nachbarschaft herbeizuführen«,
- *Immissionen* als »auf Menschen sowie Tiere, Pflanzen oder andere Sachen einwirkende Luftverunreinigungen, Geräusche, Erschütterungen, Licht, Wärme, Strahlen und ähnliche Umwelteinwirkungen«,
- *Emissionen* als »die von einer Anlage ausgehenden Luftverunreinigungen, Geräusche, Erschütterungen, Licht, Wärme, Strahlen und ähnlichen Erscheinungen«,
- *Anlagen* als
  »1. Betriebsstätten und sonstige ortsfeste Einrichtungen,
  2. Maschinen, Geräte und sonstige ortsveränderliche technische Einrichtungen sowie Fahrzeuge, soweit sie nicht der Vorschrift des § 38 unterliegen,
  3. Grundstücke, auf denen Stoffe gelagert oder abgelagert oder Arbeiten durchgeführt werden, die Emissionen verursachen können, ausgenommen öffentliche Verkehrswege.«

Neben den Begriff des Vorhabens (S. 89) tritt damit der Begriff **Anlage,** der so Unterschiedliches wie Betriebsstätten, gesetzlich definierte Fahrzeuge und Grundstücke umfaßt, als Ordnungsbegriff in die Stadtplanung ein.
Die systemat. Auflistung der möglichen Schadlasten (C) gibt mit Beispielen an, wie ein Grundstück durch Feststoffe, Flüssigkeiten, Gase und Energieeinwirkungen belastet und durch schützende Festsetzungen, die anderen Nutzungen dienen, in seiner Ausnutzbarkeit ebenerdig, unter- und überirdisch beschränkt werden kann. **West-Berlin** hat zur Aufstellung seines Flächennutzungsplans 84 [106; 107] in einer Fülle grundlegender Arbeiten gutes Anschauungsmaterial aufbereitet, z. B.:
(A) Bauhöhenbeschränkungen als Folge dreier Flughäfen und eines dichten Richtfunkstreckennetzes überdecken fast die gesamte Stadt; der Bereich mit Dauerbelastung Fluglärm von 62 dB(A) war nur unter den polit. Bedingungen vor 1990 denkbar.
(B) sämtliche Deponien liegen im Einzugsbereich öffentl. Wassergewinnung; die durch Altlasten oder giftige Metallkonzentrationen im Boden belasteten Grundstücke verschärfen diesen Konflikt,
(D) Emissionen treten überwiegend als Punktquellen (Kraftwerke) oder Linienquellen (Hauptverkehrsstraßen) auf,
(E) Immissionen wirken als Flächenbelastung, bes. in der Innenstadt.
Getragen von der öff. Diskussion ist auf verbesserter Datenbasis [108–111] der Umweltschutz zu einem wichtigen Bereich öff. und privatwirtschaftl. Investitionen geworden.

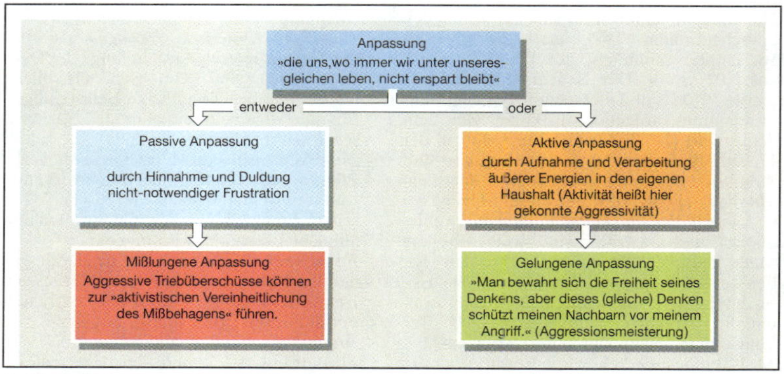

A Wege der Anpassung (nach A. Mitscherlich)

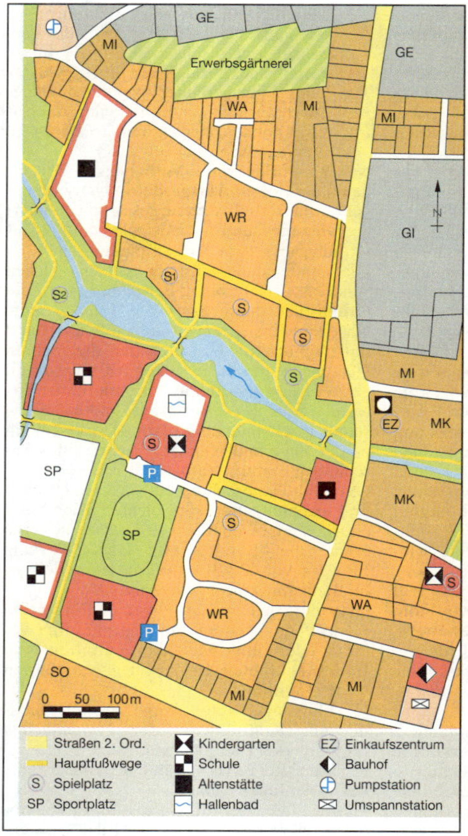

B Stadtteilausschnitt mit Kinderspielstätten

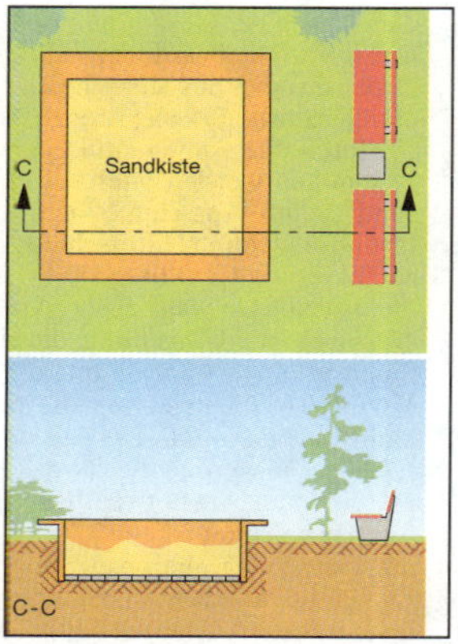

C 1. Variante eines Sandspielplatzes

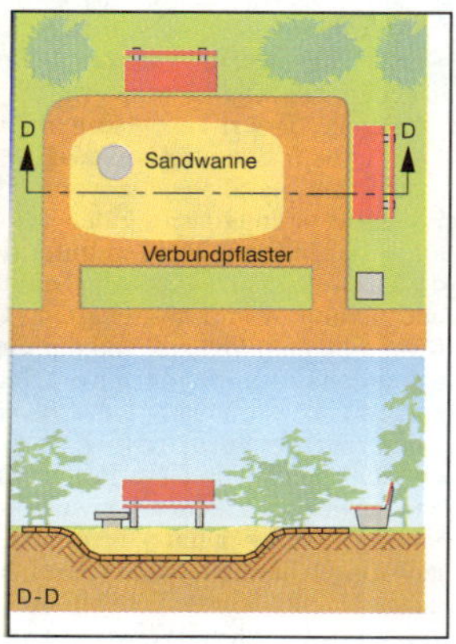

D 2. Variante eines Sandspielplatzes

Für die Bevölkerung, die vor 1850 ländlich lebte, gab es die Aufgabe, **Spielstätten** zu schaffen, nicht. Die Welt der Erwachsenen stand dem Kind weitgehend für Spiel und Erfahrungen aller Art offen. Die Minderheit der Städter (S. 52 F) fand so lange ähnl. Erfahrungsräume vor, als die Einheit von Wohnung und Arbeitsstätte unter einem Dach (Tab. 17) bestand, Hausgärten vorhanden und Straßen und Plätze noch Spiel- und Begegnungsräume waren. Mit der Industrialisierung begann der Umbau der phys. und die Umorganisation der sozialen Umwelt. Die Wissenschaft fand ständig neue Erkenntnisse, die Technik verarbeitete sie zu ständig geänderten Lebensbedingungen in der Arbeits- und Wohnwelt (S. 44).

Die Auswirkungen dieses »Fortschritts« auf das **Sozialgefüge** im ganzen und die Familie im besondern lassen die Anpassung zu einem Problem für alle Altersgruppen werden. Wird z. B. das Kind gehindert, seine Umwelt und sich selbst in ihr aktiv zu erleben, so kann es die Wirklichkeit und ihre Gesetzmäßigkeiten nicht erfahren, ihre Zusammenhänge nicht erfassen und sich nicht darauf einstellen. Fehlen die notw. Informationen über die äußere Realität, so wird eine wesentl. Voraussetzung jeder Anpassungsleistung nicht erfüllt. MITSCHERLICH hat diese Beziehungen eingehend dargestellt [112; S. 58]; ihm »geht es darum, die Entwicklungsgesetze der *Aggression* mit jener Tätigkeit in Verbindung zu bringen, die uns, wo immer wir unter unseresgleichen leben, nicht erspart bleibt: der **Anpassung**« [112, S. 49]. Sollen die notw. Anpassungsleistungen »gelingen« (A), so muß der Einzelne Räume vorfinden, in denen er spielend sich erproben, »die Umwelt testen« und die sozialen Folgen seines Verhaltens erfahren kann. **Spiel** als Tätigkeit, die lediglich aus Freude an ihr selbst geschieht, beginnt beim Kind mit der Beschäftigung mit sich selbst (Funktionsspiele) und führt im eigentl. Spielalter (2–6 J.) zum Spiel mit Gegenständen und mit anderen Menschen (Gruppen-, Regel-, Rollen-, Reigenspiele) [1]. Das Spiel als freiwilliger Einübungsvorgang eines selbständigen und sozialen Verhaltens erfordert im Städtebau der Zukunft mehr Beachtung als bisher (Tab. 25).

Bild B zeigt die »historisch« entstandenen Misch-, Wohn- und Gewerbeflächen verstreuter Siedlungsteile und Splittersiedlungen (vgl. Bild 104 A) längs zweier Stadtstraßen II. Ordnung (das sind die Flächen mit eingezeichneten Grundstücksgrenzen). Um diese Streubebauung nach anerkanntem **Leitbild** zu ordnen, hat die Bauverwaltung ein reiches Angebot an Spiel- und Sportflächen verwirklicht, bes. im Bereich des zentralen Grünzuges, an den alle öffentl. Begegnungs- und Bildungsstätten über Fußwege angeschlossen sind.

Das horizontale Umfassungsbrett des Sandkastens C kann als »Kuchenbackfläche« dienen. Will man das Kleinkind jedoch anregen, »sich expansiv zu verhalten«, so empfiehlt sich die Anlage des Sandkastens als »Wanne« (D). Da diese ohne **Grenze** in die Wege- und Rasenfläche übergeht, wird hier das Kind *aufgefordert,* mit dem Auto Sand in die Umgebung zu fahren und die Umwelt zu erobern. Vielleicht können beide, der Sandkasten am Standort S 1 und die Sandwanne am Standort S2 (B) bei den Kindern Anklang finden. Wo gesichertes Wissen darüber fehlt [114], tritt ein Urteil an seine Stelle, z. B. des Bundesverwaltungsgerichts von 1974, wonach »Kinderspielplätze zum Wohnen gehören, für die kindliche Betätigung und Entwicklung unerläßlich sind und der Lärm von Kinderspielplätzen ebenso hingenommen werden muß wie die bei der Benutzung von Kraftfahrzeugen, Rasenmähern oder privaten Schwimmbädern auftretenden Geräuschbelästigungen«. Daß es zu solchen Urteilen kommt, ist ein Hinweis auf die Einstellung der Gesellschaft gegenüber ihren Kindern. »Niemand kann leugnen, daß Einschüchterung, also die Hemmung des Neugierverhaltens, zu den konstanten Erziehungselementen unserer Gesellschaft gehört« [112, S. 47]. Eigentlich müßte die Bereitschaft, kindliche **Neugier** zu befriedigen, zum Normverhalten der Erwachsenen werden. Dies müßte folgerichtig dazu führen, daß die Erwerbsgärtnerei, die Gewerbe- und Fabrikbetriebe und auch die Einrichtungen im Einkaufszentrum (B) dem Kind als **Erlebnisraum** zu erschließen sind.

Der Städtebauer kann lediglich darauf hinweisen, daß der Weg, Spielstätten nur altersspezifisch zu planen und anzubieten, eine **einsinnige** (S. 91) Sackgasse ist, die das Kind nicht in die Vielfalt der städt. Umwelt einführt. »Jugendfarmen« [115] und »Abenteuerspielplätze« [116; 117] wiesen neue Wege – aus der Sackgasse? Brauchen Kinder eine Spielwelt, die nur für sie gebaut wurde? Oder wollen Kinder die Welt der Erwachsenen bespielen, erleben und benutzen? Die Antwort auf diese offenen Fragen könnte Ansatzpunkt für die Umgestaltung der Stadt zur Spielstätte werden.

Die Hamburger Baubehörde hat erfragt, wie Spielstätten nach Meinung der Kinder beschaffen sein müßten [118]; drei Gruppen von Wünschen ergaben sich:

- techn. Verbesserung und Vermehrung bekannter Spielgeräte und -gelegenheiten,
- Verwirklichung neuer Konzepte und
- »eigener« utopischer Vorstellungen.

Tabelle 25: Bedarf an Spielflächen im Freien nach DOG [113]

Altersgruppe	Fläche je Einw.	Fläche je Einheit*	max. R**
0– 6 J.	0,75 m²	40–150 m²	75 m
6–12 J.	0,75 m²	450–800 m²	300 m
12–18 J.	0,75 m²	ca. 600 m²	750 m
Erwachsene	1,50 m²	ca. 1500 m²	750 m

* Die Bruttoflächen erhöhen sich um 50 %.
** R = Radius für Entfernung zur Wohnung.

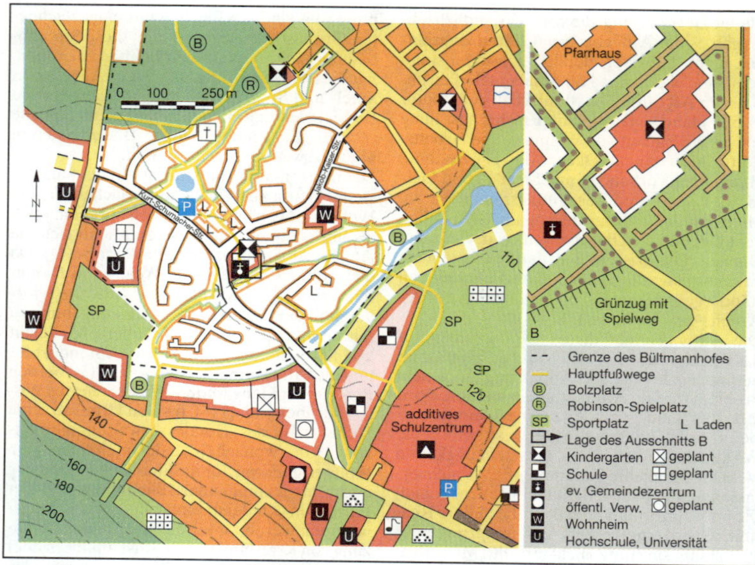

A Standorte für Kindergärten im Neubaugebiet Bültmannshof mit Ausschnittvergrößerung B

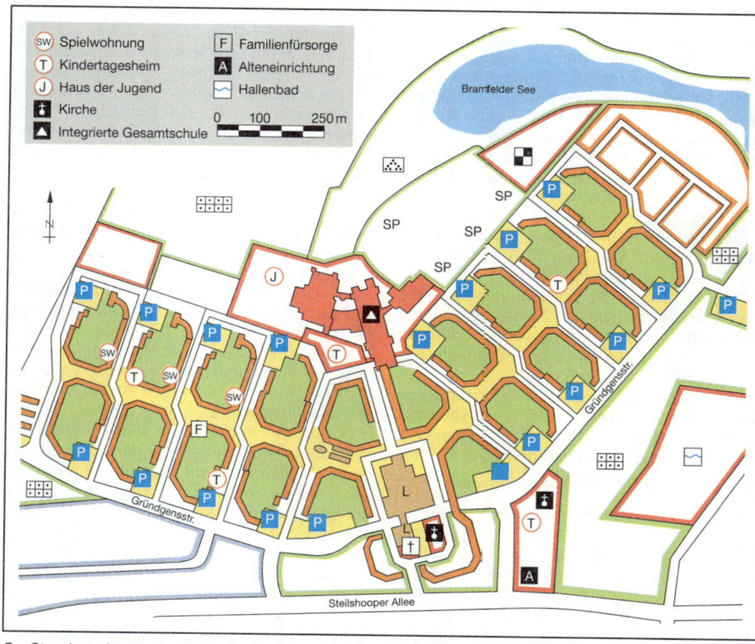

C Standorte für Kinderstätten im Neubaugebiet Steilshoop

Kinderstätten dienen dem halb- und ganztägigen Aufenthalt von Kleinstkindern (0–3 J.: Kinderkrippe), Kleinkindern (3–6 J.: Kindergarten), Schulkindern (6–15 J.: Kinderhort) oder allen Altersgruppen (0–15 J.: Kindertagesstätte); **Kinderheime** dienen Kindern zum dauernden Aufenthalt. Kindergärten sind Tageseinrichtungen der Gemeinden, Kreise oder Träger der freien Jugendhilfe, die Kinder vom 3. Lebensjahr an bis zum Beginn der Schulpflicht betreuen, fördern, erziehen und bilden.

Oberziele sind aus dem Katalog der Grundrechte des Grundgesetzes abzuleiten. »Pflege und Erziehung der Kinder sind das natürliche Recht der Eltern und die zuvörderst ihnen obliegende Pflicht. Über ihre Betätigung wacht die staatliche Gemeinschaft« (GG Art. 6(2)). Bund und Länder können einerseits durch G, andererseits durch Finanzhilfen an die Kommunen oder andere Träger die Pflichten des Staates näher ausformen. Wurde in früherer Zeit der Bau von Kindergärten vorwiegend unter sozialpolit. Zielsetzung gesehen, so rückt diese Aufgabe mehr in den Zusammenhang eines in allen Teilen aufeinander abgestimmten **Gesamtbildungssystems.** Der Jahrgang der 5-Jährigen wird oft zusammen mit dem 1. Grundschuljahr als »Eingangsstufe« des Bildungssystems gesehen (S. 98 A). Die Zuständigkeit für Aufsicht, Förderung, Programmplanung und Betrieb von Kinderstätten (soweit in kommunaler Trägerschaft) liegt beim Jugendamt.

Offene Fragen sind: Welche Nachteile belasten ein Kind, das einen Kindergarten besucht/**nicht** besucht? Rechtfertigen die Vorteile des Kindergartenbesuchs die Einführung einer Besuchspflicht, damit alle Kinder gleiche Chancen erhalten? Oder wird durch den Abbau der von der Familie zu erbringenden Erziehungsleistungen der weitere Abbau verwandtschaftl. Bindungen gefördert? Beachten Bauherren und Eltern, daß der Kindergarten als »familienergänzende Einrichtung« die ständige Zusammenarbeit mit den Familien suchen und fördern muß?

Godins Familistère in Guise (S. 40 C) war das Idealbild eines Staates in kleinem Maßstab; da alle Einrichtungen **genossenschaftl.** getragen wurden, war die engstmögl. Beziehung zwischen »Kinderbewahranstalt« und den Familien gegeben. Dieser Gesichtspunkt wurde in Dtl. so stark vernachlässigt, daß die von Studenten getragene Kinderladenbewegung etliche Schwachstellen im Bereich des herkömml. Kindergartenbetriebes bloßlegte.

Die **Bemessung** für die Kinderstättenplanung richtet sich u. a. nach:

a) Altersstruktur der Bevölkerung (vorh. und mittelfristig zu erwartende Kinderzahl),
b) Sozial- und Einkommensstruktur,
c) Einwohnerzahl im zumutbaren Einzugsbereich (500 m ≙ ca. 15 Gehminuten),
d) polit. Festsetzung des prozentualen Angebots (erforderlich: 100 %),
e) Betriebsgröße (3 Gruppen à 20–30),
f) Grundstück und -größe (ca. 30 m^2/Kind),
g) verkehrssicherer Zugänglichkeit für Kinder aus dem Einzugsbereich,
h) Nähe zu öffentl. Freiflächen usw.

Die **Planung** der Standorte und Betriebsgrößen erfolgt auf der Grundlage des Bestands im Rahmen der Stadtentw.-Planung [119].

Bemessungsbeispiel: wieviele Kindergärten braucht ein Stadtteil mit 3000 Einwohnern?

Anteil eines Jahrganges:	≈ 1,7 %
Zahl der Jahrgänge:	3 (4–6-Jährige)
Kinderzahl:	3 · 0,017 · 3000 ≈ 153 Kinder

Angebot für **100** % der Kinder:
erforderlich sind **2** Kindergärten für je 77 Kinder (3 Gruppen bis **26**).

Standortbeispiel A [120]: Die Stadt Bielefeld erwarb den *Bültmannshof* (ca. 70 ha) in Vorsorge für die Universität. Die Erklärung zum »weißen Kreis« zwang die Stadt 1964, kurzfristig zur Versorgung von 4500 Wohnungsnotständen ein Wohngebiet zu planen. Der BbP sah vor, den neuen Stadtteil durch 2 Straßen in drei gleich große Teile zu gliedern; durch den Ausbau durchgehender Grünzüge (S. 152 D) war ein unabhängiges und in sich geschlossenes **Fußwegenetz** zu schaffen. Standorte für Kindergärten wurden für die ev. Kirche bei »a« und für die kath. Kirche bei »b« ausgewiesen; beide Kirchen konnten »ihre« Kindergärten zunächst nicht bauen. Nachdem der Stadtteil 1968 überwiegend bezogen war, mußte die Stadt daher bei »c« durch BbP Änderung einen zusätzl. Standort ausweisen und selbst den ersten Kindergarten errichten. Erst zwei Jahre später wurde der ev. Kindergarten bei »a« fertiggestellt. Nachdem der Bau für die 1970 gegr. Univ. auf dem westl. dieses Stadtteils liegenden Grundstück begonnen worden war, wurde der Standort bei »b« zugunsten eines Universitätsgebäudes aufgegeben (S. 100).

Standortbeispiel C [121]: Der aus einem Ideenwettbewerb hervorgegangene Entwurf von Georges Candilis für das 175 ha große Neubaugebiet *Steilshoop* in Hamburg verfolgt ähnl. Ziele auf dem Weg über eine städtebaul. Großform. Zwanzig Wohnhöfe (ca. 90 × 180 m^2) werden an einer zentralen Fußgängerstraße für ca. 24 000 Ew. aufgereiht. Die Querachse in der Mitte wird durch Gesamtschule mit Freizeitzentrum (Haus der Jugend), Kirche, Einkaufs- und Arztzentrum besetzt. Die Fußgängerstraße bietet den »öffentl. Begegnungsraum«, die Wohnhöfe mit Spielstätten, Sitzecken für Alt und Jung und Hausgärten bilden einen »halböffentl. Raum«. Die Standorte für Kindertagesstätten sind gleichmäßig, aber nicht schemat., im Wohngebiet verteilt und gefahrlos zu erreichen. In dem bis 1974 fertiggestellten Teil wurden mehrere Spielwohnungen eingerichtet (Betreuung durch die Bewohner).

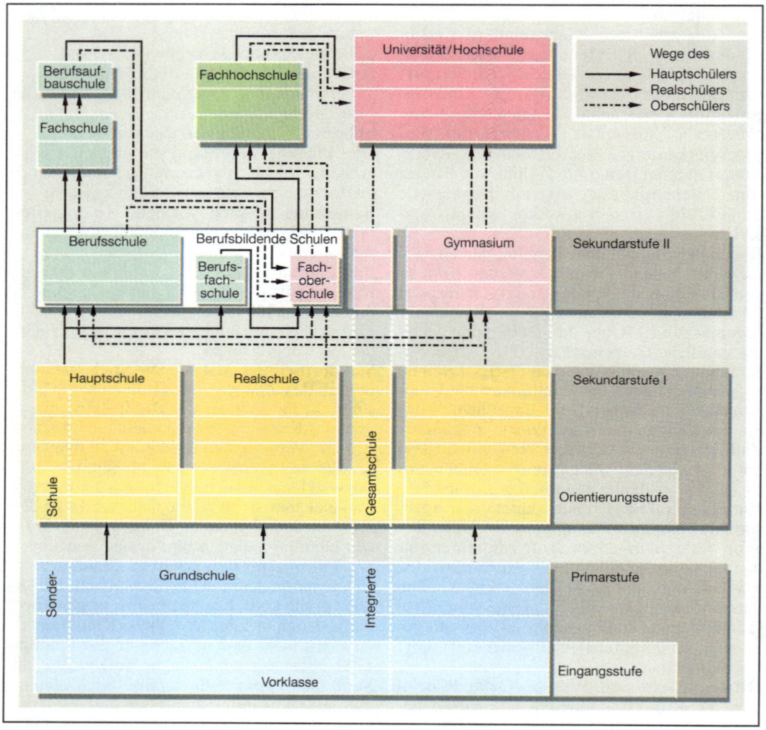

A Gliederung des alten und neuen Schulsystems

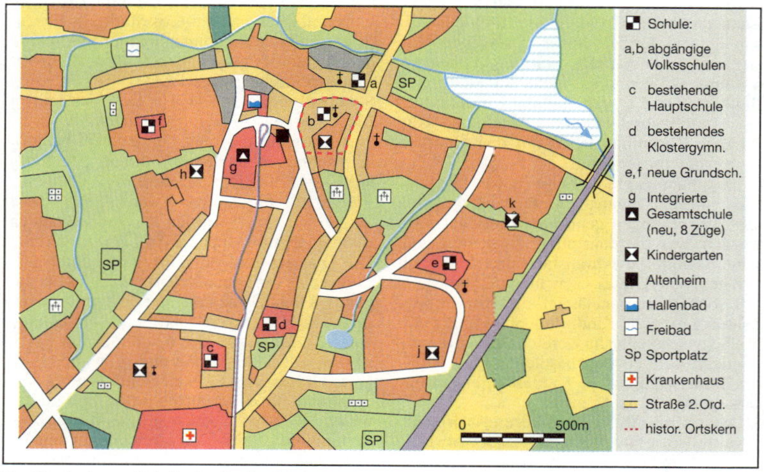

B Standorte von Schulen im Stadtteil Schildesche

Tabelle 26: Zur Geschichte der Schule

1717: Allg. **Schulpflicht** in Preußen
1747/48: Hecker gründet Realschule und Lehrerseminar in Berlin.
1769: Oberlin gründet die erste Kinderbewahranstalt in Steintal im Elsaß.
1778: Heinicke gründet die Taubstummenanstalt in Leipzig.
Um 1800 wirkt Pestalozzi als Begründer der modernen Volksschule.
1809: Aufbau des humanist. Gymnasiums unter Wilhelm von Humboldt.
1813: Falk gründet eine Erziehungsanstalt für verwahrloste Kinder in Weimar.
Um 1840 eröffnet Fröbel die ersten Kindergärten in Keilhau und Blankenburg.
1872: Von Bodelschwingh gründet eine Anstalt für epilept. Kinder in Bethel.
1882: Schaffung der Oberrealschule
1900: Gymnasium, Realgymnasium und Oberrealschule erhalten gleichen Rang.
Nach 1918: Ausbau der Erwachsenenbildung, Abend- und Heimvolkshochschulen.
1920: ReichsgrundschulG (4 J. Grundschule)
1925: Schaffung der »Dt. Oberschule«
1926: Pädagog. Akademien in Preußen
1933: Reichskonkordat mit dem Vatikan
1948: Einrichtung der Ständigen Konferenz der Kultusminister in Westdtl.
1953: Gründung des Dt. Ausschusses für das Erziehungs- und Bildungswesen
1955: Düsseldorfer Abkommen der Länder zur Vereinheitlichung des Schulwesens
1959: Schulreformplan (»Rahmenplan«) des Dt. Ausschusses [122]
1960: Jugendarbeitsschutzgesetz
1961: G für Jugendwohlfahrt (JWG)
1968: Empfehlung zur Einrichtung von Schulversuchen mit Gesamtschulen
1970: Errichtung der gemeinsamen Bund-Länder-Kommission für Bildungsplanung
1973: **Bildungsgesamtplan** der Bund-Länder-Kommission für Bildungsplanung [123]

Das Preuß. Allg. Landrecht [30] definierte Schulen und Universitäten als »Veranstaltungen des Staates, welche den Unterricht der Jugend in nützl. Kenntnissen und Wissenschaften zur Absicht haben«. Demgegenüber gelten für eine **Bildungsreform** laut ›Bildungsbericht 70‹ [124] folgende Ziele:

»1. Oberstes Ziel ist ein demokrat., leistungs- und wandlungsfähiges Bildungssystem, das jedem Bürger von der Vorschulerziehung bis zur Weiterbildung zu seiner persönl., berufl. und polit. Bildung offensteht.

2. Der Verfassungsgrundsatz der *Chancengleichheit* muß durch eine intensive und individuelle Förderung aller Lernenden in allen Stufen des Bildungssystems verwirklicht werden. *Bildung* soll den Menschen befähigen, sein Leben selbst zu gestalten, ... eine dauerhafte Grundlage für freiheitl. Zusammenleben schaffen, ... Freude an selbständiger, schöpfer. Arbeit wecken.

3. Um diese Ziele zu erreichen, muß die Trennung zwischen Schul- und Hochschulformen abgebaut werden. Mit der Entwicklung eines umfassenden integrierten und differenzierten Gesamtschul- und Gesamthochschulsystems soll ... ein demokratisches und effizientes Bildungswesen entstehen ...

4. ... Berufliche Bildung muß den individuellen Interessen und Fähigkeiten entsprechen und als integrierter Teil des Bildungssystems entwickelt werden.

5. Die Hochschule der Zukunft muß durch eine Studienreform ... zu einer integrierten Gesamthochschule ausgebaut werden ...

6. Die Bereitschaft und Motivierung zum ›Lebenslangen Lernen‹ muß bereits in der Schule vermittelt und durch entsprechende Angebote in der Weiterbildung erneut angeregt werden. Es ist deshalb erforderlich, einen selbständigen *vierten* Bereich des Bildungswesens zu entwickeln, in dem Bildung und Ausbildung nachgeholt und Fortbildung aller Art betrieben werden kann.«

Diese Ziele sollten durch die Umbildung der alten *Schulformen* zu *Stufenschulen* mit hoher innerer Durchlässigkeit und dem Angebot zahlreicher Ausbildungswege von der Vorschulklasse bis zum Hochschulabschluß erreicht werden (A [94]). Tabelle 27 verdeutlicht diesen Übergang und Umbau des Bildungssystems.

Tabelle 27: Schüler (in 1000, BRDtl.)

Schulform	1960	%	1980	%
Volksschulen	5424	62,8	5044	43,5
Sonderschulen			354	3,1
Realschulen	369	4,3	1351	11,7
Gymnasien	853	9,9	2119	18,3
Abendschulen/Kollegs	–	–	42	0,4
Berufsschulen	1662	19,2	1969	17,0
Berufsaufbauschulen	–	–	21	0,2
Berufsfachschulen	139	1,6	352	3,0
Fachoberschulen	–	–	133*	1,1
Fachschulen	186	2,2	191	1,6
Summe	8633	100	11576	100

* mit Fachgymnasien

Städtebaulich sollte diese Reform durch additive Zusammenfassung herkömml. Schulen zu **Schulzentren** oder **Gesamtschulen** (integrativer Aufbau) oder durch deren Neubau verwirklicht werden [123–130].

Bild B zeigt einen Stadtteil, dessen Einwohnerzahl von 1950–70 von rd. 9000 auf das Doppelte gestiegen ist. Anstelle der abgängigen Volksschulgebäude a und b wurden neue Grundschulen bei e und f errichtet, die Volksschule c in eine Hauptschule umgewandelt und eine integrierte Gesamtschule (IGS) bei g am Rand des »historischen« Ortskerns (S. 112 A) erbaut. Ihr Standort liegt am Bahnhof der Stadtbahn günstig, da sie als Angebotsschule einen größeren Einzugsbereich gewinnt. Die Standorte der neuen Kindergärten bei h, j und k und der Grundschulen wurden so festgesetzt, daß nur kurze und sichere Wege auftreten [130].

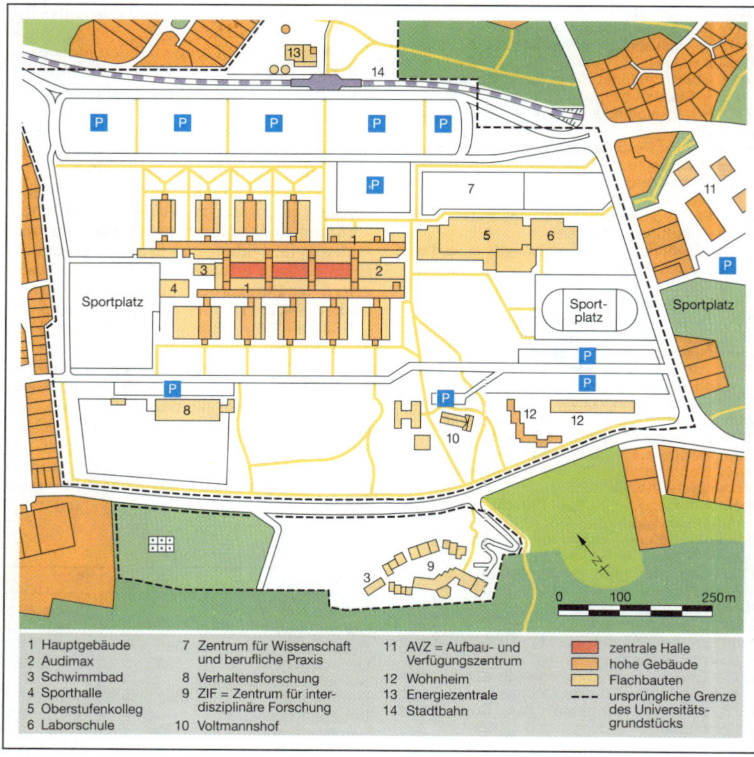

A Das Grundstück der Universität Bielefeld

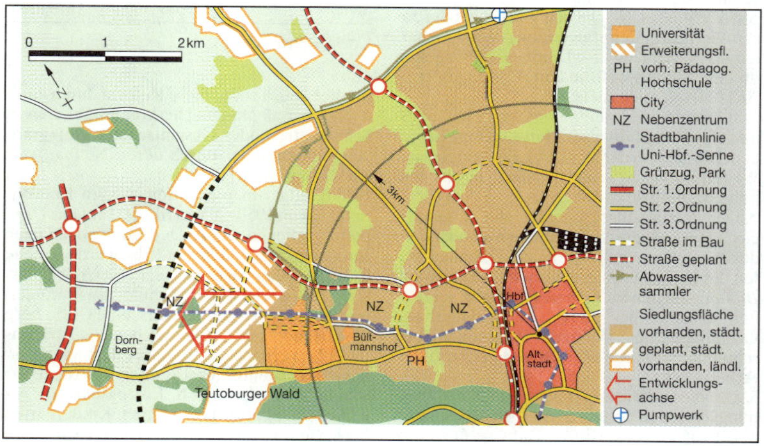

B Die Einbindung der Universität Bielefeld in die Stadt (Planungsstand 1970)

Die **Hochschule** kann nur als Teil eines in allen seinen Bezügen aufeinander abgestimmten Gesamtbildungssystems definiert werden (S. 98 f.). Das vorhandene Angebot muß sich am Grundgesetz, Art. 12 (1), messen lassen: »Alle Deutschen haben das Recht, Beruf, Arbeitsplatz und Ausbildungsstätte frei zu wählen.« Das aus der Vorkriegszeit überkommene Hochschulsystem genügte diesem Anspruch weder nach Umfang noch Art und Standort des Bildungsangebots. Der dt. Wissenschaftsrat (gegr. nach dem Bund-Länder-Abkommen vom 5. 9. 57) empfahl 1960 den Bau neuer Hochschulen; er schlug dafür Städte als Standorte vor, »ohne daß eine umfassende Raumanalyse vorausgegangen« war [131, S. 6]. GEISSLER konnte 1965 »Räume als potentielle Anwärter auf Universitäts- und techn. Fakultäten« nach einer derartigen Analyse benennen und die bereits geplanten Standorte Bremen, Bochum, Dortmund, Konstanz und Regensburg bestätigen; er stellte fest [131, S. 109], »daß Bildungseinrichtungen Bestandteil der regionalen Infrastruktur sein müssen ... Die Hochschulstufe muß dabei eingeschlossen sein ...« Bund und Länder hatten bei den Entscheidungen über weitere Makrostandorte die nachgewiesene Ungleichheit der Bildungschancen auszuräumen.

Cox ordnete die »Konzeptionen« [132, S. 49]:

1) **Campus-Universität:** räuml. Isolierung von der Stadt, bewußte Konzentration auf einen minimalen Zeit-Raum-Bereich, räuml. Abgrenzung gegenüber sonstigen Tendenzen der Siedlungsentwicklung; Beispiel: »Diese Bildungsuniversität (Bochum) in der Einsamkeit und Geschlossenheit ist das Leitbild der Gründungsidee und des Bauplanes. In einer in sich abgeschlossenen städtebaulichen Anlage mit urbaner städtebaulicher Verdichtung stellt diese neue Universität nur sich selbst dar und duldet keine ablenkenden oder universitätsfremden Institutionen im Campus« [132, S. 52].

2) **Dezentralisierte Stadtuniversität:** gesellschaftspolit. Öffnung der Universität durch die räumliche Integration in den Citybereich sowie räumliche Zuordnung zu Praxisfeldern, Ermöglichung vielfältiger spontaner Kontakte in der Innenstadt; Beispiel: München; die mit Sanierungsaufgaben bei Neugründung in Innenstadtbereichen verbundenen Schwierigkeiten werden allg. gescheut.

3) **Stadtzelle Universität:** räumlich ungehinderte Entwicklung eines zentralisierten Hochschulbereichs, eingeordnet in einen Entwicklungsschwerpunkt für Wohnungsbau und andere zentrale Einrichtungen, sie kann ein typ. Element einer Regionalstadt sein (S. 61); Beispiel: Medizin. Akademie im Stadtteil Roderbruch in Hannover.

4) **In die Siedlungsentwicklung integrierte Universität:** Erfüllung der Anforderungen der Hochschule und ihrer Bevölkerung im Rahmen der allg. Stadtentwicklungsplanung, enge Zuordnung zu vorh. und geplanten Siedlungsbereichen, planungsorganistor. Koordinierung zeitlich und räumlich mit der Stadtentwicklungsplanung; Beispiel: ursprüngl. angestrebt von der Stadt Bielefeld (B).

Die Gemeinde sollte die Anforderungen aus Sicht der Stadtplanung und Stadtentwicklungsplanung mit denen der Hochschul- und Landesplanung abstimmen und eine integrierte **Gesamtplanung** anregen. Die wiss. Verfahren [132; 136] könnten dabei gute Dienste leisten. Aber der Zeitdruck im Hochschulbau hat den Interessen der Hochschulen Vorrang eingeräumt [132–135]. Der Dt. Städtetag hat deshalb Empfehlungen zum Planungsprozeß in Hochschulstädten [136] herausgegeben, in denen er 1970 die **Eingliederung** der Hochschulen in das gesellschaftliche und räumliche Gefüge der Stadt fordert. »Verflechtung als planerisches Postulat heißt soziolog. formuliert: Schaffung baulicher und anderer räumlicher Voraussetzungen, die eine gewünschte Verflechtung individueller und kollektiver Handlungsweisen ermöglichen oder zu ihr herausfordern« [133, S. 1]. Die »Stadt- und Bauplanung sollte mehr als bisher« auf die Verwirklichung von »Kommunikationschancen« drängen, »um so die Auflösung sozialer Widersprüche ... im materiellen Rahmen vorwegzunehmen anstatt zu erschweren« [133, S. 27]. Die Städte und der Deutsche Städtetag konnten sich nicht durchsetzen (s. u.).

Bild B zeigt den stadtplaner. Versuch, die Randlage des Standortes dadurch aufzuheben, daß durch die städtebaul. Entwicklung eines Siedlungsbandes (Entw.-Achse) die Universität selbst dessen Zentrum werden sollte. Sie war als Forschungsuniversität [137] für 4200 Studenten [135, S. 13] gedacht; dafür wurde das städt. Grundstück bereitgestellt [138]. Trotz fehlender Infrastruktur (Straße, Stadtbahn, Abwassersammler [134, S. 52]) wurde die Kapazität auf 20000 Studenten während der Bauphase erhöht – der Hochschulbau eilte dem Städtebau weit voraus (A, [135]). Die Universitätsvertreter erhoben »im Gegensatz zum Gedanken der städtebaul. Einbindung die Forderung nach städtebaulicher Selbständigkeit« [135, S. 69]. Zwischen den Haupteingang und den Stadtbahnhof wurden Parkplätze geschoben. *Laborschule* und *Oberstufenkolleg* [139; 140] mußten die Pädagog. Provinz auf dem hochschuleigenen Besitz aufrunden, obwohl es bessere Standorte gab [135, S. 124]. Die Frage, wieviel Menschen sinnvollerweise unter einem Dach lehren und lernen sollen, wurde mit einem Hauptgebäude von 400 m Länge, 240 m Breite und 50 m Höhe beantwortet. Daß den Verantwortlichen der Maßstab entglitten war, wies HORST LINDE, der 1969 dieses Uni-Konzept selbst gekürt hatte, 1972 am Bautyp Kollegium nach [141; 142].

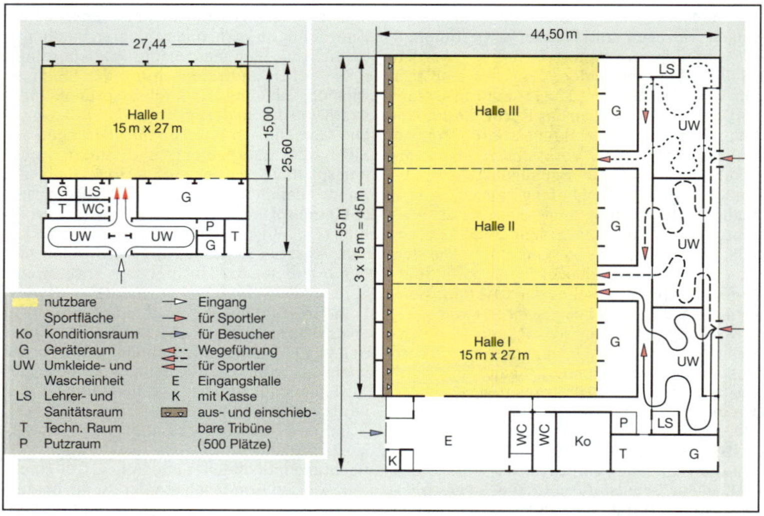

A Turnhalle

B Sporthalle (auch »Dreifach-Turnhalle« genannt)

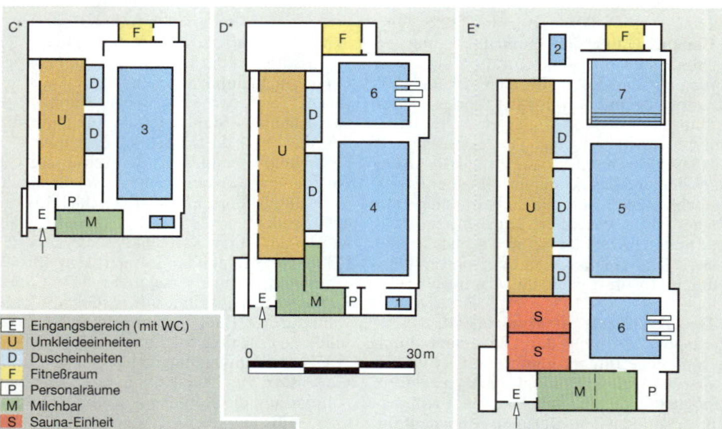

E Eingangsbereich (mit WC)
U Umkleideeinheiten
D Duscheinheiten
F Fitneßraum
P Personalräume
M Milchbar
S Sauna-Einheit

Wasserflächen:	Breite x Länge
1 Kinderbecken	2,50 m x 5,00 m
2 Kinderbecken	3,00 m x 6,00 m
3 Vario-Becken	10,00 m x 25,00 m
4 Vario-Becken	12,50 m x 25,00 m
5 Schwimmerbecken	12,50 m x 25,00 m
6 Springerbecken	10,60 m x 12,50 m
7 Lehr-, Nichtschwimmerbecken	11,55 m x 12,50 m

Tabelle 28:		Beckenkombination		
		C	D	E
Einzugsbereich	Einw.	10.000	20.000	40.000
Schulklassen	Zahl	bis 60	bis 90	bis 120
Σ Wasserflächen	m^2	262,5	457,5	607,4
Σ Beckeninhalt	ca. m^3	746	1.180	1.332
bebaute Flächen	ca. m^3	1.326	1.860	2.454
umbauter Raum	ca. m^3	8.400	11.850	16.970

* Programmentwürfe aus der Forschungsserie der Internationalen Akademie für Bäder-, Sport- und Freizeitbau, des Dt. Instituts für Bäder-, Sport- und Freizeitbauten und des Dt. Schwimm-Verbandes (federführender Entwurfsarchitekt H. de Witt)

C-E Typisierungsvorschläge für Hallenbäder mit verschiedenen Beckenkombinationen

Urspr. wurde **Sport** vom normann. Adel in England zur Zerstreuung betrieben (Jagen, Reiten, Schießen). Im 18. Jh. tritt das Wetten bei »Wettkämpfen« von Menschen (Wettlauf, Boxen), Pferden und Hunden hinzu. Seit 1800 werden die in den *Colleges* in der Freizeit betriebenen Leibesübungen (Leichtathletik, Rudern, Schwimmen) *Sport* genannt; sie werden seit 1860 in Vereinen (Clubs) mit stärkerer Betonung des Vergleichskampfs (Meisterschaft) und der Höchstleistung (Rekord) ausgebaut; Spielregeln und Übungsmethoden (Training) werden verfeinert. Seitdem verbreitete sich diese Form der Leibesübungen über alle Länder, auch in Dtl.

Das **Turnen** wird ab 1800 in seiner heutigen Form von FRIEDRICH LUDWIG JAHN (1778–1852) u. a. entwickelt; JAHN errichtet 1811 auf der Berliner Hasenheide den ersten Turnplatz. Wegen der polit. Ideen der Turner ist das Turnen von 1819–42 in Preußen verboten; die illegale Ausübung begünstigt die Entwicklung des Geräte- und Bodenturnens. Danach gehört es zum Schulunterricht. Inzwischen bilden Sport und Turnen eine Einheit. Der **Begriff** wird über die *olymp.* Sportarten (S. 25) hinaus auch auf Motor- und Flugsport, auf Bergsteigen und Tiefseetauchen u. a. bis hin zum Denksport ausgedehnt.

»Wir wollen Sport als pädagog. Mittel der Bildung und Erziehung, als präventive Gesundheitsfürsorge, als therapeut. Mittel, als Begegnung in Spiel und Wettkampf, als Leistungsvergleich, als Mobilisierung äußerster Kraftreserven, als sinnvolle Freizeitbeschäftigung, als Erholungsfaktor. Wir wollen Sport für alle Alters- und Leistungsstufen – besser entwickelt im Schulsport, im Breitensport und Leistungssport« [143]. Im Leistungssport wird der Spitzensport bes. gefördert. Der Sport in seiner Vielfalt ist ein Angebot »zur freien Entfaltung der Persönlichkeit« (GG Art. 2). Damit sind Sportstätten Bindeglied zu Bildungs-, Gesundheits-, Freizeit- und Kulturstätten. Trotz der »unverkennbaren Einflüsse der Gesellschaft und Arbeitswelt auf den Sport« ist die »soziale Funktion des Sports« [144, S. 518] nicht ausreichend erforscht und »belohnt«: wer sich ständig fithält, sollte geringere Sozialbeiträge leisten dürfen.

Die Dt. Olymp. Gesellschaft hat 1959 den ›Goldenen Plan‹ für Sportstätten vorgelegt und mit moral. Druck versucht, ihn bei Bund, Ländern und Gemeinden als **Bemessungsgrundlage** durchzusetzen. Im bindenden Baurecht, z. B. für Kleingärten oder Garagen, »sind Erholungs-, Spiel- und Sportanlagen vom Gesetzgeber vernachlässigt worden ... Das gilt selbst für die Spielplätze der Kinder und Jugendlichen, für die wohl seit langem ein zwingender Bedarf weithin anerkannt ist, für deren Anlage jedoch ein zwingendes Baurecht, vergleichbar mit dem für Kraftfahrzeuge, keineswegs allg. besteht« [145, S. 6]. »Die Entwicklung unseres gesellschaftl. Lebens erfordert es nunmehr, daß der Erholungs- und Sportstättenbau in Zukunft stärker als bisher auch im Zusammenhang mit dem Bemühen um eine verbesserte Sozialordnung ... gesehen werden muß« [113]. Deshalb wurde in Zusammenarbeit mit zahlreichen Verbänden und Institutionen der Kommunen, des Sports und der Wissenschaft der ›Goldene Plan‹ fortgeschrieben; er gliedert sich in:

1. Allgemeine Hinweise,
2. Erholungs-, Spiel- und Sportanlagen im Wohnbereich (Tab. 25),
3. Spiel- und Sportplätze,
4. Sporthallen (s. u. a. A und B),
5. Bäder (Hallen- und Freibäder, Tab. 28),
6. Naherholungsanlagen,
7. Sonderanlagen (z. B. Reit-, Wasser- und Wintersport) und
8. Anhang (mit Angaben über Beratungsstellen, Literatur, DIN-Vorschriften).

Die Stadtplanung hat zu beachten, daß jede Ausbildungsstätte ihre *gedeckten* und *freien* Sportflächen braucht. Für Kindergärten und Grundschulen sind diese auf dem Baugrundstück vorzuhalten. Mit der Entwicklung von Schulzentren (S. 98/99; [126]) bietet sich die Zusammenfassung der gedeckten Sportflächen für Schulen zu **integrierten Sportzentren** für alle Benutzergruppen am gleichen Standort an [130; 146, S. 160]. Dies gilt auch für Schulschwimmanlagen und öffentl. Bäder. Wegen des hohen Bedarfs an gedeckten Sportstätten lohnt sich deren Typisierung: A–B [148] und C–E [149].

Die **Freisportanlagen** sollten als »Bezirksanlagen« in der Nähe der Schulzentren einen Standort mit Bezug zur Landschaft (z. B. Grünzug) finden [146, S. 161]. Die *Standortplanung* für Sportstätten kann also nur im Zusammenhang mit der Schul- und Freiflächen-Planung erfolgen. Die Gemeinden haben darüber hinaus zusätzl. Aufgaben für Sonderanlagen übernommen: die Städte durch Bau und Unterhaltung von Wettkampfstätten und -stadien, kleinere Gemeinden oft durch Anlage und Pflege von Sportstätten für Erholung, Freizeit und Urlaub. Im gemeindl. Sportstättenplan [113] wird der Bedarf der Schulen Vorrang genießen; ist dieser Bedarf gedeckt, so besitzt die Gemeinde eine solide *Grundausstattung.* Zur Vermeidung von Fehlinvestitionen sollten Sportvereine und Benutzerkreise an Planung, Nutzung und Unterhaltungslasten beteiligt werden [146, S. 160].

Zunehmender Beliebtheit erfreuen sich seit 1970 Sportmöglichkeiten, wie sie von Sportvereinen, Sportgeschäften, Fitneß-Zentren und Städten für jedermann *vereinsfrei* angeboten werden. Hier ist auch die Trimm-Dich-Bewegung zu nennen und nicht zuletzt der meistbetriebene Sport: das tägl. erforderliche Spazieren-Gehen (S. 151 f.).

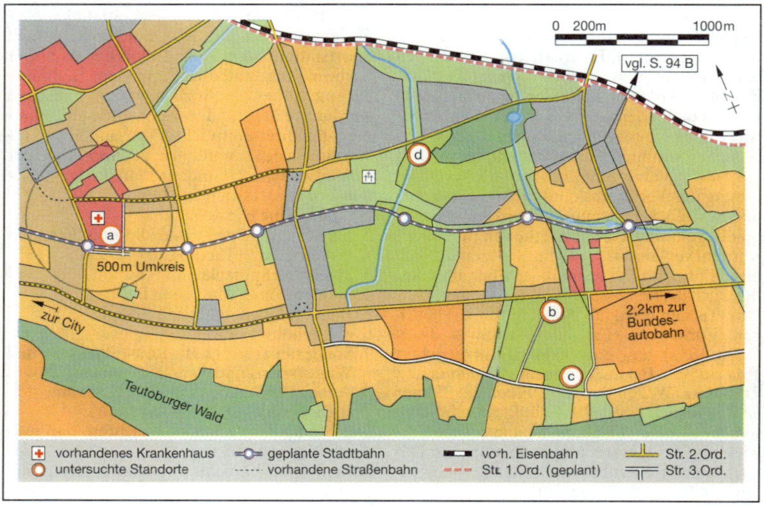

A Untersuchte Ersatzstandorte für ein überaltertes Schwerpunktkrankenhaus

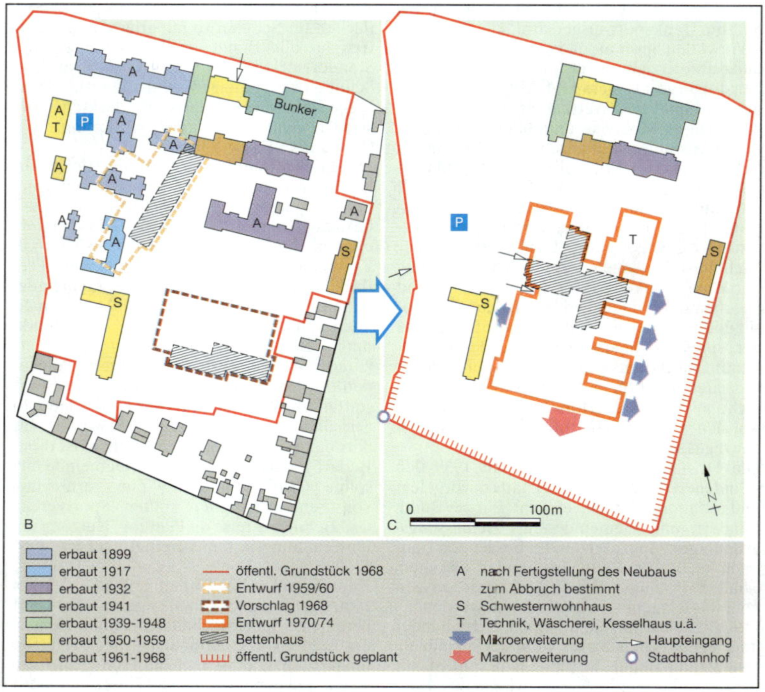

Erneuerung eines Schwerpunktkrankenhauses: alter (B) und geplanter Zustand (C)

Gesundheit ist allgemein der Zustand völligen körperlichen, seelischen und sozialen Wohlbefindens. Das erreichbare Höchstmaß an Gesundheit zählt zu den Grundrechten des Menschen [150]. Das Grundgesetz Art. 2 (2) bestätigt: »Jeder hat das Recht auf Leben und körperl. Unversehrtheit.« Seit 1934 bestehen bei Städten und Kreisen Gesundheitsämter unter Leitung eines Amtsarztes. Ihnen obliegen die Aufgaben der öffentl. Gesundheitspflege und -fürsorge, z. B. Durchführung der Pflichtschutzimpfung, Mütterberatung, Schulgesundheitspflege, Erholungsfürsorge. Durch Anwendung der Erkenntnisse der *Hygiene* (griech. »Gesundheitslehre«) in allen gefährdeten Lebensbereichen (z. B. Klima, Luft, Wasser, Ernährung, Kleidung, Siedlung, Arbeit) ist es gelungen, Epidemien weitgehend zu verhindern und die Zahl der Infektionskrankheiten insgesamt einzudämmen. Der Staat bemüht sich, durch Schutzregelungen Zahl und Ausmaß von Unfällen im Verkehr, am Arbeitsplatz und im Haushalt zu verringern. Die Gesundheitsmedizin, ein neuerer Forschungszweig, versucht die Möglichkeiten, die die Gesundheit beeinträchtigen können, auszuschalten und entwickelt Maßnahmen zu ihrer Abwehr und Verfahren zur besseren Anpassung des Menschen an die veränderte Umwelt. Die Ergebnisse dienen der öffentl. **Gesundheitsvorsorge.** Mit der fortschreitenden Technisierung der Umwelt nehmen die Zivilisations-, Krebs- und »Umwelt«-Krankheiten (z. B. Quecksilber-, Arsen- oder Venyl-Chlorid-Vergiftungen) zu. Die *geograph. Pathologie* versucht aus dem Vergleich der Gesundheitsverhältnisse in verschiedenen Regionen neue Erkenntisse zu gewinnen (z. B. Stadt-Land-Gefälle der Krebshäufigkeit [151]). Die Forschungsergebnisse lassen die Ableitung von Planungsregeln noch nicht zu.

Die medizin. *Versorgung* der Bürger setzt ausreichend und gleichmäßig verteilte Arztpraxen, Apotheken, Krankenhäuser, Stätten der Gesundheitsvorsorge und -hilfe sowie zur Rehabilitation und Erholung voraus. Die Stadtplanung kann die Standorte von Arztpraxen und Apotheken nicht steuern. Unterversorgte Gemeinden helfen sich anders (z. B. geeignete Grundstücke). Da die Bürger in hohem Maße Heilverfahren und Arzneien der Naturheilkunde verlangen, was Umfragen immer wieder bestätigen, stellen die Praxen der Heilpraktiker, freien Hebammen, Logopäden usw. eine wertvolle Ergänzung der medizin. Versorgung dar.

Aufgrund GG Art. 74 (19 A) hat der Bund das KrankenhausfinanzierungsG erlassen [152]; die Länder folgten mit entspr. Landesgesetzen. Nordrhein-Westfalen hatte bereits 1967 eine systemat. Krankenhausplanung eingeleitet; der Landeskrankenhausplan (LKrP [153]) legt, ausgehend vom histor. Bestand, Grundsätze und Leitlinien für die stationäre Krankenhausversorgung der Bevölkerung fest. Ziel der Landesregierung ist die Schaffung eines abgestuften, bedarfsgerechten, gegliederten Systems leistungsfähiger verkehrsgünstig gelegener Krankenhäuser. Der Landeskrankenhausplan spricht von 3 Versorgungsstufen, in die die Universitätskliniken, die Akadem. Krankenhäuser (Lehrkrankenhäuser) und geplante Diagnostikzentren einzubeziehen sind. Das Land wurde in 16 Versorgungsgebiete eingeteilt, für die der Krankenhausbedarf aus der Einwohnerzahl, der *Krankenhaushäufigkeit* (am 1. 1. 1970 in NRW: 136,6 stationär behandelte Ew. je 1000 Ew. und Jahr), der *Verweildauer* (am 1. 1. 1970 in Nordrhein-Westfalen: 18,5 Tage als durchschnittl. Aufenthaltszeit aller stationären Patienten eines Jahres) und der *Bettennutzung* (die angestrebte Nutzung von 85 % im allg. Krankenhaus entspricht einer vollen Auslastung an 310 Tagen) ermittelt wurde. Aufgrund zahlr. Daten wurde für jedes Versorgungsgebiet ein mittelfristiges Entwicklungsprogramm aufgestellt. Dabei zeigt sich ein Trend zur größeren Einheit: 1960–69 nahm die Zahl der Häuser mit weniger als 200 Betten um 145 Einheiten ab, die der Häuser mit mehr als 200 Betten um 103 zu (Steigerung der Bettenkapazität um 12,6 %).

1972 betrug das im Krankenhauswesen der BRD investierte Vermögen als Wiederbeschaffungswert rd. 84 Milliarden DM. Bei den hohen **Tageskosten** je Krankenhausbett als Behandlungseinheit (1967: ca. 60, 1972: ca. 120, 1987: ca. 400 DM) können die Krankenhausträger Neubauten oder gründl. Erneuerungen nur mit öffentl. Zuschüssen finanzieren.

Der langwierige Leidensweg einer Krankenhausplanung ergibt sich aus den Daten der Legende zu Bild B und C: der Neubauentwurf 1959/60 erwies sich als undurchführbar, weil der Betrieb in der alten Bausubstanz nicht unterbrochen werden konnte. In einem **Standortvergleich** schieden die Standorte (A: b–d) wegen fehlender Infrastruktur, Nähe zu Industrieflächen oder Kasernen, unlösbarer Grundstücksprobleme, ungünstiger Lage zu den Wohnungen der Beschäftigten usw. aus [154; 155].

Der Rat der Stadt entschied, den Neubau im Hintergelände des alten Krankenhauses zu planen (A: a; B: Vorschlag 1968). Ein Bauwettbewerb [156] erbrachte 1970 den Entwurf (C) von Fritz Novotny und Artur Mähner als 1. Preis, der Grundlage eines modellhaft vorbildlichen **Planungsprozesses** wurde, in dem staatl. und städt. Stellen, die Nutzer (Ärzte, Schwestern, Verwalter) und die Architekten mit ihren Planungspartnern die Erarbeitung des Bauentwurfs gemeinsam besorgten. Die Finanzierung ließ 9 J. auf sich warten; nach 8 J. Bauzeit konnte der notw. Neubau 1987 seine Funktion im Dienst am Bürger übernehmen.

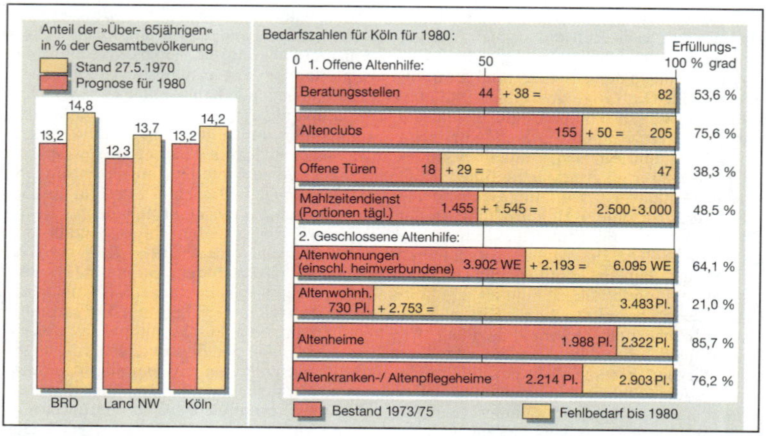

A-B Altenplan für die Stadt Köln. Zusammenfassung der Ergebnisse

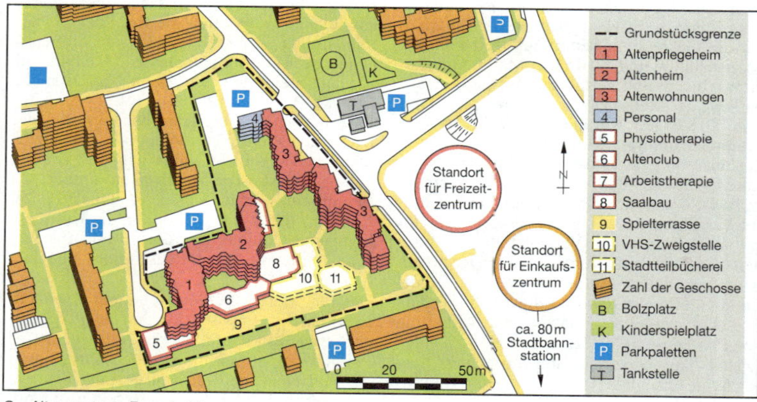

C Altenzentrum Baumheide

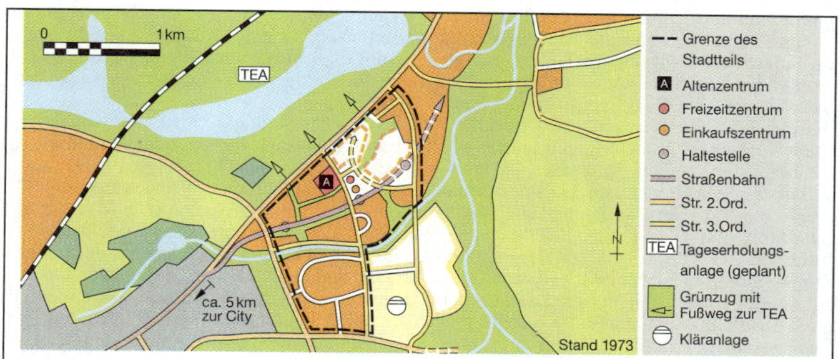

D Einbindung des Altenzentrums in die Stadt

In der BRDtl. wurde das Fürsorgerecht durch das Körperbehindertengesetz 1957, das Tuberkulosehilfegesetz 1959, das Bundessozialhilfegesetz (BSHG vom 30.6. 1961) und das Jugendwohlfahrtsgesetz (JWG vom 11.8. 1961) erneuert. Das BSHG faßt das Recht der **Sozialhilfe** (früher Fürsorge) in materieller und verfahrensmäßiger Hinsicht zusammen. Die Sozialhilfe umfaßt ein weites Aufgabengebiet, darunter die Altenhilfe. Die Träger der Sozialhilfe schließen die offenen Lücken im System der sozialen Sicherungen durch individuelle Maßnahmen. In den Städten werden diese Aufgaben vom Sozial-, Jugend-, Gesundheits-, Ausgleichs-, Familienfürsorge- und Wohnungsamt sowie von den freien Wohlfahrtsverbänden wahrgenommen. Die Aufgabenverteilung ist ohne grundsätzl. Vorrang einer Seite von der Gemeinde mit diesen Verbänden abzustimmen [157].

Beispiel **Altenhilfe:** der Bev.-Anteil der Über-65-Jährigen stieg von 1910–1970 von 5% auf 13,2% (S. 53). Diese Zunahme veranlaßte die Städte, bes. Altenpläne aufzustellen [158; 159]. Der **Altenplan** für Köln ist in seinem ersten Teil ein Bedarfsplan; Bedarfsrechnungen aufgrund der Bevölkerungsentwicklung (A) belegen die Bedarfslücken zwischen dem Bestand und den gesetzten Bedarfszielen (B). Die Ergebnisse wurden mit allen Trägern der Altenhilfe abgestimmt. Sie sind gemeinsame Grundlage für den zweiten Teil, die Erarbeitung des Altenprogramms im Rahmen der Stadtentwicklungsplanung (S. 85 ff.).

Oberster *Grundsatz* der Planung für Alte muß es sein, die ihnen verbliebene Selbständigkeit zu erhalten und zu fördern. Dieses Ziel ist am ehesten erreichbar, wenn der alte Mensch in der ihm vertrauten Umgebung auch im Alter verbleiben kann. Öffentl. geförderte Altenwohnungen sollten in allen Stadtteilen in angemessenem Umfang zur Verfügung stehen. Noch wichtiger ist es, im allg. Wohnungsbau *behindertengerecht* zu bauen: die Zahl der Umzüge ließe sich vermindern. »Wir gehen davon aus, daß eine bes. ›Fürsorge‹ älteren Menschen allein aufgrund ihres Alters nicht angedient werden soll« [160, S. 1]. »Altenhilfe wird zu häufig als globaler Maßnahmenkatalog für sämtl. älteren Bürger mißverstanden.« Die Vorurteile können sich »sowohl in Richtung einer Diskriminierung als auch in einer vermeintl. Bevorzugung, die in einem Übermaß an Fürsorge mit dem Extrem der Bevormundung konkret wird, auswirken«.

Sie sind durch eine *Altenhilfepolitik* auszuräumen, die ihre Maßnahmen auf jene »Risikopopulationen« abstellt, die aus wirtschaftl., sozialen oder gesundheitl. Gründen gefährdet oder behindert sind. Dem größeren Personenkreis dient die *offene* Altenhilfe (B, 1.); ihr Betreuungsangebot [160] kann u.a. durch mobile Dienste für folgende Hilfen ergänzt werden [161]: Haushaltshilfe, Krankenpflege, Hauspflege, Fußpflege, therapeut. Dienst, Wäschehol- und Bringedienst, techn. Dienst für kleine Reparaturen, Abholdienst für Besuche und verschiedene Veranstaltungen, Bibliotheksdienst. Soweit diese ambulanten Dienste in *Sozialstationen* organisator. gesteuert oder zusammengefaßt werden, sind sie im Zentrum ihrer Zuständigkeitsbereiche anzusiedeln. Für die *geschlossene* Altenhilfe (B, 2) wurde als Modell das »3-Stufen-Heim« (zunächst Altenwohnung, dann Altenwohnheim, dann Altenpflegeheim) entwickelt. »Die Praxis hat nun deutlich gezeigt, daß der alte Mensch sich mit diesem ›Gang durch die Institutionen‹, der ihm immer wieder eine neue Umgebung und auch neue Kontaktpersonen aufzwingt, nicht leicht und nicht freiwillig abzufinden vermag. Jede Verlegung wird zu einer schwer zu bewältigenden psychischen Belastung für den Heimbewohner und unter Umständen auch für das Personal.« Deshalb sei die Institutionenvielzahl zu beschränken und eine Erhöhung der **Anpassungsfähigkeit** von Wohnungen und Institutionen an veränderbare Nutzungen zu wünschen [160, S. 6 u. 8]. Damit müßte sich Art und Umfang der Betreuung den Erfordernissen des alten Menschen anpassen. Überdies ist bei der hohen Zahl der Fehlbelegungen in Krankenhäusern und Altenstätten eine Abstimmung zwischen Altenhilfe- und Gesundheitsbereich zu fordern, auch bezügl. der Standorte. Die Standortfrage hat der Kreis Tauberbischofsheim gut gelöst, indem er ein *Sozialzentrum* (Pflegekrankenhaus, Altenheim, Altenwohnheim) in unmittelbarer Nähe des bestehenden Kreiskrankenhauses plante [162].

Der **Bedarf** an Einrichtungen der geschlossenen Altenpflege ist für jede Stadt (oder Kreis) aufgrund der örtl. Bedingungen zu ermitteln, da die Angaben in der Literatur schwanken: Für Altenwohnungen und Wohnheimplätze zwischen 2,5–20%, für Pflegeplätze zwischen 1,5–8% der Über-65-Jährigen [160, S. 8].

Bild D zeigt die günstige **Standortwahl** für ein *Altenzentrum* in einem Stadtteil, der als städtebaul. Verdichtung einer Streusiedlung ein integriertes Einkaufs- und ein Freizeitzentrum am Stadtbahnbahnhof erhielt. Das Grundstück für das Altenzentrum ist an ein Fußwegenetz angeschlossen, das kreuzungsfrei zum Einkaufszentrum und durch Grünzüge (s. S. 130 L, 152 D) zu einer Tageserholungsanlage führt. Das geplante Altenzentrum schließt Einrichtungen der offenen Altenpflege (C) für den Stadtteil ein. Der vorzügl. Bauentwurf ging 1973 aus einem Wettbewerb hervor [162]. Dann änderte der Zuschußgeber seine Auffassung über das zugrunde liegende »soziale Modell«. Sollte der Bauherr nun für sein Raumprogramm ein anderes **Modell**, z.B. Nähe zu einem Krankenhaus, wählen, so könnte ein anderer Standort erforderlich werden; denn die Vorgaben des Fachprogramms und die Standortwahl hängen von einander ab.

A Kultureinrichtungen in Hamburg

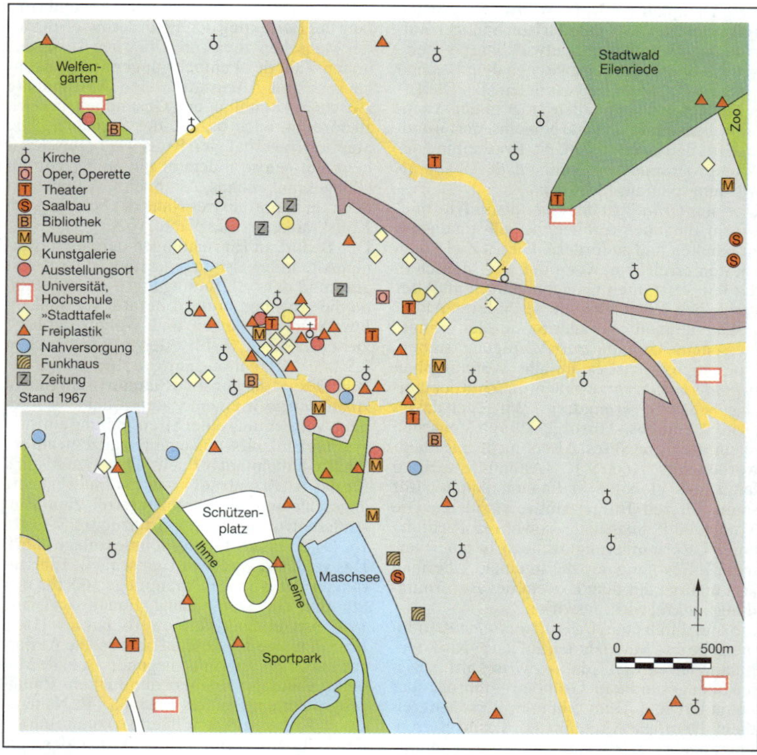

B Kultureinrichtungen in Hannover

Kulturstätte bezeichnet hier Standort und Einrichtung der Kunstpflege, wobei die Abgrenzungen zu den Bereichen der Kirchen, der Bildung, der Baukunst und Stadtgeschichte fließend sind. Der ursprüngliche Sinn des Wortes Kultur (lat. »Ackerbau«, »Pflege«) ist in Begriffen der Land- und Forstwirtschaft (Kultivierung = Urbarmachung des Bodens; Forstkultur = künstliche Anlage eines Waldes durch Saat oder Pflanzung) und der biol. und medizin. Forschung (Züchtung von Bakterien- oder Zellkulturen) erhalten.

Seit J. Ch. Adelung (1732–1806) meint der *Begriff* die Gesamtheit der Lebensäußerungen eines Volkes, insbesondere

a) die Bestrebungen einer Gemeinschaft, die Grundbedürfnisse des Menschen nach Nahrung, Kleidung, Obdach, Schutz, Fürsorge und Zusammenhalt unter Meisterung der natürl. Umwelt zu befriedigen und untereinander auszugleichen,

b) die Hilfsmittel zu diesen Leistungen und deren objektiver Ertrag in den Techniken der Nahrungsgewinnung, der gewerbl. Arbeit, der Behausung, des Verkehrs, in Geräten, Zeichen, Wissenselementen, sittlichen, religiösen und polit. Ordnungen und Institutionen und in den Kulturgütern *(objektiver Kulturbegriff)*,

c) die Bestrebungen nach Verfeinerung und Ausformung (»Kultivierung«) der menschl. Persönlichkeit.

Kultur als zusammengehöriges Ganzes von menschl. Werken vollendet sich dort, wo größere Landschaften und Städte **gestaltet** und die höheren Kulturbereiche (Kunst, Wissenschaft, Rechtspflege, Verwaltung) entwickelt wurden, d. h. wo *Hochkulturen* auftraten. Die Kultursysteme, die auf Nutzwerte abzielen (bes. Wirtschaft und Technik), werden zuweilen als *Zivilisation* bezeichnet und der Kultur entgegengesetzt [1].

Seit die Städte Ulm und Hamburg im 17. Jh. die ersten monofunktionalen Kulturstätten in Dtl. errichteten (Theater, Oper), wird das Kulturleben durch das Angebot in den Städten geprägt. In der BRDtl. tragen die Stadtstaaten und Großstädte den Löwenanteil der Lasten und Pflichten zur Erhaltung der Kulturstätten [163]. Die Bürger der Städte waren es auch, die nach den Zerstörungen des 2. Weltkrieges trotz der allg. Not den Neuaufbau der »alten« Kulturstätten betrieben oder den Bau neuer, größerer Häuser verlangten; dies waren vorwiegend Opernhäuser, Theater, Museen und Saalbauten (A, Stand 1973).

Als der Begriff »Freizeitwert« um 1965 in der öffentl. Diskussion auftauchte, wurden in *Hannover* [164] die Kulturstätten im **Zusammenhang** untersucht; es waren:

1. Opern-, Ballett- und Theaterbühnen;
2. Konzertsäle, Stätten der Musikpflege;
3. Bibliotheken und Archive;
4. Museen, Kunstgalerien, Ausstellungen;
5. Werke der Baukunst und Denkmalspflege;
6. Freiplastiken, Brunnen u. ä.

Um die **Vielfalt** der kulturellen Möglichkeiten und Tätigkeiten genauer zu erfassen, wurde diese Liste erweitert um:

7. Kirchen und kirchl. Einrichtungen;
8. Hoch- und Fachschulen;
9. Freizeitheime und bes. Einrichtungen in Bildungsstätten (Laienspielbühnen);
10. zentrale Einrichtungen von Funk, Fernsehen und Presse;
11. städtische Freiflächen mit bes. kulturellen Angeboten, z. B. Freilichtbühne in den Herrenhäuser Gärten, und
12. Standorte mit Stadttafeln für »Bauwerke, die wegen ihres künstlerischen oder stadtgeschichtl. Wertes oder wegen ihrer Bewohner oder bes. Ereignisse *denkwürdig* sind und für Plätze und Stellen ... an denen ebensolche Bauwerke einmal gestanden haben« [165].

Diese Standorte haben ihre größte Dichte in der Altstadt zwischen »Altem Rathaus« und dem »Hohen Ufer«, das der Stadt den Namen gab (B, Stand 1967). Die Altstadt im engeren Sinne, der Randbereich der Innenstadt und ausgewählte Stellen in Freiflächen (in Parks, am Wasser) sind in allen Städten die bevorzugten *Standorte* für Kulturstätten. Bei Neubauvorhaben wird mit der Standortwahl beabsichtigt, einen Stadtteil zu einem Ziel für Bewohner aus anderen Stadtteilen aufzuwerten. Die Vielzahl der Standorte (B) ist typisch für alte europäische Städte.

Vor diesem Hintergrund sind die Aussagen von Neuffer [166] über Kunst in der Stadt zu sehen und auch die Anstöße zum ersten Altstadtfest 1970, das die Bevölkerung von Hannover mit dem »Experiment Straßenkunst« [167] vertraut machen sollte. Die Ausstellung ›Umwelt-Akzente‹ führte in Monschau [168] zur »Expansion der Kunst«, indem sie das ganze Städtchen einbezog. Beide Versuche haben die »Stadt« im Bewußtsein ihrer Bürger aufgewertet, aber auch die Grenzen solchen Bemühens gezeigt [169]: der Städter nimmt die einmalige Abwechslung gern auf, auch ein »Fest« an einem Wochenende im Jahr, aber getragen werden künstler. Aktivitäten immer nur von *Minderheiten.* Schutz und Förderung dieser unterschiedl. Minderheiten muß denn auch ein *Ziel* kommunaler Kulturpolitik sein; denn »man könne die Kultur nicht beschließen, wohl aber sie fördern, wo sie von den Stadtbewohnern getragen wird« [164].

Was eine Stadt ist, kann man nicht an ihrer Breite erfahren, sondern nur an ihrer Zuspitzung (Hillebrecht). Die Spannweite zwischen den »Zuspitzungen« muß aber so groß sein, daß jede Minderheit dazwischen ihren Spielraum finden kann.

Allg. Bemessungsgrundlagen gibt es nicht. Fehlen bestimmte Kulturstätten, so ist deren *Bemessung* immer ein kulturpolit. Wagnis.

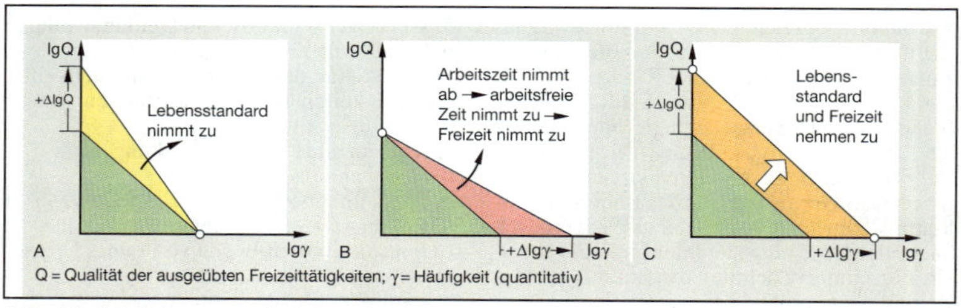

A-C Häufigkeitskurven von Freizeittätigkeiten [170]

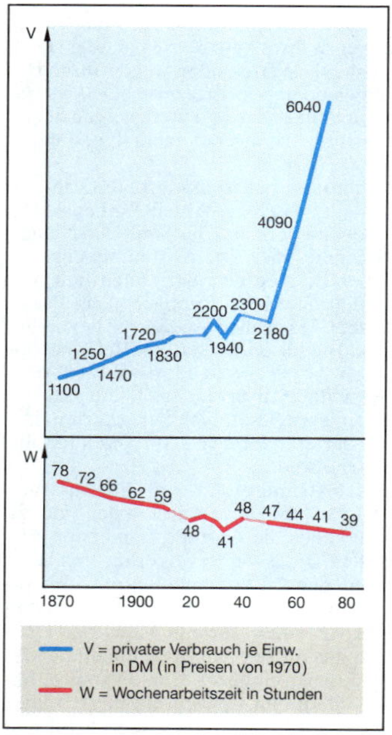

D Entwicklung 1870-1970

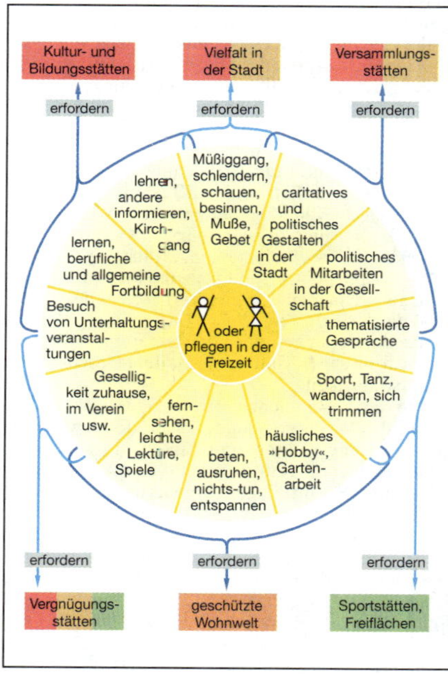

E Flächennutzung und Freizeittätigkeiten

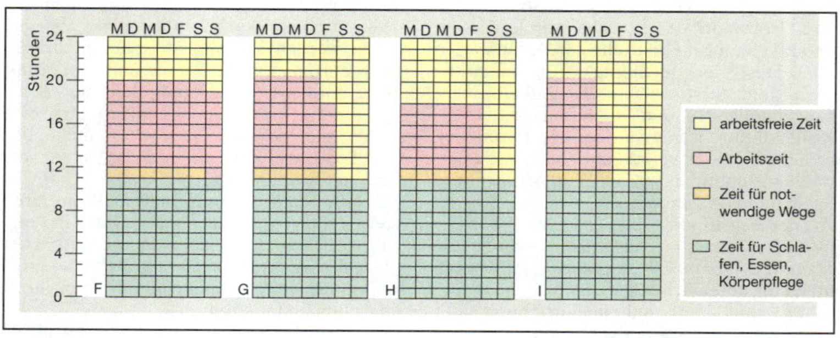

F-I Aufteilung der Wochenzeit: Hausfrau (F), Angestellter bei 40- (G) bzw. 30-Stunden-Woche (H, I)

»Sich erholen (in der Freizeit)« ist nach der Charta von Athen [60] eine der 4 Schlüsselfunktionen des Städtebaus. Dies zielt auf bes. Flächenausweisungen für **Freizeitinhalte.** Demnach müßten die Freizeit und ihre Inhalte gegen andere Nutzungen klar abgegrenzt und für den Städtebau eindeutig definiert sein; das trifft jedoch trotz der ausgedehnten Diskussion [170] unter Soziologen, Politik- und Planungswissenschaftlern noch nicht zu.

Wege zur **Ermittlung** der Freizeit sind:

1. Freizeit wird als *Restgröße* bestimmt, indem vom Gesamtzeitbudget, bezogen auf einen festen Zeitabschnitt (Tag, Woche, Jahr) die Zeiten abgezogen werden, die nicht Freizeit sind *(Subtraktionsmethode);* s. Tab. 29 und F bis I. Dieser methodisch allg. anerkannte Ansatz führt zu einer **Negativdefinition** von Freizeit: sie wird im Gegensatz zur Arbeitszeit (Pflichtzeit) und in Abhängigkeit von ihr gesehen. Daß Erholung und andere Freizeitinhalte nur als Ausgleich oder Ergänzung zur Arbeit eingestuft werden, belastet dieses Vorgehen.

2. Freizeit sei die Summe der Zeiten, die für die Ausübung von Tätigkeiten verwendet werden, die ausdrücklich als Freizeittätigkeiten definiert werden *(Additionsmethode).* Die Verständigung über das, was als Freizeittätigkeit gelten soll (E), muß wegen der Freiwilligkeit, aus der heraus solche Tätigkeiten getan werden, unvollständig bleiben. Läßt die **Positivdefinition** von Freizeitinhalten die Berufsarbeit völlig außer Betracht, so kann der Abstand des Menschen zu ihr wegen Sinnverwirklichung im Freizeitbereich vergrößert werden; trotzdem ist diese Ermittlung zuverlässiger.

3. Freizeit wird bestimmt, soweit allg. anerkannte Vereinbarungen (z. B. der Tarifpartner über Erholungs-, Bildungs- oder sonstigen Urlaub) vorliegen oder durch Rechtsetzung (Mindesturlaub für Jugendliche, Ferienordnung der Länder) Berechnungsannahmen [171] vorliegen: solche **Legaldefinitionen** können nur lückenhaft sein und einer städtebaul. Bemessung nicht genügen.

Tabelle 29: Zeitbudget eines abhängigen Berufstätigen in Stunden pro Jahr [171]

Zeitinhalt		Jahr: 1970	1985
1.1	Vertragliche Arbeitszeit	1900	1750
1.2	Überstunden, Wege von und zur Arbeit, berufl.-soziale Verpflichtungen	400	400
1.	Berufl. verpflichtete Zeit	2300	2150
2.1	Schlaf	2900	2900
2.2	Ernährung, Körperpflege	1300	1320
2.3	familiäre und soziale Verpflichtungen	300	320
2.4	individuell disponible Zeit:		
2.41	Fortbildung, Do-it-yourself	200	150
2.42	polit., sozial, karitativ oder religiös nützl. Tätigkeit	160	180
2.43	*nutzfreie* Zeit	1600	1740
2.	nicht verpflichtete Zeit	6460	6610

Mit steigendem Lebensstandard (D) werden Güter wie Tätigkeiten durch subjektiv höher bewertete ersetzt: Filmen statt Fotografieren, Golf statt Tennis (A); mit abnehmender Arbeitszeit nehmen die Freizeittätigkeiten nach Häufigkeit und Dauer zu (B). Die Erhöhung von Lebensstandard und Freizeitanteil führt zu qualitativ und quantitativ zunehmenden Freizeittätigkeiten (C): die Nachfrage nach Freizeitangeboten wächst [172].

Den geringsten Anteil an arbeitsfreier Zeit haben Landwirte. Es folgen Hausfrauen (F) und Führungskräfte; sie brauchen wohnungsnahe Tageserholungsanlagen. Das gilt auch für die Gruppen mit höchstem Freizeitanteil: für Kinder und ältere Menschen.

Die **Verteilung** der Freizeit auf den Tag (Feierabend), die Woche (freies Wochenende), das Jahr (Urlaub, Ferien) und das Leben (Beginn und Ende des Berufslebens) liefert wichtige Bemessungsdaten. Mediziner und Städtebauer dringen darauf, daß weitere Arbeitszeitverkürzungen für höhere Ausbildungszeiten, mehr Fortbildungsurlaub oder weniger Berufsjahre verwendet werden, nicht jedoch für eine allg. Verkürzung der Arbeitswoche (H oder I).

Die Verarmung der Stadt und die städtebaulichen Folgen in der freien Landschaft [173], die auf eine Verlängerung des freien Wochenendes einzutreten drohen, wären mit stadtplanerischen Mitteln nicht zu verhindern. Staat und Gesellschaft haben die Aufgabe, die Freizeit zu sinnvoll ausfüllbaren **Zeitpaketen** zu bündeln, z. B. jährl. Fortbildungsurlaub, Mindestdauer für zusammenhängenden Erholungsurlaub. Urbanistische und medizin. Gründe sprechen also gegen eine ungleiche Verteilung der Wochenarbeitszeit auf die Arbeitstage. Wenn die Stadt »ihre« Städter nicht an das freie Land verlieren will, dann sollte sie so eingerichtet und gestaltet sein, daß der Aufenthalt in ihr auch der Erholung und den bevorzugten Freizeittätigkeiten dient.

Daraus folgen bes. Anforderungen an die vielseitige **Benutzbarkeit** der Stadt und an den Städtebau (S. 150 f., S. 190 f.). Zahlreiche Freizeittätigkeiten können in ohnehin vorhandenen Stätten auf ohnehin ausgewiesenen Nutzflächen ausgeübt werden. Ob bes. Freizeitstätten zu bauen sind, ist kommunalpolit. zu beantworten. Da der Begriff Freizeitstätte andere, z. B. Kultur-, Sport-, Gesundheits- oder Versammlungsstätte, überdeckt, sollte die Stadtentwicklungsplanung im Zusammenhang untersuchen, ob, wo und welche Freizeitstätten neu zu errichten sind. Dabei wäre auch zu prüfen, ob kommunale Angebote gruppenspezif., z. B. für Behinderte, Jugendliche, Gastarbeiter, oder für jedermann vorzuhalten sind. Da die Freizeit längst ein Feld der Kommerzialisierung geworden ist, bleibt auch zu entscheiden, welche Einrichtungen öffentl. gefördert und welche öffentl. getragen werden sollen.

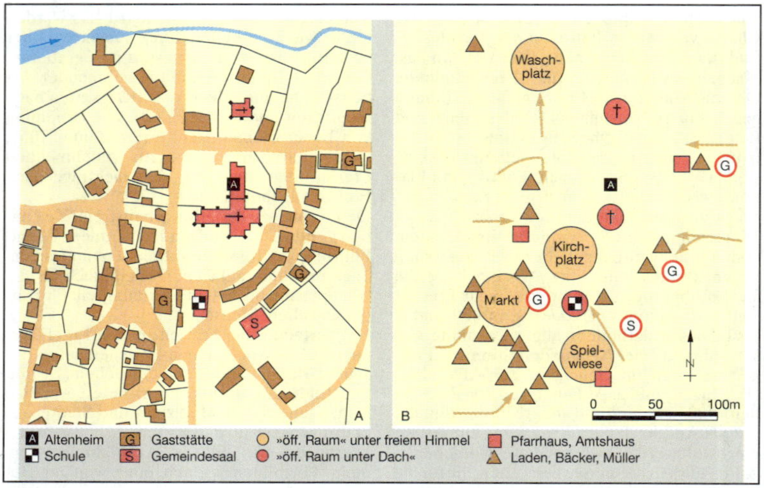

A-B Historischer Ortskern um 1900 (A) und Schema seiner Begegnungsangebote (B)

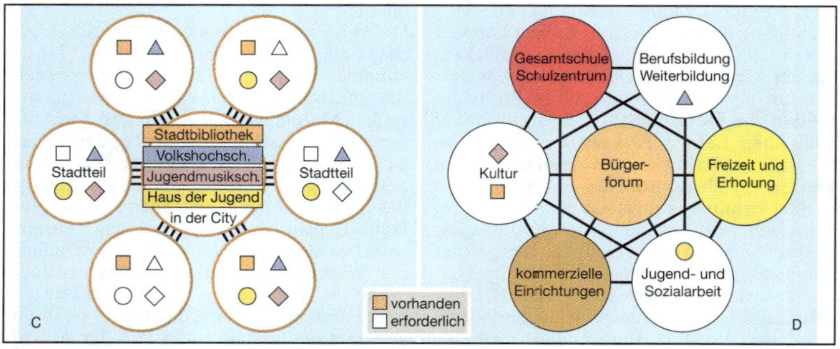

C-D Zentralbeziehungen kultureller Zweigstellen (C) und ihre Wechselbeziehungen in Zentren (D)

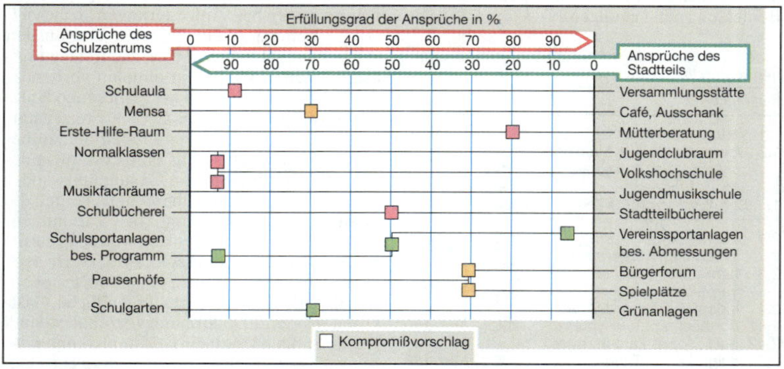

E Beispiele für Schulräume, die für Mehrzwecknutzung geplant werden können

Gemeinschaft ist eine Gruppe von Menschen, die durch Gemeinsamkeit des Denkens, Wollens und Handelns verbunden sind. Sie bildet sich dort, wo gemeinsame Lebensinhalte (Religion, Beruf, Sport) oder Schicksale (Not, Gefahr) die tieferen Schichten der Persönlichkeit erfassen und eine Bindung unter Menschen herstellen. TÖNNIES hat den Begriff dem rational bestimmten Zweckverband (Gesellschaft) gegenübergestellt. Er fand den Typus Gemeinschaft vor allem in den auf natürl. Grundlage beruhenden Gruppen (Familie, Sippe) verwirklicht, außerdem in kleinen, geschichtl. entstandenen Verbänden (Dorf, Alte Stadt) und in der Freundschaft.

Begegnung bezeichnet Gelegenheiten, bei denen Menschen zunächst flüchtig und beliebig zusammentreffen und die zwanglose Möglichkeit zur Gemeinschaftsbildung haben. Begegnungsstätten regen durch entsprechende Angebote zu Gedankenaustausch, Spiel und gemeinsamem Handeln an.

Ein Stadtplan (A) läßt die Begegnungsstätten nicht sichtbar werden, die ein Ortskern (hier in geringfügiger Abwandlung eines histor. Vorbildes [174] nach Baunutzungsverordnung dargestellt) um 1900 als Amtssitz für mehrere Landgemeinden aufzuweisen hatte. Die Stätten, an denen kommerzielle (Wochenmarkt, Läden) oder obrigkeitliche (Kirche, Amtshaus) Angebote zum Kontakt aufforderten, sind in Bild B hervorgehoben. Die zahlreichen Kontaktangebote an Markttagen oder bei kirchl. Festen führten neben dem Austausch von Gütern und Dienstleistungen zum Austausch von vielseitigen Informationen.

Die hohe **Informationsdichte,** u. a. eine Folge hoher Bevölkerungsdichte, war ein wesentliches Merkmal für städt. Kultur und die Stadt selbst. Der Ortskern unseres Beispiels (A, B) ist zwischen Dorf und Stadt einzuordnen. Waschplatz und Spielwiese waren Begegnungsstätten der örtlichen Gemeinschaft. Die zentralen privaten und öffentl. Einrichtungen wiesen über die Funktion des Dorfes hinaus: Markt und Kirchplatz wurden zumindest zeitweilig zur quasi-städt. Nachrichtenbörse.

MAX WEBER definierte Stadt als diejenigen Ansiedlungen, in denen »die ortsansässige Bevölkerung einen ökonomisch wesentlichen Teil ihres Alltagsbedarfs auf dem Markt befriedigt, und zwar zu einem wesentlichen Teil durch Erzeugnisse, welche die ortsansässige und die Bevölkerung des nächsten Umlandes für den Absatz auf dem Markt erzeugt oder erworben hat«. Wo es zur Stadtbildung in diesem Sinne kommt, wo also der Alltag ökonom. in ständiger Beziehung zum **Markt** steht, ist nach BAHRDT »die Teilhabe an einer Öffentlichkeit für die Masse der Bewohner nicht nur eine festliche Ausnahme, sondern eine alltägliche Form des sozialen Verhaltens« [175]. BAHRDT definiert Stadt als Ansiedlung, in der »das gesamte, auch das alltägliche Leben die Tendenz« zeige, sich in die »sozialen Aggregatzustände« der **Öffentlichkeit** oder der **Privatheit** zu polarisieren (vgl. S. 96 C). Der Städter entwickelt jenen *urbanen* Verhaltensstil, der trotz Beliebigkeit und Distanz Kontakte in der Öffentlichkeit ermöglicht, weil der Städter »die Individualität des anderen auch dann respektiert, wenn keine Hoffnung besteht, sie zu verstehen«. Die positiven Bestimmungen der Privatheit sind der bewußte Ausbau und die Kultivierung der engsten sozialen und dinglichen Umwelt zu einem in sich **geschlossenen System** eigener Art, in dem die bes. empfindlichen intimen Lebensbereiche vor der Außenwelt geschützt werden. BAHRDT stellt dem Städtebau die Aufgabe, den »teils verschütteten, teils heute nur schwer realisierbaren städtischen Lebensformen wieder geeignete Entfaltungsmöglichkeiten zu schaffen« [175, S. 108]. Sie verlangt einerseits mehr Schutz für die privaten Bereiche; das **Refugium,** das jeder Mensch für sich braucht, darf eben nicht integriert werden – weder städtebaul. in eine »Nachbarschaft« noch sozial in aufgedrängte Bindungen. Andererseits soll Öffentlichkeit gefördert werden. Ansätze hierzu sind:

1. der Bau von vielseitig nutzbaren **Bürgerhäusern:** als erste entstanden *Dorfgemeinschaftshäuser* in Hessen seit 1955; in Hannover wurden ab 1959 *Freizeitheime* bes. für Stadtteile mit hohem Anteil an Arbeiterbevölkerung entwickelt;
2. die **Beteiligung** der Öffentlichkeit an Planungen für die Öffentlichkeit;
3. die stadtplanerische Zusammenfassung der meist zufällig über das Stadtgebiet verstreuten »Zweigstellen« (C) der verschiedenen Bildungs-, Kultur- und Freizeitstätten an **zentralen Standorten** (D);
4. die städtebaul. Gruppierung der öffentl. und privaten zentralen Einrichtungen am Zentralen Standort um einen **öffentl. Platz,** der als Markt und Forum dienen kann (D [126]);
5. die Entwicklung einer Architektur für **Mehrfach-** und **Mehrzwecknutzungen** »unter einem Dach« [176]: dies gilt bes. für öffentl. Bauten und unter ihnen für Schul- und Sportzentren (E);
6. der Ausbau von **Fußgängerstraßen** und Fußwegenetzen, durch die die vielseitige Benutzbarkeit der Stadt im »Aggregatzustand der Öffentlichkeit« erst neu geschaffen und neu entdeckt wurde (S. 128 f.);
7. die Stiftung von **Stadt-** und **Stadtteilfesten,** die als Folge solcher Aufwertung der Innenstädte und Stadtteilzentren auf Markt und Straßen öffentlich gefeiert werden können.

Die Altstadtbereiche üben auf die Bewohner wegen ihrer Maßstäblichkeit und Formenvielfalt neue Anziehungskraft aus. In den vergrößerten Stadtgebieten gewinnen die alten Dorfkerne wegen ihrer Reichhaltigkeit an Funktionen und Formen neue Bedeutung für urbane **Begegnungsbereiche** (S. 98 B [177]).

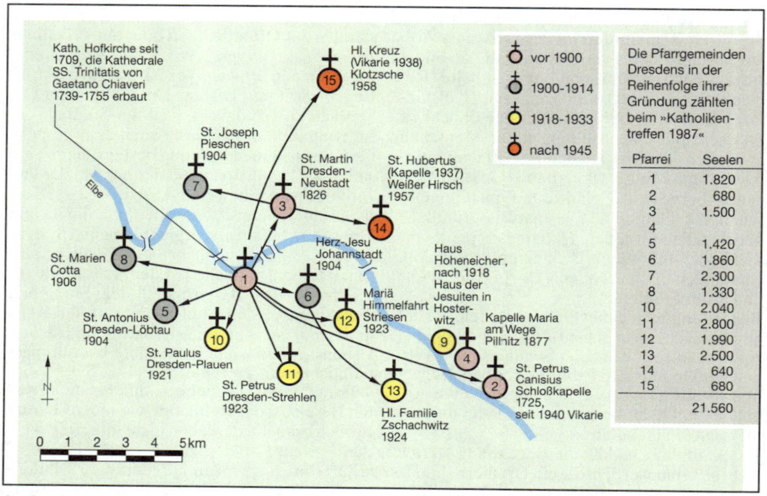

Die Pfarrgemeinden Dresdens in der Reihenfolge ihrer Gründung zählten beim »Katholikentreffen 1987«

Pfarrei	Seelen
1	1.820
2	680
3	1.500
4	
5	1.420
6	1.860
7	2.300
8	1.330
10	2.040
11	2.800
12	1.990
13	2.500
14	640
15	680
	21.560

A Das Territorialprinzip der katholischen Kirche: Gründung der Pfarreien in Dresden

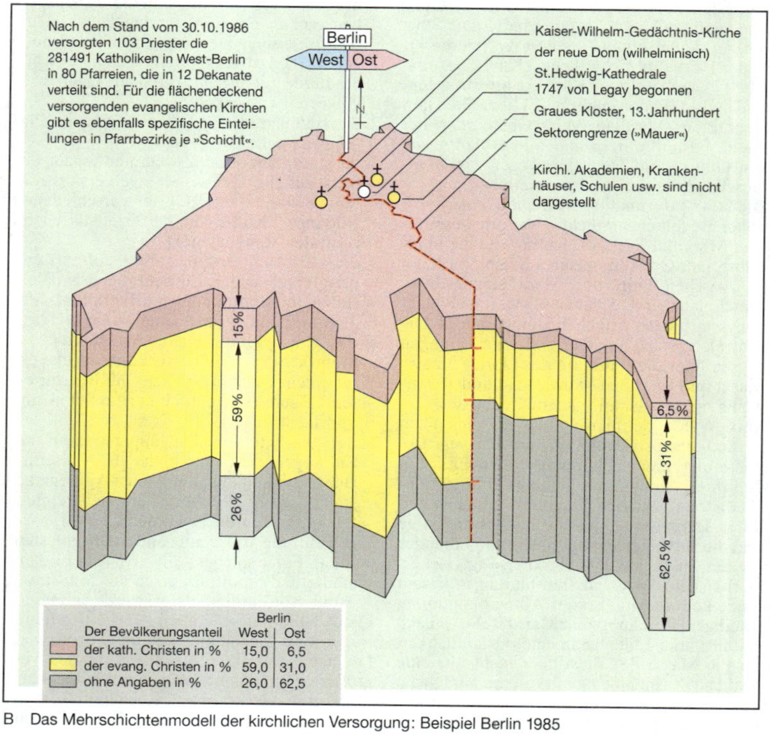

Der Bevölkerungsanteil	Berlin West	Berlin Ost
der kath. Christen in %	15,0	6,5
der evang. Christen in %	59,0	31,0
ohne Angaben in %	26,0	62,5

B Das Mehrschichtenmodell der kirchlichen Versorgung: Beispiel Berlin 1985

Die allg. **Kirche** (von griech. *kyriake* »dem Herrn gehörend«) ist im christl. Selbstverständnis durch Jesus von Nazareth, den Sohn Gottes, und die Jungfrau Maria gegründet: **Berufung** der 12 Apostel als Verkünder der Heilsbotschaft, darunter Petrus als »Nachlaßverwalter«, d. h. Hüter der wahren Lehre Christi; ihr **Auftrag:** Verkündung der Lehre vom Ewigen Leben.

Kirchenbewußtsein entstand in der *Urgemeinde* durch das Vorbild-Wirken des Gottessohnes durch Tod, Auferstehung und Wiederkunft (= Erscheinung) zum Beweis seiner Lehre. Petrus und die Apostel verkünden diese Heilslehre. **Aufgabe** der Kirche: Seelsorge [182] durch Führung und Belehrung der heilsuchenden Menschen durch die Verkündigung der »Frohen Botschaft« (= Evangelium) von Jesus Christus über die Auferstehung der Gestorbenen zu neuem Leben. **Seelsorge** umfaßt die wahre Weitergabe dieser Heilslehre durch die Apostel (= Sendboten) und die Weisung des Heilsweges durch

a) Abwendung vom bösen Tun und Hinwendung zum guten Tun durch Vorsatz,
b) Reinwaschung durch die Verpflichtung auf die Lehre Jesu Christi (= Taufe),
c) Pflege der Gemeinschaft i. S. der mosaïschen Lehre »Seid fruchtbar und mehret euch!« und »Durch Arbeit sollst du dich ernähren ...!« (Art- und Selbsterhaltungsgebot).

Die **Bibel** bewahrt die Heilslehre; sie benutzt Ortsnamen [183] als Symbole (S. 191 ff.):

- *Babylon* für Menschen, die nicht auf Gott vertrauen, sondern wie Gott sein wollen (Größenwahn des Menschen = Hybris),
- *Sodom* für die Verletzung aller guten Sitten durch den schamlosen Menschen,
- *Ninive* für die geistige Wandlungsfähigkeit des Menschen, der sein Heil sucht,
- *Bethlehem* für die Machtgier des Menschen, der gar Kindesmord nicht scheut,
- *Rom* für die Vergänglichkeit weltlicher Macht (bez. kath. Seelsorge vgl. [184]).

Wo immer Christen **Gemeinde** bildeten, war diese eine »flächendeckende« Einladung an alle übrigen Bewohner des Ortes zur Teilnahme *(Territorialprinzip);* war die Kirche überfüllt, wurde eine größere oder mehrere gebaut. Alle sozialen Einrichtungen unserer Gesellschaft finden ihren Ursprung und ihre Wurzeln in den karitativen Werken früherer Christen.

Tabelle 30: Entwicklung der Religionen

	Mio. Mitgl. (Stand 1986):	1980–85
Bev. der Erde	4870	+11 %
Christen	1548	+ 9 %
davon:		
Katholiken	890	+10,4 %
Ev. u. Anglikan.	332	+ 6,6 %
Islam	837	+16 %
Hinduismus	661	+13 %
Buddhismus	300	+10 %
Juden	18	+ 6 %

Dresden, seit 1216 Stadt, wurde 1485 Regierungssitz einer Linie der Wettiner (die im 17.-18. Jh. dieses »Elbflorenz« zu einer prächtigen Kulturstadt aufwerteten). Als Kurfürst Friedrich der Weise durch seinen Schutz für Martin Luther die dt. **Reformation** zuließ, entstand hier vor dem Augsburger Religionsfrieden von 1555 (cuius regio, eius religio, lat. = Wes das Land, des die Religion) ein Kernland des **Protestantismus,** der das flächendeckende Angebot der kath. Kirche übernahm. Am Stadtgrundriß (A) ist ablesbar, wie im Gebiet der ev.-luth. Territorialkirche die kath. eine flächendeckende Versorgung schuf:

- ab 1709 entstanden Pfarreien bei Hofe und in Pillnitz für das Gesandtschaftspersonal kath. Fürstenhäuser (A: 1–4),
- die mit der Industrialisierung zugezogene kath. Arbeiterbev. war mit mehreren Pfarreien zu versorgen (A: 5–8),
- weitere Pfarreien folgten nach 1918 in Wohngebieten kath. Arbeiter (A: 9–13),
- die Stadt wurde am 13./14. 2. 1945 aus der Luft völlig zerstört (ca. 60 000 Opfer); die Kirchen dieser Pfarreien wurden seitdem wieder aufgebaut oder restauriert,
- zwei Gemeinden erhielten 1957/8 den *Pfarrei-Status* (A: 14–15),
- somit trugen 1987 nur 4,1 % der Stadtbev. dieses kath. Angebot [178].

Das **Bistum** Berlin deckt mit 30 Dekanaten den Raum zwischen Jüterbog und Rügen, zwischen Oder und Elbe ab [184]; davon liegen 12 in West-Berlin. Der Bischof in seiner Person war einzige dt. Instanz mit Zuständigkeit beiderseits der »Mauer« (13. 8. 1961–9. 11. 1989), ein Verdienst des Kardinal Bengsch [185].

Tabelle 31: Christen in Berlin-West

Jahr:	1965	1975	1985	2000	2030
Einw.*	2197	1985	1860	1900**	?
ev. Chr.*	1578	1308	1096	700**	
% der Bev.	72	66	59	36**	?
Kath.*	251	279	280		
% der Bev.	13	14	15	14**	?
Summe der Christen in % der Bev.	85	80	74	50**	33**

* in Tsd., ** 1987 geschätzt

Die Situation der Christen in der Großstadt [186] wird mit dem Mehrschichtenmodell (B) erfaßt; jede der ca. 9 flächendeckend versorgenden Konfessionen plant in »ihrer« Schicht für die gesamte Bevölkerung; Personalgemeinden und Freikirchen kommen mit Einzelgebäuden oder Einzelgrundstücken aus.

Mehr von evang. Seite wird angesichts der religiösen Erosion in der »Stadt der vielen Götter« befürchtet, daß das Christentum zur Minderheitsreligion absinken kann: jeder Christ müsse deshalb die Rechte aller »Kirchen« verteidigen (ökumen. Tendenz). –

Zeichen der Zeit: Im Flächennutzungsplan 84 von Berlin [106] werden die Erfordernisse der Kirchen mit keinem einzigen Wort erwähnt.

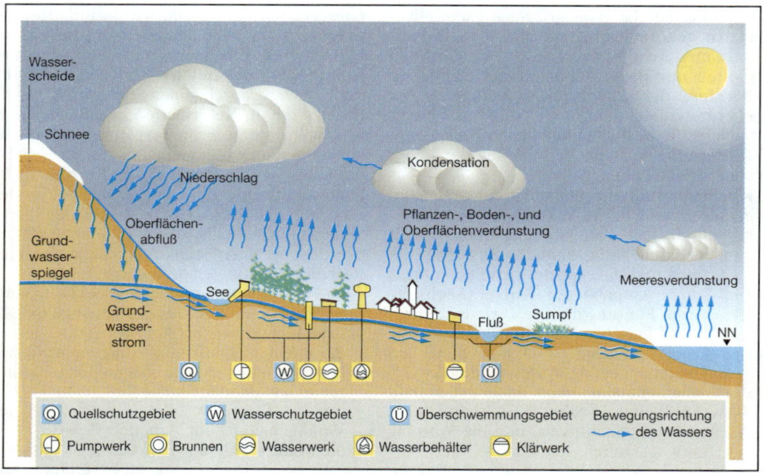

A Wasserkreislauf, schematisch, mit schützenden Festsetzungen

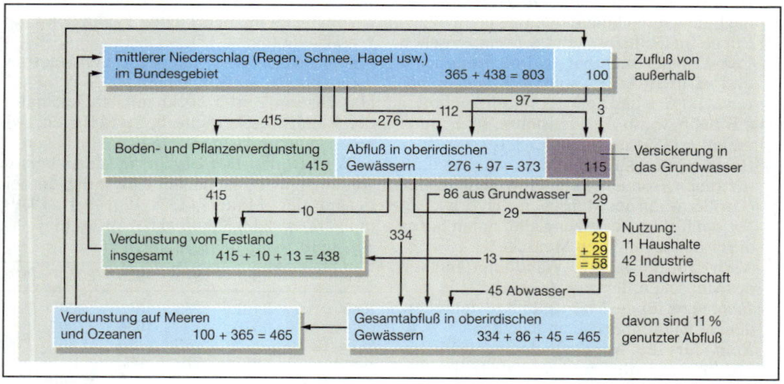

B Wasserkreislauf in mm Niederschlagshöhe (Durchschnittsjahr)

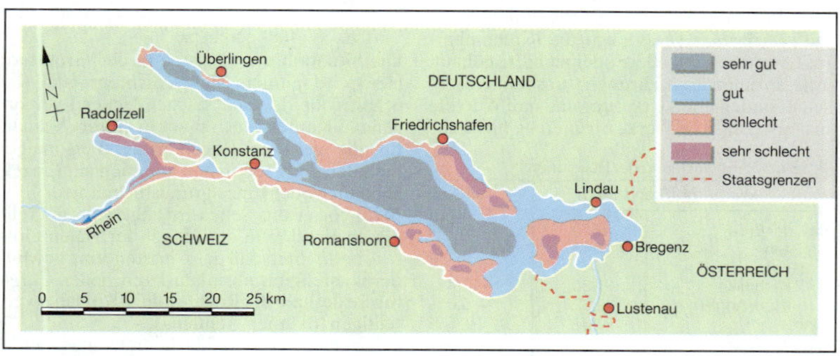

C Beschaffenheit des Wassers im Bodensee (Stand 1971)

Die **Ökologie** (Haushaltskunde, von griech. oikos »Haus, Haushalt, Heimat«) ist die Lehre vom Haushalt der Natur, d. h. von den Beziehungen und Wechselwirkungen zwischen den Lebewesen untereinander und ihrer Umwelt; Umwelt wird als Gesamtheit aller anorgan. und organ. Lebensbedingungen verstanden. Die Bezeichnung, 1866 von HAECKEL eingeführt, wurde inzwischen zur Human- und Sozialökologie erweitert (vgl. S. 92 f.).

Die für einen bestimmten Lebensraum *(Biotop)* charakterist. Lebewesen bilden zusammen eine Lebensgemeinschaft *(Biozönose)*. Die Einheit einer Lebensgemeinschaft mit ihrem Lebensraum bezeichnet man als **Ökosystem;** zu ihm gehören im allg.:

1. unbelebte *(abiotische)* Umwelt: das sind Wasser, Mineralstoffe, Gase sowie tote organ. Substanzen und Dauerhumus;
2. Erzeuger *(Produzenten):* das sind jene Lebewesen, hauptsächl. grüne Pflanzen, die aus der anorgan. Umwelt (Wasser, Kohlendioxid, Mineralstoffe) mit Hilfe der Sonnenenergie organ. Substanzen produzieren *(Photosynthese)* und dabei Sauerstoff (O_2) freisetzen; die »Erzeugerprodukte« dienen den Verbrauchern (Mensch und Tier) als Grundlage für Ernährung und Atmung;
3. Verbraucher *(Konsumenten):* Verbraucher I. Ordnung sind die Lebewesen, vorwiegend Tiere, die von Pflanzen leben; Verbraucher II. Ordnung sind diejenigen, die sich ganz oder überwiegend von Verbrauchern I. Ordnung (Fleisch) ernähren;
4. Zersetzer *(Reduzenten):* die organ. Abfälle und toten Reste der Erzeuger und Verbraucher werden durch abbauende Organismen wieder in ihre Grundbestandteile Wasser, Kohlendioxid und Mineralstoffe zersetzt und damit dem Kreislauf neu zugeführt; zu ihnen zählen viele niedere Tierarten und vor allem die *Mineralisierer,* d. s. diejenigen Mikroorganismen (bes. Bakterien), die organ. Substanz in Mineralstoffe zerlegen.

Ökosysteme werden nach den vorwiegend wirksamen Umweltbedingungen benannt: marine (Meeres-), limnische (See-), litorale (Ufer-), terrestrische (Erd-) Ökosysteme. Alle Ökosysteme brauchen Wasser und beruhen auf dem Gleichgewicht zwischen Biotop und Biozönose, das den maximalen Umsatz im durchgängigen **Kreislauf** der Substanzen ermöglicht. Auch **die Stadt ist ein Ökosystem.**

Wasser durchläuft ständig den natürl. Kreislauf Verdunstung – Niederschlag – Abfluß – Verdunstung (A). Aufgrund von Langzeitbeobachtungen konnte die »kleine« Wasserhaushaltsgleichung mit den Bezeichnungen N = Niederschlag, Z = Zufluß, A = Abfluß, V = Verdunstung wie folgt ermittelt werden:

(1) $N + Z - A - V = o$; $N + Z = A + V$.

Über längere Zeiträume gleichen sich also Niederschlag und Zufluß mit Abfluß und Verdunstung in einem bestimmten Gebiet aus. Die **Wasserhaushaltsgleichung,** bezogen auf das Gebiet der BRDtl. und das langfristig ermittelte Durchschnittsjahr, ist mengenmäßig in Bild B dargestellt. Dabei entspricht 1 mm Regenhöhe einer Menge von 248 Mio. m^3 Wasser. Im Gebirge sind Niederschlagshöhe h_N, Abflußhöhe h_A und das Abflußverhältnis $\alpha = h_A : h_N$ am größten.

Es gelten z. B. für den Rhein

bei	Einzugsgebiet	h_N	h_A	α
Basel	36 000 km^2	1210	908	0,75
Wesel	154 000 km^2	900	432	0,48

Die Abflußspende, gemessen in $l/s \cdot km^2$, ist die Niederschlagsmenge, die je Flächen- und Zeiteinheit aus dem Einzugsgebiet abfließt; sie ist im Gebirge größer als im Flachland. Der Anteil der Verdunstung ist hingegen im Flachland höher. Die Verdunstung hängt von Temperatur, Luftdruck, Luftbewegung, Bodenart, -kapillarität, -oberfläche und -farbe, Bewuchs und Grundwasserstand ab.

Der Kampf des Menschen gegen die zerstörerische Kraft des Wassers (Hochwasser, Staunässe, Überschwemmung) und um dessen Ausnutzung als Trinkwasser, Transportmittel und Verkehrsweg beginnt mit seiner Seßhaftigkeit (S. 12). Die Kunst des **Wasserbaus,** vermutlich die älteste Ingenieurkunst, findet in den Wissenschaften (Geologie, Hydrologie, Meteorologie u. a.), die der Wasserwirtschaft zuarbeiten, und in den Ingenieurwissenschaften des Grund- und Wasserbaus ihre wissenschaftl. Fortsetzung. Trotzdem ist es bisher nicht gelungen, das Wasser in allen seinen Erscheinungsformen mathemat. eindeutig zu berechnen. Nur die Ergebnisse aus Langzeitbeobachtungen (Tab. 32), Versuchen und Messungen vor jedem Eingriff in den Wasserhaushalt erlauben Rückschlüsse auf die Folgen in der Natur und die Bemessung der Wasserbauten. Jeglicher Eingriff sollte das Wissen um alle Folgen voraussetzen. Diese Erkenntnis führte 1753 zu der Forderung [187], »daß mit den Wässern ... eine ganz behutsame Wirtschaft gehalten wird«.

Um 1900 entwickelte sich daraus die **Wasserwirtschaft** in ihrer modernen umfassenden Form; sie versteht sich als »die zielbewußte Ordnung aller menschlichen Eingriffe in das ober- und unterirdische Wasser« [188] und gliedert sich in Wassermengen- (B), Wassergüte- und Biolog. Wasserwirtschaft (C). Sie liefert die Grundlagen und Anforderungen für die von der Landesplanung zu erstellenden wasserwirtschaftl. Rahmenpläne.

Tabelle 32: Mittlerer Jahresniederschlag

Ort	(1891–1930)	h_N in mm
Feldberggipfel (Schwarzwald)		1929
Feldberg (Taunus)		1030
Aachen		840
Berlin-Dahlem		587
Erde		884

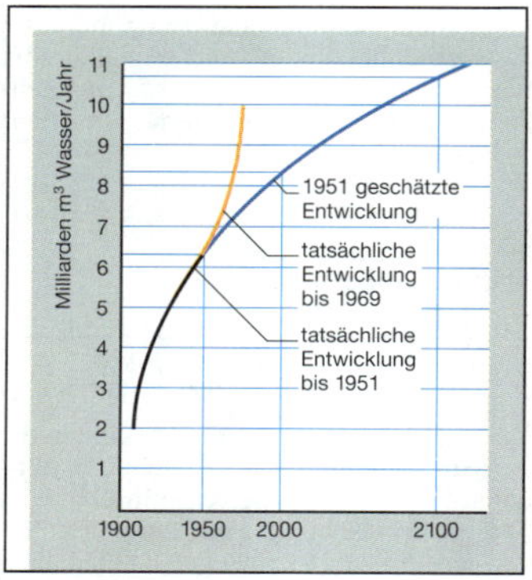

A Wasserbedarf

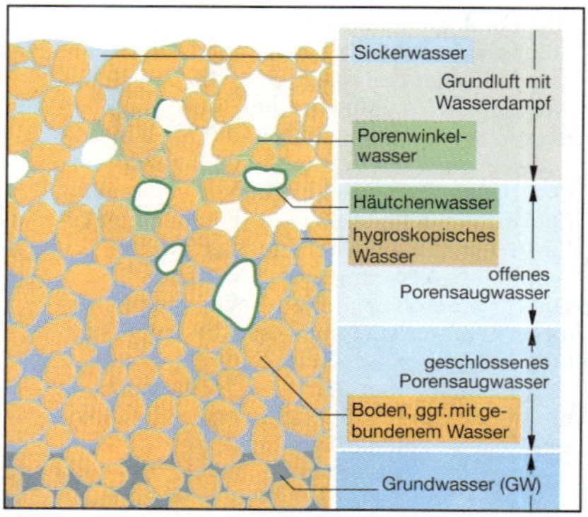

B Wasser im Boden (Grundwasserleiter)

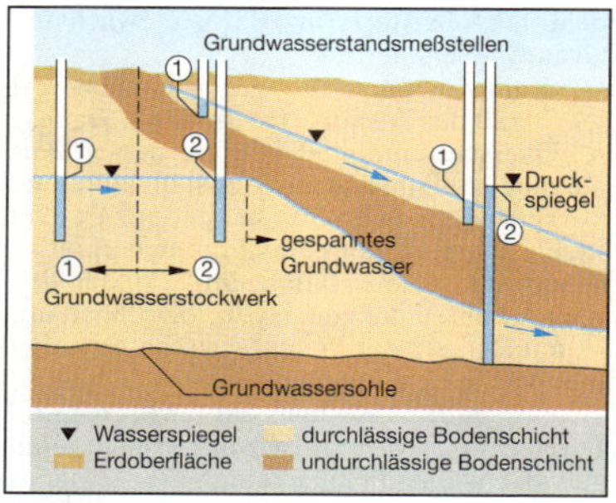

C Mehrere Grundwasserstockwerke

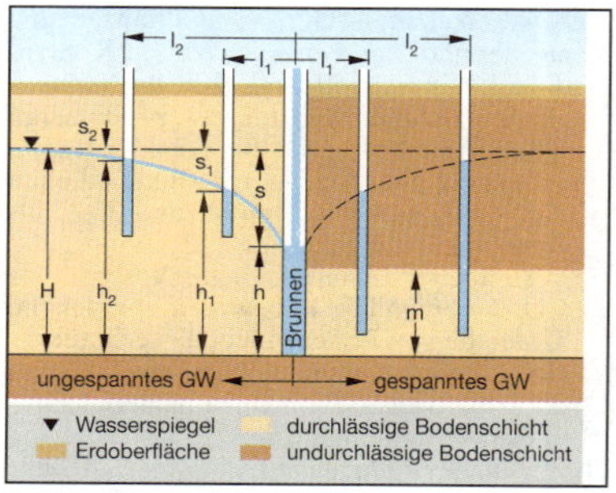

D Vertikalbrunnen

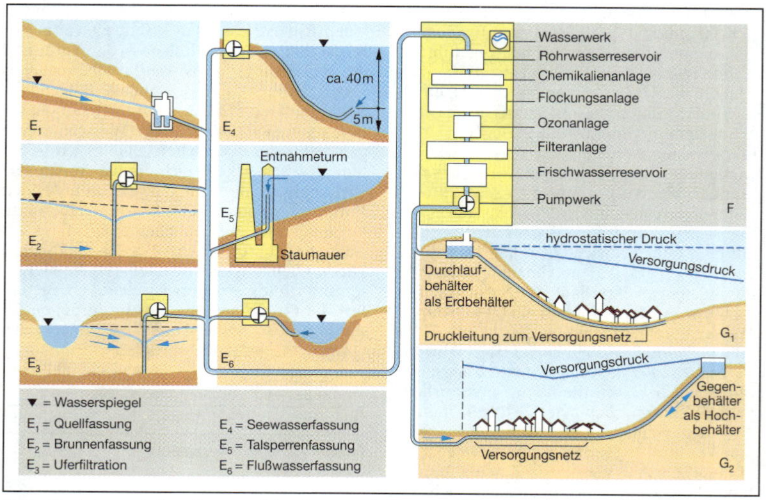

E-G Gewinnung, Aufbereitung und Verteilung von Trinkwasser

Trinkwasser ist das wichtigste **Lebensmittel** [189]; es kann nicht ersetzt werden. Es muß frei von Krankheitserregern und gesundheitsschädigenden Stoffen sein. Es soll seiner Herkunft nach appetitlich sein und nach seiner äußeren Beschaffenheit zum Genuß anregen. Es soll daher farblos, klar, kühl, geruchlos und von gutem Geschmack sein. Trinkwasser muß keimarm sein; der Gehalt an gelösten Stoffen soll so gering wie möglich sein und darf festgelegte Obergrenzen nicht überschreiten [190].
Der Schutz des Trinkwassers hat nach Menge und Beschaffenheit Vorrang vor allen konkurrierenden Interessen. Für alle Wassergewinnungsanlagen sind **Schutzgebiete** mit Nutzungsbeschränkungen einzurichten [191].
Der **Wasserbedarf** in der BRDtl. hat alle Vorausschätzungen übertroffen (A [192]). In Frankfurt a. M. sind 1970 Abhängigkeiten des Wasserverbrauchs vom Lebensstandard (Tab. 33) untersucht worden [193]. Der Verbrauch betrug 1968/69 je Person und Tag zwischen 62 l (alte Ein- und Zweifamilienhäuser in Stadtrandlage) und 272 l (moderne Villen in bester Wohnlage), damit wurde der Durchschnittswert von 116 l (mehrgeschossige Sozialbauten um 1955) weit unter-, bzw. überschritten. Einpersonenhaushalte verbrauchten $^1/_3$ mehr, 5-Personenhaushalte $^1/_6$ weniger als der durchschnittliche 2-Personenhaushalt je Person. 1968/69 lag der Verbrauch aller Privathaushalte bei 40–45 % des Gesamtverbrauchs, 1991 bereits bei 55,2 %.
Das **Wasserdargebot** des Bodensees reicht für die Trinkwasserversorgung von Westdeutschland. Das Seeforschungsinstitut Langenargen stellte jedoch 1971 fest, daß der Bodensee »todkrank« sei, weil er das Abwasser von 2 Mio. Menschen aufnehmen müsse (S. 116 C). Daraufhin hat die Bundesregierung ab 1972 im Rahmen eines 5-Jahresprogramms zur Sanierung von Rhein und Bodensee 12 Maßnahmen des Gewässerschutzes, vorwiegend Abwasseranlagen, finanziell gefördert und die Zahl der Projekte und die Zuschüsse später erhöht.
Der **Gewässerschutz** ist damit als überkommunale Aufgabe der Wassergütewirtschaft anerkannt; er ist im weitesten Sinn Schutz der Erdoberfläche vor Verunreinigungen, damit das im Boden versickernde Niederschlagswasser (B) nicht überlastet wird – dann kann damit gerechnet werden, daß das Grundwasser nach einem Aufenthalt von ca. 60 Tagen im Boden (Grundwasserleiter) gereinigt ist.

Tabelle 33: Trinkwasserverbrauch in Frankfurt a. M.

Jahr		in Privathaushalten Liter je Person und Tag	Mio. m³	insges. Mio. m³
1956		88	19,9	44,7
1963		100	25,2	62,3
1969	Verbrauch	116	28,2	65,0
	Progn. f. 1985	170	43,4	
	Progn. f. 2000	200	51,1	
1990	Verbrauch	145	33,4	62,5

Grundwasser (GW) ist das Wasser, das die Hohlräume der Erdrinde zusammenhängend ausfüllt und nur der Schwere unterliegt [195]. 1856 beobachtete PETTENKOFER erstmals das Grundwasser; die Landesanstalt für Gewässerkunde in Berlin erhielt jedoch erst 1902 den Auftrag, die »Grundwasserverhältnisse im allg. Landesinteresse« zu untersuchen (C). In Pumpversuchen wurde ermittelt, daß jede Grundwasser-Entnahmeleistung Q zu einem bestimmten Absenkungstrichter führt. Dabei wurde u. a. erkannt, daß das Verhältnis $h : H = 0{,}7$ nicht unterschritten werden darf (D). Die nutzbaren Wassermengen sind begrenzt und größtenteils erschlossen. Die in der Wasserversorgung auftretenden Engpässe sind auf regional und zeitlich ungleiche Verteilung des Wasserdargebotes oder auf unzureichenden Gewässerschutz zurückzuführen. Deshalb muß die Wasserwirtschaft einen Ausgleich zwischen Wassermangel- und Wasserüberschußgebieten durch überregionalen Versorgungsverbund anstreben, vermehrt Oberflächenwasser für die Trinkwassergewinnung nutzen und die Wasservorkommen noch besser schützen. Bild E und Tabelle 34 beschreiben Art und Umfang der **Wasserförderung.**
Die Methode der Wasserförderung aus ›angereichertem‹ Grundwasser führt Oberflächenwasser durch Verregnung, Absetzbecken oder Sickerbrunnen in den Untergrund und entnimmt es nach ausreichendem Aufenthalt (s. o.) an anderer Stelle als gereinigtes Grundwasser. Wenn die geforderte Qualität nicht ausreicht, müssen **Wasserwerke** mit den Methoden der Sedimentation, Koagulation, Fällung, Schlammkontakt, Belüftung, Filterung oder Ionenaustausch die Schadstoffe aus dem Wasser entfernen und mit Hilfe von *bakteriziden Chemikalien* (Chlor, Ozon, Silber) für dessen Entkeimung sorgen (F: Reinigungsstufen des Wasserwerkes Langenau).
Die Verteilung des Trinkwassers an den Verbraucher erfolgt über ein Druckrohrnetz, dessen Hauptleitung in größeren Gemeinden als **Ringleitung** ausgebildet ist. Für ausreichenden Netzdruck sorgen Hochbehälter; sie können als Durchlaufbehälter (G1), als Gegenbehälter (G2) oder als Schwerpunktbehälter ausgebildet sein. Vorteil von G1: schnellerer Umsatz des Wassers im Behälter, Vorteil G2: geringere Transportkosten.

Tabelle 34: Öff. Wasserförderung [194]

Herkunft (vgl. E)	Mio. m³	%
E1 Quellwasser	352	9,2
E2 Echtes Grundwasser	2176	56,9
E3 Uferfiltrat	501	13,1
– Angereichertes GW	429	11,2
E4 Seewasser	112	2,0
E5 Talsperrenwasser	205	5,4
E6 Flußwasser	51	1,3
BRD insgesamt 1971	3826	100,0

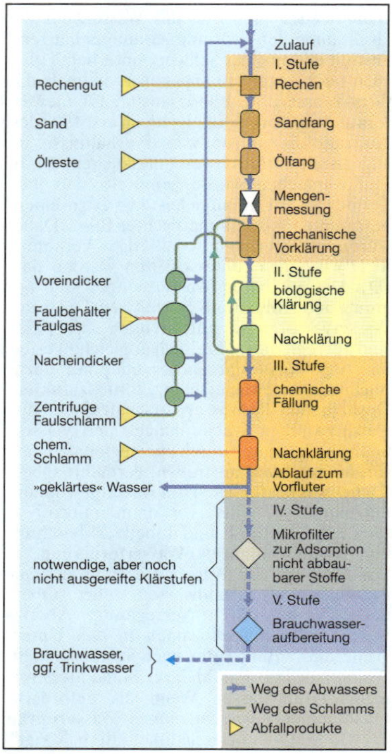

A Schema der Verfahrensschritte und »Bausteine« eines Großklärwerkes

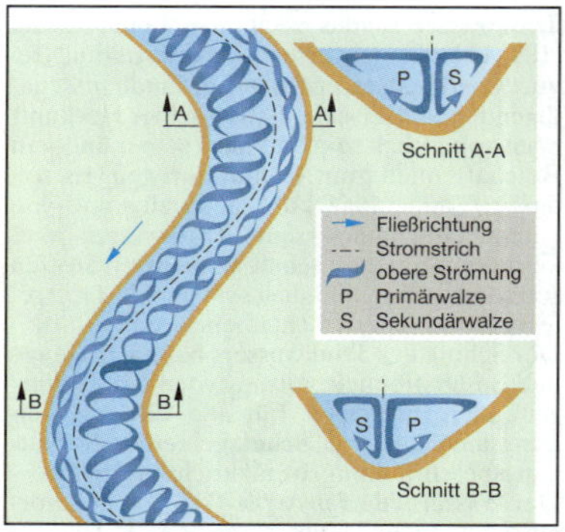

B Vorgänge im fließenden Gewässer: Strömung

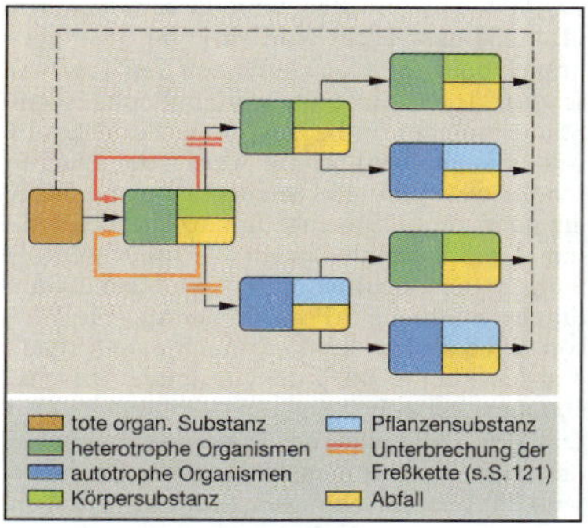

C Selbstreinigung über eine Freßkette

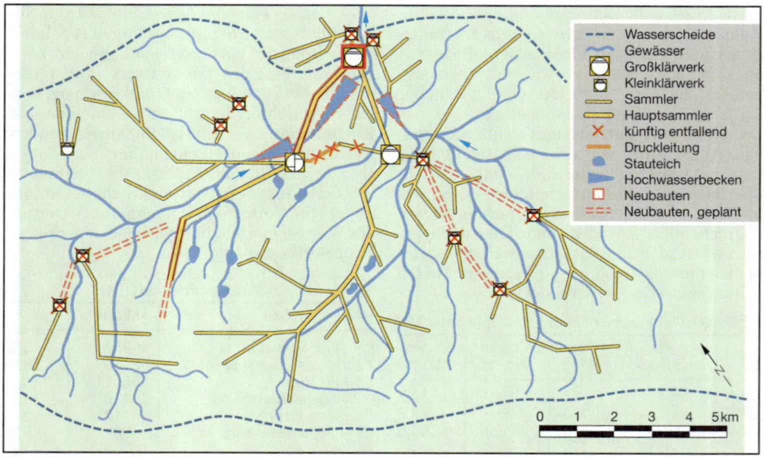

D Gewässer- und Abwassersystem einer Großstadt (Bielefeld, nördl. Teil)

Die Niederschläge enthalten bereits Verunreinigungen (Stäube, Säuren) aus der Luftverschmutzung durch Industrie und Verkehr und nehmen beim Abfluß weitere auf, z. B. Mineralien aus der Düngung der Landwirtschaft [196], Ölreste [197], Reifenabrieb von Straßen. Das Schmutzwasser aus Haushalten und Betrieben enthält außerdem fäulnisfähige Stoffe (Lebensmittelreste, Kot), pathogene Keime, Chemikalien, Detergentien usw. Beide **Abwasserarten** müssen gereinigt werden, wenn der Mensch nicht selbst sein Biotop zerstören will. Die Schwemmkanalisation, die seit sumerischer Zeit (S. 22) allen Abfall menschlichen Zusammenlebens in Flüsse, Seen und Meere leitete, muß völlig aufgegeben und durch Abbau der Abfälle ersetzt werden. Nach Jacques-Yves Cousteaus Forschungen waren 1971 bereits 40% der Fauna aller Weltmeere durch chem. Verseuchung vernichtet [198]; jeder konnte seit 1865 wissen, daß neue Vorflutersysteme für die Ableitung des Abwassers technisch möglich sind. Ingenieure und Naturforscher haben auf die Lösung dieses Problems gedrungen; Politik und Wirtschaft haben diese Aufgabe erst anerkannt, als die schädlichen Folgen für die Gesamtbevölkerung sicht- und ruchbar wurden: erst ab etwa 1970 ist mit dem Begriff **Umweltschutz** das Bewußtsein in der Öffentlichkeit dafür entstanden, daß die **Rückzerlegung** ver- und gebrauchter Güter den gleichen Rang wie die Erzeugung der Güter erhalten muß (S. 116). Schmutz- und Schadstoffe können nicht im Sinne eines Verschwinden-Lassens »beseitigt« werden; möglich sind: Behandeln, Reinigen, Neutralisieren, Sortieren, Lagern u. ä.

Abwasser im Sinne des neuen Gesetzes [199/§ 2] »sind das durch häuslichen, gewerblichen, landwirtschaftlichen oder sonstigen Gebrauch in seinen Eigenschaften veränderte und das bei Trockenwetter damit zusammen abfließende Wasser (Schmutzwasser) sowie das von Niederschlägen aus dem Bereich von bebauten oder befestigten Flächen abfließende Wasser (Niederschlagswasser)«.

Eine **Abwasserbehandlungsanlage** ist »eine Einrichtung, die dazu dient, die Schädlichkeit des Abwassers zu vermindern oder zu beseitigen«. Zu den Aufgaben der Abwasserbehandlung zählen:

1. Sammlung der Abwässer an der Stätte, an der sie anfallen (Anschlußzwang für Haus- und Grundstücksentwässerung; Rückstausicherung privat einbauen lassen!),
2. Kontrolle darüber, daß nur solche Stoffe in das Abwasser gelangen, von denen es gereinigt werden kann und wird (Altöl im Abwasser führt z. B. zum Zusammenbruch der biologischen Stufe),
3. Ableitung der Abwässer in einem Kanalsystem (Mischkanalisation, S. 134 C) oder in voneinander unabhängigen Niederschlags- und Schmutzwasserkanälen (Trennkanalisation); auf Druckleitungen sollte ganz verzichtet und die Abführung im Freispiegelgefälle besorgt werden,
4. Reinigung der Wässer in Kläranlagen (ggf. mit Brauchwasseraufbereitung!),
5. Weiterbehandlung der Abfälle auf der Kläranlage, z. B. des Schlammes zur Gasgewinnung (A), und Abfuhr in Abfallanlagen (Rechengut) oder Deponien (Sand).

Die I. **Reinigungsstufe** (A) einer Kläranlage entfernt sinkende und schwimmende Stoffe physikalisch aus dem Wasser. Die II. Stufe umfaßt die biologische Reinigung von fäulnisfähigen, organischen Substanzen; dabei sind der Natur zwei Vorgänge nachgebildet: Ein Gewässer braucht Sauerstoff zu seiner Selbstreinigung und für die in ihm lebenden Lebewesen. Die Strömung in einem Bach (B) begünstigt die Sauerstoffaufnahme an seiner Oberfläche. Bei der natürl. Selbstreinigung wird tote organische Substanz durch eine mehrstufige Freßkette (C) von heterotrophen und autotrophen Organismen mineralisiert; die heterotrophen zerlegen organische Reste, die autotrophen die dabei anfallenden anorganischen Stoffe.

In der biologischen Reinigungsstufe wird der Sauerstoffbedarf (wichtigste Bemessungsgröße) durch künstliche Einbringung gedeckt und die Mineralisierung organischer Substanzen durch Aufbau und Pflege einer natürl. Freßkette herbeigeführt; diese Klärstufe unterliegt denselben Gefahren wie jedes Gewässer; wird die Freßkette an beiden oder nur an den autotrophen Verzweigungen unterbrochen, so kommt die Reinigung zum Erliegen und die **Verfaulung** der organischen Stoffe führt zur Vergiftung des Gewässers; Störungen an den heterotrophen Verzweigungen führen zu anderen Beeinträchtigungen. Um eine *Eutrophierung* (Überfrachtung mit Nährstoffen) der Vorfluter zu vermeiden, sind in einer III. Stufe bes. die in der II. Stufe entstandenen Mineralien chemisch zu binden und auszufällen. Die Forschung entwickelt bereits weitere Reinigungsstufen, z. B. Schwebstoffilter.

Da alle Reinigungsstufen nur in größeren Klärwerken einwandfrei und wirtschaftlich betrieben werden können, muß die **Abwasserwirtschaft** Kleinkläranlagen aufgeben und deren Kanalnetze an Großklärwerke anschließen; dabei können mehrere im Verbund arbeiten (D).

Durch Besiedlung, »Zupflasterung« der Erdoberfläche und Kanalisation wird die Aufenthaltszeit der Niederschläge im Niederschlagsgebiet verkürzt, also ist der Bau von Regenwasserrückhaltebecken (Stauteich, Talsperre) zu fördern. Durch **Rückhaltung** des Wassers wird neben der Grundwasseranreicherung, dem Hochwasserschutz und der Wasserstandsregulierung in den Vorflutern das Absetzen von Sinkstoffen in diesen Becken erreicht; sie sind in Mehrjahresabständen zu entschlammen.

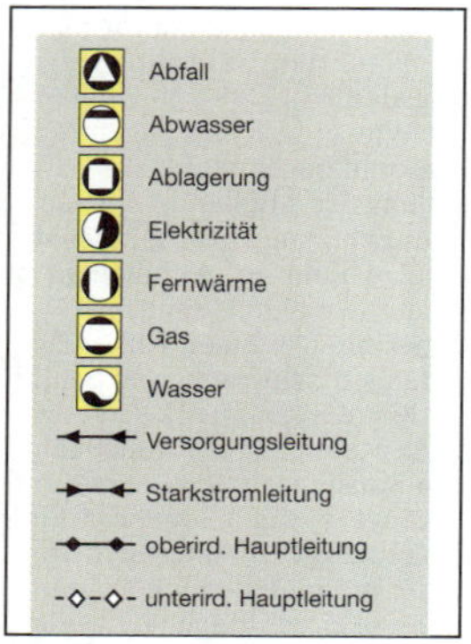

A Planzeichen nach PlanZVO

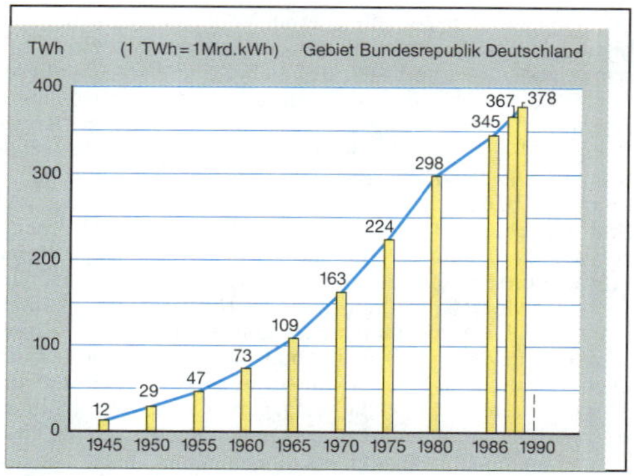

B Bruttostromerzeugung der öff. Elektrizitätsversorgung

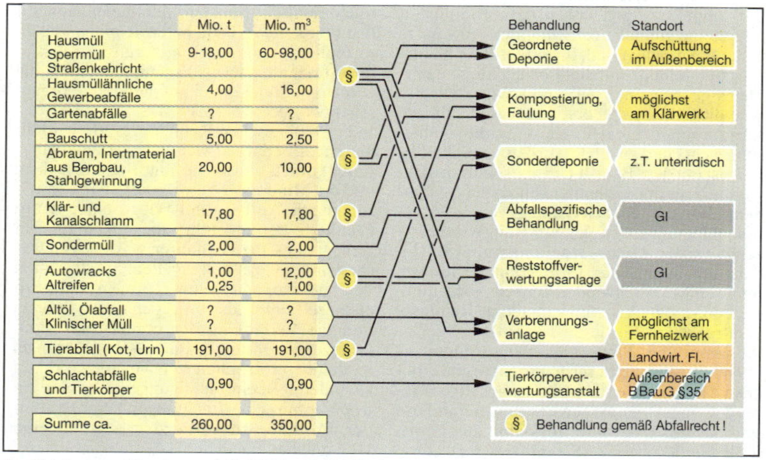

C Abfallmenge (Bundesrepublik 1970) und Abfallbehandlung

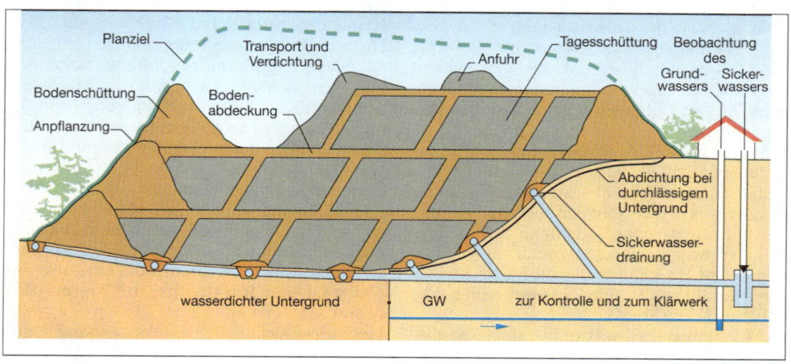

D Schematischer Querschnitt einer »Geordneten Deponie«

Sonstige, für die Stadtentwicklung und den Städtebau wesentliche Versorgungssysteme (A: Planzeichen) sind:

a) **Stromversorgung:** die Elektrizitätserzeuger (Kraftwerke) stehen in unserer hochindustrialisierten Gesellschaft meist über Hochspannungsfreileitungen (≧ 110 kV) untereinander im Verbund. Sie geben die Energie an Umspannwerke ab, die über ein meist unterirdisches Hochspannungskabelnetz (ca. 30 kV) zentrale Umspannstationen (Trafo-Stationen) bedienen. Von dort wird die Energie über ein Mittelspannungsnetz (10–20 kV) an ein Umformer-Verbundnetz abgegeben, das die Verbraucher (Haushalte, Betriebe usw.) über ein Niederspannungsnetz versorgt (220/380 V).

b) **Fernwärmeversorgung:** Ein Teil der bei der Energieerzeugung anfallenden Abwärme kann als Fernwärme genutzt werden. Die Fernwärme wird in einer Druckrohrleitung mittels Dampf oder Heizwasser mit ca. 130 °C zum Verbraucher transportiert, in der parallel geführten Rücklaufleitung zum Heizwerk beträgt die Temperatur ca. 70 °C. Wegen der Wärmeverluste auf dem Transportweg ist die Leitungslänge begrenzt (ca. 3–5 km) und wirtschaftlich nur vertretbar, wenn eine hohe Abnehmerdichte erreicht werden kann.

c) **Gasversorgung:** Die Gasversorgung erfolgt vom Erzeuger (Gaswerk) oder Großspeicher (Hochdruckbehälter) über Hochdrucknetze (> 10000 mm WS, Wassersäule) an Gasreglerstationen, die den Druck im Mitteldrucknetz (5–10000 mm WS) und im Niederdrucknetz (< 5000 mm WS) herabsetzen. Als »saubere« Energie eignet sich bes. Erdgas als Heizenergie zur Versorgung ganzer Stadtteile (ggf. Anschlußzwang).

d) **Fernsprechversorgung:** Neben dem Netz der Verbindungskabel und Richtfunkstrecken zwischen den Fernsprechortsnetzen besteht das nach dem Verästelungsprinzip aufgebaute Teilnehmerkabelnetz. Außerdem können in größeren Gemeinden und Städten gesonderte Fernsprechnetze eingerichtet sein.

Alle erwähnten Versorgungssysteme stellen an die Stadtplanung **standortbezogene Flächenansprüche** für Aufbereitungsstätten (Wasserwerk, Klärwerk usw.) und Speicher (Trinkwasser- oder Gasbehälter) und **Trassenansprüche** für die Leitungen der Verbindungs- und Verteilernetze. Insbes. die Trassen der Verteilernetze werden in den öffentl. Verkehrsflächen zusammengefaßt (S. 134 C) und erfordern eine Koordinierung aller Leitungsplanungen zwischen den Baulastträgern untereinander und mit den Planungs- und Tiefbauämtern. Für die standortbezogenen Flächenansprüche ergeben sich häufig systemspezif. Bedingungen: erhöhte Punkte im Gemeindegebiet für Trinkwasserbehälter, Tiefpunkt am Hauptvorfluter für die Kläranlage, zentrale Anordnung von Umformer- und Gasreglerstationen in ihrem Versorgungsgebiet. Die erforderl. Standorte sind in ihrer Flächendimensionierung für neue oder Erweiterungsanlagen auf den erkennbaren Bedarf der Zukunft auszulegen. Der Hinweis auf die Brutto-Stromerzeugung der öffentl. Elektrizitätsversorgung, die sich vor 1980 in jeweils weniger als 10 J. verdoppelte (die Engpaßleistung liegt etwa beim Doppelten der Jahresdurchschnittsstunde), soll dieses Problem veranschaulichen (B).

Die kommunale Müllabfuhr stellt nur einen Ausschnitt aus dem Entsorgungssystem der öffentl. **Abfallbewirtschaftung** dar. Das Abfallgesetz und die entsprechenden LänderG haben die überkommunale Bedeutung der Abfallbeseitigung anerkannt. Es gilt der **Grundsatz** [200, § 2], daß »Abfälle so zu beseitigen sind, daß das Wohl der Allgemeinheit nicht beeinträchtigt wird, insbes. dadurch, daß

1. die Gesundheit der Menschen gefährdet und ihr Wohlbefinden beeinträchtigt,
2. Nutztiere, Vögel, Wild und Fische gefährdet,
3. Gewässer-, Boden- und Nutzpflanzen schädlich beeinflußt,
4. schädliche Umwelteinwirkungen durch Luftverunreinigungen oder Lärm herbeigeführt,
5. die Belange des Naturschutzes und der Landschaftspflege sowie des Städtebaus nicht gewahrt oder
6. sonst die öffentl. Sicherheit und Ordnung gefährdet oder gestört werden.«

Die Ziele und Erfordernisse der Raumordnung und Landesplanung (BauGB § 1.4) sind auf besondere Weise zu beachten, denn die Länder stellen für ihren Bereich **Abfallbeseitigungspläne** nach überörtlichen Gesichtspunkten auf und haben darin geeignete Standorte für die Abfallentsorgungsanlagen festzulegen ([200] § 6.1). Die Gemeinden sind anzuhören.

Die Abfallbeseitigung umfaßt das Einsammeln, Befördern, Behandeln, Lagern und Ablagern der Abfälle ([200] § 1.2), sowie Aussondern und Rückgabe der verwendbaren Anteile in den Wirtschaftskreislauf (Recycling) und der zulässigen Anteile in den der Natur (Rieselfelder). Die anzuwendenden Methoden richten sich nach Art und Menge der Abfallstoffe (C); für etliche **Sonderabfälle** gelten strengere Gesetze [197; 202; 203].

Die Verbrennung ist die teuerste Art der »Beseitigung« von Abfall; Sauerstoffverbrauch und Belastung der Atmosphäre mit *Abwärme,* (z. T. schadenden oder giftigen) Gasen und Stäuben sind weitere Nachteile dieser Wohlstandsmethode. Die *geordnete Deponie* hat sich dort durchgesetzt (D), wo Belastungsfähigkeit eines Standortes, die Art der Reststoffe und die Ablagerungsfolgen dies zulassen. Neue Verfahren, bes. zur Reststoffverwertung, werden gebraucht und gefördert. Doch wichtiger ist die allgemeine Bereitschaft zur Vermeidung von Abfall.

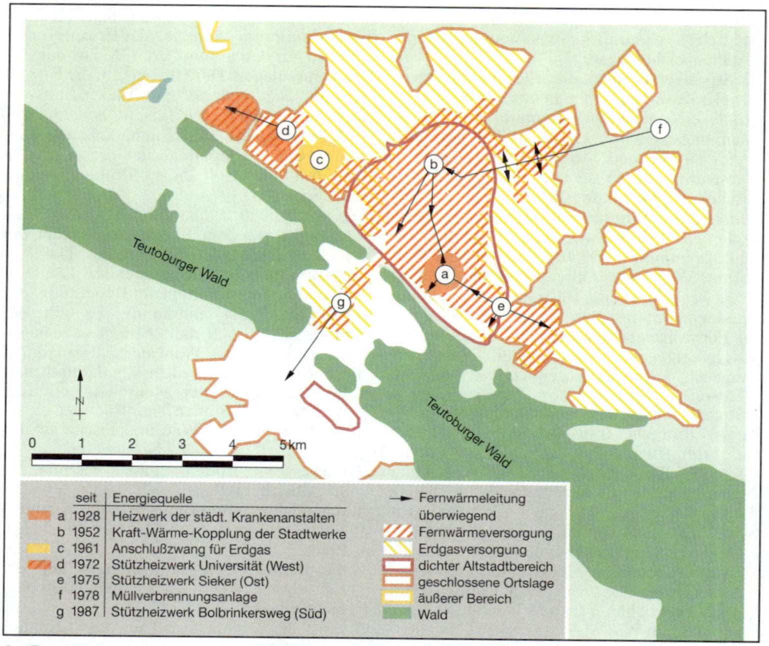

A Entwicklung des kommunalen Wärmeversorgungssystems Bielefeld

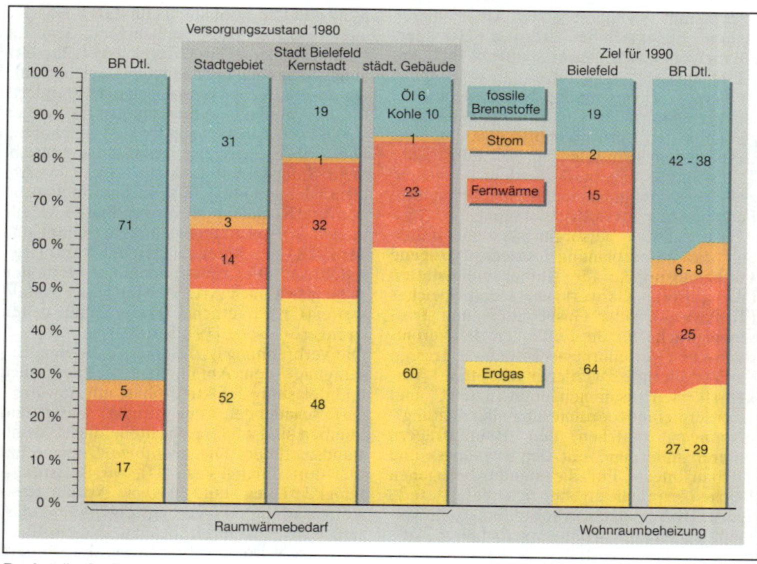

B Anteile der Energiearten an der Wärmeversorgung

Ziele der **Energiepolitik** wurden ab 1975:
1. Der erforderliche Energiebedarf ist bei freiem Wettbewerb preisgünstigst zu sichern.
2. Der gesamte Energieverbrauch ist zu minimieren.
3. Der Mineralölanteil ist zu ersetzen.
4. Die Umweltbelastungen durch Energiegewinnung/-verbrauch sind zu minimieren.

Die Erfolge dieser Energiepolitik beruhten zu dieser Zeit (s. Tab. 35, vgl. S. 86) auf einer einsichtigen öffentl. Diskussion, auf entspr. Rationalisierungsmaßnahmen in der gesamten Wirtschaft und auf den Bemühungen der Städte und Gemeinden, durch kommunale **Versorgungskonzepte** auf örtlicher Ebene
- den leitungsgebundenen Energieträgern Erdgas, Fernwärme und Nachtstrom steigende Anteile der Energiedeckung, bes. beim Raumwärmebedarf, zu geben,
- die stadtplanerischen Entwürfe den Erfordernissen des Energiesparens und des Umweltschutzes unterzuordnen,
- in Gebäuden in kommunalem Besitz den Energieverbrauch zu verringern und Mineralöl zu substituieren (vgl. B),
- durch Anreize, Aufklärung und Beispiele die Bürger zu Energie sparendem Verhalten und Investieren anzuregen und
- alle Neubautätigkeit auf Einhaltung dieser Zielsetzung streng zu kontrollieren.

Der Deutsche Städtetag hat die Forderungen aus dem Energieprogramm der Bundesregierung politisch unterstützt und zur Aufstellung und Weiterentwicklung örtl. Versorgungskonzepte empfohlen, daß Städte
a) mit **Querverbundunternehmen** (stadteigene Versorgungsbetriebe mit Erdgas-, Fernwärme- und Nachtstromangebot) mit diesen Unternehmen engstens zusammenwirken und
b) mit mehreren Versorgungsträgern »im Prinzip so vorgehen, als wenn ein Querverbund vorhanden wäre«, was unterstellt, daß die Lieferkonzessionäre auf wirtschaftl. Vorteile zugunsten eines höheren Gesamtoptimums verzichten.

Tabelle 35:	Energieverbrauch*	Erdölanteil*
1975	100,0	100,0
1976	101,3	101,2
1977	98,7	96,7
1980	94,7	87,4
1981	90,7	80,0

* in den 10 EG-Staaten je Einheit des BIP

Ein **Wärmeatlas,** der den Wärmebedarf objektscharf in seiner räuml. Verteilung, seine jeweilige Deckung nach Energieträgern, sowie Kennmaße der Bausubstanz und ihrer Heizanlagen erfaßt, ist eine gute Planungsgrundlage. Er ist durch die stadtstrukturellen Rahmenbedingungen für Neubau-, Entwicklungs-, Sanierungs- und Modernisierungsgebiete mit ihren sozialen und ökonom. Daten zu ergänzen, damit hierauf mittel- bis langfristige **Wärmebedarfsprognosen** zur Abschätzung des Grundstücks-, Standorts- und Trassenbedarfs für Wärmeerzeugungs- und -verteilungsanlagen aufgebaut werden können. Die Verwendung nutzungswürdiger **Abwärmepotentiale** (Wärmerückgewinnung, Kraft-Wärme-Kopplung) und die Verringerung der Luftbelastung sind in dieser Rechnung zu beachten.

Die Entstehung des kommunalen Versorgungskonzeptes von *Bielefeld* (A) ist Beispiel für vorbildliches Vorgehen einer Stadt und ihrer eigenen Stadtwerke: als 1928 für das städt. Krankenhaus und seine Wäscherei bei »a« ein Heizwerk gebaut wurde, schloß man damals bereits Schulen und andere öffentl. Gebäude über das erste Fernwärme-Teilnetz an. 1951, als 1 Liter Heizöl nur 9 Pfennige kostete, entschlossen sich die Verantwortlichen zur Einführung der zunächst teureren **Kraft-Wärme-Kopplung** bei »b«, was sich langfristig als günstiger erwies. Von »b« aus wurde ein Fernwärmenetz in die dichtest bebaute City vorgetrieben und mit »a« verbunden.

Für den neugeplanten Stadtteil *Bültmannshof* (»c«) wurde bereits 1961 die Versorgung mit Erdgas mit **Anschlußzwang** (S. 69) im Bebauungsplan durchgesetzt; anschließend wurde das Erdgasangebot auf die innere Stadt ausgedehnt. 1972 wurde das für die neue Universität (S. 100) erf. **Stützheizwerk** bei »d« so ausgelegt, daß von dort aus in dem ab 1977 neu begonnenen Stadtteil *Lohmannshof* die Fernwärme der Energieträger für den Raumwärmebedarf wurde. Mit dem Neubau des städt. Krankenhauses (S. 104) wurde das älteste Heizwerk abgängig. Um die gegenseitige Beeinträchtigung bei »a« zu vermeiden, wurde als Ersatz das neue Stützheizwerk in angemessener Entfernung zum Krankenhaus in Lee, der Hauptwindrichtung bei »e«, gebaut, so daß von dort aus das alte Teilnetz und weitere Stadtteile mit Fernwärme versorgt werden konnten. 1978 wurde eine Müllverbrennungsanlage bei »f« so ausgelegt, daß die Fernwärmeleitung von dort zur Zentrale bei »b« Ausgangsort für weitere, mit Fernwärme versorgte Gebiete wurde. Das Stützheizwerk Süd bei »g« bildete 1982 den vorläufigen Abschluß dieses »örtlichen Versorgungskonzeptes«, es wurde 1987 in Betrieb genommen. Da das Erdgasangebot die geschlossene Ortslage auf der Nordseite des Teutoburger Waldes nahezu vollständig abdeckt (vgl. A), hat Bielefeld mit dieser konsequent verwirklichten Planung seit 1961 eine führende Position in der Versorgung seiner Bürger mit leitungsgebundenen Energien eingenommen.

Bezüglich der stadteigenen Gebäude hatte das Hochbauamt der Bauverwaltung durch kluge und frühzeitige **Energiesparmaßnahmen** die *fossilen Energieträger* auf einen Minimalanteil am Gesamtenergiebedarf senken können (B).

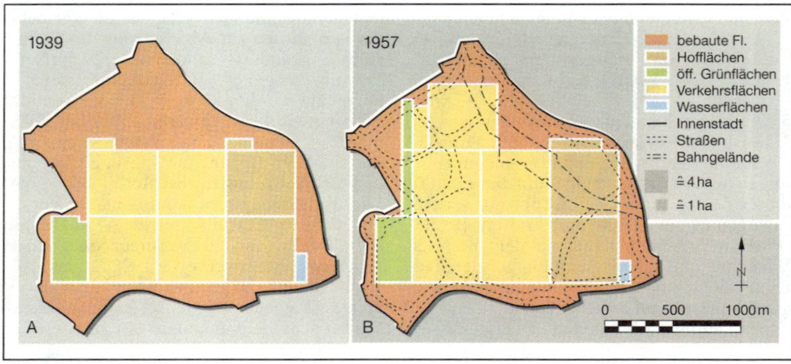

A-B Zunahme der Verkehrsfläche in der Innenstadt von Hannover

National Travel Survey	Sozialwissenschaftliche Erhebung	Sachverständigen-Kommission Verkehr	Vorschlag* des Verfassers
a. to or from work b. in course of work c. educational	α. Beruf und Ausbildung	I. Wirtschaftsverkehr nach Personen und Gütern getrennt	1. Berufsverkehr, ggf.Schülerverkehr gesondert
d. shopping-food e. shopping-other goods f. personal business	β. Besorgungen, Erledigungen, Einkauf und Behördenbesuch	II. Berufsverkehr	2. Wirtschaftsverkehr, ggf.»privater Wirtschaftsverkehr« (≙ d+e+f ≙ β) gesondert
g. for eating / drinking h. sports i. places of entertainment j. personal social activities k. holidays, pleasure trips	γ. Kino, Theater, Bücherei δ. private Besuche Freunde ε. Ausflug, Spaziergang	III. Verkehr durch Großveranstaltungen (Messe, Ausstellungen, Sportveranstaltungen, Kirchentage)	3. Freizeitverkehr, ggf. Wochenendverkehr gesondert
l. pick-up, set-down, escort m. other	ζ. Anderes		4. Verkehr durch Großveranstaltungen
C [205]	D [206]	E [207]	F *zugleich Legende für C, D und E

C-F Unterscheidungen des Verkehrs nach dem Zweck (Motivation)

Unterscheidungen des Verkehrs nach Verkehrsweg G	Verkehrsmittel H	Verkehrsfracht I	Verkehrsbereich J	Verkehrstätigkeit K	Besondere Flächenansprüche für L
Straße	Fußgänger	M	Fußgängerverkehr	Verkehrstätigkeit	selbständiges Fußwegenetz
	Rollstuhl (für Behinderte)	M			
	Fahrrad	M	Individualverkehr (IV)	Fließender oder Ruhender oder Ladeverkehr	Verkehrsregelung
	Motorrad	M			Fl. zum Parken
	Pkw	M G			Lärmschutz
	Lkw	G			Tankstellen u.ä.
	Taxi	M			Haltestände
	Bus	M			Haltestellen
Schiene	Straßenbahn	M	Öffentlicher Personen-Nahverkehr (ÖPNV)		Bahnhöfe
	U-Bahn	M			eigenes Verkehrswegenetz
	Stadtbahn	M			
	S-Bahn } DB	M			Depots, Lager
	Fernbahn } DB	M G	Fernverkehr		Werkstätten
Wasserweg	Schiff	M G	Schiffahrt		Hafen
Luftweg	Flugzeug	M G	Luftfahrt		Landeplätze
Rohrleitung	Gefällerohr	G			Speicherbecken
	Druckrohr	G E			Pumpstationen
Kabelleitung	Starkstromkabel	G E			Umspannwerke
Kabelleitung	Schwachstromkabel	N			Vermittlungsstellen
Funk	elektromag. Wellen	N			Sender

M Personenverkehr
G Güterverkehr
E Energieverkehr
N Nachrichtenverkehr

G-L Unterscheidungen des Verkehrs

Verkehr ist die Ortsveränderung von Personen, Gütern (Sachen), Energie und Nachrichten (Informationen) durch Überwindung von Entfernungen. Verkehr umfaßt den Spaziergang und die Weltreise, das Gespräch und den Brief. Begriffe wie Zahlungs- und Grundstücksverkehr weisen auf die enge Verbindung zwischen Verkehr und **Handel** hin (S. 13, 23, 51). Zunehmende Arbeitsteilung, Fortschritt des Wissens und Umfang des Verkehrs bedingen einander und bilden gemeinsam eine Grundlage der Zivilisation. Der mit der gesellschaftl. Entwicklung gewachsene und wachsende **Flächenanspruch** des Verkehrs steht in seiner Größenordnung und Problematik gleichrangig neben den Flächenansprüchen für Bau- und Freiflächen (S. 58 B).

In der Innenstadt von **Hannover** sind die Anteile der unterschiedl. Flächennutzungen ermittelt worden [204]. Innerhalb dieses Gebietes von 293,6 ha ist die Verkehrsfläche von 1939–1957 um 26,3 ha von 34,6% auf 43,6% gestiegen (A, B). Diese Zunahme und die der öffentl. Grünflächen um 8,9 ha von 5 auf 8% ging zu Lasten der bebauten Flächen. Sie diente überwiegend dem Ausbau der Stadtstraßen (B: Tangentenfünfeck um die Innenstadt) und war eine Voraussetzung für die Erhöhung der Geschoßflächen. Durch diese Umwidmung ab 1948 wurden in den 9 Jahren von 1948–57 durchschnittl. jährl. 1% der Innenstadtfläche zusätzl. dem Stadtverkehr zur Verfügung gestellt – das ist viel. In anderen Städten verhielt es sich ähnlich. Nachdem im 19. Jh. der Eisenbahnbau die Verkehrsentwicklung bestimmt hatte, wurde nunmehr für den Nachholbedarf im Straßenbau investiert. Erst die »Ölpreiskrise« von 1973 führte zu einer Umbewertung des Straßenverkehrs in der öffentl. Meinung und als wirtschaftl. Folge zu Einschränkungen bei allen Industrien, die vom Straßenverkehr leben.

Der Satz, daß »der Verkehr der beste sei, der gar nicht erst entstehe«, ist weder logisch noch sinnvoll. Denn wollte man keinen Verkehr entstehen lassen, so müßte man sämtl. Ursachen der **Verkehrsnachfrage** (C–F) beseitigen. Die Unterscheidungen des Verkehrs nach dem Zweck der Ortsveränderung zeigen in ihrer Vielfalt (C–E), daß der Verkehr eine umfassende Bedeutung als **Basisfunktion** für Gesellschaft und Staat hat. Nicht nur die der Existenzerhaltung dienenden notw. Verkehrsleistungen sind unverzichtbar, sondern auch die freiwilligen Verkehrsleistungen, die als Ausdruck der Freizügigkeit für viele Bürger *existentielle* Bedeutung haben. Also muß der Staat geordnete Verhältnisse im öff. Verkehr sicherstellen [8, Bd. 3, S. 3566].

Der Staat will mit seinen Maßnahmen

1. Sicherheit im Verkehr durch entsprechende Rechts- und Normsetzungen erreichen,
2. eine ausgewogene Ordnung des Verkehrsmarktes gestalten und
3. das Verkehrswesen auf Oberziele der gesamten Volkswirtschaft ausrichten.

Er kann dabei folgende Mittel einsetzen:

a) die Regelung des Zugangs zum Markt, z. B. Begrenzung des Güternahverkehrs,
b) Beeinflussung der Preispolitik, z. B. durch Tarifgestaltung der Bundesbahn,
c) Steuerung der Verkehrsinvestitionen, z. B. vorrangige Förderung des öffentl. Personennahverkehrs (ÖPNV).

Das Verkehrsaufkommen und seine angenommene Entwicklung ist Grundlage für die Planung eines ausreichenden **Verkehrsangebots;** für seine Erfassung ist der Verkehr nach dem Zweck techn. am sinnvollsten gemäß »F« zu unterscheiden. *Berufs-* und *Freizeitverkehr* können je für sich zu versch. Zeiten die Spitzenbelastungen für versch. Verkehrswege darstellen und damit für ihre **Bemessung** maßgeblich sein. Der *Wirtschaftsverkehr* ist weitgehend an bestimmte Verkehrsmittel (H, I) gebunden; die für diese Verkehrsmittel vorhandenen Verkehrswege (G) haben daher zunächst den Wirtschaftsverkehr aufzunehmen (erforderl. Mindestkapazität). Großveranstaltungen (E, F) setzen bes. organisator. Maßnahmen für die Verkehrsbewältigung voraus. Ob dafür bes. Verkehrswege zu schaffen sind, hängt u. a. von deren Bedeutung, Häufigkeit, Besucherzahl ab [207]. Die Ermittlung des Verkehrsaufkommens, insbes. im Straßenverkehr, ist an eine abgegrenzte Fläche (Zählgebiet) und an ein Zeitintervall (Zeitpunkt und Dauer der Zählung) gebunden. Hierbei unterscheidet der Verkehrsingenieur u. a. folgende **Verkehrsarten** [208]:

- *Durchgangsverkehr* ist die Summe der Verkehrseinheiten (Fahrzeuge), die während der Zähldauer das Zählgebiet durchqueren,
- *Zielverkehr* sind die Einheiten, die sich während der Zähldauer von außerhalb in das Zählgebiet hineinbewegen und dort mindestens ein Ziel aufsuchen,
- *Quellverkehr* sind die Einheiten, die ihre Bewegung im Zählgebiet beginnen und dieses während der Zähldauer verlassen,
- *Binnenverkehr* sind die Einheiten, die während der Zähldauer nur innerhalb des Zählgebietes verkehren,
- weitere Unterscheidungen sind möglich.

Stadtverkehr bezeichnet die Gesamtheit aus Fußgängerverkehr (FV), Individualverkehr (IV) und öffentl. Personennahverkehr (ÖPNV) gemäß »J«. Als Teil des Stadtverkehrs umfaßt der Individualverkehr Personen- wie Güterverkehr (s. Spalte J), er schließt damit sowohl den auf das Stadtgebiet bezogenen Güternahverkehr wie den Verteilerverkehr des Fernverkehrs mit ein.

Weitere Begriffe sind den Spalten C–K zu entnehmen; die Spalte L soll auf zusätzliche, bes. »punktartige« Flächenansprüche der unterschiedl. *Verkehrssysteme* (S. 129) hinweisen.

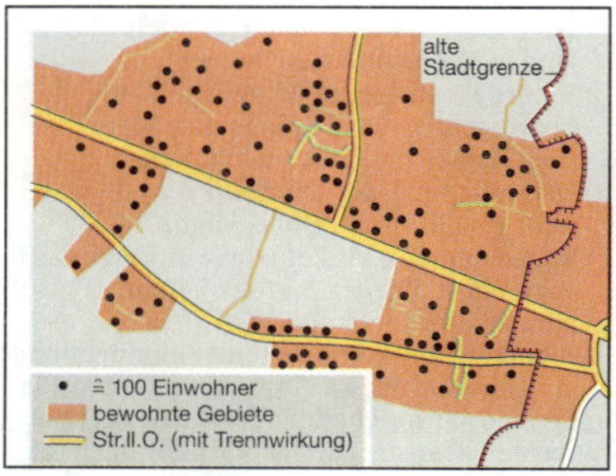

A Bestand an Fußwegen (ohne Bürgersteige)

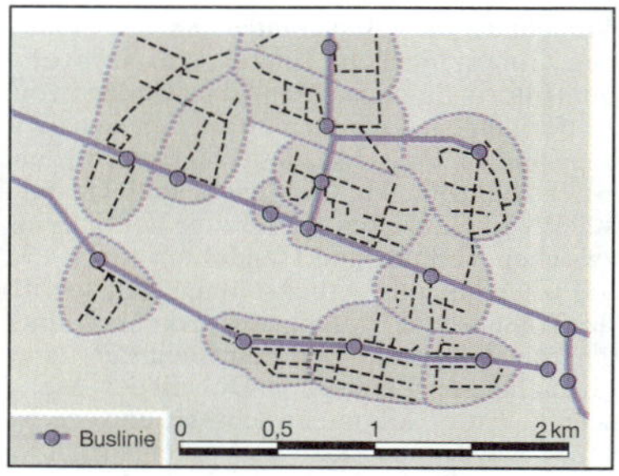

B Wege zu Haltestellen

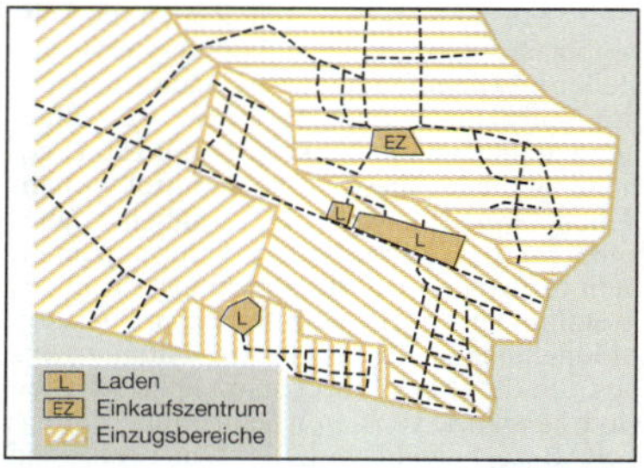

C Wege zum täglichen Einkauf

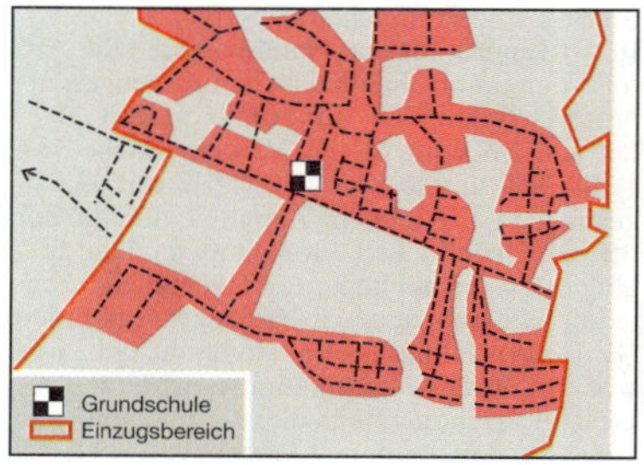

D Wege zur Grundschule

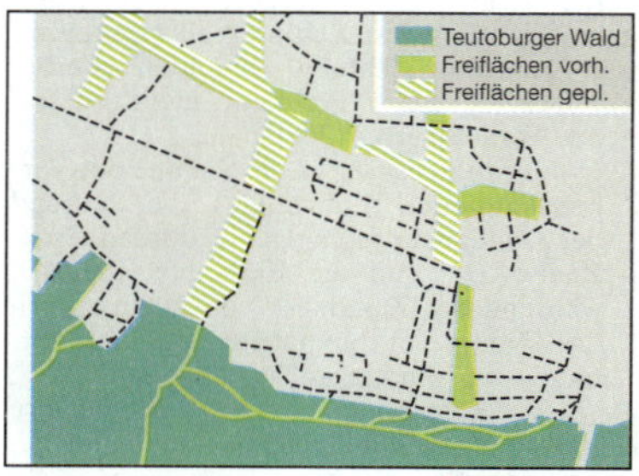

E Wege zu Freiflächen, Wanderwege

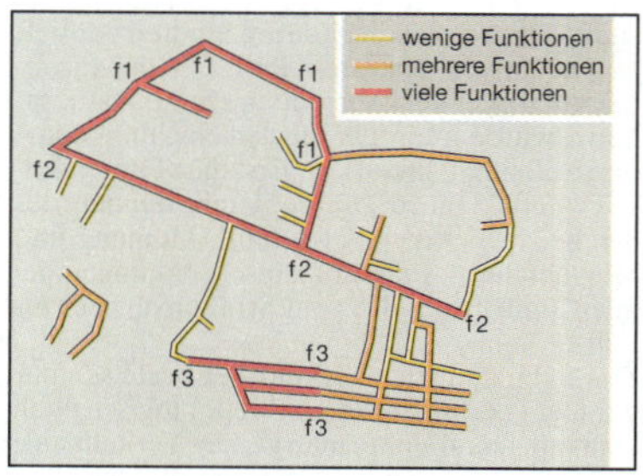

F Wege mit mehr als einer Funktion

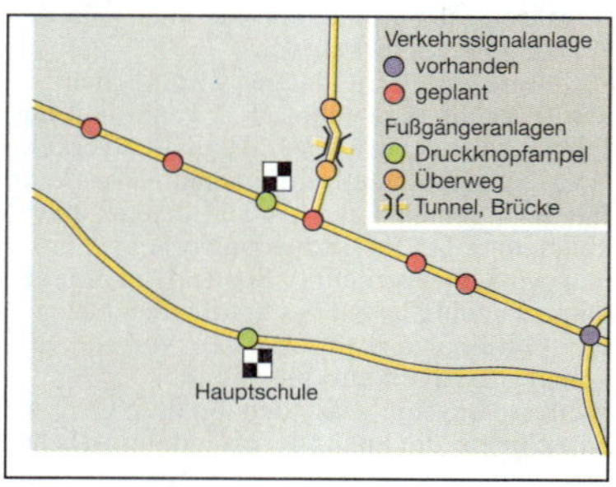

G Überwindung hoch belasteter Straßen

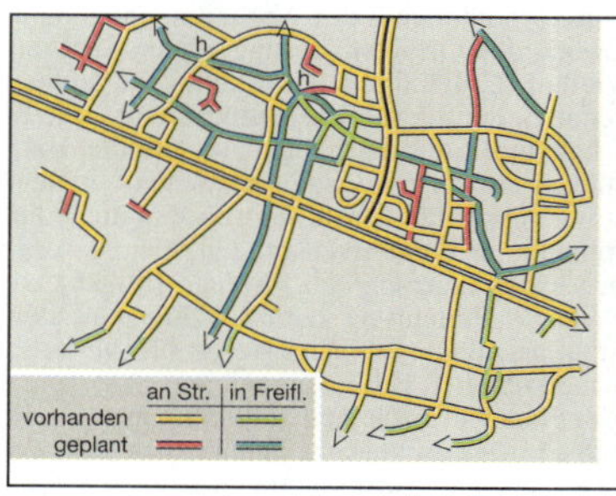

H Vorschlag für ein Gesamtfußwegenetz

Verkehrswege gleicher Art bilden ein **Netz** [209]. Alle Verkehrswegenetze dienen zumindest mittelbar der Flächenerschließung. Jedes Verkehrsnetz bildet mit den entsprechenden Verkehrsmitteln und den erforderl. Betriebseinrichtungen ein **Verkehrssystem.** Die einzelnen Verkehrssysteme ergeben im Zusammenhang das Gesamtverkehrssystem eines Gebietes, z. B. eines Stadtteils.

Das **Fußwegenetz** als das histor. älteste Netz war zugleich das einfachste Verkehrssystem. Wie ein Fußwegenetz auf »natürliche« Weise entsteht, ist zu beobachten, wenn die Menschen nach dem ersten Schneefall und vor der Schneeräumung über einen großen freien Platz gehen. Schon nach kurzer Zeit werden einige Pfade die Linien der höheren Verkehrsdichte zwischen wichtigeren Verkehrsquellen und -zielen anzeigen. Ist der Platz groß genug, wird auch sichtbar, welche geringen **Umwege** sich der Fußgänger selbst zumutet und wie er nach Abkürzungen sucht. Durch Jahrtausende baute der Mensch Wege und »Triumphstraßen« auf älteren »Trampelpfaden« – der **Maßstab** war der des Fußgängers. Er galt für Plätze als Standorte der Begegnung und des Handels, für Wege von höherer Verkehrsbedeutung und zugleich für die engmaschige Erschließung der Siedlungsflächen. Die Gesellschaft ließ zu, daß das Automobil im Gefolge der Pferdedroschke die urspr. dem Fußgänger vorbehaltenen Verkehrsflächen weitgehend für sich beanspruchte und vielerorts den Maßstab verdarb. So wurde der Fußgänger ab 1890 der Benachteiligte der Verkehrsentwicklung.

1964 erschienen die Ergebnisberichte von zwei unabhängigen Arbeitsgruppen, die für zwei europäische Regierungen nachgedacht hatten: das eine war der bedeutsame ›Bericht der Sachverständigen-Kommission über eine Untersuchung von Maßnahmen zur Verbesserung der Verkehrsverhältnisse der Gemeinden‹ (SKV-Gutachten) an den dt. Verkehrsminister [207], das andere war der »bahnbrechende« BUCHANAN-Report ›über die langfristigen Probleme des Stadtverkehrs‹ an den engl. Verkehrsminister [210]. Beide Berichte bewerteten die Teilsysteme des Verkehrs grundlegend neu; sie enthielten auch neue Aussagen zum **Fußgängerverkehr.** Doch ihre polit. Auswertung erfolgte in der BRDtl. nur unvollständig.

Die Stadt Bielefeld hat als »Grundlage für die Planung eines Gesamtfußwegenetzes« für das alte Stadtgebiet (S. 64) ein in sich schlüssiges Kriterienkonzept erarbeitet [211]; die **Methodik,** nach der die qualitativen Anforderungen des Fußgängers zu einem Planungskonzept verarbeitet wurden, wird am Beispiel des Stadtteiles *Stieghorst* (vgl. S. 104 A) gezeigt:

A: Aus der Punktekarte ergeben sich Verteilung und Wohndichte der Einwohner. Der Bestand an reinen Fußwegen bildet kein **Netz.**

B: Der Stadtteil wird im öffentl. Personennahverkehr (ÖPNV) durch mehrere Buslinien erschlossen. Die Wege, die die Fahrgäste zu den Haltestellen tatsächlich gehen, ergeben erste Anhaltspunkte für die Abgrenzung von 13 Teilwegenetzen. Forderung: Die Haltestellen des ÖPNV müssen auf **kurzen, direkten** Wegen möglichst unter 10 Gehminuten erreichbar sein; dies gilt auch für Änderungen, z. B. bei Verlegung einer Haltestelle.

C: In diesem Stadtteil liegen 3 Einkaufsstätten, eine liegt außerhalb; es sind also 4 tatsächl. Teilwegenetze abgrenzbar. Forderung: Die Einkaufsstätten müssen auf sozial **angepaßten** Wegen vom Kunden erreichbar sein; denn die Benutzer sind überwiegend Hausfrauen (mit Kinderwagen), Kinder, alte Menschen, Behinderte (im Rollstuhl). Die 13 Teilnetze gemäß B sind so miteinander zu verbinden, daß 4 Netze gemäß C daraus entstehen.

D: Der ganze Stadtteil ist Einzugsbereich für eine Grundschule; das gleiche gilt bezügl. der Hauptschule (Standort s. G). *Schüler* gehen also längere Wege als *Fahrgäste* und *Kunden.* Forderung: Die Wege zur Schule müssen **verkehrssicher** und **gefahrenfrei** sein. Die 4 Teilnetze gemäß C sind zu einem **Schulwegenetz** gemäß D zu verbinden.

E: Jeder Bürger braucht Freiflächen zur tägl. Erholung, das Kleinkind den wohnungsnahen Kinderspielplatz (S. 94 B) und jedermann die Möglichkeit zum tägl. Spaziergang. Forderung: Öffentl. Freiflächen sollten durch **störungsfreie** Fußwege mit den Wohngebieten verbunden sein. Fußwege sollten diese zusätzlich mit der freien Landschaft verbinden, so daß längere Spaziergänge ohne Benutzung anderer Verkehrsmittel möglich sind.

F: Weitere Teilnetze im Einzugsbereich von anderen Fußgängerzielen sind denkbar (Kindergärten, Arbeitsplätze). Aus der Überlagerung aller Wegenetze ergeben sich Fußwege, die *wenigen* oder *mehreren* oder *vielen* Funktionen dienen. Daraus kann auf die Dringlichkeit von Neubau- und Ausbaumaßnahmen geschlossen werden (S. 133). Forderung: Es ist zu prüfen, ob die **multifunktionalen** Wege den Ansprüchen genügen (f3), ob sie auszubauen sind (f2) oder ob sie durch kürzere Wege ersetzt werden können (h in H statt f1 in F).

G: Der Stadtteil wird durch einige Straßen mit hoher Verkehrsbelastung, die nach BUCHANAN [210; 214] nicht-*überschreitbar* sind, zertrennt. Forderung: Das Fußwegenetz muß an Trennstellen durch geeignete Maßnahmen **geschlossen** werden (Fußgängerbrücke, -tunnel, Verkehrssignalanlage).

H: Der Vorschlag zeigt auf, wie aus den vorhandenen Fußwegen an Straßen (Bürgersteigen) und den reinen Fußwegen durch Netzergänzungen und Ausbauten ein **Gesamtfußwegenetz** geschaffen werden kann. Forderung: Das Fußwegenetz dieses Stadtteils ist mit denen anderer Stadtteile und mit der freien Landschaft zu **verbinden**.

Bei Fußwegen an Verkehrsstraßen (Bürgersteig) ist ein Sicherheitsabstand von 0,50 m von der Bordsteinkante erforderlich (senkrechte rote Linie).

Reine Fußwege, insbesondere in Freiflächen, erfordern keine Sicherheitsabstände (Wegbreite voll nutzbar).

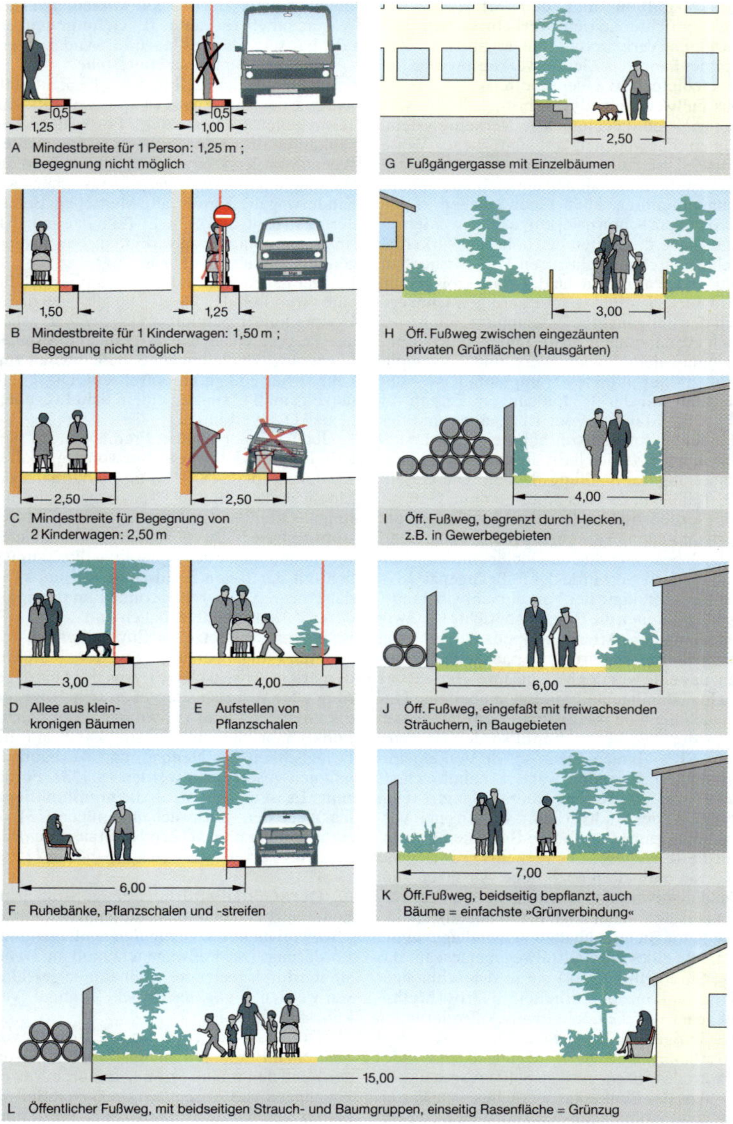

A-L Breiten von Bürgersteigen (A-F) und von reinen Fußwegen (G-L)

Die **Leistungsfähigkeit** eines Fußweges hängt bes. von Breite, Neigung, Ausbauzustand und Hindernissen ab und läßt sich aus folgender Beziehung ermitteln:

(1) Q = v×d×b

mit: Q = Fußgänger in der Zeiteinheit,
v = mittlere Gehgeschwindigkeit,
d = Dichte in Personen/qm,
b = freie Gehwegbreite in m.

Die mittlere Gehgeschwindigkeit ist direkt abhängig von der Fußgängerdichte; mit zunehmender Dichte sinkt die mögliche Geschwindigkeit und damit die Leistungsfähigkeit des Weges. Sie wird durch die Schwachstellen des Fußweges gemindert, z. B. Einengungen durch Verkehrszeichen, Parkuhren, Leitungsmaste, Laternen, Litfaßsäulen. Derartige feste Einbauten müssen auf Fußwegen an Fahrstraßen einen Sicherheitsabstand von 0,50 m von der äußeren Bordsteinkante freihalten (A–F). Auf jedem Bürgersteig dürfen Verkehrszeichen aufgestellt werden. Damit ein einzelner Mensch auf einem Bürgersteig gehen kann, ist also eine Mindestbreite von 1,25 m erforderlich (A); Begegnen und Überholen sind nicht gefahrenfrei möglich.

Damit eine Frau mit Kinderwagen einen Gehweg benutzen kann, muß er mindestens 1,50 m breit sein (B). Die Breite von nicht-motorisierten **Rollstühlen** reicht bis zu 0,75 m [212], die Breite von motorisierten bis 0,86 m. Damit zwei Behinderte einander im Rollstuhl begegnen können oder zwei Frauen mit Kinderwagen (C), muß eine **Mindestbreite** von 2,50 m vorhanden sein. Die Breite wird allerdings vermindert, wenn das halbseitige Parken für PKW gestattet wird, wenn Mülltonnen an Abfuhrtagen auf der Gehwegfläche stehen oder wenn gar ständige Einbauten wie z. B. Schaltschränke für Verkehrssignalanlagen vorhanden sind. Die Behördenvertreter, die bei der *Verkehrsschau* die »Sicherheit und Leichtigkeit des Verkehrs« auf Fahrstraßen verbessern wollen, dürfen nicht der Versuchung nachgeben, Gehwegflächen dafür heranzuziehen.

Hier stellt sich die Frage, wer **Vorrang** haben soll: der Fußgänger oder der Automobilist? Soll der Fußgänger an Straßen III. und IV. Ordnung (S. 134) den Vorrang haben, so ist die Hindernisfreiheit, z. B. Verzicht auf Doppelnutzung durch PKW (halbseitiges Parken), bes. auf schmalen Bürgersteigen durchzusetzen.

Bei der **Bemessung** von Gehwegen ist die hindernisfreie Gehbreite q mit mindestens 2 m anzusetzen; die spezif. Leistungsfähigkeit je m Breite kann dann ermittelt werden aus

(2) q = Q/b = v×d×b/b = v×d; q >2,00 m.

Tabelle 36: Gehgeschwindigkeit bei:

a) Schaufensterbummel	30–50 m/min,
b) Einkaufsverkehr	40–60 m/min,
c) gemischter Verkehr	50–80 m/min,
d) Veranstaltungsverkehr	70–90 m/min,
e) reiner Berufsverkehr	80–100 m/min.

Setzt man in (2) die Werte für Geschwindigkeit (Tab. 36) und Dichte (Tab. 37) ein, die ein *freizügiges* Gehen erlauben, so ergibt sich für ebene Wege mit v = 50 m/min, d = 0,3 Pers./qm

(3) q = 50×0,3 Pers/m×min = 15 Pers/m×min.

Bezogen auf die Stundenleistung ergibt sich die erforderliche Breite aus:

(4) $b = Q/q = \frac{Q\ \text{Pers}\times\text{m}\times\text{min}}{60\ \text{min}\times 15\ \text{Pers.}} = \frac{Q}{1500}$ m.

Beispiel: Ein Weg soll in 1 Std. von 5000 Personen an der engsten Stelle durchquert werden können; dann beträgt seine Breite:

b = 5000 m/1500 = 3,33 m ≈3,50 m.

Zu dieser hindernisfreien **Gehbreite** ist bei Bürgersteigen der Sicherheitsabstand und bei allen Gehwegen die Breite der Hindernisse zu addieren. Bei Wegen mit Längsgefälle von mehr als 4 % ist deren Leistungsabfall zu beachten. Für Haltestellen und Wartehallen sind Zusatzflächen und -breiten vorzusehen.

Einzelbäume lassen sich auf Bürgersteigen von 2,50 m Breite an geeigneten Stellen anpflanzen. Eine Baumreihe oder Allee ist ab Mindestbreiten von 3,00 m möglich (D). Für das Aufstellen von Pflanzschalen, Ruhebänken, Fahrradständern und für Plätze zum kurzzeitigen Abstellen eines Kinderwagens oder Anleinen eines Hundes sind größere Breiten (E, F) erforderlich.

Bei reinen Fußwegen spielt die **Bepflanzung** eine bes. wichtige Rolle. Ein einzelner Baum kann den Aufenthaltswert in einer Gasse erheblich steigern (G). Ein reiner Fußweg zwischen Hausgärten kann dem Benutzer eine öffentl. Grünfläche z. T. ersetzen (H). Bei einer Breite von 4,00 m kann ein »düsterer« Weg zwischen Lagerplätzen und Industriehallen durch Hecken zu einem »grünen« Weg umgestaltet werden (I). Die Bepflanzung kann mit zunehmender Breite der verfügbaren Grundfläche abwechslungsreicher gewählt werden. Für einfachste Grünverbindungen genügen Breiten ab 7,00 m (K).

Da es bei dem vorhandenen Baubestand in unseren Städten und Gemeinden nicht möglich ist, alle Fußwege als reine Fußwege auszubilden, muß es ein **Nahziel** für den Städtebauer bleiben, zumindest auf einer Straßenseite qualitativ hinreichende Gehwege zu schaffen und diese mit den reinen Fußwegen zu einem Gesamtnetz zu verbinden.

Tabelle 37: Stufen der Fußgängerdichte

Stufe nach [214]	Dichte in Personen/qm
1 *freizügig:*	$d \leq 0{,}3$
2 *verträglich:* v zeitweilig nicht frei wählbar, Überholen zeitweilig behindert.	$0{,}3 < d \leq 0{,}6$
3 *dicht:* Überholen schwierig, Schrittmaß beschränkt, keine Freizügigkeit.	$0{,}6 < d \leq 1{,}0$
4 *sehr dicht:* nur kurzzeitig zumutbar, lästige Enge.	$1{,}0 < d \leq 1{,}5$
5 *Gedränge:*	$1{,}5 < d$

Zeile	Weg von der Wohnung zum / zur: Spielplatz	Einkauf	Schule	Kindergarten	öff. Nahverkehr	Arbeitsplatz	Spaziergang	Wanderung	Sportplatz	Kirche	Wertigkeit	Anforderung – Art der Anforderung an die Fußwege
1	a	b	c	d	e	f	g	h	i	j	k	
2	10	10	10	10	10	10	10	10	10	10	100	verkehrssicher
3	10	10	10	10	10	10	10	10	10	10	100	saubere Luft
4	10	10	10	10	9	9	9	9	9	9	94	gefahrenfrei
5	10	9	10	10	8	8	10	10	8	9	92	lärmfrei
6	8	10	10	10	10	10	7	6	8	9	88	wetterfester Belag
7	10	9	10	10	5	5	10	10	5	9	83	bepflanzt, »grün«
8	10	8	7	8	10	10	8	6	6	6	79	kürzeste Verbindung
9	10	6	9	9	5	5	10	10	7	6	77	in Grünflächen
10	6	8	6	6	5	5	10	7	6	7	66	baulich anregend
11	9	5	6	6	4	5	10	10	6	5	66	Anbindung an Grünzüge und Landschaft
12	2	10	6	5	8	6	4	2	3	4	50	mit Geschäften
13	95	95	94	94	84	83	98	90	95	84		Primärwertung
14	7x3	6x2	6x2	5x2	5,5x2	5,5x2	2x2	1,5x2	7x3	1x2		Σ (Hin- und Rückwege) je Woche
15	1.995	1.140	1.128	940	924	913	392	270	1.995	168		(Zeile 13) x (Zeile 14)
16	2,46	1,41	1,39	1,16	1,14	1,13	0,48	0,33	2,46	0,21		Mittelwert 810,4 ≙ 1,00 (Zeile 15) : 810,4 = W_r

höchste – hohe – mittlere – geringe Wertung

A Ermittlung der »Relativen Wertigkeit« von Fußwegen mit verschiedenen Zielen

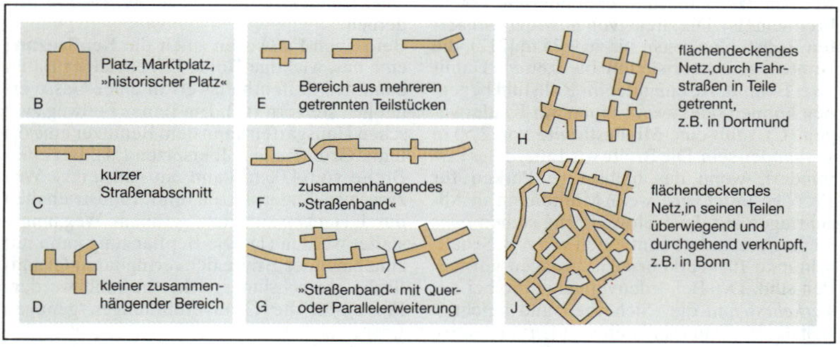

B-J Grundrißtypen von Fußgängerbereichen in deutschen Stadtzentren

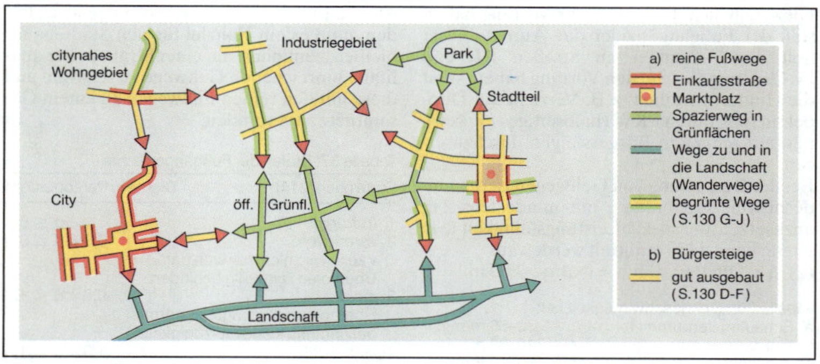

K Bildung eines Gesamtfußwegenetzes (schematisch)

Qualitative Anforderungen an Fußwege, z. B. kurz, direkt, »grün«, erholsam, verkehrssicher und gefahrenfrei, beruhen auf **Wertungen.** Die Menschen können Werthaltungen schnell ändern. Sozialwissenschaftl. Erhebungen über Werthaltungen geben im allg. die Auskünfte einer Momentaufnahme. Wertungen können mit Hilfe einer **Systemanalyse** durchschaubar, nachvollziehbar, prüfbar und für einen Gemeinderat abänderbar aufbereitet werden. In Bielefeld wurden mehrere auf Wertungen beruhende Anforderungen (A, Spalte 1 [211]) den Fußwegen zu verschiedenen Zielen (A, Spalte b–j) zugeordnet; hier ist zusätzl. der Weg Wohnung–Spielplatz (A, Spalte a) aufgenommen und die Wertung überarbeitet worden. Das Produkt aus der Summe der Einzelbewertungen (A, Zeile 13) und der durchschnittl. Häufigkeit der Benutzung in einer Woche (A, Zeile 14) ergibt in Zeile 15 eine Gesamtbewertung. Werden diese Werte durch den Mittelwert dividiert, so ergeben sich in Zeile 16 **relative Wertigkeiten** für Wege zu verschiedenen Zielen. Die Anforderungen und Wegeziele können beliebig erweitert oder anders gewichtet werden. Dennoch dürfte sich das Ergebnis aus Zeile 16 kaum verschieben. Die relative Wertigkeit kann zur Ermittlung von Dringlichkeitslisten für den Neubau oder Ausbau von Fußwegen herangezogen werden. Die **absolute Wertigkeit** (W_a) eines Weges ist das Produkt aus Menge der Fußgänger (M) und seiner relativen Wertigkeit (W_r), also:

(1) $W_a = M \times W_r$.

Beispiel: In einer Gruppe von Hochhäusern wohnen 500 Menschen; welche Fußwege sind vordringlich? Es sind:

M	$M \times W_r = W_a$
160 Kunden	160×1,41 = 225,6
80 Busbenutzer	80×1,14 = 91,2
30 Kleinkinder	30×2,46 = 73,8
150 Spaziergänger	150×0,48 = 72,0
40 Schüler	40×1,39 = 55,6
260 Kirchgänger	260×0,21 = 54,6

Der Weg zum Einkauf erweist sich als der dringlichste; es folgt der Weg zur Bushaltestelle und danach der Weg für Kleinkinder zum Spielplatz. Wenn der Weg zum Spielplatz zugleich Schulweg und Spazierweg sein kann, dann erhält er **Vorrang** vor dem Weg zur Haltestelle; für multifunktionale Wege gilt:

(2) $W_a = M_1 \times W_{r1} + M_2 \times W_{r2} + M_3 \times W_{r3} + \ldots$

Bezogen auf o. a. Beispiel ergibt sich:

$W_a = 73{,}8 + 55{,}6 + 72{,}0 = 201{,}4 > 91{,}2$.

Wenn ein Gemeinderat das Ergebnis solch einer Systemanalyse anerkennt, kann die Verwaltung für den Neubau und Ausbau der Fußwege auf dieser Grundlage eine Dringlichkeitsliste aufstellen, diese mit den Bürgern offen erörtern und dann das Programm für den Fußwegebau darauf aufbauen. Dann wird jedermann erkennen, daß die Forderung nach Sicherheit der Schulwege nicht durch punktuelle Maßnahmen an dieser oder jener Stelle erfüllt werden kann, sondern daß es eines in sich schlüssigen Gesamtkonzeptes für die ganze Stadt bedarf (S. 94 ff.).

Für **M** ergeben sich in innerstädt. Einkaufsstraßen bes. hohe Werte (2); deshalb begann hier der Umbau von Fahr- zu Fußgängerstraßen. MONHEIM hat den Stand der Schaffung von **Fußgängerbereichen** in den dt. Städten dokumentiert [215]. Als der Dt. Städtetag 1960 die Einrichtung von innerstädt. Fußgängerbereichen empfahl, gab es Fußgängerstraßen nur in 31 Stadtzentren; Vorreiter waren Köln und Essen. Der große Aufschwung beim Ausbau von Fußgängerstraßen setzte ab 1970 ein. Doch erst **München** übte mit seinem Fußgängerbereich zur Olympiade 1972 einen nachhaltigen Eindruck auf die Öffentlichkeit aus.

Da der Bau von Fußgängereinkaufsstraßen auch den Erfordernissen des Wirtschaftsgüterverkehrs, bes. denen des **Andienungsverkehrs** gerecht werden muß, sind umfangreiche Verkehrsuntersuchungen, Einzelmaßnahmen und vorbereitende Abstimmungsgespräche mit den Anliegern und der örtl. Wirtschaft vonnöten. Zwei unterschiedl. Vorgehensweisen haben sich herausgebildet:

1) Das schrittweise Vorgehen: ausgehend von einem Platz (B) oder einem Straßenstück an einer oder mehreren Stellen (C–E) wird das Netz der Einkaufsstraßen achsial (F, G) oder netzartig (H) erweitert. Es hat den Vorteil, daß jeder Teilschritt wegen der rechtl., finanziellen und verkehrswirtschaftl. Folgen in der Praxis geprüft werden kann, bevor weitere Schritte folgen, und erlaubt der betroffenen Wirtschaft und den Bürgern, sich allmählich auf die neue Situation umzustellen.

2) Die Umstellung des Gesamtverkehrssystems für größere Bereiche innerhalb kurzer Zeit (ca. 1–2 J.): dieses Vorgehen erfordert den größeren Planungsaufwand, die intensivere Vorbereitung und mehr öffentl. Kapital. Dem Vorteil der kürzeren Bauzeit steht gegenüber, daß die Benachteiligung von Teilbereichen zu spät erkannt wird, insbes. bei flächendeckenden Netzen (J).

Der Einzelhandel befürwortet überwiegend die Einrichtung von Fußgängerstraßen; das gilt auch für Einkaufsbereiche in städt. Nebenzentren. Die Vorteile von Fußwegen kann der Bürger jedoch erst »wahrnehmen«, wenn aus derartigen »Inselansätzen« unter Einbeziehung der reinen Wohnwege [216] und Spielstraßen in Wohngebieten, der Wege in öffentl. Grünfl. und der Wanderwege zu und in einer freien Landschaft ein **geschlossenes Fußwegenetz** gebildet wird (K). Denn damit erst wird der Boden rein wirtschaftl. Maßnahmen verlassen, der Weg zur benutzbaren Stadt »beschritten« und die Straße als gestalteter Begegnungsraum für den Städter zurückgewonnen [217].

Funktionen der Straße: = gegeben = entfällt

Ordnungsstufe der Straße	für Fahrverkehr: Verbindung	für Fahrverkehr: Erschließung	für Fußgänger Aufenthalt	als Leitungstrasse	Merkmal	Art der Str. nach RAST-E [228]
Str. I.O.					anbaufrei, kreuzungsfrei	Autobahn, Schnellstraße
Str. II.O.			untergeordnet	Randstreifen	überwiegend anbaufrei	Hauptverkehrsstraße
Str. II. ... III.O.				in Bürgersteigen	angebaut, zur Straße orientierte Nutzungen	Verkehrsstr.
Str. III.O.						Sammelstr.
Str. IV. O.					Geschäftsgeb.	Anliegerstr.
					Wohngebiet	
					Industriegebiet	

A Merkmale zur Typisierung von Straßen

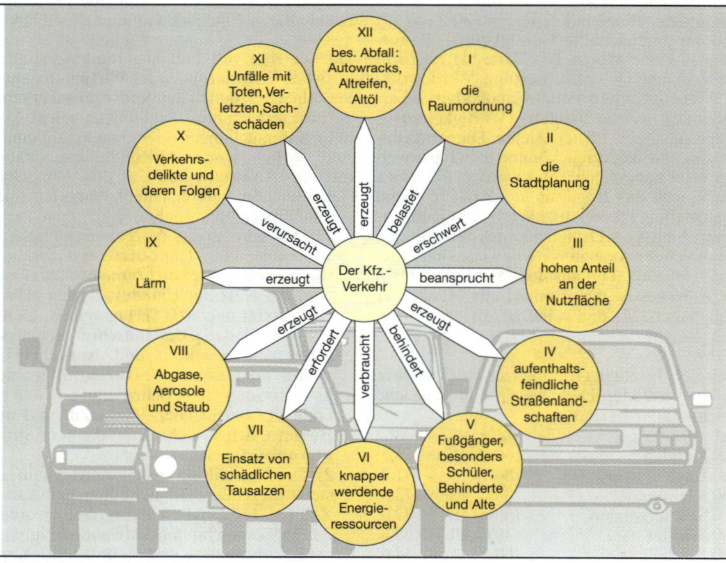

B Auswirkungen des Kraftfahrzeugverkehrs, dargestellt als »Uhr«

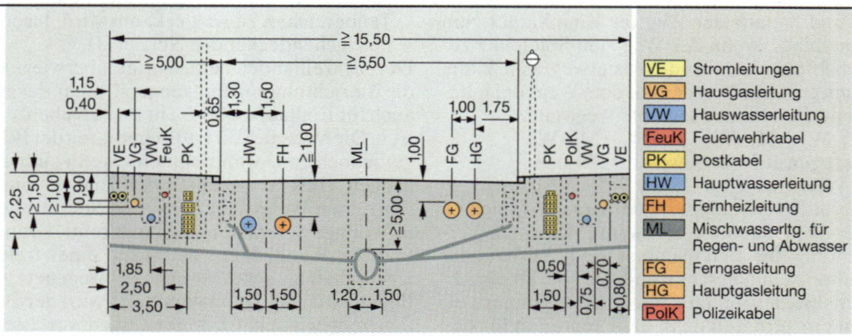

C Anordnung der Versorgungsleitungen im öffentlichen Straßenraum

Das Straßennetz (Tab. 38–39) hat folgenden **Funktionen** zu dienen (A):
a) Aufenthalt von Fußgängern im Bereich von Verkehrsquelle und -ziel,
b) Verkehrserschließung der Grundstücke und Baugebiete (Flächenerschließung),
c) Verbindung der Baugebiete und Ortschaften untereinander und mit anderen Zielen für den Kfz-Verkehr (IV),
d) Bündelung der Verkehrsströme zur Entlastung anderer Nutzungsbereiche,
e) Aufnahme von Leitungstrassen der Versorgungssysteme (C).

SCHUMACHER forderte bereits 1944 die strenge Scheidung von Verkehrs- und Wohnstraßen [218], also Straßen, in denen entweder der Verkehr Vorrang vor anderen Ansprüchen oder in denen er sich ihnen unterzuordnen hat. Der »Rat von Sachverständigen für Umweltfragen« hat zahlr. Unterlassungssünden, die unsere Gesellschaft während ihrer Motorisierungsphase seit 1948 zuließ, in Form von Empfehlungen kritisiert [219]; in einem Schaubild (B, hier ergänzt) zeichnet er Ursachen für das allg. Unbehagen am Kraftfahrzeug auf.

APEL hat 1972 die Umweltbelastungen des Kraftfahrzeugverkehrs in Beziehung zum Wohnwert von Wohngebäuden an Straßen gesetzt und die Wohnwertverluste in Wegekosten ausgedrückt. Er gelangte zu dem Ergebnis [220]: »Der Mittelwert für Wohnstraßen beträgt etwa 15 Pf. pro PKW-km. Wollte man diese *extremen Wegekosten* durch Steuerabgaben des Kfz-Verkehrs decken, dann müßte die Mineralölsteuer für Fahrten durch Straßen mit vorwiegender Wohnnutzung um 1.– DM je Liter erhöht werden.« Da die Automobilindustrie ihre Erzeugnisse nicht **umweltverträglich** auf den Markt bringt, mußte der Gesetzgeber unter dem Druck der öffentl. Meinung Auflagen durchsetzen: der Anteil der Neuzulassungen von Kfz mit Katalysator stieg von 6,1 % in 1985 auf 90,0 % in 1989.

Der sichtbare Teil einer Straße scheint nur dem Verkehr zu dienen. Die verschiedenen Versorgungssysteme (S. 116–127) beanspruchen **Leitungstrassen,** die für die Verteilernetze und z. T. für Verbindungsleitungen unterirdisch im öffentl. Straßenraum unterzubringen sind (C). Selbst wenn es das Automobil nicht gäbe, müßte also ein dem Straßennetz sehr ähnl. Trassennetz für Leitungen entwickelt werden. Die unterird. Mehrzwecknutzung der Straße erfordert eine **Koordinierung** zwischen allen Trägern netzartiger Versorgungssysteme, die bei der Erschließung neuer Baugebiete durchsetzbar ist [222]. Gründe der Sicherheit (Undichtigkeit einer Gasleitung, Wasserrohrbruch) erzwingen jedoch oft sofortiges Handeln. Die Zahl der Straßenaufbrüche in einer Stadt von 300000 Einwohnern kann über 10000 je Jahr steigen. Der Verkehrsteilnehmer, der sich deshalb unter dem Eindruck mangelnder Koordinierung belästigt fühlt, muß diese Doppelfunktion [223] der Straßen anerkennen. Aus dem **Verbund** von Verkehrs- und Versorgungssystemen folgen bes. Planungsanforderungen, z. B.: die Aufnahme der Versorgungsleitungen erfordert für den Bürgersteig in »C« eine Mindestbreite von 5,00 m (vgl. S. 130).

Tabelle 38: Gesamtstraßennetz der BRDtl.

Straßenart	Länge		Fläche
(Stand: 1. 1. 1973)	km	%	km²
Bundesautobahnen	5258	1,2	326
Bundesstraßen	32696	7,4	696
freie Strecken	25523	5,8	636
Ortsdurchfahrten	7173	1,6	60
Landstraßen	65390	14,8	890
freie Strecken	51588	11,7	802
Ortsdurchfahrten	13802	3,1	88
Kreisstraßen	63324	14,3	686
freie Strecken	51069	11,5	618
Ortsdurchfahrten	12255	2,8	68
Gemeindestraßen	276375	62,4	1833
Summe:	443043	100,0	4431

Tabelle 39: Verteilung der Straßenbaulast (BRDtl. 1. 1. 1975 [221])

Straßenbaulastträger	Länge	%
Bund	36570 km	7,91
Länder	62957 km	13,62
Kreise	61964 km	13,41
Gemeinden	300473 km	65,02
andere (Private)	191 km	0,04
Summe:	462155 km	100,00

Der Fußgängerverkehr (S. 128 f.) und zahlreiche Grundstücksnutzungen führen zu Mindestansprüchen an den **Aufenthaltswert** der Stadtstraßen. BUCHANANS Forderung nach der Überschreitbarkeit [210], APELS Forderung nach der Begrenzung der Umweltbelastung auf verträgl. Werte lassen sich nur erfüllen, wenn die Kfz-Belastung auf bestimmten Straßen stadtplaner. begrenzt wird. Eine städtebauliche Aufwertung ergibt durch eine Baumreihe in »C« die Verbreiterung des Bürgersteiges auf ca. 7,00 m.

Nach dem Wegerecht [209; 224] »ist der Gebrauch der Straße jedermann im Rahmen der Widmung und der Verkehrsvorschriften zum Verkehr gestattet (Gemeingebrauch)«. **Sondernutzungen** (Anlage einer Zufahrt) sind genehmigungspflichtig. Die Klassifizierung der Straßen (Tab. 38) weist den Bundesautobahnen und den freien Strecken der Bundes-, Landes- und Kreisstraßen vorwiegend die Funktion der **überörtl. Verbindung** von Ortschaften zu, während die Funktion der **Erschließung** vorwiegend den Gemeindestraßen und nur z. T. den *Ortsdurchfahrten* [225] der überörtl. Straßen zukommt.

Da das Straßennetz nicht allen Funktionen gleich gut dienen kann, sind die Straßen nach den erfüllbaren Funktionen zu ordnen: es ergeben sich vier Ordnungsstufen [42; 226]. Hier bezeichnet jede Ordnungsstufe eins der in Bild A angegebenen **Funktionsbündel.**

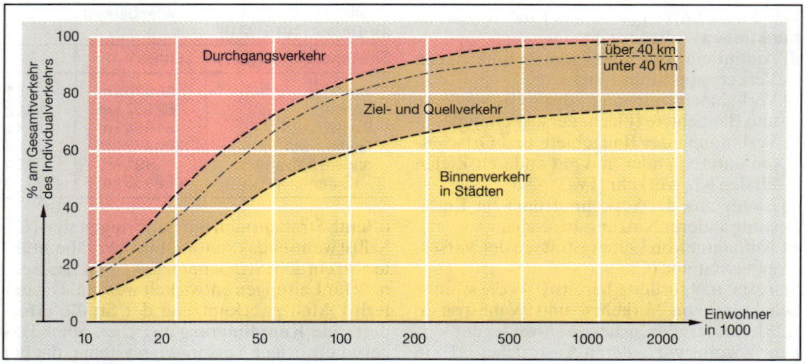

A Anteile der Verkehrsarten am Stadtverkehr nach Gemeindegrößen

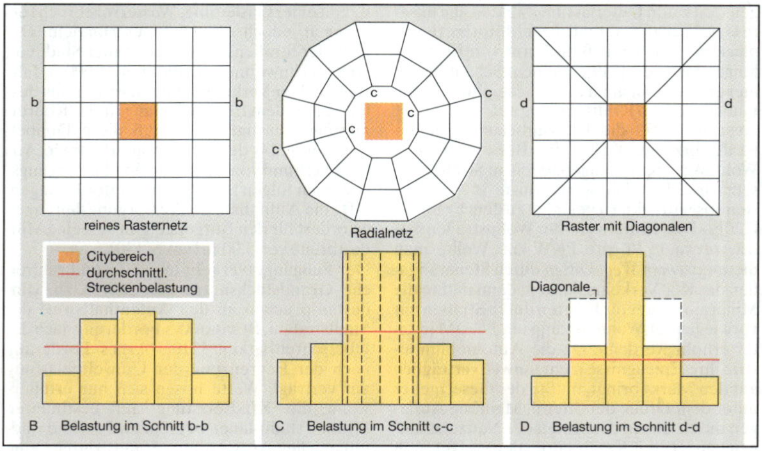

B-D Streckenbelastungen in verschiedenen Netzen gleichartiger Straßen

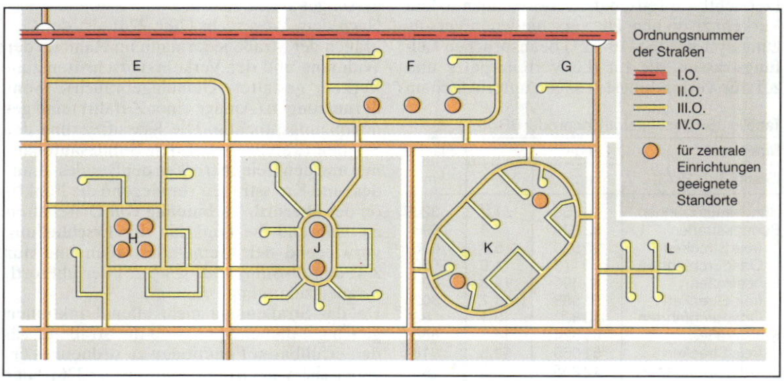

E-L Verbindungsstraßennetz als »Raster« mit verschiedenen Erschließungsnetzen

Die Verkehrsentwicklung (S. 50 f.) hat zu einer gewaltigen Steigerung der Transportleistungen und der Mobilität geführt. Die Kfz-Produktion, der Ausbau des Gesamtstraßennetzes (Tab. 38) und die polit. gewollte Freizügigkeit haben die Motorisierung in der BRDtl. in die Nähe des Sättigungswertes gelangen lassen; der Sättigungswert für die Pkw-Dichte wurde für den Ausbauplan 1971–1985 für die Bundesfernstraßen mit 300 Pkw/1000 Einw. angesetzt. Fast $^2/_3$ der Gesamtlänge des Straßennetzes in der BRDtl. stehen in der **Straßenbaulast** (Planung, Entwurf, Neubau, Unterhaltung, Verkehrssicherung) der Gemeinden und Städte (Tab. 39).

Aus der Zusammensetzung des Individualverkehrs nach Verkehrsarten (A) ergibt sich für Städte ab 100000 Ew. der Anteil des Binnenverkehrs zu 60 % und der Anteil des Ziel- und Quellverkehrs zwischen Stadt und Region zu 25 % oder mehr. Der Durchgangsverkehr ist demgegenüber in Großstädten (Tab. 14) relativ gering, er kann jedoch wegen seines hohen Anteils in Städten unter 100000 Einw. Hauptursache der Verkehrsprobleme sein. Bezieht man die Verkehrsarten auf kleinere Zählgebiete (z. B. Stadtteil), dann wird ein großer Teil des auf das Stadtgebiet bezogenen Binnen-, Ziel- und Quellverkehrs zum Durchgangsverkehr; wir nennen den auf Stadtteile bezogenen Durchgangsverkehr **Fremdverkehr.** Der Stadtplaner hat die Aufgabe, das vorh. Stadtstraßennetz so zu erweitern und umzugestalten, daß Fremdverkehr auf Straßen III. oder IV. Ordnung nicht auftreten kann.

Die wissenschaftl. Untersuchung verschiedener Netzmodelle gleichartiger Straßen (B–D; [227]) erbrachte für das reine **Rasternetz** die meisten Vorteile: die Spitzenbelastung liegt in »B« 55 %, in »C« 109 % und in »D« 226 % über der durchschnittl. Streckenbelastung; der kürzeste Weg zwischen zwei gegenüberliegenden äußeren Ecken führt in »C« und »D« durch die Stadtmitte; dort erfordern diese Modelle die größte Kapazität der Straßen. Die Steuerung des Individualverkehrs durch Verkehrssignalanlagen ist bei »B« am einfachsten und erlaubt die Einrichtung einer »grünen Welle« in allen Richtungen, wenn die Maschenweite auf die Geschwindigkeit abgestimmt ist. Diese Merkmale treten bei Netzerweiterungen noch stärker hervor.

Tabelle 40: Bestand und Nutzungsdauer

der Kfz-Arten (BRDtl.)	1. 1. 1973	Jahre
Mopeds	1246000	–
Krafträder	197014	14,6
Pkw und Kombiwagen	16323997	9,7
Omnibusse und Obusse	53763	12,3
Lastkraftwagen (Lkw)	1060156	9,6
Sonderkraftfahrzeuge	159648	12,0
Zugmaschinen	1516000	15,7
Anhänger	780399	11,7
Kfz (ohne Mopeds)	20090977	10,3

Tabelle 41: Zunahme der Motorisierung

BRDtl.	1. 7. 1961	1. 7. 1971
Pkw-Bestand in 1000	5343	15115
Fahrleistung km/Pkw·J.	16100	14400
Pkw je km²: BRDtl.	22	60
Hamburg	236	516
Frankfurt	525	1011
Pkw je 1000 Einw.: BRDtl.	95	247
Hamburg	97	217
Frankfurt	150	294
Gefahrene 1000 **Pkw**·km je J. und km²:		
BRDtl.	350	932
Hamburg	3932	8057
Frankfurt	8715	15773
Gefahrene 1000 **Kfz**·km je J. und km²:		
BRDtl.	556	1180
Hamburg	5032	9260
Frankfurt	10994	18241

Die Unterscheidung der Straßen nach der **Verkehrsfunktion** (S. 134 A) führt zu

a) einem **Verbindungsnetz,** bestehend aus
   - Autobahnen, Schnellverkehrsstraßen } Str. I. O.
   - Hauptverkehrsstraßen, Verkehrsstraßen; } Str. II. O.

   es dient dem überörtl. Verkehr, der, bezogen auf angrenzende Siedlungsbereiche, überwiegend Fremdverkehr ist,

b) **Erschließungsnetzen,** bestehend aus
   - Sammelstraßen, Anliegerstraßen, } Str. III. O.
   - beschränkt befahrbaren Fußgängerstraßen und Privatstraßen; } Str. IV. O.

   sie dienen dem örtl. Verkehr, der, bezogen auf angrenzende Siedlungsbereiche, überwiegend Ziel- und Quellverkehr ist.

Soweit das in einer Stadt vorh. Straßennetz und die histor. entstandene Besiedlung es zulassen, sollte das Verbindungsnetz dem Rasternetz (B) entsprechen (M, S. 100 B, S. 104 A). Das Beispiel Hannover (S. 50 D) beweist, daß andere Netzformen ebenfalls sehr leistungsfähig sein können. Für die Erschließungsnetze gibt es neben histor. Vorbildern (S. 30 D–H) u. a. folgende Systeme [228]:

1. Stichstraße ohne (G)/mit Nebenstr. (L),
2. Schleifenstraße (E),
3. reines Rasternetz (B), Nachteile: zu viele Anschlüsse an das Verbindungsnetz, »Schleichweg« für Fremdverkehr,
4. differenziertes Rasternetz (H; S. 22 B),
5. Innenringnetz (J),
6. Außenringnetz (K),
7. zangenförmiges Netz (F).

Die Größe der durch Erschließungsnetze erschließbaren Fläche hängt bei gegebener Nutzungsdichte von der Zahl und Leistungsfähigkeit der Einmündungen in das Verbindungsstraßennetz ab. In älteren Baugebieten kann durch Verminderung der vorh. Einmündungen die Verkehrsmenge **begrenzt** werden, die in einen von Verbindungsstraßen umgebenen Stadtteil hineingelangen kann.

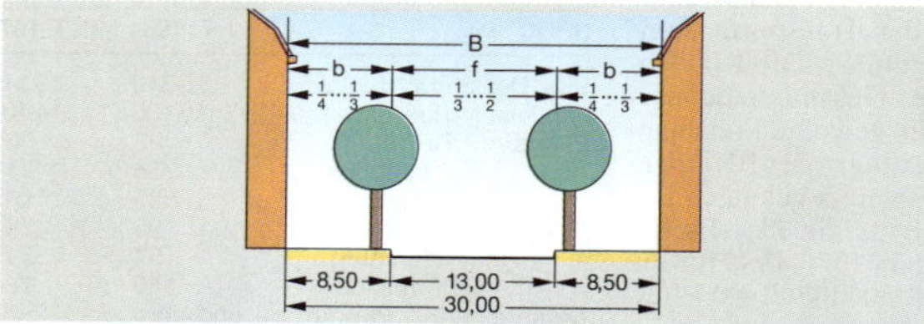

Querschnittstyp 1 A
Mittelfahrbahn $\le \frac{1}{2}$ B
Mittelfahrbahn $\ge \frac{1}{4}$ B
Breite 20m < B < 40m
Baumreihen 1...4

Beispiel:
Boulevard Haussmann, Paris, 19. Jh.

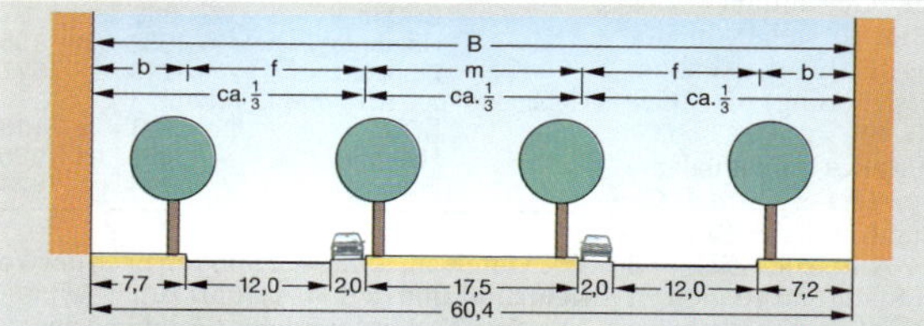

Querschnittstyp 2 B
Mittelallee ca. $\frac{1}{3}$ B
2 Richtungsfahrbahnen < $\frac{1}{4}$ B
Breite: B > 30m
Baumreihen: 2...7

Beispiel:
Unter den Linden, Berlin, 18. Jh.

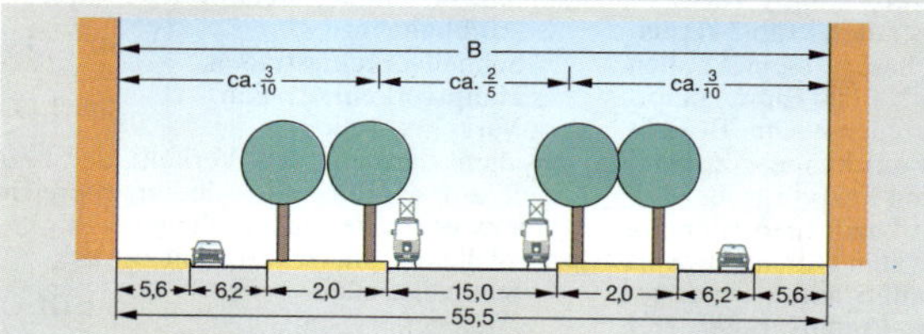

Querschnittstyp 3 C
Mittelfahrbahn < $\frac{2}{5}$ B
2 Anliegerfahrbahnen
Breite: B > 40m
Baumreihen: 2...4

Beispiel:
Ringstr., Wien, 19. Jh. (S. 46A)

A-C Querschnitte historischer Stadtstraßen

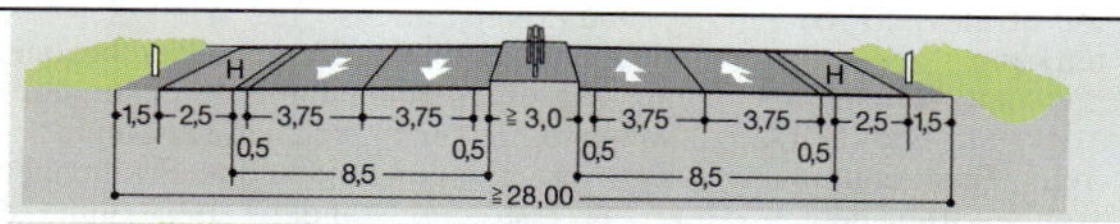

Straße I. Ordnung D
Stadtautobahn
anbaufrei, kreuzungsfrei, 40 m-Streifen

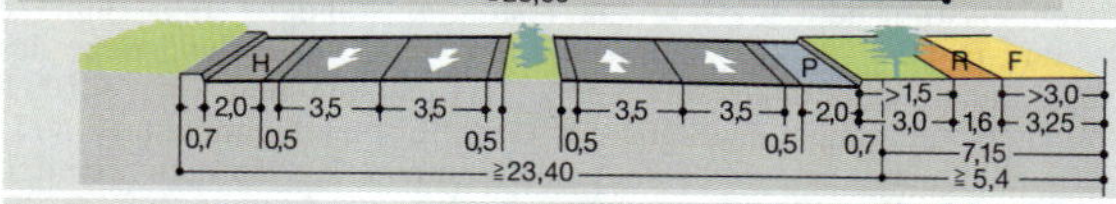

Straße II. Ordnung E
Hauptverkehrsstraße
z.B. einseitig, anbaufrei

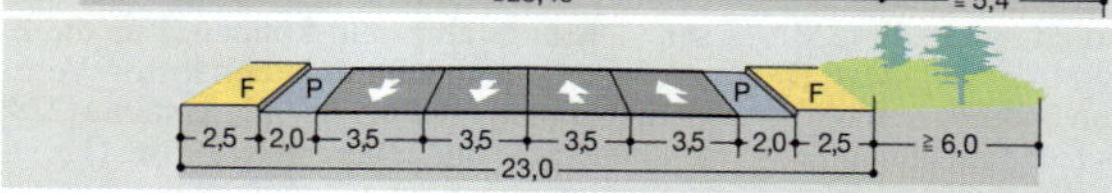

Straße III. Ordnung F
z.B. Sammelstraße im Industriegebiet

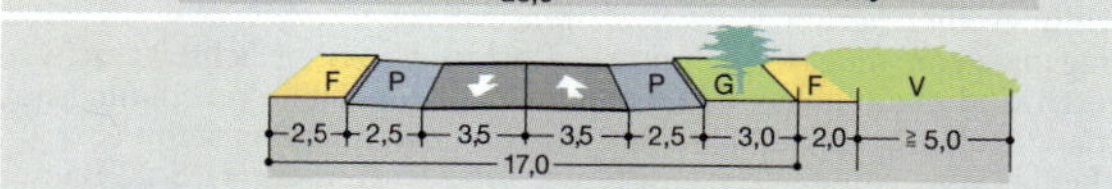

Straße III. Ordnung G
z.B. Sammelstraße in einem Wohngebiet

G Grünstreifen
V Vorgarten, Pflanzstreifen
F Fuß- und Gehweg
R Radweg
P Parkstreifen
H Haltestreifen
Richtungsfahrbahn

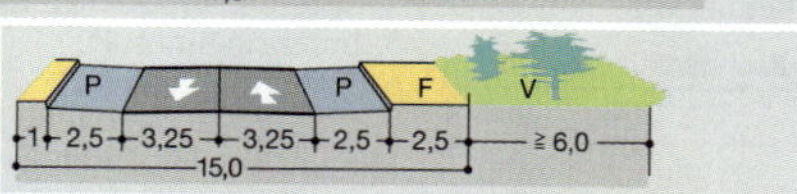

Straße IV. Ordnung H
z.B. Anliegerstraße im Gewerbegebiet

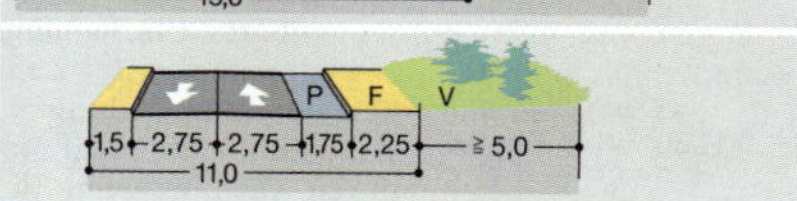

Straße IV. Ordnung I
z.B. Anliegerstraße im reinen Wohngebiet

D-I Querschnitte von Stadtstraßen

Vorläufer des heutigen Fernstraßennetzes waren die alten *Salzstraßen,* die z. T. bis ins 19. Jh. erhalten blieben; ihr Verlauf bestimmte sich oft nach den Furten der Flüsse. Das Netz der Römerstraßen hatte unter TRAJAN eine Gesamtlänge von ca. 80000 km. Neben dem »Fernstraßenbau« gab es bereits in vorchristl. Zeit bes. Leistungen in der Anlage von **Pracht-** und **Triumphstraßen** (S. 22 B). Diese Straßen hatten oft eine bes. Lage im Stadtgrundriß, waren mit Kunstbauten ausgestaltet und endeten im Bereich des zentralen Tempels, z. B. vor der Zikkurat in Borsippa oder am Forum in Rom. Während viele Römerstraßen verfielen, gewann im MA die Marktfunktion für die Anlage von Straßen und Plätzen bei Stadtgründungen neue Bedeutung (S. 30 f.). Im Barock wurde die Straße als Mittel der **Stadtbaukunst** zur Gestaltung von Stadtgrundrissen und als Gegenstand der Stadtgestaltung neu entdeckt (S. 38 f.). So entstand zwischen 1700 und 1914 in vielen europ. Großstädten der baukünstlerisch gestaltete Straßentyp des *Boulevard.*

Der Boulevard zeichnet sich in der Querschnittsaufteilung und in seinen Proportionen unter Einbeziehung der angrenzenden Gebäude durch eine ausgewogene Gesamtgliederung aus. Der Begriff stammt von dem dt. Wort *Bollwerk* und bezeichnete urspr. in Frankreich die Wallinie der befestigten Städte und danach die auf den ehemaligen Wällen angelegten Prachtstraßen, bes. in Paris. Später wurde der Begriff auf Straßen übertragen, die entspr. großzügig und gut gegliedert an anderen Standorten angelegt wurden.

»Auf der Suche nach konkreten Maßstäben für die Gliederung der Straßenflächen« hat APEL aus der Literatur [229 u. a.] und selbst ausgemessenen histor. Straßenquerschnitten **Gestaltungsgrundsätze** abgeleitet [220]. Für den »Querschnittstyp 1« (A) besteht dann ein **optisches Gleichgewicht** zwischen Fahrbahn und Bürgersteigen, wenn die Fahrbahn im gleichen Verhältnis breiter ist als ein Bürgersteig, wie beide Bürgersteige zusammen breiter als die Fahrbahn sind. Diese Aussage läßt sich mit den Bezeichnungen

B = Baufluchtabstand = opt. Straßenbreite,
b = Breite eines Seitenbürgersteigs,
f = Fahrbahnbreite
wie folgt mathematisch ausdrücken:

(1) $b:f = f:2b$;
(2) bei $f = 1$ ist $b = \sqrt{0{,}5} = 0{,}71$;
(3) $b:f:b = 29{,}5\,\% : 41\,\% : 29{,}5\,\%$.

Für den »Querschnittstyp 2« (B) entsteht optisches Gleichgewicht, wenn ein seitlicher Bürgersteig im gleichen Verhältnis schmaler ist als eine Fahrbahn, wie beide Fahrbahnen zusammen schmaler sind als die Summe beider Bürgersteige plus Mittelstreifen. Setzt man die Breite des Mittelstreifens $m = c \cdot B$ mit $c < 1$, dann lautet obige Aussage mathematisch:

(4) $b:f = 2f:(2b + c \cdot B)$.

Daraus ergibt sich annähernd:

(5) $b:f = 1 - c$;

das bedeutet z. B.: bei einer Breite des Mittelstreifens von 33 % der Gesamtbreite einer Straße müßte der Bürgersteig bei optischem Gleichgewicht 67 % der Fahrbahnbreite betragen; hat der Mittelstreifen 20 % der Gesamtbreite, dann müßte der Bürgersteig eine Breite von 80 % der Fahrbahnbreite haben.

Der »Querschnittstyp 3« (C) tritt seltener auf; für die Mittelfahrbahn gilt sinngemäß, was im Beispiel A für die Fahrbahn abgeleitet wurde. Außerdem soll die Anliegerfahrbahn im Gleichgewicht zum Seitenbürgersteig stehen, was bei etwa gleicher Breite gegeben wäre.

Die Forschungsgesellschaft für das Straßenwesen gibt »Richtlinien für die Anlage von Landstraßen« (RAL) und »Richtlinien für die Anlage von Stadtstraßen« (RAST, z. B. [228]) heraus. Diese Richtlinien werden nach dem Stand der Forschung und unter weitestgehender Berücksichtigung der **Verkehrssicherheit** und Leichtigkeit des fließenden Verkehrs fortgeschrieben; Bezüge zur Stadtgestaltung fehlen; auch andere städtebaul. Belange werden nicht ausreichend gewürdigt. Deshalb arbeiten die Bauverwaltungen einiger Städte nach eigenen Entwurfsrichtlinien für Stadtstraßen [226; 230]. So kann die Festsetzung einer Mindestvorgartenbreite zu einer besseren Querschnittsgliederung beitragen (vgl. rechte Hälfte der Querschnitte F–I).

Bei den städtischen **Ausfallstraßen,** die aufgrund überhöhter Verkehrsbelastung in ihrer Fahrbahnfläche zu Lasten der Bürgersteige und anderer Querschnittsgrößen verbreitert wurden, entstanden zahlr. Beispiele der Verunstaltung; oft wurden sie zu einer unerwünschten Trennlinie innerhalb des Stadtteils. Für histor. Straßen mit Boulevard-Charakter besteht ebenfalls die Gefahr der verkehrl. Aufwertung zu Straßen II. Ordnung (S. 134 A), was zu ihrer städtebaul. Abwertung führen würde. Einige Großstädte haben solche Straßenzüge (Kurfürstendamm in Berlin, Königsallee in Düsseldorf) derart in die Belastung des Gesamtstraßennetzes eingefügt, daß ihre histor. und städtebaul. **Qualität** durch eindeutige Abwertung zu einer Straße III. Ordnung erhalten oder gesteigert wurde.

APEL hat Kriterien zur quantitativen Bewertung der Lärm- und Abgasimmissionen, der Trennwirkung und Querschnittsgestaltung von Stadtstraßen [220, S. 116 f.] entwickelt; ihre Berücksichtigung bei Normgebern und in der Praxis würde die **Umweltqualität** von Stadtstraßen steigern (S. 134 B).

① Verkehrsmittel	Zeile 1	② Plätze je Einheit Pl./E	③ Folgezeit sec./E·Spur	④ km/h	⑤ Querschnitts-leistungsfähigkeit Pl./h·Spur Spur=3,25 m	⑥ Massen-leistungsfähigkeit Pl.·km/h·Spur Spur=3,25 m	⑦ Leistungsverhältnis bezogen auf die Pkw-Spur in Zeile 4	Zeile 5
Fußgänger								
Einkaufsbummel	2	1	10	4	1440	5760	0,30	0,03
Berufsverkehr	3	1	2	6	7200	14400	0,76	0,07
Pkw (Flutstunde)	4	1,4	4	15	1260	18900	≙ 1	0,1
Pkw (theoretisch)	5	4	3	40	4800	192000	10,2	1
Omnibus	6	86	60	20	5160	103200	5,5	0,54
Straßenbahn	7	287	60	18	17220	309960	16,4	1,61
U-Straßenbahn	8	574	80	25	25830	645750	34,2	3,36
U-Bahn	9	1024	100	30	36864	1105920	58,5	5,76
S-Bahn (DB)	10	1500	120	50	45000	2250000	119,0	11,70

Tabelle 42: Leistungsfähigkeit verschiedener Verkehrsmittel

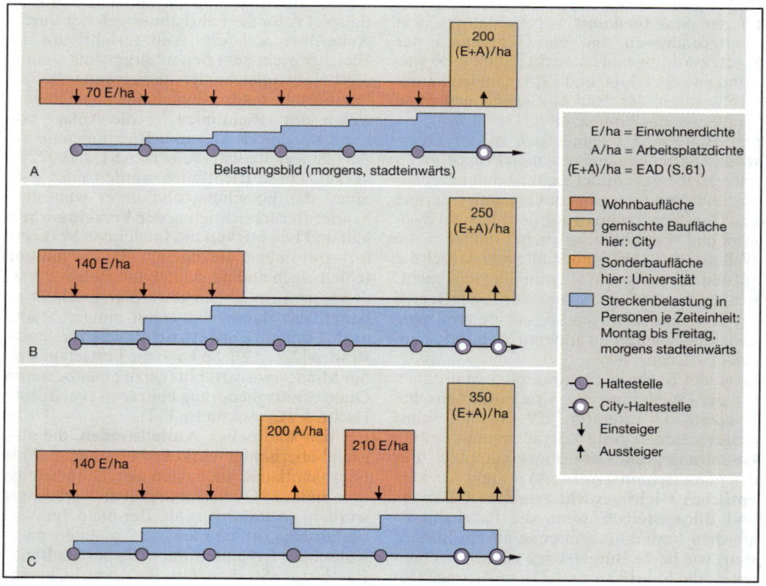

A-C Belastungsbilder bei unterschiedlichen Nutzungsschichten und Nutzungsarten

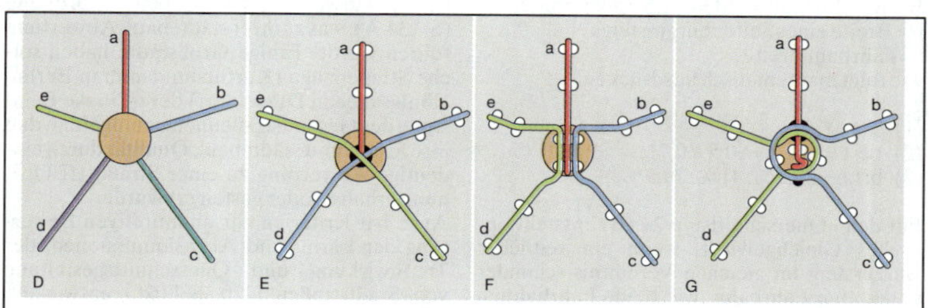

D-G Fünf Halbmesserlinien als Ausgangspunkt für unterschiedliche Netzbildungen

Als die Wege zwischen Wohnung und Arbeitsstätte in den Metropolen und Industriegroßstädten zu weit wurden und die Zahl der Beschäftigten zu groß, richteten die Städte neue Verkehrssysteme für den öffentlichen Personennahverkehr (ÖPNV) ein (s. Tab. 42). Die erste Untergrundbahn fuhr in London mit Dampfbetrieb; die erste »Elektrische« fuhr 1881 als Straßenbahn in Berlin; die erste elektr. betriebene U-Bahn fuhr 1896 in Budapest. Die Linien führten zunächst als Halbmesserlinien in die Innenstadt oder als Durchmesserlinien durch sie hindurch. Nur wenige Städte haben wie Berlin oder Paris in der Innenstadt ein flächendeckendes, rasterähnliches Netz.

Tabelle 43: Städte mit U-Bahn-Systemen seit:

1. London	1863	England
2. Budapest	1896	Ungarn
3. Glasgow	1897	Schottland
4. Paris	1900	Frankreich
5. Boston	1901	USA
6. Berlin	1902	Deutschland
7. Liverpool	1903	England
8. New York	1904	USA
9. Philadelphia	1907	USA
10. Hamburg	1912	Deutschland
11. Buenos Aires	1913	Argentinien
12. Madrid	1919	Spanien
13. Barcelona	1924	Spanien
14. Wien	1924	Österreich
15. Tokio	1925	Japan
16. Oslo	1928	Norwegen
17. Osaka	1933	Japan
18. Moskau	1935	UdSSR
19. Chicago	1943	USA
20. Stockholm	1953	Schweden
21. Toronto	1954	Kanada
22. Brüssel	1954	Belgien
23. Rom	1955	Italien
24. Leningrad	1955	UdSSR
25. Cleveland	1955	USA
26. Nagoja	1957	Japan
27. Sidney	1957	Australien
28. Lissabon	1959	Portugal
29. Kiew	1960	UdSSR
30. Mailand	1964	Italien
31. Tiflis	1965	UdSSR
32. Montreal	1966	Kanada
33. Stuttgart	1966	BRDtl.
34. Baku	1967	UdSSR
35. Rotterdam	1968	Holland
36. Frankfurt, Köln	1968	BRDtl.
38. München	1971	BRDtl.
39. San Francisco	1973	USA
40. Bonn, Hannover	1975	BRDtl.

Aus den Vorgabedaten in Tab. 42 (Spalte 2–4) läßt sich die **Leistungsfähigkeit** einer Spur (=3,25 m) ermitteln (Spalte 5–6). In der Spitzenstunde leistet eine Kfz-Spur bei der durchschnittl. Besetzung mit 1,4 Personen je Pkw und der Durchschnittsgeschwindigkeit im Stadtverkehr von max. 15 km/h weniger als 20000 Personenkilometer. Eine Omnibuslinie auf eigener Spur würde demgegenüber das 5-fache, Schienenfahrzeuge im Stadtverkehr das 15- bis 60-fache und ein S-Bahnverkehr auf Bundesbahnstrecken das 120-fache leisten können. Nur wenn jeder Pkw voll besetzt wäre und der Ausbauzustand des Stadtstraßennetzes eine Durchschnittsgeschwindigkeit von 40 km/h zuließe, könnte die Massenleistungsfähigkeit einer Kfz-Spur diejenige einer Busspur erreichen. Die Voraussetzungen dafür fehlen jedoch; der hohe **Verkehrsflächenbedarf** (s. Tab. 44 [207; 219]) für den Pkw-Verkehr ist nicht erfüllbar.

Tabelle 44: Theoret. Verkehrsflächenbedarf je Fahrgast bei v =

	0 km/h	30 km/h	50 km/h
PKW mit 1 Person	15,00	105,50	236,8
" 1,4 Personen	10,70	75,30	169,00
" 4 Personen	3,75	26,40	59,30
Omnibus (86 Pl.)			
40 % besetzt	1,03	4,12	8,77
100 % "	0,41	1,63	3,47
S-Bahn (1344 Pl.)			
40 % besetzt	1,90	2,38	3,13
100 % "	0,75	0,95	1,25

Die Nahverkehrsbetriebe decken die maximale **Streckenbelastung** durch ein entsprechendes Verkehrsangebot ab: durch Verkürzung der Zugfolgezeit oder Erhöhung der Wagenzahl je Zug wird eine Anpassung an den steigenden Bedarf erreicht. Bei einer Siedlungsstruktur wie in B beginnt jeder Zug an der Endstation; bei A könnte jeder zweite Zug in Streckenmitte einsetzen. Die Siedlungsstruktur in C zeigt die Vorteile, die bei richtiger Verteilung der Arbeitsplätze im Stadtgebiet (Dekonzentration) für den öffentl. Personenverkehr entstehen [231].

Strecke bezeichnet den gebauten und für den Betrieb mit Fahrzeugen ausgerüsteten Fahrweg. Jeder auf einem Streckennetz mögliche Fahrweg eines Fahrzeugs ist eine *Route*. Jede Route, die im fahrplanmäßigen Fahrgastbetrieb befahren wird, ist eine *Linie*. Eine *Betriebsverbindung* ist eine Strecke, die zwei Strecken für Betriebsfahrten (z. B. zur Werkstatt) verbindet, aber nicht für Fahrgastbetrieb geplant ist. Die Bilder D–E zeigen versch. Möglichkeiten zur **Netzbildung** aus Halbmesserstrecken (D) für Schienenverkehrsmittel. Das einfachste Netz entsteht, wenn sich zwei Durchmesserstrecken im Zentrum kreuzen und eine Halbmesserstrecke am Kreuzungspunkt ansetzt (E). Auf diesem Netz kann nur reiner *Linienbetrieb* durchgeführt werden; der Übergang eines Fahrzeugs von einer Strecke auf eine andere ist nicht möglich. Bündelt man alle Halbmesserstrecken in einer gemeinsamen Innenstadtstrecke, ggf. mit Richtungsbahnhöfen, dann erhöht sich die Zahl der Routen (in F sind es 14) und damit die Möglichkeit, das Verkehrsangebot unterschiedlichem Bedarf auf verschiedenen Strecken anzupassen. Soll zusätzlich die Flächenerschließung der Innenstadt verbessert werden, dann würde ein Netz gemäß G diese Forderung erfüllen.

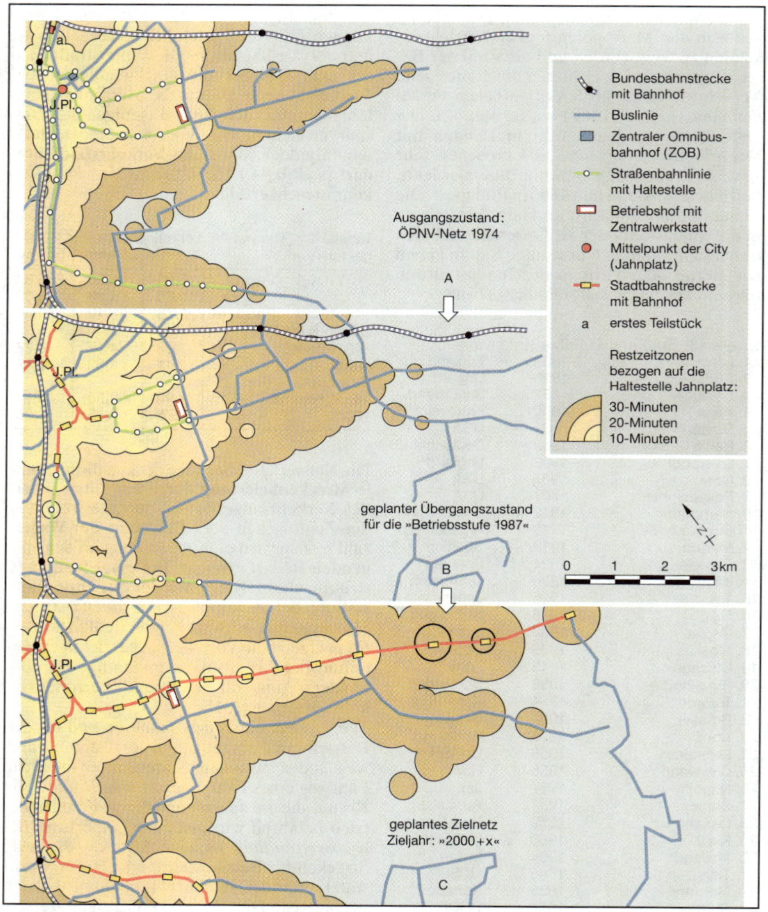

A-C Betriebsstufen des Bielefelder ÖPNV-Netzes (Ausschnitt mit Restzeitzonen)

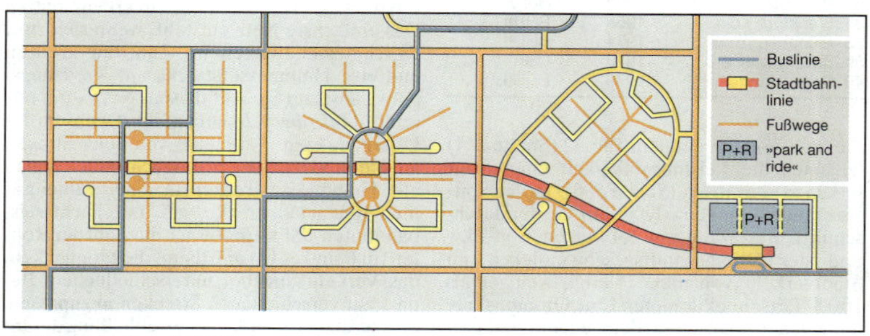

D Einfügung eines ÖPNV-Netzes in ein gegebenes Straßennetz (schematisch)

Das **U** in U-Bahn stand urspr. für den Begriff **Untergrund.** Heute ist es das Symbol für Unabhängigkeit vom Straßenverkehr. Jede Stadt mit U-Bahn (Tab. 43) hat »gebaute Beweise« dafür, daß der Öffentl. Personennahverkehr ein vom Individualverkehr unabhängiges Streckennetz braucht, um seine spezif. Aufgabe im Berufsverkehr erfüllen zu können. Omnibus und Straßenbahn haben den Wettlauf auf der Straße verloren, weil ihre Reisegeschwindigkeit unter der des Individualverkehrs lag. Erst durch die Schaffung *besonderer* oder *eigener Gleiskörper* oder Fahrtwege (eigene Busspur) konnte die mittlere Reisegeschwindigkeit etwas erhöht werden. Die langen Bauzeiten unabhängiger Strecken behindern zwar den Gesamtverkehr; nachträglich erweisen sie sich, gemessen an der Stadtgeschichte, als kurz. Das **U** erhält dann eine Zusatzbedeutung: es steht für die **Unabhängigkeit** des Städters in der Wahl der Verkehrsmittel. Dieser zusätzliche Freiheitsgrad ist eine Bedingung der modernen Großstadt.

Jede U-Bahn-Stadt kann als Lehrbeispiel für planerisches Vorgehen, kommunales Durchsetzungsvermögen und für finanzielle Grenzen und Abhängigkeiten ausgewertet werden. *Bielefeld* wird hier als Beispiel ausgewählt, weil diese Stadt in den Jahren um 1970, in denen die Finanzierung des Stadtbahnbaus eine **Gemeinschaftsaufgabe** von Bund, Ländern und Gemeinden war, wegen ihrer Größe zunächst als Grenzfall der **Förderungswürdigkeit** betrachtet wurde.

Der Rat der Stadt hatte konsequent seit 1945 den Öffentl. Personennahverkehr [232] gefördert, viele Straßenbahnstrecken auf eigene Gleiskörper verlegt (S. 100 B), neue Stadtteile bei Bezugsfertigkeit der ersten Wohnungen an Straßenbahnlinien angeschlossen (S. 106 D); die erste Tunnelstrecke 1971 eröffnet (bei a in A) und den Ausbau des Straßennetzes in der entlastenden Annahme betrieben, daß wegen der Förderung des Öffentl. Personennahverkehrs Einsparungen im Straßen- und Parkhausbau vertretbar sind. Die in die Stadtentwicklungsplanung integrierte **Verkehrsplanung** erfolgte in 5 Stufen:

a) 1952–55: 2 Gutachten [232, S. 69] belegen, daß Bielefeld auf ein Schienenverkehrsmittel nicht verzichten kann;
b) 1963–65: ein Gutachten [233] rät, den schienengebundenen ÖPNV in der Innenstadt unterirdisch zu führen;
c) 1969–71: der »**Generalverkehrsplan** Raum Bielefeld« (GVP [234]) weist in seinem langfristig anzustrebenden Zielnetz für den Gesamtverkehr 5 Radialstrecken als **stadtbahnwürdig** aus;
d) 1970–72: das Land NRW läßt nach Aufwertung der U-Strab-Konzeption eine Stadtbahn-**Vorplanung** durchführen, die in Abstimmung mit den Gebietskörperschaften ein Bedarfsnetz von 32,3 km »festlegt«;
e) 1973–75: eine vollständige **Stadtbahnbau- und -betriebsplanung** [233] wird erstellt.

Das Ergebnis enthält drei **Betriebsstufen** (A–C), deren Verkehrswegenetze auf die je als realisierbar unterstellten Ziele und Möglichkeiten der Stadtplanung, der Stadterneuerung und der Betriebsstruktur abgestimmt sind; hierzu wurden die kostengünstigsten Betriebsmittel (Fahrzeugtyp: GT-8-Z s. u.) und Betriebssysteme (Bahn-Bus-Verbund) ermittelt. Voraussetzung waren die Erfassung des Baugrundes, der Leitungen, des Bau- und Baumbestandes, der Vermessungsgrundlagen und der Zwangspunkte für die Trassierung. Die Auswertung des GVP führte über weitere Analysen zum *modal split* (Verhältnis ÖPNV/Individualverkehr) und das prognostizierbare Fahrgastaufkommen zur *Verkehrsbilanz* und Routenwahl. Umfassende Kostenermittlungen bezogen die Behinderungen während der Bauzeit ein und erlaubten die Langzeitprogrammierung für mehrere Finanzierungsalternativen. Eine *Nutzwertanalyse* begründete abschließend den Vorschlag, die vorhandene Schmalspur-Straßenbahn (A) in mehreren je **betriebsfähigen** Bauabschnitten für die »Betriebsstufe 1985« zunächst in der Innenstadt unter die Erde zu verlegen (B) und das für dieses Netz geeignete Fahrzeug GT-8-Z so lange verkehren zu lassen, bis das Zielnetz irgendwann nach 2000 fertiggestellt sein wird (C [235]). Der achtachsige Zweirichtungsgelenktriebwagen (GT-8-Z) ist sowohl die modernste Straßenbahn wie auch der kleinste Stadtbahnwagen. In nüchterner Einschätzung der hohen Kosten, der geringen Bundes- und Landeszuschüsse erwartete die Stadt 1975 aus der Finanzierungsalternative mit dem geringsten Zuschußbedarf die Fertigstellung der »Betriebsstufe 1985« innerhalb von 25 Jahren, d. h. 15 Jahre später als erwünscht und notwendig. Nachdem die Verkehrsinvestitionen seit 1945 unter der Priorität für die Schiene vorgenommen waren, fehlte nun nach abgeschlossenem Wiederaufbau die Alternative, die Verkehrsflächen bereitzustellen, die für den Individualverkehr und ein reines Bussystem bei Wegfall der Schiene [236] erforderlich wären. Das Fehlen dieser Alternative belegte letztendlich die Notwendigkeit des Stadtbahnbaues.

Die Bilder A–C zeigen, wie mit dem Ausbau des Schienennetzes die Einzugsbereiche erweitert werden, aus denen die Innenstadt innerhalb gleicher Zeitintervalle erreicht werden kann. Das ÖPNV-Netz wurde nach den in Bild D dargestellten Grundsätzen geplant (vgl. S. 136), u. a.:

- ebenerdige Stadtbahntrassen und übergeordnete Straßen trennen,
- Haltestellen in die Mitte des Stadtteiles und seines Fußwegenetzes legen,
- am Siedlungsrand den Übergang zur Bahn für Pkw-Umsteiger durch Parkplätze erleichtern (*park-and-ride* [237]).

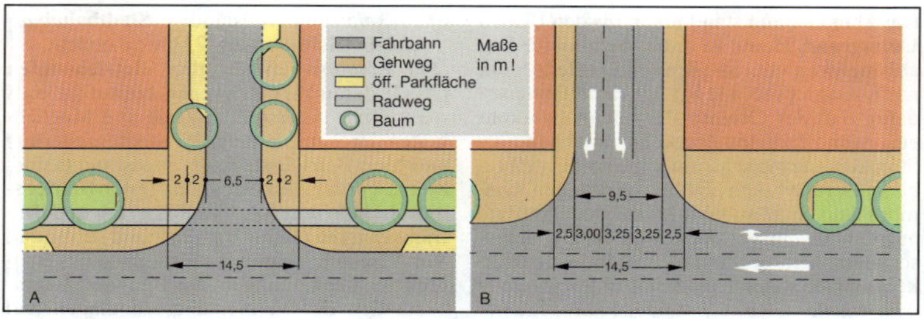

A-B »Verbund« zwischen Geh- und Fahrflächen bei unterschiedlicher Priorität

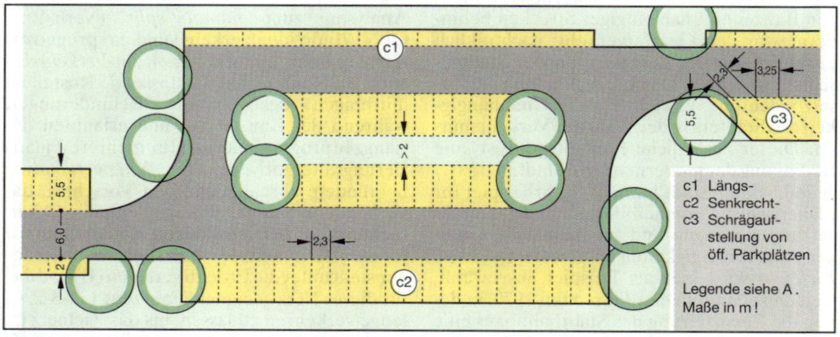

C »Verbund« zwischen Flächen für fließenden und ruhenden Verkehr

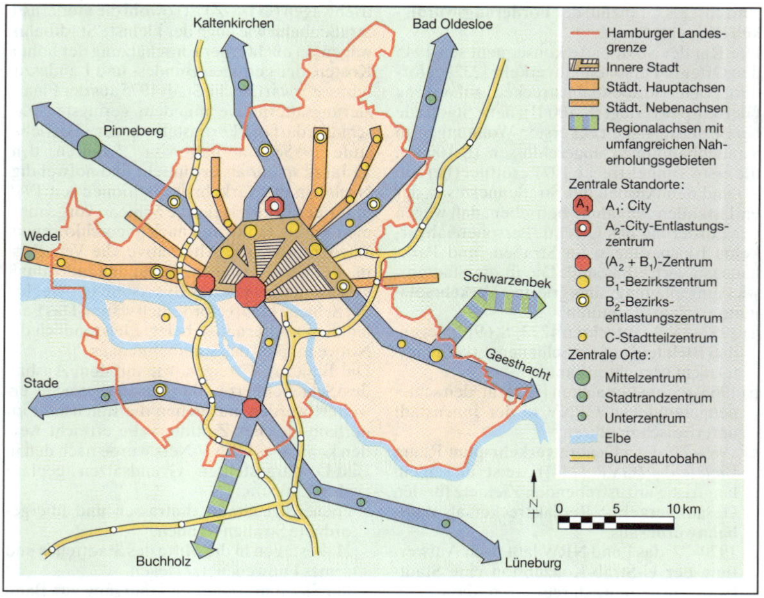

D Entwicklungsmodell für Hamburg und sein Umfeld

Der Begriff **Verbund** stammt aus der Versorgungswirtschaft, in der die techn.-organisator. Zusammenfassung mehrerer Betriebe zur Erhöhung der Wirtschaftlichkeit weit fortgeschritten ist, z. B. werden in den Schwerpunkten eines Stromversorgungsnetzes *Grundlastwerke* für den Grundbedarf errichtet; *Spitzenkraftwerke* übernehmen die zeitweise erforderlichen Zusatzleistungen (S. 125). In Europa hat die Verbundwirtschaft in der Elektrizitätsversorgung fast alle nationalen Grenzen überschritten.

Die Stadt läßt sich als Supraverbundsystem von verschiedenen Verbundsystemen darstellen. Die Verbindung zwischen Straßennetz und Versorgungsnetzen (S. 134 C/135) ist ein Beispiel dafür; die Verbindung von Geh- und Fahrfläche an einer Wohnstraße nimmt der Bürger nicht als Verbund wahr. Sollen Fußgänger und Radfahrer Vorrang vor dem Fahrverkehr haben, so könnte eine Einmündung gemäß A ausgebildet werden. Soll der Fahrverkehr Vorrang erhalten, so zeigt die Einmündung gemäß B den Verlust an Gehfläche, Straßenbäumen und öffentl. Parkplätzen. Solche Entscheidungen über den Vorrang der Ansprüche eines Teilsystems innerhalb eines Gesamtsystems zählen zu den schwierigsten in der Kommunalpolitik. Bild C veranschaulicht Möglichkeiten für die Verbindung von Flächen für den fließenden und **ruhenden Verkehr** im öffentl. Straßenraum: Längs-(c1), Senkrecht-(c2) und Schrägaufstellung (c3). In Gebieten höherer Nutzungsdichten lassen sich Stellplätze oft nur in Tiefgaragen oder Parkhäusern und diese auch nur in beschränktem Umfang herstellen. In solchen Bereichen kann das Erschließungsstraßennetz nach dem vorh. Stellplatzangebot bemessen werden; die **Stellplatzkapazität** ist dann zugleich begrenzendes Maß für die Nutzung. Bei geringer Nutzungsdichte können Einstellplätze mit Straßen zur Begrenzung des Fremdverkehrs gemäß C verknüpft werden.

Das Beispiel für den **Netzverbund** aus Bus- und Stadtbahnlinien (S. 142, A–C) ließ die Frage offen, ob ein reines Bussystem, das im Zentrum Tunnel benutzt und in den Randgebieten die Straße (Dual-Mode-Bus-System), leistungsfähiger und billiger sein könnte. Für Bielefeld wurde negativer Nettonutzen nachgewiesen [236]; reine Bussysteme sind nur im ländlichen Raum sinnvoll.

Die Zusammenarbeit im Öffentl. Personennahverkehr kann umfassen:

1. Fahrplanverbund,
2. Tarifverbund (Abbau von Fahrpreisunterschieden durch einheitl. Tarif),
3. Linien- und Netzverbund (Abbau von Parallellinien versch. Unternehmen),
4. **Verkehrsverbund** (einheitl. **Gestaltung** von Netz, Fahrplan und Tarif),
5. vollständiger Betriebsverbund [238],
6. Fusion der Verkehrsunternehmen.

Bei der Schaffung von Verkehrsverbünden sind die gesetzl. (Konzessionsrecht), wirtschaftl. (Verteilung von Defiziten) und polit. Hemmnisse (öff. Finanznot) zu überwinden.

Die Ziele des erfolgreichen Hamburger Verkehrsverbundes (HVV, gegr. 1965 von 9 Unternehmen auf 2900 km² Fläche) werden von der Landes- und Stadtplanung unterstützt. Die Leitlinien für den Nahverkehr setzten 1970 auf der Grundlage des Hamburger Entwicklungsmodells [239] versch. Prioritäten [240]:

a) In der inneren Zone (dichtbebaute und verkehrsüberlastete innere Stadtteile) soll der Personenverkehr vorrangig von Schnellbahnen übernommen werden. Die dort vorh. ca. 28000 Parkplätze sollen stufenweise den Dauerparkern des Berufsverkehrs entzogen und ganz dem Wirtschaftsverkehr zur Verfügung gestellt werden.
b) In der äußeren Zone (Randgebiete, Umland) überwiegt der Individualverkehr.
c) In der Übergangszone soll der Zubringerverkehr zu den Schnellbahnhaltestellen gefördert werden. Er ist vom Omnibus und vom privaten Pkw zu »Park-and-Ride-Anlagen« zu bewältigen. Der Stadtstaat Hamburg hat rechtlich die Möglichkeit eröffnet, daß Ablösungsbeträge für nicht geschaffene Einstellplätze in der inneren Zone zur Finanzierung von Sammelparkanlagen am Rand der Innenstadt eingesetzt werden.

Hamburg hat seine grenzüberschreitenden Raumordnungsvorstellungen (D) auf der Grundlage von Siedlungsachsen, zentralen Standorten (in Hamburg), zentralen Orten (im Umland) und Achsenzwischenräumen mit seinen Nachbarländern abgestimmt. Tragender Bestandteil der Achsenbildung ist das **Schnellbahnsystem.** Der Durchgangs-, Ziel- und Quellverkehr im Individualverkehr wird auf den bestehenden Bundesautobahnen durch die Übergangszone geführt. Das Gesamtverkehrssystem erweist sich als ein Superverbundsystem, in dem die Aufgaben des Individual- und öff. Personennahverkehrs aufeinander abgestimmt sind (S. 137; vgl. in Tab. 41 Frankfurt mit Hamburg). Das Hamburger Modell war vielfach wegweisend [241].

Ziel kommunaler **Verkehrspolitik** [242] muß es sein, die Teilsysteme für den Fußgängerverkehr, den Individualverkehr und den öffentl. Personennahverkehr (S. 126: G, H, J) in ein solches Verhältnis zueinander zu bringen, daß insgesamt bei minimalen Umweltbelastungen und geringen Kosten ein Maximum an Verkehrsalternativen und Bewegungsfreiheit besteht (vgl. Hamburg). Die »autogerechte« oder die »stadtbahngerechte« oder die »nurfußgängergerechte« Stadt würde je für sich allein dieses Oberziel in ein Gegenteil verkehren: höhere Kosten oder höhere Umweltbelastungen oder geringerer Bewegungsspielraum wären die Folge für den Bürger.

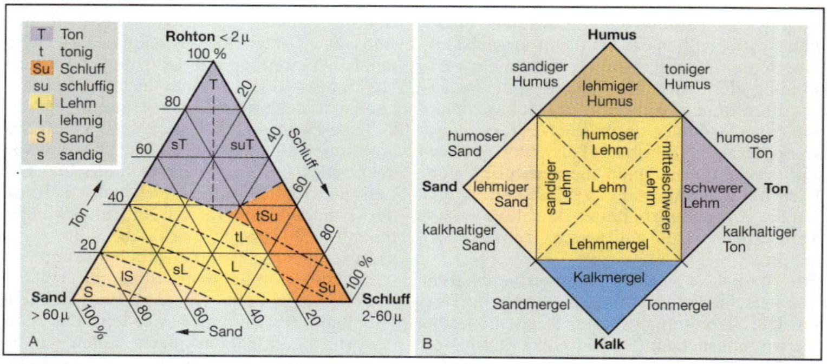

A-B Einteilung der Bodenarten nach dem »Stoff-Dreieck«, B nach A. G. Werner

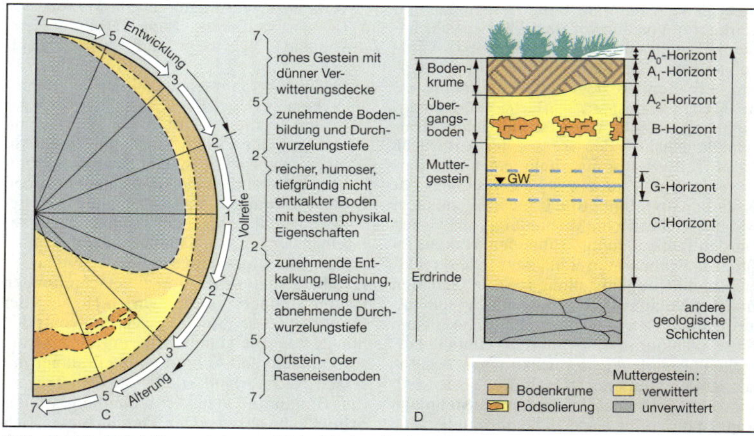

C-D Boden: Entwicklungsstufen und Beispiel einer Horizontbildung

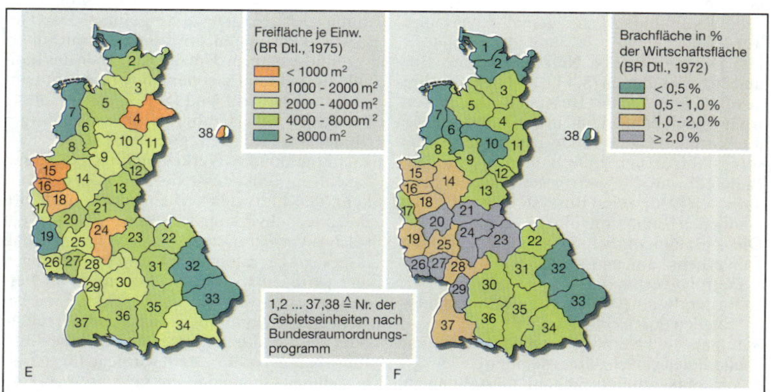

E-F Freifläche je Einwohner und Brachflächenanteil in der BRD

Tabelle 45: Bodenhauptarten

	Abk.	Korngrößenbereich
Steine, Blöcke	St	63 mm
Kies	Ki	2 –63 mm
Grobkies	gKi	20 –63 mm
Mittelkies	mKi	6 –20 mm
Feinkies	fKi	2 – 6 mm
Sand	S	0,06 – 2 mm
Grobsand	gS	0,6 – 2 mm
Mittelsand	mS	0,2 – 0,6 mm
Feinsand	fS	0,06 – 0,2 mm
Schluff	Su	0,002– 0,06 mm
Ton	T	0,002 mm
außerdem: Torf	Tf	ohne
Kohle	Ko	ohne

Boden ist die obere, mehr oder weniger lockere, von Wasser und Luft durchsetzte, von Bakterien belebte Schicht der Erdrinde, die land- oder forstwirtschaftl. Kulturpflanzen zu tragen imstande ist und sich in ständiger Umbildung durch klimat. oder biolog. Einwirkungen befindet. Die Böden werden nach ihrem Aufteilungsgrad *(Textur)* und ihren Lagerungsverhältnissen *(Struktur)* unterschieden. Der Aufteilungsgrad wird bei Mineralböden durch die Korngrößenanalyse und beim organischen Boden (Moorboden) durch den Zersetzungsgrad bestimmt. Die **Bodenhauptarten** ergeben sich bei nicht-bindigen Böden aus der Sieb-, bei bindigen aus der Schlämmanalyse (bei jeweiliger Drittelung der Korngrößen).

»Weitere Bodenarten« [243; 244] sind u.a. Lehm (L), Löß (Lö), Mergel (Me), Schlick (Sl), Faulschlamm(Fa), Wiesenkalk (WK), Humus (H). Lehm besteht aus Anteilen der Bodenhauptarten Sand, Schluff und Ton (A). Durch Erweiterung des »Stoffdreiecks« auf den Bodenchemismus (Einbeziehung von Humus und Kalkboden) erhielt A. G. WERNER das Einteilungsschema für die **Bodenarten** (B).

Die Bodenmechanik untersucht den Boden auf seine physikal. Kenngrößen, ermittelt die zwischen ihnen mathemat. darstellbaren Beziehungen und stellt mathemat. Ansätze für die Bemessung des Bodens als **Baugrund** (Tragfähigkeit, Ermittlung von Bodensetzungen, Sicherung der Bauwerke gegen Grundbruch und Geländebruch) und als **Baustoff** im Erd- und Wasserbau (Dämme, Deiche) bereit. Die Bodenkunde wertet Ausssagen der Natur- und Geowissenschaften, bes. der Klimakunde, aus und begründet die Verfahren des landwirtschaftl. Wasserbaus zur **Bodenverbesserung** (*Melioration:* Bodenentwässerung (Dränung), -bewässerung, Vorfluterausbau). Zur Beurteilung der Meliorationsbedürftigkeit eines landwirtschaftl. Bodens müssen Profilaufbau und leistungsbegrenzende Faktoren des Bodens bekannt sein [245].

Mineralböden entstehen aus dem Muttergestein durch **Verwitterung;** sie umfaßt

a) die mechan. Zersetzung des Muttergesteins durch Volumenänderung z.B. aus Temperaturschwankungen, Vermahlung, Druckschliff (Schleifarbeit des Wassers und der Gletscher) und Windschliff,
b) die chemische Zersetzung durch Angriff von Säuren (Kohlensäure, Huminsäuren) und wasserlöslichen Salzen und
c) die biolog. Zersetzung durch niedere Pflanzen (Spaltpilze, Flechten, Moose) und Pflanzenwurzeln.

Der GÖRZsche Halbkreis (C) zeigt die Stufen der Bodenentwicklung vom Muttergestein bis zum ausgezehrten und gealterten Boden. Kriterien für die Zuordnung eines Bodens zu einer **Zustandsstufe** und damit zu einem **Bodentyp** sind Zahl und Art der bodengenet. ausgebildeten Bodenhorizonte (D). Das einfachste **Bodenprofil** ist am Anfang der Bodenbildung gegeben; im obersten Bereich des Muttergesteins bildet sich eine durchwurzelte Humus-Anreicherungszone als A-Horizont. Ist die Schicht der Bodenkrume (Mutterboden) über dem Muttergestein voll ausgebildet, so spricht man von einem A/C-Boden (Beispiel für diesen Bodentyp: *Tschernosem*). Ist zwischen dem A/C-Horizont eine humusfreie Verwitterungsschicht vorhanden, so spricht man von einem B-Horizont; Beispiel für den Profilaufbau eines A/B/C-Bodens ist der Bodentyp *Braunerde.* Entstehen innerhalb des A-Horizonts Auswaschungszonen (Eluvialhorizonte) und im Unterboden Anreicherungszonen (Illuvialhorizonte), so entsteht ein A/B/C-Boden (Beispiel für diesen Bodentyp: *Podsol*). Die vom Grundwasser (S. 118 B) geformten Horizonte werden als G-Horizonte in das Bodenprofil aufgenommen (Beispiel: *Gleye*). A/B/C-Böden sind meliorationsbedürftig.

Das Verfahren der **Bodenschätzung** klassifiziert den Boden nach seiner Beschaffenheit und Ertragsfähigkeit [246]; die Ergebnisse werden im Flurbuch und in den Bodenschätzungskarten des Liegenschaftskatasters nachgewiesen [247]. Der Schätzung des Ackerlandes liegt der ›Ackerschätzungsrahmen‹, der des Garten- und Grünlandes der ›Schätzungsrahmen für Grünland‹ zugrunde; beide berücksichtigen Bodenart und -typ, sowie die klimat., die topograph. und die Nährstoffbedingungen. Die erzielten Wertungszahlen gehen als »Ackerzahl« bzw. »Grünlandzahl« in die Berechnung der »Ertragsmeßzahl« von landwirtschaftl. Betrieben ein.

Brache bezeichnet im engeren Sinne einen gepflügten Acker, der ohne Saat zur natürl. Erneuerung ruhen soll. Nichtbestellen eines Feldschlags in der Fruchtfolge (Vollbrache) bei Ausfall einer Jahresernte und wiederholter Bearbeitung heißt Schwarzbrache, eine kürzere Ruhezeit Teil- oder Halbbrache. Der Anteil der nicht-bewirtschafteten Brachfläche nimmt zu; 1973 betrug die Brachfläche in der BRDtl. mit rund 272000 ha 1,1% der Wirtschaftsfl. bzw. 2% der landwirtschaftl. genutzten Fl. [248]. Die Einrichtung von Landschaftspflegehöfen oder -betrieben ist staatl. zu fördern.

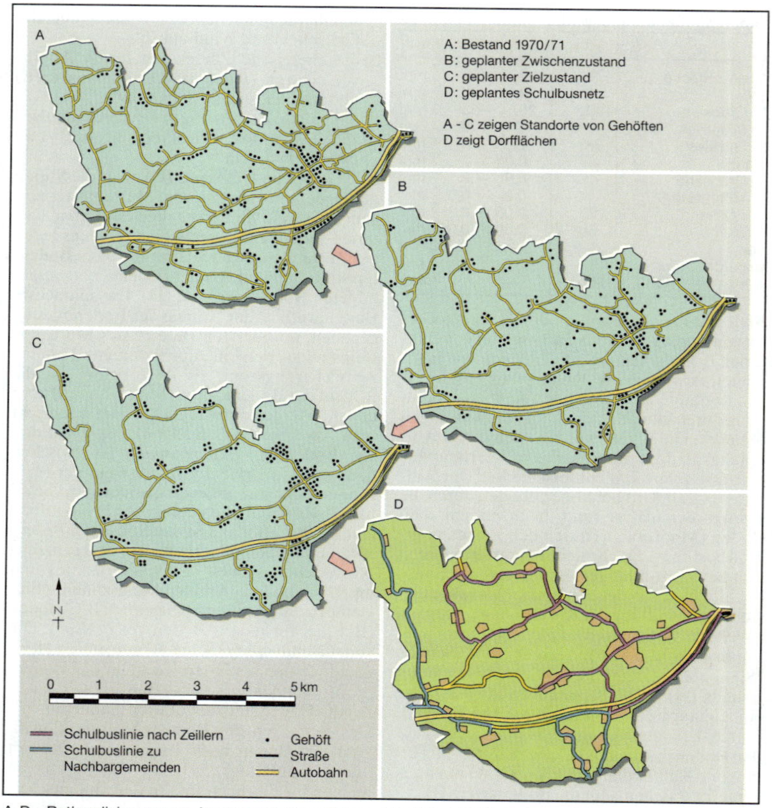

A-D Rationalisierung von Agrargemeinden: Zeillern (Waldviertel / Niederösterreich)

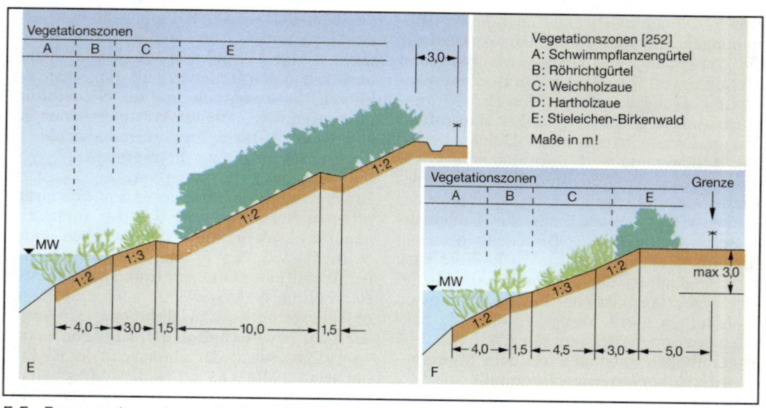

E-F Baggergruben mit verschiedenen Böschungen

Die Geographie definiert **Landschaft** als den »Teil der Erdhülle (Geosphäre), der durch das Wirkungsgefüge qualitativ und quantitativ bestimmter Geofaktoren von geringer Schwankungsbreite gebildet und räumlich begrenzt wird« und »in der konkreten Form nur einmal vorhanden (ein Landschaftsindividiuum) ist« [8, Bd. 2]; jede Landschaft hat ein bes. Aussehen (Physiognomie), besitzt eine spezif. räuml. Gliederung und einen Haushalt (S. 117), nimmt eine best. Lage auf der Erdoberfläche ein und ist wegen der Veränderlichkeit der Geofaktoren räumlich und zeitlich begrenzt. Zu den **Landschaftsbildnern** zählen:

a) Gesteine und Böden, Oberflächenformen, Wasser, Witterung und Klima } anorganische Kategorie
b) Pflanzendecke, Tierwelt, } vitale Kategorie
c) der Mensch: einzeln, als Gesellschaft und durch seine Werke (ca. 60% der 149 Mio.qkm fester Erdoberfläche sind bewohnbare *Kulturlandschaften*) = vernunftbestimmte Kategorie.

Die Landschaftskunde bemüht sich, die bes. Eigenarten der Landschaften zu erfassen und **Landschaftstypen** aufzustellen. Eindeutig definierte Typenbegriffe, z. B. für *Agrar-* oder *Industrielandschaft,* können der räumlichen Planung hilfreich sein, wenn die Gesetzmäßigkeiten der anorgan. und vitalen Geofaktoren und die Regelhaftigkeiten des menschl. Wirkens ausreichend erforscht, erkannt und in Definitionen *handhabbar* aufbereitet sind, anderenfalls füllt der Staat Definitionslücken legislativ oder judikativ aus.

Die Landschaft (hier im Gegensatz zu den Bauflächen der Siedlungen, vgl. S. 48) wird vorwiegend forst- und landwirtschaftlich genutzt. **Forst** ist der *regelrecht* bewirtschaftete und als solcher fest unterteilte und abgegrenzte Wald. **Wald** im Sinne des Gesetzes zur Erhaltung des Waldes (BWaldG) ist »jede mit Forstpflanzen bestockte Grundfläche. Als Wald gelten auch kahlgeschlagene oder verlichtete Grundflächen, Waldwege, Waldeinteilungs- und -sicherungsstreifen, Waldblößen und -lichtungen, Waldwiesen, Wildäsungsplätze, Holzlagerungsplätze sowie weitere mit dem Wald verbundene und ihm dienende Flächen« [249, § 2]. In der Flur oder im bebauten Gebiet gelegene kleinere Flächen, die mit einzelnen Baumgruppen, Baumreihen oder mit Hecken bestockt sind oder als Baumschulen verwendet werden, sind in diesem Sinne nicht Wald. Die Länder können andere Flächen dem Wald zurechnen und zum Wohnbereich gehörende Parkanlagen vom Waldbegriff ausnehmen. In Nordrhein-Westfalen gelten »einzelne Baumgruppen, Baumreihen und zum Wohnbereich gehörende Parkanlagen« nicht als Wald [250, § 1(3)]; die der Siedlung zugeordneten grünen Freiflächen werden **Grünflächen** genannt.

Landwirtschaft ist rechtlich [9, § 201] »insbesondere der Ackerbau, die Wiesen- und Weidewirtschaft einschließlich Pensionstierhaltung auf überwiegend eigener Futtergrundlage, die gartenbauliche Erzeugung, der Erwerbsobstbau, der Weinbau, die berufsmäßige Imkerei und die berufsmäßige Binnenfischerei«. Mit dieser Definition hat sich das Planungsrecht der Entwicklung in der Agrarwirtschaft vom konventionellen Bauernhof zum hochrationalisierten, kapitalintensiven Spezialbetrieb angepaßt.

Die forst- und landwirtschaftlichen Nutzflächen zählen in Deutschland planungsrechtlich zum **Außenbereich** [9, § 35], in dem die Zulässigkeit von Bauvorhaben sehr stark eingeschränkt ist (S. 220): im Interesse des Allgemeinwohls ist er vor **Zersiedlung** zu schützen und darf nicht als *Reservebauland* betrachtet werden.

Die Landschafts-, Landschaftspflege- und Naturschutzgesetze der Länder regeln den Schutz, die Pflege und die Gestaltung von Natur und Landschaft als Lebensgrundlage und als Umwelt- und Erholungsbereich des Menschen. Die **Landschaftsplanung** soll die Landschaft vor beeinträchtigenden Eingriffen bewahren, vorhandene Schäden beseitigen und den Ausgleich zwischen den Ansprüchen der Land- und Forstwirtschaft und denen der Allgemeinheit auf Sicherung der natürlichen Ressourcen und auf Erholung in der Natur erbringen. Zerstörte Landschaftsteile, wie sie bei der Gewinnung von Bodenschätzen entstehen, sind landschaftlich einzugliedern, z. B. *Rekultivierung* von Baggerseen mit hoher (E) oder niedriger Böschung (F), von Steinbrüchen mit Felswänden oder bewaldeten Hängen [252]. Solche Maßnahmen sind in **Landschaftsplänen** zu sichern, bevor sichtbare Eingriffe zugelassen werden.

Ein Beispiel: Die Gemeinde *Zeillern* (A) zeigt im Agrarbestand zahlr. Mängel: ausgedehntes Wegenetz, überalterte Bausubstanz, unrationelle Betriebsformen, unwirtschaftliche Betriebsgrößen, Streulage der Gehöfte, Übermechanisierung (die sich ergibt, wenn der Maschinenpark aller auf die Gesamtnutzfläche bezogen wird). In enger Abstimmung mit den Betroffenen hat WURZER Vorschläge zur Gemeindeerneuerung vorgelegt (B–D [253, S. 79]); die Ziele der Landwirtschaft (Erneuerung der Bausubstanz in Gehöftgruppen), der Stadtplanung (Rückbau der bereits fortgeschrittenen Zersiedlung) und der Gemeinde im niederösterreich. Waldviertel (Steigerung der Wirtschaftskraft, Straffung des öff. Straßennetzes) harmonieren und sind schrittweise erreichbar. Hierdurch würden die Versorgung der Gehöfte mit Wasser, Strom und Telefon, ihre Entsorgung durch Gruppenkläranlagen und die **Erreichbarkeit** der zentralen Einrichtungen (Schule) erleichtert.

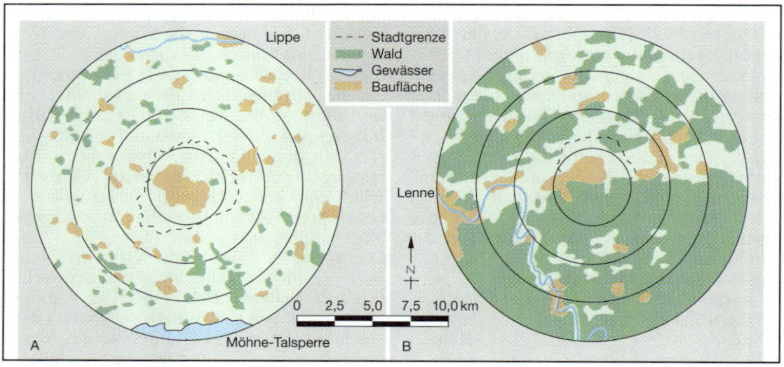

A-B Waldarme Stadt (Soest) und waldreiche Stadt (Solingen)

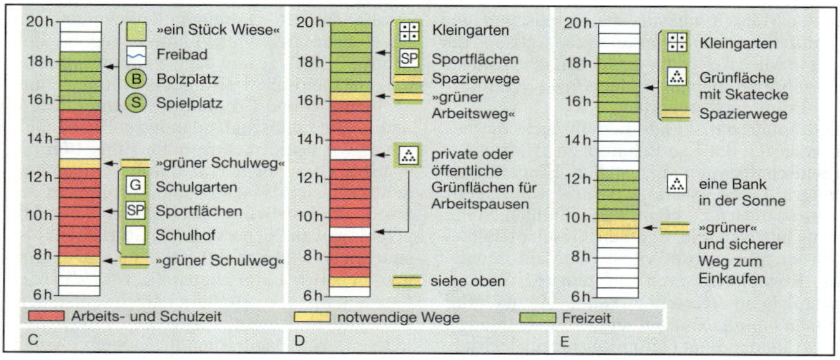

C-E Freiflächenangebote für einen Schüler, einen Arbeiter, einen Rentner

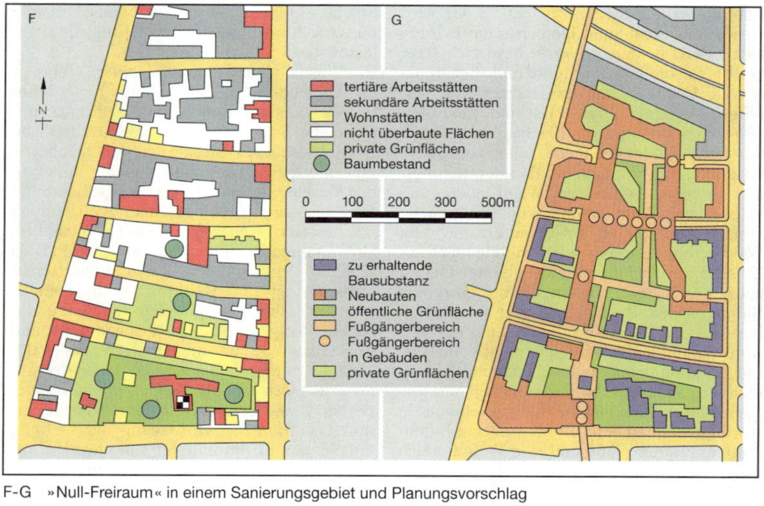

F-G »Null-Freiraum« in einem Sanierungsgebiet und Planungsvorschlag

Die Freiräume einer Stadt bestimmen wesentlich ihren **Freizeitwert** mit; dazu zählen Flächen für die Tageserholung in den Baugebieten (Entfernung von der Wohnung maximal 15 Gehminuten), für die Feierabenderholung am Rand der Baugebiete (D) und für die Wochenenderholung am Rande oder außerhalb der Stadt (möglichst unter 60 Fahrminuten). Die bevorzugten Erholungsziele sind Küsten, Gewässer, Wälder und Berglandschaften. Die Städte, bes. in den Verdichtungsräumen, haben daher ein unmittelbares Interesse an der Sicherung und Gestaltung stadtnaher Erholungsräume in der Landschaft. Bei der ungleichen Ausgangslage der Städte (A, B [254]) reichen diese Interessen unterschiedlich weit. Hamburg verfolgt sie über landesplanerische Absprachen mit seinen Nachbarländern (S. 144 D). Hannover konnte seine Ziele für das Steinhuder Meer, für die südl. Heide, die Leineniederung und den Mittelgebirgsrand im Verband Großraum Hannover verfolgen (S. 61). München baut seine großräumigen Standortvorteile ständig aus.

Für den hohen Anteil der Stadtbevölkerung in Nordrhein-Westfalen müssen die waldreichen Gebiete der Eifel, des Sauerlandes und des Teutoburger Waldes Erholungsfunktionen übernehmen. Damit steigen die nicht-forstwirtschaftl. Ansprüche an den Wald. Deshalb »wurde das Forsteinrichtungsamt des Landes beauftragt, die **Schutz-** und **Erholungsfunktionen** des Waldes aller Besitzarten zu erfassen und kartenmäßig darzustellen« [255]; dafür gilt folgende Einteilung:

1. Waldflächen mit Schutzfunktion (für den Wasser-, Klima-, Sicht-, Immissions- oder Bodenschutz),
2. Waldflächen mit Erholungsfunktion (für die Tages-, Wochenend-, Ferien- oder Kurerholung),
3. Naturschutzgebiete, flächenhafte Naturdenkmale, Landschaftsschutzgebiete,
4. Naturparke,
5. Naturwaldzellen und forstl. Versuchsflächen für Forschung und Lehre,
6. sonstige schutzwürdige Waldflächen (deren Wert auf dem Gebiet der Botanik, Zoologie, Ökologie oder Kulturgeschichte liegt).

Die **Waldfunktionskarte** unterscheidet zwei Funktionsstufen, je nachdem, ob die Schutz- oder Erholungsfunktion Vorrang gegenüber der Rohstoffunktion hat und die Waldbewirtschaftung bestimmt (Stufe 1) oder ob sie lediglich die Waldbewirtschaftung beeinflußt oder beeinträchtigt (Stufe 2). Diese Karte dient der Landschaftsplanung als Grundlage, z. B. zur Entscheidung darüber, wo Erholungswald durch Aufforstung entstehen sollte.

Das Erholungsangebot in der Umgebung beeinflußt die gemeindliche **Freiraumplanung.** Um gesicherte Entscheidungshilfen zu erhalten, führte der Innenminister von NRW auf Anregung der Städte Bielefeld, Düsseldorf und Wuppertal [256] ein Forschungsvorhaben durch [257]: die in der Literatur verstreut angegebenen Erkenntnisse, die offenen Fragen und Ansätze der kommunalen Praxis wurden in diesen 3 »Modellstädten« sozialwissenschaftl. untersucht, um handhabbare Bemessungsansätze zu gewinnen. Am Beginn dieser Untersuchung wurde **Freiraum** »vorläufig« als »jede überwiegend unbebaute Fläche einschließlich der Verkehrsfläche für Fußgänger« definiert. Diese Definition ist im Sinne einer Verhaltensdefinition zu erweitern: Ein Raum ist ein Freiraum, wenn er es den Nutzern erlaubt, frei zu handeln, wenn er also offen ist für frei gewählte oder spontane Aktivitäten, für Bewegung oder Ruhe, für Entdeckungen oder Besinnung. Für die sozialwissenschaftl. Untersuchungen wurden die Freiräume nach Typen gegliedert; bei zunehmendem Freiraumanteil ergibt sich als **Typenfolge** [257, S. 69]:

a) »Null-Freiraum« = dichtbebautes Wohngebiet oder Gebiet mit hoher Arbeitsplatzdichte **ohne** Freiräume,
b) Siedlungsgrün = unbebaute »grüne« Teilfläche von privaten Baugrundstücken (Wohnhöfe in Baublöcken, Hausgärten);
c) Stadtplatz = freier, unbebauter Architekturplatz z. T. mit »Ziergrün« und Bäumen;
d) Spielflächen für einzelne oder alle Altersgruppen auf privaten oder öffentl. Freiflächen;
e) Park und Stadtgarten als öffentl. Grünflächen innerhalb von Siedlungsflächen (S. 39);
f) Grünzüge und Grünverbindungen als den Stadtraum gliedernde öffentl. Grünflächen (S. 94 B; S. 128 E; S. 130 K, L);
g) landschaftsbezogene Freiräume = land- und forstwirtschaftl. Flächen in der freien Landschaft mit Erholungsfunktionen.

Der erste Bericht über diese Untersuchung ist eine Fundgrube an Erkenntnissen. Z. B. ist Spazierengehen und Wandern die **häufigste Freizeitaktivität** [257, S. 157 f.]; dies begründet die stadtplanerische Forderung, das Freiflächensystem einer Stadt und das Gesamtfußwegenetz im Zusammenhang zu sehen, zu planen und zu gestalten (C–E; vgl. S. 128–133). Ein anderes wichtiges Anfangsergebnis ist, daß »die Möglichkeit, Freizeit im privaten Freiraum außer Haus (wie Balkon, Terrasse, Hausgarten) zuzubringen, dazu führt, daß öffentl. grüner Freiraum häufiger benutzt wird« [257, S. 42]. Wenn der Schluß zulässig ist, daß erst privater Freiraum die Nutzung öffentl. Freiräume aktiviert (!), dann müßten Politiker und Planer durch Förderung privater Freiräume das Verlangen nach öffentl. Freiraum zusätzlich anregen. Dies gilt bes. für die kommunalen Aktivitäten in Sanierungsgebieten (F, G) und in Bereichen von Arbeitsplatzkonzentrationen (D), in denen private oder öffentl. Erholungsräume im Freien fehlen.

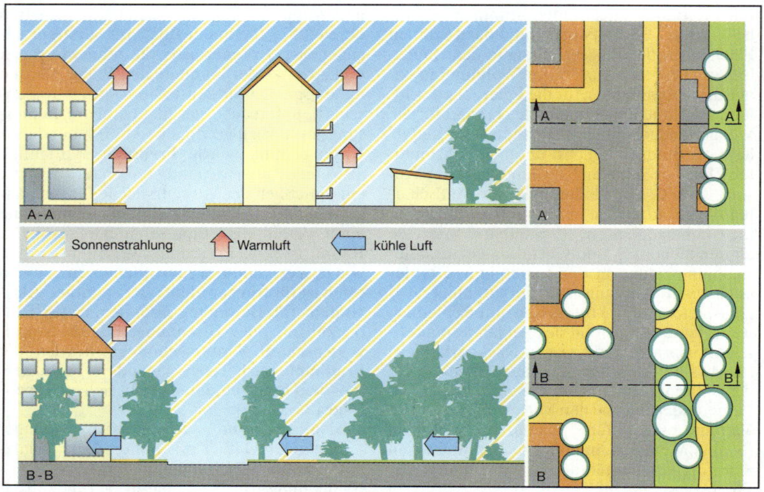

A-B Abschirmung und Förderung von Frischluftzufuhr

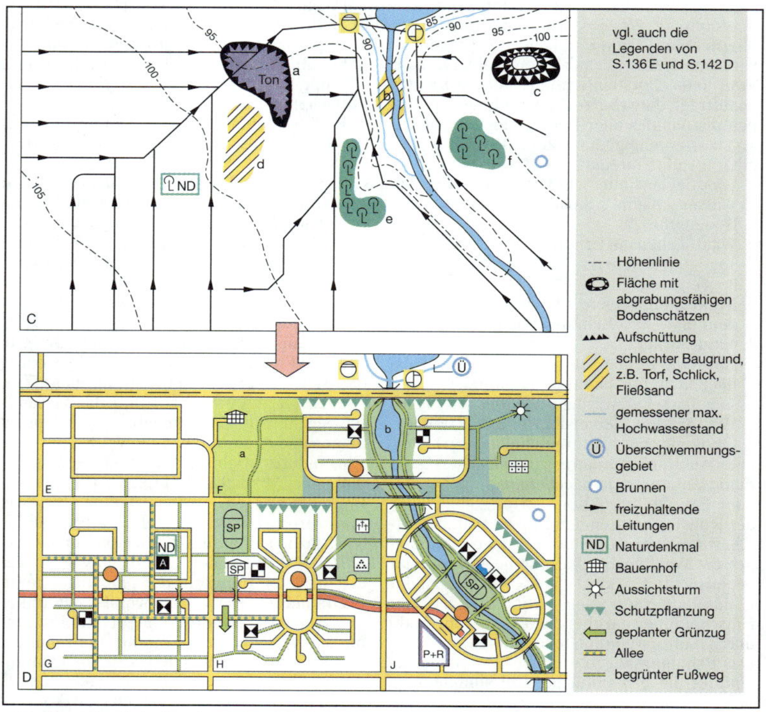

C-D Naturräumliche Gegebenheiten (C) als Voraussetzung für ein Freiflächensystem (D)

Ziel aller kommunalen Grünflächenplanung ist es, neben der Schaffung und Gestaltung ausreichender Erholungsflächen insbes. das **Stadtklima** zu verbessern [258; 259].

Wetter ist die Gesamtheit der für ein beschränktes Gebiet zu einem bestimmten Zeitpunkt bestehenden Verhältnisse in der Atmosphäre, die sich aus den Witterungselementen Lufttemperatur, Luftdruck, Luftbewegung (Wind), Luftelektrizität und dem Wasser in der Luft (Luftfeuchtigkeit, Niederschläge) bilden. Die Zusammenfassung der Wetterverhältnisse über einem größeren Gebiet (z.B. Bayern) heißt Wetterlage, über großen Erdräumen (z.B. Europa) die Großwetterlage. Die während langer Beobachtungszeiträume gewonnenen Aussagen über den mittleren Zustand der Atmosphäre und den durchschnittl. Ablauf der Witterungserscheinungen kennzeichnen das **Klima** eines Gebietes (Makroklima). Für die Lebensbedingungen von Pflanzen und Tieren ist das Klima der bodennahen Luftschicht (Mikroklima) bes. wichtig; es weicht oft erheblich vom Makroklima ab. Die Unterschiede sind bes. gut in den mikroklimatisch extremen Atriumhöfen zu beobachten.

Während in der Naturlandschaft die Beziehungen zwischen den Ökofaktoren Boden, Wasser, Luft und Klima in einem ungestörten dynam. Gleichgewicht sind, stellt die Stadt ein künstl. Ökosystem dar, dessen Gleichgewicht bes. im Bereich von Wasser- und Energiekreislauf gestört ist. Daraus können erhebliche **Klimaunterschiede** zwischen der Stadt und der sie umgebenden Landschaft entstehen; die Stadt leidet gegenüber der Naturlandschaft unter Übererwärmung (die Lufttemperaturen liegen im Sommer in New York bis zu 10 °C, in Frankfurt um 3 °C höher als im Umland), unter geringerer Luftfeuchtigkeit (in New York 4–8% niedriger), unter kürzerer Sonnenscheindauer, herabgesetztem Luftaustausch und höherem Staubanteil in der Luft (in New York 30 mal, in Frankfurt ca. 6 mal höher als im Umland). Die wirksamste Verminderung dieser Klimaunterschiede ist durch die ökolog. sinnvolle Freihaltung von nicht-überbaubaren »grünen« Freiflächen zu erreichen.

Die Bilder A und B veranschaulichen dies: während in A die Frischluftzufuhr von der Grünfläche durch den geschlossenen Bebauungsrand abgeschirmt wird, kann die Frischluft in B bei der einseitigen Bebauung der Randstraße in das Wohngebiet einströmen [174].

Für jedes Baugebiet muß allein aus klimatischen Gründen ein ausreichender Anteil an Grünflächen und deren ökolog. richtige Einordnung in das Baugebiet gefordert werden. Auf das Stadtganze bezogen, ergibt sich daraus die Forderung nach einem zusammenhängenden **Grünflächensystem,** das mindestens unter Beachtung der Oberflächengestalt (Topographie) der Stadtlandschaft, des Gewässersystems, der bewachsenen Flächen, der Windverhältnisse, der immissionsbelasteten Flächen und der Einwohner- und Beschäftigtendichte in den besiedelten Gebieten zu entwickeln ist.

Dieses Grünflächensystem soll umfassen:

1. die landwirtschaftlichen Nutz- und die Waldflächen im Außenbereich, für die Landschaftspläne aufzustellen sind,
2. die öffentl. Grünflächen innerhalb und zwischen den Bauflächen, die in Bebauungsplänen als solche festzusetzen sind [260]:
   2.1 allgemeine Grünflächen (S. 151, c–f; außerdem Zoologische, Botanische, Historische Gärten, Schutzpflanzungen übergeordneter Bedeutung),
   2.2 Sportflächen, insbesondere für ungedeckte Sport- und Spielplätze,
   2.3 Kleingartenflächen,
   2.4 Friedhofsflächen,
3. die privaten Grünflächen auf bebaubaren und nichtbebaubaren Grundstücken, die planungsrechtlich gesichert oder als **Grünflächenminimum** zu sichern sind (S. 151, a–d).

Der Beitrag der Landschafts- und Grünplanung beschränkt sich nicht auf Aussagen, die in einem **Fachplan** dargestellt werden, sondern er geht in seinem wesentlichen Inhalt nach Abstimmung mit den Trägern öffentl. Belange und Berücksichtigung der Bedenken und Anregungen nach BauGB §§ 2–4 in den Flächennutzungsplan, bzw. in die Bebauungspläne selbst ein [261; 262]. Die Grünplanung ist damit rechtlich Bestandteil der **Bauleitplanung;** Einzelheiten sind der Literatur der Städte zu entnehmen [263].

Die Bilder C und D veranschaulichen, wie ein **Grünordnungsplan** für einen Stadtausschnitt aus den Besonderheiten einer Landschaft abgeleitet werden kann; das Schema zeigt u. a.:

- ausgehend von der Topographie (s. Höhenlinien) ist das hochwassergefährdete Bachtal bei »b« zu einem durchgehenden Grünzug mit *Hochwasserrückhaltebecken* auszubauen,
- das Tonvorkommen bei »a« darf als *natürliche Ressource* nicht bebaut werden;
- die *Aufschüttung* bei »c« ist als Erholungsanlage zu bepflanzen (so entstand die Rixdorfer Höhe in Berlin aus einem Trümmerberg von 69 m Höhe),
- Flächen mit *schlechtem Baugrund* wie bei »b« und »d« sind aus gesundheitlichen und wirtschaftlichen Gründen nicht für eine Bebauung vorzusehen,
- Waldflächen sind bei fortschreitender Besiedlung zu öffentl. Grünflächen (»e«) umzugestalten oder durch Aufforstungen zu ergänzen (zwischen »c« und »f«),
- die Lage der Hauptsammler des Entwässerungssystems muß in Abhängigkeit von der Topographie festgelegt sein [42, S. 16; 264, Bd. 2], bevor der städtebauliche Entwurf für die oberirdisch sichtbare Stadterweiterung geplant werden kann.

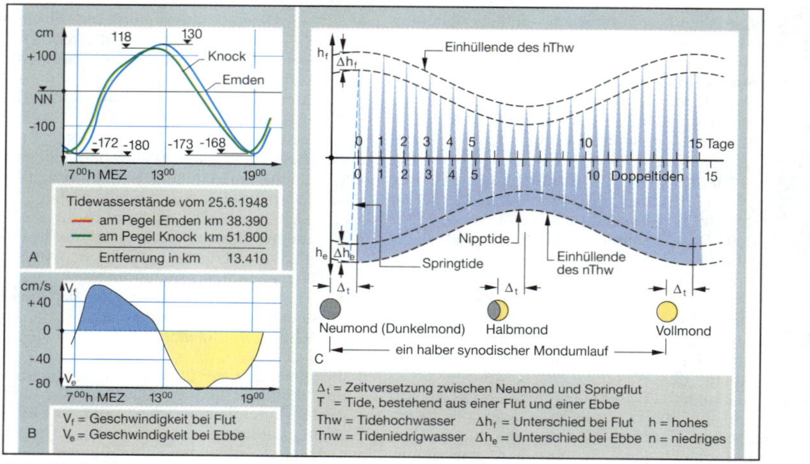

A-C Die Gezeiten: eine Tide, Verlauf der Strömungsgeschwindigkeit, Gezeitenschwingung

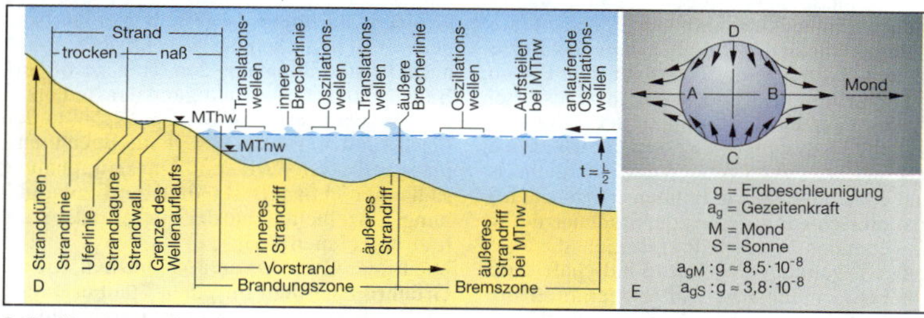

D-E Meeresstrand: Aufbau und Bezeichnungen; Verteilung der Gezeitenkräfte

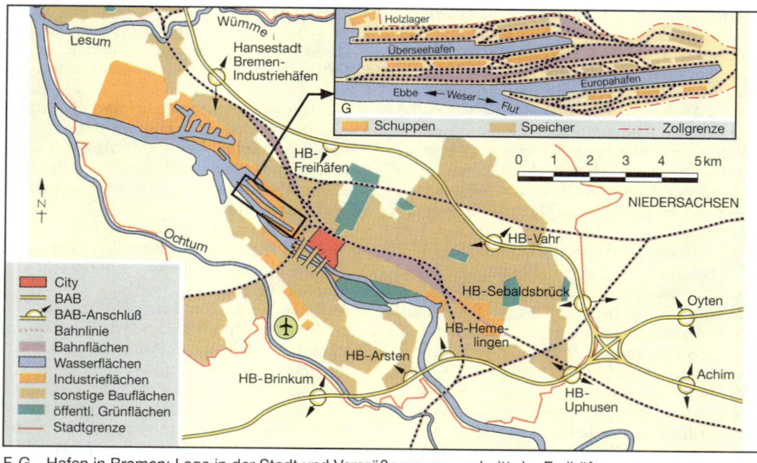

F-G Hafen in Bremen: Lage in der Stadt und Vergrößerungsausschnitt der Freihäfen

Wasser, in seiner Zusammensetzung als H_2O 1781 von HENRY CAVENDISH erkannt, geruchs- und geschmacksfreie, **durchsichtige,** (in dicken Schichten) schwachblaue Flüssigkeit; Gefrierpunkt 0°C (Schmelzwärme 79,74 cal/g), Siedepunkt 100°C (Verdampfungswärme 539,1 cal/g) bei 760 Torr; größte Dichte bei + 4°C: 1 g/cm^3 (= Definition der Masse von 1 Gramm); bei 0°C: a) flüssig 0,9999 g/cm^3, b) als Eis 0,91674 g/cm^3. Die Atmosphäre nimmt bei + 21°C und Normaldruck 15 g Wasser je kg Luft auf.

Fast alle Substanzen vergrößern ihr Volumen beim Übergang vom festen in den flüssigen Aggregatzustand (Schmelzen), d.h. sie nehmen an Dichte ab, nur das Wasser nicht. Es besitzt die *Anomalie,* im flüssigen Zustand seine größte Dichte bei + 4°C zu haben [265 e]: deshalb schwimmt **Eis** auf Wasser (Erhaltung des Lebens unter dem Eis), und folglich hat gefrierendes Wasser eine Sprengwirkung auf seine Umgebung (Ursache für *Verwitterung* und für Schäden bei See- und Hafenbauten).

Wasser ist für viele Stoffe ein unentbehrliches **Transport-** und **Lösungsmittel,** bes. für fast alle Stoffe, die beim Stoffaustausch und jeder Stoffverschiebung in der lebenden Zelle gebraucht oder mit seiner Hilfe ausgeschieden werden (Blut, Harn, Schweiß); kulturgeschichtlich war es Symbol des Lebens, der Fruchtbarkeit und der Reinigung (vgl. HERAKLES im Augiasstall und die *Taufe*).

Von rd. 510 Mio. qkm Erdoberfläche sind 361 Mio. qkm **Wasserfläche** (= 70,8%) und 149 Mio. qkm Land; als mittlere Höhe der Landmasse wurden 875 m, als mittlere Tiefe der Ozeane 3800 m errechnet, daraus läßt sich deren Gesamtvolumen zu ca. 1,9 Milliarden km^3 Meereswasser angeben. Diese gewaltige Wassermasse wird durch die Erddrehung und die Anziehung der Gestirne in Bewegung gesetzt: **Ebbe** und **Flut.** Dabei sind die Anziehungskräfte des Mondes (E [266]) rd. 2,24 mal größer als die der Sonne; für jeden Küstenort gibt es eine theoret. **Gezeitenschwingung** gemäß Bild C; zwischen den Kontinenten bilden die Ozeane »Becken«, in denen die Flutwelle um *Amphidromische Punkte* (Gezeitenwirkung = 0) kreist; die Windkräfte und Klimawirkungen sind hinzuzurechnen.

Zahlreiche **Pegel** zur ständigen Wasserstandsmessung dienen der Gefahrenabwehr und Gewässerkontrolle, z.B.: der *Tidenhub* (= Wasserstand der letzten Flut minus Wasserstand der letzten Ebbe) ist in der Emsmündung am Pegel Emden höher als seewärts am Pegel Knock (A, [265 c]): da die einflutenden Wasser auf eine enger werdende Flußmündung treffen, steilen sie sich auf (Festlegung der Deichhöhen). Die Geschwindigkeit der *Tideströmungen* (B) läßt Rückschlüsse auf Ablagerungen zu; in Modellen versuchte W. HENSEN, die Fahrrinne so zu gestalten, daß die *Selbsträumungskraft* des Ebbstromes am beständigsten ist [265 c]. Zum Vergleich: jährl. Schlickfall im Hafen von Bremerhaven 1–6 m, von Wilhelmshaven 8–10 m [267].

Küste ist der Grenzraum zwischen Meer und Land, *Litoral,* von wechselnder Breite (1 m bis viele km); nach dem Grundriß werden glatte und gebuchtete, nach dem Aufriß *Steil-* und *Flachküsten* unterschieden, die *Uferlinie* ist die Grenze zwischen Land und Meer (D, [265 d]). Die gestaltenden Vorgänge an Küsten sind:

a) Zerstörung aller Vorsprünge durch Brandung unter Bildung von Kliffs,
b) seitlicher Transport der Sande und Gerölle (sogenannte Küstenversetzung),
c) Aufbau dieses Materials in Form von Strandwällen, Sandriffen (D), Haffs,
d) Verlandung mit Bewuchs, bes. im Brackwasserbereich der Mündungen sinkstoffreicher Flüsse (Delta) [265 a].

Ein **Deich** ist ein Damm entlang einer Küstenlinie oder einem Flußufer, vorwiegend aus Erdbaustoffen und bewachsen, zum Schutz der Küste und gegen Überflutung von Niederungen. Das Deichrecht, z.T. auf sehr altem Recht beruhend, ist in Deutschland aktualisiertes Landesrecht: die deichpflichtigen Eigentümer der gefährdeten Grundstücke bilden Deichverbände, denen der Bau und die Unterhaltung der Deiche und der zugehörigen Bauwerke (Siele) obliegen; sie werden durch den Deichvorsteher vertreten und unterstehen der Aufsicht des Staates.

Hafen ist die Anlage zum Umschlagen von Gütern zwischen Schiffen und Land (Bahn, Lkw, Binnenschiff, Lager, Speicher, Silo, Tank); er beinhaltet Einrichtungen zum geschützten Liegen, Laden, Löschen, Instandsetzen und Versorgen von Schiffen an Meeresküsten als Seehafen oder im Landesinneren als Binnenhafen. Typische Hafenindustrien sind Werften, Großlager, Raffinerien, Hüttenwerke auf der Basis importierter Rohstoffe, Fischerei-, Speditions- und Hotelgewerbe. Die Funktion eines Segel- und Yachthafens definiert der Wassersport. Vielseitig und umfangreich sind die Bauaufgaben zur Freihaltung der Hafenbecken, Fahrrinne und Reede und zur ständigen Modernisierung der Verkehrsanschlüsse und Hafenausstattung.

Am Stadtgrundriß von Bremen läßt sich die Verteilung der Hafenanlagen entlang der Weser und die räumliche *Zuordnung* von Bahnen, Autobahnen und des Flughafens zu den Hafenanlagen gut ablesen (F).

Die **Wasserflächen** (Meer, Flüsse, Seen, Talsperren), Häfen und die für die Wasserwirtschaft (vgl. S. 116–121) vorgesehenen Flächen können gemäß BauGB, § 5 (2) Ziff. 7, im Flächennutzungsplan gesondert dargestellt werden; entsprechend gilt § 9 (1) Ziff. 16 für Bebauungspläne.

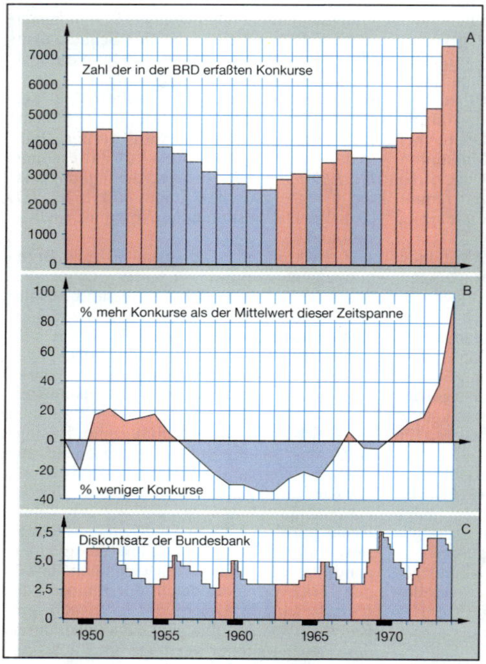

A-C Entwicklung einiger Wirtschaftskenndaten in der BRD

D-E Meinungen über Prioritäten

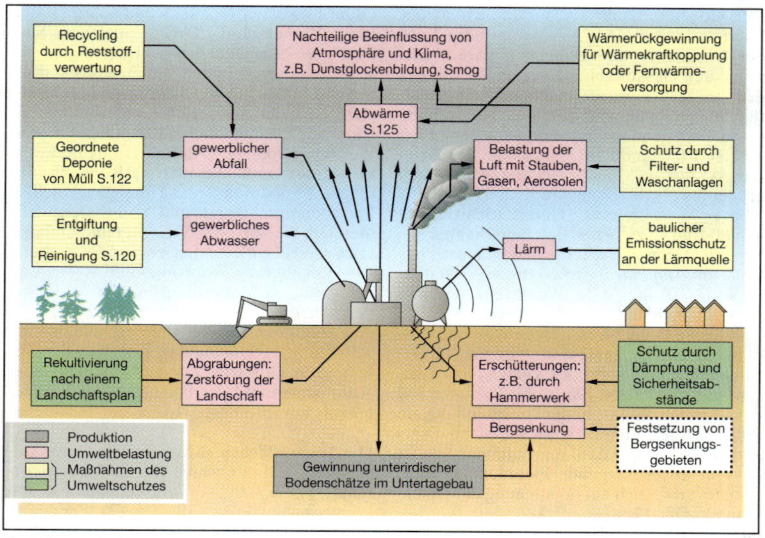

F Schema der Umweltbelastungen durch Arbeitsstätten

Die Gesamtheit der Einrichtungen und Maßnahmen zur planvollen Deckung des menschl. Bedarfs nach Gütern heißt **Wirtschaft** [8, Bd. 3, S. 3725]. Wirtschaftl. Güter sind Mittel der Bedarfsdeckung; sie müssen übertragbar, knapp und für die Bedarfsdeckung geeignet sein. Zu ihnen zählen u. a. Waren, Dienstleistungen und Rechtsverhältnisse. Sie werden nach ihrer Verwendung eingeteilt, nicht nach ihren Eigenschaften. Träger wirtschaftl. Entscheidungen über Güter sind die **Wirtschaftssubjekte.** Solche, die ihre Entscheidungen allein nach ökonom. Kriterien treffen, werden Unternehmungen genannt; solche, die ihre Entscheidungen nicht allein aus ökonom. Maßstäben herleiten (Familie, Staat, Verband), werden als Haushalte bezeichnet und nach privaten und öffentl. Haushalten unterschieden. Die Summe der Tauschbeziehungen unter den Wirtschaftssubjekten heißt **Markt**.

Die in einer Stadt wohnenden und die in ihr arbeitenden Menschen treten einzeln oder kollektiv auf dem Markt als Wirtschaftssubjekte auf, sie sind zugleich »Akteure« im Entscheidungsfeld der Kommunalpolitik. Die individuellen und kollektiven Akteure der Stadt lassen sich nach H. Heuer [270, S. 30] in folgende drei Gruppen zusammenfassen:

a) die privaten Haushalte treten auf als
  - Anbieter von Arbeits- und anderen Leistungen, die zur Erzielung von Einkünften geeignet sind,
  - als Konsumenten privater und öffentl. Güter und Dienstleistungen,
  - als Bürger, die kommunalpolit. Entscheidungen beeinflussen,
  - als Wähler, die in Abständen über das Verbleiben der Kommunalpolitiker in ihren Ämtern entscheiden;

b) die privaten Unternehmen wirken durch folgende typische Aktivitäten:
  - Nachfrage nach Produktionsfaktoren (Boden, Arbeitskräfte, Kapital, Betriebsmittel und Werkstoffe, Infrastrukturleistungen),
  - Produktion von Gütern und Diensten,
  - Beeinflussung der kommunalpolit. Entscheidungen;

c) die »städtische Körperschaft« als Inbegriff aller »öffentl. Akteure« aus Stadtrat, Stadtverwaltung und städt. Unternehmen (s. Rathaus, S. 78–81) tritt auf als
  - Koordinations- und Steuerungsinstanz privatwirtschaftl. Entscheidungen,
  - Produzent von öffentl. Gütern und Dienstleistungen,
  - Forum für Öffentlichkeit.

Bezieht man die Annahme der Wirtschaftswissenschaften, daß jedes Wirtschaftssubjekt seinen Nutzen zu maximieren trachte (Nutzenmaximierungshypothese [270, S. 31]), auf die privaten Unternehmen, so ergibt sich »die **Gewinnmaximierung** als unternehmenspolit. Zielsetzung«; das eingesetzte Kapital soll mindestens real erhalten bleiben. Da »kaum ein Wirtschaftssubjekt in der Lage sein wird, einen so vollkommenen **Wirtschaftsplan** aufzustellen, der für jede nur denkbare künftige Situation eine Verhaltensalternative vorsieht« [8, Bd. 3, S. 3726], müssen Entscheidungen *unter Risiko* (bei bekannten Wahrscheinlichkeiten, z. B. Entwicklung einer besonderen Nachfrage) oder *unter Unsicherheit* (bei fehlenden Informationen, z. B. Änderung des Diskontsatzes der Bundesbank (C), polit. Eingriffe im Außenhandel) getroffen werden; als Folge solcher Entscheidungen kann Insolvenz auftreten (A, B). Zu den Insolvenzursachen zählen zu geringe Kapitalbasis oder überhöhte Privatentnahmen, Auftragsrückgang, Fehlinvestition, Insolvenzen in der Kundschaft, vernachlässigte Risikostreuung, Produktionsunterbrechungen, techn. Fortschritte bei der Konkurrenz [268]. Um wirtschaftl. Gefährdungen zu vermeiden, muß sich jedes Unternehmen geänderten Verhältnissen unverzüglich anpassen. Deshalb liegen den meisten Unternehmerentscheidungen relativ kurze Zeithorizonte zugrunde.

Der Akteurgruppe der privaten Haushalte ordnet Heuer als Zielvorstellung die **Wohlstandsmaximierung** zu. Darunter ist nicht nur die Maximierung der privaten Einkünfte zu verstehen, sondern an erster Stelle die Sicherung der Arbeitsplätze (D, E). In der Rangfolge der subjektiven Ziele können Verschiebungen auftreten, z. B. zeigt die Bewertung des Ziels, mehr Freizeit zu haben, eine aufsteigende Tendenz. In die Gruppe der höher bewerteten Ziele fällt auch die Freihaltung der Wohnung und des Wohnumfeldes von Immissionen. Soweit diese Akteurgruppe Zielkonflikte zwischen Sicherung der Arbeitsplätze und Verminderung der Umweltbelastungen sieht, werden die Entscheidungen zu ihrer Lösung dem »Rathaus« abverlangt.

In Analogie zur Gewinnmaximierungshypothese wird den Kommunalpolitikern das Ziel der **Stimmenmaximierung** bei den nächsten Wahlen unterstellt [270, S. 32]. Diese Akteurgruppe kann ihren Handlungsspielraum nur erweitern, wenn wegen der Gewerbesteuer die am Ort ansässigen Unternehmen wirtschaftl. wachsen und wegen der Beteiligung der Kommunen an der Einkommensteuer die Arbeitsplätze für die örtliche Wohnbevölkerung zunehmen. Zu den quantitativen Aufgaben der Bereitstellung von öffentl. Gütern und Dienstleistungen tritt die vorwiegend qualitativ gesehene Aufgabe der Umweltverbesserung für Unternehmen und private Haushalte (F). Daher können die öffentl. Akteure die Instrumente der Bauleitplanung, der Grundstücks- und Infrastrukturpolitik nur in dem Umfang einsetzen, in dem Verbesserungen der städt. Umwelt erzielt werden. Die erforderl. Rechtsetzungsverfahren beschränken wegen ihrer Dauer die Möglichkeiten zu kurzfrist. Hilfe.

1 Bau- fläche	2 Baugebiet nach BauNVO	3 Zulässigkeit von Arbeitsstätten der Landwirtschaft	4 des sek. Sektors	5 des tert. Sektors
Wohnbauflächen A	WS §2 Kleinsied- lungsgebiet	Kleinsiedlungen Nebenerwerbsstellen Gartenbaubetriebe	⬓ nicht störende Gewerbebetriebe ⊙ oder ◇ z.B. Friseur, Fleischer	⊙ Läden, Schank- und Speisewirtschaften Anlagen für kirchliche, kulturelle, soziale und sportl. Zwecke
B	WR §3 reines Wohngebiet	—	⊙ ◇ ⬓ nicht störende Handwerksbetriebe z.B. Schuhmacher, Uhrmacher	⊙◇ Läden und kleine Betriebe des Beherbergungs-gewerbes
C	WA §4 allgemeines Wohngebiet	◇ Gartenbaubetriebe ◇ Ställe für Kleintier-haltung als Zubehör für Kleinsiedlungen und landwirtschaftl. Nebenerwerbs-stellen	⬓ nicht störende Handwerksbetriebe ⊙ oder ◇, z.B. Buchbinder, Goldschmied ◇ ⬓ nicht störende Gewerbebetriebe, z.B. Wäscherei, Polsterei	⊙ Läden, Schank- und Speisewirtschaften Anlagen für kirchliche, kulturelle, soziale und gesundheitliche Zwecke ◇ Betriebe des Beherbergungs-gewerbes ◇ Anlagen für Verw. und sportl. Zwecke
Gemischte Bauflächen D	MD §5 Dorfgebiet	land- und forstwirt-schaftliche Betriebe Kleinsiedlungen Betriebe zur Verar-beitung landwirt-schaftlicher Erzeugnisse	⊙ Handwerksbetriebe ⬓ nicht störende Gewerbebetriebe	Einzelhandelsbetriebe Schank- und Speise-wirtschaften Betriebe des Beher-bergungsgewerbes ⊙ Anlagen für örtliche Verwaltung, für kirchl., kulturelle, soziale, gesundheitliche und sportliche Zwecke
E	MI §6 Mischgebiet	◇ Ställe für Kleintier-haltung als Zubehör zu Kleinsiedlungen und landwirtschaft-lichen Neben-erwerbsstellen Gartenbaubetriebe	⬓ nicht wesentlich störende Gewerbebetriebe, z.B. Bäckerei, Mietwaschküche, Holzveredlung, Textilhilfgewerbe	Geschäfts- und Bürogebäude Einzelhandelsbetriebe Schank- und Speisewirt-schaften Betriebe des Beher-bergungsgewerbes Anlagen für Verwaltung, für kirchl., soziale, kulturelle, gesundheit-liche und sportliche Zwecke
F	MK §7 Kerngebiet	—	⬓ nicht störende Gewerbebetriebe	Geschäfts-, Büro- und Verwaltungsgebäude Einzelhandelsbetriebe Schank- und Speise-wirtschaften Betriebe des Beherber-gungsgewerbes und Vergnügungsstätten Anlagen für kirchl., kultu-relle, soziale und ge-sundheitliche Zwecke Parkhäuser, Großgaragen
Gewerbliche Bauflächen G	GE §8 Gewerbe- gebiet	—	nicht erheblich belästigende Gewerbebetriebe aller Art, z.B. Lagerhäuser, Lagerplätze, öffentl. Betriebe, Fahrzeugbau, Holzverarbeitung	Geschäfts-, Büro- und Verwaltungsgebäude ◇ Anlagen für kirchl., kulturelle, soziale, gesundheitliche und sportliche Zwecke

Fortsetzung → S.160

⬓ Emissionsbeschränkung ◇ nur als festgesetzte Ausnahme
⊙ nur soweit für die Versorgung des Gebietes erforderlich

Tabelle 46: Zulässigkeit von Arbeitsstätten [4b]

Urspr. wurde die Wirtschaft eingeteilt in die Urproduktion (Landwirtschaft, Bergbau), die gewerbl. Wirtschaft (Handwerk, Industrie) und in den Handel und Verkehr. LEIBNIZ bezog den Stand der »Regenten und ihrer Bedienten« in seine Systematik ein (S. 39). Die moderne **Wirtschaftsstatistik** geht von einer Untergliederung in 10 Wirtschaftsabteilungen (S. 55, Tab. 16) für die Arbeitsstätten- und Berufszählungen aus. Das Bruttoinlandsprodukt wird nach dieser zehnteiligen Grundsystematik ermittelt. Die Abteilungen werden für versch. Zwecke unterschiedlich zusammengefaßt; die Dreiteilung nach FOURASTIÉ in primären (Abt. 0), sekundären (Abt. 1–3) und tertiären Sektor (Abt. 4–9) ist unter Stadtplanern am gebräuchlichsten.
Nach der Verwendung wird das Bruttosozialprodukt in die Ausgabenbereiche privater Verbrauch, Staatsverbrauch (für zivile und militär. Zwecke), Investitionen (Anlagen, Vorratsveränderung) und in den Außenbeitrag (Ex-/Import) unterschieden. Die Verteilung

Tabelle 47: Mittlere Monatseinkommen der privaten Haushalte

Gruppe (BRDtl., 1973):	Σ Hh Mio	Pers. je Hh	DM je Hh	DM je Pers.
Rentner, Pensionäre	7,7	1,8	930	517
Arbeiter	6,9	3,1	1669	538
Angestellte, Beamte	5,8	2,9	1797	620
Landwirte	0,6	4,1	2830	690
übrige Selbständige	1,7	3,6	4303	1195

des erwirtschafteten **Volkseinkommens** (Nettosozialprodukt zu Faktorkosten) wird nach den Einkommensquellen in Einkommen aus unselbständiger Arbeit und Einkommen aus Unternehmertätigkeit und Vermögen, andererseits nach den drei Empfängergruppen der privaten Haushalte, der Unternehmen und der öffentl. Haushalte (Staat) untergliedert.
Zeitvergleiche über Wirtschaftsdaten sind »preisbereinigt« vorzunehmen (Tab. 48). So betrug die Zunahme des dt. Bruttosozialprodukts 1970–75 nominal 51,2 %, real jedoch nur 8,3 %.

Tabelle 48: Bruttosozialprodukt in Milliarden DM

Jahr	BSP (BRDtl.) nominal	BSP (BRDtl.) real	jährl. Zunahme in % nominal	jährl. Zunahme in % real
1970	686	686	–	–
1971	762	706	+ 11,1	+ 2,9
1972	834	730	+ 9,4	+ 3,4
1973	927	767	+ 11,2	+ 5,1
1974	994	771	+ 7,2	+ 0,5
1975	1037	743	+ 4,3	– 3,6

Der Staat greift auf mannigfaltige Weise in die vorwiegend marktwirtschaftl. orientierten Abläufe in der Wirtschaft ein. Nach dem V. Subventionsbericht der Bundesregierung betrugen die **Subventionen** 1975 rd. 52 Mrd. DM. Zieht man von dieser Summe, die alle Steuervergünstigungen und Finanzhilfen des Bundes und der Länder umfaßte, die Subventionen zugunsten der Sparförderung, der Vermögensbildung, des Wohnungsbaus sowie bestimmte Steuervergünstigungen ab, so verblieben rd. 25 Mrd. DM, also fast die Hälfte der Subventionen, die überwiegend der Landwirtschaft, der gewerblichen Wirtschaft und dem Verkehr zuflossen. Der Staat setzt diese jährl. wechselnden Beträge vorwiegend auf vier wirtschaftspolit. Aktionsfeldern ein:

a) Konjunkturpolitik (Abschwächung konjunktureller Schwankungen),
b) Regionalpolitik (z. B. Förderung der Gemeinschaftsaufgabe »Verbesserung der regionalen Wirtschaftsstruktur«),
c) sektorale Strukturpolitik (Branchenstrukturpolitik; Förderung benachteiligter Branchen und Entwicklung von technologisch und wachstumspolit. zukunftsträchtigen Branchen),
d) Forschungspolitik (Förderung der Entwicklung neuartiger Technologien, z. B. Kohleveredelung, Rohstoffversorgung aus dem Meer, Umweltschutztechnologien).

Einerseits schützen diese Maßnahmen vor Gefahren des freien Marktes (Schutz der nationalen Landwirtschaft als Daueraufgabe), andererseits wirken sie allgemein, regional, sektoral oder wachstumspolit. im Hinblick auf die Sicherung der Zukunft **investitionslenkend.**

Der Bürger ist mit der Wirtschaft als *Konsument* und als *Arbeitskraft* verbunden. Nur der **sichere** Arbeitsplatz bietet den meisten über das Existenzminimum hinaus Teilhabe am Wohlstand und am gesellschaftl. Leben. Änderungen in der Bevölkerungsstruktur, z. B. Zunahme des Anteils der Erwerbsfähigen, erfordern Änderungen der Wirtschaftsstruktur, z. B. im Arbeitsplatzangebot. Der Beitrag der Gemeinden liegt in der rechtzeitigen Ausweisung und Erschließung der erforderlichen Flächen für Arbeitsstätten (Tab. 46, S. 158/160) als Angebot an die Wirtschaft.
Die Daten der Tabelle 48 zeigen einen bes. **Konjunkturzyklus;** der Absturz der Rate des realen Zuwachses des Bruttosozialprodukts von + 5,1 % in 1973 auf – 3,6 % in 1975 war der Beginn der Umverteilung des Reichtums der west. Industrie-Demokratien inkl. Japan in die erdölfördernden Länder des Orients (S. 86) und somit nicht eine »hausgemachte« Ursache der deutschen Volkswirtschaft. Die Energie- und Rohstoffverknappung im Gefolge dieser polit. gewollten Preiskrise auf dem Weltmarkt bewirkte zunächst **Stagnation,** danach eine Wende in der Energiepolitik (S. 125) und steigende Bereitschaft, die »Grenzen des Wachstums« [271], sowie »das ökologische Dilemma« [272] zu bedenken und die »Plünderung unseres Planeten« [273] zu begrenzen. Die bundesdeutsche Stadterneuerung verlor dabei an Priorität.

1 Baufläche	2 Baugebiet nach BauNVO	3 Zulässigkeit von Arbeitsstätten: der Landwirtschaft	4 des sek. Sektors	5 des tert. Sektors
Gewerbliche Bauflächen H	GI § 9 Industriegebiet	—	Gewerbebetriebe aller Art, vorwiegend solche, die in anderen Baugebieten unzulässig sind, z.B. Chem. Betriebe, Metallerzeugung	◇ Anlagen für kirchliche, kulturelle, soziale, gesundheitliche und sportl. Zwecke
Sonderbauflächen I	SW § 10	—	—	—
J	SO § 11 Sondergebiet		z.B. Hafengebiete	z.B. Gebiete für Hochschulen, Kurbereiche, Kasernen Übergemeindl. Einkaufszentren und Verbrauchermärkte sind nur in MK- oder SO-Gebieten zulässig
K	MK (N) § 7 (5)	—	Diese Gebiete können nach der Art der zulässigen Nutzung oder nach der Art der Betriebe und Anlagen gegliedert werden; daraus folgen Nutzungsbeschränkungen	
L	GE (N) § 8 (4)	—		
M	GI (N) § 9 (4)	—		
Außenbereich N	nach BauBG [9] § 35	land- und forstwirtschaftliche Betriebe einschließl. Nebengebäude §35 (1.1-1.2)	ortsgebundene gewerbliche Betriebe § 35 (1.3), z.B. Kiesgrube, Zementwerk	Vorhaben des Fernmeldewesens, der öffentlichen Versorgung, der Abwasserwirtschaft
	Betriebe, die nur im Außenbereich möglich sind § 35 (1.4), z.B.	Massentierhaltung	Tierkörperverwertung	Fernsehturm

◇ nur als festgesetzte Ausnahme

Tabelle 46 (Fortsetzung von S.158): Zulässigkeit von Arbeitsstätten

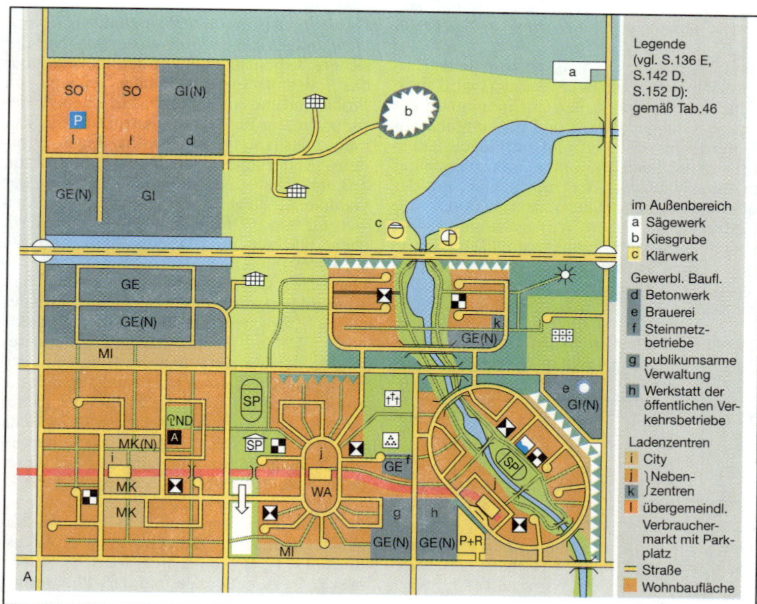

A Standortbeispiele für Arbeitsstätten nach Tabelle 46

Die Ziele der drei *Akteurgruppen* (S. 157) können, wo sie sich widersprechen, zu erheblichen kommunalen Konflikten führen und damit die von der Wirtschaft benötigten Entscheidungen verhindern oder erschweren. Eine kommunale **Bestandsaufnahme** aller Arbeitsstätten sollte die Entscheidungsprozesse versachlichen; zu ihr gehören eine Karte des **Arbeitsstättenbesatzes** und eine **Arbeitsstättenliste,** in der jede Arbeitsstätte einem der folgenden Merkmale zugeordnet wird:

1. **bestandssicher,** d. h. die Arbeitsstätte kann ihren Bestand und ihre mittel- bis langfristig erkennbare Entwicklung am vorhandenen Standort sichern, ohne daß daraus nicht-behebbare Konflikte mit der Umgebung entstehen; Beispiel: das Betonwerk am Standort »d« (A) wird auf eigenem Grundstück um eine weitere Mischanlage erweitert.
2. **bestandsfraglich,** d. h.: es läßt sich nicht sofort feststellen, ob die Arbeitsstätte in ihrem Bestand und ihrer Entwicklung am vorhandenen Standort gesichert werden kann; Untersuchungen bezügl. Produktionsprogramm, Emissionsschutz, Anpassung an geändertes Baurecht, Ausdehnungs- und Rationalisierungsmöglichkeiten sind erforderlich; Beispiel: der Steinmetzbetrieb am Standort »f« (A) stellt auf maschinelle Bearbeitung um – Nachbarbeschwerden liegen gegen den Antrag vor.
3. **bestandsgefährdet,** d. h.: die Arbeitsstätte kann aufgrund kurz- bis mittelfristig erforderlicher Entwicklungsmaßnahmen nicht am vorhandenen Standort verbleiben; Beispiel: eine Bäckerei am Standort »j« (A) soll zu einer Großbäckerei erweitert werden; sie würde die benachbarten Ladengeschäfte verdrängen. Ergo: für die Großbäckerei muß ein anderer Standort gefunden werden, ein Brotladen kann am Standort im Nebenzentrum verbleiben.

Die **Betriebsgrößengliederung** am Ort nach Umsatz, Beschäftigtenzahl (Tab. 49) und Steueraufkommen kann beiden Seiten hilfreich sein; wegen des Steuergeheimnisses sind diesbezügl. Daten nur den Unternehmensberichten zu entnehmen.

Die Ergebnisse dieser Bestandsaufnahme sind mit Betriebsinhabern und gegf. den Institutionen der Wirtschaft zu erörtern und zu verfeinern. Hieraus wird eine **Dringlichkeitsliste** für die kommunalen Aktivitäten abgeleitet: zunächst ist nach Lösungen für die Gruppe der bestandsgefährdeten Arbeitsstätten, danach für die bestandsfraglichen zu suchen. Jede Gemeinde sollte das Minimalziel verfolgen, die am Ort erwirtschafteten Gewinne am Ort investieren zu lassen. Da die Gefahr der Abwanderung von Betrieben oder Investitionen bei den bestandsgefährdeten Betrieben am größten ist und die **Standortwahl** der Betriebsinhaber nicht nur rationalen Kriterien folgt, ist der ständige Gesprächskontakt zwischen »Rathaus« und Betriebsinhabern der sicherste Weg, die Betriebe (und die Unternehmer!) für ein Verbleiben und weitere Investitionen am Ort zu gewinnen. Pfiffige Gemeinden erleichtern sich diese Aufgabe, indem sie den Betriebsinhabern behilflich sind, in der Gemeinde wohnhaft zu werden und zu bleiben (d. h. Grundstücksbeschaffung). Bei der Suche nach neuen Standorten oder Erweiterungsflächen kann die ständig fortzuschreibende Sammlung der **verfügbaren** Flächen innerhalb des Geltungsbereiches *rechtsverbindl.* Bebauungspläne erste Orientierungshilfe sein. Wie **Standortbedingungen** für eine weitgehend gemischte Stadtstruktur ausgenutzt werden können, zeigt Bild A, z. B. Standort für eine Brauerei und eine Brunnenbohrung ist bei »e« möglich (vgl. »a«–»l«). Umweltschutz- und Arbeitsstättengesetzgebung erlaubt es den Planungsbehörden nicht, allein nach dem Baurecht verbindliche Auskünfte über die **Zulässigkeit** von Betriebserweiterungen oder Neuansiedlungen zu geben. Die Tabelle 46 (S. 158/160) zeigt die Vorgaben über *eingeschränkte Zulässigkeit* gemäß BauNVO; die planungsrechtl. Begriffe »nicht störend«, »nicht wesentlich störend«, »nicht erheblich belästigend« stellen eine Rangfolge dar, allerdings ohne objektive Indikatoren. Deshalb sind die staatl. Behörden, bes. das **Gewerbeaufsichtsamt,** an Vorerörterungen bei Umbau, Erweiterung, Verlagerung oder Neuansiedlung früh zu beteiligen.

Den jeweils aktuell und einzeln zu treffenden Entscheidungen der Wirtschaftenden lagen als motivierende Einflüsse folgende **Zeitströmungen** in Deutschland zugrunde:

1945–1957: Teilung Europas, Wiederaufbau oder Neuanfang?, *Demokratie* in Gesellschaft und Staat, Währungsreform (D-Mark), freie *Marktwirtschaft;*

1957–1969: *Wirtschaftswunder,* Vollbeschäftigung, Wachstumsdenken, Zunahme der Gastarbeiterzahlen, *Wohlstand* und *Sicherheit,* Aufrüstung;

1969–1981: Vorrang für *Gemeinschaftsaufgaben,* Bildungsreform (S. 100), Umweltschutz (S. 92), *Freizeit* (S. 110), neue Arbeitslosigkeit;

1981–1991: Aufschwung durch *Reformen* (Steuerreform), Aufbau des gemeinsamen Marktes und Abrüstung in *Europa,* Wegfall des »Eisernen Vorhangs« (1989), Einheit Deutschlands;

1991–. . .: Strukturkrise, Arbeitslosigkeit.

Tabelle 49: Mittlere Betriebsgrößen 1975

Stadt	Ind.-Betriebe	Ind.-Beschäftigte	∅
Leverkusen	166	55291	333
Duisburg	432	112022	259
Köln	1193	143197	120
Bielefeld	705	56371	80
Wuppertal	1390	72950	52
Solingen	1171	33384	29

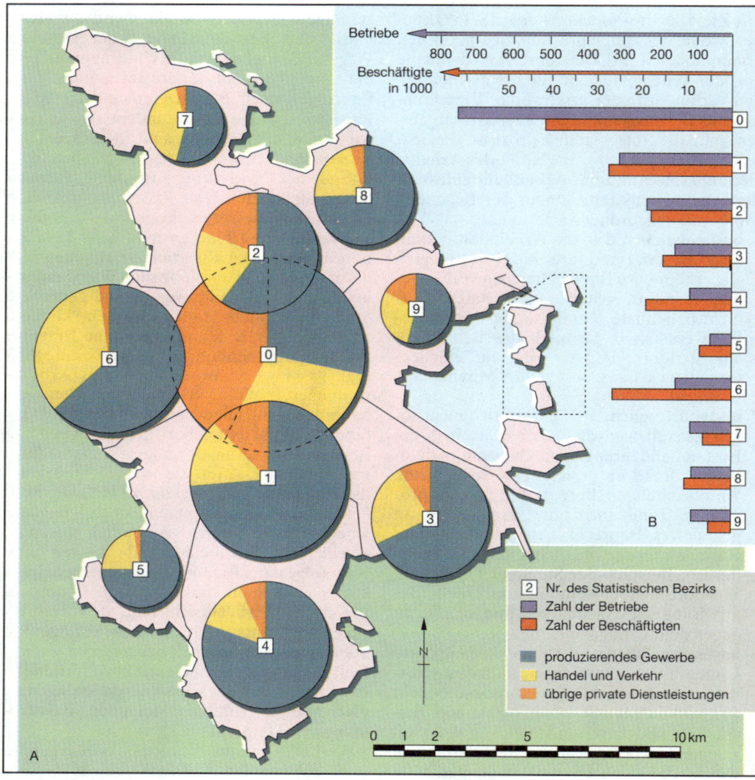

A-B Stadtbezogene Arbeitsstättengliederung von Nürnberg [274]

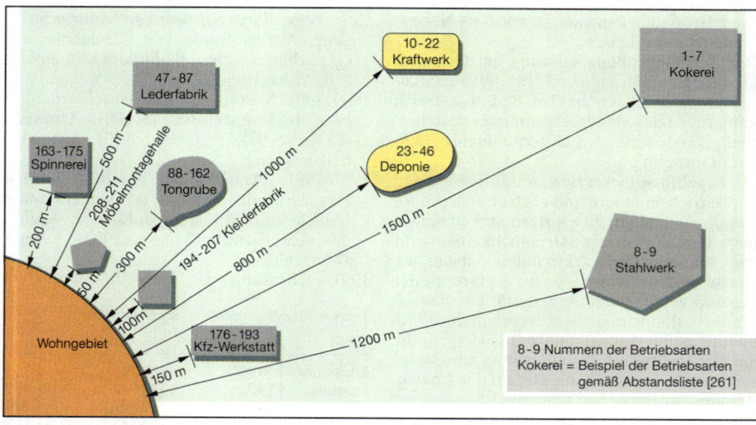

C Mindestabstände zwischen Wohngebiet und Betrieb in NW [275]

Tabelle 50: Erforderl. Standorteigenschaften für Betriebe (in % der Befragten [274])

	Σ	Wirtschafts-Abt. 2	3	4
Gute Energieversorg.	80	95	74	74
Erreichbarkeit des öffentl. Verkehrs	77	79	59	75
Parkpl. für Beschäftigte	70	76	58	71
Parkpl. für Kunden	68	55	38	76
LKW-Zufahrt	68	85	74	81
Erweiterungsmögl.	34	43	24	38

Nach dem Vorbild der franz. *Chambres de Commerce,* deren erste 1701 in Lyon errichtet und die von Napoleon auch in Dtl. eingeführt wurden, unterwarf Preußen 1848 mit der Errichtung von Handelskammern [276] die Wirtschaft einer behördl. Kontrolle. Histor. Vorbilder (Gilden, »Handelsvorstand« in Nürnberg, Commerz-Kollegien in Hamburg, Leipzig) förderten die Entwicklung der Industrie- und Handelskammern (IHK) zu Organen der Selbstverwaltung und der wirtschaftl. Interessenvertretung [8, Bd. 2, S. 1310] der in das **Handelsregister** eingetragenen Unternehmen. Der Teil der gewerblichen Wirtschaft, dessen Betriebsinhaber in die **Handwerksrolle** eingetragen sind, wird als Handwerk bezeichnet; es umfaßt rd. 125 Berufszweige. Nach der Handwerksordnung [277] ist jeder selbständige Handwerker Mitglied der Handwerkskammer. In freiwill. Mitgliedschaft tragen sie die Kreishandwerkerschaft und deren Innungen. Diese Selbstverwaltungsorgane sind auch mit staatl. Aufgaben betraut.

Nach dem Grundsatz der **Gewerbefreiheit** ist jedermann der Betrieb eines Gewerbes gestattet, soweit nicht die Gewerbeordnung [278] Ausnahmen zugelassen oder Beschränkungen vorgeschrieben hat. Danach ist jede Betriebsniederlassung, Zweigniederlassung oder unselbständige Zweigstelle der zuständigen Ordnungsbehörde **anzuzeigen,** gleichfalls jede Betriebsverlagerung, Gewerbeänderung oder -ausweitung, sowie die Betriebsschließung [278, § 14]. Zum Schutze der Beschäftigten und Dritter vor Gefahren [278, § 24] unterliegen die **überwachungsbedürftigen** Anlagen einer bes. staatl. Kontrolle durch die Gewerbeaufsichtsämter. Arbeitsstätten im Rahmen von Gewerbebetrieben, die bes. Anforderungen unterliegen [279, § 2 (1)], sind:

1. Arbeitsräume in Gebäuden einschließlich Ausbildungsstätten,
2. Arbeitsplätze auf dem Betriebsgelände im Freien,
3. Baustellen,
4. Verkaufsstände im Freien, die im Zusammenhang mit Ladengeschäften stehen,
5. Wasserfahrzeuge und schwimmende Anlagen auf Binnengewässern.

Nürnberg hat 1977 durch **Betriebsbefragung** nach dem *cut-off-Verfahren* die Wünsche und Absichten seiner Wirtschaft erfahren [274]: erwünschte Eigenschaften der Betriebsstandorte (Tab. 50) und des Standortes Nürnberg insgesamt (Tab. 51), Aussagen über Beschäftigungsentwicklung, Verlagerungsabsichten und Standortdefizite (es fehlen Erweiterungsmöglichkeiten am Standort, Parkplätze für Kunden und Beschäftigte, Anschluß an Fußgängerbereiche, Erreichbarkeit des öffentl. Personennahverkehrs, LKW-Zufahrten und lebhafter Fußgängerverkehr). Da diese Untersuchung nach statist. Bezirken und nach Wirtschaftsabteilungen (Tab. 16) gegliedert ist, erleichtert sie die Aufstellung räumlicher und branchenspezif. Konzepte zur kommunalen **Wirtschaftsförderung.**

Der Überblick (A) zeigt die Konzentration des Einzelhandels in der Innenstadt (Bezirk 0), die Bedeutung eines Versandwarenhauses im Bezirk 6 und die ausgewogene mittelständ. Struktur in den Bezirken 2 und 9. Daß die im Flächennutzungsplan ausgewiesenen gewerbl. Bauflächen für einen Zeitraum von 7–15 Jahren ausreichen, ist ein ausgezeichnetes Ergebnis der Planung [280].

Das Schema der Umweltbelastungen durch Arbeitsstätten (S. 156 F) zeigt auch die grundsätzl. Möglichkeiten zu ihrer Begrenzung. Die größte Bedeutung kommt dabei dem **baulichen Emissionsschutz** an der Emissionsquelle zu; diese Forderungen führen zu baul. Investitionen und damit zu Kosten für die Wirtschaft; sie sind deshalb nicht leicht durchzusetzen. Das Land Nordrhein-Westfalen ist einen nicht unumstrittenen Weg gegangen [275]: die Gewerbeaufsichtsämter wurden angewiesen, zur Vereinheitlichung ihrer Stellungnahmen im Bauleitplanverfahren zwischen Wohngebieten und 211 verschiedenen Betriebsarten, die in einer *Abstandsliste* festgehalten sind, bestimmte **Mindestabstände** zu fordern (C); bei Nachweis durch bes. Einzelgutachten können die erforderl. Abstände im Einzelfall vermindert werden.

Um enge räumliche Beziehungen zwischen Arbeitsstätten und Wohnbereichen zu erreichen, sind die unterschiedl. Arbeitsstätten nach tatsächl. **Umweltverträglichkeit** zu ordnen. Daraus ergibt sich die Aufgabe, **Nutzungsordnungskonzepte** für bestehende und für neue Gewerbestandorte zu entwickeln und darauf eine Förderung der vorh. Betriebe mit städtebaul. Mitteln zu gründen. Dazu müssen die Standortvor- und -nachteile ermittelt und zu **Standortfaktorenkonzepten** verarbeitet sein [281].

Tabelle 51: Erforderliche Standorteigenschaften einer Stadt (in % der Befragten [274])

	Σ	Wirtschafts-Abt. 2	3	4
Fachkräfte	82	90	98	77
Großer Markt	77	67	83	84
Fernstraßen	67	70	60	77
Bildung/Ausbildung	57	60	66	51
Bahn	56	59	40	61
Geringe Bodenkosten	51	45	52	55

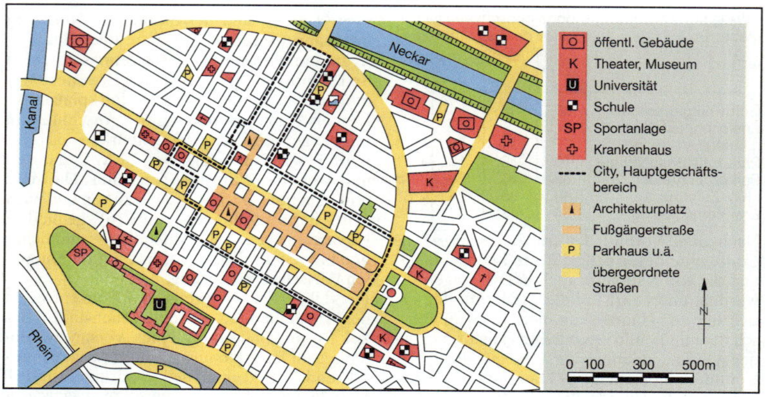

A Hauptgeschäftsbereich in der Innenstadt von Mannheim

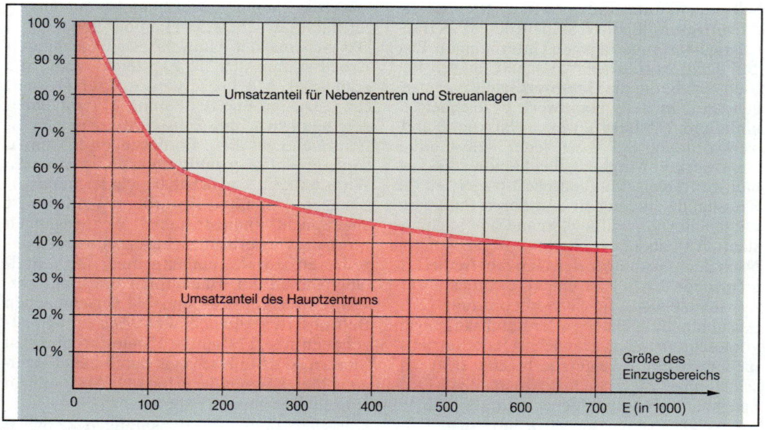

B Anteil des Hauptzentrums am Umsatz verschieden großer Einzugsbereiche

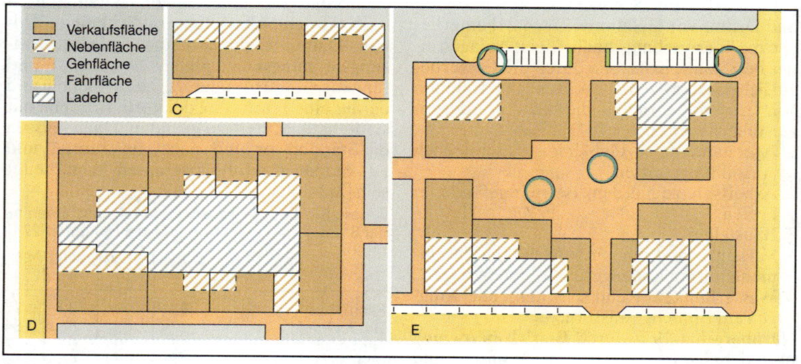

C-E Ladenansammlungen: Ladenzeile (C), Einkaufszentren (D, E)

Seit ihrer Entstehung ist die Stadt eng mit dem Handel, insbes. dem Einzelhandel verbunden (S. 12; 22). Der Begriff **Handel** wird sowohl **funktionell** als auch **institutionell** verstanden [282]; im funktionellen Sinne ist er die wirtschaftl. Tätigkeit, die den Austausch der Betriebsleistungen zwischen den Wirtschaftseinheiten vollzieht; im institutionellen Sinne (auch als Handelsbetrieb oder Handlung bezeichnet) umfaßt er die Betriebe, die ausschließl. oder überwiegend Handel im funktionellen Sinne betreiben. **Einzelhandel** im funktionellen Sinne ist die wirtschaftl. Tätigkeit des Absatzes von Waren an Letztverbraucher; er umfaßt die Betriebe, die ausschließl. oder überwiegend dieser Tätigkeit nachgehen. Die Einzelhandelsbetriebe gliedern sich im wesentlichen in

1. *Fachgeschäfte,* die Waren einer Branche oder Bedarfsgruppe mit ergänzenden Dienstleistungen anbieten, z. B. Elektrogeschäft mit Reparaturangebot;
2. *Spezialgeschäfte,* deren Warenangebot auf einen Ausschnitt des Sortiments eines Fachgeschäftes spezialisiert ist, z. B. Tee-Geschäft, Apotheke;
3. *Kaufhäuser,* die als größere Einzelhandelsbetriebe die Waren einer oder einiger Branchen anbieten, z. B. Herrenausstatter;
4. *Warenhäuser,* die als Einzelhandelsgroßbetriebe die Waren aus zahlreichen Branchen (Hauptrichtung: Bekleidung, Textilien, Hausrat, Wohnbedarf sowie im allg. Nahrungs- und Genußmittel) anbieten;
5. *Gemeinschaftswarenhäuser,* die im organisator. und räuml. Verbund von zumeist selbständigen Fachgeschäften und Dienstleistungsbetrieben verschiedener Art und Größe »unter einem Dach« anbieten;
6. *Diskont-Geschäfte* (auch »Discounter«), die als eine Form des Einzelhandels ein auf raschen Umschlag ausgerichtetes Sortiment von überwiegend »problemlosen« Waren zu Niedrigpreisen anbieten und auf Dienstleistungen weitestgehend verzichten;
7. *Supermärkte,* die auf einer Verkaufsfläche von mindestens 400 qm Nahrungs- und Genußmittel aller Art und ergänzend Nicht-Lebensmittel vorwiegend in Selbstbedienung (= SB) anbieten,
8. *Verbrauchermärkte* und *Selbstbedienungswarenhäuser* (auch SB-Warenhäuser), die auf weiträumiger Verkaufsfläche von mindestens 1000 qm ein warenhausähnl. Sortiment einschließl. Nahrungs- und Genußmittel vorwiegend in SB anbieten (zumeist in Stadtrandlagen mit umfangreichen Kundenparkplätzen).

Ein wesentl. Teil der Fach- und Spezialgeschäfte wird vom **Handwerk** getragen, das ursprünglich seine Erzeugnisse an der Stätte der Produktion feilbot (Bäckerei, Schneiderei, Goldschmied). Diese Gruppe von Einzelhändlern zog mit ihren Ladengeschäften im 19. Jh. in die Erdgeschoßläden der dichtbelegten Miethäuser ein. Mit der Industrialisierung der Textilwirtschaft wurde die *Konfektionierung* der Bekleidung geschaffen: dies führte zur Gründung des klassischen Kaufhauses. Die Kaufhäuser suchten ihre Standorte im Kernbereich der großen Städte und trugen dort zu deren Zentralität bei. Trotz anderer Entwicklungen, bes. in den USA, entschieden sich die Kaufhäuser und der Facheinzelhandel nach 1945 für Neuinvestition in den City-Bereichen. Nach der Kurve von CURDES (B [283]) konnte der Umsatzanteil des Einzelhandels im Hauptzentrum am Gesamtumsatz in einer Stadt abgeschätzt werden; er betrug bei 100 000 Einwohnern ca. 67 %. Der übrige Umsatzanteil wurde von den Nebenzentren und den Ladengeschäften in Streulage (»Tante-Emma-Laden«) aufgebracht. Für die Nahversorgung neuer Wohngebiete wurden mehrere Fachgeschäfte zu einer Ladenzeile (C) oder zu **Einkaufszentren** (D, E) zusammengefaßt; die Planung ihrer Standorte folgte der Theorie der zentralen Orte (S. 58 f., 166 f.).

Mit dem techn. Fortschritt der Verpackungsindustrie wurde es möglich, Lebensmittel in kleinen Mengen abzupacken und dem Zugriff des Kunden ohne Warten anzubieten: es entstanden die »Discounter«, die Super- und die Verbrauchermärkte. Wie das klassische Warenhaus sein Angebot um einen textilen Kern gruppierte, so wurden die Lebensmittel zum preisgünstigen Warenkern der Discounter. Zunächst entstanden sie als »kleinere« Läden (200–2000 qm) in den Randlagen der Städte, wo neue Wohngebiete oft nicht ausreichend versorgt waren. Die Entwicklung führte jedoch bald zu Einheiten von 10 000 qm und mehr; als Standorte wurden Grundstücke in landwirtschaftl. oder gewerbl. Bauflächen mit guter Straßenerschließung bevorzugt und umfangreiche Kundenparkplätze angeboten. Diese großflächigen SB-Warenhäuser (auch Shopping-Center »auf der grünen Wiese« genannt) beschleunigten den Strukturwandel im Einzelhandel [284; 70] und im Städtebau [285–287]. Unter dem wachsenden Konkurrenzdruck war der Facheinzelhandel der Innenstädte und der Nebenzentren bereit, kommunale Vorhaben zur Standortverbesserung ideell und materiell zu unterstützen. Hierin ist eine der wirtschaftl. Ursachen für die Entstehung der Fußgängerstraßen in zentralen Geschäftslagen zu sehen (E, S. 128–133).

Auf Drängen der Stadtplaner und der Länder wurde die Baunutzungsverordnung 1977 novelliert: der Begriff des *großflächigen Einzelhandels* gilt seitdem für alle Betriebstypen mit mehr als 1500 qm Geschoßfläche; sie sind nur in *Kerngebieten* (§ 7) und eigens für sie ausgewiesenen *Sonstigen Sondergebieten* (§ 11) zulässig. Für Einzelhandelsbetriebe unter 1500 qm Geschoßfläche gilt Tabelle 48 (S. 158, 160).

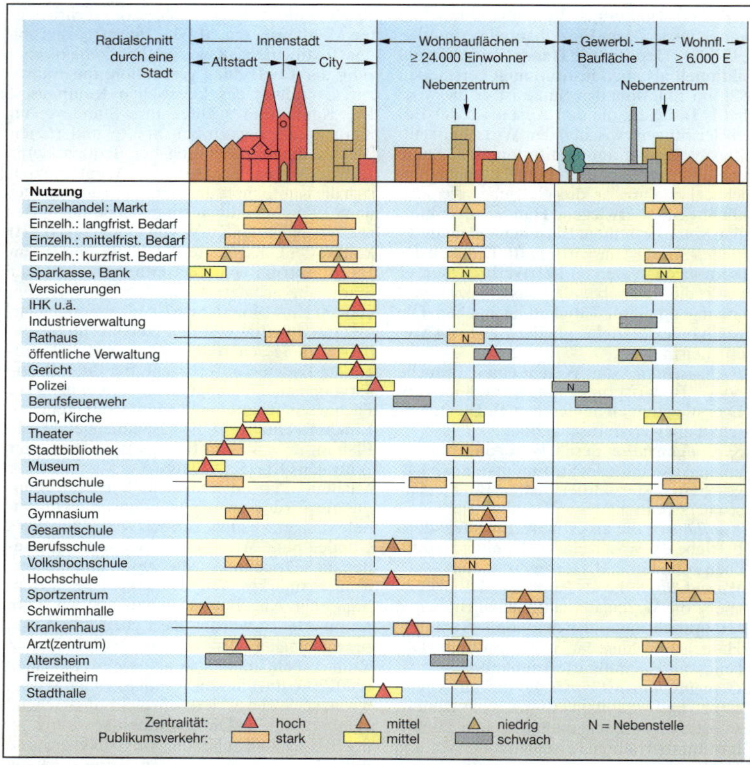

A Standortverteilung für zentrale Einrichtungen im Stadtgefüge

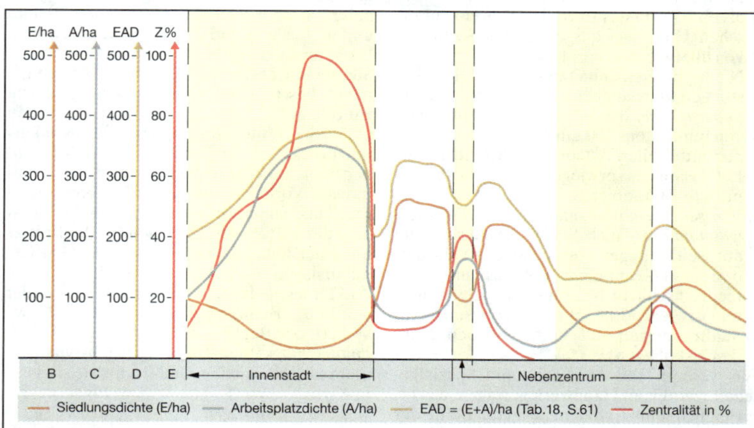

B-E Dichtewerte (B,C,D) und Zentralität (E) im Stadtquerschnitt

Für die neugeplanten Stadtteile der Nachkriegszeit wurden die zentralen Einrichtungen bes. des Einzelhandels in Nebenzentren zusammengefaßt (vgl. S. 112). In den sechziger Jahren galt das **Zentrenkonzept** von *Stockholm* [288] als vorbildlich in Europa: neue Einkaufszentren versch. Größe und Ausstattung mit einem Flächenangebot für Büronutzungen wurden an den Stationen der »Tunnelbahn« errichtet und über diese mit der City von Stockholm verbunden; parallel zum Aufbau der Einkaufszentren in *Vällingby* (1954), *Högdalen* (1959), *Hagsätra* und *Farsta* (1960) erfolgte die Erneuerung der Innenstadt im Bereich des *Hötorget.* Mit der Errichtung der Nebenzentren *Skarholmen* (1968) und *Täby* (1969) erfolgte der Übergang zu einem Zentrenkonzept, das auch auf die übergeordneten Autostraßen ausgerichtet war.

Hamburg hatte in der BRDtl. die Standorte für Ladenzentren in sein Entwicklungsmodell einbezogen (S. 144 [239; 289; 290]) und in Anwendung der »Theorie der zentralen Orte« (S. 59, [62]) auf die Stadtlandschaft den Begriff des **zentralen Standortes** geprägt. Bei diesen landesplaner. Arbeiten wurde die Büroflächenentwicklung und die räuml. Verteilung ihres Zuwachses mitberücksichtigt. »Aufgabe der zentralen Standorte ist es, der unterschiedl. Nachfrage auf den Gebieten des Handels, der Verwaltung, der Bildung und Unterhaltung mit einem differenzierten Angebot zu entsprechen. Diese Aufgabe kann im großstädt. Siedlungsraum nur erfüllt werden, wenn die Versorgung der Bevölkerung (Service-Einrichtungen) und auch die Unterbringung von wirtschaftsorientierten Dienstleistungen (Management-Betriebe) dezentralisiert erfolgt. Dabei ergibt sich eine Hierarchie der Zentren in bezug auf ihre Bedeutung und Funktion, die von der City mit der höchsten Zentralität für Management, Service und Verwaltung bis zu den Lokalen Zentren für die Versorgung der Bevölkerung mit Gütern des kurzfristigen Bedarfs reicht« [291].

Neben der Verteilung der zentralen Standorte im Stadtgrundriß (S. 56–61, 144 D), wie sie inzwischen von allen großen Städten und Stadtregionen als Zentrenplanung betrieben wird [42; 292], ist eine differenzierte Untersuchung der unterschiedl. Nutzungen und ihrer **Standortansprüche** erforderlich. Bild A veranschaulicht an einem Stadtquerschnitt von der Innenstadt bis zum Stadtrand, wie die unterschiedl. Nutzungen der Beispielliste aus dem öffentl. und privaten Bereich des tertiären Sektors der Innenstadt, den Nebenzentren versch. Bedeutung und den *Zwischenlagen* räumlich zugeordnet werden können. Dieser Vorschlag beruht auf 2 Merkmalen:

a) **Zentralität** als *Anziehungskraft* auf Besucher, gemessen nach deren Zahl oder Zahl der Kontakte, und als Reichweite, gemessen an der Entfernung zu den Herkunftsorten der Besucher,
b) **Publikumsintensität** (auch Kontakthäufigkeit), gemessen als Zahl der Besucher (bzw. Kontakte) je Flächen- und Zeiteinheit, z. B. Pers./$m^2 \cdot$ d.

Bei Flächenansprüchen konkurrierender Nutzungen hat danach die Nutzung mit höherer Zentralität und Publikumsintensität den vorrangigen Anspruch auf eine Flächenzuweisung im Bereich des höherrangigen Zentralen Standortes. Bild A weist auch darauf hin, daß die nicht-publikumsintensiven Verwaltungs-Einheiten von Banken, Versicherungen und Industrieverw. nicht die »kostbaren« Flächen in einer Innenstadt besetzen, sondern dafür Standorte in der Nähe von Nebenzentren suchen und ein Arbeitsplatzangebot bes. für weibliche Arbeitnehmer in der Nähe von Wohnbereichen schaffen sollten.

Zwischen der Verteilung der Nutzungen mit hoher Zentralität und starker Publikumsintensität im Stadtgrundriß und den Aussagen über die Siedlungsdichte (B), die Arbeitsplatzdichte (C), die Einwohner-Arbeitsplatzdichte (D) und die Zentralität (E) besteht eine enge Korrelation. Der Begriff des **zentralen Standortes** läßt sich danach definieren als räumlich begrenzter Bereich innerhalb einer Stadtlandschaft, der nach seiner Zentralität, Publikumsintensität und Einwohnerarbeitsplatzdichte über dem für die Stadt geltenden Durchschnittswert liegt. Die entsprechenden Grenzwerte sind stadtspezif. zu ermitteln und planerisch vorzugeben. Die Flächen für zentrale Standorte können als *Kerngebiete* [§ 7] oder als *Sonstige Sondergebiete* [§ 11] ausgewiesen werden, bes. wenn es sich um solche handelt, die neu zu ordnen oder zu entwickeln sind; kleinere Ladenzentren sind auch in bestehenden *Allgemeinen* [§ 4] oder *besonderen Wohngebieten* [§ 4a], in Dorf- [§ 5] oder Mischgebieten [§ 6] bedingt zulässig.

Der Einzelhandel zählt zu den Bildnern publikumsintensiver Standorte und je nach Sortiment zu den Bildnern unterschiedl. zentraler Standorte. Nach stadtwirtschaftl. Gesichtspunkten sollte jeder zentrale Standort eine primäre Kunden- und Besucherbasis in einem »fußläufigen« Einzugsbereich vorfinden, damit die Probleme des Individualverkehrs in Grenzen gehalten werden können. Die Ausweisung von *Sonstigen Sondergebieten* für großflächige Einzelhandelsbetriebe [§ 11; 293] an Standorten ohne primäre Kundenbasis widerspricht den stadtplaner. und städtebaul. Leitvorstellungen, die auf eine Integration zentraler Standorte in die Stadtlandschaft sowie auf eine wirtschaftl. Dimensionierung der gesamten Infrastruktur ausgerichtet sind. Großflächige Einzelhandelsbetriebe an städtebaul. »nackten« Standorten erzeugen isolierte Zentralität zu Lasten der innerhalb von Wohnbereichen gelegenen zentralen Standorte.

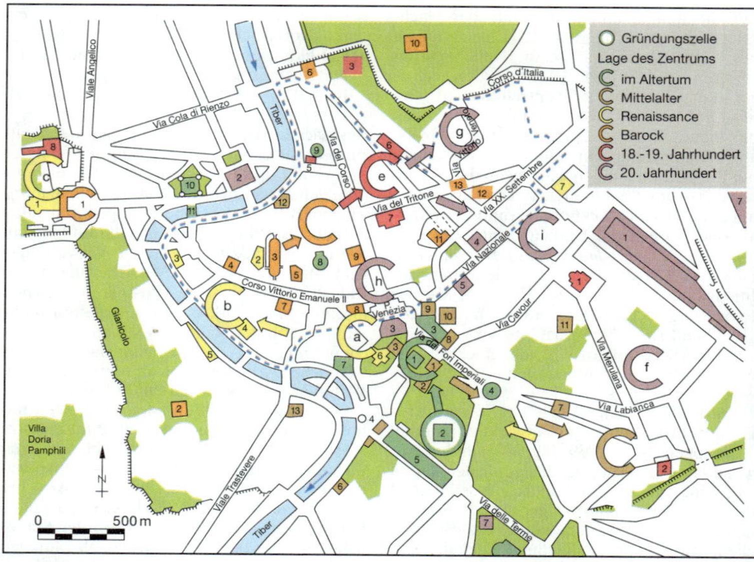

A Verlagerung des wirtschaftlichen und politischen Machtzentrums in der Innenstadt von Rom (vgl. S. 28)

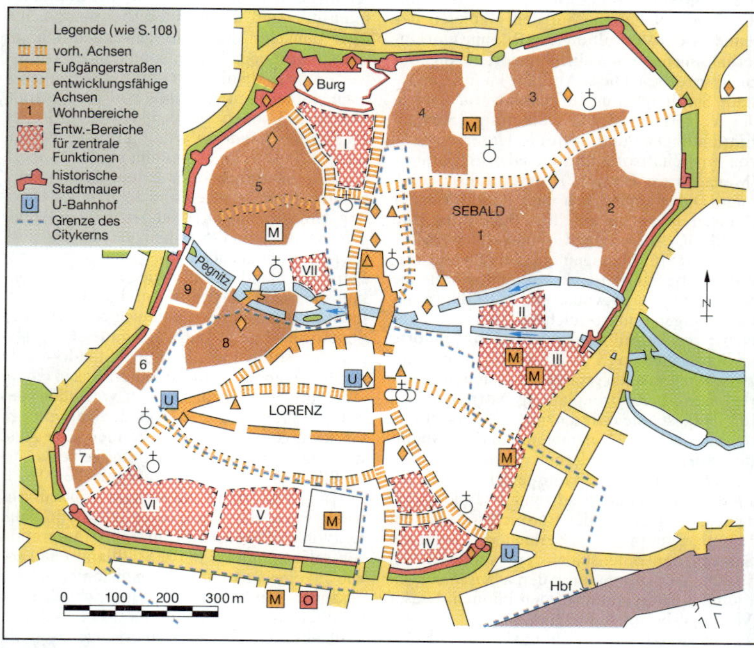

B Entwicklungskonzept für die Altstadt von Nürnberg [296]

Der Begriff **City** bezeichnet den Bereich in einer Stadt, der aufgrund der Dichte und Vielfalt *tertiärer Nutzungen* als der zentrale Standort mit **höchster Zentralität** ausgewiesen ist. Ursprünglich bezeichnete er im Englischen eine Stadt, die wegen eines Bischofssitzes, also einer geistig-geistlichen Funktion, eine Rangstellung vor *town* hatte [294]; noch heute ist City ein auszeichnender Titel für berühmte engl. Städte kraft Tradition oder Verleihung ohne Rücksicht auf die Einwohnerzahl [1]. Daneben bezeichnete er den Stadtkern großer Städte, ursprünglich nur den von London. Dieser zweifache Wortsinn gilt in Europa.

Die Funktionen, die eine City wahrnehmen kann, lassen sich auf die drei Grundbegriffe Markt, Rathaus und Dom (S. 30 A) zurückführen oder von ihnen ableiten [237; 294].

Ableitungen des **Marktbegriffes** als Synonym für alle Aktivitäten der Wirtschaft sind u. a.:
- Marktplatz, freier Platz, Jahrmarkt,
- Markthalle, Einzelhandelsstätten aller Art und Größe (S. 164 f.),
- Börse, Banken, Sparkassen,
- Wirtschaftskammern (S. 163), Konsulate,
- Gewerkschaftshäuser,
- freie Berufe aller Art, bes. Spezialisten wie Fachärzte, Steuerberater,
- alle Stätten des Hotel- und Gaststättengewerbes,
- Stätten des Nachrichten- und Werbewesens von der Fachbuchhandlung bis zum Zeitungsverlag, vom Straßentelefon bis zur Rundfunkanstalt und zur Hauptpost.

Ableitungen des **Rathausbegriffes** als Synonym für Staat und Obrigkeit sind u. a.:
- Sitz des Rates der Stadt, publikumsintensive Teile der Kommunalverwaltung,
- Burg, Pfalz, Schloß, Architekturplätze,
- Gerichtsgebäude (Gefängnis),
- Parlamentsgebäude, Staatskanzlei, Ministerien, Behörden,
- Stadthalle, Kongreßgebäude, Bauten für polit. und festl. Versammlungen,
- Wettkampf- und Sportstätten (S. 102).

Ableitungen des **Dombegriffes** als Synonym für geistig-geistliche Nutzungen sind u. a.:
- Dom, Münster, Kirche, Kapelle,
- Kloster, Bischofssitz, kirchl. Bauten,
- Klosterschule, Universitäten (S. 100),
- Hospital, Pflegeeinrichtungen (S. 104 f.).

Die Sinngehalte dieser Nutzungen überlagern sich z. T. – am deutlichsten bei den Freizeit- und Begegnungsstätten (S. 110 f.). Die ursprüngliche Mehrzwecknutzung vieler Gebäude war ein bes. Merkmal der histor. Stadt in Europa. So fand bis zum Ende des 19. Jh. der »Dom«, der berühmte Hamburger Weihnachtsmarkt, auch im Innern des »Michel«, des Domes, statt. Trotz der Entwicklung zu Ein-Zweck-Bauten *(Monofunktionalisierung)* lagen ihre Standorte in bunter Mischung im Stadtgrundriß verteilt, so daß die Vielfalt den europ. Stadttyp kennzeichnete.

Beispiel Rom (A): Die weltl., geistl. und wirtschaftl. Machtzentren gruppierten sich in der Antike um das *Forum Romanum* zu Füßen des *Capitol* und des *Palatin*, auch der frühmittelalterl. Sitz des Bischofs im *Lateran* hat heute nicht mehr die Aufgabe eines zentralen Standortes innerhalb der City, wohl aber die in der Renaissance entstandenen Zentren: das kommunale Zentrum auf dem *Capitol* (A-a), das wirtschaftl. Zentrum mit zahlreichen Geschäfts- und Bankhäusern im *Tiberbogen* (A-b) und das geistl. Zentrum um *St. Peter* mit dem *Vatikan* (A-c). Während heute eine Konzentration staatl. Behörden vorwiegend nördl. der *Piazza Venezia* (A-h) anzutreffen ist, verteilen sich weitere Standorte mit besonderen Zentralitätskernen auf den engeren Citybereich und seine Randlagen: Bei e Geschäftsbereich, bei g Modebereich, bei i Hotel- und Fremdenverkehrsbereich und bei f Geschäftsbereich für die »Eingeweihten«. An diesem Stadtgrundriß läßt sich ablesen, daß die City als Standort mit jeweils höchster Zentralität durch die Innenstadt *gewandert* ist und sich dabei ihre wichtigsten Funktionen mit zunehmenden Flächenansprüchen im Laufe der Jahrhunderte auf mehrere Mikrostandorte verteilt und verfestigt haben. So entstand ein einpoliges Hauptzentrum mit ausgeprägter Differenzierung nach unterschiedl. Hauptnutzungen.

In den Großstädten der USA führte – »frei von histor. Ballast« – die Monofunktionalisierung der Gebäude zu monofunktionellen Bereichen (CBD = *central business district*, CAD = *central administration district*, CCD = *central cultural district*), die nach Größe, Wachstums- und »Wanderungstempo« jeden Vergleich mit Europa sprengen würden. Wo die Amerikanisierung der Cityfunktionen in Europa zugelassen wurde, führten die Veränderungen wegen der histor. Werte (S. 63) zu Konflikten.

Nürnberg, 1050 urkundl. belegt, wird von der Pegnitz in die gegen die Burg ansteigende *Sebalder* Stadt und die im 12. Jh. entstandene *Lorenzer* Stadt geteilt; sie wurden im 12. Jh. durch eine gemeinsame Stadtmauer (B) vereinigt. 1219 erhielt Nürnberg vom Kaiser den ›großen Freiheitsbrief‹. Nach 1945 entschied sich Nürnberg für den Wiederaufbau nach dem alten Stadtgrundriß. Der Bereich des Citykerns [297] liegt zu einem Drittel außerhalb der Stadtmauer nördlich der Bahnlinie und deckt ca. zwei Fünftel der Altstadtfläche ab. Obwohl eine neue U-Bahn die Erreichbarkeit der City erheblich verbessert, muß sich jede neue Citynutzung den alten Maßstäben einfügen. Innerhalb der als Nürnberg-Plan [295] bekannten Stadtentwicklungsplanung wurde ein **Konzept für die Altstadt** [296] erarbeitet, in dem neben der Aufwertung des »Großstadtzentrums mit histor. Prägung« insbes. der Schutz der Wohngebiete (Ersatz der Hausbrandöfen durch eine emissionsfreie Energie) in der Innenstadt angestrebt wurde.

INNENSTADT

(1) Topographie
- ○ Anhöhen (Salzburg, Nürnberg)
- ○ Flüsse (Tiber S.168A, Pegnitz S.168B)
- ○ Gewässer (Alster 102A, Maschsee S.102B)
- ○ Grünflächen (Wallanlagen S.62A)
- ⇨ topographische Randbedingungen und Grenzen für (gegen?) Änderungen

(2) Stadtgeschichte, Stadtgestalt
- ○ Marktplatz, freie Plätze (S.196 G)
- ○ Rathaus, Burg, Schloß, Stadtmauer, historische Gebäude (S.30 B)
- ○ historische Gärten (S.38A,B, S.39)
- ○ Kirchen, Dom, Kloster (S.202A)
- ○ Bürgerhäuser, besondere Bereiche (S.194B)
- ⇨ kulturgeschichtliche und denkmalpflegerische Randbedingungen gegen Veränderungen

(2) Mischstruktur (historisch entstanden)
- ○ Nutzungsvielfalt
- ○ Wohnen in der Innenstadt
- ○ Mischgebiete mit einer Vielfalt mittelständ. Produktions- und Reparaturbetriebe
- ⇨ soziale, soziologische, stadtplanerische und politische Randbedingungen für und gegen Änderungen

[B] Abgrenzungsmerkmale sind überwiegend solche der Topographie, der Baugeschichte und historisch entstandenen Bau- und Nutzungsstrukturen.
- ⇨ nicht meßbar, sondern abhängig von Werthaltungen und damit von politischen Entscheidungen

[C] Jede Innenstadt enthält eine City. ⇦
- ⇨ Folgende Konflikte sind zu lösen:

CITY

(a) Funktionen
- ○ Mitte des städtischen Marktes (CBD)
  - ⇨ Wettbewerb führt und verführt zu weiteren Expansionen
- ○ politische Mitte der Stadt und gegebenenfalls größerer Gebietskörperschaften (CAD)
  - ⇨ Tertiärisierung und Bürokratisierung führen zu »toten« Bürohauslandschaften
- ○ kulturelle Mitte (CCD)
  - ⇨ bedarf im allgemeinen der Vervollständigung und des öffentl. Schutzes
- ⇨ maximaler Entwicklungsdruck

(a) vorhandener Baubestand
- ○ max. Geschoßflächen (max. GFZ)
- ○ max. Geschoßflächendichte (GFZ/ha)
- ○ min. Freiflächenanteil
- ○ max. Grundflächenüberbauung
- ⇨ max. Nutzflächendichte

(a) Tagesbevölkerung (S.54D)
- ○ max. EAD (E+A)/ha bei zunehmender A/ha und sinkender E/h
- ○ max. Besucherdichte
- ○ max. Kontaktdichte
- ⇨ max. Zentralität

[A] Abgrenzungsmerkmale sind
- □ Art und Maß zentraler Nutzungen
- □ Nutzungsflächendichte (Σ GFZ/ha)
- □ EAD (E+A)/ha
- □ Verkehrsdichte
- □ Spezialisierungsgrad (Fachärzte /ha)
- ⇨ meßbar, mathematisch darstellbar

[D] max. Veränderungsdruck entsteht im Bereich max. Nutzflächendichte und max. Zentralität.

⇩

WENN:	DANN:
▷ die Nutzung der City erhöht wird ⇨	wächst die Zentralität – aber auch die Geschoßhöhe oder (und) die Grundfläche für Citynutzungen, die Verkehrsmenge, der Bodenpreis, die Veränderung anderer Nutzflächen.
▷ historische Nutzungen und das Wohnen in der Innenstadt erhalten und gefördert werden sollen ⇨	sind die Citynutzungen nach Art, Maß und Ansprüchen zu begrenzen, sind die Verkehrsmengen und -emissionen zu senken, sind großräumige und großmaßstäbige Monostrukturen zu vermeiden.
▷ die City konkurrenzfähig bleiben soll ⇨	brauchen ihre Nutzungen Entwicklungsmöglichkeiten.
▷ eine Innenstadt stirbt ⇨	stirbt eine Stadt.

○ Ausgangsgrößen, ⇨ Folgerungen, □ Merkmale und ▷ Planungsansätze für die Innenstadt

In der Stadtplanung und im Städtebau sind folgende Begriffe gebräuchlich:
Altstadt, ältester Teil einer Stadt. In Europa häufig auf griechische (S. 24), römische (S. 26), christlich-mittelalterliche (S. 30) oder barocke (S. 38) Stadtgründungen zurückgehend, in denen die Topographie auf unterschiedlichste Art für die Sicherheit und ein charakteristisches Stadtbild ausgenutzt worden war; oft zählen mittelalterl. *Neustädte* gegenüber den Stadterweiterungen des 19. und 20. Jh. noch zur Altstadt. Die alte Einheit von Wohn- und Arbeitsstätte war funktional bestimmend für eine vielseitige und oft ortsspezifische Mischung der Nutzungen aus allen Bereichen urbanen Lebens; die Gebäude entsprechen nach Baustil, Baustoffen und Zweckbestimmung der historisch entstandenen **Nutzungsvielfalt** und sind häufig *Baudenkmale* (S. 204 f.). Neuzeitliche Stadtviertel konnten diese vielfach angestrebte **Erlebnis-** und **Qualitätsdichte** nicht erreichen.
City ist der *zentrale Standort* mit der höchsten, auf tertiären Nutzungen basierenden Zentralität (vgl. S. 169).
Innenstadt, nur im Deutschen vorkommend, umfaßt die Altstadt und die City und je nach den topograph. und landschaftlichen Gegebenheiten zwischen ihnen liegende oder an sie angrenzende Flächen, die häufig dem Wohnen dienen (citynahes Wohnen).
Kerngebiete »dienen vorwiegend der Unterbringung von Handelsbetrieben sowie der zentralen Einrichtungen der Wirtschaft, der Verwaltung und der Kultur« (Baunutzungsverordnung § 7 (1)); nach dem **Zulässigkeitskatalog** (§ 7 (2) bis 7 (4)) sollen die Ansprüche der Vielfalt einer Altstadt und der Produktivität einer modernen City abgedeckt werden.
Stadtmitte, Stadtkern und **Stadtzentrum** (lat. centrum = ›Mitte, Mittelpunkt‹) werden synonym verwendet: Stadtmitte meint mehr die geometrische, Stadtkern die historische, Stadtzentrum die funktionale Mitte der Stadt. So ist in *Berlin* **Mitte** der Stadtbezirk 1 (S. 66; 92), der als ältester Teil neben den »Städten« Berlin und Cölln (13. Jh.) die im 17./18. Jh. angelegten »Vorstädte« Friedrichswerder, Dorotheenstadt, Friedrichstadt (teilw.), Spandauer Viertel und Königsviertel umfaßt und seit 1442 Hauptstadtfunktionen wahrnahm.
Zentrale ist die Gerade durch die Mittelpunkte zweier Kreise (Geometrie), im übertragenen Sinne das Hauptbüro einer Filialverwaltung oder eines Filialbetriebes.
Zentraler Ort (S. 58 C–D; S. 59) ist jede Siedlung, die mit den in ihr vorhandenen zentralen Einrichtungen die eigene und die Bevölkerung des Umlandes mit Gütern und Dienstleistungen versorgt; aus der Reichweite der zentralen Einrichtungen ergeben sich die Einzugsbereiche des Ortes und die Verflechtungsbereiche mit anderen zentralen Orten; daraus wird eine *Hierarchie* der zentralen Orte und ihrer sich überlagernden *Einflußbereiche* abgeleitet. Die sie definierenden Merkmale, bzw. Merkmalkombinationen, werden von den Behörden der Raumordnung und Landesplanung auf der Grundlage ständiger Raumbeobachtung erarbeitet.
Zentraler Standort ist gemäß Anwendung der »Theorie der zentralen Orte« auf ein Stadtgebiet (Abgrenzung nach polit. oder Verwaltungsgrenzen) oder auf eine Stadtlandschaft (Abgrenzung nach demograph. und soziograph. Schwellenwerten) ein städt. Bereich (Stadtteil, Stadtviertel, statist. Bezirk), der nach ausgesuchten, auch stadttypischen Merkmalen (S. 166 B–E, S. 167) um ein definierbares Maß über dem Durchschnittswert der Stadt liegt; demnach ist die City der Bereich mit den Maximalwerten (s. o.).

Das Szenario auf Seite 170 zeigt:
A. Die Abgrenzungsmerkmale für den als *Innenstadt* bezeichneten Teil der Stadt sind **Qualitätsmerkmale;** sie beziehen sich auf den Ort im Raum, auf die Vergangenheit (zeitlich) und auf die je stadtindividuelle *Mischung* der Nutzungen; bewertet werden:
1. wie die gebaute Stadt in das vorgefundene Landschaftsindividuum (S. 149) eingefügt wurde (S. 195 ff.),
2. welche Wertbeständigkeit den Zeugnissen der städt. Vergangenheit beigemessen wird, soweit dies an Bauten und Freiräumen ablesbar ist, und
3. welche Nutzungen der Nutzungsvielfalt, die dort möglich ist, wo die Gebäude unter mittelalterlichen Zielsetzungen als Mehrzweckbau errichtet wurden, als schützenswert eingestuft werden.

Da diese Merkmale auf *Werthaltungen* beruhen, unterliegen sie sämtlich den Maßstäben und Entscheidungen der Politik, also auch dem Zugriff der Bürger und ihrer Initiativen.
B. Die Abgrenzungsmerkmale für den als City bezeichneten Teil der Stadt sind **Quantitätsmerkmale;** sie sind für jede Nutzung (a–c), absolut und je Flächeneinheit, zählbar und damit mathematisierbar. Die größten Wachstumskräfte wirken zu allen Zeiten in der City, ihr **Veränderungsdruck** (D) zeigt sich in der Häufigkeit von Bebauungsplan-Änderungen und richtet sich gegen die ökonomisch schwächeren und modisch überholten Nutzungen zunächst in der City, dann aber auch gegen die Wohnnutzung in der Innenstadt und an ihrem Rand [300]. Sie zu schützen, ist der § 4a (Gebiete zur Erhaltung und Entwicklung der Wohnnutzung [besondere Wohngebiete]) der Baunutzungsverordnung eingefügt worden. Welche Konflikte (C) entstehen und wie sie stadtplanerisch gelöst werden könnten, kann in stadtspezifischen »Szenarien« (Wenn-Dann-Sequenzen) untersucht werden.

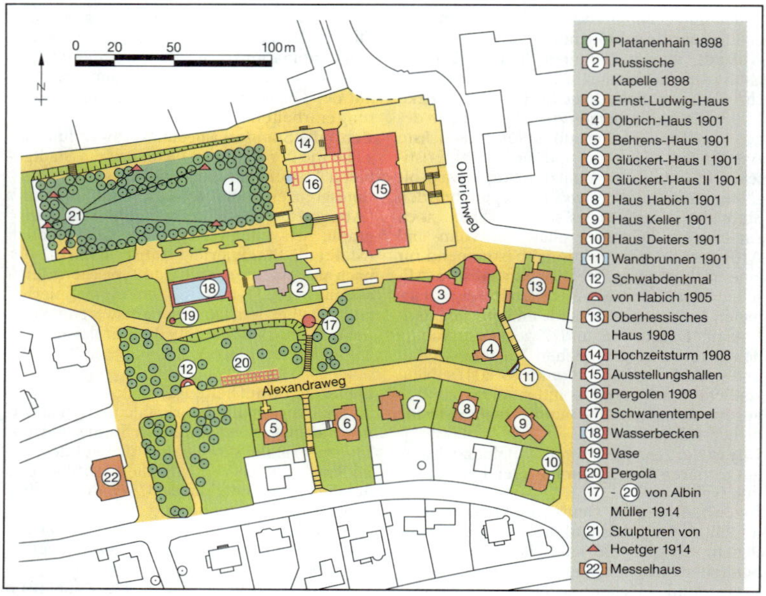

A Künstlerkolonie Mathildenhöhe in Darmstadt (städtebaulicher Zustand 1976)

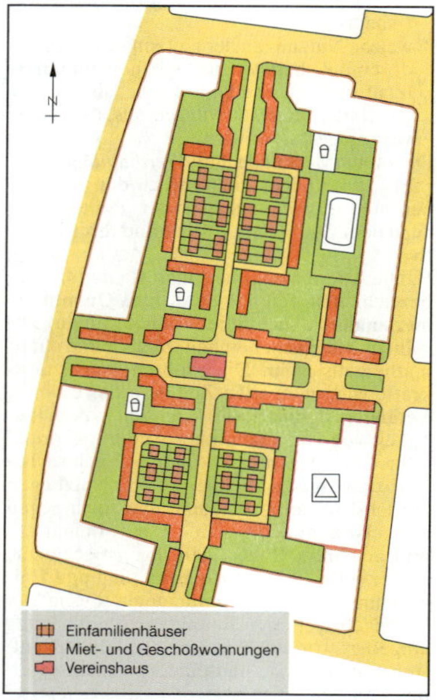

B Idealplan aus Frankfurt um 1905

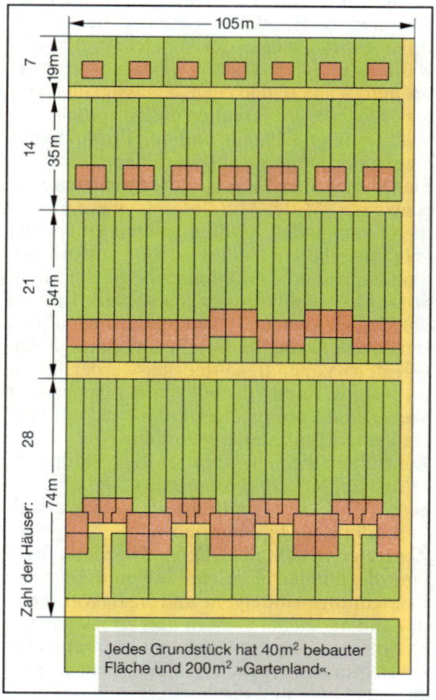

C Bildung von Hausgruppen 1918

Wohnen (Grundbedeutung im Althochdt.: sich erfreuen, zufrieden sein, Gefallen finden und darum bleiben [301]), die wichtigste der vier Schlüsselfunktionen Wohnen, Arbeiten, Sich-Erholen und Sich-Bewegen (S. 58 f.); nach außen umfaßt Wohnen, **zu Hause** und geschützt zu sein gegen Klima, Wetter, äußere Einwirkungen und Gefahren; nach innen umfaßt Wohnen alle Tätigkeiten, die zu Hause möglich und lebensnotwendig sind und dort *privat* ausgeübt werden (Intimsphäre).
Histor. Vorläufer des **Wohnhauses** sind:
1. das *Rechteckhaus* mit Hauptraum und Vorhalle (Megaron),
2. das *Innenhofhaus,* bevorzugt im mediterranen Raum (S. 26 f.),
3. die *Villa* als reich gegliedertes, üppig ausgestattetes, oft kostbar verziertes, in einem gepflegten Garten liegendes Wohnhaus der Begüterten (S. 28),
4. das *Mietwohnhaus,* ein- und mehrgeschossig, das schon im Altertum ganze Baublöcke, »Insulae«, in Rom oder Alexandria füllte,
5. das frei stehende *Rechteckhaus,* erst der Landwirtschaft dienend mit innen liegender Tenne/Diele, das in Mittel- und Nordeuropa im Lauf der Verstädterung auch gewerbliche Nutzungen aufnahm, z. B. Färberei, Wagnerei, und ihnen allmählich angepaßt wurde und später zu trauf- oder giebelständigen Häuserreihen zusammengerückt wurde (S. 30 B; 32 A; 36 D).

Die Industrialisierung führte zu erheblicher Wohnungs- und Wohnhausnachfrage und damit zu umfangreichem Wohnungsbau. Dennoch gab es bes. in den Städten *Wohnungsnot* und oft unwürdige Unterbringung der Menschen in *Mietskasernen* [27; 34]; um so denkwürdiger bleiben die Ansätze, die im Wohnhausbau und in der Erschließung von **Wohnbauflächen** neue Wege wiesen, z. B. *Darmstadt:* Am 1. 1. 1900 feierte Oberbürgermeister Adolf Morneweg auf dem »von Offizieren, Beamten und Bürgern veranstalteten« Neujahrsessen »das abgelaufene Jahrhundert mit stolzem Rückblick auf die herrliche Entwicklung Deutschlands zu einem kraftvollen Reiche. Teil an der überall sichtbaren Umwälzung und Entwicklung habe auch Darmstadt selbst, dessen Bevölkerung es verstanden habe, die bewegenden Kräfte des geistigen und des Wirtschaftslebens, der Industrie und des Handels sich dienstbar zu machen« [302, Bd. 5, S. 12]: innerhalb des 19. Jhs. war die Einwohnerzahl von ca. 7000 über 21 000 um 1850 auf 72 381 angestiegen, dabei erreichte der Durchschnittswohlstand die Spitzenstellung unter den Städten des Großherzogtums. Der Verleger Alexander Koch ließ 1888 die ›Deutsche Tapetenzeitung‹ erscheinen, 1890 die ›Innendekoration‹ und 1897 die ›Deutsche Kunst und Dekoration‹ – sämtlich in Darmstadt. Sie sollten als »Bindeglied zwischen Kunst und Leben, zwischen Künstler und Volk so wirken, daß der Künstler zu breitester Auswirkung, das Publikum zu eigenem Urteil und verständnisvollem Mitgehen gebracht werden könne« [303]; man erstrebte die Synthese von Kunst und Handwerk, indem anerkannte Künstler die künstlerische Erziehung der Handwerker und die ästhetische Aufklärung breiter Käuferschichten betrieben und zu diesem Zweck eine einmalige Ausstellungspolitik entwickelt wurde, die sich an jedermann wandte. Der damalige Großherzog von Hessen, Ernst Ludwig, berief 1898 Hans Christiansen als Maler und Graphiker, 1899 Rudolf Bosselt als Bildhauer und Medailleur, Paul Bürck für Buchschmuck und Kunstgewerbe, Patriz Huber für Innenausstattung und Möbelentwurf, Joseph Maria Olbrich (1867–1908) für Architektur, sowie den Maler Peter Behrens und den Bildhauer Ludwig Habich an die auf der Mathildenhöhe zu errichtende **Künstlerkolonie;** am 25. 11. 1899 überreichten sie ihm ihr Programm mit dem Plan für die Ausstellung ›Ein Dokument deutscher Kunst im Jahre 1901‹.

Die Ausstellung umfaßte von den Künstlern erbaute und von der Türklinke bis zur Deckentäfelung ausgestattete Wohnhäuser sowie einige provisorische Ausstellungsgebäude; von Olbrich stammen der Lageplan A und die noch erhaltenen Gebäude 3, 4, 6–10 [302, Bd. 5, S. 59]. Bei der ›Hessischen Landesausstellung für freie und angewandte Kunst 1908‹ waren alle Mitglieder der Künstlerkolonie beteiligt, ebenso die Großherzoglichen Manufakturen und Lehrateliers für angewandte Kunst; Hauptanziehungspunkt war die **Klein-Wohnungs-Kolonie** mit Olbrichs *Arbeiterhaus Opel.* Der gleichfalls von ihm erbaute Hochzeitsturm, ein Geschenk der Stadt zur Vermählung des Fürsten, wurde das Wahrzeichen der ehemaligen Residenzstadt. Die *Mathildenhöhe* ist das bedeutendste Baudenkmal des **Jugendstils** in Deutschland, im internationalen Maßstab mit dem *Parque Güell,* von Antonio Gaudi (1852–1926) in Barcelona von 1900–1914 erbaut, vergleichbar.

Franz Adickes (1846–1915), von 1890–1912 Frankfurts Oberbürgermeister, »bekämpfte mit einem baupolitischen Programm die ungesunde Bodenspekulation« [304] – 1902 wurde das ›Gesetz, betreffend die **Umlegung** von Grundstücken in der Stadt Frankfurt/Main‹, die sogenannte *Lex Adickes,* in Preußen beschlossen, um erstmalig Bauland ohne Preissteigerung bei der Umwandlung vom Acker zur Bauparzelle bereitzustellen. 1890 wurde als **gemeinnützige** Wohnungsgesellschaft die ›AG für kleine Wohnungen‹, 1901 die ›Hellerhof AG‹ und später weitere gegründet; die Stadt unterstützte sie vielfältig, bes. die planerische Abkehr vom großstadtüblichen Baublock (B) und die Neuordnung von privatem und gemeinnützigem Wohnungsbau.

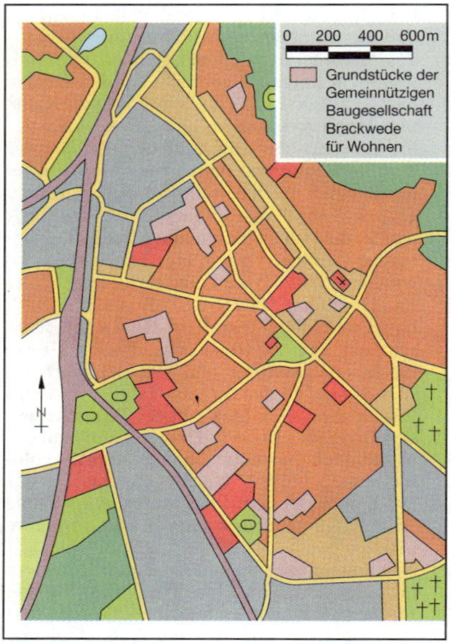

A G.B.G. Brackwede: Lage der Grundstücke

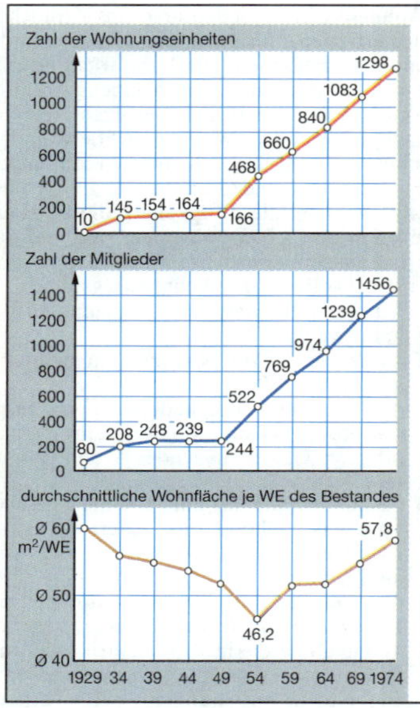

B G.B.G. Brackwede: Zeitreihe

1 § der BauNVO vom 23.01.1990	2	3	4	4a	5	6	7	8	9	10	11
2 Bezeichnung des Baugebietes	WS	WR	WA	WB	MD	MI	MK	GE	GI	SOE	SSO
3 Die Wohneinheit (WE) liegt in	↓	↓	↓	↓	↓	↓	↓	↓	↓	↓	↓
Wohngebäude		●	▽	▽	▽	◆	□	□	□	□	□
Wohngebäude mit max. 2WE	□										
oberhalb eines im BbP bestimmten Geschosses					◆		◆				
in einem Versorgungsbetrieb vgl. § 2(2)2., § 3(3), § 4(2)2.	◆	□	◆	◆	◆	◆	▽			□	□
in einer Anlage für öffentl. Zwecke vgl. § 2(3)2., § 4(2)3. usw.	□		◆	◆	◆	◆	◆	□	□		
in einem Handwerksbetrieb vgl. § 2(2)2., § 3(3), usw.	◆	□	◆	◆	◆	◆	◆	▽	▽		
in einem Beherbergungsbetrieb vgl. § 3(3), § 4(3)1., usw.		□	□	◆	◆	◆	◆				
in einem Kleinsiedlerhaus	▽				◆						
in einem Bauernhof, Forsthaus					▽						
in einem Gartenbaubetrieb	◆	□			▽	◆		◆	◆		
4 Die Wohneinheit ist bestimmt											
für Aufsichts- und Bereitschaftspersonen							◆	□	□		
für Betriebsinhaber und -leiter							◆	□	□		
5 Eingeschränktes Wohnen											
in Wochenendhäusern										◆	
in Ferienhäusern										◆	
auf Campingplätzen										◆	
in Klinikgebieten											◆

● ausschließlich Wohnen zulässig ▽ vorwiegend hier zulässig ◆ zulässig □ nur als Ausnahme zulässig

C Tabelle 52: Zulässigkeit der Wohnnutzung in den Baugebieten

Die Stadt Frankfurt/M. unterstützt ferner die ›Ordnung des Baugrundes‹, indem das Gelände mehrerer Straßengevierte zusammengefaßt, Programme für Einfamilien-, Reihen- und mehrgeschossige Wohnhäuser entwickelt werden, und durch Stiftungen oder städt. Sonderzuwendungen die **soziale Ausstattung** mit Vereinshäusern, Bädern, Krippen und Spielplätzen (S. 172 B) ermöglicht wird – so wurden die Pläne der kommunalen und gemeinnützigen Wohnungsbaugesellschaften die Wegbereiter des modernen Bebauungsplans. In der von ADICKES 1891 geschaffenen Bauordnung gab es erstmals das Planungsinstrument der Einteilung in differenzierte **Zonen,** in denen die Bebauung nach Städtebaukriterien mit Hilfe eines überbaubaren Grundstückanteils und einer zulässigen Geschoßzahl geregelt wurde (S. 180 f.).

Der Ansatz in Darmstadt zielte angesichts des Überganges zur Serienfertigung im Wohnungsbau auf handwerkliche und künstlerische *Veredelung* der Industrieprodukte und auf niedrige Preise für Haus und Einrichtung, damit sich auch der Arbeiter gute Qualität leisten konnte; die 3. Ausstellung der Künstlerkolonie auf der Mathildenhöhe vom 16. 5.–2. 8. 1914 (= Kriegsausbruch!) zeigte neben der **Miethäusergruppe** von ALBIN MÜLLER vorwiegend Zimmerausstattungen. Das soziale Ziel wurde Ausstellungsobjekt: Qualität im Bürgerhaus 1901, Qualität im Arbeiterhaus 1908, Qualität im Miethaus 1914! ADICKES' Ansätze gingen darüber hinaus: er zielte auf Bodenreform, auf soziale Ausstattung der Wohngebiete (s. o.) und auf Überwindung des Schematismus im Städtebau mit Hilfe moderner **Stadtplanung** (S. 172 B).

PETER BEHRENS (1868–1940), als Maler 1899 in die Darmstädter Künstlerkolonie berufen, stellte 1901 sein Wohnhaus (S. 172 A, Nr. 5) aus, ging 1907 als Leiter der Kunstakademie nach Düsseldorf, wurde als künstlerischer Berater der AEG für das Werk, die Gebäude, die Produkte und die Werbung ein führender Architekt in Deutschland, ausgewiesen durch seine Leistung und jene, die bei ihm arbeiteten und lernten: WALTER GROPIUS, LUDWIG MIES VAN DER ROHE, CHARLES-ÉDOUARD JEANNERET [305]. Angesichts des im Krieg 1914/1918 zum Stillstand gekommenen Wohnungsbaus und »des wachsenden Krankenstandes in diesem Wohnungselend (in der Stadt Waldenburg bestanden 73 % aller Wohnungen aus **einem** Zimmer, 1910 waren 86,1 % der Schulkinder erkrankt, namentlich an Tuberkulose)« schreibt und zeichnet BEHRENS, gemeinsam mit HEINRICH DE VRIES, einen ›Beitrag zur Siedlungsfrage‹ [306], in dem er dem Deutschen Reichskanzler und der Öffentlichkeit vorhält:

> »... die eigentlich zu leistende Arbeit ... ist die Lösung der **Kleinwohnungsfrage** für die großen Massen der Minderbemittelten.
> – Die Aufgabe der Massenversorgung im Wohnungswesen ist nur durch äußerste Verbilligung der Wohnungsgestellung zu lösen.
> – Der grundlegenden Forderung nach Billigkeit muß das Verlangen nach bestmöglicher Qualität beigeordnet werden.«

Ausgehend von der hier nachgezeichneten Grundsatzüberlegung (S. 172 C), daß die *Regulierungskosten* für Straßenbau, Trinkwasser- und Abwasserleitungen für jedes Kleinhaus (40 qm bebauter Fläche und Zweigeschossigkeit ergeben ca. 72 qm Nettowohnfläche je Hauseinheit) um so geringer werden, je mehr Häuser auf die gleiche Straßenlänge entfallen (Kostenargument), weist er nach [306, S. 75], daß aus Gruppenhäusern beidseits der Straße und den *Spiel- und Sportparks, Bade- und Waschanstalten* zeitgemäße Siedlungsanlagen entstehen können (Qualitätsargument); sein Plädoyer für Serienfertigung und gut organisierte Stadtplanung war sozial begründet; weil dies glaubwürdig ist, besteht bei deutschen Stadtplanern eine Abneigung gegen das einzeln stehende Einfamilienhaus.

Die gemeinnützige Wohnungswirtschaft, bes. die Spar- und Baugenossenschaften als Selbsthilfeeinrichtung der Minderbemittelten, griffen diese Überlegungen auf, benötigten jedoch eine Anlaufzeit von etwa fünf Jahren, um das Kapital für Baugrundstücke und die Finanzierung der ersten Häuser anzusparen. Wie wichtig es war, preisgünstige **Kleinwohnungen** in Fußwegentfernung zu den Arbeitsplätzen anzubieten, ist am Beispiel der »Gemeinnützigen Baugenossenschaft Brackwede e. G.« [307] abzulesen, die, 1924 gegründet, im weiten Halbrund um *Brackwedes* Kern (A) dringend gesuchte, qualitativ gute Wohnungen baute: die ersten 6 Häuser wurden ab 1928 bezugsfertig; alle 2- bis 4-Zimmer-Wohnungen hatten Badezimmer(!). Wie die Zeitreihen der Daten belegen (B), stagnierten Mitgliederentwicklung und Bautätigkeit von 1933 (!) bis zur Währungsreform 1948; dann mit Gründung der BRDtl. begann jener Aufschwung im **sozialen Wohnungsbau,** der geistig zwischen 1890 und 1930 vorgedacht war.

In der Baunutzungsverordnung vom 23. 1. 1990 führt die Untergliederung der **Bauflächen** (§ 1.1) nach der bes. Art ihrer baul. Nutzung in **Baugebiete** (§ 1.2) zu einer planungsrechtlich weitgehenden Verfeinerung:

- Kleinsiedlungsgebiete (WS) dienen *vorwiegend* der Unterbringung von Kleinsiedlungen (§ 2),
- *reine Wohngebiete* dienen dem **Wohnen** (§ 3),
- *Allgemeine Wohngebiete* (§ 4) und *Besondere Wohngebiete* (§ 4a) dienen *vorwiegend* dem Wohnen.
- Wohneinheiten sind in allen Baugebieten zumindest als Ausnahme zulässig, wenn der Zusammenhang mit Zweck oder Nutzer dies erfordern (vgl. Tabelle 52).

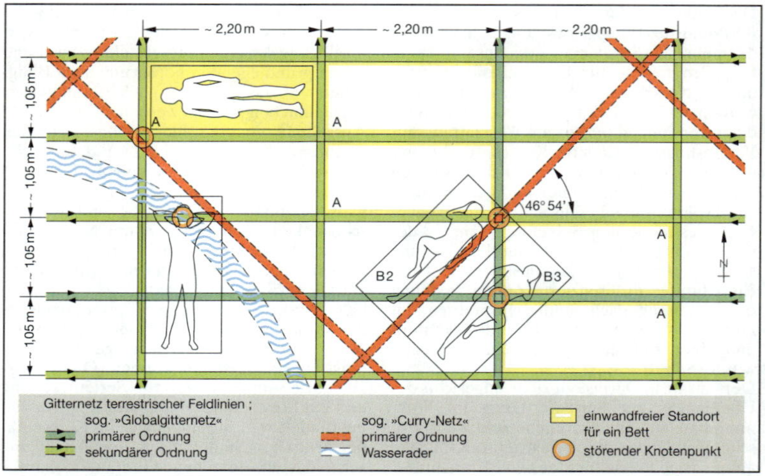

A Richtige Standortwahl für Dauerschlafplatz bei A

B-C Aufwertung eines B-Planes durch Berücksichtigung der Störzonen

Carl Friedrich Gauss (1777–1855), Mathematiker (1801: Begründung der modernen Zahlentheorie), Astronom (1809: Theorie der Bewegungen der Himmelskörper) und Landvermesser des Königreichs Hannover, hatte die Theorie des **Erdmagnetismus** so gefördert, daß nach ihm die Einheit der magnetischen Flußdichte (Induktion) im CGS-System benannt wurde: $1\ G = 10^{-8}\ V \cdot s/cm^2$.
Ein Dauermagnet, der eine Kühlschranktür verschlossen hält, hat eine Stärke von ca. 200 G; das Magnetfeld der Erde hat eine durchschnittliche Stärke von 0,5 G mit einer tägl. Schwankung von max. 0,1 G. Seine *Mikropulsationen* reichen bis etwa 30 Hertz, ihre größte Stärke liegt zwischen 7 und 10 Hertz [308]. Zum Vergleich: d. i. das Siebenfache des menschlichen Herzschlages bei einem Puls von 72 Schlägen/Minute (= 1,2 Hz).
Als Robert O. Becker in den frühen sechziger Jahren auf einer wissenschaftl. Tagung voraussagte, daß es mit einem Magnetometer von ausreichender Empfindlichkeit möglich sein müßte, das Fließen dieses (von ihm behaupteten) Gleichstroms im Gehirn, das ja ein Magnetfeld produzieren müßte, in einiger Entfernung *außerhalb* des Kopfes zu beobachten, wurde er vom Publikum ausgelacht [308, S. 100]; ähnlich erging es Forschern in Deutschland, die Wirkungen von Magnetfeldern mit der Wünschelrute nachweisen können [310–313]. Um 1970 erlaubte die technische Entwicklung des SQUID (superconducting quantum interference detector), elektrische Ströme in einer Entfernung von ca. 1 m vom Kopf zu messen und die von ihnen erzeugten **Magnetfelder** in Magnetoenzephalogrammen (MEG) zu analysieren. Robin Baker gelang der Nachweis, daß der Mensch ein »magnetisches Organ« besitzt, das er hinter der Nasenrückwand in der Siebbeinhöhle lokalisiert, das aus winzigen Magnetkristallen besteht und mit dem Zentralnervensystem eng verbunden ist [309]. 1980 beschrieb erstmals P. Semm die Fähigkeit der Zirbeldrüse, Magnetismus wahrzunehmen; sie bildet mit dem »magnet. Organ« das System, das auf das zyklische Muster der terrestrischen Magnetfeldschwankungen reagiert: z. B. mit der zeitlichen Steuerung der Körperrhythmen. Versuche mit Bakterien, Insekten, Fischen, Amphibien und Säugetieren erbrachten den Nachweis, daß auch sie ein hoch spezialisiertes »magnet. Organ« besitzen, das lebenswichtige Informationen aus dem geomagnetischen Feld verarbeitet [308].
Es ist eine Ironie, daß die für das Militär arbeitende Wissenschaft (Frank Brown, Richard Blakemore, beide am Biolog. Laboratorium der US-Marine in Woods Hole, Massachusetts, sowie diverse Forscher über biolog. Zyklen im Zusammenhang mit den Space-Shuttle-Flügen) sich solche Ergebnisse zunutzemacht und bei der Erprobung von elektromagnet. Waffen [308, S. 383 f.] von der Störbarkeit des magnetischen Orientierungssystems des Menschen ausgeht und seine Desorientierung im Einsatzfall verfolgt, während dogmat. Wissenschaftler [308, S. 107] die Tatsache ignorieren, daß geomagnet. Felder vorhanden sind, daß sie den Menschen beeinflussen und daß er sie wahrnimmt. Die Gefahren **elektromagnet. Umweltverschmutzung** durch Überflutung elektromagnet. Energien der unterschiedlichsten Frequenzen, durch eine Überfülle an Sendern, Waffen und hochtechnisierten Geräten aller Art, sind so groß, daß dringend **Umweltalarm** geschlagen werden muß.
Sowohl aus China [315] wie von den Ägyptern und Römern ist bekannt, daß sie mit Sorgfalt die Lage der Gebäude bestimmten. Die Ausrichtung der Häuser folgte häufig entweder den Haupthimmelsrichtungen (S. 26 C; 30 B; 32 A–B) oder um 45° gegen diese gedreht (S. 23 B; 36 D); beide Richtungssysteme entsprechen den Richtungen der Gitternetze terrestrischer Feldlinien (A: »Globalgitternetz« und »Curry-Netz«, vgl. S. 34 C), deren Stärke und Unterteilung von der geograph. Lage, von der vulkan. Aktivität der Erde und von der jeweiligen Sonne-Mond-Stellung am Himmel (Gezeitenprinzip) abhängen. *Wasser-* und *Mooradern* sowie *Verwerfungen* bilden unregelmäßige Streifen (C/D), die auch als *Reizstreifen* oder *Störzonen* bezeichnet werden [310 bis 316]. Da sensible Menschen unter diesen Reizstreifen (B 1) und den Knotenpunkten der Feldlinien (B 2, B 3) eher zu leiden beginnen, versuchen sie, sich zu schützen: das einzige, jedermann empfehlbare Mittel ist es, seinen **Dauerschlafplatz** gemäß Bild A zu wählen (z. B. stets in Ost-West-Richtung) und keinem der von Scharlatanen angebotenen Hilfsmittel zu trauen [316].

Ein Beispiel: Die Stadt Bielefeld führte einen städtebaulichen Ideenwettbewerb durch und ließ den Bebauungsplan vom Preisträger aufstellen; mehrere Bürger, die sich einen Bauplatz kauften, beantragten in Zusammenarbeit mit dem Verein »Gesundes Bauen und Wohnen«, das Gelände durch einen Wünschelrutengänger nach Störzonen abgehen zu lassen – kostenfrei für die Stadt. Die Bauverwaltung stimmte zu und ließ den Bebauungsplan nach dem Begehungsprotokoll ändern (vgl. C mit D: in dem hier gezeigten Planausschnitt wurden 13 Wohnhäuser ohne Nachteile für den Bebauungsplan »freigerückt«). Der zuständige Planungsausschuß des Rates nahm dies ohne Ablehnung zur Kenntnis [317]. Durch dieses Vorgehen wurde niemand in seinen Rechten verletzt. Doch jener stetig wachsenden, gesundheitsbewußten Minderheit von Bürgern, die subjektiv großen Wert auf störungsfreien Baugrund auch bezüglich terrestrischer Reizzonen legen, wurde geholfen.

A-B Orte mit Hauptstadtfunktionen weltlicher (A) und geistlicher (B) Art

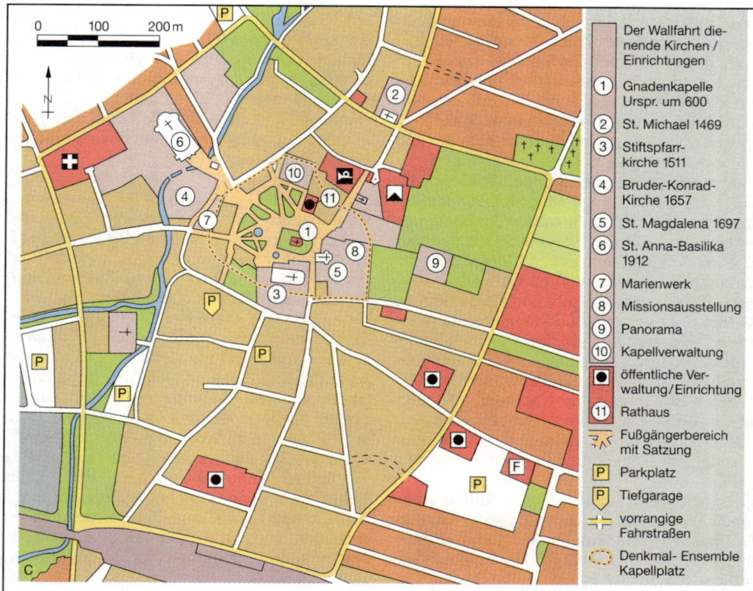

C Ein Wallfahrtsort - hier Altötting - als Beispiel zahlreicher Sondernutzungen

Sonderbauflächen nach Baunutzungsverordnung (§ 1(1)) sind »Sondergebiete, die der Erholung dienen« (§ 10), und »Sonstige Sondergebiete« (§ 11). Erstere, nämlich die Wochenendhaus-, Ferienhaus- und Campingplatzgebiete, dienen in Form eingeschränkten Wohnens der **Erholung;** sie beanspruchen Flächen für bes. Vorsorgeeinrichtungen, z.B. Löschwasserreservoir für ein Ferienhausgebiet oder ein Naßraumensemble für einen Zeltplatz.

Als **Sonstige Sondergebiete** sind solche Gebiete festzusetzen, die sich von den übrigen (§§ 2–10) wesentlich unterscheiden; in Betracht kommen (§ 11(2)):

- Fremdenverkehrs- u. Kurgebiete (C),
- Ladengebiete (S. 164–167),
- Gebiete für Einkaufszentren und großflächige Handelsbetriebe (S. 160 A),
- Gebiete für Messen, Ausstellungen und Kongresse,
- Hochschulgebiete (S. 100 A–B),
- Klinikgebiete (S. 104),
- Hafengebiete (S. 46 B–C; 154 F).

Die erforderlichen Bauflächen für **Hauptstadtfunktionen,** also für »Regierungsviertel« mit Auslands- und anderen Vertretungen, Ministerien und zugehörigen Nutzungen können als Kerngebiete (§ 7) oder als Sonstiges Sondergebiet (§ 11) ausgewiesen werden.

Das **zentralistische Modell** der Machtverteilung legt die Hauptstadt mit allen Funktionen in die nach Einwohnern größte Stadt des Landes, das sie zu ernähren hat, z.B. Paris in Frankreich. Dieses Modell begann erst mit der Reichsgründung 1871 für Deutschland zu gelten. Denn vorher gab es ein sich ständig umverlagerndes *Gleichgewicht* unter mehreren Städten, die oft reichsfrei, mit Bischofs- oder Fürstensitz ein **partikularistisches** Kräftespiel betrieben: das preußisch tolerante *Berlin* (S. 66), das sächsisch kultivierte *Dresden* (S. 114), das hanseatische *Hamburg* als Tor zur Welt (S. 108; 144), die Domstadt *Köln,* die republikanische Kaiserkrönungsstadt *Frankfurt* (S. 58; 62), die Bayernmetropole *München* (S. 60 B; 196 E–G) und viele andere Städte. Die dt. Geschichte 1871–1945 zeigt, daß die **Machtkonzentration** in einer Stadt mehr Nachteile als Nutzen für Deutschland brachte.

Das Besondere kann als Einmaligkeit (Arbeitssitz des Parlamentes), als Spitzenwert einer Ordnung (Bundesverfassungsgericht) oder einer dem Wandel unterliegenden Reihenfolge (Wohnbeliebtheit) auftreten. Die räuml. Verteilung der Hauptstadtfunktionen, wie sie sich vor 1970 in der BRDtl. herausgebildet hatte, wurde an 20 Merkmalen in 17 Städten untersucht (Tab. 53 [318]). Danach waren sie in auffallender Teilspezialisierung auf ca. 20 Großstädte so verteilt (A), daß alle Länder an der Aufgabe des Regierens wirtschaftl. partizipierten – dies entspricht dem *föderalen* Staatsaufbau und dem Willen der Deutschen, vgl. Standorte der DGB-Gewerkschaftszentralen. Die Städte der neuen Bundesländer von 1990 sind analog dieser Verteilung an der künftigen Raumordnung der Hauptstadtfunktionen zu beteiligen (A). Der Hauptstadtbeschluß des Dt. Bundestages vom 20. 6. 1991 gilt vor diesem Hintergrund.

Tabelle 53: Verteilung der Hauptstadtfunktionen:

nach Rangfolge der Großstädte	a) Sitz der Spitzenverbände; b) Bundesoberbehörden; c) Konzernumsätze; d) Steuerkraft; e) Wohnbeliebtheit; f) Flugverkehr					
	a)	b)	c)	d)	e)	f)
Bonn	1	1	9	13	?	(7)
Frankfurt	2	2	3	1	5	1
Köln	3	3	7	5	7	7
Hamburg	4	4	1	7	3	3
Düsseldorf	5	–	8	3	4	2
München	6	6	4	6	1	4
Stuttgart	7	–	5	2	2	6
Wiesbaden	8	5	12	14	?	(1)
Hannover	9	–	11	4	6	5
Essen	10	–	2	15	10	(2)
Bremen	11	–	15	9	8	9
Nürnberg	12	7	14	8	?	8
Dortmund	13	–	10	16	9	–
Duisburg	14	–	6	11	?	(2)
Kiel	15	–	16	17	?	–
Mainz	16	–	17	10	?	(2)
Saarbrücken	17	–	13	12	?	–

Nach Konrad Adenauer (1876–1967) sind »die Wallfahrtsorte die wahren Hauptstädte der Menschen«. In *Lourdes* (ca. 18000 Ew.) waren im Jubiläumsjahr 1958 rd. 4,9 Mio. Menschen zur Stätte der Marienerscheinung gepilgert [319]. Die Orte, deren Anziehungskraft auf Volksfrömmigkeit beruht (B; [320; 321]), müssen nicht die Bischofssitze sein. In Deutschland haben *Altötting* (1989: 11600 Ew./ca. 1000 Betten/ca. 700000 Besucher) und *Kevelaer* (1989: 22000 Ew./ca. 600 Betten/ca. 700000 Besucher) die größten Besucherströme; in Altötting dürfte das Verhältnis von 60 Besucher je Einwohner und Jahr am höchsten unter den »Hauptstädten« sein.

Altötting schützt seinen *Wallfahrtsbereich* (C) innerhalb des ausgewiesenen Mischgebietes durch eine Satzung über Sondernutzungen an den Fußgängerbereichen (Rechtsgrundlage: GOBay und BayStrWG) und durch Eintragung in die **Denkmalliste** (S. 206) als Grundlage für den Flächennutzungsplan; hier heißt es nach Beschreibung der Begrenzung:

»Der geschichtliche Rang des Kapellplatzes Altötting beruht auf den Anziehungskräften der Wallfahrt, sichtbar geworden zunächst in spätgotischer, neuinterpretiert dann in barocker Gestalt. ... Die Verbindung von landesherrlichem Besitztum seit agilolfingischer Zeit und dem 876/77 von Karlmann gegr. ... (Pfalz-) Stift konnte Altötting ... das geistige Umfeld bereiten, in welchem nach Aufstellung eines Marienbildes und nach einem ersten, 1489 bezeugten Wunder die Wallfahrt überraschend schnell emporwuchs. ...«

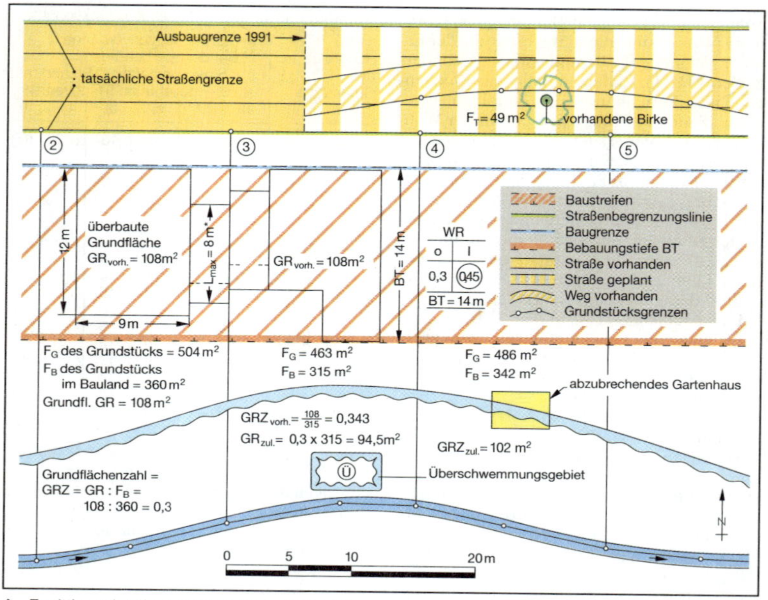

A Ermittlung der überbaubaren Grundfläche $GR_{zul.}$

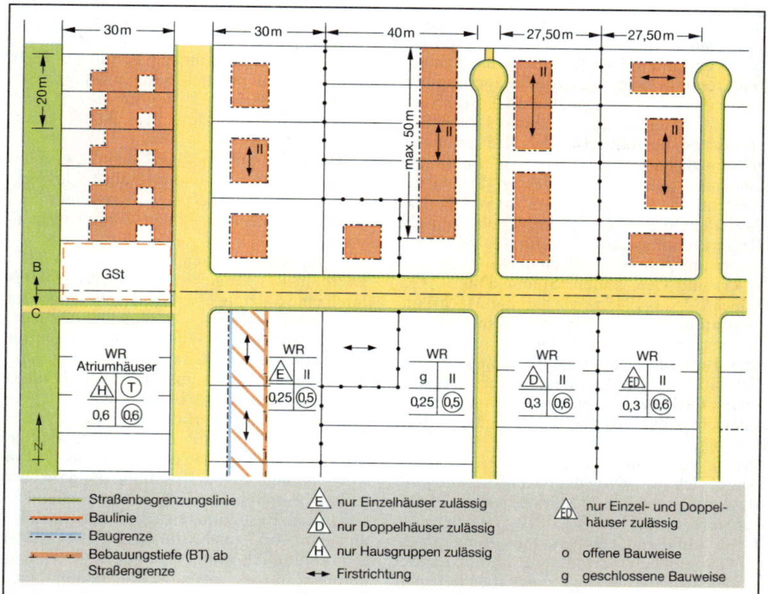

B-C Festsetzung der Bebaubarkeit: durch Baulinien (B), durch Nutzungszahlen (C)

Die **Baunutzungsverordnung** (BauNVO [4 e]) beruht rechtlich auf der Ermächtigung des BauGB, § 2, Abs. (5); sie besteht aus vier Abschnitten:

I. Die §§ 1–15 regeln die *Art* der baulichen Nutzung.
II. Die §§ 16–21 a regeln das *Maß* der baulichen Nutzung.
III. § 22 regelt die *Bauweise* (C) und § 23 die *überbaubare Grundstücksfläche* (A–C).
IV. (weggefallen)
V. Die §§ 25–27 enthalten die *Überleitungs- und Schlußvorschriften.*

Bezug für das Maß der baulichen Nutzung ist das **Baugrundstück;** *überbaubar* ist der Anteil des Baugrundstücks, der als *zulässige Grundfläche* von baulichen Anlagen überdeckt werden darf (§ 19(2)). Hierzu § 19(3):

»Für die Ermittlung der zulässigen Grundfläche ist die Fläche des Baugrundstücks maßgebend, die im Bauland und hinter der im Bebauungsplan festgesetzten Straßenbegrenzungslinie liegt. Ist eine Straßenbegrenzungslinie nicht festgesetzt, so ist die Fläche maßgebend, die hinter der tatsächl. Straßengrenze liegt oder die im Bebauungsplan als maßgebend für die Ermittlung der zulässigen Grundfläche festgesetzt ist.«

Erläuterungsbeispiel: Bild A stellt den Ausschnitt aus einem Bebauungsplan dar; zwischen der Straße mit folgendem Restausbau und einem Gewässer 3. Ordnung, das wegen seiner Frühjahrsüberschwemmungen die Festsetzung einer *Fläche für die Wasserwirtschaft zur Regelung des Wasserflusses* (Sicherung des Abflußquerschnittes) erforderte, liegen vier Grundstücke im reinen Wohngebiet (WR). Eine Bebauungstiefe, wie dargestellt, heißt auch *Baustreifen.* Die Eigner »2« und »3« hatten den Ausbau der Straße zur Sicherung der Erschließung gefördert und Vorfläche an den Straßenbaulastträger sogleich verkauft – hier beginnt das *Bauland* ab tatsächlicher **Straßengrenze.** Der Eigner »4« hatte sich mit einem Gartenhaus ohne Baugenehmigung eine Angleridylle geschaffen, war deshalb an der Ausweisung des Baugebietes nicht interessiert und Gegner der näherrückenden Wohnbebauung; sein Antrag, eine alte Birke unter Schutz zu stellen und deshalb die Straßentrasse zu ändern, war abgelehnt worden; er weigert sich, die für den Weiterbau der Straße erforderliche Vorfläche von 49 qm zu verkaufen – hier beginnt das Bauland an der im Bebauungsplan festgesetzten *Straßenbegrenzungslinie:* die gesamte Grundstücksfläche von 535 qm ist um die als Verkehrsfläche ausgewiesenen 49 qm zu vermindern, so ergibt sich die planungsrechtl. Grundstücksfläche F_G zu 486 qm. Da das Überschwemmungsgebiet nicht zum Bauland zählt, ist dieser Anteil bei allen Grundstücken abzuziehen: die Fläche F_B, die im Bauland liegt (A 2–4), ist Bezugsgröße für die Ermittlung der **Grundfläche (GR),** *die von baulichen Anlagen überdeckt werden darf* (zulässige GR) oder tatsächlich überdeckt wird (vorhandene GR). Grundfläche im planungsrechtl. Sinn ist also nicht die Grundstücksfläche, sondern nur deren überbaubarer, bzw. überbauter Anteil – sie ist das quantitative Maß für **Überbaubarkeit** im Grundriß. Das Verhältnis von Grundfläche zu Baugrundstück, also GR:F_B, ist die **Grundflächenzahl (GRZ).** Hierzu § 19:

»(1) Die Grundflächenzahl gibt an, wieviel Quadratmeter Grundfläche je Quadratmeter Grundstücksfläche im Sinne des Absatzes 3 zulässig sind.
(2) Zulässige Grundfläche ist der nach Absatz 1 errechnete Anteil des Baugrundstücks, der von baulichen Anlagen überdeckt werden darf.«

§ 23 regelt die Festsetzung der überbaubaren Grundstücksfläche (zul. GR) nach Form und **Lage** auf dem Baugrundstück:

»(1) Die überbaubaren Grundstücksflächen können durch die Festsetzung von Baulinien, Baugrenzen oder Bebauungstiefen bestimmt werden …
(2) Ist eine Baulinie festgesetzt, so muß auf dieser Linie gebaut werden …
(3) Ist eine Baugrenze festgesetzt, so dürfen Gebäude und Gebäudeteile diese nicht überschreiten …
(4) Ist eine Bebauungstiefe festgesetzt, so gilt Absatz 3 entsprechend. Die Bebauungstiefe ist von der tatsächlichen Straßengrenze ab zu ermitteln, sofern im Bebauungsplan nichts anderes festgesetzt ist.«

§ 22 regelt die **Bauweise** (C):

»(1) Im Bebauungsplan kann die Bauweise als offene oder geschlossene Bauweise festgesetzt werden.
(2) In der offenen Bauweise werden die Gebäude mit seitlichem Grenzabstand als Einzelhäuser, Doppelhäuser oder Hausgruppen errichtet. Die Länge der in Satz 1 bezeichneten Hausformen darf höchstens 50 m betragen. Im Bebauungsplan können Flächen festgesetzt werden, auf denen nur Einzelhäuser, nur Doppelhäuser, nur Hausgruppen oder nur zwei dieser Hausformen zulässig sind.
(3) In der geschlossenen Bauweise werden die Gebäude ohne seitlichen Grenzabstand errichtet, es sei denn, daß die vorhandene Bebauung eine Abweichung erfordert.
(4) Im Bebauungsplan kann eine von Absatz 1 abweichende Bauweise festgesetzt werden. … auch, inwieweit an die vorderen, rückwärtigen oder seitlichen Grundstücksgrenzen herangebaut werden darf oder muß.«

Bild B ist Beispiel für eine totale Festsetzung der zulässigen Grundfläche nach Lage, Form und Größe; in A und C verbleibt noch ein gewisser Gestaltungsspielraum.

Art und Maß der Nutzung werden für jeden Bebauungsplan, bzw. die Teilbereiche, für die gleiche qualitative und quantitative Vorgaben gelten, in dem Füllschema der sogenannten Nutzungsschablone (s.S.11) angegeben.
Die quantitativen Vorgaben lauten:

für das Grundstücksbeispiel	A	B
▻ Grundflächenzahl	1,0	0,167
▻ Geschoßflächenzahl	1,0	1,0
▻ Baumassenzahl	3,5	3,5
▻ Geschoßzahl	1	6

als vollständige Schablone

∗ Angabe der Bauweise

A		B	
∗	I	∗	VI
1,0	(1,0)	0,167	(1,0)
	[3,5]		[3,5]

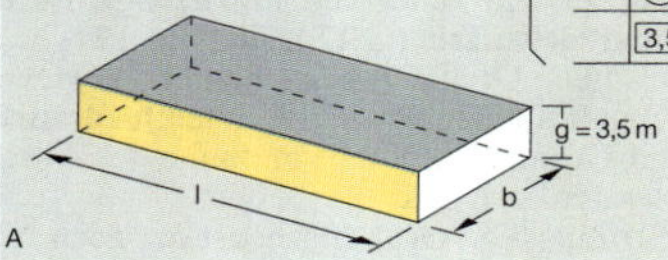

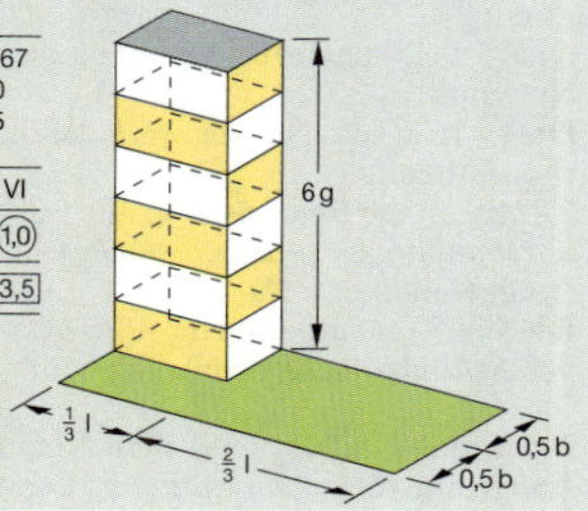

A-B Beispiele gleicher Grundstücksausnutzung (GFZ = 1 bei unterschiedlicher Geschoßzahl Z)

EG + 1.OG + 2.OG = GFZ
0,4 0,4 0,2 = 1,0

GRZ = 0,4
GFZ = 1,0
Z = III

0,4 + 0,333 + 0,267 = 1,0

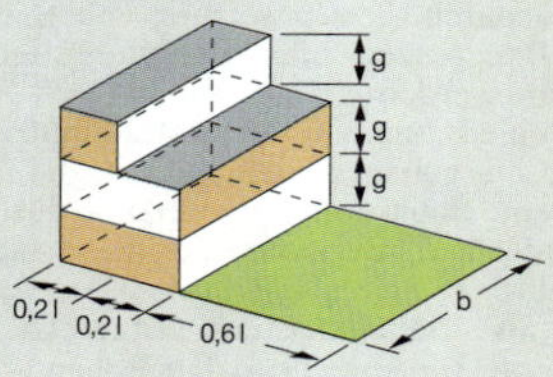

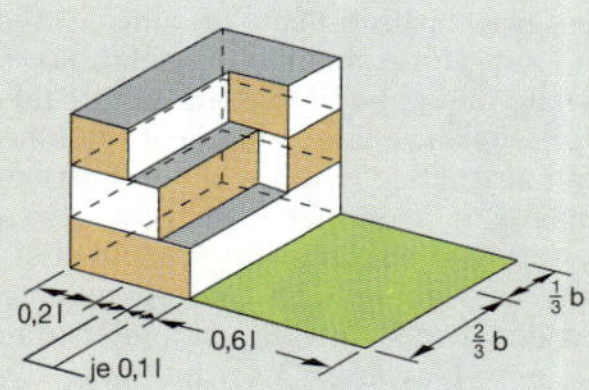

C-D Gestaltungsvarianten bei gleichem Maß für die Ausnutzung

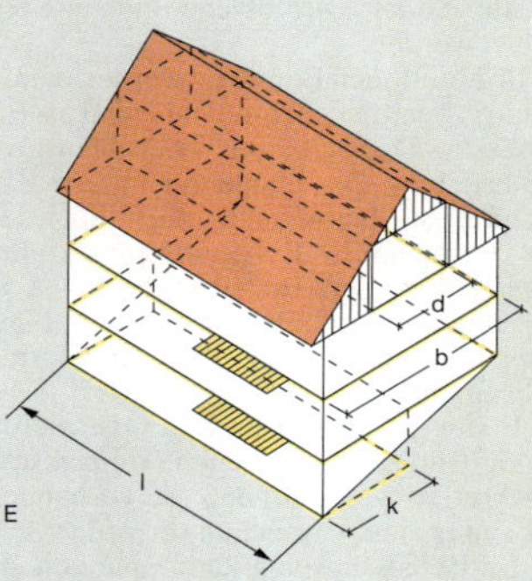

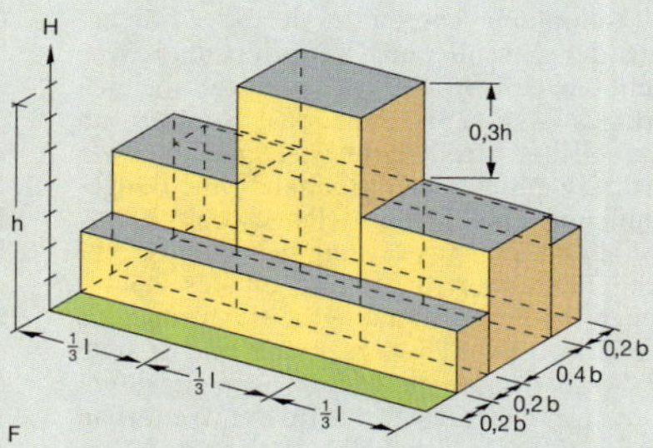

$V = (0{,}2\,b \times \frac{2}{7}h + 0{,}4\,b \times \frac{4}{7}h + \frac{1}{3} \times 0{,}4\,b \times \frac{3}{7}h + 0{,}2\,b \times \frac{3}{7}h) \times l\ [m^3]$

$GF = d \times l + 2 \times b \times l + k \times l$

Die Fläche der Balkone wird auf die Geschoßfläche nicht angerechnet.

Die Baumassenzahl ergibt sich aus Volumen des umbauten Raumes dividiert durch die Grundstücksfläche: $BMZ = V : (l \times b)$

E-F Beispiele zur Ermittlung der Geschoßfläche (E) und Baumasse (F)

Das **Maß der baulichen Nutzung** bestimmt § 16 BauNVO [4 e], wie folgt:

»(1) Wird im Flächennutzungsplan das allgemeine Maß der baulichen Nutzung dargestellt, genügt die Angabe der Geschoßflächenzahl, der Baumassenzahl oder der Höhe der baulichen Anlagen.

(2) Im Bebauungsplan kann das Maß der baulichen Nutzung bestimmt werden durch Festsetzung

1. der Grundflächenzahl oder der Größe der Grundfläche der baulichen Anlagen,
2. der Geschoßflächenzahl oder der Größe der Geschoßfläche, der Baumassenzahl oder der Baumasse,
3. der Zahl der Vollgeschosse,
4. der Höhe baulicher Anlagen.

(3) Bei Festsetzung des Maßes der baulichen Nutzung im Bebauungsplan ist festzusetzen

1. stets die Grundflächenzahl oder die Größe der Grundflächen der baulichen Anlagen,
2. die Zahl der Vollgeschosse oder die Höhe baulicher Anlagen, wenn ohne ihre Festsetzung öffentliche Belange, insbesondere das Orts- und Landschaftsbild beeinträchtigt werden können.

(4) Bei Festsetzung des Höchstmaßes für die Geschoßflächenzahl oder die Größe der Geschoßfläche, für die Zahl der Vollgeschosse und die Höhe baul. Anlagen im Bebauungsplan kann zugleich ein Mindestmaß festgesetzt werden. Die Zahl der Vollgeschosse und die Höhe baul. Anlagen können auch als zwingend festgesetzt werden.

(5) Im Bebauungsplan kann das Maß der baulichen Nutzung für Teile des Baugebiets, für einzelne Grundstücke oder Grundstücksteile und für Teile baulicher Anlagen unterschiedlich festgesetzt werden; die Festsetzungen können oberhalb und unterhalb der Geländeoberfläche getroffen werden.

(6) Im Bebauungsplan können nach Art und Umfang bestimmte Ausnahmen von dem festgesetzten Maß der baulichen Nutzung vorgesehen werden.

Die hier verwendeten Maßbegriffe, auch **Nutzungszahlen** genannt, sind:

Bezug	relative Zahlen	absolute Zahlen m, m^2, m^3	BauNVO [4 e]
überbaubare Grundstücksfl.	GRZ	GR	§ 23 § 19
Bauhöhe	Z	H. ü. NN	§ 18
Bauvolumen	GFZ BMZ	GF BM	§ 20 § 21

Da im BbP stets Grundflächenzahl oder zulässige Grundfläche festzusetzen ist, sind die diesbezügl. § 19 und § 23 ausführlich zitiert und veranschaulicht (S. 180 A–C, S. 181); mit ihnen wird die zulässige bauliche **Ausnutzbarkeit** eines Grundstücks im Grundriß quantitativ bestimmt. Die § 22–23 erlauben zusätzliche qualitative Festsetzungen bezügl. Form der Überbauung und ihrer Lage auf dem Grundstück. Bauordnungsrechtl. Vorschriften nach Landesrecht sind bei der Erstellung des BbP zu berücksichtigen; die Festsetzungen in Bild C auf S. 180 führen praktisch zur gleichen Lage und Form der zulässigen Grundfläche auf den Baugrundstücken wie in Bild B.

Die Vorschrift des § 16 Abs. 3 stellt es frei, das Maß der Nutzung für Teile des BbP, also auch für einzelne Geschosse, **unterschiedlich festzusetzen** (C); im Extremfall könnte für ein dreigeschossiges Haus eine dreifache Festsetzung erfolgen, d. h. für jede Geschoßebene eine andere (D). Ob die Gemeinde etwas zwingend festsetzt oder ob den Bauherrn in einer freien Gesellschaft von mündigen Bürgern das Höchstmaß an Gestaltungsfreiheit offenzuhalten ist, sollte bei jedem Bebauungsplan zu den Grundsatzfragen zählen.

Zur Bestimmung der Ausnutzbarkeit eines Baugrundstücks in der 3. Dimension stehen Höhe oder Zahl (Z) der Vollgeschosse, Geschoßflächenzahl (GFZ) oder Geschoßfläche (GF), bzw. in Gewerbe-, Industrie- oder sonstigen Sondergebieten die Baumassenzahl (BMZ) oder die Baumasse (BM) als festsetzbare Größen zur Verfügung, veranschaulicht in den Bildern A–D.

Hierzu sind folgende Auszüge maßgeblich:

§ 18 (1): Bei Festsetzung der *Höhe* baulicher Anlagen sind die erforderlichen Bezugspunkte zu bestimmen (S. 212 A).

§ 20 (1): Als *Vollgeschosse* gelten Geschosse, die nach landesrechtlichen Vorschriften Vollgeschosse sind oder auf ihre Zahl angerechnet werden (A–D).

§ 20 (2): Die *Geschoßflächenzahl* gibt an, wieviel Quadratmeter Geschoßfläche je Quadratmeter Grundstücksfläche im Sinne des § 19 Abs. 3 zulässig sind.

§ 20 (3): Die *Geschoßfläche* ist nach den Außenmaßen der Gebäude in allen Vollgeschossen zu ermitteln (A–E).

§ 21 (1): Die *Baumassenzahl* gibt an, wieviel Kubikmeter Baumasse je Quadratmeter Grundstücksfläche im Sinne des § 19 Abs. 3 zulässig sind (F).

§ 21 (2): Die *Baumasse* ist nach den Außenmaßen der Gebäude vom Fußboden des untersten Vollgeschosses bis zur Decke des obersten Vollgeschosses zu ermitteln. ... Bei baulichen Anlagen, bei denen eine Berechnung der Baumasse nach Satz 1 nicht möglich ist, ist die tatsächliche Baumasse zu ermitteln (F).

§ 21 (4): Ist im Bebauungsplan die Höhe baulicher Anlagen oder die Baumassenzahl nicht festgesetzt, darf bei Gebäuden, die Geschosse von mehr als 3,50 m Höhe haben, eine Baumassenzahl, die das *Dreieinhalbfache* der zulässigen Geschoßflächenzahl beträgt, nicht überschritten werden.

I. Das Maß der baulichen Nutzung durfte gemäß BauNVO vom 19.12. 1984 [4d] §17,Abs. (1) und (2), höchstens betragen:

Zeile	Spalte -1-	-2-	-3-	-4-	-5-
2	Baugebiet	Zahl der Vollgeschosse (Z)	Grundflächen-zahl (GRZ)	Geschoß-flächenzahl (GFZ)	Baumassen-zahl (BMZ)
3	in Kleinsiedlungsgebieten (WS)	bei: 1 2	0,2 0,2	0,3 0,4	- -
4	in reinen Wohngebieten (WR) in allgemeinen Wohngebieten (WA) in Mischgebieten (MI) in Ferienhausgebieten (SO-E)	bei: 1 2 3 4 und 5 6 und mehr	0,4 0,4 0,4 0,4 0,4	0,5 0,8 1,0 1,1 1,2	- - - - -
5	in Gebieten für Atriumhaus-gruppen nach § 17(2)	zwingend 1	0,6	0,6	-
6	in Dorfgebieten (MD)	bei: 1 2 und mehr	0,4 0,4	0,5 0,8	- -
7	in Kerngebieten (MK)	bei: 1 2 3 4 und 5 6 und mehr	1,0 1,0 1,0 1,0 1,0	1,0 1,6 2,0 2,2 2,4	- - - - -
8	in Gewerbegebieten (GE)	bei: 1 2 3 4 und 5 6 und mehr	0,8 0,8 0,8 0,8 0,8	1,0 1,6 2,0 2,2 2,4	- - - - -
9	in Industriegebieten (GI)	-	0,8	-	9,0
10	in Wochenendhausgebieten (SO-E)	bei: 1 und 2	0,2	0,2	-
11	in sonstigen Sondergebieten (SSO) mit Ausnahme der Wochenendhaus- und Ferienhausgebiete			2,4	9,0

II. Bei der Bestimmung des Maßes der baulichen Nutzung dürfen folgende Obergrenzen gemäß BauNVO vom 23.01.1990 [4e] §17, Abs. (1), nicht überschritten werden:

Zeile	Spalte -1-	-2-	-3-	-4-
2	Baugebiet	Grundflächen-zahl (GRZ)	Geschoß-flächenzahl (GFZ)	Baumassen-zahl (BMZ)
3	in Kleinsiedlungsgebieten (WS)	0,2	0,4	-
4	in reinen Wohngebieten (WR) in allgemeinen Wohngebieten (WA) in Ferienhausgebieten (SO-E)	0,4	1,2	-
5	in besonderen Wohngebieten (WB)	0,6	1,6	-
6	in Dorfgebieten (MD) in Mischgebieten (MI)	0,6	1,2	-
7	in Kerngebieten (MK)	1,0	3,0	-
8	in Gewerbegebieten (GE) in Industriegebieten (GI) in sonstigen Sondergebieten (SoSO)	0,8	2,4	10,0
9	in Wochenendhausgebieten (SO-E)	0,2	0,2	-

Tabelle 54: Zulässiges Maß der baulichen Nutzung

Die Baunutzungsverordnung trat erstmalig am 1.8. 1962 [4a] in Kraft. Sie wurde 1968, 1977, 1986 [4d] und 1990 [4e] geändert. Die BauNVO gilt nicht unmittelbar, sondern nur innerhalb des Geltungsbereiches eines Bebauungsplans in derjenigen Fassung, die bei seiner Aufstellung den in ihm getroffenen Festsetzungen zugrundelag. Der Planer muß dies bei Änderung oder Neuaufstellung von Bebauungsplänen ebenso berücksichtigen wie Bauherr und Bauordnungsamt bei der Beurteilung von Bauanträgen oder die Verwaltungsgerichte im Falle eines Rechtsstreites. Da Bebauungspläne zu allen Zeitpunkten aufgestellt wurden, grenzen oft Plangebiete aneinander, in denen die BauNVO in unterschiedlichen Fassungen gilt. Damit Rechtsungleichheit vermieden wird, können die Bebauungspläne – z. B. aus Anlaß einer Teiländerung – auf die jeweils jüngste Fassung *umgestellt* werden; der Bebauungsplan ist im Änderungsverfahren erneut öffentl. auszulegen (S. 216). Hierbei wird sichtbar, daß häufige Änderungen des Planungsrechts zu Rechtsungleichheit und erhöhtem Arbeitsaufwand bei den Planungsträgern, bes. bei den Gemeinden, führen und tunlichst zu vermeiden sind.

Die BauNVO, insbes. § 17 **Zulässiges Maß der Nutzung,** wurde von 1962 bis 1986 zunehmend verfeinert und aufgefächert, so daß die planerisch gewollten Zielsetzungen mit diesem Planungsinstrument sehr genau abgebildet und festgesetzt werden konnten. Die Anzahl der Maßangaben in § 17 Abs. 1 stieg von 32 in der Fassung 1962 auf 46 in der Fassung 1986 an; bes. der Zusammenhang zwischen Zahl der Vollgeschosse Z und Geschoßflächenzahl GFZ (vgl. Tab. 54) hatte sich in der Planungspraxis als zweckmäßig bewährt.

Ausgehend von dem Grundsatz, daß die Gemeinde bei allen Festsetzungen in einem Bebauungsplan unter den zulässigen Höchstwerten bleiben darf und darunter bleiben muß, wenn die städtebaulichen Ziele und die zu berücksichtigenden Belange dies erfordern, hat der Gesetzgeber das anzuerkennende Meisterstück vollbracht, in der Fassung der BauNVO vom 23.1. 1990 im § 17 Abs. 1 mit nur **15 Obergrenzen** auszukommen und die Maßangaben gegenüber der Fassung von 1986 der Anzahl nach um 27 zu reduzieren (!), jedoch 4 Obergrenzen zwischen 11 % und 50 % anzuheben. Damit steigt der vom Gesetzgeber zugelassene Siedlungsdruck in den beplanten und bebauten Gebieten und erzeugt erhöhten Planänderungsdruck bei den Gemeinden. Diesen kommt eine erhöhte Verantwortung zu; denn sie finden beim Kampf um Freiflächen je Bebauungsplan und um bepflanzbare Grünflächenanteile je Baugrundstück immer weniger Rückhalt im Baurecht.

Obwohl es in § 17 Abs. 1 heißt, daß die dort genannten Obergrenzen nicht überschritten werden dürfen (Tab. 54), werden anschließend allgemeine und bes. Bedingungen für **Überschreitungen** dieser Grenzwerte eingeräumt; hierzu § 17:

(2) Die Obergrenzen des Absatzes 1 können überschritten werden, wenn
1. besondere städtebauliche Gründe dies erfordern,
2. die Überschreitungen durch Umstände ausgeglichen sind oder durch Maßnahmen ausgeglichen werden, durch die sichergestellt ist, daß die allgemeinen Anforderungen an gesunde Wohn- und Arbeitsverhältnisse nicht beeinträchtigt, nachteilige Auswirkungen auf die Umwelt vermieden und die Bedürfnisse des Verkehrs befriedigt werden, und
3. sonstige öffentliche Belange nicht entgegenstehen.

Dies gilt nicht für Wochenendhausgebiete und Ferienhausgebiete.

(3) In Gebieten, die am 1. August 1962 überwiegend bebaut waren, können die Obergrenzen des Absatzes 1 überschritten werden, wenn städtebauliche Gründe dies erfordern und sonstige öffentliche Belange nicht entgegenstehen. Absatz 2 Satz 1 Nr. 2 ist entsprechend anzuwenden.

Die Obergrenzen gemäß Tab. 54 sind Maßstab, wenn die höchstmögliche Ausnutzung von Baugrundstücken gefordert wird, also vorwiegend in den Kernbereichen der Städte. In den meisten Wohngebieten und im ländlichen Raum, insbes. in Ferien- und Erholungsgebieten sollten zum Schutz der Natur und Landschaft sowie des Aufenthaltes des Menschen die unteren und mittleren Maßangaben der Tabelle 54 freiwillig Richtschnur der planenden Gemeinden bleiben.

Garagen und **Stellplätze** sind in allen Baugebieten zulässig [§ 12], desgleichen **untergeordnete Nebenanlagen** und Einrichtungen, die dem Nutzungszweck der in dem Baugebiet gelegenen Grundstücke oder des Baugebietes selbst dienen und seiner Eigenart nicht widersprechen [§ 14]. Für sie gilt § 19(4):

Bei der Ermittlung der Grundfläche sind die Grundflächen von
1. Garagen und Stellplätzen mit ihren Zufahrten,
2. Nebenanlagen im Sinne des § 14,
3. baulichen Anlagen unterhalb der Geländeoberfläche, durch die das Baugrundstück lediglich unterbaut wird,

mitzurechnen. Die zulässige Grundfläche darf durch die Grundflächen der in Satz 1 bezeichneten Anlagen bis zu 50 vom Hundert überschritten werden, höchstens jedoch bis zu einer Grundflächenzahl von 0,8; weitere Überschreitungen in geringfügigem Ausmaß können zugelassen werden …

Außerdem sind § 21 a, betreffend Stellplätze, Garagen und Gemeinschaftsanlagen, sowie weitere, hier nicht zitierte Vorschriften der Baunutzungsverordnung zu beachten.

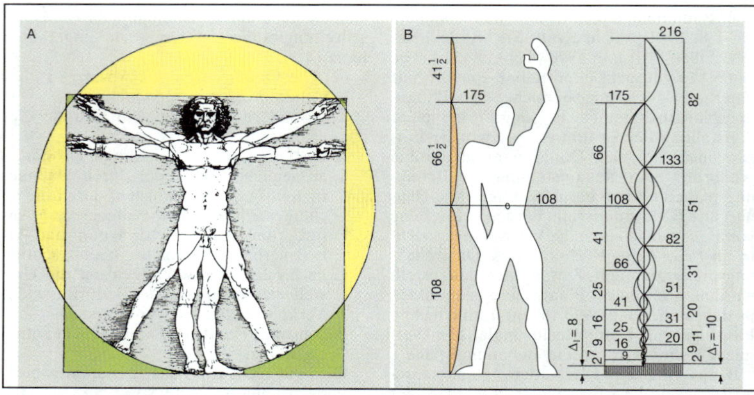

A-B Der Mensch als Maßstab: nach Leonardo da Vinci (A), Modulor nach Le Corbusier (B)

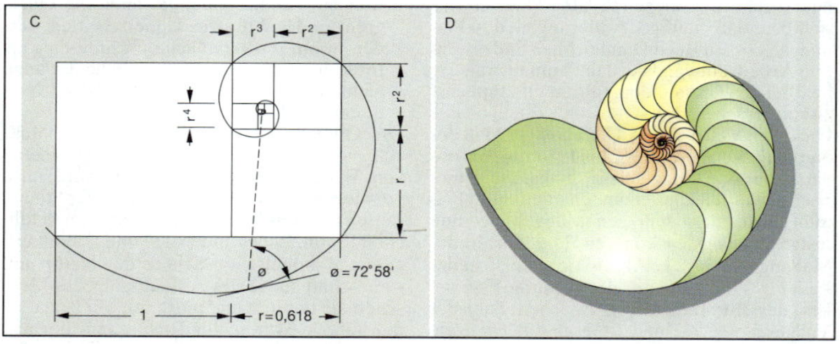

C-D Die harmonische Teilung: die logarithmische Spirale (C), Nautilus-Schnecke (D)

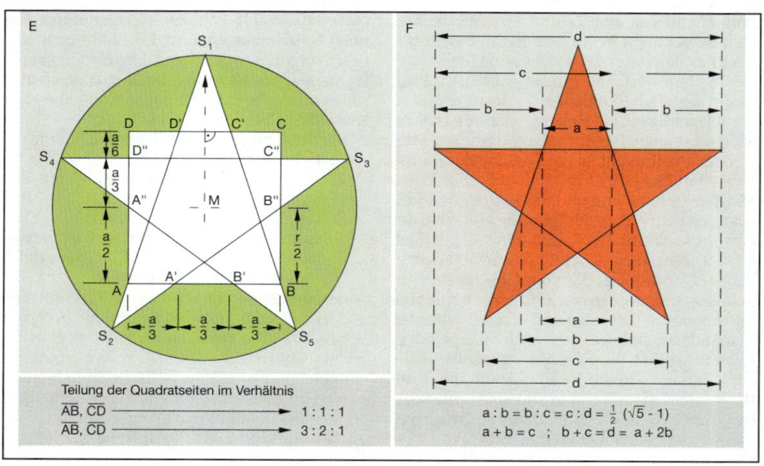

E-F Pentagramm: geometrische Konstruktion (E), Teilungsverhältnisse (F)

Städtebau als Gestaltungsaufgabe umfaßt die räumliche Anordnung und die bauliche Ausformung der städt. Lebensbereiche. Ordnung ergibt sich aus den erlebbaren Beziehungen zwischen der Natur des Standortes (Umgebung, Bodenrelief, Bewuchs, Klima, Wetter) und den künstlich vom Menschen hineingebauten Gegenständen wie Haus, Weg, Zaun oder Denkmal, die als Erzeugnisse menschlicher Kunst und Technik hier für das Denkbare und Machbare stehen. Das Gegenüber, bzw. Miteinander, von **Natur** und **Kunst,** d. h. von göttlicher Schöpfung und menschlichem Werk, ist der äußerste Rahmen für Maßstäbe jeder auf die Stadt anwendbaren **Gestaltungsregel** (Satz 1).

Seit jeher war der **Mensch** sich selbst der »Maß-Geber«; gemessen hat er nach *Fuß* und *Elle,* nach *Schritt* und *Faden* (ahd. fadum = ausgebreitete Arme) oder *Klafter* (urspr. Entfernung zwischen den Spitzen der Mittelfinger bei ausgebreiteten Armen), also nach am menschlichen Körper abgegriffenen *natürlichen* Maßen.

Man messe nur drei Menschen nach und erkenne: Die Maße stimmen nicht überein, sondern sind auf jeden Menschen bezogen einmalig. Ein Mensch mit seinen subjektiven Maßen kann folglich weder Maßstab aller Dinge noch Maßstab seines »Nächsten« sein (Prinzip der persönlichen Freiheit; Satz 2).

Hierzu einige Beispiele:

– Leonardo da Vinci (1452–1519), Maler, Bildhauer, Architekt, Ingenieur und Forscher, zeichnete jenen Menschen (A), der mit seinen Körpermaßen ein klafterbreites Quadrat und einen Kreis in ihren Maßen bestimmt. Obwohl hübsch anzusehen, hat diese Zeichnung keinen Aussagewert: Quadrat und Kreis haben weder gleichen Umfang, noch sonst eine geometrische Beziehung; selbst die suggerierte Gleichheit von Körpergröße und Klafter ist am Menschen nicht belegbar.

– Le Corbusier (Charles-Edouard Jeanneret; 1887–1965), schloß, daß »es nur *ein* akzeptables Kriterium gibt: der Mensch ([322]; B). Das natürliche Maß des Menschen muß als Basis für alle Maßstäbe dienen«. Sein **Modulor,** aufbauend auf dem Goldenen Schnitt, verstanden als *grille de proportion* (Gitterrost der Proportion), sei das Verhältnismaß für des Menschen Umgebung; doch in der Zahlenkette von 2/7/9 ... ist ein Anfangsfehler $\Delta l = 8$ cm, in der von 2/9/11 ... ein solcher $\Delta r = 10$ cm enthalten. Diese Form von Anthropozentrik führte über den *kartesischen Wolkenkratzer* zu den französ. *Behausungsbehältern*, bei deren Überdimensionierung ihm der Mensch als Maß verloren gegangen war.

– Die **logarithmische Spirale** beruht auf der *harmonischen Teilung* der Seiten je benachbarter Quadrate (C). In der Natur bildet der *Nautilus* (D) diese Form auf vollendete Weise nach: dieses Meerestier wächst Kammer um Kammer, schafft immer mehr Quantität, aber keine höhere Qualität, die Luft in den oberen Kammern sorgt für stets stabile Schwimmlage, die Öffnung für die Freßorgane wächst mit. Der Nautilus, so von Aristoteles benannt, entspricht als Symbol dem Menschen, der sich zu Maß und Mitte aller Dinge macht, indem er sich um seine »Schöpfung« und damit um sich selber dreht, formal harmonisch Quantitäten »schöpft« ohne Gewinn höherer Qualität; ihn finden wir im Genie-Kult seit Goethe und in der medizin. Literatur [323] als Narziß (von griech. »der Erstarrte«) beschrieben: z. B. Picasso, der eines seiner Gemälde mit den Worten bewunderte: Ich bin Gott.

– Die **stetige Reihe** $a_{n+1} = a_n + a_{n-1}$ hat die Folge: 1, 2, 3, 5, 8, 13, ... Die ganzzahligen Brüche dieser Reihe $^1/_2, ^2/_3, ^3/_5, ^5/_8$ konvergieren gegen $0{,}5(\sqrt{5} - 1)$; geometrisch ergibt sich dieser Wert als goldener Schnitt = 0,6180339 mehrfach am Pentagramm (F), wobei dieses klare Beziehungen zwischen Kreis und Quadrat offenlegt (r = a in E). Hier hat die Proportionsästhetik ihren Anfang [324]. Das Pentagramm wird von mehreren Weltmächten als Erkennungszeichen auf Kriegsgerät benutzt, also scheidet es als Harmoniesymbol aus.

Jeder **Maßstab** bedarf der Angabe der Dimension (Bestimmung von Raum, Zeit, Energie) und der Meß-Skala (Bestimmung der Quantität durch Vergleich an einer Reihe von Maßeinheiten, die durch »Ein-Teilung« in gleiche Abstände von definierter Größe erhalten werden). Von der Natur und aus ihrer exakten Beobachtung gewann der Mensch die Maßstäbe für die Einteilung von Zeit und Raum als den dualen Bedingungen, unter denen die Schöpfung lebt:

– 1 **Ångström**, Å, kleinste Längeneinheit zur Angabe von Wellenlängen des Lichtes: 1 Å = 10^{-10} m = 0,10 nm (Nanometer),
– 1 **Meter**, m, in der Franz. Revolution als 40millionster Teil eines Erdmeridians als Urmeter festgesetzt, ist 1983 international als die Länge der Strecke definiert, die Licht im leeren Raum während des Intervalls von $^1/_{299792458}$ Sekunden durchläuft,
– 1 **Lichtjahr,** Lj, üblich in der Astronomie für die Länge jener Strecke, die das Licht im leeren Raum während eines tropischen Jahres zurücklegt:
9,460528 · 10^{15} m = 9,460528 Petameter.
– 1 **Sekunde,** s, Einheit der Zeit, urspr. definiert als der 86400ste Teil des mittleren Sonnentages, seit 1967 atomar definiert.
– 1 **Tag, d,** gesetzliche Einheit der Zeit, umfaßt astronomisch die 24 Stunden zwischen 2 Kulminationen der Sonne (Sterntag = eine Umdrehung der Erde gegen den Fixsternhimmel).
– 1 **Jahr, a,** definiert als ein Umlauf der Erde um die Sonne; Kalenderjahr = 365 Tage.

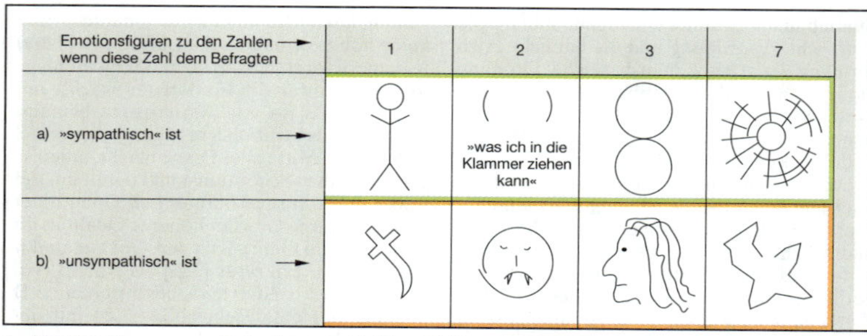

A Emotionsfiguren – von Befragten zu natürlichen Zahlen gezeichnet

Liste von Kunstwerken, als Diapositiv den Befragten vorgeführt:	Verteilung der Sympathie- und Antipathiezahlen: Häufigkeit +	Häufigkeit –	Verwendung der gleichen Zahl für Sympathie und Antipathie	wie oft
Elch, Bronzeplastik	10	29	1 2 3 5 7 9 12	7
Der Denker, Bronzeplastik	23	9	1 3 9 999	4
Bogenschütze, Bronzeplastik	4	18	7	1
Großer Vogel, Eisenplastik	14	21	0 0 0 5 7 9	6
Spindel, Brunnenplastik	17	9	1 2 7 17	4
Neptun, Brunnenplastik	5	9	7 13	2
abstraktes Betonrelief	11	19	3 3 5 5 6 7 7 13	8
Gotisches Kreuz, Holz 12.Jh.	28	3	7	1
Schlange, Kachelmosaik	13	24	0 7 8	3
Rathaus von Soest	47	0		-
Buga-Café, Karlsruhe	10	34	1 1 2 3 5 7 13 13 1000	9
achteckiges Haus, Darmstadt	6	5	7	1
	188	179	,davon 93 mal Übereinstimmung möglich;	46

B Bewertung von Kunstwerken durch Zuteilung von Sympathiezahlen

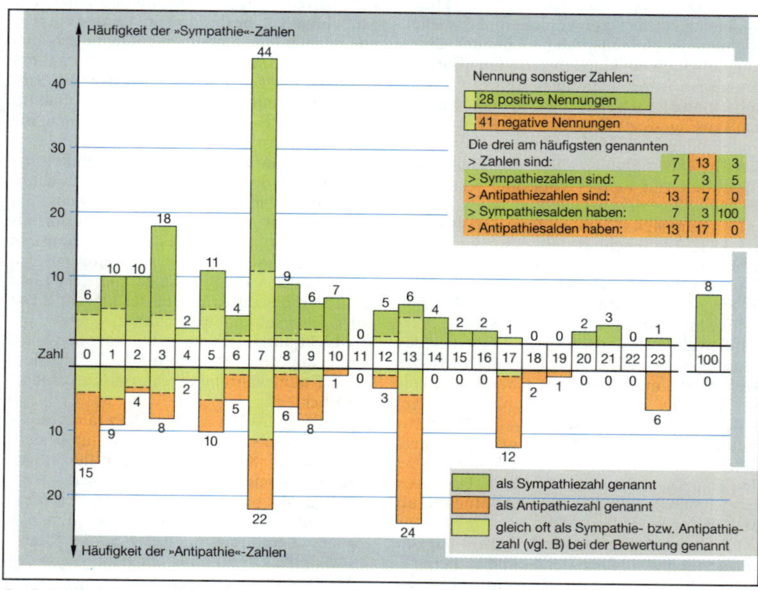

C Beliebtheit der natürlichen Zahlen nach Häufigkeit und Sympathie

Licht (von griech. leukos = weiß, glänzend, lat. lux, ahd. licht) ist Urform aller Energie und Materie und damit Vorbedingung jeglichen Lebens. Es ist in seiner dualen Erscheinung als Quantum (bei Entstehung und Absorption) und als Welle (bei der Ausbreitung im Raum) von MAX PLANCK (1858–1947) und ALBERT EINSTEIN (1879–1955) bestätigt. Licht und Zeit definieren Längen und damit Raummaße (vgl. S. 187: Ångström, Lichtjahr). Die Lichtgeschwindigkeit im leeren Raum ist als *unveränderbare Naturkonstante* der einzige objektive Maßstab. Ergo (Satz 3): Maß gebend ist das Licht. Von seinen Eigenschaften abgeleitete Maßstäbe sind: Helligkeit (Intensität) und Dauer (incl. Veränderlichkeit), sie haben den stärkeren Zeitbezug; Reinheit und Farbe, sie haben gemäß Spektrum den stärkeren Raumbezug.

Die **Zahl** (ahd. zala, urspr. Einschnitt im Kerbholz), gewonnen durch Ein-Teilung eines Maßstabes als Zähleinheit, ist in der Wissenschaft zu hochgradig abstrakten Objekten entwickelt worden, die auf entspr. abstrakten Axiomen mit streng logischen Operationsmöglichkeiten jenseits von etwaiger Affektbegleitung beruhen; den reinen Zählzahlen kommt keine ästhetische Bedeutung zu; dies gilt auch für *Relationen,* also die Verhältniswerte zweier Zahlen. Eine **Proportion** wird als Verhältnis einer Relation zur übergeordneten Einheit definiert [324]; sie besteht also aus drei Größen und erlaubt durch den Bezug zur Einheit qualitative Aussagen (Satz 4).

Für den *gebildeten Durchschnittslaien* [325] gilt, daß er auf die Frage: »Können Sie eine Zahl nennen, die Ihnen sympathisch ist – welche fällt Ihnen als erste ein?« mühelos in der Lage ist [326],

- zumindest eine Zahl zu nennen, die ihm sympathisch (bzw. unsympathisch) ist,
- dieser **Sympathiezahl** (bzw. Antipathiezahl) Begriffe zuzuordnen und
- sie als Emotionsfigur zu zeichnen.

Bild A zeigt solche Emotionsfiguren; sie enthalten eine Fülle autobiographischer, affektbeladener Informationen, die vielleicht nur von psychotherapeutisch Erfahrenen erkannt und erfragt werden können. Einer hatte eine »8« gezeichnet, um das Wesen der Zahl 3 darzustellen, und dies so erläutert: »Wenn zwei Kreise sich berühren, ergeben sie eine neue Figur – also sind es drei.« Die beiden Aussagen »Die Sonne scheint« (A-a + 7) und »eine abstürzende Hoffnung« (A-b – 7) zeigen den polaren Abstand der Affekte, die von den Befragten ihren Emotionsfiguren und ihren Sympathiezahlen beigemessen wurden. Die Anamnese eines Handwerkers, der die Zahlen 1, 2 und 3 als »Dolch«, »Vampir« und »böse Frau« gezeichnet hatte, ergab, daß er von seiner Mutter zur Adoption weggegeben war und den medizin. Nachweis für eine Schädigung als Folge eines Abtreibungsversuches besaß. Daß eine derart starke Affekt- und Bedeutungsbelegung der zunächst als völlig wert- und bedeutungsfrei unterstellten *Zählzahlen* hiermit nachgewiesen werden konnte, erlaubt Aussagen in mehreren Richtungen:

a) Die Zahl ist ein geeigneter Sympathieträger, mit deren Hilfe das Subjektive in den Antworten auf ästhetische Fragestellungen herausgefiltert werden kann.
b) Die Zahl ist Träger von Bedeutungen, die über die Angabe eines Mehrfachen der Maßeinheit hinausreichen.
c) Die Zahl ist ein Symbol (Satz 5).
d) Es darf vermutet werden, daß die Zahl im Bereich der Psychotherapie, z. B. im »Katathymen Bilderleben« [327], als ein helfendes oder gar heilendes Symbol eingesetzt werden kann.

Aufgrund der Besetzung der natürlichen Zahlen mit Affekten von Sympathie und Antipathie führte der folgende Versuch zu weiteren positiven Ergebnissen: Die Befragten erhielten 2 Klebestreifen, auf einem sollten sie ihre Sympathiezahl notieren, auf dem anderen ihre Antipathiezahl. Dann wurden ihnen 12 Diapositive von Kunstwerken (B) gezeigt und sie gebeten, ihre Sympathiezahl auf eine Liste neben den Namen des Kunstwerks zu kleben, das ihnen am sympathischsten war, und ihre Antipathiezahl neben den Namen des Kunstwerks, das ihnen am unsympathischsten war.

46 Personen benutzten die gleichen Sympathiezahlen für ein ihnen sympathisches Kunstwerk, wie 46 andere Personen die gleichen Zahlen als Antipathieträger benutzten, um die gleichen Kunstwerke als unsympathisch zu kennzeichnen, d. h. bei 188 Antworten benutzten 92 Befragte pärchenweise die gleiche Zahl für das gleiche Kunstwerk, jedoch der eine aus Sympathie, der andere aus Antipathie (B). Dies ist ein signifikantes Ergebnis (A–C), es bestätigt den gewählten Forschungsansatz und sagt mehr aus als: das Rathaus von Soest und das gotische Kreuz sind in der vorgelegten Auswahl unter ästhetischen Gesichtspunkten die schönsten Gegenstände.

Ergo (zu Satz 2, s. S. 187): ästhetische Fragen beantwortet der Mensch bei hoher Affektbesetzung **subjektiv**, d. h. selbstbezogen und unsachlich; mit Hilfe der Affektbesetzung von Zahlen können die Ursachen der Affekte sowie Harmoniedefizite bewußt gemacht werden: meist fehlende Liebe! Zur harmonischen Stadtgestalt kann also nur beitragen, wer seine Harmonievorstellungen nicht aus sich, sondern aus der Liebe zu anderen, also aus liebevoller Übereinstimmung mit der Gemeinschaft bezieht.

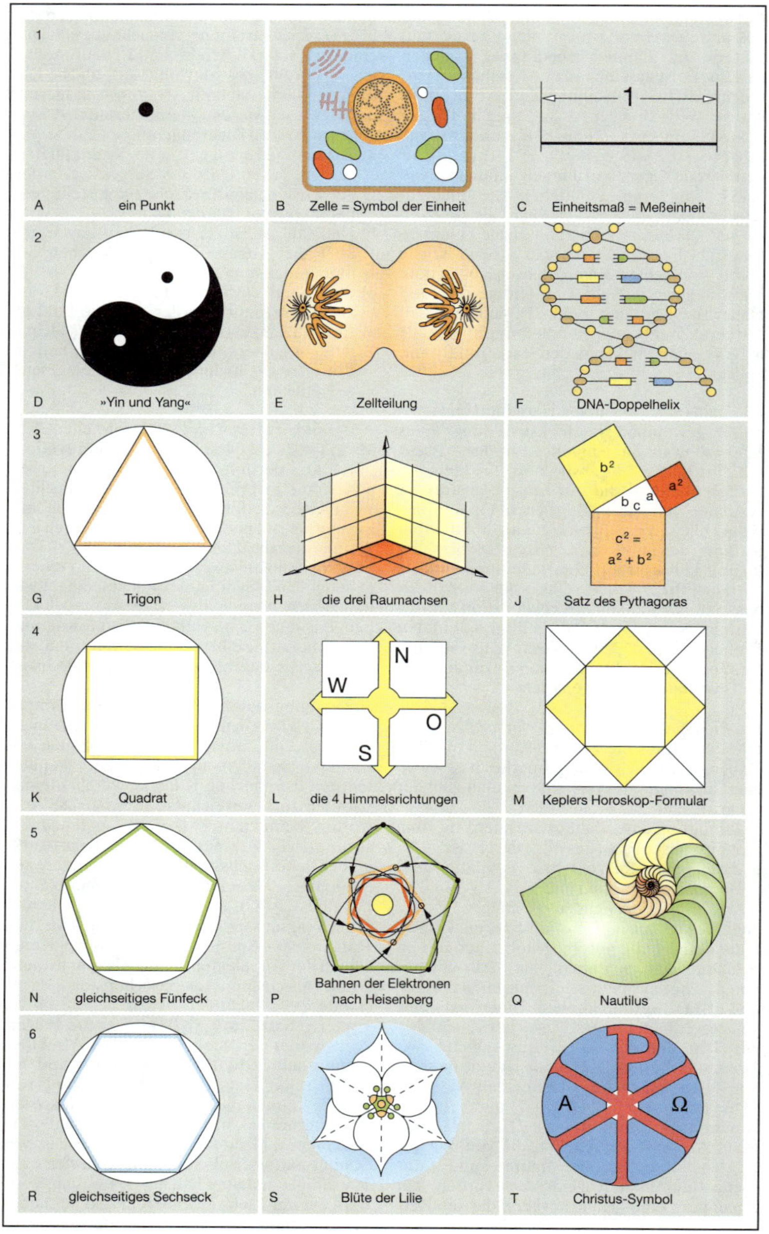

A-T Symbole zu den natürlichen Zahlen 1 bis 6

Ein **Symbol** (von griech. symbolon »1. Vertrag oder 2. Sinnbild, Erkennungszeichen«) ist Träger und Vermittler sowohl von Ideen und Gedanken, als auch von unbewußten Seelenerlebnissen, sowie von wachbewußten Bewußtseinsinhalten; so vermittelt es zwischen konkreten Gebilden mit eindeutigem Namen (z.B. Hase) und einer bewußten oder unbewußten Emotion, die mehrdeutig und oft ambivalent ist (z.B. bezeichnet *Hase:* Zärtlichkeitsverlangen und/oder Widerwillen gegen Nagetiere); diese Verbindung erlaubt konkrete Definitionen nur auf der eindeutigen Seite, während die Seele in der Mehrdeutigkeit ungebunden, also frei, bleibt. Das *Kreuz* als Zeichen kann z.B. auf der eindeutigen Seite in vielen Formen dargestellt werden, als Träger einer geistigen Vorstellung oder seelischen Emotion umfaßt es die ganze Spanne zwischen Leid und Tod und Auferstehung und Erlösung.

Die Tiefenpsychologie bezieht ihre Symbole immer auf die Symbolik des **Traumes.** Das »Katathyme Bilderleben«, eine psychotherapeutische Methode des Heilens durch Symboleinsatz, ist in dieser Hinsicht dem Traum gleichzusetzen [327; 389]. LEUNER zitiert als »brauchbare Definition«:

> »Symbol ist ein letztes, wegen seiner besonderen Eignung zur Verhüllung des Unbewußten ... überall mit Vorliebe verwendetes Ausdrucksmittel des Verdrängten« [328].

Die ältere Auffassung

> »nur was verdrängt ist, wird symbolisch dargestellt; nur was verdrängt ist, bedarf der symbolischen Darstellung« [JONES, 329]

ist überholt, denn es gibt Symbole als Träger und Vermittler von Ideen und Gedanken, die nicht einer Verdrängung entstammen, z.B. die *Taube* als Symbol für den Heiligen Geist, einerseits dem Glaubenden ein geistiger Inhalt [330, S. 10f.], andererseits ein konkretes *Gebilde,* bzw. dem Nichtglaubenden nur eine leere *Worthülse.* Das Symbol kann nicht nur als Folge einer Verdrängung, sondern auch als Begleitzeichen von Entwicklung (in strengem Wortsinn!) oder von Erwachen aus Unbewußtem als Leistung der Seele für Neues in Erscheinung treten. Auch der bewußte Einsatz von Symbolen als Heilmittel widerlegt diese ältere Meinung. Ergo: Das Symbol ist wirkende **Energie;** daher ist es einsetzbar für das Wohlbefinden des Menschen und Hilfe zu seiner Entwicklung; deshalb kommt dem Symbol in Architektur und Städtebau eine Bedeutung zu, die die begriffliche Einengung in der Psychologie weit überragt (Satz 6).

Zum Beispiel vermitteln die Zahlen auf der eindeutigen Seite folgende Inhalte:

Eins ist Symbol für die **Einheit** als unteilbares Ganzes, wie sie im Bild der Zelle [10] mit allen Merkmalen des *Lebens* sichtbar wird (B). Der Anfangspunkt (A) und die Meßeinheit (C) stellen als Teilgrößen das Symbol *Eins* nicht eindeutig dar.

Zwei ist Symbol für die **Dualität,** d.h. In-Zwei-Geteiltes; obwohl Dualität die Entzweiung symbolisiert, ist ihr Wesen die Einheit (E), z.B. Mann und Frau – ihr Wesen ist *Mensch,* Raum und Zeit – ihr Wesen ist *Welt,* Vergangenheit und Zukunft – ihr Wesen ist *Gegenwart.* Das chines. *Yin und Yang* symbolisiert diese Dualität (D) am besten; leicht erkennbar ist, daß jedes Teil für sich allein ein »unförmiges Ding« ist und nur, wenn sie sich zusammenfügen, die Voraussetzung für eine Bewegung als Drehung um die gemeinsame Mitte gegeben ist. Die Doppelhelix der Desoxyribonucleinsäure ist ein anderes Beispiel (F).

Drei ist Symbol für **Geist,** der gewöhnlich als Dreieck (G) dargestellt wird, weil mindestens drei Elemente benötigt werden, um zu einer **Anschauung** zu gelangen, z.B. für den Raum: Länge, Breite, Höhe (H). In diesen »drei« Dimensionen ist die Kraft wirksam, die notwendig ist, um zur Erkenntnis des wahrhaft Seienden zu gelangen. Die alten Ägypter benutzten das Dreieck mit Auge als Darstellung des OSIRIS; später wurde es von der christlichen Kirche als Trinitätszeichen übernommen; bei den Pythagoräern war das Dreieck das *Form* bildende Prinzip des Weltalls und Anfang aller Geometrie (J).

Vier ist Symbol für die vier Dimensionen (Länge, Breite, Höhe, Zeit), durch die der **Lebensraum,** d.h.: die Welt der Geschöpfe, zu definieren ist; für die vier Elemente *Feuer, Wasser, Luft* und *Erde* (M) und für die Himmelsrichtungen *N, O, S* und *W* (L). Das Quadrat ist die geometrische Figur der Vier (K). Raum und Zeit, die in allem **gegenwärtig** sind, lassen sich durch die vier Jahreszeiten, sowie die vier Lebensalter veranschaulichen.

Fünf ist Symbol der wirkenden **Energie** in Raum und Zeit; sie kann auf vierfache Art die Welt bewegen: als Kernenergie (Strahlung), elektromagnetische Energie (Schwingung), Massenanziehungsenergie (Schwerkraft) und Information (Gedankenenergie). Weil in Gleichungen der Physik nur max. 5 Dimensionen sinnvoll zu einem Produkt/Quotienten verknüpft werden können, näml. Raum (dreidimensional!), Zeit und Energie, umfaßt die »5« als Handlung das Setzen von Ursachen. W. HEISENBERG (1901–1976) zeichnete diese Bahnen der Elektronen (P): sie nehmen die Eckpunkte eines Pentagons ein, das sich dreht und in seiner Größe gemäß dem 3. Keplerschen Gesetz *pulsiert;* hier vollzieht sich der Übergang vom Sein zum Tun: *alles fließt,* d.h. alles schwingt, alles lebt. – *Nautilus* (Q, S. 186) dreht sich langsam um sich selbst.

Sechs ist Symbol für die **Liebe** zwischen den Menschen, sie ist das Band, das alles zusam-

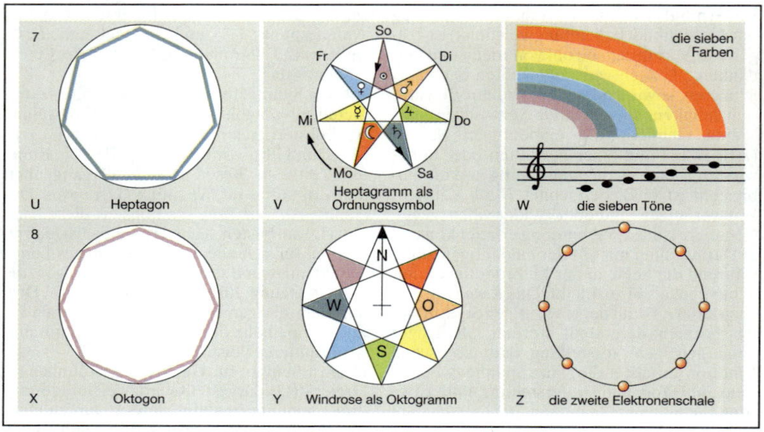

U-Z Symbole zu den natürlichen Zahlen

Element	Atom Nr.	Schale K	L	M	N	O	P	Q
Helium	2	2						
Neon	10	2	8					
Argon	18	2	8	8 – – – – – – – – – – →				
Krypton	36	2	8	18	8			
Xenon	54	2	8	18	18	8		
Radon	86	2	8	18	32	18	8	
Radium	88	2	8	18	32	18	8	2
Differenz Δ =		2	6	10	14	14	10	6
Δ =		2x1	2x3	2x5	2x7	2x7	2x5	2x3

A

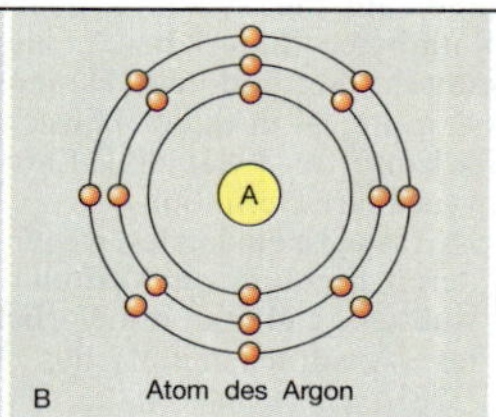

A-B Elektronenverteilung bei den Elementen mit vollkommen besetzten Schalen

1 natürl. Zahl n	2 QE(n)	3 $\Sigma_1^n(n)$ = S	4 QE(S)	5 Symetrie-zahl	6 Produkt der natürlichen Zahlen 1x2x...n = P	7 QE(P)	9 Hebräische Schrift Name	Buchst.	Wert
1	1	1 = 1	1		=		Alef	א	1
2	2	1 + 2 = 3	3		1x2 = 2	2	Beth	ב	2
3	3	3 + 3 = 6	6		1x2x3 = 6	6	Gamal	ג	3
4	4	6 + 4 = 10	10	←	1x2x3x4 = 24	6	Daleth	ד →	4
5	5	10 + 5 = 15	6		1x2x3x4x5 = 120	3	He	ה	5
6	6	15 + 6 = 21	3		120x6 = 720	9	Waw	ו	6
7	7	21 + 7 = 28	10		720x7 = 5 040	9	Sajin	ז	7
8	8	28 + 8 = 36	9		5040x8 = 40 320	9	Cheth	ח	8
9	9	36 + 9 = 45	9		usw. = 362 880	9	Teth	ט	9
10	1	45 + 10 = 55	10		3 628 800	9	Jod	י	10
11	2	usw. = 66	3		usw.	9	Kaph	כ	20
12	3	78	6			9	Lamed	ל	30
13	4	91	10	←		9	Mem	מ →	40
14	5	105	6			9	Nun	נ	50
15	6	120	3			9	Samek	ס	60
16	7	136	10			9	Ajin	ע	70
17	8	153	9			9	Phe	פ	80
18	9	171	9			9	Zade	צ	90
19	1	190	10			9	Quoph	ק	100
20	2	210	3			9	Resch	ר	200
21	3	231	6			9	Schin	ש	300
22	4	253	10	←		9	Thaw	ת →	400
23	5	276	6						
24	6	300	3						

QE(n) = Quersummenendzahl, z.B. QE(197) = 8

C Tabelle 55: einige Ableitungen der Folge der natürlichen Zahlen

menhält, auch *Mann und Frau.* Daher kommt dem kleinen Wörtchen **und** als Verbindung eine der Liebe entsprechende Bedeutung zu. Das *Und* ist im Hebräischen das Zeichen der Zahl 6 (= vav) und entspricht im jüdischen Kalender dem Freitag (6. Tag), an dem Gott laut Genesis 1.27 den Menschen schuf: als Mann **und** Frau. – Die sechsblättrige Lilie war neben der Rose wegen ihres wohlriechenden Duftes die beliebteste Blume im Altertum (S). Sie symbolisiert die Liebe des Menschen zu Gott, so wie MARIA sich Gott in Liebe hingab, indem sie sprach: »Ich bin die Magd des Herrn, mir geschehe nach seinem Wort.« Das Rad mit nur 6 Speichen entstand aus den griech. Buchstaben chi = χ und rho = ϱ als den Anfangsbuchstaben für CHRISTOS, der die Liebe Gottes zu den Menschen personifiziert und die Menschen mit Gott versöhnen wollte (T). – »Gott sah alles an, was er gemacht hatte: Es war sehr gut.« (Gen. 1.31) – Dies geschah am 6. Tag.

Sieben ist Symbol für die göttliche **Ordnung der kosmischen Schwingungen,** die jeweils aus gleicher Substanz und aus aufeinander folgenden Frequenzbereichen bestehen. Der Mensch unterliegt diesen Schwingungen und kann auf sie keinen Einfluß nehmen, ohne die gottgewollte Ordnung zu zerstören. So sind die 7 Wochentage entspr. den Bahnen der Planeten am Himmel geordnet (V): 7 Tage ergeben eine Woche; 4 Wochen ergeben einen Mondumlauf (Monat); 13 Mondumläufe ergeben 52 Wochen = ein Erdumlauf um die Sonne = 1 Jahr. Es gibt die 7 Töne und 7 Farben (W), z. B. als Regenbogen am Himmel sichtbar oder im Labor mittels eines Prismas ähnlich zu erzeugen. Zum Urgrund ihres Seins, dem weißen Licht, führen sie, wenn alle 7 Farben vollzählig und einander vollkommen zugeordnet sind. Das Element, bei dem alle Schalen vollkommen und in vollendeter Symmetrie mit Elektronen besetzt sind, ist *Radium* – es hat 7 Schalen (A) und strahlt. Laut Genesis 2.1 vollendete und ordnete Gott seine Schöpfung am 7. Tage.

Acht ist Symbol für Rhythmus und **ewiges Leben,** bezogen auf die gesamte Schöpfung, auf Mensch und Natur als Werden–Vergehen–Auferstehen. Der Beweis für die Richtigkeit dieser Symbolik und der ihr zugrundeliegenden Gesetzmäßigkeit ist nicht nur von CHRISTUS selbst vorgelebt, sondern überall in der Natur abgebildet und sichtbar. Aufgrund ihrer geometrischen (der Würfel hat 8 Ecken) und arithmetrischen Eigentümlichkeit (die Differenz der Quadrate zweier ungerader Zahlen ist ein Vielfaches von 8, z. B.: $5^2 - 3^2 = 16 = 2 \times 8$) stand die Zahl »8« schon im Altertum in besonderem Ansehen; man baute nach *Würfelbauweise,* weil die Proportionen bei Verkleinerung oder Vergrößerung harmonisch blieben; die Pythagoräer nannten die »8« die Zahl der **Gerechtigkeit,** weil sie, durch 2 geteilt, auf beiden Seiten noch einmal gerecht geteilt werden konnte; hierin liegt der Zugang zum Zahlengesetz für die max. Anzahl der Elektronen je Schale (Satz 5.1, A):

innerste	Schale	(Helium)	$2 \times 1 \times 1 = 2$,
zweite	Schale	(Neon)	$2 \times 2 \times 2 =$ **8**,
dritte	Schale	(Krypton)	$2 \times 3 \times 3 = 18$,
vierte	Schale	(Radon)	$2 \times 4 \times 4 = 32$.

Die Differenzen der Höchstzahlen der Elektronen je Schale sind das Doppelte der ersten vier ungeraden Zahlen 1, 3, 5, 7. Das System der Elemente ist auf Zahlengesetze und auf **Symmetrie** gegründet (Satz 5.2; vgl. C: Sp. 2, 4–5). Die Griechen entwickelten die Windrose aus dem Oktogon (X), das auch zu einem weit verbreiteten Grundriß von Sakralbauten wurde; das Oktogramm zeigt die vier Haupt- und die vier Nebenhimmelsrichtungen an (Y), die je ein Richtungskreuz parallel zu den Linien der Eigenschwingungen der Erde ergeben (S. 176 f.).

Neun ist Symbol für das **Licht in der Finsternis,** also für die Energie, die in der Materie ruht, sich jedoch anschickt, hervorzutreten, um etwas Neuem, was noch verborgen ist, Gestalt zu geben, es zu beleben und im weitesten Sinne sich entwickeln zu lassen, z. B. das ausgesäte Samenkorn, das befruchtete Ei im Uterus oder die *Sphinx* als Herausforderung an den Menschen, seine niederen Triebe und Phantasien (Tierleib) der Herrschaft seines Geistes (Menschenkopf) zu unterstellen. Im **Kontinuum** der natürl. Zahlen (vgl. C: Sp. 2) vollendet die »8« einen Entwicklungszyklus (entspr. einer voll besetzten Elektronenschale), während die »9« auf die *Wiedergeburt* des in der »8« Vollendeten hinweist, wobei sie das Neue schon in sich trägt (entspr. dem 1. Elektron auf der neuen Schale). Als Beleg, daß die »9« Träger dieser Symbolik ist, gilt das in Sp. 6/7 dargestellte Ergebnis: Produkte von mehr als 5 Dimensionen sind nicht mehr anschaulich darstellbar und damit für den Menschen nicht erfaßbar, insbes. kann er die Folgen nach dem **Gesetz von Ursache und Wirkung** weder berechnen noch manipulieren; denn sie liegen jenseits der ihm zugänglichen Dimensionen im **Verborgenen.**

Wie dargelegt, haben die Zahlen symbolischen Charakter (bezüglich der Zahlen von 1–22 vgl. auch Psalm 119). In der Physik des unendlich Kleinen werden die natürl. Zahlen des öfteren als *letztes* Strukturelement des *Seienden* angesehen [331, S. 20]; HENRI POINCARÉ schrieb [331, S. 36]: »Jede ganze Zahl ist abgesondert von den anderen, sie hat sozusagen ihre eigene Individualität.« Die Psychologin MARIE-LOUISE VON FRANZ knüpft hier an [331, S. 61]: »Gerade dieser individuelle Aspekt der Zahl scheint aber das Geheimnis zu enthalten, welches ihr ermöglicht, Psyche und Materie zusammenzuhalten.« Dies bewirkt die Energie, die unabhängig vom Vorzeichen der Zahl (+/–, sympathisch/unsympa-

A Symbole im Stadtbild analog den Zahlen 1 bis 9

B-C Zwei Beispiele für die Verwendung gleicher Symbole in unterschiedlichen Gestalten

thisch, gut/böse, schön/häßlich) jene Affekte aufdeckt, mit denen der Mensch in seinem subjektiven Verhalten den klaren Blick für das, **was ist,** d. h. was wahr und Wirklichkeit ist, verstellt; mit Hilfe von Symbolen können Affektursachen und Harmoniedefizite bewußt gemacht, erkannt und beseitigt werden (Satz 6.2). Wenn der Mensch bereit und in der Lage ist, zu erkennen, aufgrund welcher Defizite und Einwirkungen Affekte entstehen, und diese ausgleicht, kann er zu der Einsicht gelangen, die PLATON formulierte [332]: »Schön: das, was gut ist.« (Satz 7). Sie entspricht der Aussage Gottes über seine Schöpfung (Gen. 1.31).

Im **Stadtbild** treten diese Symbole in Form folgender Bauten oder Aktivitäten (S. 91) in Erscheinung (A, vgl. B mit C):
Die **Eins** als Symbol der Einheit als dem Ursprung allen Lebens analog der **Gemeinschaft** (S. 115) wurde seit dem Mittelalter durch die (jeweils größte) Kirche im Ort dargestellt. Wegen dieser Bedeutung galt noch nach 1945 die Gestaltungsvorschrift, beim Wiederaufbau die Dachfirste niedriger zu halten als den der Kirche, z. B. war die *Marienkirche* in *Hannover* für ihre Umgebung in der Altstadt maßgebend. Die Dorfkirche hat diese Bedeutung noch vielerorts. Seit 1960 wird der Fernsehturm Ersatzsymbol. –
Die **Zwei** als Symbol der Dualität steht als Tor oder Tür auf der **Grenze** zwischen *drinnen* (zugehörig zu Familie, Haus und Stadtgemeinde) und *draußen;* sie bringt die Unterscheidung, welche der Entscheidung über Zugehörigkeit vorangeht. Jede Einfahrt und Einmündung kann eine optische Einladung zum Hereinkommen sein oder eine Absage; angesichts der vielen Tore und Grenzen, also der *Zweien* im Stadtbild (hier: Holstentor in Lübeck) wird ein Gang durch die Stadt zur Abfolge wechselnder Emotionen und Entscheidungen bezüglich Kontakt- und Teilnahme. –
Die **Drei** ist als Symbol des Geistes am sinnfälligsten in den Pyramiden von Gizeh verkörpert; in unseren Städten und Gemeinden tritt sie am häufigsten in den **Dach**ansichten auf; Sattel-, Walm- und Mansarddach mit landschaftsbezogenen Unterschieden bei den Neigungswinkeln geben die Atmosphäre von Behaglichkeit und *Behütet-Sein,* die am häufigsten von selbst planenden Kleinhauseigentümern angestrebt wird. –
Die **Vier** als Symbol der vier Dimensionen unseres Lebensraumes ist in jedem rechteckigen Kasten, jeder Schachtel, jedem Käfig verkörpert, die als Aufenthalt dem Menschen dienen; dies kann bevorzugt der Bungalow als symbolarme Kümmerform des **Wohnhauses** sein. –
Die **Fünf** als Symbol der in Zeit und Raum wirkenden Energie steht für die belebte Materie, also auch für den natürlichen **Menschen,** sei er nun lebendig, aktiv und tätig bei Arbeit und Sport oder versteinert, passiv und abgebildet als Denkmal, Monument oder Merkzeichen. –
Die **Sechs** als Symbol der Liebe steht für das harmonische Miteinander in Ehe, Familie und Gesellschaft und für die tätige Liebe im Bereich der **Caritas** und der ihnen gewidmeten Gebäude. –
Die **Sieben** als Symbol der Vollzähligkeit und richtigen Zuordnung der Teile zu einander und zum Ganzen wird zum Zeichen für die Stadt als einmalige **Gesamtheit,** wie sie z. B. in *Siena* mit dem Dom (A 7: erbaut 1225 bis 14. Jh.) an der höchsten Stelle weithin sichtbar entstand. Da die Idee der vollkommmenen Stadt nicht ausführbar ist, zeigt die Sieben den Weg zur Annäherung an sie; theologisch betrachtet, weist die Via Dolorosa in Jerusalem den Weg zu ihr. –
Die **Acht** als Symbol des Überganges findet ihren baulichen Ausdruck in der **Brücke** [334], z. B. *Pont du Gard* (Nîmes, 1. Jh.), der als Wasserleitung diente. –
Die **Neun** als Symbol der in der Materie verborgenen Energie tritt als **Beleuchtung** bei Nacht, als Energieleitung, als Kraftwerk, aber auch als Baumschule oder Zuchtbetrieb in Erscheinung. –

An der gleichen Stelle in den Bildern B und C befinden sich je ein Mensch im Mantel und ein fliegender Vogel; in beiden Zeichnungen sind die Symbole aus A enthalten, jedoch in unterschiedlicher Form. Die in Bild B gezeichnete Situation ist in *Windeck* im Siegtal ähnlich anzutreffen; zweigeschossige Fachwerkhäuser mit Satteldach und Teilverschieferung als landschaftlicher Besonderheit; in der Ansicht zeigen diese Häuser ein rechtwinkliges Dreieck über einem Quadrat, d. h. eine »3« über einer »4«, die als Summe eine »7« ergeben – Symbol erreichbarer Vollkommenheit im Wohnhausbau? Noch kraftvoller wirkt das Dreieck als Sympathieerzeuger unter den drei dargestellten Flachdächern in der Anonymität des Bildes C. Der Treppenaufgang verbindet in B die Straßenebene mit dem Kirchplatz, der Fußgängerüberweg in C verbindet beide Seiten der Hauptverkehrsstraße – beide sind abgeleitete Kümmerformen des Symbols *Brücke,* ihre Wirkung auf die Umgebung kann stärker sein als eine Brücke an falscher Stelle. Die Mauer am Aufgang in B verbindet – die Grundstücksmauer in C trennt. Der Hahn auf dem Kirchturm informiert den Betrachter über die Windrichtung, die Dachantenne in C nicht.
Form informiert. Alles Gebaute wirkt als Form; denn jede Form birgt Symbole oder ist ihnen ähnlich. Nichts schützt vor der Wirkung von Symbolen; deshalb sollte ihre Verwendung in der Form des Gebauten und seiner Einfügung in die Umgebung und Landschaft gekonnt sein.

A-D Gestaltungselement Landschaft (A): Einfügung eines Wohnhauses (B-D)

E-F Werkstoff, Farbe und Gliederung der Fassade als Gestaltungselemente um 1853 (F) und 1973 (E)

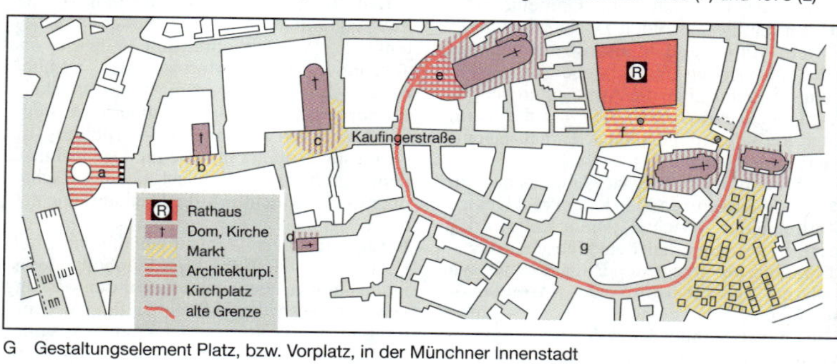

G Gestaltungselement Platz, bzw. Vorplatz, in der Münchner Innenstadt

Um einer Bauabsicht eine Gestalt zu geben, also dafür einen Architekturentwurf als Plan oder Modell zu fertigen, muß am Standort des Baugrundstücks begonnen werden, bevor eine dreidimensionale Idee ihren Zwang auf den Bauherrn und/oder den Architekten auszuüben begonnen hat, damit die besonderen Vorzüge des stets einmaligen Standortes erkannt und optimal in den Dienst der Bauaufgabe gestellt werden. Ebenso berechtigt und vielleicht sogar vorrangig ist die *umgekehrte* Betrachtung: in welcher Gestalt dient das beabsichtigte Bauwerk der **Landschaft** und Umgebung am besten?

Zu erkunden und vorzuprüfen sind:

1. die Lage des Grundstücks im Gelände durch Besichtigung und Begehung (vgl. S. 27);
2. Begrenzung der Baumasse und -höhe, ggf. mit Hilfe eines Stangengerüstes oder anderer Attrappen (wichtig für Bauherren, die darin ungeübt sind, das, was ein Entwurf enthält, in eine adäquate Vorstellung umzusetzen!);
3. Ausrichtung nach den Himmels- und Windrichtungen (S. 27, 176), auch für eine gute Besonnung (S. 229);
4. die Nachbarn und ihre Grundstücke, denen gegenüber die möglichen Beeinträchtigungen zu minimieren sind;
5. Prüfung des Bauherren-, bzw. Architektengeschmacks an vergleichbaren Objekten.

Als Erläuterungsbeispiel dient das in A dargestellte Grundstück mit den Merkmalen: relativ steile Hanglage, ein ca. 6 m hoher Felsen, drei Bergtannen, Almwiese.

In B benutzt der Bauherr den oben »begradigten« Fels als Hochterrasse, setzt dahinter einen Bungalow; er denkt, die Landschaft wenig verändert zu haben. –

In C benutzt der Bauherr den Fels als tragende Gründung für eine aufgeständerte Bodenplatte, auf der sich sein Katalog-/Künstlerhaus wie ein »Lug-ins-Land« erhebt. Er denkt, die Landschaft selbst nicht verändert zu haben. –

In D gründet der Bauherr sein zweigeschossiges Alpenhaus so in den Berg, daß es niedriger als der Fels zu sein scheint. Er denkt, rücksichtsvoll gebaut zu haben.

Alle drei Bauherren benutzten die Landschaft als **Gestaltungselement,** um die Wirkung des Hauses zu steigern. Wo der Mensch sich selbst in das Verhältnis zwischen Schöpfung und seinem eigenen Werk einzuordnen bereit ist, kann jeder daran ablesen, welche dieser Skizzen er bevorzugt:

A: der »Naturliebhaber« schützt vor jeder Bebauung, bes. den Außenbereich [9, § 35];

B: der arglose, naive »Bastler« verunstaltet die Landschaft mehr, als ihm bewußt ist;

C: der »Selbstdarsteller« würde gern noch auffälliger hoch hinaus;

D: der »Heimatverbundene« fügt sein Heim gediegen der Landschaft ein. –

Das **Stadtbild** *bilden* die sichtbaren Teile der Bauwerke und Gebäude mit **Form, Werkstoff** und **Farbe.** Deshalb sind sie nicht nur Außenhaut einer Nutzung oder Visitenkarte für Architekt und Bauherrn, sondern maßgebende Gestaltungsmittel in und für ihre Umgebung. Als FRIEDRICH BÜRKLEIN 1852 für München ein Frauenklinik- und Gebärhaus (S. 193: Symbolik zur »9«) entwarf (von ARNOLD ZENETTI 1853–56 gebaut), war es als Blankziegelbau im »Maximiliansstil« so überzeugend aus den Werkstoffen Ziegel und Glas gestaltet, daß es 1929 den Umbau zum Postscheckamt mit der Fassadenerneuerung von ROBERT VORHÖLZER gut vertrug; die symbolstarke **Gliederung** der Fassade, d. h.: Schaffung einer dreidimensionalen Form auf der zweidimensionalen Außenwand, spricht als Meisterwerk für sich selbst (F); dieser Entwurf zeigt das große Können der Bau-Meister und ihre Erfahrung im Umgang mit Werkstoffen. 1972–78 wurde als *Gegensatz zum Altbau* [335] ein Anbau daneben gesetzt (E); seine *durch Addition gewonnene Struktur* in ihrer beliebigen Erweiterbarkeit läßt jegliche Beziehung zur Einheit auf Kosten der Harmonie vermissen. Dieser Bau veranschaulicht Maßstäbe des Variablen, Rentablen und Disponiblen, die durch Computer entwickelt werden. F spiegelt Können wider, E ist der Versuch einer Nicht-Annäherung an F.

Den räumlichen Beziehungen zwischen Gebäude und Vorfläche, **Platz** und Fassaden und den Übergängen zwischen Innenraum und Außenraum ging CAMILLO SITTE an 297 Fallbeispielen nach, von denen er 86 selbst skizzierte (S. 59 [58]); er unterschied:

Domplatz = Petersplatz (Rom, S. 28);
Signoria = Schloßplatz (Karlsruhe, S. 38);
Mercato = Marktplatz (Nürnberg, S. 108);
Wagenstandplatz = Parkplatz.

Hinzuzufügen sind außerdem:

Festplatz: Plaza Mayor, Salamanca;
Piazza Navona, Rom (S. 28);
Ruheplatz: Rindermarkt, München (G);
Belvedere (Aussicht!): Piazzetta, Venedig;
Piazza 9. Aprile, Taormina.

Dem **Format** nach unterschied SITTE den Höhen-/Tiefenplatz vom Breitenplatz, je nachdem, ob das bedeutendste Gebäude von einer Schmalseite (Dom in Mailand, Sta. Croce in Florenz) oder einer Langseite (Rathaus am Marienplatz in München, G) mit seiner Höhe den Platz »bestimmt«; dreieckige Plätze waren ihm *ebenso unerträglich wie ein dreieckiges Zimmer* (G); an Platzfolgen wie in Modena, Perugia, Salzburg, Schwerin oder Münster zeigte er das Vorbildliche einer guten, *unregelmäßigen* Stadtgestaltung, die die historischen Vorgaben behutsam aufnimmt, schützt und gestalterisch nutzt.

München bietet vom Karlsplatz/Stachus bis zur Heiliggeistkirche (G) eine reichhaltige Auswahl an Fallbeispielen: Plätze, Vorplätze, Tore und Kolonnaden.

A Darstellung des simultanen Farbkontrastes bei gleicher Innenfarbe

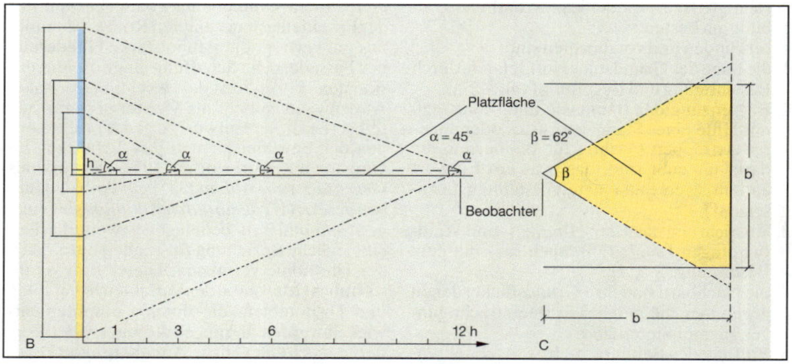

B-C Verhältnis der Höhe h einer Randbebauung zur Platztiefe t (B) und -breite b (C)

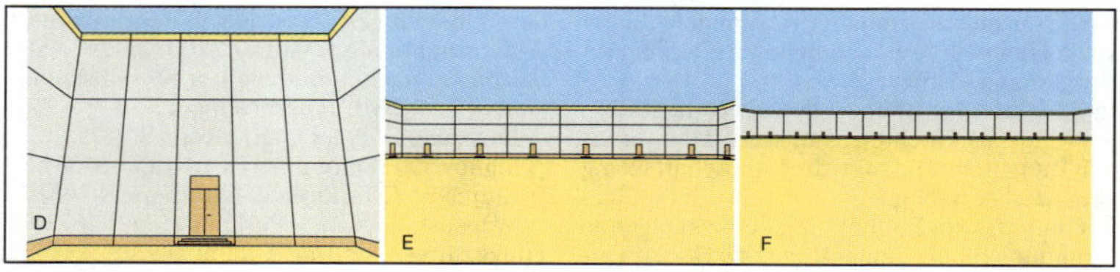

D-F Verhältnis der Höhe h zur Platztiefe t: 1:1 (D), 1:6 (E), 1:12 (F)

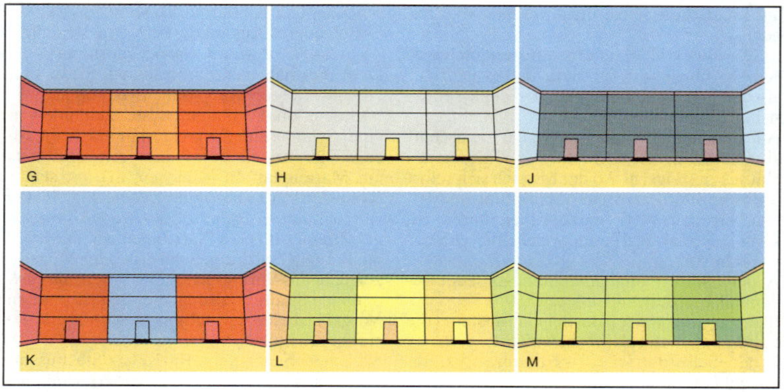

G-M Wirkung verschiedener Farben bei einem Platzverhältnis h:b = 1:3

Die Gebäude am Rande eines **Stadtplatzes** fassen ihn ein; seine Raumwirkung wird durch die Größe des Platzes, die Maße der Gebäudehöhen und ihr Verhältnis zueinander bestimmt. In den Anschauungsbeispielen ist unterstellt (B, C):
- seine Grundrißform sei quadratisch;
- ein dreigeschossiges Haus mit der Höhe h = 10 m sei die Platzwand;
- der Abstand des Betrachters von der Platzwand sei der Hausbreite gleich;

die Abbildung des Ergebnisses zeigt
- in Bild D die *Enge* und den Hofcharakter bei der Relation h : b = 1:1,
- in Bild F die *Weite* und den Exerzierfeldcharakter für Relationen ab 1:6,
- in den Bildern E und G–M die **Angemessenheit** der Raummaße für die Relation 1:3.

Damit wird die Bewertung unterschiedlicher Farbgebungen ermöglicht (s. u.). Nimmt die absolute Gebäudehöhe zu, z. B. 30 m bei einem Haus mit 10 OG, so werden mit dem Dreifachen der Höhe Ausmaße für den Platz erforderlich, die die Angemessenheit für den Menschen überschreiten. Daraus kann eine Begrenzung der Bauhöhe abgeleitet werden, sie darf insbes. am Rand historischer Plätze nicht beliebig verändert werden.

Farbe entsteht durch *Zerlegung* (S. 193: Sieben), *Absorption* oder *selektive Reflexion* des Lichtes (S. 189); Farben haben eine Wellenlänge von 380–760 nm, was 200 bis 400 Billionen Schwingungen je Sekunde entspricht; die Wellenlängen sind für Rot 760 nm, für Gelb 577 nm, für Grün 500 nm, für Blau 477 nm, für Violett 390 nm; *Infrarot* liegt unterhalb, *Ultraviolett* oberhalb des menschl. Sehbereiches. Die natürl. Zuordnung [336] der reinen Farben zeigt der Regenbogen (S. 192: W); ihm fehlen die Braun- und andere Mischtöne. Umgangssprachlich bezeichnet Farbe den Farbträger, das Farb- oder Färbemittel.

Farbenlehre ist die Wissenschaft von den Farben als optischer Erscheinung und ihren spezif. Gesetzmäßigkeiten; im weitesten Sinne ist sie der Biologie, Psychologie und physiolog. Optik zuzurechnen. Hermann von Helmholtz (1821–1894) begründete 1854 die *moderne Farbenlehre* [337]. Der Mensch sieht Farbe immer im Zusammenhang mit ihrer Umgebung und in Abhängigkeit von ihr: die gleiche Farbe *Ocker* (A) erscheint im Farbkontrast zu Violett heller, zu Gelb dunkler [338]. Geringe Farb- oder Helligkeitsunterschiede können reiche Kontraste erwirken (L).

Farbenmischung kann auf vielerlei Art geschehen. Der Maler mischt z. B. Gelb und Blau zu Grün analog Bild V auf S. 192: es zeigt links die vier Grundfarben, rechts die drei Mischfarben, die sich aus der Mischung der beiden jeweils gegenüber liegenden Grundfarben ergeben. Die wissenschaftliche Methode ist die Mischung mit Hilfe des **Farbenkreisels:** dabei werden verschiedenfarbige Scheiben im Verhältnis bestimmter Farbanteile ineinandergesteckt – läßt man sie rotieren, so entstehen Mischfarben; bis zu 500 verschiedene sind bekannt. Dabei gelten folgende **Gesetze:**

1. Für jede Farbe gibt es eine andere, die, in bestimmtem Verhältnis mit ihr gemischt, ein Grau erzeugt, z. B. Rot-Grün, Blau-Gelb; solche **bunten** Farben, deren Mischung eine **unbunte** ergibt, heißen Ergänzungs- oder *Komplementärfarben.*
2. Die Mischung von zwei Nicht-Komplementärfarben ergibt eine bunte Farbe, die im Farbenkreis der Spektralfarben nach E. Hering zwischen ihnen liegt.
3. Weiß und Schwarz sind die Endwerte der Helligkeitsskala der unbunten Farben; Schwarz zeigt die Abwesenheit von Licht.

Farbgebung ist das Wissen und Können, durch Wahl von Farben nach *Farbton, Sättigung* und *Helligkeit* Oberflächen von Körpern, also auch Gebäuden, so zu gestalten, daß sie trotz unterschiedl. Beleuchtung harmonisch wirken und ihre Umgebung aufwerten (H, L). In Innenräumen geschieht dies durch ausgewählte Beläge (Fliesen, Hölzer), Beschläge, Fenster und Kunstlicht, Möblierung, Gardinen, Stoffe, Tapeten und Anstriche (Innenarchitektur). Bei den Außenflächen sind die Naturfarben der Baumaterialien (Klinker, Naturstein) zu bevorzugen; bei Beton soll die gesuchte Farbgebung durch Wahl der natürl. Zuschlagstoffe Sand und Kies erfolgen. Anstrichfarben haben dem Gebäude zu dienen; *Gliederung, Stofflichkeit* und *Plastizität* der Außenwände dürfen durch sie nicht beeinträchtigt werden.

Farben für **Außenanstriche** sind mit äußerster Zurückhaltung zu wählen; rote Farben täuschen optische Nähe vor (G), blaue hingegen Abstand (J), ein blaues Haus in einer roten Platzwand kann die Einfassung des Platzes in ihrer optischen Wirkung aufheben (K). Ein nach Farbton oder -helligkeit herausgehobenes Haus kann das Gleichgewicht einer Platzwand »kippen« (M). Erdene und lichte Farben sind mit Rücksicht auf andere Gebäude, Plätze und Straßen stets zu bevorzugen, da jeder Anstrich oder jede Kunststoffassade von starker Farbigkeit und/oder Buntheit nicht nur sich selbst überbetont, sondern *ganze Straßen- und Platzräume verunstalten* kann [339, S. 7].

Wegen der Bedeutung, die Farbe im Stadtbild hat, sollte jede Stadt einen Fachmann für Stadtgestaltung mit Zuständigkeit für **Farbkonzepte** für folgende Aufgabenbereiche beschäftigen:

1. Stadtplanung,
2. Entwurf aller stadteigenen Bauten,
3. Fortbildung der Bauordnungsbeamten, die private Bauherren beraten,
4. Kontakt mit Handwerkerinnungen,
5. Initiierung und Betreuung von Stadtbildverbesserungsprogrammen.

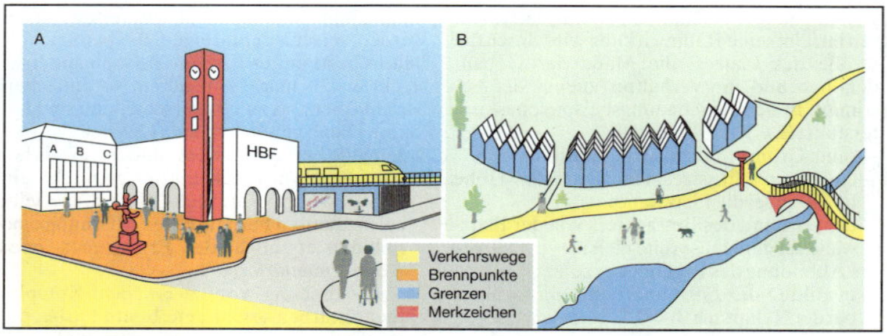

A-B Gestaltungselemente: Verkehrswege, Brennpunkte, Grenzen, Merkzeichen

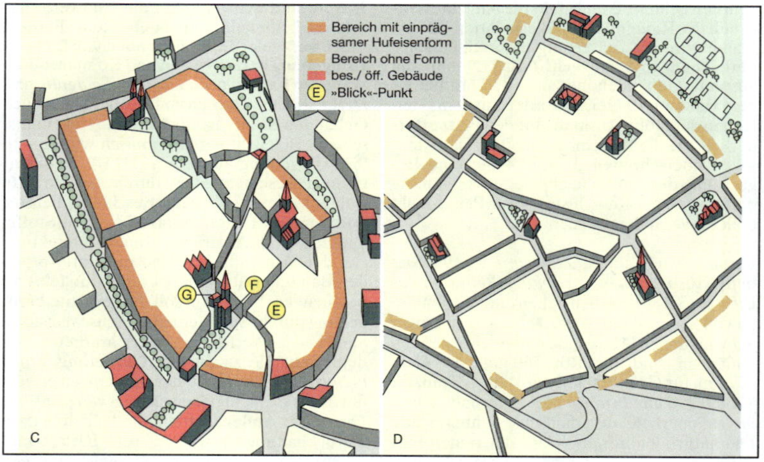

C-D Gestaltungselement Bereich: als Großform (C), ohne besondere Form (D)

E-G Wegeführung von Besonderheit zu Besonderheit: Kirche (E), Arkaden (F), Brunnen(G)

Gestalt (lat. forma), urspr. die anschauliche, umgrenzte, mehr oder weniger gegliederte und in sich abgeschlossene Einheit der Erscheinung eines Gegenstandes, die konkret mit den Sinnen erfaßt wird [1]; philosophisch übertragen auf »Gebilde, deren Teile vom Ganzen her bestimmt sind, deren wesentliche Eigenschaften nicht durch die Summierung der Eigenschaften ihrer Teile zu fassen sind, da außer diesen auch noch ihre Gestaltqualitäten (= Ganzeigenschaften) mitsprechen« [341]:

a) Aufbau- bzw. Anordnungseigenschaften: Struktur, Gefüge, Tektonik, Figur,
b) Materialeigenschaften: Gewicht, Härte,
c) Ausdruckseigenschaften: Besonderheit der Konstitution und Physiognomie im Sinne von Einmaligkeit und Beziehungsreichtum zur Umgebung, z. B. Alter, Glanz.

Die beiden ersteren sind wählbar und deshalb planbar – die dritten ergeben sich z. T. daraus: Einfügung, Harmonie, Patina, Symbolkraft; diese geben die in die Form gebauten Informationen als Ausdruck, d. h. als gespeicherte Gedankenenergie, an die Umgebung zurück. Aus der Anordnung, Erkennbarkeit, Fülle, Inhalt und Klarheit dieser Informationen entsteht **Einprägsamkeit.**

Bezogen auf ein Haus (z. B. S. 194 B), besteht folgendes Eigenschaftsschema:

Gefüge	Material	Ausdruck
Sockel	Bruchstein	Heimat
EG + 1 OG	Putz, Holz	Handwerk
Satteldach	Schiefer	Naturstoff

Fazit: *gediegenes Heimathaus*

– diese Information »Heimathaus« nimmt der Betrachter als Einheit wahr und reagiert je nach seinen persönlichen Emotionen mit Sympathie oder Antipathie; nach der Stärke und Klarheit seiner Wahrnehmung und Regungen entsteht bei ihm ein Merkbild als Baustein der Erinnerung zu einer Imago (= Vorstellung) von der Stadt, die allmählich zu einem festeren **Stadtbild** verdichtet wird.

Kevin Lynch hat 1960 mit einem methodisch neuartigen Ansatz durch einerseits geschulte Beobachter, sowie durch beliebig Befragte ermittelt, wie sich der Mensch in einer amerikanischen Stadt orientiert [342], und dabei festgestellt, daß das *Gruppenbild,* das die Menschen von der Stadt, in der sie sich aufhalten, haben, erstaunlich gut mit der wirklichen Stadt übereinstimmt [343]; er gliederte die gewonnenen Elemente der untersuchten Stadtbilder in fünf Typen:

1: Wege sind die Bewegungslinien, längs derer viele Leute die Beobachtungen sammeln, aus denen sie ihr Bild von der Stadt zusammensetzen: die häufiger oder lieber benutzten Wege (Fußgängerstraßen, Straßen, die der Autofahrt zur und von der Arbeitsstätte dienen, Bus- oder Bahnlinien) ergeben trotz individueller Vorrangunterschiede das Gemeinsame des Gruppenbildes von der Stadt.

2: Grenzlinien sind Linearelemente, die *nicht als Wege benutzt oder gewertet* werden, wie Mauern, Bebauungs- oder Waldränder, Dämme oder Kanäle von schwer überschreitbaren Verkehrsanlagen, Flüsse und Kais, die als trennende Grenzen oder verbindende Nahtlinien im Stadtbild hervortreten.

3: Brennpunkte sind die strategischen Punkte in einer Stadt, an denen der Mensch oft seine Wege in der Stadt beginnen oder enden läßt und die deshalb das Bild von der Stadt besonders nachhaltig prägen: meist der Vorplatz des Hauptbahnhofs, wichtige Umsteigebahnhöfe der Buslinien, die Plätze der höchsten Fußgängerdichte, auch Knotenpunkte im übergeordneten Straßennetz.

4: Merkzeichen sind sämtliche singulär in Erscheinung tretenden Zeichen, die als optische Bezugspunkte dem Zurechtfinden oder als Treffpunkte für Verabredungen dienen können; alle gut unterscheidbaren Bauten oder Gebäudeteile wie Kirchtürme, Bronzetüren, Etagenbrunnen können für die Stadtbewohner zu Wahrzeichen werden; in A könnten der *Uhrenturm* oder das *Denkmal,* in B die *Seufzerbrücke* oder die *englische Laterne* solche Merkzeichen sein.

5: Bereiche sind die oft zweidimensional wahrgenommenen Teilgebiete der Stadt, in die der Städter *hineingeht* und die er *von innen* als zusammenhängend identifiziert: die Altstadt (C), die Innenstadt, die *Sebalder Stadt* (S. 168), die *Mathildenhöhe* (S. 172), das *Märkische Viertel* (S. 66), der Englische Garten, der Freihafen usw. Hat ein solcher Bereich, der nach Nutzungs- und Gebäudetypen, Baustil und Baualter zusammengehört, eine klare oder ausgefallene Grundrißform (C: *Bielefeld*), so ist sie in der Vorstellung aller Stadtbewohner vorhanden und eine gute Orientierungshilfe; fehlt die Grundrißform (D), so wird die Vorstellung verschwommen.

Namen helfen der Orientierung, auch wenn sie mit keinem bes. Bauwerk verknüpft sind, z. B. *Karlsplatz/Stachus* in München, *Kröpcke* in Hannover; aber sie wirken – und ergänzen deshalb o. a. Liste.

Diese Elemente der Stadtgestalt sind unter Ausnutzung der landschaftlichen und topographischen Besonderheiten so im Grund- und Aufriß (Silhouette, Skyline) der Stadt anzuordnen, daß sie sich in ihrer Wirkung gegenseitig und für die Stadt steigern, die Orientierung für viele markieren und den Ausdruck der Stadt bes. für Fremde einprägsam und unverwechselbar werden lassen. Ein Beispiel: eine informationsreiche **Wegführung** von einer städtebaulichen Besonderheit zur nächsten zeigt der Weg für Fußgänger von E (Blick auf Kirchturm und Renaissance-Giebel) über F (in Höhe des Kirchturms Blick auf die Arkaden des alten Rathauses) und G (Blick auf den Alten Markt) zum Merkur-Brunnen.

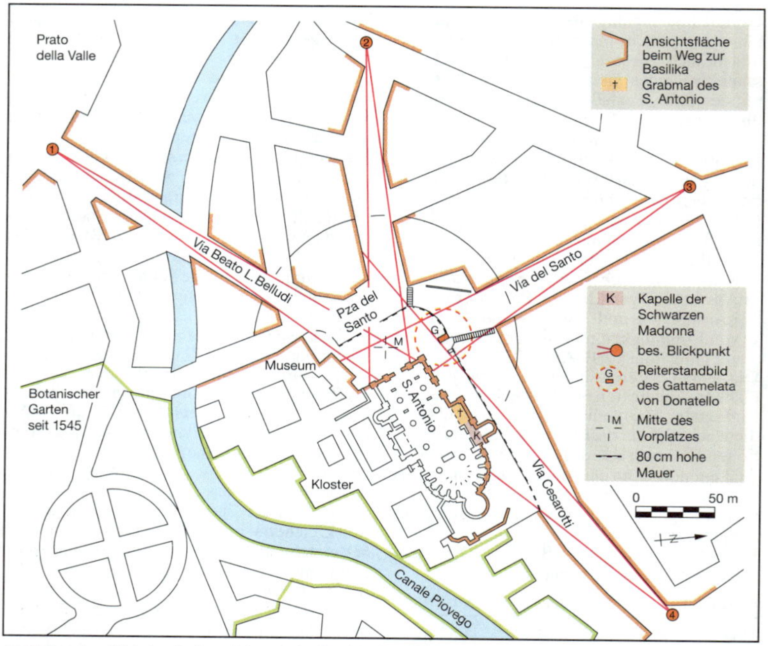

A Reiterstandbild des Gattamelata vor der Basilika S. Antonio in Padua

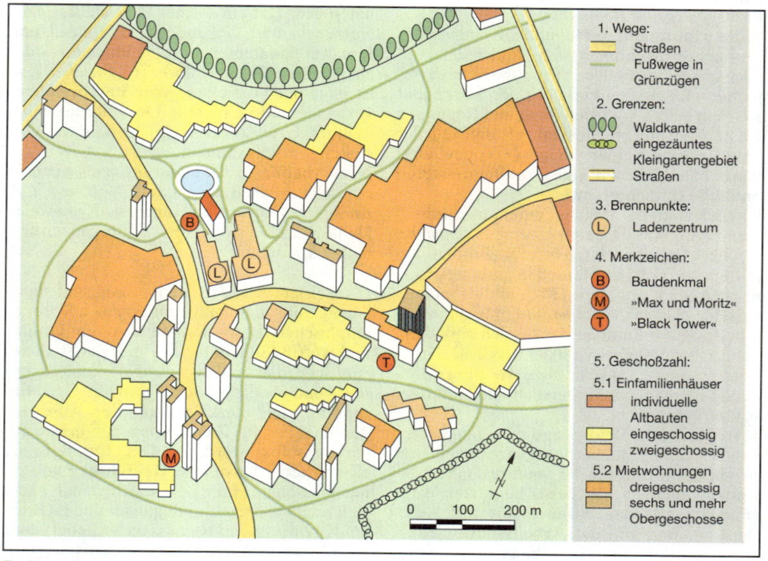

B Vereinfachte Isometrie des Stadtteils Bültmannshof in Bielefeld 1966-70

DONATELLO (um 1382–1466) schuf als vielseitiger Meister der Frührenaissance die erste umschreitbare **Freifigur** seit der Antike (Bronze-DAVID in Florenz, heute im Museum) und das erste profane **Reiterstandbild,** den venezianischen Söldnerführer GATTAMELATA, der auf der *Piazza del Santo* in Padua an außergewöhnlich sinnvoll ermitteltem Standort der ehrwürdigen Basilika des S. Antonio den Rücken zuwendet. CAMILLO SITTE hält diese Aufstellung eines Monumentes »für eine der lehrreichsten im Städtebau« [58, S. 26]:

1. nach antiker Regel sind Monumente am Rande der Plätze um diese herum aufzustellen, so daß der Platz selbst frei für seine Benutzer bleibt; die **Schnee-**Regel, die CAMILLO SITTE hierzu anführt, wurde inzwischen berühmt: im frischen Schnee kann man die *natürlichen Kommunikationslinien* und zwischen ihnen die *unberührten Flächen* erkennen, auf denen unsere Schneemänner stehen [58, S. 24] – das sind die geeigneten Standorte für Monumente aller Art;
2. aus dem Mittelalter stammt die Regel, besonders die Brunnen, die als Pferdetränke genutzt wurden, auf den *toten Punkten des Platzverkehrs* aufzustellen;
3. das *Freihalten der Mitte* gilt für die Gestaltung von Plätzen, im erweiterten Sinne auch dahingehend, daß wertvolle Gebäude, bes. Kathedralen, Stadttore u. ä. nicht aus der sie ehemals einfassenden Bebauung herausgeschält und freigelegt werden dürfen, wie es z. B. in Lübeck mit dem Holstentor geschah;
4. einsichtigerweise sind Blickrichtungen auf Hauptportale, Mittelachsen und gestalterisch betonte Fassadenteile nicht mit Freiplastiken zu verstellen;
5. der beste Hintergrund für Monumente oder Brunnen sind ruhige Architekturflächen oder der Himmel, keineswegs also konkurrierende Bauten;
6. die Griechen nannten das harmonische Zusammenpassen der Maße symmetría; VITRUV übersetzt es einige Male mit proportio, was auch die Übersetzung für griech. analogia = die »Entsprechung« ist [58, S. 60]; seit der Renaissance verlor der Begriff der **Symmetrie** seine ursprüngliche Bedeutung des **wohl gefügten Ebenmaßes** und wurde zunehmend dazu benutzt, um die spiegelbildliche Gleichheit zu beiden Seiten einer Achse zu bezeichnen; übergeordnete Regeln guter Stadtgestaltung sind: das historisch entstandene Ebenmaß mit Achtung zu erhalten, die »schlotterige Magerkeit« der »als heilbringend verordneten neuen Symmetrie« zu vermeiden und jenes Unregelmäßige der Gestaltung zugrundezulegen, wie es der Standort bietet [58, S. 55 ff.];
7. die Einbeziehung aller Platzwände ist für die Gestalt eines Platzes wichtiger als die Details von austauschbarem Platzmobiliar; wegen der Geschlossenheit aller Platzwände gelten die auf S. 197 genannten Festplätze in Salamanca und Rom als Vorbild und als die Schönsten.

DONATELLO beachtete um 1450 alle diese Regeln. Wie die Basilika S. Antonio in den Blickachsen dreier der vier zu ihr führenden Straßen steht, ohne daß der GATTAMELATA, der sich für Geld dort verewigen durfte, den Anblick der Kirche stört, ist Nachweis gestalterischen Könnens. Nur aus der Via del Santo (A) sieht man ihn von vorn. Einem Mythos zufolge soll der Trojaner ANTENOR nach dem Fall Trojas *Padua* gegründet haben; das Trojanische Pferd als Symbol der versteckt eindringenden Feinde lebt hier weiter, jedoch an die Peripherie gerückt – die Platzmitte ist frei für jene, die Italiens populärsten Heiligen an seinem Grabmal aufsuchen. Reste der kleinen Franziskanerkirche Sta. Maria Mater Domini, in der ANTONIUS viel gepredigt hatte, sind als Kapelle der Schwarzen Madonna erhalten (A).

Zum **Eigenschaftsschema** (S. 201) der Stadtgestalt in diesem Bereich zählen die Merkmale Dreigeschossigkeit, 30-Grad-Dachneigung, erdfarbene Ziegel- oder Putzwände, überwiegend Altbauten mit Arkaden und italienischem Sonnenschutz an Fenstern, alte Baukultur, die lebendige Dichte ermöglicht (A).

Völlig anders ist das Eigenschaftsschema des Stadtteiles *Bültmannshof* (S. 96 A), der von 1966–70 zur Lösung eines Wohnungsnotstandes gegen Ende des Wirtschaftswunders in kürzester Frist gebaut wurde. Das einzige historische Gebäude ist der westfälische Vier-Ständer-Fachwerkhof, alle übrigen Gebäude sind Neubauten mit Flachdach, dem Tribut an den Zeitgeist. Die Elemente der Stadtgestalt (S. 201) *Weg, Grenze, Brennpunkt, Merkzeichen, Bereich* und *Name* sind sämtlich als Mittel zur Gestaltung in der Gestalt dieses Stadtteiles (B) wiederzufinden. Zu den gestalterisch guten Vorgaben zählen:

- Festsetzung von mindestens **drei gemeinsamen Merkmalen** für den gesamten Stadtteil, nämlich: helle Fassaden, Dachform, Ausbildung der Traufen,
- leicht identifizierbare und von einander **unterscheidbare Wohnbereiche** trotz der übergreifenden gemeinsamen Merkmale (wichtig für Kinder!),
- innere Erschließung des gesamten Stadtteiles durch Fußwege in Grünzügen (S. 128–133), die mit dem **Brennpunkt** des Zentrums verbunden sind.

Erwähnenswert: nachdem der Stadtteil mit hellen Fassaden fertiggebaut war, versuchte der Architekt des als »Black Tower« verspotteten Studentenwohnheims (T in B) eine schwarze Fassade durchzusetzen; der Fachausschuß des Stadtrates stimmte nach öffentlichem Meinungsstreit einem Kompromiß zu: senkrechte schwarz-grün-weiße Streifen.

Kleines ABC einiger Begriffe zur Stadtgestaltung:

Architekt, *Baumeister:* abgeleitet aus den griech. Wörtern für Ursprung, Prinzip und für handwerkliches Bauen, Bilden, Fügen (aus Holz), Zimmern; umfaßt: die Anfangsidee haben, ein Modell fertigen, bis: die Tragkonstruktion erstellen; nach FRITZ SCHUMACHER [345] »lauert in diesem Beruf die Gefahr, nach der künstlerischen Seite zu einem Atelierberuf und nach der praktischen Seite zu einem Unternehmerberuf zu werden«; er muß »sich der Sendung bewußt werden, Baumeister des Lebensgebäudes zu werden, in dem die Menschen unserer Zeit wieder mit Anstand wohnen können«.

Die **Architekturzeichnung** [346] veranschaulicht dem Bauherren die Wirkung, die der Architekt von seinem Entwurf erwartet und ist dem Preisgericht in einem Wettbewerb Beurteilungsgrundlage für die Qualität des Entwurfes und das Können des Verfassers; sie dient den Konstrukteuren und Bauausführenden als Vorbild zur Umsetzung in die Wirklichkeit und ist, falls von einem Meister gefertigt, von der Ideenskizze bis zum vermaßten Detailplan (S. 16, Spalte D) eine besondere Kunstgattung.

Baudenkmäler sind die historisch, städtebaulich, künstlerisch oder technisch bedeutsamen *Einzelbauten* (Porta Nigra in Trier), *Ensembles* (Ballhof in Hannover) und *Gesamtanlagen* (Fuggerei in Augsburg), die unter gesetzlichem Erhaltungsschutz stehen.

Baukastensystem ist eine *Menge* einfacher unterschiedlicher Bauelemente, sog. *Bausteine,* und die *Methode,* mit ihrer Hilfe sehr beliebige zusammengesetzte Systeme wirtschaftlich optimal für unterschiedliche Zwecke aufbauen zu können. Jeder Baustil kann als ein solches System mit einheitlicher Formensprache der Elemente aufgefaßt werden.

Baukunst ist die Summe des Wissens und Könnens, das Voraussetzung zur Errichtung und Erhaltung von Bauwerken der unterschiedlichsten Art ist. Ein wesentlicher Bestandteil ist das Entwerfen als geistige Vorfertigung der gesuchten Lösung für die Bauaufgabe mit Hilfe von Zeichnung, Berechnung und ggf. Modell. Nach den Anwendungsbereichen (S. 17, Ziff. 4–5) unterschied man den *Sakralbau* vom *Profanbau;* die vor- und frühgeschichtlichen Reste von Bauten zeigen die anfangs führende Rolle des Sakralbaus, erst mit zunehmender Siedlungsdichte wächst die Bedeutung der Profanbauten in ihrem Beitrag zum technischen Fortschritt und zum Baustil ihrer historischen Epoche.

Baustil ist die bestimmende Besonderheit der Formensprache, die in einer bestimmten Zeit (Epoche, Periode, Jahrzehnt) in einem bestimmten Gebiet aufgrund der zu dieser Zeit technisch möglichen, wirtschaftlich bezahlbaren und geistesgeschichtlich bevorzugten Materialverarbeitung und Sinngebung in der Baukunst zu einem Merkzeichen wurde; oft ist Verwandtschaft zu den Stilen anderer Künste gegeben. Die großen **Stilepochen** sind:

- antike Klassik (S. 24 ff.),
- römischer Monumentalismus (S. 28),
- Mittelalter, Romanik (S. 30–33),
- Gotik (S. 34),
- Renaissance (S. 36),
- Barock (S. 38) und Rokoko,
- Historismus (S. 46) und Empire,
- Secession, Jugendstil (S. 172 A),
- Funktionalismus (Bauhaus),
- zeitgenössische Vielfalt.

Bildende Kunst ist die zusammenfassende Bezeichnung für Architektur, Bildhauerei, Graphik, Kunsthandwerk und Malerei in Abgrenzung zu den »freien« Künsten: Literatur, Musik und Theater, den »artes liberales«, zu denen im frühen Mittelalter Arithmetik, Astronomie, Dialektik, Geometrie, Grammatik, Musik und Rhetorik gezählt wurden. Die Bildende Kunst ist aus dem Handwerk hervorgegangen und wie dieses auf geringsten Aufwand, zweckgerechte Form, Haltbarkeit und hohe Qualität ihrer Erzeugnisse ausgerichtet, also realitätsbezogen und dadurch stets dienend.

Bodendenkmäler sind Denkmäler, die sich wie Grabungsfunde (Keramik, Münzen) und Zeugnisse der Urgeschichte im Boden befunden haben oder wie Erdhügel, Wallburgen und Verfärbungen dort befinden.

Denkmal, Monument ist ein im öffentl. oder halböffentl. Raum zur ehrenden Erinnerung an Personen oder Ereignisse errichtetes, zeit- oder kulturgeschichtliche Bedeutung beanspruchendes Werk der Baukunst und Bildhauerei. Zu den ägyptischen Denkmälern zählen Obelisk und Sphinx. Griech. Ursprungs sind Stele, Votive (Weiheplastiken) und die ersten Denkmäler ohne religiösen Bezug (um 510 v. Chr. für zwei Tyrannenmörder); KRESILAS schafft um 439 v. Chr. die erste Porträtbüste des noch lebenden PERIKLES. Im antiken Rom gelangen Siegesbogen und Triumphsäule (*Trajanssäule,* 113 n. Chr.) zu hohem Ansehen. Im Mittelalter werden Bildstock, Wegekreuz und Brunnen bevorzugt. In der Renaissance werden antike Vorbilder wiederbelebt (S. 202 A). Im Absolutismus werden sie zur beliebten Selbstdarstellung der Herrschenden benutzt. Das 19. Jh. kleidet seine politischen Ideen in pompöse Figuren, z. B. *Freiheitsstatue* in New York (1886) oder *Hermannsdenkmal* bei Detmold (1875). Im 20. Jh. entstehen bedrückende und beeindruckende *Mahnmale* für die Opfer zweier Weltkriege, z. B. Douaumont, und der nationalsozialist. Vernichtungslager, z. B. Auschwitz; in Ehrfurcht vor den Opfern verstummen hier sämtliche Fragen nach **Ästhetik.** Die meisten Denkmäler, die im 20. Jh. politischen Machthabern gewidmet wurden, sind vor dem Ende des Jhs. zu Recht von ihrem Sockel geholt worden!

Denkmäler im Sinne deutscher Ländergesetze sind »Sachen, Teile von Sachen oder Mehrheiten von Sachen, an deren Erhaltung und Nutzung ein öff. Interesse besteht« (DenkmalschutzG NW, § 2). »Dem Laien dürfte es schwerfallen, anhand dieser Definition die Denkmaleigenschaft seines Wohnhauses aus der Gründerzeit oder einer Ackerfläche, unter der sich ein bronzezeitlicher Friedhof befindet, festzustellen« [347]. Mehrere LänderG schreiben ein behördliches Verfahren zur Feststellung der *Denkmaleigenschaft* und Eintragung in die *Denkmalliste* vor.

Denkmalschutz und **Denkmalpflege** sind gemäß BauGB § 1 Abs. 5 Nr. 5 öffentliche Belange, aus denen erhebliche Nutzungsbeschränkungen für den Eigentümer begründet werden können. Denkmalschutz umfaßt *Erkennung, Erfassung* und *Sicherung* der Baudenkmäler; Denkmalpflege umfaßt die *öff. Förderung* ihrer Rettung, Restaurierung, Erhaltung und die Aufbewahrung von Kunstwerken. In den meisten Ländern Europas ist Denkmalpflege eine staatliche Aufgabe; in Deutschland obliegt sie den Bundesländern. Die beste Denkmalpflege ist dann erreicht, wenn eine Nutzung gefunden wird, die die Erhaltung des Baudenkmales wirtschaftlich trägt. Konflikte in der Sache entstehen, wenn die ursprüngliche Nutzung, z. B. einer alten Windmühle, wirtschaftlich unzumutbar geworden ist und eine Ersatznutzung bauliche Änderungen erfordert, die das Erscheinungsbild beeinträchtigen; Konflikte um die Kosten sind stets vorprogrammiert, weil die Zuschüsse aus öff. Denkmalpflegemitteln die Restaurierungs- und erhöhten Unterhaltungskosten nicht decken.

Farbensymbolik ist die Deutung der Sinnbildlichkeit einzelner Farben (Bild Y auf S. 192 zeigt links die *kalten,* rechts die *warmen* Farben, dazwischen Grün); sie ist nach Volk und Zeitalter verschieden; im heutigen Europa gilt allg.:

Schwarz = Nacht, Schmutz, Sünde, Trauer,
Grau = Einsamkeit, Langeweile,
Rot = Gefühl, Scham, Wut,
Gelb = Gedanke, Falschheit, Neid,
Grün = Hoffnung, lebendige Natur,
Blau = Treue, Zurückhaltung,
Violett = Buße,
Weiß = Licht, Engel, Unschuld.

Gartenarchitektur ist sämtl. auf Freiflächen (S. 148–153) angewandte Architektur.

Gestaltung ist ein *Vorgang,* die Betonung liegt auf dem Tun; Farbe, Form, Material, Ort, Zweck und die Arbeit mit ihnen bestimmen die Gestalt; sie ist Teil des Ergebnisses dieses Gestaltungsvorganges, ohne sein Ziel und Zweck sein zu müssen. Bezüglich der Stadtgestalt haben die Menschen keine gemeinsamen Ziele. Deshalb ist in diesem Bereich Öffentlichkeitsarbeit notwendig; Vorbild: *Unser Dorf soll schöner werden* [404].

Gestaltung des **Orts- und Landschaftsbildes** ist gemäß BauGB § 1 Abs. 1, Nr. 4 öffentlicher Belang; das Baurecht geht, ohne selbst dafür Merkmale und Maßstäbe zu nennen, davon aus, daß Gestaltung mit den Mitteln des Planungsrechts erreicht und durchgesetzt werden soll.

Können ist die Fähigkeit, zu wissen, was man zu tun hat, und es zu tun [345].

Kunst am Bau bezeichnet jenen Teil der künstlerischen Gestaltung, der im Bereich des öffentlichen Bauens an frei schaffende Künstler meist über ausgeschriebene Wettbewerbe (S. 248 f.) vergeben wird, und die dadurch beschafften Objekte; Bund und Länder haben für diese Art der Kunstförderung feste Prozentanteile der Baukosten vorgeschrieben, nach denen sich auch Städte und Gemeinden richten. Private Bauherren sind von diesen Vorschriften nicht betroffen.

Perspektive ist die Darstellung räumlicher Gebilde in einer ebenen Zeichenfläche derart, daß die Abbildung unter den gleichen Bedingungen für ein Auge von einem bestimmten Punkt (Augenpunkt) sichtbar wird wie der abgebildete Raum; jede Perspektive ist eine *Zentralprojektion.* Liegt der Augenpunkt sehr hoch in Bezug auf das Objekt, so spricht man von einer *Vogelperspektive,* liegt er niedrig, so von einer *Froschperspektive.* Um 500 v. Chr. kannten die Griechen die Körper-Perspektive und perspektivische Raumdarstellung in der Bühnenmalerei; ihre bahnbrechende Bedeutung erhielt sie zu Beginn der Renaissance (S. 37; [348]).

Stadtlandschaft, Sammelausdruck für »die ungestaltet wirkenden Stadtagglomerationen«, sie »ist u. a. etwas, das man sehen, im Gedächtnis behalten und an dem man sich freuen soll«, meinte Kevin Lynch [342]; vgl. auch S. 48 f.

Werbeanlagen (Anlagen der *Außenwerbung* sind genehmigungspflichtig!) sind alle ortsfesten Einrichtungen, die der Ankündigung oder Anpreisung oder als Hinweis auf Gewerbe oder Beruf dienen und vom öffentlichen Verkehrsraum aus sichtbar sind: Beschriftungen, Bemalungen, Firmenzeichen, Innungssymbole, Lichtwerbungen, Schaukästen, Schilder und die für sie bestimmten Flächen und Träger. Der Neubauentwurf sollte die Werbeanlagen in einem ausgewogenen Verhältnis zum Gesamtgebäude berücksichtigen; denn die störende Häufung von Werbeanlagen und Warenautomaten ist nach den Bauordnungen der Länder unzulässig. Werden bei einer Nutzungsänderung eines Gebäudes die Werbeanlagen nachträglich beantragt, so wirken sie verunstaltend oder störend, wenn sie nicht dem Anspruchsniveau des Neubauentwurfs und der Umgebung entsprechen. In reinen und allgemeinen Wohngebieten, in Dorf- und Kleinsiedlungsgebieten sind Werbeanlagen nur an der *Stätte der Leistung* und für amtliche Mitteilungen zulässig.

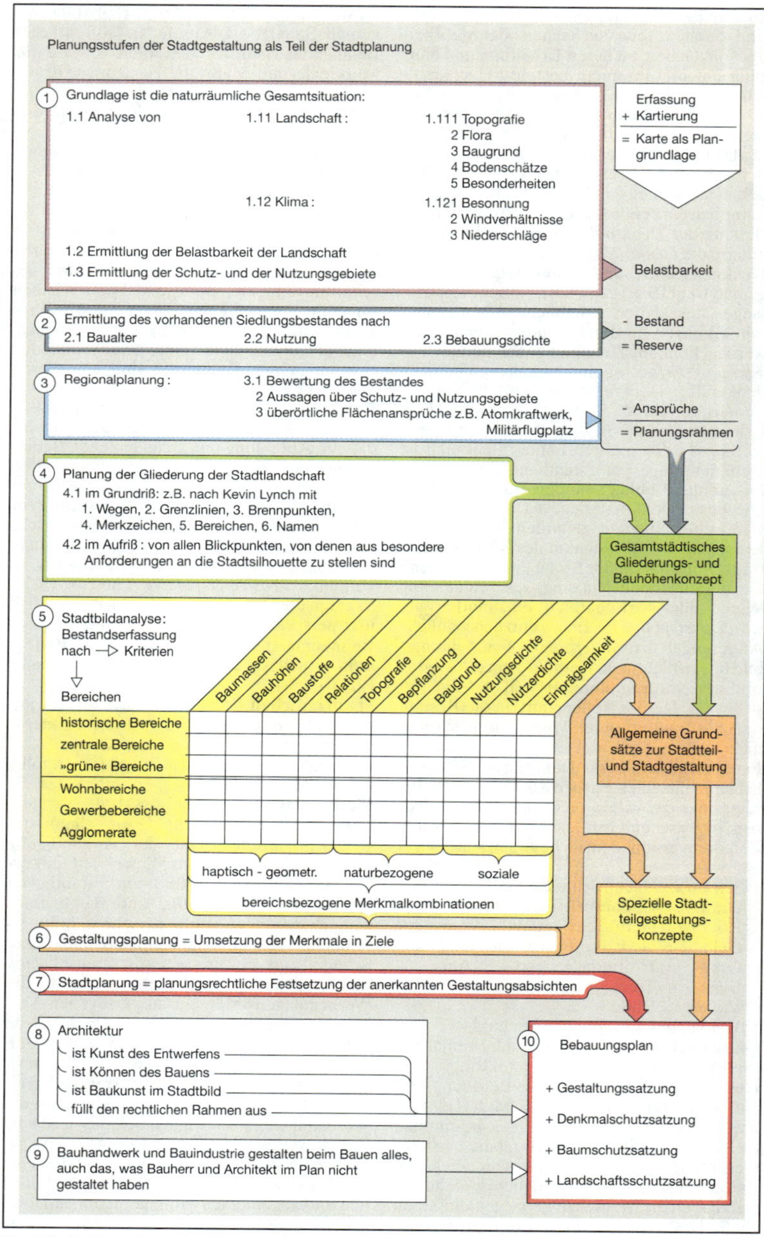

Modellhafte Darstellung der Planung der Stadtgestaltung

Das Schema **Planungsstufen** der Stadtgestaltung auf S. 206 dient

a) als **Ablaufschema** zur Veranschaulichung der sachlichen und zeitlichen Reihenfolge der Planungsschritte,

b) als **Zuordnungsschema** für die Planungen in den Bereichen (S. 18 f.),

ba) regionale Grundlagen (1–3), die in Zusammenarbeit mit den auf Landesebene planenden Behörden zu erstellen und abzustimmen sind,

bb) Planung der Stadtgestalt (4–6), die federführend vom Städt. Planungsamt zu leisten ist (S. 72 B),

bc) Umsetzung in Planungsrecht (7 + 10),

bd) Entwerfen in Architektur und Bauwesen (8–9),

c) als **Eingrenzungsschema** zur Betonung der die Stadtgestalt im engeren Sinn betreffenden Planung (4–6), die die wünschenswerte Zuordnung von ausgewählten Merkmalkombinationen zu bestimmten Bereichen (Eigenschaftsschema eines Stadtteils) ermittelt und festsetzt,

d) als **Auffächerungsschema** der Gestaltungsaufgaben in ihrer Bandbreite von der Gestaltung einer Landschaft (z. B. Stuttgart: Besiedlung eines Talkessels, vgl. Kasten 1) bis zur Gestaltung eines Türgriffs (Kasten 9).

»Natur und Landschaft sind im besiedelten und unbesiedelten Bereich« gemäß § 1 (1) 4. BNatSchG [254] so zu schützen, zu pflegen und zu entwickeln, daß die **Vielfalt, Eigenart** und **Schönheit** als Lebensgrundlagen des Menschen und als Voraussetzung für seine Erholung in Natur und Landschaft nachhaltig gesichert sind. Trotz dieses Gebotes hat der Kühlturm des Kraftwerkes Uentrup eine Höhe von 140 m [349]; die Kreidefelsen von Rügen sind nur 118 m hoch; der höchste Schornstein Europas stand 1989 in Gelsenkirchen – er war 340 m hoch. Ein Kraftwerk und seine Kühltürme können die Gestalt einer Landschaft dadurch, daß alle sonstigen von der Natur vorgegebenen Maßstäbe überlagert und erdrückt werden, derart umprägen, daß sich neben der Größe und Unübersehbarkeit dieser Energieerzeugungsanlage nichts Sehenswertes finden läßt, was die Eigenart der Landschaft retten oder ihre Schönheit wiederherstellen könnte; ähnliche Auswirkungen können Müllverbrennungsanlagen, Militärflugplätze und etliche andere Einrichtungen nach sich ziehen, ohne daß die Landschaft bundeseinheitlich vor **Verunstaltung** geschützt wäre. Die Maßstäbe bezüglich Schönheit verfallen mit zunehmender Siedlungsdichte und den sie begleitenden Ansprüchen. Die Landschaftsgestaltung wie die Stadtgestaltung sollte daher auf allen Planungsebenen Gegenstand besonderer Untersuchungen sein, die sich gegenseitig ergänzen (S. 206), ohne daß sie flächendeckend und zeitlich lückenlos vorliegen müßten. Auf dieser Grundlage kann ein **Stadtgestaltungsplan** für das Stadtgebiet insgesamt sowie für die Teilbereiche entwickelt werden, an die besondere Anforderungen zu stellen sind (Kasten 10), z. B. die Altstadt, das Burgviertel, die Uferpromenade, der Kurpark mit Randbebauung.

Stadtgestaltung ist ein ständig ablaufender Vorgang und damit eine **Daueraufgabe,** an dem alle Bewohner, der Rat und die Verwaltung beteiligt sind: Gardinen an den Fenstern, Blumen vor den Fenstern, Reparaturfreudigkeit bei den sichtbaren Mängeln, Pflege der unbebauten Flächen und Straßen, Neubaubereitschaft bei Abgängigkeit von Hausruinen, Teilnahme an der Gestaltung der öffentlichen Flächen – daran sind die Tugenden der Stadtgemeinschaft zu erkennen.

Aus diesem Kapitel (S. 186–207) ergeben sich folgende Einsichten, die bei aller Verschiedenheit der Orte gemeinsame Grundlagen von Regeln sein sollten:

1. Das Gegenüber bzw. Miteinander von Natur und Kunst, d. h. göttlicher **Schöpfung** und Menschenwerk, ist der äußerste Rahmen für Maßstäbe zur Gestalt und Gestaltung der Stadt (S. 187).

2. Ein **Mensch** mit seinen subjektiven Maßen kann nicht Maßstab aller Dinge sein (S. 187).

3. *Maßgebend* ist das **Licht**. Von diesem einzigen objektiven und natürlichen Maßstab sind abgeleitet (S. 189):

- Helligkeit (Intensität),
- Dauer (incl. Veränderlichkeit),
- Reinheit,
- Farbe (Skala gemäß Lichtspektrum).

4. Ein Lebensraum ist **harmonisch** gestaltet, wenn alle Teile in ihm in einem sinnvollen und begründeten Verhältnis zum Ganzen stehen; bezüglich der Maßverhältnisse kann dies in Proportionen ausgedrückt werden (S. 189).

5. **Zahlen** sind Symbole (S. 189–193).

5.1. Das Kontinuum der Zahlen und ihrer Merkmale ist analog der Wirklichkeit aufgebaut; mit seiner Hilfe können Gesetze über die Welt der Erscheinungen erkannt werden.

5.2. Das System der chemischen Elemente und ihrer qualitativen Merkmale ist ein Anschauungsmodell für das Zahlenkontinuum und für das seltene Vorkommen von Symmetrie in der Natur und damit ein natürliches Vorbild (S. 192 Ü).

6. **Symbole** sind wirkende Energie und Wegweiser für die Seele und daher einsetzbar für das Wohlbefinden und die Entwicklung des Menschen.

6.1. Deshalb kommt dem Symbol in Architektur und Städtebau eine hohe Bedeutung zu. Das Wissen über Symbole ist notwendig und hilfreich und sollte in der Praxis eine ausreichende Würdigung finden (S. 191).

6.2. Symbole verhelfen zu Erkenntnis und Einsicht (S. 195).

7. **Schönheit:** das, was gut ist (PLATON).

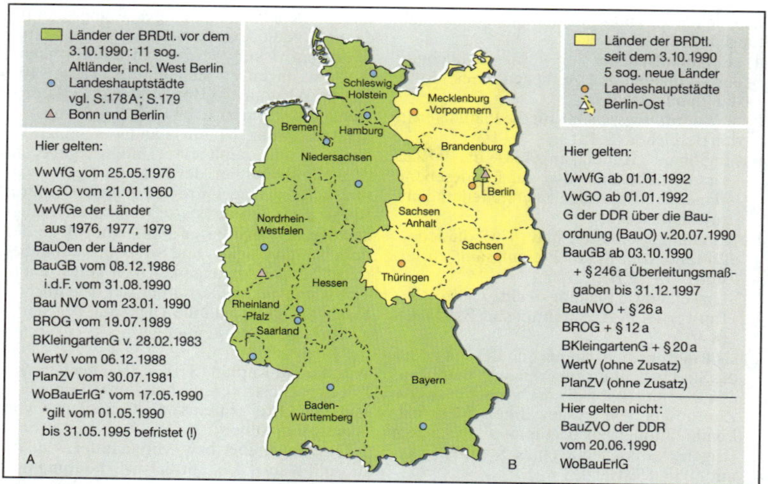

A-B Rechtsgrundlagen in der BRDtl. gemäß Einigungsvertrag vom 31.8.1990

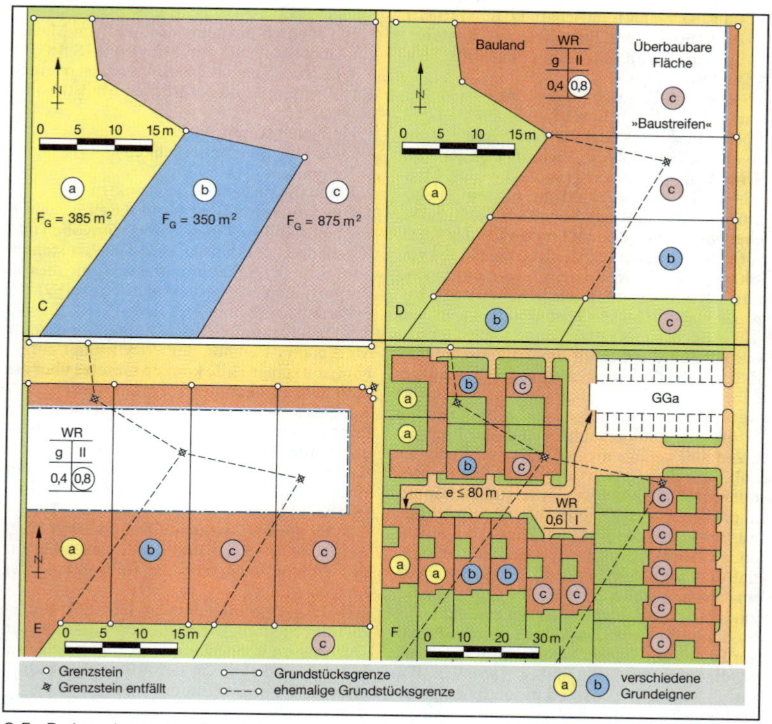

C-F Bodenordnung einer Grundstückssituation (C) durch freien Kauf (D-F), durch Grenzteilung (D-E) oder Umlegung (E-F)

Grundlage deutschen Bau- und Bodenrechts sind die Begriffe

Bauleitplanung (S. 18–21; 80–87; 209 ff.),
Bürger (S. 68 f.; 210 f.),
Gemeinde (S. 70 ff.),
Grundstück (BGB § 94 f., §§ 873–902),
Grundsatzurteile (= Urteile, die eine Lücke in den Rechtssätzen schließen),
Planung und Entscheidung (S. 76–79),
System der Rechtssätze (S. 74 A),
Verwaltung (S. 72 ff., bes. 74 B).

Da der Rechtsstaat jedermann vor jedermanns Willkür, auch vor der des Staates, schützt, kann jede Handlung einer Gemeinde gegenüber einem Betroffenen durch die zuständigen Gerichte kontrolliert und berichtigt werden, bei hoheitl. Maßnahmen der Eingriffs-, Leistungs- oder planenden Verwaltung (S. 74 B) durch die höhere Verwaltungsbehörde (i. a. Regierungspräsident) und die Verwaltungsgerichtsbarkeit. Rechtsgrundlage ist das Verwaltungsverfahrensgesetz des Bundes und die entspr. der Länder sowie die Verwaltungsgerichtsordnung [350]. Der **Begriff des Verwaltungsaktes** (Legaldefinition) lautet [350-1: § 35]:

»Verwaltungsakt ist jede Verfügung, Entscheidung oder andere hoheitliche Maßnahme, die eine Behörde zur Regelung eines Einzelfalls auf dem Gebiet des öffentlichen Rechts trifft und die auf unmittelbare Rechtswirkung nach außen gerichtet ist. Allgemeinverfügung ist ein Verwaltungsakt, der sich an einen nach allgemeinen Merkmalen bestimmten oder bestimmbaren Personenkreis richtet oder die öffentlich-rechtliche Eigenschaft einer Sache oder ihre Benutzung durch die Allgemeinheit betrifft.«

§ 36 regelt die Nebenbestimmungen zum Verwaltungsakt: solche

- durch Rechtsvorschrift zugelassene,
- nach pflichtgemäßem Ermessen erlassene Befristung, Bedingung und Vorbehalt des Widerrufs,
- als Auflage oder Vorbehalt der nachträglichen Aufnahme, Änderung oder Ergänzung einer Auflage.

Jeder Verwaltungsakt ist mit den »wesentlichen tatsächlichen und rechtlichen Gründen, die die Behörde zu ihrer Entscheidung bewogen haben, schriftlich zu begründen« (§ 39) und wird durch Bekanntgabe (§ 41) wirksam (§ 43). Nach VerwGO [350-2: § 59] ist jeder *anfechtbare* Verwaltungsakt mit einer **Rechtsbehelfsbelehrung** zu versehen – nach folgendem Muster [350-3]: »Gegen diesen ... (Bescheid, Verfügung o. ä.) kann innerhalb eines Monats nach Bekanntgabe Widerspruch erhoben werden. Der Widerspruch ist bei ... (Anschrift der Behörde, die den Verwaltungsakt erlassen hat) schriftlich oder zur Niederschrift einzulegen.« Legt der Betroffene Widerspruch ein, so beginnt der Weg der unabhängigen Kontrolle des Verwaltungshandelns. Diese **Rechtsstaatlichkeit** gilt ab 1. 1. 1992 in ganz Deutschland (A und B).

Um Investitionshemmungen abzubauen, erließ die DDR-Regierung nach der »Wende« am 20.06. 1990 die **Bauzulassungsverordnung** [351], die weitgehend den Wortlaut des BauGB [9] übernahm, und führte damit bundesdeutsches **Boden-** und **Planungsrecht** ein.

Am 20.07. 1990 folgte das Gesetz über die **Bauordnung** [352: BauOst], das den im Aufbau befindlichen 5 neuen Ländern eine zwar einheitliche, aber doch wichtige Starthilfe gab; im Unterschied zur MusterBauO [353], die ab 1960 »nur« Modell für die Bauordnungen der Altländer war, hat die BauOst Gesetzeskraft in den 5 neuen Ländern erlangt, in denen sie ab 03. 10. 1990 als Landesrecht weitergilt.

Im **Einigungsvertrag** vom 31.08. 1990 [354] wurden »Überleitungsregelungen aus Anlaß der Herstellung der Einheit Deutschlands« mit Geltung bis 31. 12. 1997

1. dem BauGB [9] § 243 a,
2. der BauNVO [4 e] § 26 a,
3. dem RaumordnungsG § 12 a,
4. dem BKleingartenG § 20 a beigefügt.

§ 243 a enthält diejenigen Vorschriften aus der BauZVO [351] und dem nur in den 11 Altländern (A) befristet geltenden MaßnahmenG zum BauGB [355] vom 17. 05. 1990, die im Beitrittsgebiet zunächst und befristet gelten (B); wegen der umfangreichen Einzelheiten vgl. *Einführungserlaß* [356], die Texte der Gesetze [350–355] und die Literatur [357 f.].

Praktische Stadtplanung hat ihre Grundlage in praktischer **Bodenordnung**. Eine Beispielsituation zeigt Bild C: die Grundstücke a, b und c und eine Straße. Will b bauen, benötigt er c zu einem wert- und flächengleichen Tausch einer Teilfläche, damit er Zugang zur Straße als einer *gesicherten Erschließung* erhält; c könnte 2 Baugrundstücke gewinnen; bezieht die Gemeinde diese Absicht in einen Bebauungsplan ein (D), so ist diese einfachste Form der Bodenordnung durch Kauf oder **Grenzregelung** [9: §§ 80–84] zu erreichen. Will auch a bauen, so müßte eine neue Erschließung von der Gemeinde geplant und gebaut werden (E); diese Lösung, bei der drei Grundstücksanteile für die öff. Nutzung *Straße* an die Gemeinde zu geben sind, ist durch Kauf, Grenzregelung oder **Umlegung** [9: §§ 45–79] zu erreichen. Im Bild F gilt der doppelte Maßstab, also die vierfachen Flächengrößen gegenüber Bild C; diese perfekte Lösung ist durch Kauf oder Umlegung oder **freiwillige Umlegung** durch **öff.-rechtl. Vertrag** erzielbar, wenn der Bebauungsplan die Baugrundstücke unabhängig von den historischen Grundstücksgrenzen festsetzt. In den Fällen des Kaufes oder Tausches von Teilflächen ist i. allg. eine **Teilungsgenehmigung** [9: § 19; § 246 a] erforderlich. Die Fälle D–F lassen sich auch durch einen Bauträger, der alles kauft, verwirklichen.

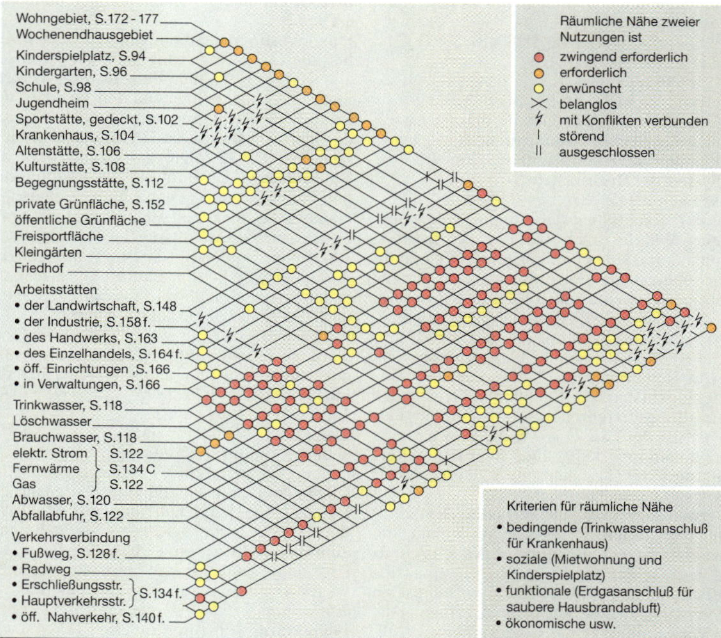

A Räumliche Nähe als Zuordnungsdeterminante unterschiedlicher Nutzungen

Objekt: Fleischfabrik

Spalte 1 Art der Anlage	2 Rechtsgrundlage	3 Zuständige Behörde	4 Teilgenehmigung möglich ?	5 Behördliche Entscheidung	6 Vollständigkeit der Antragsunterlagen
Fleischwaren-fabrik, hier: alle Gebäude	§ 88 BauO NW	**Bauordnungs-amt** als untere Bauaufsichts-behörde	ja, § 90 BauO NW	**Bau-genehmigung**	ja
Dampfkesselan-lage mit Gas-feuerung unter 2 TJ / h	§ 10 Dampf-kesselVO	**Staatl. Gewerbe-aufsichtsamt**, Nr.2.4 der Anl. zur ZustV AltG	ja, § 10 Dampf-kesselVO (§ 2 (4) Nr.8)	**Erlaubnis**, Baugenehmigung ist eingeschlossen	nein
Braten, Kochen oder Dämpfen von Kartoffeln oder Gemüse	§ 4 BImSchG i.V. mit § 4 der 4.BImSchV. (dort Nr.19) Ver-fahren: § 19 BImSchG	**Staatl. GAA** Nr. 9.111 Ziff.2b der Anl. zur ZustV AltG	nein, § 19 (2) BImSchG	Baugenehmigung ist **nicht** einge-schlossen § 19 (2) i.V. mit § 13 BImSchG	ja
Braten, Kochen oder Dämpfen von Fleisch oder Fisch	wie oben, jedoch Nr.20	wie oben	nein, wie oben	Baugenehmigung ist **nicht** einge-schlossen, wie oben	ja
Räuchern von Fleisch- oder Fischwaren	§ 4 BImSchG i.V. mit § 2 Nr.46 der 4.BImSchV Verfahren: § 10 BImSchG	**Regierungsprä-sident** als obere Bauaufsichtsbe-hörde Nr.9.111 Ziff.1 wie oben	ja, § 8 BImSchG	**Erlaubnis**, Baugenehmigung ist eingeschlossen § 13 (2) BImSchG	nein

B Beispiel der Zuständigkeitsverteilung bei der Genehmigung einer Fleischfabrik

Für 35 unterschiedliche Nutzungen, die fast sämtlich auf S. 88–185 beschrieben sind, ist in Bild A in einer siebenstufigen Skala deren Bedürfnis nach gegenseitiger **Nähe** bewertet; das sind 595 Aussagen, die im Einzelfall durch umfangreiche Sachkunde, zahlr. Rechtsvorschriften und vor allem durch örtliche Planungserfahrung zu begründen sind. In 130 Beziehungen ist gegenseitige Nähe **zwingend**, hierzu zählen für fast jede Nutzung die Versorgungs-, Erschließungs- und Kommunikationsnetze sowie *Garagen, Stellplätze* und *untergeordnete Nebenanlagen.* Es gibt auch Nutzungen, für die Nähe zu einander **ausgeschlossen** ist, Kriterien hierfür sind das Ausmaß störender Emissionen, wie sie bei Industrie- und übergeordneten Verkehrsanlagen, bes. bei Hochleistungsstraßen, anzutreffen sind. Diese räumlichen und rechtlichen Gesichtspunkte sind sämtlich in der Stadtplanung zu berücksichtigen.

Hinter jeder Nutzung (z. B. geplante Kreuzung mit einer Bundesstraße) stehen zuständige Behörden (z. B. Landesstraßenbauamt) oder Behördenhierarchien (z. B. in Nordrhein-Westfalen: Landschaftsverband, Landesverkehrsminister, Bundesverkehrsminister) als Träger, staatliche und Rechtsaufsicht, Zuschußgeber, Eigentümer oder Verwalter; sie nehmen einen **gesetzlichen Auftrag** wahr, kümmern sich von Amts wegen um die Wohlfahrt der ihnen anvertrauten Nutzungen und vertreten in jedem Planverfahren deren Interessen; sie sind **Träger öffentlicher Belange** (TÖB, S. 212 C), auch wenn sie keine Behörde sind (TÜV, Gaswerk).

Ihre Mitwirkung regelt § 4 des BauGB [9]; er lautet:

Beteiligung der Träger öffentlicher Belange:

»(1) Bei der Aufstellung von Bauleitplänen sollen die Behörden und Stellen, die Träger öffentlicher Belange sind und von der Planung berührt werden können, möglichst frühzeitig beteiligt werden. In ihrer Stellungnahme haben sie der Gemeinde auch Aufschluß über von ihnen beabsichtigte oder bereits eingeleitete Planungen und sonstige Maßnahmen sowie deren zeitliche Abwicklung zu geben, die für die städtebauliche Entwicklung und Ordnung des Gebiets bedeutsam sein können. Diesen Beteiligten soll für die Abgabe ihrer Stellungnahmen eine angemessene Frist gesetzt werden; äußern sie sich nicht fristgemäß, kann die Gemeinde davon ausgehen, daß die von diesen Beteiligten wahrzunehmenden öffentlichen Belange durch den Bauleitplan nicht berührt werden.

(2) Die Beteiligung nach Absatz 1 kann gleichzeitig mit dem Verfahren nach § 3 Abs. 2 (S. 68 f.) durchgeführt werden.«

Die Liste der TÖB, die ein kommunales Planungsamt ggf. zu beteiligen hat, umfaßt ca. 50 Anschriften, darunter alle Behörden und Versorgungsunternehmen, die selbst räumliche Planungen durchführen (z. B. Landschaftsbehörde, Wasserbehörde), die Institutionen der Wirtschaft (z. B. Industrie- und Handelskammer, Handwerkskammer, Landwirtschaftskammer), der Wohlfahrtspflege (z. B. Caritasverband, Diakonisches Werk, Deutsches Rotes Kreuz, Arbeiter-Wohlfahrt), der Kirchen und aller Fachbereiche, die nach § 1, Abs. (4) und (5) in Frage kommen (S. 21). Um den Arbeits- und Zeitaufwand zu mindern, sind **nur** die Behörden und Stellen zu hören, die *von der Planung berührt werden können;* in der Praxis empfiehlt es sich jedoch (bes. bei Neubaugebieten größeren Umfanges), eher einen TÖB zu viel als zu wenig von der Absicht der Aufstellung eines Bebauungsplans zu informieren und abzufragen, ob und welche eigenen Planungsabsichten der jeweilige TÖB in dem Gebiet hat. Bei dieser Ausgangssituation ist der organisatorische Arbeitsaufwand zur Abstimmung der unterschiedlichen Planungen auf einander oft viel größer als die Erarbeitung und Bewertung mehrerer Planungsalternativen, deren städtebaulich beste allein weiterverfolgt werden soll. Die Minimierung des Zeitaufwandes für die Erstellung eines Bebauungsplans ist angesichts einer durchschnittlichen Laufzeit von 4–5 J. (= Dauer einer kommunalen Wahlperiode) ein wichtiges Arbeitsziel, da die meisten Investoren nicht beliebig lange warten können. Für viele Gemeinden ist es ohnehin sehr schwer, als schwächster Partner die »mächtigen« Behörden der Länder und des Bundes koordinieren zu müssen und dabei keine Zeitverluste entstehen zu lassen.

Die TÖB sind bei der Konzipierung, beim Entwurf und der Erstellung der Planunterlagen für **Planfeststellungsverfahren** auf enge Zusammenarbeit untereinander auf allen Ebenen ihrer Behördenhierarchien angewiesen, um Reibungsverluste in der Planungsphase zu vermeiden. Dazu ist es unabdingbar notwendig, daß sich die Behördenchefs, ihre Dezernats- und Sachgruppenleiter in Abständen (jour fixe) treffen, um zu Grundsatzfragen ihrer Zusammenarbeit und zu wichtigen Einzelfällen von gemeinsamer Zuständigkeit Lösungen zu verabreden.

Diese enge Zusammenarbeit ist auch dort notwendig, wo mehrere Behörden an der Genehmigung von Bauvorhaben beteiligt sind. Für einen Betrieb mit einer Dampfkesselanlage sind die Baugenehmigung vom Bauordnungsamt und die Betriebserlaubnis vom Gewerbeaufsichtsamt einzuholen; beide Ämter prüfen den ihre Zuständigkeit betreffenden Teil der Planunterlagen; das Amt, das nach Landesrecht *abschließend zuständig* ist, erteilt einen **zusammenfassenden Bescheid.** Der in Bild B dargestellte Fall [359] kann wegen Unvollständigkeit nicht positiv beschieden werden, obwohl die Bauvorlagen für die Gebäude ausreichen.

BBauG [3]	BauGB [9]	Flächennutzungsplan (FNP)	Bebauungsplan (BbP)	BauGB [9]	BBauG [3]
§2(1)	§2(1)S.1	Aufstellungsbeschluß		§2(1)S.1	§2(1)
§5(1)	§5(1)	Darstellung für das ganze Gemeindegebiet	Der Bebauungsplan setzt seine Grenzen fest	§9(7)	§9(5)
-	§2(1)S.2	Ortsübliche Bekanntmachung		§2(1)S.2	-
seit 1976 §2a[3a]	§3(1) und §13(2)	Frühzeitige Unterrichtung der Bürger, ggf. über versch. Lösungen; allg. Gelegenheit zur Äußerung; Darstellung der Erörterungsergebnisse		§3(1) und §13(1)	seit 1976 §2a[3a]
§ 2(5)	§ 4(1)-(2)	Beteiligung der Träger öffentlicher Belange bei der Aufstellung der Bauleitpläne		§ 4(1)-(2) § 9(6)	§ 2(5)
§ 2(4)	§ 2(2)	Abstimmung der Bauleitpläne benachbarter Gemeinden aufeinander		§ 2(2)	§ 2(4)
		Beschluß des Entwurfs			
§2(6)	§3(2) §5(5)	Öffentliche Auslegung der Entwurfs mit Erläuterungsbericht, Begründung auf die Dauer eines Monats nach vorheriger (mindestens 1 Woche) öffentlicher ortsüblicher Bekanntmachung		§9(8) §5(5)	§2(6)
		Bedenken und Anregungen, die {vor / während / nach} der Auslegungsfrist vorgebracht werden, {sollen / müssen / können} geprüft werden			
		Beschluß über die Bedenken und Anregungen			
	§3(3)	entweder bei Änderungen und Ergänzungen erneute öffentliche Auslegung usw.		§3(3)	
		oder Beschluß über den FNP	über den BbP als Satzung	§10	§10
§6(1) §6(4)	§6(1) §6(4)	Genehmigung durch höhere Verwaltungsbehörde binnen 3 Monaten	Genehmigung durch höhere Verwaltungsbehörde binnen 3 Monaten	§11 S.4	§11 und §6(2-4)
§6(6)	§6(5) S.2	Mit der ortsüblichen Bekanntmachung wird der FNP wirksam.	Mit der ortsüblichen Bekanntmachung wird der BbP rechtsverbindlich.	§12	§12
§7	§7	Anpassungspflicht für die beteiligten öffentlichen Planungsträger	Gegebenenfalls Darstellung und Ergänzung eines Sozialplanes	§180	

A

BBauG [3]	BauGB [9]	Flächennutzungsplan (FNP)	Bebauungsplan (BbP)	BauGB [9]	BBauG [3]
§5(1)	§5(1)	Darstellung der beabsichtigten Art der Bodennutzung in den Grundzügen	Rechtsverbindliche Festsetzung für die städtebauliche Ordnung	§8(1)	§8(1)
	§5(1)	Darstellung der beabsichtigten städtebaulichen Entwicklung	Bebauungspläne sind aus dem FNP zu entwickeln	§8(2)	§8(2)
§5(2)	§5(2)	Inhalt des FNP	Der Bebauungsplan setzt durch Zeichnung, Farben, Schrift oder Text fest	§9(1)1.-26. §9(2)-(8)	§9

B

A-C Aufstellungsverfahren (A) und Inhalt (B) von Bauplänen sowie öffentliche Belange (C)

Stadtplanung, d. h. Entwerfen und Aufstellen eines Bauleitplanes, war seit der Industrialisierung eine Angelegenheit der Fachleute. Auf seiten der Bauherren und der Bauindustrie waren es die Architekten, die ihre Pläne nach Zweckmäßigkeit und Rentabilität ausrichteten und deshalb gerne ihre Entwurfspläne als Grundlage für *Fluchtlinienpläne* und die späteren *Bauleitpläne* anboten. Auf seiten der kommunalen Bauämter waren es die planenden Architekten, Landvermesser und Baupolizisten, die unter Berücksichtigung des geltenden öffentl. Rechts die Politik des Gemeinderates und des Verwaltungschefs durchzusetzen hatten. Der einzelne Bürger hatte keine Möglichkeit, Einfluß auf die Planungen des Staates zu nehmen. Erst 1960 räumte das BBauG in § 3(2) aufgrund der Erfahrungen mit den Aufbaugesetzen der Länder dem Bürger die Möglichkeit ein, **Bedenken und Anregungen** zum Inhalt der Entwürfe der Bauleitpläne während der öffentlichen, mindestens einmonatigen Auslegungsfrist vorzubringen; frühe Kommentare weisen bes. darauf hin, daß nicht nur die Einwendungen, sondern auch die Anregungen geprüft, d. h. ernst genommen, werden müssen [360].

Man stellte fest, daß die Planentwürfe nicht schlechter wurden, wenn die betroffenen und bauwilligen Bürger ihre allg. und bes. Vorstellungen frühzeitig in die Pläne einbringen konnten. In einigen Großstädten leisteten die Chefs der Bauverwaltungen Pionierarbeit [361], indem sie neue Formen der Zusammenarbeit mit dem Bürger ausprobierten, z. B. **Bürgerversammlungen,** in denen die zuständigen Baubeamten über alle Vor- und Nachteile verschiedener Alternativen berichteten, um sachbezogene Entscheidungsfähigkeit zu vermitteln; Nebenziel war es, die Verfechter einer Alternative dazu zu bewegen, auch die Nachteile dieser Alternative zu sehen und zu vertreten (Einübung aggressionsfreier Sachlichkeit) und damit spätere Kritik an den immanenten Nachteilen der bevorzugten Problemlösung auszuschließen (S. 63; 238 ff.). Für manche Ratsmitglieder war es eine lehrreiche Erfahrung, zu sehen, daß bei erzielter Einigkeit zwischen aktiven Bürgern und verständnisvoller Verwaltung der politische Entscheidungsbedarf abnahm und wahre Größe sich nur in schlichter Zustimmung offenbaren konnte.
Im Gefolge der *studentischen Unruhen* um 1968 entstanden vielerorts **Bürgerinitiativen,** die, von den demokratischen Parteien und vom Staat vielfach begrüßt und gefördert, für beide Seiten fruchtbare Erfahrungen ermöglichten; dies gilt insbes. für die Bewertung des Umweltschutzes als allgemeines Oberziel jeglicher Planung (S. 92 f.). Im Zuge des Ausbaus der Demokratie wurde 1976 der § 2 a (jetzt § 3) im BBauG [3 a] als Rechtsgrundlage der **Bürgerbeteiligung** an der Stadtplanung eingefügt. In der Praxis stellte sich heraus, daß die bürgerfreundlich gemeinten Vorschriften eine aufwendige Protokollierbürokratie erforderten und einen Einwendungsboom auslösten, der für alle Beteiligten (prüfende Verwaltung, entscheidende Gemeinderatsmitglieder, urteilende Instanzen der Verwaltungsgerichtsbarkeit) so viel Mehrarbeit verursachte, daß die von Politik und Wirtschaft erwartete Mindesteffektivität der Stadtplanung nicht eingehalten werden konnte. Der Rechtsstaat schien zum Rechtsmittelstaat auszuufern. Dies lag nicht nur an der Prozessierlust Vorteile suchender Investoren und am anarchistisch motivierten Vorgehen der außerparlamentarischen Opposition.
Die urspr. Ansätze zur Bürgerbeteiligung zielten auf qualitative Verbesserung der Planinhalte und eine Verkürzung der Verfahren, bes. im Interesse der Bauwilligen. Die Leistung des Gesetzgebers führte im Gegensatz zu diesen Zielen zur Anpassung der Planinhalte an die Vorstellungen der Einwendungsführer, auch wenn sie im engeren Sinne z. T. gar nicht betroffen waren, zu Qualitätseinbußen infolge polit. Ermüdung und zu lästigen Verzögerungen der Verfahren. Mit den Abstrichen, die der Gesetzgeber im BauGB, § 3 (S. 68 f.), und bes. mit dem Wohnungsbau-ErleichterungsG [355] vorgenommen hat, versuchte er, die Planungseffektivität der Gemeinden wieder zu heben, zumindest im Bereich der Schlüsselfunktion, die der Wohnungsbau sozial und konjunktursteuernd innehat.

Der Gemeinde verbleibt es, nach BauGB

1. in der **frühzeitigen Bürgerbeteiligung**
   a) über die allgemeinen Ziele und Zwecke der Planung, über wesentliche Planalternativen und die voraussichtl. Auswirkungen der Planung öffentlich zu unterrichten und
   b) in der folgenden **Anhörung** Gelegenheit zur Äußerung und Erörterung zu geben (§ 3(1)),
2. während der öff. **Auslegung** des Entwurfes des Bauleitplanes Bedenken und Anregungen schriftlich oder mündlich zur Niederschrift entgegenzunehmen (§ 3(2–3)),
3. bei der Vorlage des FNP/BbP zur **Genehmigung** bei der Höheren Verwaltungsbehörde ggf. gemeinsam mit ihr und dem Bürger letztmalig zu prüfen, ob und wie weitgehend den Bedenken und Anregungen, denen bisher nicht oder nur teilweise stattgegeben werden konnte, doch noch abgeholfen werden kann (§ 3(2), § 6),
4. jeden der auf S. 212 A dargestellten **Verfahrensschritte,** mit denen der Gemeinderat, seine Fachausschüsse und die Bezirksvertretungen (S. 64 f.) befaßt werden, öffentlich **bekanntzumachen,** wie es gemeindeüblich ist.

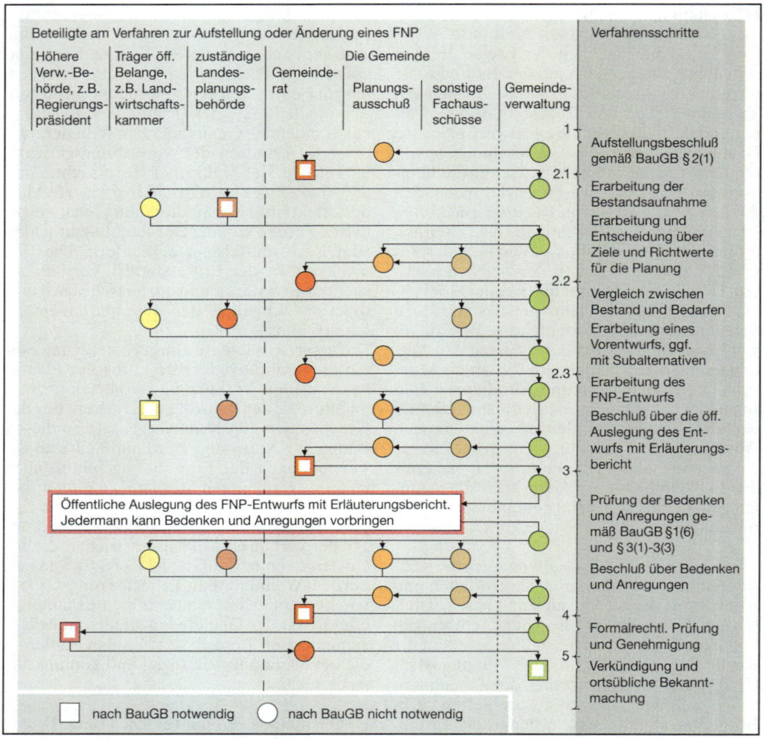

A Verfahren zur Aufstellung oder Änderung eines Flächennutzungsplanes

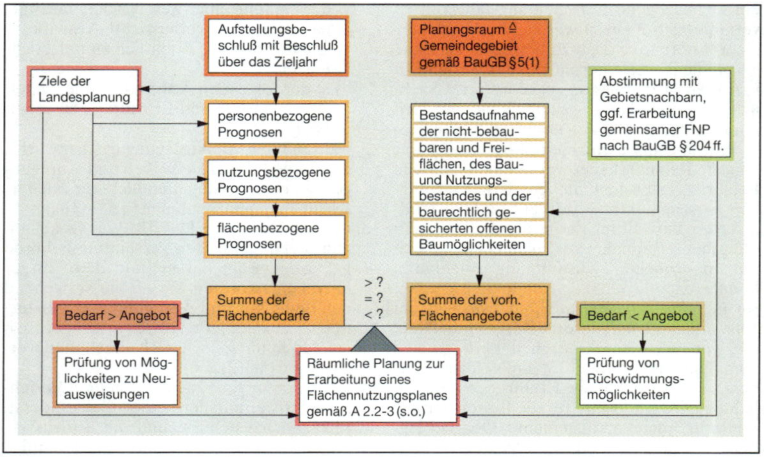

B Beispiel für die Beachtung des Abwägungsgebotes im Aufstellungsverfahren für einen FNP

Der I. Teil des Allg. Städtebaurechts regelt die **Bauleitplanung** in den §§ 1–13 [9]:

Die Bauleitplanung ist zweistufig angelegt (§ 1(2)); der **Flächennutzungsplan** bereitet die Regelung und Entwicklung der Bodennutzung vor und wirkt als Selbstbindung der Gemeinde und mit Anpassungspflicht für die beteiligten TÖB, so weit sie dem FNP nicht widersprochen haben (§ 7). Der Bebauungsplan »enthält die rechtsverbindlichen Festsetzungen für die städtebauliche Ordnung« und »bildet die Grundlage für weitere zum Vollzug des BauGB erforderliche Maßnahmen« (§ 8). Im FNP »ist für das gesamte Gemeindegebiet die sich aus der beabsichtigten städtebaulichen Entwicklung ergebende Art der Bodennutzung nach den voraussehbaren Bedürfnissen« (erf.: Ratsbeschluß über das Zieljahr, i. allg. 15 J.) »der Gemeinde in den Grundzügen darzustellen« (§ 5(1)). Die Menge der möglichen, zu berücksichtigenden Nutzungen geht über die in Kapitel 4 angesprochenen hinaus; es können mindestens die in Bild 174 A dargestellten sein (vgl. S. 222 D–E). Im FNP sollen gekennzeichnet werden (§ 5 (3)):

1. Flächen, bei deren Bebauung bes. bauliche Vorkehrungen gegen äußere Einwirkungen oder bei denen bes. bauliche Sicherungsmaßnahmen gegen Naturgewalten erforderlich sind (z. B. Deich);
2. Flächen, unter denen der Bergbau umgeht oder die für den Abbau von Mineralien vorgesehen sind;
3. für bauliche Nutzungen vorgesehene Flächen, deren Böden mit umweltgefährdenden Stoffen belastet sind (als Warnfunktion bei Altlasten!).

Planungen und sonstige Nutzungsregelungen, die nach anderen gesetzl. Vorschriften festgesetzt sind (z. B. Flugplätze, Natur- und Wasserschutzbereiche), sowie nach Landesrecht denkmalgeschützte Mehrheiten (Ensembles) von baulichen Anlagen sollen nachrichtlich übernommen werden, d. h.: sie stehen im Aufstellungsverfahren für den Bauleitplan nicht zur Diskussion, sie bilden bei der **Bestandsaufnahme** (B) das Minimum an gesicherten Festsetzungen.

Das Verfahren zur Aufstellung, Änderung oder Ergänzung eines FNP ist in Bild A nach der Reihenfolge der Arbeitsschritte, in Bild B nach dem method. Vorgehen für jede Einzelnutzung und in Bild A auf S. 212 nach den planungsgesetzl. Vorschriften dargestellt. Die Gemeinde kann nach jedem Planungsschritt die Zwischenergebnisse bekanntgeben, die Öffentlichkeit unterrichten oder die Bürger beteiligen, sie muß es zumindest am Ende des Planungsschrittes 2.1 in Bild A tun.

Bielefeld hatte 1965 einen FNP nach BBauG aufgestellt und dabei 58 Bedenken und Anregungen erhalten, d. h. auf je rd. 3000 Einwohner entfiel eine Einwendung. Nach dem Bielefeld-G [80] wurden die FNPe der von der Gebietsneuordnung betroffenen Gemeinden am 1. 1. 1973 nicht übergeleitet und verloren damit ihre Bindungswirkung. Am 16. 5. 73 beschloß der Rat, einen FNP für das neue Stadtgebiet mit **Zieljahr** 1985 aufzustellen. Die Bauverwaltung legte eine 104spaltige Bedarfsermittlung für Wohnbau- und Gewerbeflächen [362] vor und stellte die wichtigsten Nutzungen auf Transparentfolien über einer Stadtkarte im **Maßstab 1 : 10 000** dar (Folienmaße: 2,5 m Höhe × 3,6 m Breite), um für die polit. Entscheider und die betroffenen Bürger die Abhängigkeiten (S. 210 A) zu veranschaulichen. Dieser **Vor-Entwurf** zum FNP

1. wurde in jedem der 10 Stadtbezirke mit allen Anlagen ausgestellt, der Bezirksvertretung erläutert, in öff. Sitzung den Bürgern vorgestellt, mit den Interessierten besprochen und dazu Einwendungen entgegengenommen (Dauer ca. 1 Vierteljahr);
2. wurde in ähnl. Weise den TÖB und interessierten Verbänden (z. B. Einzelhandelsverband, Kreishandwerkerschaft) erläutert und Anregungen angenommen (Dauer 1 weiteres Vierteljahr);
3. wurde in den Nachbargemeinden und
4. in den Ratsfraktionen, den zuständigen Fachausschüssen, im federführenden Planungsausschuß und im Rat vorgestellt, erörtert und dabei über die Einwendungen zum Vor-Entwurf entschieden.

Dieser freiwillige Verfahrensschritt dauerte ca. 15 Monate. Ergebnis: rd. 1500 Einwendungen wurden vorgebracht (≙ 1 Einwendung je 220 Einwohner), davon wurden ca. 900 ausgeräumt, indem sie ganz oder teilweise in den **Entwurf** des FNP eingearbeitet werden konnten. Dann folgten die gesetzlich vorgesehenen Auslegungsschritte, an deren Ende nur ca. 400 Einwendungen zurückgewiesen werden mußten. Die Aufstellung dieses FNP dauerte 5,5 Jahre, zuzüglich 5 J. für planerische Vorarbeiten (S. 222 D–E [42; 362]).

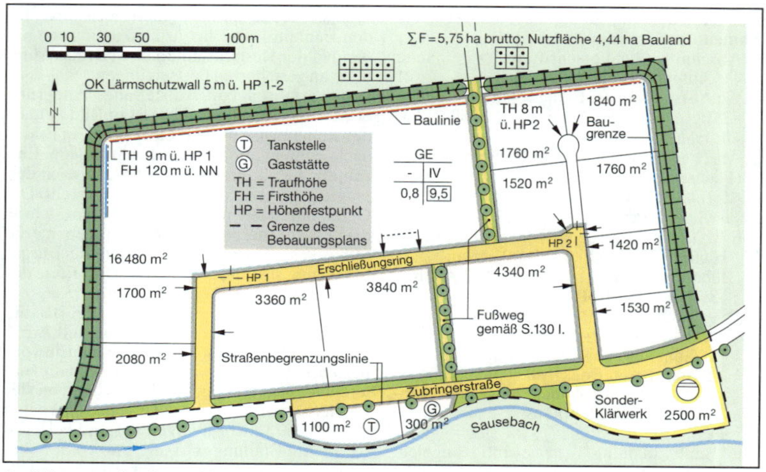

A Bebauungsplan-Entwurf für ein Gewerbegebiet

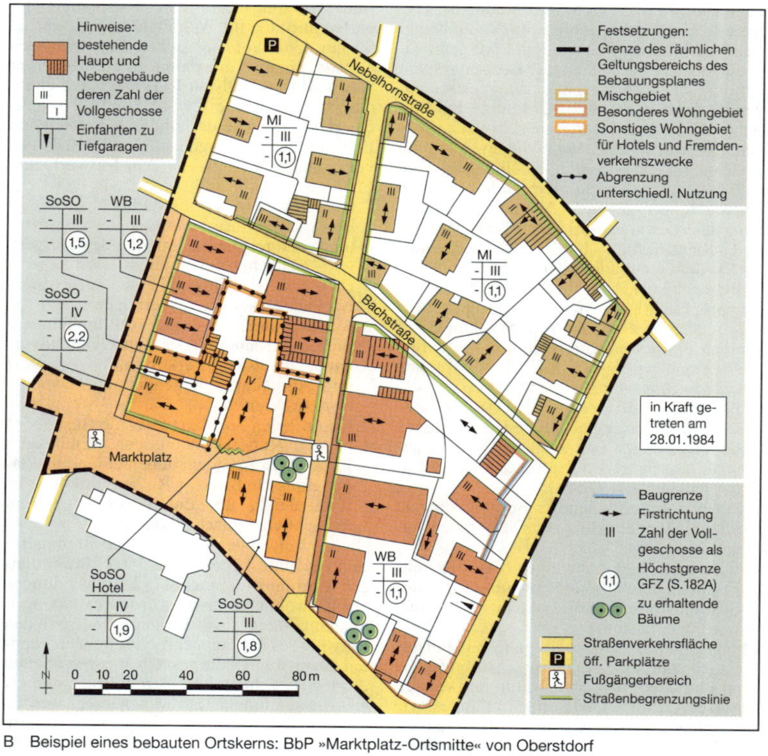

B Beispiel eines bebauten Ortskerns: BbP »Marktplatz-Ortsmitte« von Oberstdorf

Oberster Rahmen der Bauleitplanung ist die **Planungshoheit** der Gemeinde, deren Gebrauch in die Verantwortung von Rat und Verwaltung fällt (S. 18–21; 68–87), also die »Willensbetätigungen der Gemeinde« [357], und ihre stets zu beachtende Grundlage sind die §§ 1–4 des BauGB, nach denen der Gebrauch des gemeindlichen **Ermessens** [350-1, § 40] kontrolliert werden kann. Sie gelten in jedem Fall und stehen untereinander in Beziehung, z. B. kann die **Bodenschutzklausel** (§ 1(5)) verlangen, daß Baulücken geschlossen werden, bevor Bauflächen neu auszuweisen sind; es würde jedoch gegen den höherrangigen **Grundsatz** der **Gesundheit** (§ 1(5)1) und das **Abwägungsgebot** (§ 1(6), S. 214 B) verstoßen, eine Fläche mit Altlasten [357, S. 23 ff.) für Wohnnutzung umzuwidmen.

Das Wesen des **Bebauungsplanes** (BbP) besteht in »rechtsverbindlichen Festsetzungen für die städtebauliche Ordnung« mit Rechtsnormcharakter ([357]; § 8(1), S. 215). »Bebauungspläne sind aus dem FNP zu entwickeln; ein Flächennutzungsplan ist nicht erforderlich, wenn der BbP ausreicht, um die städtebauliche Entwicklung zu ordnen« (§ 8(2)). »Mit der Aufstellung, Änderung, Ergänzung oder Aufhebung eines BbP kann gleichzeitig auch der FNP aufgestellt, geändert oder ergänzt werden« (*Parallelverfahren;* § 8(3)). »Ein BbP kann aufgestellt, geändert, ergänzt oder aufgehoben werden, bevor der FNP aufgestellt ist, wenn dringende Gründe es erfordern und wenn der BbP der beabsichtigten städtebaulichen Entwicklung des Gemeindegebiets nicht entgegenstehen wird« (*vorzeitiger BbP;* § 8(4)). Der § 9(1) enthält eine Liste von Festsetzungen, die *Inhalt* eines BbP sein können; sie ist umfangreicher als die Grundsätze nach § 1(3–5) und stärker aufgefächert als die zum Inhalt des FNP nach § 5(2); die Soll-Vorschriften des § 9(5–6) entsprechen dem § 5(3–4) zum FNP. »Dem BbP ist eine Begründung beizufügen; in ihr sind die Ziele, Zwecke und wesentlichen Auswirkungen des BbP darzulegen« (§ 9, 26(8)).

Bild A zeigt den Bebauungsplan für ein neues **Gewerbegebiet,** der außer der *Zubringerstraße* nur einen *Erschließungsring* eine *Stichstraße,* zwei *grüne Fußwege* (S. 130 I) und einen zu bepflanzenden *Lärmschutzwall* ausweist; die Betriebe, die dort siedeln, sind gezwungen, die hohen Gebäude parallel zum Lärmschutzwall auf die **Baulinie** zu setzen: damit bilden sie einen zusätzlichen Lärmschutz gegen die Arbeitsgeräusche dieses Gebietes; die drei Nutzungen *Tankstelle, Gaststätte* und *Sonderklärwerk* bieten einen bes. Zuzugsanreiz für solche Betriebe, die auf das Vorhandensein dieser Nutzungen angewiesen sind.

Wenn die Gemeinde diesen BbP auf einem eigenen Grundstück zur **Rechtsverbindlichkeit** führt, d. h. ihn

- gemäß § 10 als *Satzung* beschließt,
- gemäß § 11 *genehmigen* und
- gemäß § 12 durch *Bekanntmachung in Kraft treten* (S. 212 A) läßt

und die Erschließung selbst herstellt, kann sie die Grundstückswünsche der Bewerber nach Lage und Größe unter *Abwägung* ihrer zweckmäßigsten Anordnung so erfüllen, daß für die Umgebung die geringsten Belästigungen entstehen, z. B. gemäß A (oder anders: der Zuschnitt der Grundstücke ist beliebig). Ein Vorzug dieses BbP liegt in seiner Anpassungsfähigkeit. Entsprechend könnte vorgegangen werden, wenn bei hoher Arbeitslosenquote Arbeitsplätze schnell zu schaffen sind und mit Betriebsansiedlungen oder Neugründungen gerechnet werden kann. In den neuen Bundesländern kann in dringenden Fällen auch mit einer *Satzung* über den *Vorhaben- und Erschließungsplan* nach BauGB, § 243 a, Abs. 1, S. 1, Nr. 6 (bis 1997!) gearbeitet werden.

Mischgebiete zeigen an, daß der Baubestand älter ist als der Plan. Gebiete, deren Nutzungsgemenge zwischen historisch gewachsener Vielfalt (S. 216 B) und planlosem Durcheinander einzuordnen ist, wurden zunächst als MI-Gebiete ausgewiesen (planen kann man sie so nicht). Später wurden sie nach zusammenfaßbaren Nutzungen aufgefächert. Die etwas vereinfachte Abb. des BbP *Marktplatz–Ortsmitte* von *Oberstdorf,* der 1984, also nach BBauG [3 a], rechtsverbindlich wurde, zeigt die Aufteilung des Plangebietes in vier *Besondere Sondergebiete* (SoSO) für Hotels und Fremdenverkehrszwecke, in zwei *Besondere Wohngebiete* (WB) und in zwei *Mischgebiete* (MI), womit die planungsrechtl. Möglichkeiten der Jahre 1980–84 sowohl zur wirtschaftl. Entwicklungshilfe der hier Ansässigen wie zum Schutz des Ortsbildes als gepflegter Allgäu-Kurort vorbildlich ausgeschöpft wurden. Der Umfang der denkbaren *Einwendungen* (= Bedenken und Anregungen) geht weit über die Zahl der in diesem Gebiet Wohnenden, Arbeitenden und Grundeigentum Besitzenden hinaus; die unterschiedlichsten Träger öffentl. Belange (Kirche, Denkmalpfleger), Verbände (z. B. des Einzelhandels, des Fremdenverkehrs), Vereine und Bürger können durch ihre Stellungnahmen bei der Bürgerbeteiligung und zum Planentwurf die Entscheidungen vereinfachen, das Verfahren abkürzen und die Investitionswilligen schnell zum Bauen kommen lassen, aber auch durch sich gegenseitig ausschließende Forderungen das Verfahren so belasten, daß Investitionen verzögert oder verhindert oder unrentabel werden. Deshalb zählen eine umsichtig vorbereitete Information der Bürger und ein Gemeinderat mit Sinn für wirtschaftl. Zusammenhänge und für verzögerungsfreie Entscheidungen zu den Aktivposten gemeindlicher Demokratie.

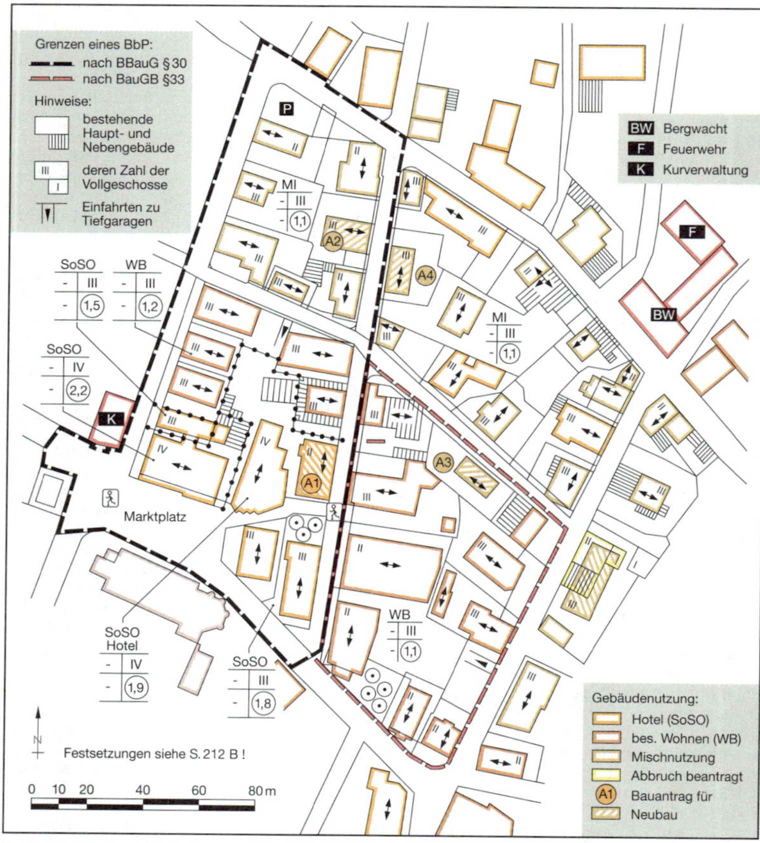

A Zulässigkeit von Vorhaben nach BauGB, bzw. BBauG, § 30 - § 34 (Innenbereich)

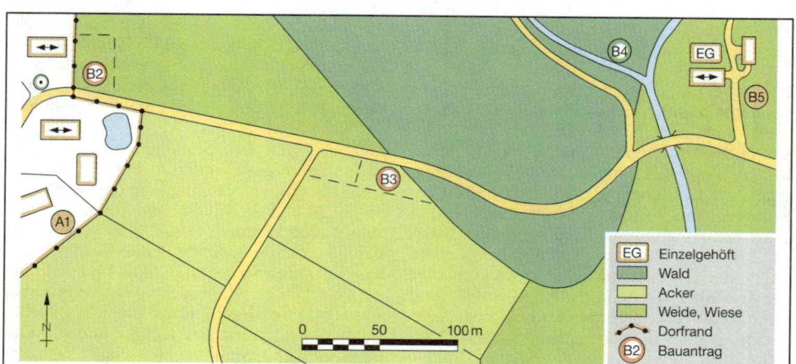

B Zulässigkeit von Vorhaben im Außenbereich (BauGB § 35)

Um die planungsrechtliche Zulässigkeit von **Vorhaben** nach BauGB, § 29 (S. 89) an einigen Beispielen zu veranschaulichen, sind in den Bildern A (bebauter Ortsinnenbereich) und B (unbebauter Außenbereich eines Dorfes), die keinen Bezug zu einem vorhandenen Ort haben, städtebauliche Situationen mit je 5 fiktiven Bauanträgen willkürlich dargestellt.

Die **planungsrechtliche Zulässigkeit** gliedert sich in folgende Fallgruppen:

§ 30: Qualifizierter Bebauungsplan:

(1) Im Geltungsbereich eines Bebauungsplans, der allein oder gemeinsam mit sonstigen baurechtlichen Vorschriften mindestens Festsetzungen über
- die Art und das Maß der baulichen Nutzung,
- die überbaubaren Grundstücksflächen
- und die örtlichen Verkehrsflächen enthält, ist ein Vorhaben zulässig, wenn es diesen Festsetzungen nicht widerspricht und die Erschließung gesichert ist.

(2) Im Geltungsbereich eines Bebauungsplans, der die Voraussetzungen des Absatzes 1 nicht erfüllt (einfacher Bebauungsplan), richtet sich die Zulässigkeit von Vorhaben im übrigen nach § 34 oder § 35.

Beispiel A1: Der BbP aus 1984 erfüllt die Bedingungen, die an einen qualifizierten BbP zu stellen sind; der Bauantrag für die Hoteldependence entspricht der Planausweisung, ist also zu genehmigen.

§ 31: Ausnahmen und Befreiungen:

(1) Von den Festsetzungen des Bebauungsplans können solche Ausnahmen zugelassen werden, die in dem Bebauungsplan nach Art und Umfang ausdrücklich vorgesehen sind.

(2) Von den Festsetzungen des Bebauungsplans kann im Einzelfall befreit werden, wenn
1. Gründe des Wohls der Allgemeinheit die Befreiung erfordern oder
2. die Abweichung städtebaulich vertretbar ist und die Grundzüge der Planung nicht berührt werden oder
3. die Durchführung des Bebauungsplans zu einer offenbar nicht beabsichtigten Härte führen würde

und wenn die Abweichung auch unter Würdigung nachbarlicher Interessen mit den öffentlichen Belangen vereinbar ist.

Beispiel A2: Der Bauherr beantragt, die Firstrichtung um 90° drehen zu dürfen und fügt die schriftliche Zustimmung der drei Grundstücksnachbarn und des A4 bei; obwohl eine Befreiung eine Genehmigung gegen und über geltendes Recht hinaus darstellt, kann bei dieser Vorarbeit des A2 die Gemeinde kaum ihr erf. Einvernehmen versagen.

§ 33: Während der Planaufstellung:

(1) In Gebieten, für die ein Beschluß über die Aufstellung eines Bebauungsplans gefaßt ist, ist ein Vorhaben zulässig, wenn
1. die öff. Auslegung (§ 3 Abs. 2 und 3) durchgeführt und die Träger öff. Belange (§ 4 Abs. 1) beteiligt worden sind,
2. anzunehmen ist, daß das Vorhaben den künftigen Festsetzungen des Bebauungsplans nicht entgegensteht,
3. der Antragsteller diese Festsetzungen für sich und seine Rechtsnachfolger schriftlich anerkennt und
4. die Erschließung gesichert ist.

(2) Vor Durchführung der öffentl. Auslegung und Beteiligung der Träger öffentl. Belange »kann ein Vorhaben zugelassen werden, wenn die in Abs. 1 Nr. 2 bis 4 bezeichneten Voraussetzungen erfüllt sind« und die betroffenen Bürger und die berührten TÖB Gelegenheit zur Abgabe einer Stellungnahme hatten.

Beispiel A3: Angenommen, der BbP-Entwurf habe bereits öffentl. ausgelegen und gegen die Ausweisung auf dem Grundstück sind keine Einwendungen vorgebracht worden, dann ist der Bauantrag genehmigungsfähig, wenn der Neubau die vorgegebenen Nutzungszahlen (S. 182f.) und die Firstrichtung einhält.

§ 34: Innerhalb der im Zusammenhang bebauten Ortsteile:

(1) Innerhalb der im Zusammenhang bebauten Ortsteile ist ein Vorhaben zulässig, wenn es sich nach Art und Maß der baulichen Nutzung, der Bauweise und der Grundstücksfläche, die überbaut werden soll, in die Eigenart der näheren Umgebung einfügt und die Erschließung gesichert ist. Die Anforderungen an gesunde Wohn- und Arbeitsverhältnisse müssen gewahrt bleiben; das Ortsbild darf nicht beeinträchtigt werden.

(2) Entspricht die Eigenart der näheren Umgebung einem der Baugebiete (nach BauNVO), beurteilt sich die Zulässigkeit des Vorhabens nach seiner Art allein danach, ob es nach BauNVO allgemein zulässig wäre; ...

(3) sowie (5): siehe Baugesetzbuch [9].

(4) Die Gemeinde kann durch Satzung
1. die Grenzen für im Zusammenhang bebaute Ortsteile festlegen,
2. bebaute Bereiche im Außenbereich als im Zusammenhang bebaute Ortsteile festlegen, wenn die Flächen im Flächennutzungsplan als Baufläche dargestellt sind,
3. einzelne Außenbereichsgrundstücke zur Abrundung der Gebiete nach den Nummern 1 und 2 einbeziehen.

Die Satzung nach Satz 1 Nr. 2 und 3 muß mit einer geordneten städtebaulichen Entwicklung vereinbar sein. In ihr können einzelne Festsetzungen nach § 9 Abs. 1, 2 und 4 getroffen werden. § 9 Abs. 6 ist entsprechend anzuwenden.

Beispiel A4: In diesem Bereich ohne BbP sind Baugesuche nach § 34 Abs. 1 und 2 zu beurteilen; die Eigenart der näheren Umgebung wird durch drei III-geschossige, gemischt genutzte Häuser bestimmt, also ist zu genehmigen.

Beispiel A5: Mit dem Bauantrag für ein III-geschossiges Gebäude wird der Abbruch eines II-geschossigen beantragt; der Fall ist wie A4 zu beurteilen. Sollte die Gemeinde Planungsabsichten haben, deren Verwirklichung durch die Neubauabsicht A5 gefährdet wäre, so bleiben ihr zur **Sicherung** der Planung für den künftigen Planbereich die vom BauGB vorgesehenen Möglichkeiten,

a) den **Aufstellungsbeschluß** für einen BbP nach § 2(1) zu fassen (S. 212 A),
b) auf der Grundlage von a) eine **Veränderungssperre** nach den §§ 14–18 als Satzung zu beschließen, und
c) gegf. die **Zurückstellung des Baugesuches** bei der Baugenehmigungsbehörde nach § 15 zu erwirken.

Auf das Beispiel A3 kann dieses Vorgehen nicht angewandt werden, da der BbP-Entwurf bereits ausgelegen, also die Planreife erreicht hat und keine Planungsabsicht enthält, die durch das Vorhaben A3 behindert werden könnte.

§ 35: Zulässigkeit im Außenbereich:

(1) Im Außenbereich ist ein Vorhaben nur zulässig, wenn öffentliche Belange nicht entgegenstehen, die ausreichende Erschließung gesichert ist und wenn es

1. einem land- oder forstwirtschaftlichen Betrieb dient und nur einen untergeordneten Teil der Betriebsfläche einnimmt,
2. einem Landwirt – als Altenteilerhaus (siehe [9]) – zu Wohnzwecken dient,
3. einer Landarbeiterstelle dient,
4. dem Fernmeldewesen, der öff. Versorgung mit Elektrizität, Gas, Wärme und Wasser, der Abwasserwirtschaft oder einem ortsgebundenen gewerblichen Betrieb dient,
5. wegen seiner bes. Anforderungen an die Umgebung, wegen seiner nachteiligen Wirkung auf die Umgebung oder wegen seiner Zweckbestimmung nur im Außenbereich ausgeführt werden soll oder
6. der Erforschung, Entwicklung oder Nutzung der Kernenergie zu friedlichen Zwecken oder der Entsorgung radioaktiver Abfälle dient.

(2) Sonstige Vorhaben können im Einzelfall zugelassen werden, wenn ihre Ausführung oder Benutzung öffentliche Belange nicht beeinträchtigt.

(3) Eine Beeinträchtigung öff. Belange liegt insbesondere vor, wenn das Vorhaben

- den Darstellungen des Flächennutzungsplans widerspricht,
- schädliche Umwelteinwirkungen hervorrufen kann oder ihnen ausgesetzt wird,
- unwirtschaftliche Aufwendungen für Straßen und andere Verkehrseinrichtungen, für Anlagen der Versorgung, der Abfallversorgung und Abwasserbeseitigung, für die Sicherheit oder Gesundheit oder für sonstige Aufgaben erfordert,
- die Wasserwirtschaft gefährdet,
- Belange des Naturschutzes und der Landschaftspflege oder des Denkmalschutzes beeinträchtigt,
- das Orts- u. Landschaftsbild verunstaltet,
- die natürliche Eigenart der Landschaft oder ihre Aufgabe als Erholungsgebiet beeinträchtigt oder
- die Entstehung, Verfestigung oder Erweiterung einer Splittersiedlung befürchten läßt.

Auf Maßnahmen zur Verbesserung der Agrarstruktur ist bes. Rücksicht zu nehmen.
...

Forts., sowie Abs. (4; 6) siehe BauGB [9].

(5) Die nach den Absätzen 1 bis 4 zulässigen Vorhaben sind in einer flächensparenden und den Außenbereich schonenden Weise auszuführen.

Abs. 1 regelt die *privilegierten* Vorhaben im Außenbereich; hierzu B 4 und B 5.

Beispiel B4: der Bauantrag betrifft eine Wildfutterhütte mit Geräteraum der Revierförsterei; er ist nach § 35(1)1 zu genehmigen.

Beispiel B5: der Bauantrag betrifft ein Altenteilerhaus; er ist nach § 35(1)2 zu genehmigen, zugleich kann nach § 35(6) eine verkaufshindernde Anordnung im Grundbuch eingetragen werden.

Für ein nicht-privilegiertes Vorhaben stehen:

Beispiel B3: die Tochter eines Landwirtes stellt mit dem Teilungsantrag gemäß § 19 Abs. 1 Nr. 3 den Antrag für ein Gewächshaus mit Aufenthaltsräumen; die Prüfung ergibt, daß das Bauvorhaben eher als Villa mit Veranda anzusehen und als nicht-privilegiertes Vorhaben wegen § 35 (3) abzulehnen ist.

Beispiel B2: daraufhin stellt sie den Bauantrag für ein Wohnhaus am Standort B2 mit der Begründung, er rechne nach § 34 zur im Zusammenhang bebauten Ortslage; da die Gemeinde den Dorfrand 1990 nach § 34(4)1, als *Grenze* für die im Zusammenhang bebaute Ortslage durch rechtsverbindliche Satzung festgesetzt hat und das Grundstück außerhalb liegt, ist auch dieser Antrag abzulehnen.

Beispiel B1: nun stellt sie den Bauantrag für ein modernes Wohnhaus am Standort B1; die Behörde rät, den Entwurf nach Maß und Form *der Eigenart der Gebäude in der näheren Umgebung* anzupassen – als Voraussetzung für eine Genehmigung.

Über die Zulässigkeit von Vorhaben entscheidet die Baugenehmigungsbehörde (S. 232 f.).

Tabelle 56: Das Einvernehmen der Gemeinde und die Zustimmung der höheren Verwaltungsbehörde sind nach § 36 in folgenden Fällen erforderl.:

Fallgruppe nach BauGB [9]	Einvernehmen der Gemeinde	Zustimmung der höheren Verw.Behörde
§ 30 (1)	–	–
§ 31 (1; 2)	erforderlich	–
§ 33	erforderlich	erforderlich
§ 34 (1; 2; 4)	erforderlich	–
§ 34 (3)	erforderlich	erforderlich
§ 35 (1)	erforderlich	–
§ 35 (2; 4)	erforderlich	erforderlich

BauGB § Abs. Nr.	einfache Satzungen und Pläne	bei der höheren Verwaltungsbehörde (Regierungspräsident) anzeigepflichtige	genehmigungspflichtige
6 (1)			Flächennutzungsplan
8 (2) 1		aus dem Flächennutzungsplan entwickelte Bebauungspläne	
8 (2) 2			selbständige und vorzeitige Bebauungspläne
13 (1) 3		deren vereinfachte Änderungen oder Ergänzungen bei fristgerechtem Widerspruch eines Beteiligten	deren vereinfachte Änderungen oder Ergänzungen bei fristgerechtem Widerspruch eines Beteiligten
16 (1)	Veränderungssperre bis zu 2 Jahren		
17 (1)	Verlängerung um 1 Jahr		Verlängerung um das vierte Jahr
22 (3)		Satzung zur Sicherung von Gebieten mit Fremdenverkehrsfunktionen	
25	Satzung über Besonderes Vorkaufsrecht der Gemeinde		
34 (4) 1		Satzung über die Festlegung der Grenze eines im Zusammenhang bebauten Ortsteiles (Grenzlegungssatzung)	
34 (4) 2		Ortsteilesatzung	
34 (4) 3		Abrundungssatzung	
132 125 (2)	Erschließungssatzung		Erschließungssatzung ohne Bebauungsplan
142 (1) 143 (1)		Satzung über ein förmlich festgelegtes Sanierungsgebiet (Sanierungssatzung)	
162 (2)		Satzung über die völlige oder teilweise Aufhebung eines förmlich festgelegten Sanierungsgebietes (Sanierungsaufhebungssatzung)	
170		Satzung über die förmliche Festlegung von Anpassungsgebieten (Anpassungssatzung)	
172 (1) 1	Erhaltungssatzung	Erhaltungs-BbP	
172 (1) 2	Satzung zur Erhaltung der Zusammensetzung der Wohnbevölkerung	BbP zur Erhaltung der Zusammensetzung der Wohnbevölkerung	
	(Verdrängungsschutz der Wohnbevölkerung)		
172 (1) 3	Satzung bei städtebaulichen Umstrukturierungen	BbP bei städtebaulichen Umstrukturierungen	
	(Schutz eines sozialverträglichen Ablaufes der Umstrukturierung mit Hilfe eines Sozialplanes)		

Tabelle 57: einfache, anzeigepflichtige und genehmigungspflichtige Pläne und Satzungen nach dem Baugesetzbuch [9]

Im Geltungsbereich jedes Bauleitplanes gilt das Planungsrecht, das zum Zeitpunkt seines Inkrafttretens galt: es sei denn, daß der Plan - meist im Zusammenhang mit notwendigen Änderungen - in ein jüngeres Recht übergeleitet worden ist. Das Besondere Städtebaurecht [9. 2. Kapitel, §§ 136-191] hat wegen wechselnder Förderungspolitik durch Bund und Länder eine Abschwächung seiner Bedeutung erfahren, was für die Stadterneuerung zu bedauern ist.

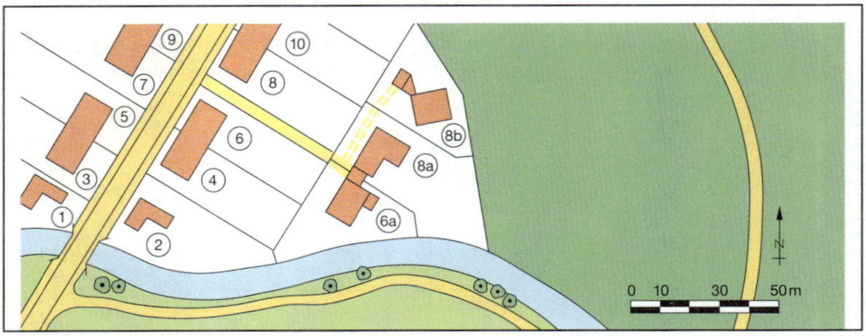

A Erschließung von Hinterliegergrundstücken

B-C Abrechnungsgebiete nach Erschließungsrecht

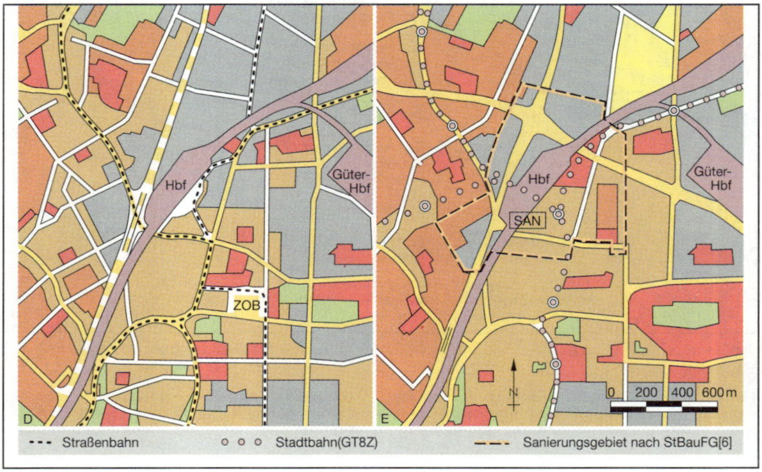

D-E Bielefeld: Erschließung einer Stadtmitte nach FNP 1965 (D) und nach FNP 1978 (E)

Der **Begriff der Erschließung** umfaßt
a) die Grundstückserschließung (A),
b) die Herstellung und Abrechnung von Erschließungsanlagen nach BauGB (B, C),
c) die Erschließungsträger einer Stadt, z. B. Bahn, Stadtbahn und Straßennetz (D, E), oder auch z. B. Spreearme im Spreewald.

Voraussetzung für die Zulässigkeit eines Vorhabens nach § 29 ist in jedem Fall die **gesicherte Erschließung;** dies verlangen [9] §§ 30(1), 33(1)4, 33(2), 34(1)1, 35(1), 35(3)3. Die Stadtplanung hat so zu leiten, daß jedes selbständig bebaubare oder gewerblich nutzbare Grundstück erschlossen ist. Als erschlossen gilt ein Grundstück, wenn es an eine öff. **Anbaustraße** grenzt und von dieser zugänglich (Briefträger) und anfahrbar (Feuerwehr, Müll) ist.

Unter dem Gesichtspunkt des **Bestandsschutzes** sichert das BGB, § 917(1), jedem Grundstück als Minimum den **Notweg** zu:

»Fehlt einem Grundstück die zur ordnungsmäßigen Benutzung notwendige Verbindung mit einem öff. Wege, so kann der Eigentümer von den Nachbarn verlangen, daß sie bis zur Hebung des Mangels die Benutzung ihrer Grundstücke zur Herstellung der erforderlichen Verbindung dulden. Die Richtung des Notwegs und der Umfang des Benutzungsrechts werden erforderlichen Falles durch Urteil bestimmt.«

Analog sichert die Rechtsprechung [363] jedem bebauten Grundstück das **Notleitungsrecht** zu. Beispiel A: die Hinterlieger 6a und 8a besitzen gemeinschaftlich eine Wegeparzelle, die ihnen mit der Zufahrt zur Hensen-Allee die Erschließung ihrer Grundstücke sichert; der Hinterlieger 8b hat ein Wegerecht auf dem Grundstück 8a sowie ein Mitbenutzungsrecht an der Wegeparzelle, wofür er Entschädigungsrente zahlt (BGB § 917(2)); nunmehr baut die Gemeinde den Abwasserkanal, um alle privaten Klärgruben durch Kanalanschlüsse zu ersetzen; bei der Nähe zum Hotzetann-Forst und zum Jösterbach ist die Versuchung zu mißbräuchlicher Ableitung bes. groß; will der 8a dem 8b kein Leitungsrecht für den Abwasserkanal einräumen, kann er gerichtlich dazu verurteilt werden.

Der Anspruch auf Notwegerecht und Notleitungsrecht genügt nicht, um die Bebaubarkeit eines nicht erschlossenen Grundstücks zu begründen ([9], § 35(3)3.

Nach dem **Erschließungsrecht** [9, §§ 123–135] obliegt die *Erschließungslast* (§ 123) den Gemeinden, die die *Erschließungsanlagen* (§ 127) auf der Grundlage von Bebauungsplänen und in Übereinstimmung mit deren Festsetzungen (§ 125) herstellen; durch eine von ihnen zu erlassende Satzung (§ 132) regeln sie Art und Umfang der Erschließungsanlagen (§ 127(2)), den *Erschließungsaufwand* (§ 128), die *Kostenspaltung* (§ 127(3)), die Merkmale der endgültigen Herstellung der Erschließungsanlage (§ 132(4)) und die Art der Ermittlung und der Verteilung des Erschließungsaufwandes (§ 131) auf die erschließungsbeitragspflichtigen Grundeigentümer/Erbbauberechtigten (§ 133). Die Gemeinde trägt mindestens 10% des beitragsfähigen Erschließungsaufwands (§ 129), sie erhebt *Beiträge* zur Deckung ihres anderweitig nicht gedeckten Aufwands (§ 127(1)), sie kann Teilbeträge für fertiggestellte Teilleistungen und Vorausleistungen (§ 133) verlangen; sie kann den beitragsfähigen Erschließungsaufwand nach tatsächlichen Kosten oder nach Einheitssätzen ermitteln (§ 130); letzteres ist im Verwaltungsaufwand geringer und für die Pflichtigen günstiger.

Erschließungsanlagen sind (§ 127(2))
1. die öffentlichen zum Anbau bestimmten Straßen, Wege und Plätze;
2. die öff., aus rechtl. oder tatsächl. Gründen mit Kraftfahrzeugen nicht befahrbaren Verkehrsanlagen innerhalb der Baugebiete (z. B. Fußwege, Wohnwege);
3. Sammelstraßen innerhalb der Baugebiete, ... die selbst nicht zum Anbau bestimmt, aber zur Erschließung der Baugebiete notwendig sind;
4. Parkflächen und Grünanlagen mit Ausnahme von Kinderspielplätzen, soweit sie Bestandteil der in den Nummern 1 bis 3 genannten Verkehrsanlagen oder nach städtebaul. Grundsätzen innerhalb der Baugebiete zu deren Erschließung nötig sind;
5. Anlagen zum Schutz von Baugebieten gegen schädliche Umwelteinwirkungen im Sinne des Bundes-Immissionsschutzgesetzes, auch wenn sie nicht Bestandteil der Erschließungsanlagen sind.

Der **Erschließungsaufwand** umfaßt gemäß § 128(1) die Kosten für
1. den Erwerb und die Freilegung der Flächen für die Erschließungsanlagen;
2. ihre erstmalige Herstellung einschließlich der Einrichtungen für ihre Entwässerung und Beleuchtung;
3. die Übernahme von Anlagen als gemeindliche Erschließungsanlagen;

nicht jedoch nach § 128(3) die Kosten für
1. Brücken, Tunnels und Unterführungen mit den zugehörigen Rampen;
2. die Fahrbahnen der Ortsdurchfahrten von Bundesstraßen sowie von Landstraßen I. und II. Ordnung, soweit die Fahrbahnen dieser Straßen keine größere Breite als ihre anschließenden freien Strecken erfordern.

Die **Kostenspaltung** ermöglicht je selbständige Beitragserhebung für Grunderwerb, Freilegung und für Teile der Erschließungsanlagen; Abschnitte können nach örtlich erkennbaren Merkmalen oder nach rechtlichen Gesichtspunkten (Grenzen von Bebauungsplan-, Umlegungs- oder förmlich festgelegten Sanierungsgebieten) gebildet werden § 130(2). Je größer das Abrechnungsgebiet ist, desto gerechter verteilen sich punktuell entst. Sonderkosten auf die Pflichtigen (B und C).

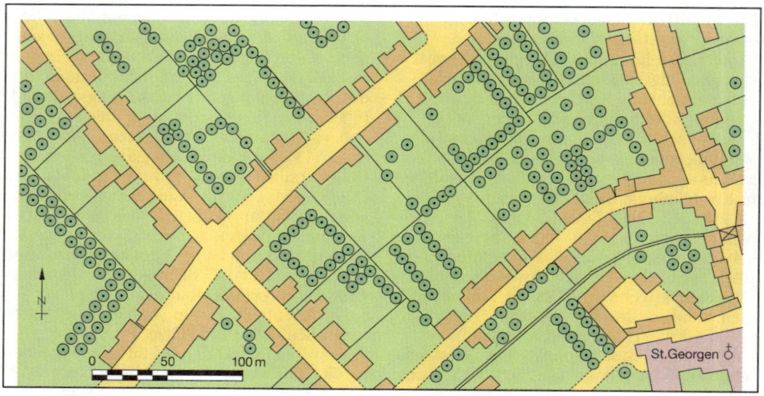

A »Großstadt« Augsburg um 1600: St.Georgen-Vorstadt mit großen Hausgärten

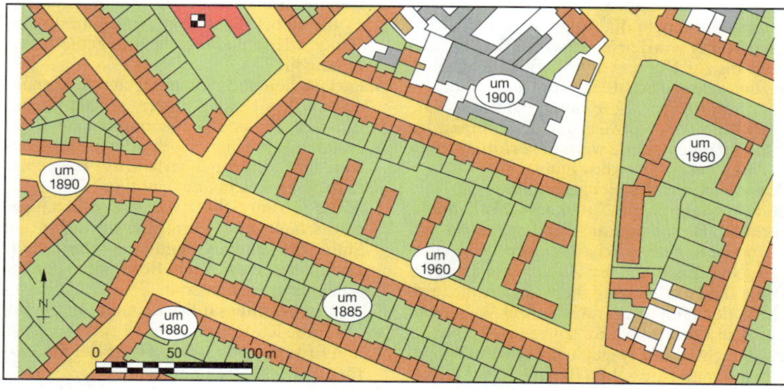

B Kiel: Block- und Zeilenbebauung zwischen 1875 und 1960

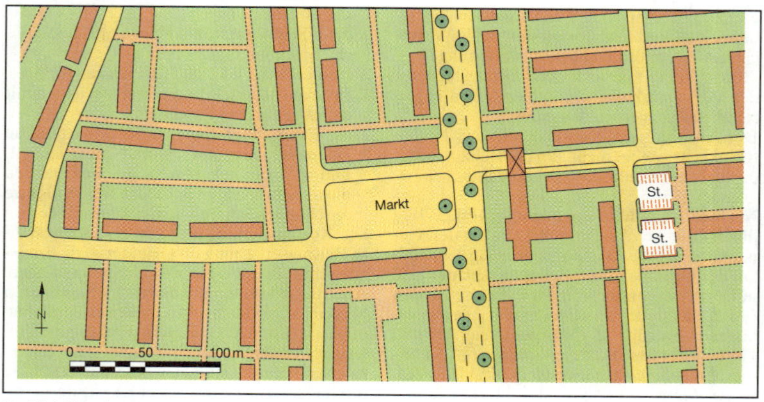

C Kiel-Elmschenhagen: raumbildender Zeilenbau nach Einheitsbauordnung um 1935

Bis zur Gründung des Deutschen Reiches im Jahr 1871 waren die dt. Länder wie Bayern (A), Preußen oder Sachsen mindestens seit 1648 (Westfälischer Friede) selbständige Staaten, die das Recht der Gesetzgebung und Gerichtsbarkeit im weitesten Ausmaß für sich in Anspruch nahmen. Ein einheitliches Planungs- und **Bauordnungsrecht** fehlte als Leit- und Lenkungsinstrument in Deutschland.

Aus der Antike sind uns griechische Baufluchten (S. 24f.), römische Baublockkonzepte (S. 26 C) und auch Bauvorschriften bekannt; unter Kaiser Trajan (98–117) erreichten das röm. Reich und die Bauhöhe für Miethäuser ihre größte Ausdehnung, sie wurde auf 60 röm. Fuß begrenzt (= 17,60 m). **Bauvorschriften** wurden meist erst dann geschaffen, wenn die Wohnverhältnisse infolge baul. Verdichtung das Maß des Menschenwürdigen verletzten.

Der Ursprung des dt. Baurechts liegt im Mittelalter (A). Der ›Sachsenspiegel‹ (S. 33) enthielt erste Aussagen [22] u. a.

- zum *Grundsatz der Baufreiheit:* »... man kann auch bauen ohne des Richters Erlaubnis mit Holz oder mit Stein 3 Stockwerke übereinander, ...«;
- zu *Abstand* und *Bauwich, Fenster-* und *Nachbarrecht:* »Es soll niemand seine Traufe in eines andern Mannes Hof hängen, noch soll man ein Fenster nach eines anderen Mannes Hof haben«;
- zum *Brandschutz:* »Jeder soll auch abdecken seinen Backofen und seine Mauer, daß die Funken nicht in eines andern Mannes Hof fliegen, jenem zum Schaden«;
- zur *Stadt- und Landesplanung:* Man darf keinen Markt dem andern auf eine Meile nahe bauen.

Als stadtrechtliche Ausprägung des altsächsischen **Landrechts** erlangte das *Magdeburger Recht* geographisch und juristisch weitreichende Bedeutung, bes. als Grundlage des Rechts der Hansestädte und der ostdt. Städtegründungen sowie des Magdeburger Schöffenstuhls.

Mit der Unterwerfung Berlins durch die Hohenzollern begann 1442 eine erste frühe Phase des Absolutismus. Die **Zunft-** und die ersten **Bauordnungen** (S. 37) führten im Baugewerbe zu handwerklich einwandfreier Qualitätsarbeit, ließen jedoch städtebauliche Mängel, z. B. Häuser ohne Sonneneinfall, zu. Unter der selbstherrlichen Verantwortung der Landes- und Kirchenfürsten entstanden in der Blüte des Absolutismus die kunstvollen Bauten des Barock, doch Statik und Standsicherheit galten ihnen wenig; das bewies der notwendige Abbruch des vom preuß. König befohlenen Münzturms (S. 39). Schon damals wäre eine Baugesetzgebung notwendig gewesen, die in gleicher Weise auf alle Vorhaben, auch auf staatliche, zwingend anzuwenden ist. Insofern ist § 37(1) des BauGB ein Relikt aus absolutistischen Zeiten:

»Macht die besondere öffentliche Zweckbestimmung für bauliche Anlagen des Bundes oder eines Landes erforderlich, von den Vorschriften dieses Gesetzbuchs oder den aufgrund dieses Gesetzbuchs erlassenen Vorschriften abzuweichen, oder ist das Einvernehmen mit der Gemeinde nach § 14 oder § 36 nicht erreicht worden, entscheidet die höhere Verwaltungsbehörde.«

Der Staat bleibt sich am nächsten, obwohl seine Bausünden gegen ihn Zeugnis ablegen [325, S. 61].

Mit einer Kabinettsordre vom 14. 4. 1780 verlangte FRIEDRICH II. die Kodifikation »aller Gesetze für unsere Staaten und Unterthanen in ihrer eigenen Sprache«, zu dem Entwurf bemerkte er 1784: »Viel zu dicke!«, das Allg. Gesetzbuch für die Preußischen Staaten wurde am 20. 3. 1791 verkündet und trat am 1. 6. 1794 als *Preußisches Allgemeines Landrecht* [30] in Kraft. Die Polizei setzte **Fluchtlinien** für Straßen und Gebäude nach Kriterien der **Sicherheit und Gefahrenabwehr** fest, bis das Preuß. Fluchtliniengesetz vom 2. 7. 1875 [364] dieses Recht den Gemeinden als Selbstverwaltungsangelegenheit übertrug und ihnen einräumte, als Ausgleich ihrer Kosten **Anliegerbeiträge** zu erheben. Am 23. 6. 1960 trat das Bundesbaugesetz mit 189 Paragraphen an seine Stelle und hob 67 Gesetze und Verordnungen, unter ihnen das Pr.FluchtlG, auf [3, § 186(1)]. Ab 1986 gelten die 247 Paragraphen des Baugesetzbuches [9] als Planungsrecht.

Im 19. Jh. mußte die **Baupolizei** ihren »Konsens zur Vornahme von Neu- oder Reparaturbauten« (= Baugenehmigung) nach den von Ort zu Ort unterschiedlichen Bauordnungen abfassen (B; S. 47; [22, S. 50 f.]). Die Bauherren nutzten den teurer werdenden Baugrund so weit aus, wie es nach Bauordnung irgend zulässig war, bes. in den wachsenden Industriestädten der Gründerzeit (S. 44–49). Diese reichten nicht, um die **Übernutzung** der Grundstücke und die Nutzungsmischung, bes. in den Höfen der Baublöcke, zu verhindern. Die dadurch bedingten baulichen, hygienischen und sozialen Mißstände führten zur Entstehung städtebaulicher Problembereiche (B; S. 222 D). Strengere Abwehrregelungen und eindeutige Begriffe für Justiz und Bauwesen brachte nach dem Preußischen WohnungsG vom 28. 3. 1918 erst die preußische **Einheitsbauordnung** (EBO) vom 25. 4. 1919, die als Rahmen-Entwurf für gemeindliche Bauordnungen das gesamte Bauordnungsrecht in 38 Paragraphen nach dem Grundsatz »in necessariis unitas, in aliis libertas« (Einheit im Notwendigen, ansonsten Freiheit) ordnete; ihre auf Sicherheit zielenden Vorschriften wurden in die örtlichen Bauordnungen übernommen oder übertroffen [22]. Durch ihre Anforderungen an Abstände, Belüftung und Besonnung führte sie zu geräumigeren Baublöcken ohne Innenhofbetriebe und zum raumbildenden **Zeilenbau** (C).

Abstandsflächen sind die Flächen, die nach Bauordnungsrecht (MBO, LBOen) *vor den Außenwänden von Gebäuden von oberirdischen Gebäuden freizuhalten sind* (MBO §6 (1)). Ist planungsrechtlich *offene Bauweise* festgesetzt (S. 180f.), so sind auf allen Seiten des Gebäudes Abstandsflächen erforderlich. *Die Abstandsflächen müssen auf dem Grundstück selbst liegen* (MBO §6 (2)); sie dürfen auch auf öff. Verkehrs-, Grün- oder Wasserflächen liegen, *jedoch nur bis zu deren Mitte.*

Die Tiefe der Abstandsfläche bemißt sich nach der Wandhöhe (MBO §6 (4)); sie wird senkrecht zur Außenwand gemessen. Als Wandhöhe gilt das Maß von der festgelegten Geländeoberfläche bis zum Schnittpunkt der Wand mit der Dachhaut oder bis zum oberen Abschluß der Wand. Die Höhe von Dächern sowie die Höhe von Giebelflächen im Bereich des Daches werden zu einem Drittel angerechnet. Das sich ergebende Maß ist H.

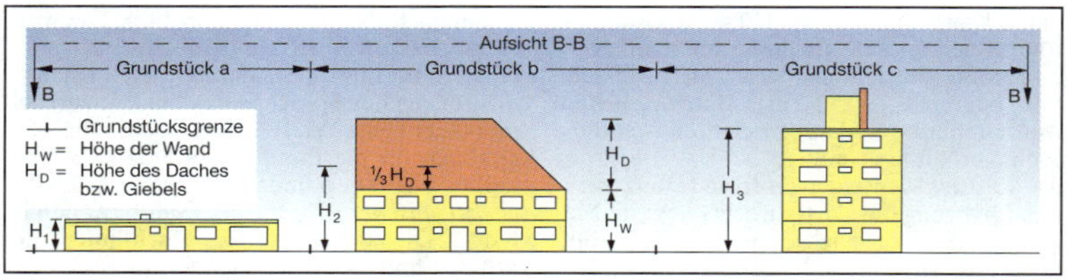

Ansicht A-A: H als maßgebende Höhe von Gebäuden, Wänden, Dächern

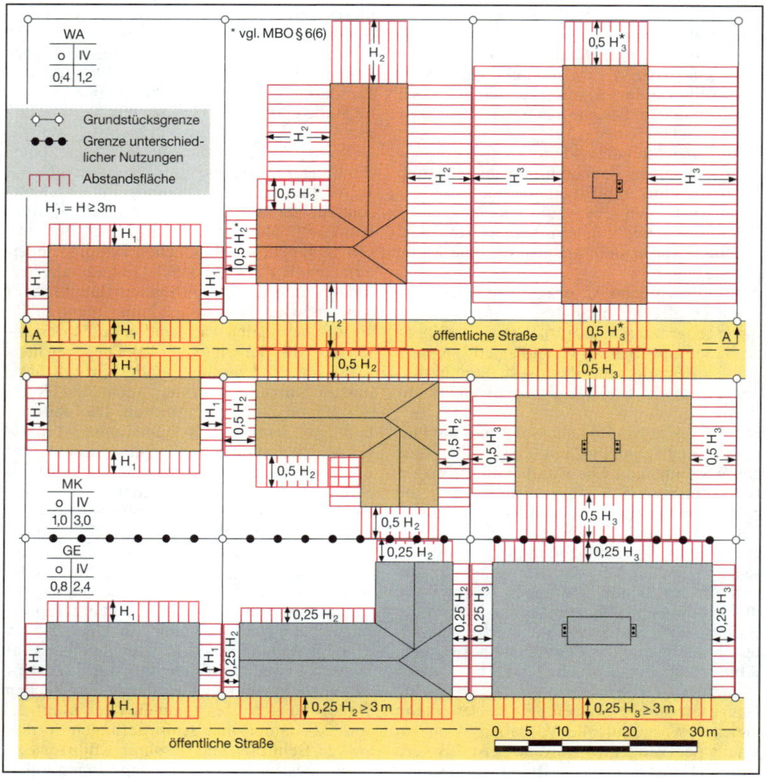

Aufsicht B-B : Abstandsflächen nach MBO, abhängig von der Nutzungsart

Der Kaiserzeit-Entwurf (von 1913) für das **Preuß. Wohnungsgesetz** enthielt Vorschriften gegen »ungesunde Häuser- und Bodenspekulation, die die Mietpreise in unverhältnismäßige Höhen treiben würde« [366]; das am 28.3. 1918 verabschiedete Gesetz grenzte die Ausnutzbarkeit von Grund und Boden durch baupolizeil. Festlegungen ein, u. a.

- zu offener und geschlossener Bauweise,
- zu Baustufen, Abständen, Bauwichen,
- zur Zulässigkeit von Hintergebäuden,
- zu Bauklassen (Nutzungszonen),
- zum einheitlich gestalteten Straßenbild,
- zum Erfordernis der zeichnerischen Darstellung aller Gebäudeansichten (!).

Es bereitete die Einheitsbauordnung vor (S. 225 [365]); sie verlangte auf der klassisch gewordenen Grundlage von Feuerschutz, Gesundheit und Sicherheit den **Nachweis,** daß *jeder Bau insgesamt und in allen Teilen standsicher ist und den allgemein anerkannten Regeln der Baukunst entspricht;* hierzu wurden Begriffe wie »feuerbeständig, feuerhemmend, notwendige Treppe« eindeutig definiert und der Weg zum Güteschutz und den Deutschen Industrienormen (DIN) vorbereitet; einige Aussagen sollten in den Rang unveränderbarer **Grundregeln des Bauens** erhoben werden:

1. Grundmauerwerk muß unter Terrain horizontal und vertikal *isoliert* werden.
2. *Notwendige Treppen* müssen einen *gesicherten freien Ausgang* haben; ihr Steigungsverhältnis, ihre Geländerhöhe und ihre Laufbreite sind festzusetzen.
3. *Räume zum dauernden Aufenthalt von Menschen* müssen eine *lichte Höhe* von mind. 2,50 m und eine *hinreichende Tagesbeleuchtung* (ca. $^1/_8$ bis $^1/_{10}$ der Fußbodenfläche, bzw. 1 qm Fensterfl. je 30 cbm umbauter Innenraum) haben.
4. Wohnungen brauchen *Querlüftung.*
5. An *eine* Treppe dürfen *in jedem Geschoß nur zwei Wohnungen* anschließen.

Die EBO gab allgemeine Anregungen für die örtlichen Regelungen, u. a. über

- die Zugänglichkeit der Grundstücke (!),
- Lage der Gebäude auf dem Grundstück,
- baul. Ausnutzbarkeit der Baugrundst.,
- Gebäudeabstände und Gebäudehöhen,
- äußere Gestaltung und Einzäunung,
- Vorgärten und ihre Bepflanzung.

Bis die Gebietskörperschaften die örtl. Bauordnungen gemäß EBO umgearbeitet und zur Rechtskraft geführt hatten, vergingen 3 bis 14 J. [22, S. 74 f.]. In diesem Vorgang zeigte sich die rechtl. Selbständigkeit und die polit. Größe der dt. Städte und Gemeinden; sie übernahmen die Sicherheitsanforderungen der EBO oder erhöhten sie noch (z. B. mehr Kopfhöhe bei Treppen als 1,80 m), in Gestaltungsfragen versuchten sie oft, an die Geschichte der eigenen Baukultur anzuknüpfen und viel Liebe zum Detail beizubehalten (Erker, örtl. Materialien).

Der Dt. Bundestag forderte am 13. 9. 1951 den Entwurf eines die Baurechtsmaterie regelnden Bundesgesetzes zum 31.12 nach GG, Art. 74 Nr. 18 (Konkurrierende Gesetzgebung, Katalog). Da einige Länder die Bundeszuständigkeit für das *Baupolizeirecht* bestritten, beantragte die Bundesregierung am 6. 10. 1952 beim Bundesverfassungsgericht ein **Rechtsgutachten** [367]; dieses schrieb 1954 dem Bund die Zuständigkeit für Boden-, Erschließungs-, Planungs-, Raumordnungs- und Umlegungsrecht zu, jedoch nicht das gesamte Bauordnungsrecht, das wegen seiner Nähe zum Polizeirecht Ländersache sei. Damit wurde die Bundesstaatlichkeit der BRDtl. gestärkt; denn »Unzweckmäßigkeit einer unterschiedl. Regelung durch Ländergesetzgebung« leitet noch nicht die Zuständigkeit des Bundes her [367/C II 7].

Das Baurecht zerfiel somit in zwei Teile; um weitere Zersplitterung zu vermeiden, trafen Bund und Länder in Bad Dürkheim am 21. 1. 1955 die Vereinbarung, daß der Bund von der Teilzuständigkeit im Bauordnungsrecht keinen Gebrauch macht, wenn die Länder einheitliche und umfassende Bauordnungen verabschieden. Die zuständigen Minister setzten eine Kommission ein, die eine Bauordnung entwerfen sollte. Zu diesem Zweck wurden Fachleute aus Bund, Ländern und Kommunen berufen und die Zwischenergebnisse in der Kommission mit allen betroffenen Fachressorts aller staatl. Ebenen und den Verbänden der *bauschaffenden* Wirtschaft, Industrie, Handwerkerschaft, Architekten und Ingenieure, Hausbesitzer, Gewerkschaften und der Versicherungen erörtert. Nach nur vierjähriger Arbeit legte die Kommission am 30. 10. 1959 die **Musterbauordnung** (MBO) [353] vor und empfahl den Ländern, auf dieser Grundlage die **Landesbauordnungen** (LBOen) zu entwickeln. Die Abstandsvorschriften standen fortan in der MBO (A–D), das Maß der baul. Nutzung in der Baunutzungsverordnung [4]. Obwohl der MBO eine parlamentar. Legitimation fehlt, wurde auf diesem Weg eine gewisse Einheitlichkeit im bundesdeutschen Bauordnungsrecht gesichert. Von Zeit zu Zeit wird die MBO von der Arbeitsgemeinschaft der für das Bau-, Wohnungs- und Siedlungswesen zuständigen Minister der Länder (ARGEBAU) dem Entwicklungsstand angepaßt, z. B. am 4. 5. 1990 im Hinblick auf die Deutsche Einheit [368].

Tabelle 58: Gliederung der MBO 1990

	§§
1. Teil: Allgemeine Vorschriften	1– 3
2. Teil: Das Grundstück und seine Bebauung	4–11
3. Teil: Bauliche Anlagen	12–52
4. Teil: Die am Bau Beteiligten	53–57
5. Teil: Bauaufsichtsbehörden und Verwaltungsverfahren	58–79
6. Teil: Ordnungswidrigkeiten, Rechtsvorschriften, Übergangs- und Schlußvorschriften	80–84

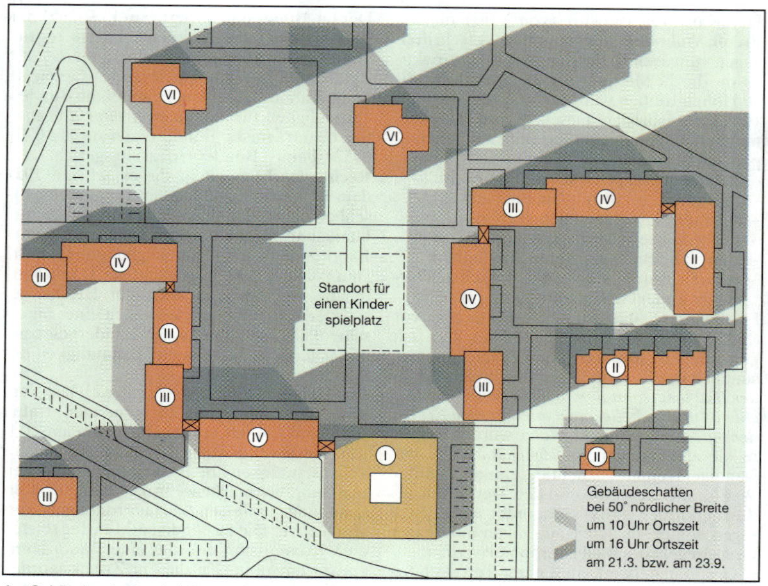

A Gebäudeschatten bei Tag- und Nachtgleiche als Voraussetzung für B

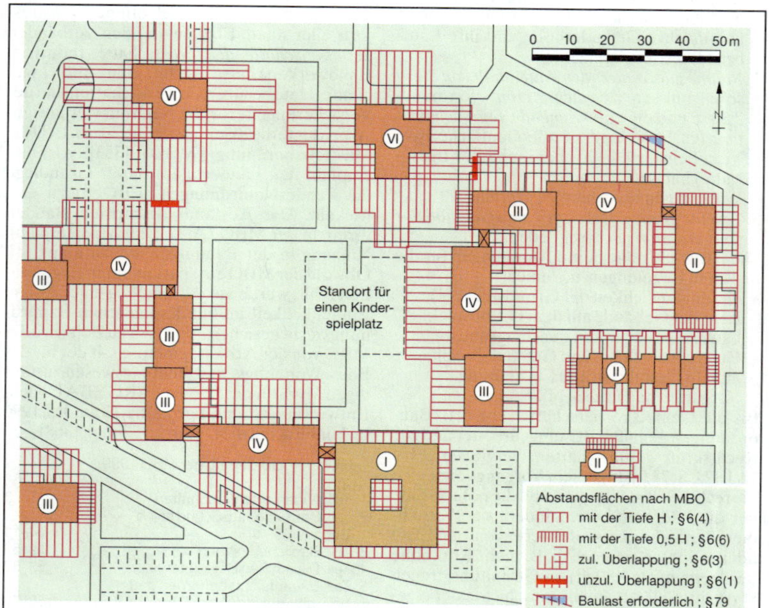

B Sicherung der Belichtung / Besonnung (A) durch Abstandsflächen auf der Grundlage von A

Die Musterbauordnung [368] dient den Ländern als Vorbild (Muster) und Leitfaden (Check-Liste) im Fall einer Novellierung der jeweiligen **Landesbauordnung** (LBO); sie hat keine rechtl. Bindungswirkung. Die Bundesländer haben die ihnen vom Bundesverfassungsgericht, von der BAD-Dürkheimer-Vereinbarung und vom Einigungsvertrag zuerkannten Gesetzgebungsrechte ausgeschöpft. Sie tauschen ihre Erfahrungen über die Sicherheit des Bauens und der Bauten in der ARGE-BAU (S. 227) ständig aus und passen ihre Rechtsvorschriften den Sicherheitserfordernissen zügig an. Gemeinsame Einsichten können in den Ländern unterschiedl. weitergegeben werden, z. B. als Novellierung der LBO, als Novelle einer Durchführungsverordnung zur LBO, als Ministerialerlaß an die Bauordnungsbehörden oder als Änderungserlaß einer Technischen Bestimmung (S. 74 A). Nach jedem Bau- oder Gebäudeunfall (Brand, Einsturz, Unterspülung) werden die erkannten Ursachen unverzüglich darauf überprüft, ob irgendeine Rechts- oder Bauvorschrift geändert werden muß oder ob andere Vorsichtsmaßnahmen zu treffen sind; über die ARGE-BAU und die zuständigen Länderminister wird die schnellstmögl. gegenseitige Information und damit auch die Sicherheit im Bauwesen gewährleistet.

Sämtliche Landesbauordnungen enthalten den Grundsatz (S. 227) nach MBO [368]:

§ 3: **Allgemeine Anforderungen**

»(1) Bauliche Anlagen sowie ... sind so anzuordnen, zu errichten, zu ändern und zu unterhalten, daß die öffentliche Sicherheit oder Ordnung, insbesondere Leben oder Gesundheit, nicht gefährdet werden; sie müssen ihrem Zweck entsprechend ohne Mißstände zu benutzen sein. Die allgemein anerkannten Regeln der Technik sind zu beachten. (2) Für den Abbruch baulicher Anlagen, für die Änderung ihrer Benutzung und für die Baustelle gilt Absatz 1 sinngemäß. (3) Als allgemein anerkannte Regeln der Technik gelten auch die von der obersten Bauaufsichtsbehörde oder der von ihr bestimmten Behörde durch öffentliche Bekanntmachung eingeführten technischen Baubestimmungen. Bei der Bekanntmachung kann hinsichtlich des Inhalts der Baubestimmungen auf die Fundstelle verwiesen werden.«

Zum Vergleich sei die Bayrische Bauordnung zitiert [369: BayBO, Art. 3(1)]:

»Bauliche Anlagen sind so anzuordnen, zu errichten, zu ändern und zu unterhalten, daß die öffentliche Sicherheit und Ordnung, insbesondere Leben oder Gesundheit, und die natürlichen Lebensgrundlagen nicht gefährdet werden. Sie sind einwandfrei zu gestalten, dürfen das Gesamtbild ihrer Umgebung nicht verunstalten und müssen ihrem Zweck entsprechend ohne Mißstände benutzbar sein. Die allgemein anerkannten Regeln der Baukunst und Technik sind zu beachten.«

Die Unterschiede in der Baurechtsgesetzgebung der 16 Bundesländer/Stadtstaaten sind in ihrer Bedeutung geringfügig, in ihren rechtlichen Festlegungen und Formulierungen zu vielseitig für eine knappe synoptische Übersicht. Jeder Entwurfsverfasser muß sich in jedem Einzelfall nach dem Bauordnungsrecht des Landes richten, in dem er seinen Entwurf verwirklichen will, und sich dazu die geltende Fassung der dortigen Landesvorschriften beschaffen und aneignen.

Aus der Fülle der denkbaren Veranschaulichungsbeispiele ist in Bild A gezeigt, welche Teilflächen bei Tag-und-Nacht-Gleiche nicht im *10-Uhr-* bzw. *16-Uhr-Schatten* der Gebäude liegen; diese *ständig besonnten* Teilflächen können als Standorte für Kinderspielflächen, Bäume, Altensitzecken oder Wäschetrockenplätze in Frage kommen. In der BRDtl. sollen die **Abstandsflächen** (früher: auch Bauwich) neben der Funktion des Sicherheits- und Feuerschutzabstandes eine ausreichende **Belichtung** und **Besonnung** gewährleisten (vgl. B mit A). Roland Rainer hat in seinem Planungskonzept für Wien dazu Grundsätzliches und Spezielles ausgeführt und empfohlen, die Hauszeilen zur besseren Ausnutzung der tiefstehenden Wintersonne von Westen nach Osten verlaufen zu lassen [370, S. 138 ff.].

Tabelle 59: Die Vorschriften des Zweiten Teiles der MBO wirken als Bindeglied zwischen Gebäudearchitektur und Städtebau; sie umfassen folgende 8 Paragraphen:

nach Musterbauordnung 1990 [368]:		nach Bayrischer Bauordnung [369]:	
Das Grundstück und seine Bebauung			
§ 4	Bebauung der Grundstücke mit Gebäuden,	Art. 4	Bebauung der Grundstücke mit Gebäuden,
§ 5	Zugänge und Zufahrten auf den Grundstücken,	Art. 5	Nicht überbaute Flächen der bebauten Grundstücke,
§ 6	Abstandsflächen (S. 226 A–D),	Art. 6	Abstandsflächen (S. 226 A–D),
§ 7	Übernahme von Abständen und Abstandsflächen auf Nachbargrundst.,	Art. 7	Abweichungen von den Abstandsflächen,
§ 8	Teilung von Grundstücken,	Art. 8	Kinderspielplätze,
§ 9	Nicht überbaute Flächen der bebauten Grundstücke, Kinderspielplätze,	Art. 9	Einfriedung der Grundstücke,
§ 10	Einfriedung der Grundstücke,	Art. 10	Höhenlage des Grundstücks und der baulichen Anlagen,
§ 11	Gemeinschaftsanlagen.	Art. 11	Teilung von Grundstücken.

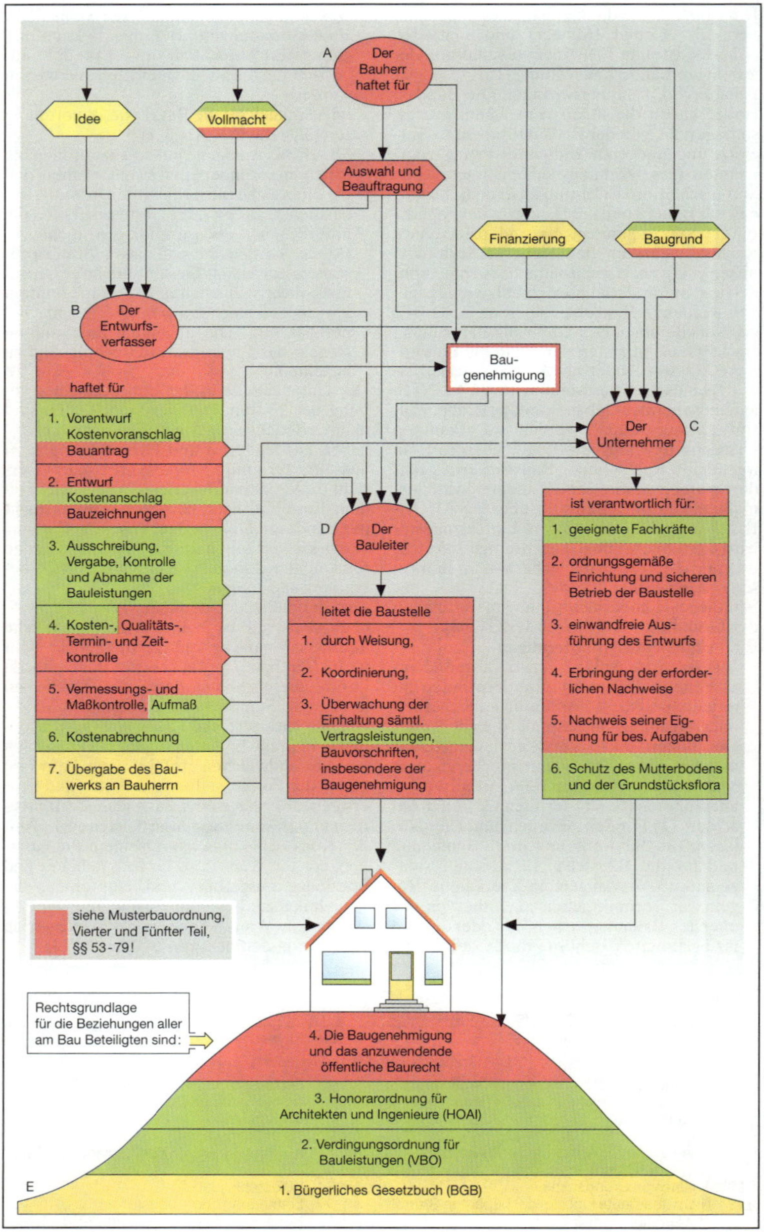

A-E Aufgaben der am Bau Beteiligten

Das Planungsrecht spricht von *Vorhaben* (S. 88/89; [9 § 29]), das Umweltschutzrecht von *Anlage* (S. 93; [105 § 3]), das Bauordnungsrecht von *baulicher Anlage* [353; 368; 369; 371; jeweils § 2: Begriffe]; **Bauen** umfaßt [368 § 53]

- die Errichtung,
- die Änderung,
- die Nutzungsänderung oder/und
- den Abbruch einer baulichen Anlage.

Beim Bauen in diesem Sinn sind **die am Bau Beteiligten** dafür verantwortlich, daß die öffentlich-rechtlichen Vorschriften eingehalten werden (Musterbauordnung § 53). Diese Vorschriften können u. a. den folgenden Rechtsgebieten zugeordnet sein:

a) Bauordnungsrecht,
b) Bodenrecht,
c) Gewerberecht,
d) Immissionsschutzrecht,
e) Nachbarrecht,
f) Ordnungsrecht,
g) Planungsrecht,
h) »Regeln der Baukunst« als Summe der Erfahrungen des Bauens auf dem neuesten Stand von Wissen, Normung und Recht,
i) Steuer- und Gebührenrecht,
j) Verwaltungsrecht,
k) Wasserrecht,
l) Wegerecht,
m) sonstiges öff. Recht, insbes. Ortsrecht.

Die am Bau Beteiligten werden vom Bauordnungsrecht eingeteilt:

1. Der **Bauherr** ist nach MBO § 54 und den LBOen gesamtverantwortlich (A);
2. der **Entwurfsverfasser,** d. h. der Architekt, der Entwurfsingenieur oder der Garten-Architekt (B, MBO § 55),
3. der **Unternehmer** (C, MBO § 56) und
4. der **Bauleiter** (D, MBO § 57) sind *im Rahmen ihres Wirkungskreises* verantwortlich; die übrigen am Bau Beteiligten sind je nach der Art ihrer Leistungen einem der vier Beteiligten zuzuordnen.

Wie stark sich die Landesbauordnungen von einander unterscheiden können, zeigt der Vergleich des Vierten Teiles z. B. zwischen der BayrLBO [369/44], die auf einen Bauleiterparagraphen verzichtet, und der BauO Bln [371/55], die neben dem Bauherrn nur dem Bauleiter einen bes. Paragraphen widmet. Trotz solcher Unterschiede ist in allen Landesbauordnungen gesichert, daß die Bauordnungsbehörden durchsetzen können, daß Auftragnehmer, die nach Sachkunde oder Erfahrung nicht geeignet sind, durch geeignete ersetzt werden (MBO § 54 (3)).

Die Regelung der Verantwortlichkeiten und ihre Übertragung auf Auftragnehmer ist weitgehend Gegenstand privatrechtlicher Vertragsgestaltung (E). Jeder Bauherr ist daher gut beraten, wenn er sich vor Auftragserteilung mit der Rechtsmaterie vertraut macht und neben der Landesbauordnung auch die Vorschläge der Musterbauordnung auswertet.

Das Zuordnungsschema auf S. 230 veranschaulicht, auf welche Einzelleistungen der vier am Bau Beteiligten das Bauordnungsamt nach LBO (gemäß MBO, Vierter und Fünfter Teil, §§ 53–79) einen kontrollierenden Einfluß nehmen kann, soweit die meist zu enge Personalausstattung der Behörde dies überhaupt zuläßt; bei Mängeln im Sicherheitsbereich sowie bei Verstößen gegen öff. Recht, bes. gegen die Baugenehmigung, muß die Genehmigungsbehörde einschreiten. Für den Bauherrn ist dies eine Minderung seiner Baurisiken und für die Allgemeinheit eine Gewährleistung der öff. Sicherheit und Ordnung.

Sämtliche finanziellen Risiken beim Bauen gehen zu Lasten des Bauherrn. In diesem Bereich wird er durch keine öff. Kontrolle geschützt oder unterstützt. Daher steht es bei ihm, abzuwägen,

a) welche Aufgaben er selbst erfüllen kann und übernehmen will,
b) welche Aufgaben er vergeben will und auf welcher Rechtsgrundlage die Beziehungen der Auftragnehmer zu einander geregelt werden (wer führt wen?),
c) nach welchen Eignungsmerkmalen er die Auftragnehmer, insbesondere den Entwurfsverfasser, auswählen sollte,
d) wie die Auftragsvergabe in sachliche und zeitliche Teilschritte zerlegt werden kann, bei denen die Auftragnehmer nach Annahme des ersten Teilauftrages die nachfolgenden anzunehmen haben, ohne daß ein Anspruch ihrerseits entsteht (z. B.: erst nach Erteilung der Baugenehmigung den vollständigen Entwurf in Auftrag geben),
e) ob ein Kostenvoranschlag, z. B. für Hochbauten nach DIN 276, genügt oder ob die Finanzierung eines Kostenanschlages, z. B. bei größeren und technisch aufwendigen Bauwerken, gerechtfertigt ist,
f) ob und welche Teilrisiken auf die Auftragnehmer verlagert werden können ... usw.

Das Bauen vollzieht sich im Bereich einer für Laien schwer durchschaubaren und sehr umfangreichen Sonderrechtsmaterie; deshalb sollte die Auftragsvergabe aufgrund techn., wirtschaftl. und rechtl. Eignungsmerkmale vorgenommen werden.

Die MBO bietet ein Muster für den dreistufigen Aufbau der Bauaufsichtsbehörden in den Bundesländern (§ 58); danach sind z. B. in Bayern untere Bauaufsichtsbehörden die *Kreisverwaltungsbehörden,* höhere die *Regierungen* (der Regierungsbezirke) und oberste ist das *Staatsministerium des Innern* [369 § 62], das nach § 62 (2) größeren kreisangehörigen Gemeinden durch Rechtsverordnung die Aufgaben der *unteren Bauaufsichtsbehörde* ganz oder teilweise übertragen kann. Bei den Stadtstaaten gibt es abweichende Regelungen.

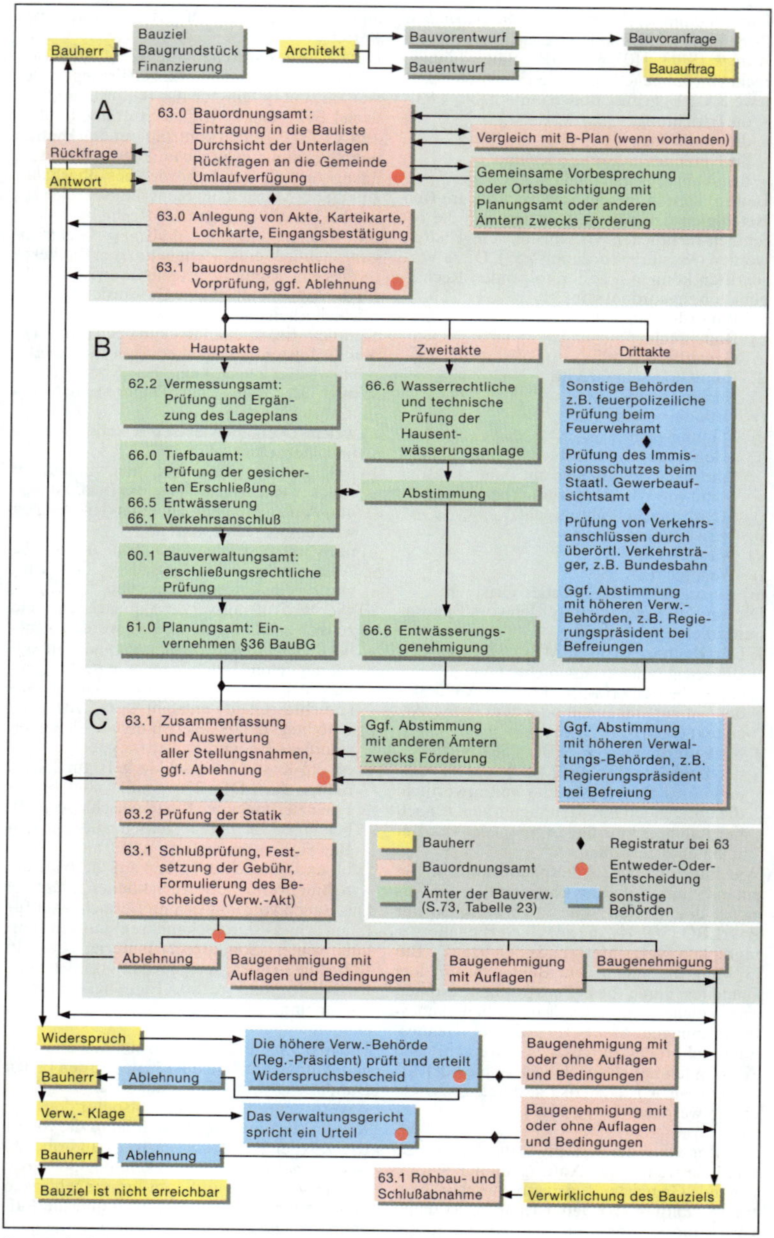

Baugenehmigungsverfahren (schemat.) mit Rechtsmittelverfahren

Rechtstheoretisch besteht in Deutschland **Baufreiheit.** Da der unkontrollierte Gebrauch dieser Freiheit die Sicherheit und andere öffentl. Belange (S. 211) gefährden kann, muß jeder Bauherr seine Bauabsicht genehmigen lassen. Also ist »nur« verboten, ohne Genehmigung zu bauen; eine Baugenehmigung ist eine je besondere Ausnahmeerlaubnis von diesem Allgemeinverbot.
Die Aufgaben der Bauaufsichtsbehörden sind **Staatsaufgaben** [368 § 59 (1)]; diese Behörden sind ausreichend mit geeigneten Fachkräften, insbes. Beamten des höheren bautechn. Verwaltungsdienstes zu besetzen; sie sind berechtigt, in Ausübung ihres Amtes Grundstücke und baul. Anlagen samt Wohnungen zu betreten (Einschränkung insoweit der Unverletzlichkeit der Wohnung nach Art. 13 GG).
Das Bauordnungsamt (S. 72f.; S. 231) ist die Behörde, die die **Bauvorlagen** darauf zu prüfen hat, ob Sicherheitsbestimmungen, öffentl. Belange oder Nachbarrechte verletzt würden. Die Belange der Gefahrenabwehr lassen bei der Prüfung kaum **Ermessensspielraum** zu; er ist dem gestaltenden Zugriff der Gemeinde entzogen. Die Gemeinde ist zu hören, soweit öffentl. Belange ihrem gestaltenden Einfluß unterliegen (Rechtsbereiche des Boden- und Planungsrechts). Die gemeindliche Zustimmung gilt als gegeben, wenn das Vorhaben im Rahmen der Festsetzungen eines rechtsverbindl. Bebauungsplans verwirklicht werden kann und wenn die Erschließung gesichert ist. Oft haben es die Gemeinde, die Nachbarn oder der Bauherr selbst zu vertreten, wenn ein positiver Bescheid versagt werden muß.
Die Länder können Form und Inhalt von Bauanträgen regeln; die Bauvorlagenverordnung Nordrhein-Westfalen [372] verlangt z. B. einen **Lageplan** auf der Grundlage der amtl. Flurkarte (Maßstab = 1 : 500), die **Bauzeichnungen** (Maßstab = 1 : 100), die **Baubeschreibung** mit Erläuterung der Nutzung, den **Standsicherheitsnachweis** und andere techn. Nachweise sowie die Darstellung der **Grundstücksentwässerung.** Der Bauantrag wird in einem horizontalen Umlaufverfahren (S. 76 B/77) in 3 Prüfabschnitten geprüft:
A: Während der Vorprüfung wird der Antrag auf Vollständigkeit und Prüffähigkeit durchgesehen; die grundsätzl. Genehmigungsfähigkeit wird ermittelt und untersucht, ob fehlende Voraussetzungen noch geschaffen werden können, z. B. Bau einer Erschließungsstraße.
B: Die Hauptakte des Bauantrages durchläuft dann diejenigen Ämter der Bauverwaltung, die den Städtebau unter ihrem amtsspezif. Auftrag zu prüfen haben. Die Zweitakte wird von dem Amt bearbeitet, das die Hausentwässerung zu beurteilen hat. Sind weitere Ämter, bes. nicht-kommunale Behörden zu beteiligen, kann eine Drittakte angelegt werden, um die Umlaufzeit abzukürzen.
C: Am Ende der Schlußprüfung steht die Baugenehmigung mit oder ohne Auflagen und Bedingungen oder die Ablehnung; der **Baubescheid** ist ein Verwaltungsakt (S. 209) und faßt die Stellungnahmen aller beteiligten Behörden zusammen.
Die Baubehörde wird im allg., bevor ein versagender Bescheid ergeht, den Bauherrn beraten, wie er die Voraussetzungen für eine Genehmigung schaffen kann. Das Bauordnungsamt schließt einen Vorgang bei erteilter Baugenehmigung nach der **Rohbauabnahme** mit der **Schlußabnahme** des Bauwerks ab. Im Falle der Versagung stehen dem Bauherrn das Rechtsmittel des **Widerspruchs** und bei dessen Zurückweisung der **Rechtsweg** bei den Verwaltungsgerichten offen (S. 180).
Um das Baugenehmigungsverfahren nicht zu belasten, wird ein umsichtiger Bauherr kritische Fragen durch eine **Bauvoranfrage** klären lassen – der **Vorbescheid** darauf bindet die Behörden innerhalb bestimmter Fristen.
Die Zahl der Behörden, die am Baugenehmigungsverfahren zu beteiligen sind, und vor allem die Dauer des Verfahrens werden immer wieder öffentlich kritisiert. Hierzu erklärte der Dt. Städtetag zeitlos:

> »Die Bauaufsichtsbehörden sehen sich nicht zuletzt als Folge einer auf Planung, Koordination, Umweltschutz und umfassende Öffentlichkeitsbeteiligung gerichteten Gesetzgebung einer wachsenden Komplizierung des Genehmigungsverfahrens ausgesetzt ... Ins Einzelne gehende Regelungen des Brandschutzes, des Wärme-, Schall- und Erschütterungsschutzes, der Standsicherheit, des Umweltschutzes und nicht zuletzt auch des Schutzes vor Verunstaltungen im Stadtbild und in der Landschaft belasten das Baugenehmigungsverfahren, zumal in vielen Fällen andere städt. und oft auch staatl. Behörden beteiligt werden müssen. Wer eine Vereinfachung des Baurechts fordert, muß sich darüber im Klaren sein, daß er damit Gefahren, Umweltbelastungen und Planungsfehler in Kauf nimmt, die von der Öffentlichkeit ... nicht ganz zu Unrecht kritisiert worden sind. Es sind nicht die ›umständlichen Beamten‹ und die ›schwerfälligen Behördenapparate‹, bei denen die Ursachen liegen, sondern die wachsende Komplizierung der Lebensverhältnisse und das wachsende Interesse der Bürger für ihre bauliche Umwelt. Ihre Arbeit (der Bauaufsichtsbeamten) würde wesentlich erleichtert, wenn die Bauherren wirklich vollständige Bauvorlagen einreichten.« [373]

Wenn der Gesetzgeber – oft nach öffentl. Diskussion und auf Wunsch von Bürgern – ständig neue Prüfbedingungen vorschreibt, dann darf keinesfalls vom Prüfbeamten verlangt werden, »großzügig und unbürokratisch« am Recht für alle vorbeizugenehmigen. Derartige Wünsche sind an den Gesetzgeber zu richten.

Nr.	Land	F [km²]	1000 E
01	Baden-Württemberg	35 751	9 619
02	Bayern	70 554	11 221
03	Berlin	883	3 410
04	Brandenburg	29 060	2 641
05	Bremen	404	674
06	Hamburg	755	1 626
07	Hessen	21 114	5 661
08	Mecklenburg-Vorpommern	23 835	1 964
09	Niedersachsen	47 349	7 284
10	Nordrhein-Westfalen	34 068	17 104
11	Rheinland-Pfalz	19 849	3 702
12	Saarland	2 570	1 065
13	Sachsen	18 338	4 901
14	Sachsen-Anhalt	20 444	2 965
15	Schleswig-Holstein	15 730	2 595
16	Thüringen	16 251	2 684
	ehem. BRDtl.	248 614	62 682
	ehem. DDR	108 331	16 434
	BR Deutschland	356 945	79 116

A Gliederung der BRDtl. nach Bundesländern (Ende 1990)

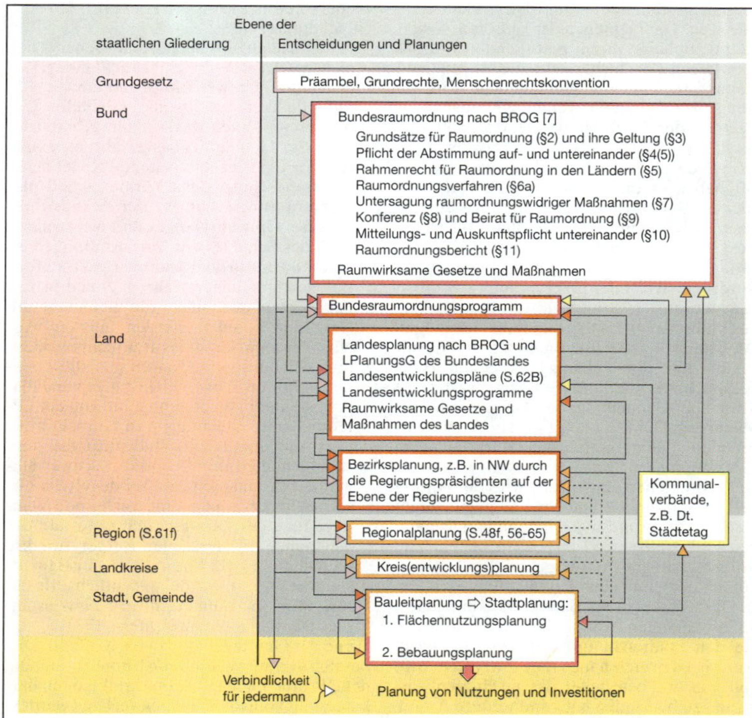

B Gliederung der Planungsebenen nach dem staatlichen Aufbau der BR Dtl.

Die Präambel des **Grundgesetzes** (GG) für die Bundesrepublik Deutschland lautet [375]:

»Im Bewußtsein seiner Verantwortung vor Gott und den Menschen,

von dem Willen beseelt, als gleichberechtigtes Glied in einem vereinten Europa dem Frieden der Welt zu dienen,

hat sich das Deutsche Volk kraft seiner verfassungsgebenden Gewalt dieses Grundgesetz gegeben.

Die Deutschen in den Ländern Baden-Württemberg, Bayern, Berlin, Brandenburg, Bremen, Hamburg, Hessen, Mecklenburg-Vorpommern, Niedersachsen, Nordrhein-Westfalen, Rheinland-Pfalz, Saarland, Sachsen, Sachsen-Anhalt, Schleswig-Holstein und Thüringen haben in freier Selbstbestimmung die Einheit und Freiheit Deutschlands vollendet. Damit gilt dieses Grundgesetz für das gesamte Deutsche Volk.«

Nach GG, Art. 1 Abs. (1) ist alle staatliche Gewalt verpflichtet, die Würde des Menschen – sie ist unantastbar – zu achten und zu schützen; nach Art. 1, Abs. (3) binden die **Grundrechte** (Art. 2 bis 19) Gesetzgebung, vollziehende Gewalt und Rechtsprechung als **unmittelbar geltendes Recht.** Damit ist jegliche Planung auf den unterschiedlichen Planungsebenen (S. 18; 74 A) in der BRDtl. **ethisch** durch Satz 1 der Präambel, die Grundrechte und mit gleicher Unmittelbarkeit durch die in der **Menschenrechtskonvention** [375] geschützten Menschenrechte und Grundfreiheiten gebunden; das **Recht** jedes Menschen auf das **Leben** und das **Recht auf körperliche Unversehrtheit** (GG Art. 2 (2); Konv Art. 2 (1)) führen diesen Doppelkatalog an. Alle planungsrelevanten Gesetze und abgeleiteten Rechtssätze dienen dem Schutz des Lebens; sämtliche Planungen haben sich diesem obersten Gebot unterzuordnen, wie es z.B. im Bauordnungsrecht durch den Vorrang der Sicherheits- und Gesundheitsanforderungen vor allen übrigen, z.B. denen der Wirtschaftlichkeit oder der Ästhetik, durchgängig gegeben und für jedermann offensichtlich und nachvollziehbar ist.

Räumlich ist die Planung nach den in der Präambel des Grundgesetzes aufgeführten Ländern gegliedert (A):

»Der Bund hat das Recht, Rahmenvorschriften zu erlassen« u. a. über [Art. 75]:

- »das Jagdwesen, den Naturschutz und die Landespflege« und
- »die Bodenverteilung, die Raumordnung und den Wasserhaushalt«.

Er hat dieses Recht im wesentlichen mit dem Bundesraumordnungsgesetz (BROG vom 8.4.1965 [7; 376]) ausgeschöpft und nach schwierigen Verhandlungen mit den Ländern die **materielle Koordinierungskompetenz** [376/28] und die Instrumente [7 §§ 3–11] festgelegt (B).

Das **Wesen der Raumordnung** ist es, die ohnehin in einer freiheitlichen Demokratie ablaufende Entwicklung der allgemeinen räumlichen Gliederung des Bundesgebietes (natürliche Entwicklung)

1. im Sinne der Verfassungsgebote (nach außen: Gleichberechtigung der Völker, Einigung Europas, Dienst am Frieden der Welt; nach innen: Festigung und Schutz des demokratischen, sozialen und föderalen Rechtsstaates)
2. nach dem Auftrag der Bundesregierung (bes. politische Zielsetzung)
3. und in Abstimmung mit den Ländern (Koordinierungsgebot)
4. fachgerecht und sachgerecht

zu beeinflussen. In Anwendung dieser Definition ist das Wesen der **Landesplanung** *Raumordnung auf der Ebene eines Bundeslandes* (62 B); das Wesen der **Regionalplanung** ist Raumordnung auf der Ebene einer Region.

Die Geschichte der Völker ist in ihren Anfängen eine Geschichte der Landnahme durch Bodennutzung und Besiedlung; vorausschauendes Planen zielte auf Verbesserung der Bodennutzung und auf Sicherung der Siedlung (S. 13). Wo der Boden am fruchtbarsten war, wo also Landwirtschaft die Aussicht auf reiche Erträge bot, dort entstanden die dichtest bevölkerten Siedlungen und als Folge die Stadt (S. 22 f; S. 242 A, B); von dort aus wurde der *Raum* erschlossen.

Den Grundstein der modernen Raumordnung legten FRITZ SCHUMACHER ab 1909 in Hamburg und ROBERT SCHMIDT ab 1910 im Ruhrkohlenbezirk (S. 56 f.). Beide erkannten, als sie auf der kommunalen Ebene zu arbeiten begannen, daß eine sinnvolle **Raumordnungspolitik** im Interesse der Stadt (SCHUMACHER) und im Interesse der »Grünflächen« (SCHMIDT) über die kommunalen Grenzen hinausreichen müsse. Beide Kategorien wirken unter anderem Namen weiter: aus *Stadt* wurde *Verdichtungsraum*, aus *Grünfläche* der *ländliche Raum;* beide bedürfen der planerischen Fürsorge, um lebensfähig und unter einander im Gleichgewicht zu bleiben [7 § 2]. So sind Raumordnung und Landesplanung aus dem Städtebau und der Stadtplanung hervorgegangen (S. 19) und haben mit Hilfe der Wissenschaft (S. 16 f.) die ständige **Raumbeobachtung** verbessert.

Jede der vier Ebenen im Bereich von Raumordnung, Landesplanung, Regionalplanung und Stadtplanung wirkt unter Beachtung der Vorgaben der jeweils höheren Ebene auf die nachfolgenden rahmensetzend und steuernd ein; im Rücklauf geben die Gebietskörperschaften und sonstigen Planungsträger der unteren Ebenen die Daten der Raumbeobachtung, ihrer eigenen raumwirksamen Maßnahmen und Pläne an die höhere weiter und stimmen ihre Planungen und Planinhalte im **Gegenstromverfahren** auf einander und unter einander ab (B).

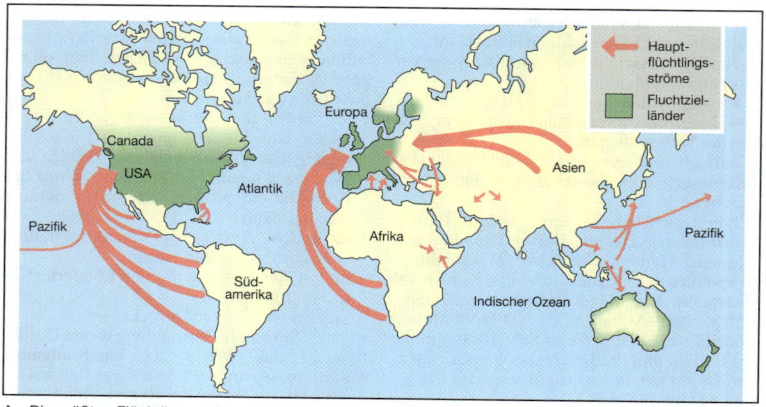

A Die größten Flüchtlingsströme auf der Erde (Stand 1991)

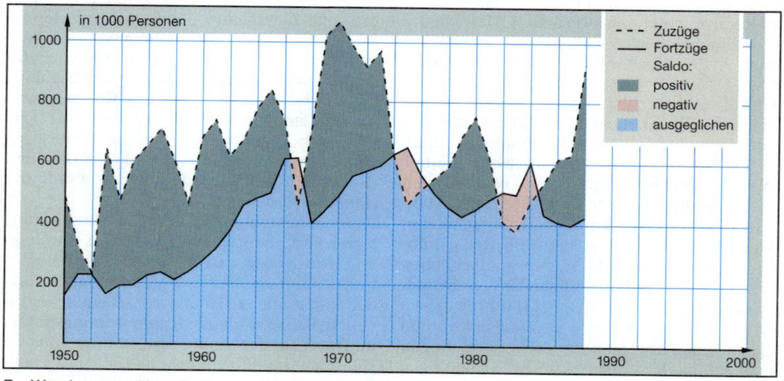

B Wanderungen über die Grenzen der BR Dtl. (1950-1988)

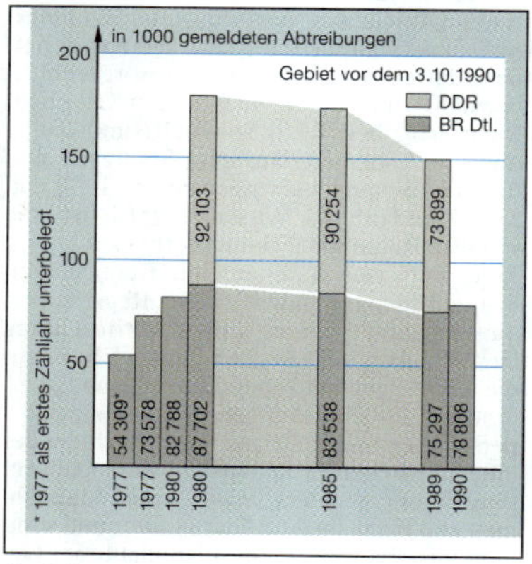

C Schwangerschaftsabbrüche

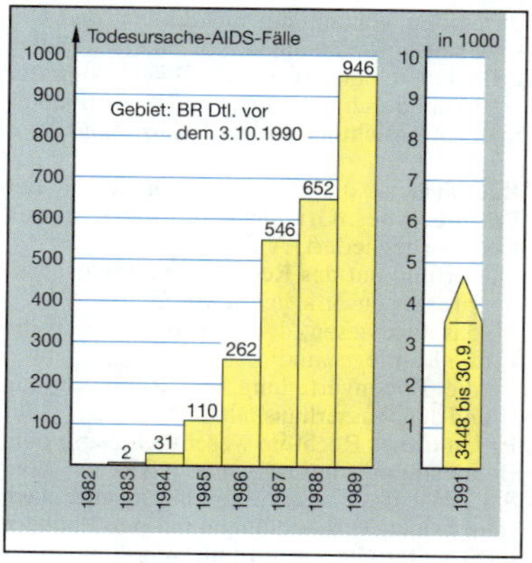

D An AIDS Verstorbene in Deutschland

Die **Gesellschaft** in ihrem ständigen Wandel setzt der räumlichen Planung auf allen Ebenen **Bedingungen,** verändert sie, verwirft sie und fügt neue hinzu. Eine solche Bedingung von einmaliger und historischer Bedeutung war die Herstellung der staatlichen Einheit Deutschlands am 3.10.1990. Andere Bedingungen können aus Gesetzeswerken entstehen, die auf Bundesebene geschaffen werden, z.B. zur Staatsangehörigkeit und Asylgewährung [GG Art. 16, 73, 116, 119, 120] oder über Ausnahmen vom Abtreibungsverbot [GG Art 1, 2, 6, 19]; [377 §§ 218/219; 378]. Die von ihnen ausgelösten **Entwicklungstrends** wirken sich auf Städte und Gemeinden nachteilig aus, wenn raumordnerische und landesplanerische Vorgaben und Leitlinien (S. 235 f.) und die zugehörigen Finanzhilfen für die Umsetzung in stadtplanerische und sozialverträgliche Programme fehlen.

Zu solchen Bedingungen zählen u. a:
Herstellung der **Einheit Deutschlands:**
Nach dem Zusammenbruch des kommunist. Systems entwickelten Bund und »alte« Länder umfangreiche Hilfs- und Aufbauprogramme (1991: Gesamtvolumen 200 Mrd. DM [380]), um den Menschen in den »neuen« Ländern kurzfristig die gleiche Verfassungswirklichkeit, die gleiche soziale Sicherheit und den gleichen Lebensstandard zu bieten, wie sie in den 11 »alten« Ländern erarbeitet wurden. Dieser Prozeß benötigt Zeit, bis die Unterschiede in den Lebensverhältnissen angeglichen sind. Die **Bundesstatistik** als wichtigster Datenlieferant für politische Entscheidungen braucht ebenfalls Zeit, bis Vergleichsdaten aus allen Lebensbereichen aufgrund gleicher Rechtslage und gleicher Erhebungsmethoden für das gesamte »neue« Bundesgebiet bereitstehen [379]. Die Datenmühsal und die Schwerpunktbildung im Osten erschweren die Definition der von der Raumordnung und Landesplanung vorzugebenden Entwicklungsziele für einzelne Städte und Gemeinden.
Die **Wiedereinbürgerung** Deutscher:
Diese Aufgabe war eine Zeit lang kein Problem der Bundesraumordnung, weil die Zahl der »rückkehrenden« Aussiedler zu niedrig lag. Sie war so gering, daß die westlichen Demokratien auf der KSZE-Konferenz in Helsinki 1975 den kommunistischen Staatenblock bedrängten, das Recht des Einzelnen auf Freizügigkeit intern und international anzuerkennen. Doch im Zuge der Selbstauflösung des real existierenden Sozialismus drohte die Freizügigkeit im Osten ein Problem für den Westen zu werden. Die Zahl der potentiellen dt. Aussiedler wurde auf 2–3 Mio. geschätzt; 1990 trafen rd. 400000 in der BRDtl. ein. Im Unterschied zu den Wanderungssalden (B [379]), die in gewissem Umfang mit Konjunkturzyklen korrelieren (B, S. 238 E), stellt die Aufnahme von Aussiedlern ein zeitl. begrenztes Quotenproblem dar; gleichwohl müßte ein staatliches Siedlungs- und Beschäftigungsprogramm (z. B. Ausbildung als »Landschaftswirte«) ihre räumliche Verteilung und Eingliederung in die Gesellschaft erleichtern.
Weltflüchtlingsproblem (A):
Ausgelöst durch Mißbrauch polit. Macht, Fanatismus, Hunger, Seuchen oder Naturkatastrophen fliehen notleidende Menschen aus ihrer Heimat und drängen in anschwellenden Flüchtlingsströmen in die Länder, in denen Anerkennung der Menschenrechte, Gesundheit und Nahrung gesichert erscheinen wie in den meisten Staaten Europas, Nordamerikas und Australiens. *Politisch Verfolgte genießen Asylrecht* [GG Art. 16 (2)]; das dt. **Asylrecht** übt bes. Anziehungskraft aus; 1990 haben rd. 200000 Flüchtlinge einen Asylantrag gestellt ([380]; 1991: + rd. 10%). Diese Größenordnung erfordert eine raumordnerisch abgestimmte Gesamthilfskonzeption durch Bund (GG Art. 73) und Länder (GG Art. 74, Nr. 4) für die betroffenen Gemeinden. Die Schaffung des Berufes des Asylhelfers könnte bes. für anerkannte Asylanten eine hilfreiche Einrichtung werden.
Abtreibung in Deutschland (C [381]):
Die Summe der von 1977–1989 in DDR und BRDtl. gemeldeten Schwangerschaftsabbrüche ergab für das Jahr 1990, daß in der Gruppe der »Unter-14jährigen« zwei Millionen Kinder mehr leben würden, wenn man ihnen das Recht auf Leben und körperliche Unversehrtheit (S. 235) gewährt hätte. In dieser Zahl sind die mit Strafe bedrohten Abtreibungen (Dunkelzifferschätzung ca. 100%) nicht enthalten. Die Auswirkungen des hierin ablesbaren Wandels [382; 383] der deutschen **Werthaltungen** (= Haltung zum Sittengesetz) reichen so weit, daß die früher (vgl. Tab. 15, S. 55) in der periodischen Gemeindestatistik mitgeführte Zahl der Haushalte (als Zähleinheit für Familie) nur noch bei den Volkszählungen erhoben und ausgewertet wird. Diese Symptome geben Aufschluß über den Stellenwert der Familie, ohne daß die Begriffe *Partnerschaft* und *Wohngemeinschaft* funktional an ihre Stelle treten konnten.
Aids (D [381; 385]):
Die Immunschwächekrankheit trat in der Bundesstatistik der Todesursachen erstmalig 1983 mit 2 Fällen in Erscheinung. Durch nachträgl. Identifizierung sind in Berlin erste Fälle für 1982 nachgemeldet. Die Zunahme der Krankenzahlen ist so hoch, daß spezielle Programme, bes. in den Großstädten, erforderlich werden, z. B.: in Berlin wird Wohnungsnachweis durch ZiK (Zuhause im Kietz) und die Einrichtung eines *lighthouse* (Modell: Hospiz ähnlich Basel, London) zur stationären und ambulanten Betreuung im medizinischen und psychosozialen Bereich angestrebt.

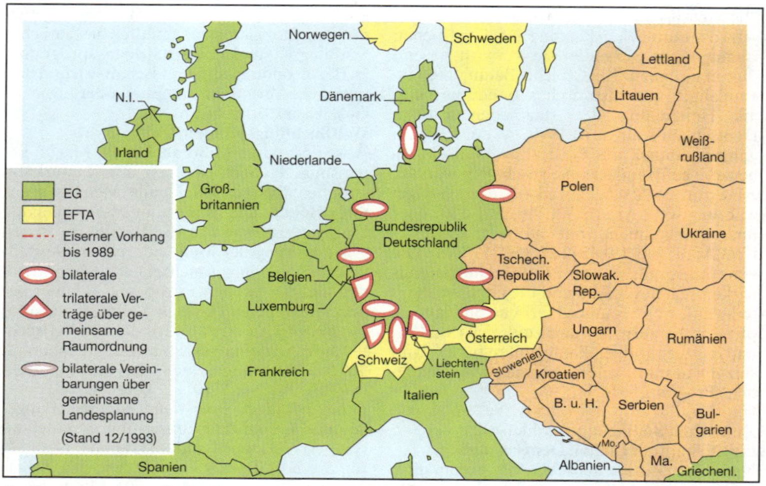

A Raumordnungspolitische Zusammenarbeit zwischen Deutschland und den Nachbarstaaten

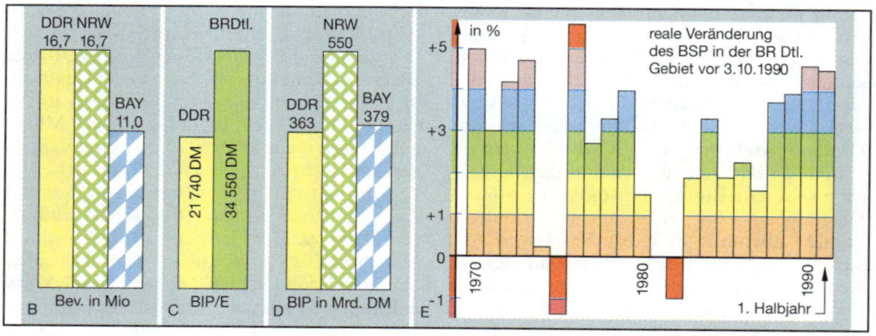

B-E Vergleichsdaten zur DDR (B-D, 1988); Konjunkturverlauf in der BR Dtl. (E)

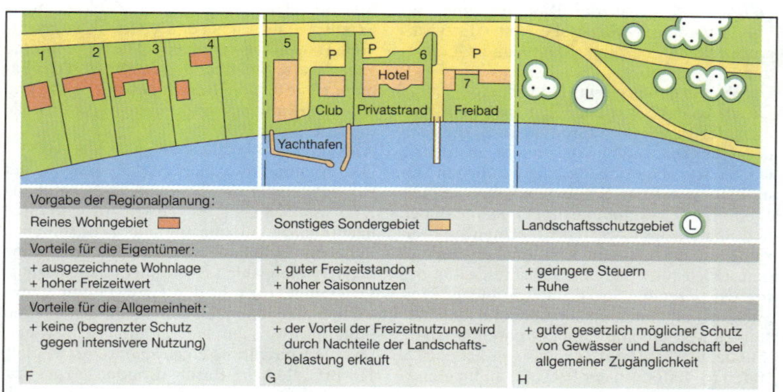

F-H Umsetzung regionalplanerischer Vorgaben in Bauleitpläne (Beispiel: Seeufer)

»Angesichts der Aufgaben in den neuen Bundesländern und an der Schwelle zum europäischen Binnenmarkt Ende 1992 müssen Unternehmen im Wettbewerb der Standorte wissen, welche Investitionsbedingungen in Deutschland künftig für sie gelten.« Diese **Zielvorgabe** von Bundeskanzler KOHL [391] geht davon aus, daß neben dem Wissen über die Natur des Standortes die investitions- und wettbewerbsbeeinflussenden Vorschriften (mit EG-interner Gesetzeskraft) und finanziellen Hilfen (Zuschüsse, Subventionen, Steuererleichterungen u. ä.) der Gebietskörperschaften auf den 6 Planungsebenen von

- Erde global ≙ UNO,
  - Kontinent ≙ EG [392: Anhang 9],
    - Staat ≙ BRDtl.,
      - Bundesland,
        - Region [392: Anhang 9],
          - Stadt, bzw. Gemeinde,

allgemein festliegen, für jeden Investor gleich gelten und beliebig abrufbar sind. Aber nicht alle dieser Ebenen werden von demokratisch aufgebauten **Gebietskörperschaften** gebildet, d. h.: auf einigen Ebenen fehlt das

Parlament, das aus allg., freien, geheimen und direkten Wahlen hervorgegangen und dessen Souverän das Volk im Wahlgebiet ist.

Die Geschichte bietet kein Modell einer Gesellschaft, der es gelungen war, diesem Anspruch auf mehr als drei Ebenen zu genügen.

Die 12 EG-Staaten haben zur angestrebten politischen Einigung Europas auf der *Kontinentalebene* vertraglich getragene Macht- und Planungsbehörden geschaffen, jedoch weder ein Parlament im o. a. Sinne, noch eine Einigung darüber, welche der intakten Ebenen eingespart werden soll. Europa als »funktionierende« Gebietskörperschaft kann auf die Ebene der Nationalstaaten oder die der Bundesländer verzichten; die Europäer wissen das – hoffentlich auch die zuständigen Parlamentarier! In dieser Einsicht liegt der wahre Grund, aus dem heraus sich die **Regionalplanung** zwischen Landesplanung und kommunaler Bauleitplanung nicht als vollwertige Planungsebene hat durchsetzen können. Die Bundesländer waren zur Zeit der Gebietsreform (ca. 1960–80) nicht bereit, die **Region** als Gebietskörperschaft auszubauen und damit eine untere Ebene zu Lasten der eigenen zu stärken. Die Landesplanung von FRITZ SCHUMACHER für Hamburg (S. 56 A–D), von ROBERT SCHMIDT für das Ruhrgebiet (S. 56 E–F) und von RUDOLF HILLEBRECHT für Hannover (S. 60 C) blieben einmalige historische Leistungen von kurzer Dauer (S. 65). Wegen dieser Erfahrungen dürfte die mindestens für *Berlin, Hamburg* und *Bremen* (und manche andere deutsche Großstadt) erforderliche Gebietserweiterung oder neu zu bildende Region mit Regionalparlament nicht geschaffen werden; Bund und Länder überlassen es den Städten und ihren kommunalen Nachbarn, sich grenzüberschreitend zu helfen oder die ungelösten Probleme auszuhalten. Trotzdem bleibt es für den Aufgabenbereich der Stadtplanung sinnvoll, den singulären Großstädten die Einflußnahme auf das **Umland** in dem Maße einzuräumen, in dem ihre dynamischen Wachstumskräfte das Umland wirtschaftlich stärken.

Ein Beispiel echter Regionalplanung: Ob Aasee oder Bodensee, ob Chiemsee, Dümmer oder Eibsee – bei allen **Seen** besteht die gleiche Fragestellung: welcher Anteil der Seeufergrundstücke darf privat genutzt, bzw. bebaut, werden? Hierfür gibt es zahlungskräftige Interessenten (F); wäre F1 der Eigentümer des unbebauten Seeufers, er könnte das Grundstück teilen und fände genügend Käufer für die Grundstücke F2 bis F4. Doch es besteht öff. Interesse daran, die Seeufer für die Allgemeinheit offenzuhalten (H). Da die Binnenseen einen hohen Freizeitwert vermitteln (G: Angeln, Baden, Sonnbaden, Rudern, Segeln, Surfen usw), sind die Kur- und Ferienorte daran interessiert, ihren Gästen Nutzungen wie in G5 bis G7 zu bieten.

Um als Ferien- oder Kurgebiet überleben zu können, müssen die Gewässer und ihre Ufer vor **Übernutzung** und Überlastung geschützt werden. Eine vorbildliche Lösung hat der Verband Großraum Hannover bereits um 1967 für das *Steinhuder Meer* durch eigene **Bodenvorrats- und Landschaftsschutzpolitik** vorbereitet; regionalplanerische Vorgaben im *Verbandsplan* (= regionaler Leitplan) banden die kommunale Bauleitplanung. Die bayrischen Seen leiden unter dem Massenandrang mobiler Kurzzeit-Touristen und können gelegentlich nur durch Polizei geschützt werden.

Aus der Sicht der Gemeinden (S. 234–251) zählen zu den Aufgaben und **Vorgaben** der überörtlichen Planung:

- Verwaltungsvereinfachung durch wenige Gesetze und klare Zuständigkeiten (S. 232 B, [393: der im Regelbaugenehmigungsverfahren zu beachtende Vorschriftenumfang dürfte zwischen 15 und 20 liegen, er betrug in SH 164, in NRW 289 Bundes- und Landesvorschriften]),
- rechtl. und wirtschaftl. Abfederung der Gemeindelasten aus internat. Rahmenbedingungen (S. 236 f.), infolge Raumordnungsaufgaben aus internat. Zusammenarbeit (A, [279/Kap. 20]) und wegen **Raumordnungsverfahren** gemäß der Raumordnungsverordnung [394],
- eine Wirtschafts- und Steuerpolitik, die seit Prof. KARL SCHILLERS kontrollierter Expansion ([395]: Ziel: +4 % reales BSP/J; E: im langfristigen Mittel +2,3 %/J.) bei freiem Handlungsspielraum eine vorausschauende Planungspolitik ermöglicht,
- Hilfe bei der Anpassung der »neuen Länder« an die Bundesstandards (B–D) und in eine gemeinsame gesamtdeutsche Raumordnung [392].

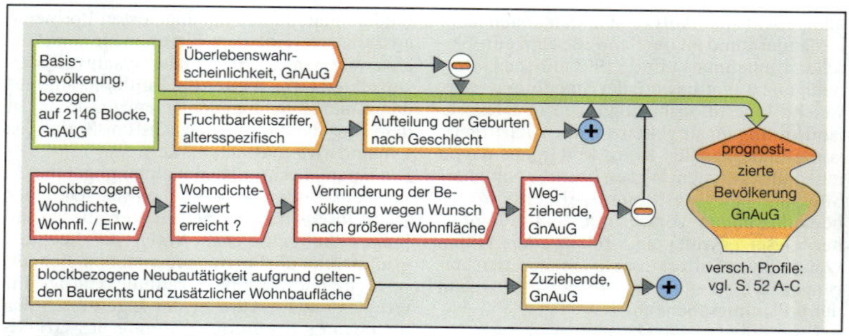

A Ablaufschema des Bochumer Bevölkerungsprognosemodells von 2/1974 [386]

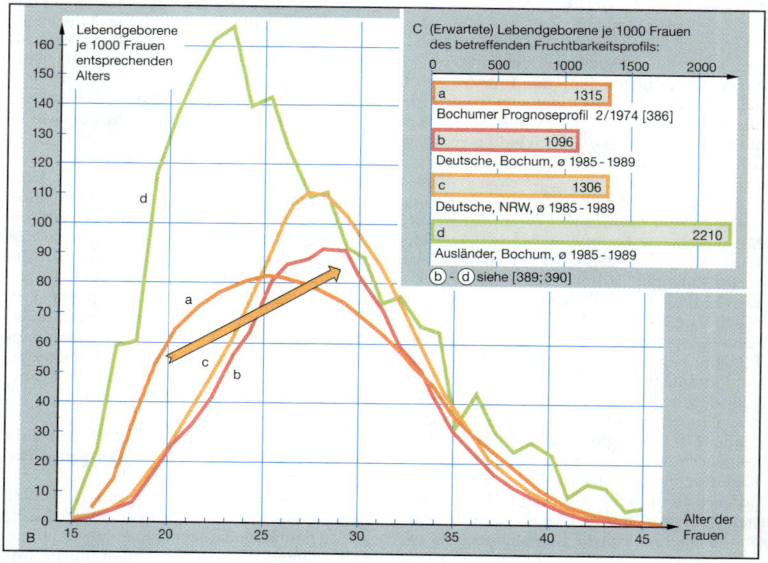

B-C Verteilung der altersspezifischen Fruchtbarkeitsziffern (B) und Lebendgeburten je Frau (C)

	Alter in Jahren von	bis unter	Basis 1991	Prognose (in Personen) 1995	2000	2010	Basis 1991	Prognose (in %) 1995	2000	2010
1	0	3	11300	11400	9800	7500	2,8	2,8	2,4	1,9
2	3	6	10600	11800	11200	7900	2,6	2,9	2,7	2,0
3	6	10	14300	15400	16200	11900	3,5	3,7	4,0	3,1
4	10	18	27400	29800	31500	30300	6,8	7,2	7,7	7,8
5	18	25	41100	29800	27700	30500	10,2	7,2	6,8	7,9
6	25	60	206200	218400	211800	200300	51,1	53,0	51,9	51,8
7	60	70	49100	48100	49200	44400	12,2	11,7	12,1	11,5
8	70	80	27400	30200	36400	35900	6,8	7,3	8,9	9,3
9	80	90	14600	15100	12400	16400	3,6	3,7	3,0	4,2
10	90 und mehr		1500	1800	2100	1700	0,4	0,4	0,5	0,4
11	Gesamt		403600	411800	408200	386800	100,0	100,0	100,0	100,0
12	0	25	104700	98200	96400	88100	25,9	23,8	23,5	22,7
13	60 und mehr		92600	95200	100100	98400	23,0	23,2	24,6	25,5

Tabelle 60: Bochumer Prognose der Einwohner nach ausgewählten Altersgruppen [389]

Die Vorgaben und Ergebnisse der Bevölkerungsvorausschätzung korrelieren mit dem **Verhalten** des Einzelnen in der Gesellschaft und mit dem der Gesellschaft insgesamt.
Der Grundgesetz-Art. 2 (1) lautet: »Jeder hat das Recht auf die freie Entfaltung seiner Persönlichkeit, soweit er nicht die Rechte anderer verletzt und nicht gegen die verfassungsmäßige Ordnung oder das Sittengesetz verstößt.«
Wird bei der Anwendung dieses Grundrechtes das Wohl der Gemeinschaft und der Gesellschaft zugunsten einer einseitig ich-bezogenen Auslegung verdrängt, so kommt es zur *Bevölkerungsregression;* im Bereich des »Natürlichen« führt die von der Gesellschaft getragene Anwendung des § 218 StGB zur Ablehnung der Fortpflanzung und der daraus für den Einzelnen und seine Entwicklung (= freie Entfaltung) lebensnotwendigen Folgeverpflichtungen, d. h.: Vaterschaft wird nicht verantwortet; Mutterschaft wird abgewehrt; »Pflege und Erziehung der Kinder«, die »das natürliche Recht der Eltern und die zuvörderst ihnen obliegende Pflicht sind« [GG Art. 6 (2)], werden delegiert; Promiskuität und gleichgeschlechtliche Sexualität werden gesellschaftsfähig und gelten nicht mehr als Verstoß gegen das **Sittengesetz.**
Vor diesem Hintergrund werden die Angaben der Bundesstatistik über Abtreibungs- und Aids-Häufigkeit (S. 236 C/D) zu Warnsignalen von elementarer Bedeutung für den Staat, der seine Zukunft auf Toleranz gegenüber Egoismen und Materialismus abstützen muß. Wie die *Chaosforschung* zeigt, werden hochkomplexe und relativ stabile Systeme durch leichte Abwandlung einzelner *Bestimmungsgrößen* aus dem Gleichgewicht gebracht; das »eigenwillige« Einwirken des Menschen auf die natürliche Fruchtbarkeit stellt eine solche Abwandlung eines im Chaos geordnet angelegten Systems dar. Nicht, was der einzelne Mensch tut, ist entscheidend: er kann »umkehren« [382; 383], sondern ob die Gesellschaft als System eine der sie ordnenden und tragenden Bestimmungsgrößen zu manipulieren erlaubt [377; 378]; damit werden sukzessive Veränderungskräfte wirksam, die bei ihrem Entstehen als *Schneeball* unterschätzt, jedoch zur *Lawine* angewachsen, nicht mehr zu beherrschen sind.

Bochum hat die *regelmäßige Bevölkerungsvorausschätzung* für das Stadtgebiet seit 1972 als Instrument mittel- und langfristiger Stadtentwicklungsplanung eingesetzt [389]; das Prognosemodell (A, [386]) berücksichtigte die **Überlebenswahrscheinlichkeit** (Maß für die zu erwartenden Sterbefälle), die aus NRW und Düsseldorf vorliegenden und für Bochum korrigierten **Fruchtbarkeitsziffern** (a in B: für die zu schätzenden Geburten), die *Wohndichte* und die *Neubautätigkeit;* die in der Planungsdatenbank (Gliederung des Stadtgebietes in 2146 Blöcke) verfügbaren Einwohner-/Gebäudedateien wurden blockbezogen aufbereitet.
Von 353449 Einw. am 1. 1. 1973 ausgehend, ergab die *Erwartungsprognose* der Einw. 328630 für 1985 (−7 %); sie wurde aufgrund politischer Willensbildung und der beabsichtigten planerisch-städtebaulichen Maßnahmen zu einer **Zielprognose** von 339295 Einw. für 1985 (−4 %) vom Rat der Stadt aufgewertet. Tatsächlich lag die vergleichbare Einwohnerzahl Anfang 1985 bei 329090, also war die Zielprognose um 3,04 % zu hoch; ihr Wert liegt darin, daß mit ihrer Hilfe die *Erwartungsprognose* übertroffen werden konnte, wenn auch nur um 0,14 %.
Die kommunale Neuordnung (S. 64 f.) führte zum Zusammenschluß von *Bochum* und *Wattenscheid* zum 1. 1. 1975 mit 436000 Einw.; die auf das neue Stadtgebiet ausgedehnte Prognose [388] ergab 419000 Einw. für 1985 und lag damit nur um 1,9 % über dem Stand von 411000 Einw. am 1. 1. 1985. Diese Ergebnisse bestätigen die Zusammenarbeit und das Vorgehen der Stadtforscher, Stadtplaner und der entscheidenden Kommunalpolitiker als gut und nützlich für Bochum.
Das Prognosemodell wurde ständig verbessert (B), z. B.: für die Bevölkerungsprognose 1990 bis 2005/2020 mit Zielvorgaben bis zum Jahr 2000 und Trendaussagen bis zum Jahr 2010 [389] wurde die Verteilung der Fruchtbarkeitsziffern getrennt für Deutsche (b in B) und Ausländerinnen (d in B) aus dem Mittel der 5 Jahre 1985–89 gewonnen und mit den Werten des Landes NW verglichen (vgl. c mit b in B); Entspr. gilt für die anderen Eingabeparameter und den Aufbau des Ablaufmodells.
Die Daten und Kurven in B und C zeigen, daß die deutsche Frau durchschnittlich einem Kind das Leben schenkt (1990: 1096 Lebendgeborene je 1000 Frauen), und zwar am häufigsten im 28./29. Lebensjahr (b in B); die in Bochum lebende Ausländerin ist doppelt so fruchtbar (1990: 2210 Lebendgeborene je 1000 Frauen), am häufigsten im 25. Lebensjahr, d. h. sie ist ihren Kindern eine im Mittel um 4 Jahre jüngere Mutter als die deutsche Bochumerin. In der Zeit zwischen dem Prognoseprofil 2/1974 und 1/1991 hat die **Fruchtbarkeit** der dt. Mütter abgenommen: 9 Mütter hatten in a 12, in b nur 10 Babys; das entspricht einem Rückgang von rd. 20 % in 7 Jahren; zugleich trat eine Zeitverzögerung um ca. 3 Jahre beim fruchtbarsten Lebensalter auf (vgl. a mit b und c).
Trotz verbesserter Prognosemethoden und kommunalpolitischer Zielkorrektur ergibt Tabelle 60 für das Jahr 2010 einen Bevölkerungsrückgang um 4,34 % (Z. 11), bei den Jahrgängen der bis unter 25-Jährigen sogar um 16600 Personen; das entspricht 18,84 % (Z. 12). Diese gesicherten Aussagen drängen die Stadtväter frühzeitig zu einer **Kursänderung,** aber die Richtung und die Instrumente bestimmen sie selbst.

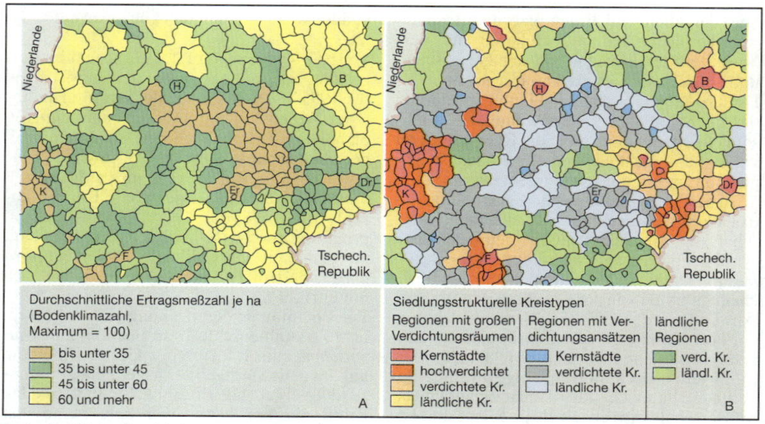

A-B Natürliche Produktionsvoraussetzungen (A), analytische Typisierung der Kreise (B)

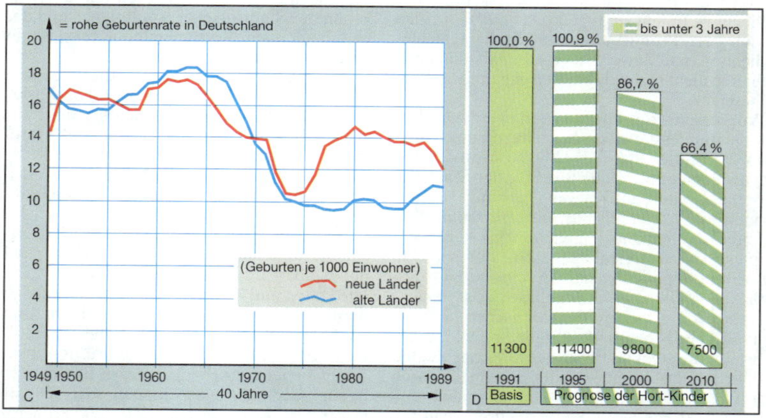

C-D Entwicklung der Geburtenrate in Deutschland (C); Bochumer Prognose 1991 - 2010 (D)

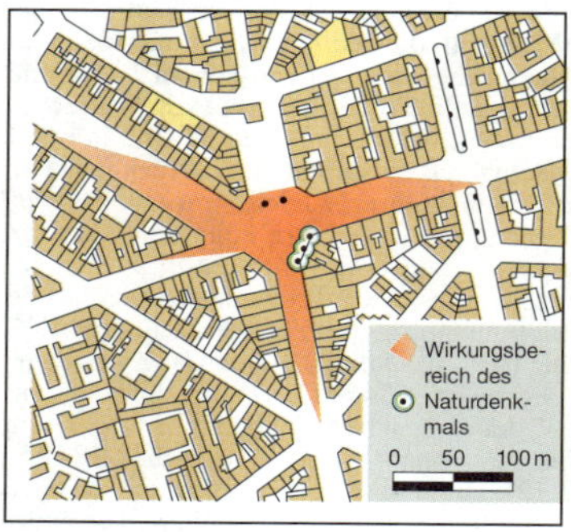

E Ziel: Baumerhaltung in Köln

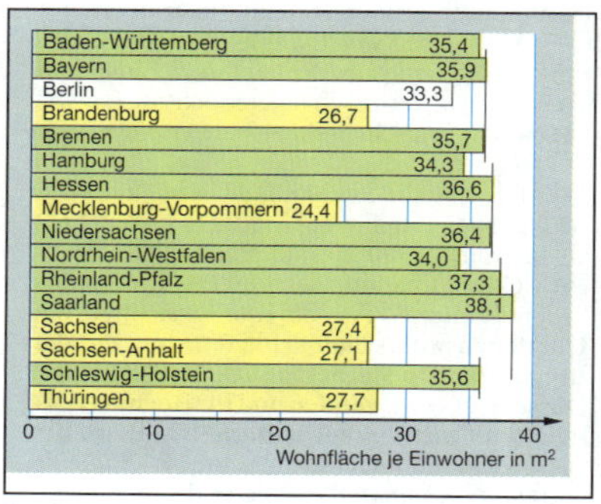

F Wohnversorgung (alte Länder: 1987; neue: 1989)

Die einzelnen Arbeitsschritte der Bauleitplanung sind als **Grundleistungen** oder **Besondere Leistungen** in der Honorarordnung für Architekten und Ingenieure (HOAI 91 [397; 398]) beschrieben und in den **Leistungsbildern** *Flächennutzungsplan* (§ 37), *Bebauungsplan* (§ 40) und *Landschaftsplan* (§ 45a) zu je fünf **Leistungsphasen,** die sachlich und zeitl. aufeinander folgen, zusammengefaßt. Die HOAI 91 definiert die Arbeitsschritte der Bauleitplanung und der ihr verwandten Planungen als Berechnungsgrundlage für Honorare auftragnehmender Planer (Architekten, Ingenieure und Landschaftsarchitekten); sie dienen auch zur Beschreibung der Arbeitsabläufe in Planungsbehörden und freien Büros; damit sind sie die legitimierte offizielle Darstellung der **Stadtplanung.**

Im Leistungsbild Flächennutzungsplan nach HOAI 91 [398 § 37] werden die Leistungsphasen in % des Honorars wie folgt bewertet:

1. Klären der Aufgabenstellung und Ermitteln des Leistungsumfanges
   Ermitteln der Voraussetzungen zur Lösung der Planungsaufgabe . . . . 1 bis 3 %,
2. Ermitteln der Planungsvorgaben
   Bestandsaufnahme und Analyse des Zustands sowie Prognose der voraussichtlichen Entwicklung . . . . 10 bis 20 %,
3. Vorentwurf
   Erarbeiten der wesentlichen Teile einer Lösung der Planungsaufgabe . . . . 40 %,
4. Entwurf
   Erarbeiten der endgültigen Lösung der Planungsaufgabe als Grundlage für den Beschluß der Gemeinde . . . . 30 %,
5. Genehmigungsfähige Planfassung
   Erarbeiten der Unterlagen zum Einreichen für die erf. Genehmigung . . . . 10 %.

Zu 1: Zur **Aufgabenstellung** zählen:

a) präzise Definition der Arbeitsaufträge des Gemeinderates und des Gemeindedirektors unter Berücksichtigung des Willens der Beteiligten und der Betroffenen (S. 68 f.; S. 212 f.), klare Benennung der Ziele, Erwartungen, Vorurteile und Maßstäbe,
b) klare Angaben über den Leistungsumfang, die Grenzen und den Zeitrahmen,
c) Qualität, Umfang und Bereitstellung des vorhandenen und abrufbaren Karten- und Datenbestandes über den Ist-Zustand und die bisherige Entwicklung,

Zu 2: Die **Vorgaben** umfassen:

a) die Rahmenbedingungen aus Gesetzen und Entwicklungszwängen (S. 236 f.),
b) die Ziele der Raumordnung und Landesplanung (S. 238 f.), sowie alle in Raumordnungs-, Planfeststellungs- oder Bauleitplanverfahren festgesetzten Inhalte,
c) die demographischen Ergebnisse zur Bevölkerungsentwicklung (Geburten und Sterbefälle, S. 240 f., Zu- und Fortzüge) sowie die Pendlerströme (S. 54 f.),
d) den natürlichen Siedlungsraum (S. 92; 146 ff.), unter bes. Berücksichtigung der Bodenschutzklausel [9 § 1 (5)] und des Gebotes des Umweltschutzes (S. 92 f.),
e) den Baubestand incl. sämtlicher Eingriffe des Menschen in Landschaft und Natur unter Berücksichtigung der Bestandsschutzgebote und Förderungsmöglichkeiten,
f) die von den polit. Vertretungskörperschaften verbindlich beschlossenen Ziele der Stadtentwicklung (S. 70–87),
g) die Dokumentation dieser Vorgaben in Karten, Plänen, Dateien und Schriften.

Zu 3 bis 5: da **Vorentwurf, Entwurf** sowie **genehmigungs-/anzeigereife Pläne** (vgl. S. 221) nach Inhalt und Qualität vom Planungsvorgang (S. 78–87) und den Planenden abhängen, ist ein offener, ständiger und reibungsfreier Informationsfluß unter den am Planungsprozeß Beteiligten und zwischen Auftraggeber und Auftragnehmer Bedingung für Gelingen.

Die Definition des Stadtbegriffes (S. 61; S. 91) umfaßt einen Standort in der Natur mit Klima *(= Raum),* die Gemeinschaft der Stadtbewohner *(= Mensch)* und die Summe aller Bauten als *Gefäß* (S. 61); entsprechend muß die Bauleitplanung als *Stadtplanung* und örtliche Gesetzgebung mit Bindungswirkung beginnend bei der **Grundlagenbeschaffung** den Raum, die Bevölkerung und die Stadtgestalt als Summe der Bauten ausreichend erfassen und dokumentieren; desgleichen sind die Ziele auf diese drei Grundgrößen zu beziehen. Hierfür dienen einige Beispiele:

A und B sind Ergebnisse der Raumbeobachtung zum *Ist-Zustand* des **Raumes** [392] beiderseits des ehemaligen Eisernen Vorhanges; jede Gemeinde findet darin ihren Standort mit Vorgaben,

C ist allg. Analysebasis für allg. und spez. *Prognosen;* D ist auf einen Ort (S. 240 f.) bezogen eine spezielle Prognose über **Menschen;** sie begründet geringere (!) Planzahlen für Kinderhorte (und nachfolgende Bildungsstätten, S. 94–101) und erfordert während der Planung u. U. Ziel-Korrekturen,

E zeigt als wichtiges Ziel für einen **baulich** intensiv genutzten Stadtausschnitt die Erhaltung dreier Platanen [396, S. 24],

F begründet mit der Angabe der durchschnittlichen **Wohnfläche/Einwohner** in Dtl. die Frage an die Politik als polit. Bauherr, ob im Interesse der Erhaltung der vorh. *Naturrestflächen* Obergrenzen für die Wohnfl./Einw. künftig vorzugeben sind.

Die Stadtplanung hat durch Realitätssinn und Können darauf hinzuwirken, daß die Maßstäbe für Qualität nicht durch parteipolit. Egoismen, ideologiebelastete Leitbilder, unrealistische Zeitvorgaben und objektfremde Wirtschaftlichkeitsbedingungen aus dem Bereich des städtebaulich erreichbar Guten verschoben werden.

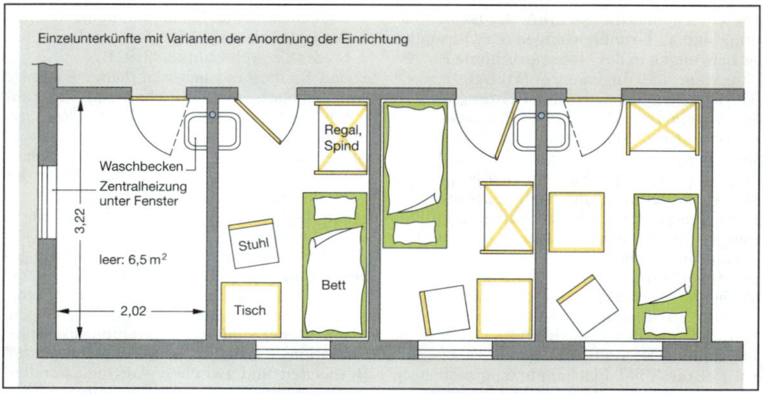

A Ausschnitt einer Notunterkunft als Beispiel für Aufteilen, Ausstatten, Anordnen

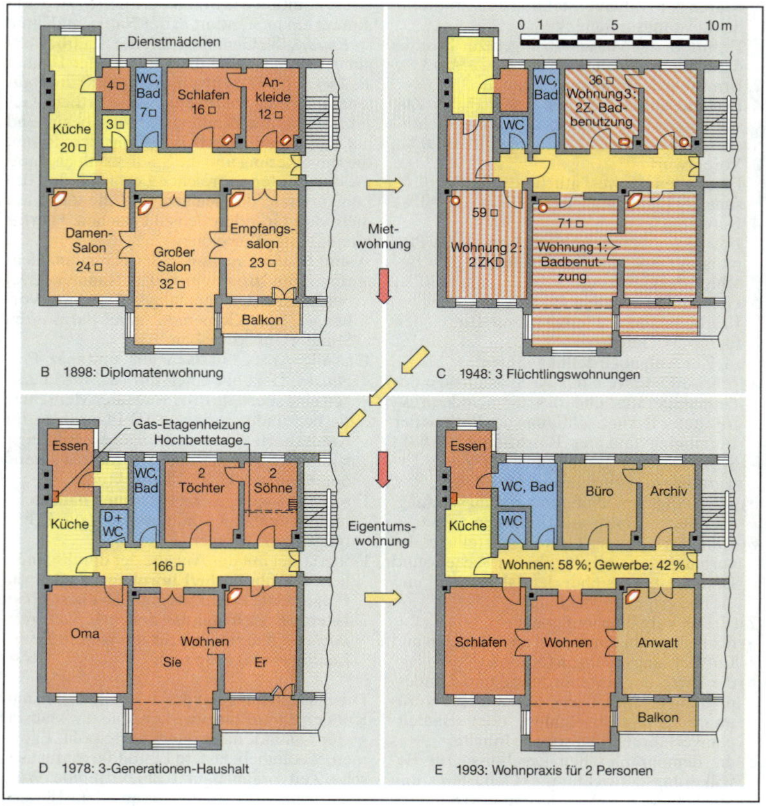

B-E Nutzungswandel in einer 5-Zimmer-Wohnung in Berlin-Schöneberg

1. Der *räumliche* Aspekt der Planung:
Das Minimum an **Lebensraum,** das ein Mensch benötigt, ist ein Raum von 6,5 m² mit Tür (+Schloß), Fenster (+Vorhang), Heizung, Wasserzapfstelle (+WC-Benutzung) und als Ausstattung: 1 Bett, 1 Stuhl, 1 Tisch, 1 Schrank (die Sozialhilfe billigt mehr zu). Wenn ein Mensch in diesem Raum diese **Grundausstattung** aufstellt, betreibt er die einfachste Form von **Standortplanung** (Bild A zeigt mehrere Varianten). Dabei würden fest eingebaute Möbel ihm diesen Freiheitsspielraum nehmen; dieser Analogie folgend, sollte im Bebauungsplan so wenig wie möglich zwingend festgesetzt werden.
Bei reichlicher Wohnfläche können bes. Räume bes. Tätigkeiten gewidmet werden (s. u.). In solcher Funktionszuweisung liegen wirtschaftliche Vorteile bei Erstellung und Erstinstallation; bei einem Gesinnungswandel (z. B. wegen Eigentümerwechsel, Änderung der Familiengröße oder zunehmender Reife) kann sich jede bauliche **Funktionsbegrenzung** als Nutzungsbeschränkung und somit als immobilisierend und wertmindernd entpuppen. Je spezialisierter die Vorkehrungen je Raum und je unterschiedlicher die Räume sind, um so schwerer ist es, sie einander zweckmäßig und sinnvoll zuzuordnen. Hierfür einen guten Grundriß und eine einprägsame (S. 201) Gestalt zu finden, ist Aufgabe des Architekten und bereits eine höhere Form von Standortplanung, die zugleich aus der Grundrißebene heraus die 3. Dimension als Bauhöhe und Vervielfachung der überbaubaren Grundstücksfläche in den Entwurfsvorgang einbezieht.
Stadtplanung arbeitet nach dem gleichen Prinzip: das *Raumprogramm,* das der Bauherr z. B. für ein Wohnhaus aus den in Tabelle 61 angegebenen Raumnutzungen zusammenstellen und mit Maß und Zahl vorgeben kann, entspricht dem **Nutzungsprogramm,** das der Rat der Stadt als Inhalt für einen Bebauungsplan bei Planungsbeginn als *politischer Bauherr* beschließt; der Planentwurf würde an Qualität und der Planungsvorgang an Zeit gewinnen, wenn das Nutzungsprogramm mit den Trägern öffentl. Belange (S. 211) gemeinsam erarbeitet würde. Die Menge der Nutzungen geht über die S. 88–185 erwähnten hinaus; ihre Abhängigkeiten vom Gelände und von einander (S. 210 A) sind zu beachten.

Tabelle 61: Sortierung besonderer Räume nach:

Alphabet	• Zweckverwandtschaft
Ankleide	**Diele** (+WC)
Arbeitszimmer	Flur
Atelier	Garderobe
Bad	**Küche,** Wohnküche
Balkon	Speisekammer
Bibliothek	Vorratskammer
Büro	Eßzimmer
Diele (+ WC)	**Wohnzimmer**
Dusche (+ WC)	Salon
Eßzimmer	Kaminzimmer
Flur	Veranda
Garage	Wintergarten
Garderobe	Loggia
Gästezimmer	Balkon
Geräteraum	**Arbeitszimmer**
Heizungsraum	Atelier
Kaminzimmer	Büro
Kinderzimmer	Bibliothek
Küche	Spielzimmer
Lager	**Kinderzimmer**
Loggia	Gästezimmer
Salon	Dusche (+ WC)
Sauna	**Schlafzimmer**
Schlafzimmer	Ankleide
Speisekammer	Wäschekammer
Spielzimmer	Bad
Veranda	Sauna
Vorratskammer	Waschküche
Wäschekammer	**Heizungsraum**
Waschküche	Geräteraum
Werkstatt	**Werkstatt**
Wohnzimmer	Lager
Wintergarten	**Garage**

2. Der *zeitliche* Aspekt der Planung:
Die Änderungen in einer *Berliner* Normalwohnung (F = 166 m², lichte Innenhöhe = 3,65 m), dargestellt in den Farben der Bauleitplanung (S. 10 f.), veranschaulichen die Fülle des in einer Stadt auftretenden **Nutzungswandels:**
B: um 1898 war Repräsentation (ca. 58 % der Fläche) der Hauptzweck der mit Kachelöfen und Stuckdecken künstlerisch wertvoll ausgestatteten Wohnung für ein Diplomatenehepaar mit »Dienstmädchen«,
C: zur Zeit der Berlin-Blockade war infolge der Not die Aufteilung der Wohnung auf drei Mietparteien mit zeitweise mehr als 12 Personen eine ungeliebte *Nutzungsverdichtung,* die notwendige Reparaturen von Kriegszerstörungen (Ersatz einer Flügeltür und mehrerer Kachelöfen) und eine Erweiterung der WCs voraussetzte,
D: die *Umwandlung* des Miethauses in **Eigentumswohnungen** um 1975 nach WohnungseigentumsG [399] führte zur *Erneuerung* in »Do-it-yourself«-Qualität mit Gas-Etagen-Heizung; der 3-Generationen-Haushalt stellte den inzwischen immer seltener werdenden Idealfall einer *vollständigen Familie* dar (S. 251),
E: nach einer Restaurierung incl. Vergrößerung des Bades zieht ein Anwalt mit Lebensgefährtin ein, seine freiberufliche Praxis [4e, § 13; 399 § 13 (1)] trägt zur *Verdrängung* der Wohnnutzung bei.
Die **Stadtplanung** hat mit Hilfe des Planungsrechts die Nutzungen innerhalb des Stadtgebietes (beim Flächennutzungsplan) oder in einer gegebenen Teilfläche (bei Bebauungsplänen) dem vorhandenen Bestand und einander optimal, d. h. in Abhängigkeit von den Vorgaben (S. 243) bestens, **zuzuordnen** und derartige, oft unbemerkt ablaufende Veränderungsprozesse (S. 56 E–G; S. 64 A; S. 66 E) zu erkennen, die gewünschten zu fördern und die unerwünschten auszuschließen, d. h. die Entwicklung zu **steuern.**

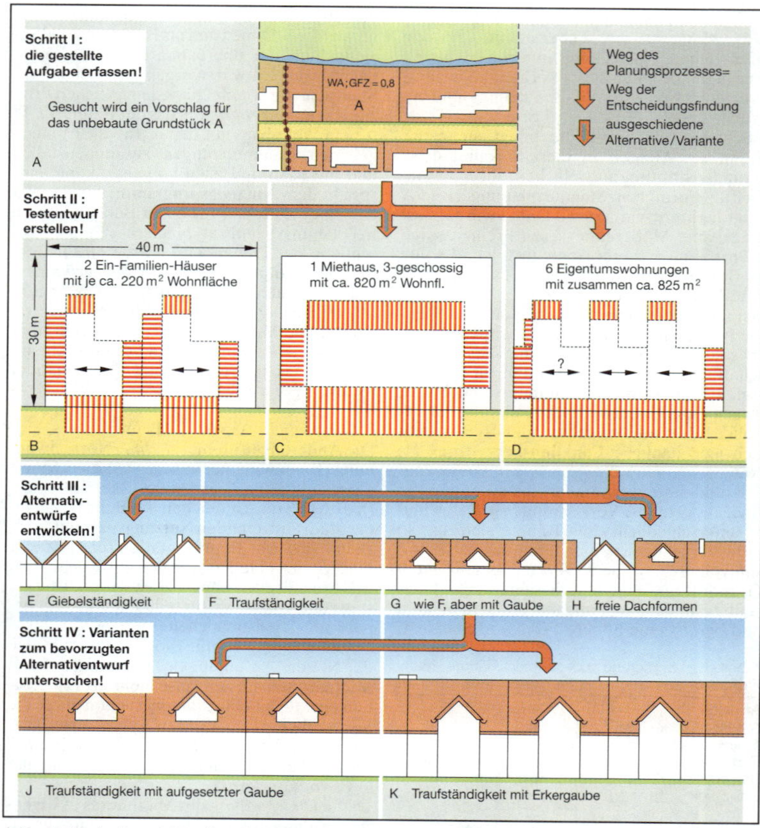

A-K Methode der schrittweisen Erweiterung und Reduzierung der Zahl der Modelle

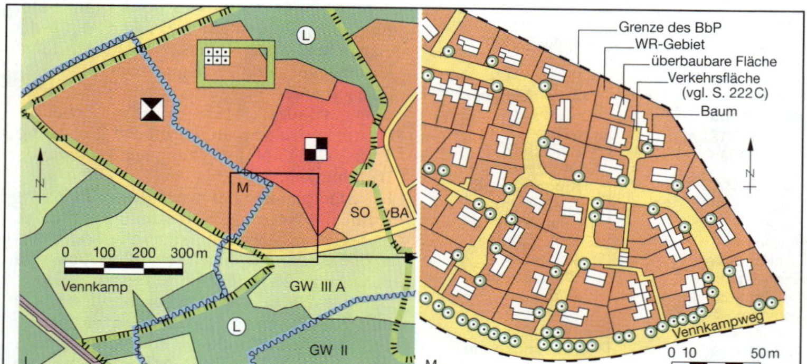

L-M Entwicklung des Bebauungsplanes (M: Ausschnitt) aus dem Flächennutzungsplan (L)

Die **Praxis** ist der beste Lehrmeister zweckmäßiger Methoden, weil sie die Aufgaben stets neu mit anderen Akzenten stellt. Ein Beispiel in 5 Schritten:

I: Jemand erbt Grundstück A und bittet einen Architekten um Rat. Dieser braucht zur Klärung der **Aufgabenstellung** die Bestandsaufnahme von Grundstück und Umgebung. Lageplan A sagt aus:
  - die Nutzung ist WA (S. 10) mit einer GFZ = 0,8 (S. 180–185), also Wohnen,
  - die benachbarte Bebauung besteht aus I–III-geschossigen Wohngebäuden,
  - das Ü-Gebiet weist wegen des Freizeitwertes des Gewässers auf höhere Grundstückspreise hin, wegen des gelegentlich höheren Wasserstandes auf bes. Anforderungen an unterird. Gebäudeteile.

II: Nun testet der Architekt alternativ die Eignung für *Einfamilienhäuser* (B: nur 2 EFH sind mögl.), für *Mietwohnungsbau* (C: 2 Aufgänge à 6 Wohneinheiten à ∅ 63 qm oder 1 Aufgang à 6 WE à ∅ 131 qm) und für den Bau von *Eigentumswohnungen* (D: 3 Maisonette-Einh. à 165 qm über 3 WE à 110 qm). Bei diesem **Eignungstest** scheint D zur rentierlichsten Lösung [400] zu führen.

III: Der Architekt entwickelt auf dieser Grundlage im nächsten Planungsschritt **Alternativentwürfe** (E–H), um die Leistungsfähigkeit im Detail zu verbessern, d. h. hier: welche Dachausbildung ergibt die höchste Ausnutzung bei guter Verkäuflichkeit der Form? Der Eigentümer entscheidet sich für die Alternative G = Traufständigkeit mit Mittelgaube.

Kern der Methode ist es, nach Klärung der Aufgabenstellung und Eignungstest **die Zahl der** verschiedenen zu untersuchenden **Modelle** zu **erhöhen** und dann nach ihrer theoretischen Erprobung wieder zu **verringern** und nur das weiterzuverfolgen, was der Bauherr nach Beratung durch seinen Architekten für das beste hält (G).

IV: Zur favorisierten Alternative G werden weitere **Varianten** untersucht (J–K), die sämtlich die im vorangegangenen Planungsschritt als erfolgreich erkannten Merkmale beibehalten. Mit der Entscheidung, Variante K zur Grundlage des Vorentwurfes zu erheben, wird die Entscheidungsfolge von A bis K als richtig bestätigt.

V: Das Planungsamt, bzw. Vermessungsamt, übernimmt bei der nächsten Überarbeitung dieses Bereichs das nach Variante K entworfene Gebäude in den Bebauungsplan, bzw. die Grundkarte.

Dieser Planungsprozeß würde zu völlig anderen Ergebnissen führen, wenn der Eigentümer wechselt, z. B. wenn ein Apotheker zu seiner Existenzsicherung im EG neben seiner Apotheke ein Bandagengeschäft und im 1. OG zwei Arztpraxen unterbringen will: ein anderes Gebäude entstünde. Diese unterschiedl. Gestaltungsmöglichkeiten zeigen die besondere Bedeutung des **Subjektiven** im Städtebau.

Oberstes Gebot aller an der Stadtplanung Beteiligten sollte es sein, diese Vielfalt der Planungsmöglichkeiten mit der ihnen zugrunde liegenden Willensfreiheit des Bürgers zu erhalten und zu gewährleisten. Zu dieser Einsicht gelangte sogar der einstige Präsident der Sowjetunion MICHAIL GORBATSCHOW. Er gestand in seiner Rücktrittsrede ein [401]: »Und doch geht es uns schlechter als den Menschen in den entwickelten Ländern. Im Vergleich zu ihnen kommen wir immer zu spät. Der Grund dafür war klar: Die Gesellschaft erstickte im Kommandosystem der Planung.« Die Geschichte des Sowjet-Systems von 1917–1991 ist abschließendes Lehrbeispiel für die Richtigkeit seiner Einsicht.

Die Methode der Modellbildung ist in allen Sachbereichen anwendbar, weiterführend und klärend. Alle Planungsmethoden [402] sind **Hilfsmittel** und sollten niemals Selbstzweck werden. Methodenbeispiele sind u. a.:

a: Die Aufgabe, mehrere Standorte zu vergleichen, um die Ausgangslage für ein Großprojekt unter gegebenen Bedingungen zu optimieren (S. 104 A; S. 105), stand mit der Aufgabe, ein Versorgungskonzept (S. 124: a in A; S. 125) schrittweise zu verwirklichen, in engem Zusammenhang; also mußten die Methoden der **Standortbewertung** und der **Bildung** von **Realisierungsabschnitten** in beiden Fällen eng aufeinander abgestimmt sein.

b: Die Aufgabe, das Wegenetz eines Stadtteils zu vervollkommnen (S. 128 A–H) und nach klaren Merkmalen (S. 130 A–L) in das Gesamtfußwegenetz der Stadt einzufügen (S. 132 A, K), führte zur Erarbeitung einer völlig **neuartigen Methodik** (S. 14 f.; S. 129).

c: Die Planung neuer Stadtteile oder die Neuordnung von Bauflächen (S. 222 D–E) erfordert in vielen Fällen **Parallelplanung** auf mehreren Ebenen oder in mehreren Sachbereichen derart, daß die Ergebnisse jeder Teilplanung am Ende zweckmäßig zusammenpassen, z. B. die naturräumliche Gesamtsituation (S. 152 C), das Stadtstraßennetz (S. 136 M), das Netz des öffentl. Personennahverkehrs (S. 192 D) und das Freiflächensystem (S. 152 D) ergeben erst in der Zusammenfassung den Rahmen für die Ausweisung der Bauflächen (S. 160 A).

d: Die rechtlich wichtigste Methode in der Bauleitplanung ist das **Entwickeln** eines **Bebauungsplans** (M) **aus dem Flächennutzungsplan** (L): das Sondergebiet in L gehört zu den von Bodelschwinghschen Anstalten [403], der Bebauungsplan Vennkampweg (M) sollte deren Mitarbeitern preiswerte Grundstücke mit günstigen Einfamilienhäusern bieten; dem Architekten einer gemeinnützigen Baugesellschaft gelang dies überzeugend (M).

12-50 Wochen

1. Phase: **Erarbeitung des Ausschreibungsentwurfes**
1: Entwurf des Programmes durch das Planungsdezernat (-amt)* als Bauherr, erforderlichenfalls Zustimmung durch den zuständigen Planungsausschuß*
2: Beratung hinsichtlich möglicher Alternativnutzungen innerhalb der Verwaltung
3: Entwurf der Wettbewerbsbedingungen durch Planungsdezernat*
4: Vorschlag für die Besetzung des Preisgerichtes durch Planungsdezernat Zustimmung durch Verwaltungsleitung, Ratsausschüsse und Rat

4 Wochen / 1 Woche

2. Phase: **I. Preisrichter-Colloquium: Verbesserung der Ausschreibung:**
1: Bedingungen des Auslobers für das Wettbewerbsverfahren, z.B. Erteilung des Protokollrechtes. d.h.: Jeder Preisrichter darf seine Auffassung zu Protokoll geben, insbesondere während der nicht-öffentlichen Preisgerichtssitzung
2: gemeinsame Lesung der Ausschreibung
3: Erarbeitung einer Liste von Prüfmerkmalen (Prüfliste)
4: Wahl des Vorsitzenden des Preisgerichtes und seines Stellvertreters

Ausschreibung des Wettbewerbes

5-17 Wochen / Laufzeit des Wettbewerbes 8-20 Wochen

3. Phase: **II. Preisrichter-Colloquium**
1: Prüfung der überarbeiteten Ausschreibung
2: Sichtung der schriftlichen Anfragen der Teilnehmer zur Ausschreibung und gemeinsame Festlegung der Antworten
3: Verabschiedung der Prüfliste

I. Teilnehmer-Colloquium
1: Darstellung der Wettbewerbsaufgabe durch den Auslober
2: Erläuterung sämtlicher Wettbewerbsunterlagen
3: Beantwortung der schriftlichen Anfragen
4: Beantwortung mündlicher Anfragen der Teilnehmer
5: Erläuterung des Zeitrahmens für die Planungs- oder Bauaufgabe
6: Darstellen der Prüfliste und Vorurteile der Preisrichter
7: Erläuterung des Vertragsrahmens für den 1. Preisträger

4.Phase: **Laufzeit des Wettbewerbes** (im engeren Sinn)
1: Erarbeitung der Entwürfe durch die Teilnehmer
2: termin- und bedingungsgerechte Abgabe der Wettbewerbsentwürfe

2-10 Wochen

3: funktionale und baufachliche Vorprüfung mit Erstellung des Prüfberichtes

2 Wochen

III. Preisrichter-Colloquium: Preisgericht
1: Informationsrundgang durch die ausgestellten Wettbewerbsarbeiten
2: Entgegennahme des Prüfberichtes der Vorprüfer
3: ein bis fünf Beurteilungsrundgänge durch die ausgestellten Wettbewerbsarbeiten mit abschließend schriftlicher Beurteilung der Arbeiten
4: Entscheidung über die Zuordnung der ausgelobten Preise zu den Arbeiten
5: Empfehlungen des Preisgerichtes an den Auslober

II. Teilnehmer-Colloquium:
1: Ergebniscolloquium
2: öffentliche Ausstellung der Arbeiten

5.Phase: Vertragsverhandlungen zur **Auftragserteilung** an den Träger des 1. Preises

Gesamtdauer: ca. 25 Wochen bis ca. 2 Jahre!

* bei Architekturwettbewerben tritt der gesuchte Hochbau- oder Ingenierbau-Entwurf an die Stelle der bei städtebaulichen Aufgaben gesuchten stadtplanerischen Lösung; entsprechend wechselt die Betreuung des Wettbewerbes zum Baudezernat (Hochbauamt).

A Ablaufphasen eines städtebaulichen Planungswettbewerbs

7 **Preisrichter** mit Rede-, Antrags- und **Stimmrecht**, davon	
4 Fachpreisrichter	1. freier Architekt, Lehrstuhlinhaber, als Vorsitzer 2. Planungsdezernent (Beigeordneter für das Bauwesen des Auslobers) 3. freier Architekt (mit Wettbewerbserfahrung) 4. Planungsdezernent (einer Nachbarstadt)
3 Sachpreisrichter	5. Vorsitzer des Planungsausschusses 6. stellvertretender Vorsitzer des Planungsausschusses 7. Oberstadtdirektor
5 stellvertretende Preisrichter **ohne Stimmrecht**, davon	
3 Fachpreisrichter	8. Vertreter der örtlichen Architektenschaft 9. Leiter des Planungsamtes 10. Nachwuchsarchitekt
2 Sachpreisrichter	11. sachverständiger Bürger 12. Stadtkämmerer
1 **Leiter der Vorprüfung**, der dem Preisgericht zur Auskunft verpflichtet ist und Anwalt der Wettbewerbsteilnehmer in besonderem Maße ist:	
	13. Architekt (wettbewerbskundig)

B Ein Vorschlag für die Besetzung eines Preisgerichts

Die beste **Methode,** die Zahl der Modelle für eine Planungsaufgabe zu erweitern (S. 246 A–K), ist es, mehrere von einander unabhängige Planungsgruppen bei identischer Aufgabenstellung und unter gleichen Bedingungen Lösungsvorschläge erarbeiten zu lassen; dabei wird entsprechend den individuellen Fähigkeiten verschiedener Planverfasser das *Spektrum der* denkbar guten *Lösungen* abgedeckt. Wegen der hohen Personalkosten ist derartiges Vorgehen nicht immer möglich, sollte jedoch bei bedeutungsvollen Planungen mit erhöhtem Anspruch immer gründlich erwogen werden.

Das *Niveau* der Lösungsansätze wird im Allgemeinen und im Detail angehoben, indem die Planungsteams **anonym** und im **Wettbewerb** miteinander arbeiten. Bei diesem Vorgehen haben Entscheider und Entwurfsverfasser von den gleichen Beurteilungsmerkmalen und Qualitätsmaßstäben auszugehen.

Im Bereich des öffentlichen Planens und Bauens ist das Verfahren der **Ausschreibung** von Wettbewerbsaufgaben unter freien Architekten, Ingenieuren, Landschaftsarchitekten und Künstlern formalisiert worden; die sog. GRW enthalten die *Grundsätze und Regeln für Durchführung von Wettbewerben;* jeder Wettbewerb bedarf der schriftlichen Zustimmung zur Ausschreibung durch die zuständige *Architektenkammer.* Deshalb arbeiten Großstädte, die häufig Wettbewerbe ausschreiben, mit örtlichen Vertretern der Kammer und der Berufsverbände schon bei der Erarbeitung und Zusammenstellung der Ausschreibungsunterlagen eng zusammen.

Die Architektenkammer Nordrhein-Westfalen hat ›12 gute Gründe für den Wettbewerb‹ veröffentlicht [404]:

1. Wahl der besten Lösung,
2. Sicherheit in der Entscheidungsfindung,
3. Wahl der wirtschaftlichsten Lösung (Verwendung von Steuergeldern),
4. Einsparungen in der Ausführung durch Planung unter Wettbewerbsbedingungen,
5. treuhänderische Durchführung der Aufgabe, da der Teilnehmer keiner Weisung unterliegt,
6. Angebot von Entwurfs-Alternativen,
7. demokratisches Entscheidungsfindungsverfahren in einem unabhängigen Preisgericht,
8. gutes Mittel der Öffentlichkeitsarbeit für den Auslober (vgl. [405]),
9. Qualitätssteigerung im Hinblick auf Umweltgestaltung (vgl. [405]),
10. … *weil alle Erfahrungen mit Wettbewerben dafür sprechen,*
11. die Einfachheit des Wettbewerbes,
12. die verwirklichten Beispiele preisgekrönter Wettbewerbsentwürfe (z. B. S. 96 C; S. 104 A–C; S. 106 C; S. 222 B).

Die in A beschriebenen Ablaufphasen eines Wettbewerbs beruhen auf zahlreichen Erfahrungen. Einige Ratschläge für Auslober seien angemerkt:

a) Bevor eine **Ausschreibung** erfolgt, hat die eigene Bauverwaltung durch *Testentwürfe* zu prüfen, ob grundsätzlich Lösungsmöglichkeiten bestehen, damit nicht falsche Erwartungen an die Teilnehmer gerichtet werden. In der Qualität des Testentwurfes zeigt sich die der eigenen Behörde.
b) An die **Auslobungsbedingungen** sind alle am Wettbewerb Beteiligten (Teilnehmer, Preisrichter, Vorprüfer) gebunden. Dennoch empfiehlt es sich, im 1. Teilnehmer-Colloquium mitzuteilen, daß der Auslober sich vorbehält, eine Arbeit, die besser ist als die Ausschreibung, nicht am Kleingedruckten scheitern zu lassen; ihre Qualität müsse jedoch die Mitbewerber im Ergebniscolloquium überzeugen.
c) Das Preisgerichtsverfahren ist aus guten Gründen nicht-öffentlich; nur die Arbeitsschritte und Beurteilungsergebnisse stehen im Preisgerichts-Protokoll. Um jeden Preisrichter in seiner Verantwortung und Unabhängigkeit gegenüber dem Auslober zu stärken, ist das **Protokollrecht** (A, 2. Phase, I., 1:), d. h. das Recht, zu jeder Arbeit und Bewertung des Preisgerichtes qualifizierende Aussagen unter Nennung des eigenen Namens zu Protokoll geben zu dürfen, ein wirksames Mittel zur Vermeidung von Meinungscliquenbildung und Einseitigkeit im Preisgericht.
d) In der Praxis hat es sich bewährt, ein siebenköpfiges **Preisgericht** zu berufen und die stellvertretenden Preisrichter mit Rede- und eingeschränktem Antragsrecht an allen Preisgerichtssitzungen mitwirken zu lassen (der Antrag eines Stellvertreters gilt als gestellt, wenn ihn ein stimmberechtigter Preisrichter übernimmt).
e) Der Auslober sollte stets die **weiterführenden Aufträge** dem Verfasser der mit dem 1. Preis ausgezeichneten Arbeit erteilen. Wenn allen bekannt ist, daß der Auslober so verfährt, fällt es allen Beteiligten leicht, ihre Energien nur darauf zu verwenden, eine Arbeit für den 1. Preis abzugeben und diesen zu respektieren.

Wettbewerbe sind auch ein Weg, um Innovationen auf ihre **Tauglichkeit** für den zukünftigen Städtebau zu testen, z. B. eine unterirdische Kastenförderanlage, wie sie im Krankenhausbau ab 1970 erfolgreich eingeführt wurden (u. a. Waldbröl). Warum sollte das Bindeglied zwischen Parkhäusern am Cityrand, Versorgern und Kaufhäusern in der City und Großabnehmern wie Hotels nicht eine ortsspezifisch darauf abgestimmte unterirdisch geführte Kastenförderbahn (S. 250 D) sein können? Ein Wettbewerb könnte dies ergründen helfen und erweisen. Gesucht wird die Stadt und der Entwicklungsminister, die bereit sind, solche Wege zu erkunden und zu testen.

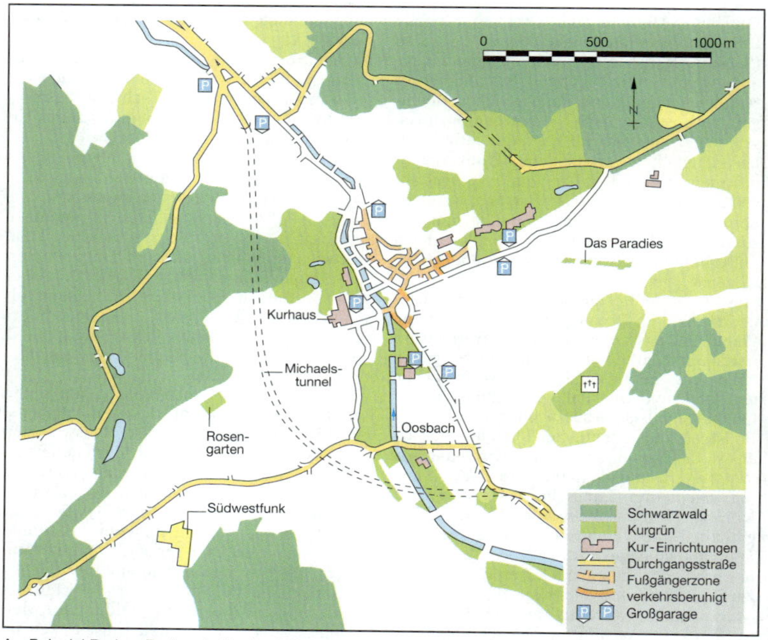

A Beispiel Baden-Baden als Stadt mit Zukunft = Stadt in der Landschaft

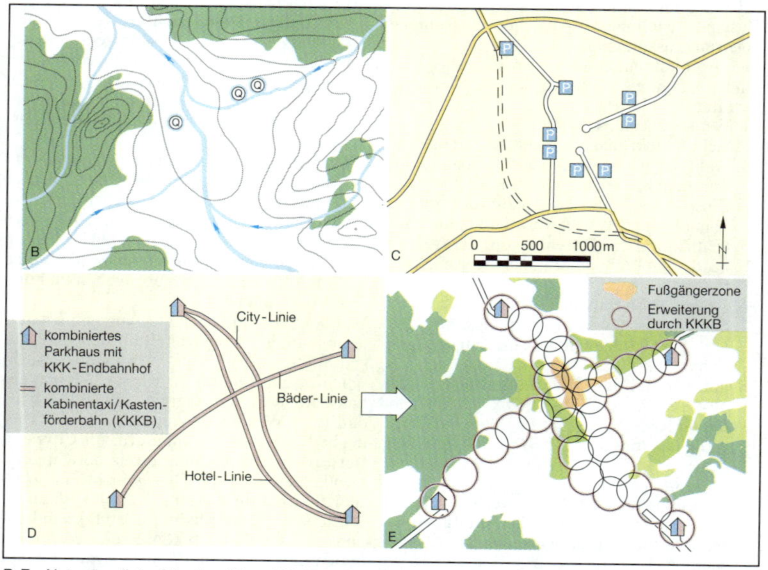

B-E Naturräumliche Situation (B) und Verkehr (C) 1992; Innovationsidee (D); Fußwegeerweiterung (E)

Stadtplanung als vorbereitender Städtebau und **Städtebau** als Ausführung der Stadtplanung haben 2 Grundlagen:

1. ein konkreter **Standort** in einem Landschaftsindividuum (S. 149), d. h. ein nur einmal vorhandener und genau bestimmbarer Ausschnitt der **Natur,** ist die *natürliche* Grundlage, – und
2. die **Gesellschaft** als Auftraggeber der Planung und als Bauherr der Stadt legt die *politische* Grundlage; ihre Werte und Normen maßregeln das Bauen und spiegeln sich in der **Kultur** der gebauten Stadt wider.

Zu Beginn jeglicher Stadtplanung ist also eine zweifache Aufgabe zu lösen:

zu 1: einerseits ist der Standort in all seiner Besonderheit, Fülle des Angebotes und Schutzbedürftigkeit zu erfassen, bevor Freiflächen »geschützt« und Bauflächen »freigegeben« werden (B),

zu 2: andererseits sind die Werte, Leitvorstellungen und Normen, die die Gesellschaft ihren Aufträgen zugrundelegt (polit. Ethik), offenzulegen, bevor Gruppen- oder Modeethik den Städtebau mißbrauchen, z. B. Kreißsäle als Abortstationen, Neue-Heimat-Bauen als Selbstbedienungsvorgang bei Funktionären.

Der oberste Grundsatz aller Zusammenarbeit – also auch in Stadtplanung und Städtebau – muß es bleiben, daß Ethik, d. h. die Regel, *das Leben in jedem Fall zu schützen,* nicht Gegenstand von Abstimmungen sein kann. Wer Ethik anwendet, um dem Leben zu dienen (»Erlaubt ist, was sich ziemt!«), verdient Gefolgschaft; wer das Leben benutzt, um mit Spezialethik seinen Ich-Bedürfnissen zu dienen (»Erlaubt ist, was gefällt!«), ist der Teilnahme an Entscheidungen nicht würdig (vgl. S. 235).

Da in aller Regel die mächtigeren Gruppen die Aufträge für die Stadtplanung bestimmen, ist ihre Moral an den Bauten und der statistisch belegten Entwicklung abzulesen.

Der Anteil der *Ein-Personen-Haushalte* in der BRDtl. (1990: 33,1 %) wächst langsam, aber stetig; z. T. beruht er auf **Vereinzelung** mit Vereinsamung unter Alten und Jungen und abnehmender Verantwortung für einander, was die Stabilität der Gesellschaft mindert und den Zerfall ihrer Ordnung fördert. Die Ursachen dieser regressiven Lebensform sind kaum im Städtebau zu suchen: jeder Deutsche hatte vor 1990 durchschnittlich 33,7 qm Wohnfläche [392, S. 190]. Ab 16 qm je Familienmitglied dürfte die freie Entfaltung der Persönlichkeit gewährleistet sein (GG Art. 1/2). Tabelle 62 belegt, daß der vom GG Art. 6 zugesicherte bes. Schutz des Staates für Ehe und Familie i. S. der Verfassung nicht verwirklicht wurde; Ehe und Familie sind vor der zersetzenden Vereinzelungsentwicklung nicht bewahrt worden.

Tabelle 62: Haushalte mit ... Personen

Gebiet [392]	1	2	5 + mehr
alte Länder	32,7 %	28,5 %	6,9 %
Kernstädte*	43,0 %	29,2 %	3,5 %
ländl. Kreise**	25,8 %	26,6 %	11,4 %
neue Länder	34,3 %	28,6 %	4,0 %
Kernstädte*	44,2 %	28,0 %	2,6 %
ländl. Kreise**	28,5 %	27,3 %	6,2 %
BRDtl.	33,1 %	28,5 %	6,2 %

* in großen Verdichtungsräumen
** in ländlich geprägten Regionen

Das weltweit von **Egoismus** getriebene Streben nach Besitz und Profit (Materialismus) hat zur Folge, daß karrierebewußtes Handeln belohnt und protegiert wird, während die der Familie und Gemeinschaft dienenden Leistungen, bes. die der Mütter, beliebig abgewertet, belächelt und diskriminiert werden.

Der daraus entstandene circulus vitiosus fordert die Gesellschaft zur Veränderung ihrer Normen auf, indem der Mensch sich wieder auf seine wahre **Bestimmung** besinnt. Nur 6,9 % der Haushalte in den alten Ländern (in den neuen: 4,0 %) bestehen aus 5 oder mehr Personen. Nur im Emsland, Münsterland, Siegerland, in der Region Paderborn, ansonsten ausschließlich in Baden-Württemberg und Bayern lag ein positiver natürl. Saldo (mehr Geburten als Sterbefälle) [379, S. 61] und durchschnittliche Haushaltsgrößen bis zu 3,4 Pers./Haushalt (Cloppenburg [379, S. 64]) vor.

Die dringend gesuchten **Innovationen** in der Stadtplanung haben die Wohnqualität am Bedarf der vollständigen Familie (S. 244 D; 245) und an gesunden Lebensbedingungen für sie auszurichten. Leitbilder sind nicht in Regionen unter dem **Bestandserhaltungsniveau** [379, S. 61] zu finden, sondern (s. o.) in **Kur-** (S. 216 B) und **Wallfahrtsorten** (S. 178 B), in denen das geistige, seelische und körperliche Wohlbefinden der Menschen in den Mittelpunkt gestellt wird; ein Beispiel:

Baden-Baden, röm. Gründung um 80 n. Chr., um 220 röm. **Badeort,** erhielt 1388 Stadtrecht, seit 1796 (Rastatter Kongreß) beliebtestes Kurbad Europas; 1980 Renovierung des Friedrichsbades; 1985 Eröffnung der neuen Caracalla-Thermen (Natriumchloridquelle von 68 °C, bes. gegen Rheuma); mit 51 000 Einw. ist es eine *Stadt in der Landschaft* im besten Sinn des Wortes (vgl. S. 48 A–B; S. 49).

Der Bau des Michaelstunnels (A) und die damit verbundene Umstellung des gesamten *innerstädtischen Verkehrssystems* ist Beispiel für jene realisierbaren Zukunftsvisionen, mit denen eine Kommune und ihr Städtebau den Zielen der Gastfreundschaft und Gesundheitspflege dient und **Lebensqualität** für die Stadt zurückgewinnt. Das ist Vorbild.

Neuartige Ideen (S. 249) von unterirdischen **Innovationen** (D) könnten in einem Planungsprozeß (B–E) am Beispiel dieser Stadt zu weiteren oberirdischen Verbesserungen führen (E). Gesucht wird die Stadt, die bereit ist, solche Wege zu erkunden und zu testen, wenn Land und Bund helfen und die Stadterneuerung aufwerten würden.

Der Mensch sollte, bevor er zu planen und zu bauen beginnt,
1. wissen, was er will
2. wissen, wie er es bekommt,
und, wenn er es hat,
3. zufrieden sein.

Bedarf, die bestehende Situation an sich oder in der Umwelt zu ändern, entsteht, wenn die folgenden Grundbedürfnisse nicht oder falsch befriedigt werden:

Bedürfnisse der Egoseite	Bedürfnisse der Sozialseite

Vorab:

Dasein und Leben

Anspruch auf Selbsterhaltung bewußt annehmen und selbst erfüllen	eine Familie beanspruchen und sich in sie einordnen (Arterhaltung)

Zu 1:

neue Erfahrung

durch Ausdehnen des Aktionsradius die Welt hörend/sehend usf. entdecken und sich in ihr [GG Art. 4, 5, 11, 12]	durch Lernen und Üben schweigend die vorhandenen Vorurteile und asozialen Verhaltensweisen korrigieren

Zu 1:

Harmonie

durch Pflege von Körper, Seele und Geist in Gesundheit ausgeglichen leben (Minimalkatalog S.244 A [qm/Person]) [GG Art. 2(2)]	durch Bauen, Einrichten und Aufräumen einer Wohnstätte Gastfreundschaft bieten (m^3 umbauter Raum, Ausstattung) [GG Art. 13(1)]

Zu 2:

Frieden

durch Arbeit an sich selbst Einsicht gewinnen und seine Fähigkeiten vervollkommnen	durch Arbeit der Familie dienen und die Staatsbürgerpflichten erfüllen

Zu 2:

Hoffnung

auf Lebenserfolg durch freie Entfaltung innerhalb des GG und des Sittengesetzes [GG Art. 2 (1)]	ein brauchbares (und gebrauchtes) Mitglied der Gemeinschaft zu werden und zu sein [Art. 3 bis 12a; Art. 18]

Zu 3:

Lebensfreude

durch Erkennen seiner Stärken und Schwächen, durch Anwendung der positiven Eigenschaften und durch rechten Umgang mit den Dingen	durch Überwinden und Loslassen von destruktiven Mechanismen, überlebten Methoden und überholten Systemen

Merkmale zur Ermittlung und Gliederung von Veränderungsbedarf

Wer eine Bleibe sucht, sollte sich einige **Grundsatzfragen** vorrangig und vorab beantworten:

I. Die Prioritätsfrage: Welchen Rang besetzt die Wohnung unter den Lebenszielen (Notlage?, freie Wahl?)?
II. Die Eigentumsfrage: Soll die Wohnung zur Miete oder Eigentum sein?
III. Die Kontaktfrage: Wieviele Wohnungen (Parteien) sollten mindestens (Hilfe im Alter) oder dürfen höchstens (Ruhebedürfnis) in dem Haus sein?
IV. Die Frage des Vorgehens: neu bauen, Neues kaufen oder Altes umbauen?

Wohnen in Zufriedenheit beruht darauf, daß die eigenen **Lebensbedürfnisse** (A) bestmöglich befriedigt werden und dies in Abhängigkeit von

a) Lebensalter und Reife,
b) Arbeitsplatz (Beruf), Bildungs- oder Ausbildungsstätte,
c) Familienstand, Familiengröße und Stellung in der Familie (Vater, Mutter, Kind, sonstige),
d) Einkommen, Besitz und den individuellen Ansprüchen.

Bevor der Einzelne entscheidet, wo er **zu Hause** sein möchte, sollten die objektivierbaren Merkmale auf ihre Verträglichkeit mit der subjektiven Ausgangslage geprüft und innerhalb der Familie abgestimmt werden; dazu gehören:

1. der **Standort** nach geographischen Kriterien bezüglich
1.1 *Gegend* nach Landschaftstyp (S. 149),
1.2 *Klima* und Wetter (S. 153),
1.3 *Gemeinde* nach Größe (S. 53), Typ (S. 63), infrastrukturellem (S. 59) und kulturellem Angebot (S. 94–115),
1.4 *Umgebung* (Freiflächen S. 128 ff., 150 ff.),
1.5 *Nachbarschaft* und Nähe zu störenden Emittenten (S. 92 C; 156 C),
1.6 *Erschließung* (S. 222), Versorgung, *Erreichbarkeit* (S. 174 A; S. 240 A),
1.7 *Baugrund* (S. 27; 146 f.; 197),
1.8 *Orientierung* des Gebäudes nach den Himmelsrichtungen (S. 176 A f.) und *Ausmitteln* seiner Lage auf dem Baugrundstück (S. 89),
2. das geltende Bauordnungsrecht und die **planungsrechtlichen Festsetzungen** bezüglich
2.1 *Typ* des Baugebietes (S. 174 Tab. 52),
2.2 *Bauweise* (S. 180 f.),
2.3 *Ausnutzbarkeit* (S. 184 f.),
2.4 *Gestaltungsfreiheit* (S. 183),
2.5 sonstiger, bes. einschränkender oder belastender Inhalte (S. 92; außerdem z. B. Tieffluggebiete, Standorte giftiger oder unbekannter Altlasten),
2.6 der *Planungsabsichten,* die in Zukunft zu solchen Festsetzungen führen könnten; die Gemeinden sind verpflichtet, auch darüber jeden Bauwilligen oder Kaufinteressenten einer Liegenschaft *vollständig, gewissenhaft* und *wahrhaftig* zu informieren.
3. die **Besonnung** (S. 228), Belichtung, Belüftung, Wärmebedarf und -dämmung, sowie die hierfür einzusetzenden Geräte (Heizkessel), Maschinen (Wärmepumpe, Ventilator) und aufzuwendenden Energien (S. 122–125),
4. die Akzeptanz der ortsüblichen, bzw. die Beschaffbarkeit der bevorzugten **Baustoffe** für das Gebäude (S. 201) sowie der Materialien für Ausstattung und Einrichtung (S. 199),
5. Beschaffenheit und Nutzbarkeit, Besonnung und Bewässerung des **Gartens** und seiner Bepflanzung, ggf. die Lebensbedingungen für Haustiere,
6. Eignung von Grundstück mit Bepflanzung und Bebauung für **Wiederverkauf** (ein Aspekt, der oft nicht oder zu spät oder zu subjektiv gesehen wird),
7. wahrscheinliche Rückwirkung der Ergebnisse zu 1.–6. auf die **persönliche Entwicklung** und die der Familie.

Dieser dreiteilige Kriterienkatalog kann zu einer individuellen Checkliste überarbeitet werden und bei der Suche nach einem geeigneten Zuhause hilfreich sein. Die sorgfältig auszuwählende **Wohnstätte** (Haus/Wohnung/Lebensraum) ist fester Bezugspunkt und die Voraussetzung für die Befriedigung der Grundbedürfnisse und die Erreichung der Lebensziele; zu ihnen gehören vorrangig:

1. Geborgenheit in einem Haus,
2. Besitzstandswahrung durch Vorsorge und Vorratswirtschaft,
3. Harmonie durch Kommunikation,
4. Unantastbarkeit des Intimbereiches,
5. Entfaltung der Schaffenskraft,
6. Ökonomie der Haushaltführung,
7. Selektion von Dingen und Sachen sowie Bindungen und Beziehungen, die überlebt und deshalb auszusondern sind,
8. Regeneration von Körper, Seele und Geist,
9. Caritas als Dienst am Nächsten, beginnend in Familie und Heim,
10. Sicherung des Arbeitsplatzes für jeden (auch für die Kinder innerhalb der Wohnstätte),
11. Konzentration durch Sammlung,
12. Selbstwerdung durch Reifung und Selbstverständnis aus behausungsunabhängiger Selbsterkenntnis.

In dem Maße, in dem die Erfüllung dieser Grundbedürfnisse von einer bestimmten Wohnstätte unabhängig wird, durchaus im Sinne der Anspruchs- und Bedürfnislosigkeit, wächst die Fähigkeit des Menschen, seiner Anlage gemäß weltoffen und frei von allem Überfluß überall auf dieser Erde mit den anderen in Gemeinschaft leben und zu Hause sein zu können.

Nachwort

Städtebau und Stadtplanung erfolgte in allen Jahrhunderten, solange Menschen lebten und eine nutzvolle Bleibe für ihr Überleben benötigten. Aber kaum zuvor wurden dem Städtebau und der Umwelt bei der Planung so wenig an **ethischen Vorstellungen** zugrunde gelegt, wie in den Jahren seit 1950 (A [409]).

Materialismus, Machtwille und Profitdenken waren die Stützpfeiler für die Wohnkultur in unserer hochtechnisierten Zeit, insbes. in den Großstädten, die mit Wohngroßsilos aus Beton und Plastik Zeugnis für den Ungeist ihrer Bauherren und Urheber ablegen. Dabei wurde weder auf den Menschen noch auf die Umwelt Rücksicht genommen. Der Zeitgeist in Form geschickter Werbung animierte das Anspruchs- und Konsumdenken und diktierte weitestgehend das Geschehen. Schleichend wurde aus mündigen Bürgern eine manipulierte Gesellschaft; ihre Eigenbestimmung und Mitgestaltung ihrer Wohnstätten wurde ihnen vornehmlich von Bauherren, politischen und behördlichen Instanzen abgenommen. Heute nun leben die Menschen besonders in den Ballungszentren in einer als ungemütlich und unsozial zu bezeichnenden, verunstalteten und durch Schadstoffe belasteten Umwelt, und noch immer erfolgt kein Umdenken. Kaum jemand – so scheint es – macht sich ernsthaft Gedanken oder stellt öffentlich die Frage, die Pastor Wolfgang Finger, Vorstand der Diakonissenanstalt Sarepta in Bethel/Bielefeld (in den drei Bodelschwinghschen Anstalten leben 9225 Pflegekräfte und 5798 behinderte Kranke zusammen [403]) in einem Seminar für seine Führungskräfte [406] den Referenten, einem Theologen, einem Psychiater und einem Städtebauer, stellte: **»Warum werden die Menschen in der Stadt krank?«** Diese Frage nach der Beziehung zwischen Städtebau und dem Wohlbefinden und der Gesundheit der Menschen sollte bei jeder weiteren Planung jedweder Art zukünftig in den Vordergrund gerückt, geklärt und beantwortet werden, bevor Anspruchsdenken oder Termindruck den weiteren Städtebau und die Planungen bestimmen dürfen. Damit die Menschen sich in den Städten wieder wohlfühlen können, muß ein **Umdenken** erfolgen.

Von Anbeginn der Schöpfung diente die Erde dem Menschen als Lebensraum. Bis zum heutigen Tag scheint Kain seinen Bruder Abel zu erschlagen, und der Mensch begreift auch heute ebensowenig wie vor Tausenden von Jahren, daß Kain seinen jüngeren Bruder zu schützen hat. Erst wenn der Mensch das be-

A Wer sind die Urheber ?

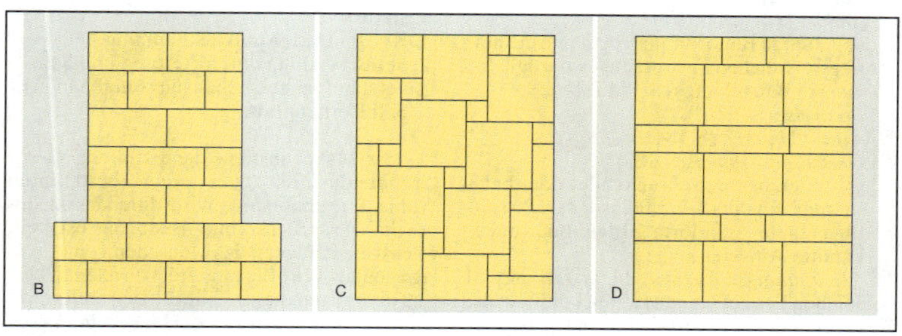

B-D Fugenschnittalternativen für Natursteinplatten eines Denkmalsockels

greift und sich auf seine wahre Bestimmung besinnt, daß er nur Gast auf Erden ist und kein Eigentum erwerben kann, da alles Gott gehört und dem Menschen nur die pflegliche Verwaltung der Schöpfung übertragen wurde, könnte die Vorstellung vom Paradies auf Erden verwirklicht werden.

Die **Natur** zu schonen, sie wiederherzustellen, ohne die natürlichen Bedürfnisse des Menschen zu beschneiden, im Einklang mit ihr und ihren Schätzen zu leben [407; 408], das muß Oberziel werden und Grundlage bleiben. Auch die Städter und Politiker sollten lernen, die **Landwirtschaft** so zu schützen, daß sie durch gezielten Natur- und Landschaftsschutz, d.h. Boden- und Grundwasser-, Tier- und Pflanzenschutz, dem gesunden Leben dienen kann. Zu diesem Zweck müßte der Beruf des *Landschaftswirtes* geschaffen werden, der ähnlich dem staatlichen Forstwirt nicht darauf angewiesen ist, allein von seinen Erträgen leben zu müssen. Er könnte Erosionsbarrieren und Windschutzhecken, Vogelschutzgehölze und Grundwasseranreicherungsbepflanzungen und vieles andere mehr zum Schutze unserer Naturrestflächen anlegen, pflegen, auf die Vermeidung von Umweltzerstörung achten und gleichzeitig den Mißbrauch des Bodens durch Kunstdünger beenden. In solchem Rahmen könnten artgerechte Tier- und Schlachtviehhaltung in der Natur und die Erzeugung von **Lebensmitteln** statt wertloser Nahrungsmittel der Landwirtschaft wieder neuen Sinn und geschützte Einnahmen geben, die von der gesamten Gesellschaft mitzutragen sind. Ziel wäre es, Beschränkungen der Betriebsgrößen, auch für Landwirtschaftsfolgebetriebe wie Molkereien, und die staatlich zu finanzierenden Pflichtaufgaben an der Landschaft einzuführen; darüber hinaus müßte für Landschaftswirte die Freiheit der freiwilligen Leistungen aus Landwirtschaft auf Teilflächen mit marktwirtschaftlichen Gewinnen bestehen. Dann würde das Leben auf dem Lande und der Schutz der Landschaft gesichert sein.

Für den Menschen in der Stadt ist die Wohnung und ihr Umfeld fester Ausgangspunkt für die Erfüllung seiner elementaren Bedürfnisse (vgl. S.252f.). Soweit Möglichkeiten zur Mitgestaltung bestehen, sollten dem Städter mehr **Spiel- und Freiheitsräume** freigegeben werden. Dabei ist es unerheblich, ob es sich um Eigentum oder Mietwohnungen handelt. Wenn die Grundbedürfnisse erfüllt sind, so daß Arbeit und Liebe als Ausdruck des Normalen immer möglich ist, dann gewinnt der Städter seine Offenheit und Verantwortungsbereitschaft für die Gegenwart, für seine Generation und für die Welt zurück. Als bevorzugt können jene gelten, die in Städten von überschaubarer Größe und Ordnung leben.

Avila, frühchristl. Bischofssitz, erhielt im 11.Jh. die berühmte Stadtmauer mit über 80 Türmen und ist mit ca. 40000 Einwohnern und einer Höhenlage von 1114 m ü. M. ein Muster für die *Stadt in der Landschaft* (S.48f.; S.250f.). Wer diese Stadt gesehen hat, kann verstehen, daß sie für Teresa von Avila (1515–1582) die irdische Entsprechung zu ihren *Wohnungen der inneren Burg* [410] war, in denen am Ende des *Weges zur Vollkommenheit* [411] die Arbeit des Menschen an sich selbst über die Arbeit an der Welt gestellt wird, um gottgefällig leben zu können. Aber durch die Arbeit an der Welt bis hin zum Bau des eigenen Hauses, erkennt der Mensch analog, welche Arbeit er an sich selbst zu leisten hat. Für diesen Entwicklungsprozeß benötigt er ausreichende Bau- und Gestaltungsfreiheit, um aus seinen eigenen Fehlern lernen zu können und durch Erfahrungen zu reifen. Deshalb sind selbst gestaltete Wohnhäuser anschauliche Wegweiser zur **Menschenkenntnis** und deshalb »schätzen wir vor allem das Recht eines jeden Menschen, so zu leben, wie er selber es wünscht..« [407].

Wenn Ethik und Moral wieder die Grundlage des Lebens werden, dann dienen alle Prinzipien und Lehrsätze, Regeln und Kochbuch-Kniffe (S.29), Vorschriften und Methoden, Wettbewerbe und Großversuche bei Planung und Bauausführung im Städtebau dem Wohle aller.

Was hiermit gemeint ist, sei an einem Zitat des Städtebauers Rudolf Hillebrecht verdeutlicht:

> »Wer Natursteinplatten wählt, muß sich zunächst um den Fugenschnitt am Stein kümmern! Wenn nicht, kann der beste Stein das schönste Haus verunstalten.«

Der Fugenschnitt kann hier (B–D) gezeigt werden, jedoch nicht die Wirkung am Stein; denn seine Farbe im Licht, die Körnung des Materials und seine Oberflächenbearbeitung wirken mit, ohne abbildbar zu sein. Hillebrechts Ausspruch bestätigt, daß Erfahrungen mit sich im Umgang mit Material notwendige Voraussetzungen für die Gestaltung eines Bauwerks als **Einheit** sind. Darin liegt auch die Aufforderung, aus Fehlern und Erfahrungen zu lernen zum Wohle der Gemeinschaft und weisen Rat für diesen Weg nicht zu verschmähen ([405]; S.252f.).

Fritz Schumacher lehrte, daß

> der größte und beste Plan nur so viel wert ist, wie der Teil, der als erster gebaut wird; er muß für sich allein bestehen können, falls widrige Umstände seine Vollendung erschweren, verzögern oder verhindern.

Dies ist bei allen Provisorien zu bedenken. Unter diesem Gesichtspunkt dürften u.a. Wohn-Container, Sammellager, Stahlhochstraßen, Magnetbahnen, Freileitungen und Sendemaste (Elektro-Smog [380, S.132]) nirgendwo entstehen. Dieser Hinweis zielt auf die Vermeidung des **Anfangsfehlers,** insbesondere im politischen und sozialen Denken und Planen der Verantwortlichen und des Volkes.

Bibliographie

1 dtv-Lexikon in 20 Bänden, München, 1966, sowie dtv-Lexikon, München, 1992

2 Lexikon für Theologie und Kirche, Herder, Freiburg i. Br., [2]1938, sowie Sonderausgabe 1986

3 Bundesbaugesetz (BBauG) vom 23. 6. 1960

3a BBauG in der Fassung vom 18. 8. 1976

4 Baunutzungsverordnung (BauNVO)

4a in der Fassung vom 26. 6. 1962

4b in der Fassung vom 26. 11. 1968

4c in der Fassung vom 15. 9. 1977

4d in der Fassung vom 19. 12. 1986

4e in der Fassung vom 23. 1. 1990

5 Planzeichenverordnung (PlanZVO) vom 19. 1. 1965

5a Planzeichenverordnung 1981 (PlanZVO 81) vom 30. 7. 1981

6 Städtebauförderungsgesetz (StBauFG) vom 27. 7. 1971 in der Fassung vom 18. 8. 1976

7 Bundesraumordnungsgesetz (BROG) vom 8. 4. 1965, geändert am 19. 7. 1989, zuletzt in der Fassung vom 25. 7. 1991, BGBl. I S. 1726

8 Akademie für Raumforschung und Landesplanung, Handwörterbuch der Raumforschung und Raumordnung, Gebr. Jänecke Verlag, Hannover, 1966 sowie 2. Aufl., 3 Bde., 1970

9 Gesetz über das Baugesetzbuch vom 8. 12. 1986 (BauGB), BGBl. I S. 2253, geändert durch Gesetz vom 25. 7. 1988, BGBl. I S. 1093, vgl. [354; 357; 358]

10 Vogel, G., Angermann, H., dtv-Atlas zur Biologie, hier: Bd. 2, 1968, S. 494–501, sowie Bd. 3, München, 1984, S. 532–541

11 Stein, W., Kulturfahrplan, Herbig, Berlin, München, Wien, 1970

12 Egli, E., Geschichte des Städtebaues, Eugen Rentsch, Erlenbach-Zürich, Bd. 1: 1959, Bd. 2: 1962, Bd. 3: 1967

13 Baumgart, F., Stilgeschichte der Architektur; DuMont, Schauberg, Köln, 1969

14 Koblo, M., Kleine Stilkunde, Brandstetter, Wiesbaden

15 Koch, W., Kleine Stilkunde der Baukunst, Bertelsmann, München, Gütersloh, Wien, 1973

16 Hilgemann/Kinder, dtv-Atlas zur Weltgeschichte, 2 Bde., München, [27]1993

17 Fox, E., Roma, A. G. B., Verona, 1974

18 Seraphim, P.-H., Deutsche Wirtschafts- und Sozialgeschichte, Wiesbaden, 1962

19 Jensen, N., Städtebau als Kunst in: Der Wagen 1968, Max Schmidt, Römhild, Lübeck

20 Swaan, W., Die großen Kathedralen, DuMont, Köln, 1984

21 Charpentier, L., Die Geheimnisse der Kathedrale von Chartres, Gaia, Köln, 1972

22 Buff, A., Bauordnung im Wandel, Callwey, München, 1971

23 Spörhase, R., Karten zur Entwicklung der Stadt: Karlsruhe, Kohlhammer, Stuttgart

24 Suter, G., Die großen Städte, Lübbe, Bergisch-Gladbach, 1966

25 ›Hamburgische Staatsoper 1955‹, hrsg. von der Leitung der Hamburgischen Staatsoper; Hamburg, 1955

26 Bertaux, P., Mutation der Menschheit; Fischer-Bücherei, Frankfurt/M., 1963

27 Benevolo, L., Die sozialen Ursprünge des modernen Städtebaus; Bauwelt-Fundamente 29, Bertelsmann, Gütersloh, 1971

28 Mollik, K., Reining, H., Wurzer, R., Verwirklichung der Wiener Ringstraßenzone, Textband und Kartenband, Band III in der Reihe: Die Wiener Ringstraße – Bild einer Epoche; hrsg. von Renate Wagner-Rieger, Steiner, Wiesbaden, 1980

29 Pagenkopf, Einführung in die Kommunalwiss., Münster, 1960

30 Preußisches Allgemeines Landrecht, hrsg. von E. Pappermann, Schöningh, Paderborn, 1972

31 Schwabe, J., Kommunalverfassung in Nordrhein-Westfalen, Maximilian, Herford, 1972

32 Dortmund-Stadtentwicklung: Hrsg. Stadt Dortmund, 1971

33 Breuer, H., Kleine Geschichte der Arbeiterschaft, Hannover, 1957

34 Wien Chronik, hrsg. von J. Perfahl, Das Bergland-Buch, Wien, 1961

35 Loschelder/Storck/Mäding, Gutachten über die Raumprobleme der Stadt Kiel; hrsg. vom Magistrat der Stadt Kiel, Kiel, 1953

36 Howard, E., Gartenstädte von morgen; Hrsg. Posener, Ullstein Bauwelt Fundamente 21, Berlin, 1968

37 Hillebrecht, R., Städtebau heute? – von Ebenezer Howard bis Jane Jacobs –, Mitteilungen der List Gesellschaft, Fasc. 5, Nr. 9, 1966

38 Kunzmann, K. R., Neue Städte in England und Schottland, in: Berichte zur Raumforschung und Raumplanung der Österreichischen Ges. f. Raumforschung und Raumplanung, 13. Jg. 1969, Heft 1; ders., Neue Städte und Stadterweiterungen in England und Wales, wie vor, 1969, Heft 2

39 Hall, P., Weltstädte, Kindler, München, 1966

40 Schmidt, E., Die Green Belt-Idee . ., in: Das Gartenamt, Heft 9, 1971

41 Hotzan, J., Hannover: Beispiel einer Planung für die Zukunft, in: Gemeinnütziges Wohnungswesen, Heft 9, 1967

42 Planen und Bauen, Berichte der Bauverwaltung der Stadt Bielefeld; Bd. 1: Grundlagen, 1969 Bd. 4: Innenstadtuntersuchung, 1972

43 Dheus, E., Strukturanalyse und Prognose, Kohlhammer, Köln, 1971

44 Esenwein-Rothe, J., und Hess, B., Das statistische Instrumentarium für Kommunale Entwicklungsplanung, Steiner, Wiesbaden, 1972

45 Fourastié, J., Die große Hoffnung des XX. Jahrhunderts, Köln-Deutz, 1954

46 Kallmorgen, W., Schumacher und Hamburg – eine fachliche Dokumentation zu seinem 100. Geburtstag, (mit ausführl. Quellenverzeichnis betr. Schumacher), Christians, Hamburg, 1969

47 Schumacher, F., Die Kleinwohnung, Leipzig, 1917

48 ders., Hamburgs Wohnungspolitik 1918–1919, Hamburg, 1919

49 ders., Wie das Kunstwerk Hamburg nach dem großen Brande entstand, Berlin, 1920

50 ders., Hamburg als wohnungspolitische Frage in: ›Großhamburg‹, Denkschrift des Hamburger Senats, Sept. 1921

51 ders., Zukunftsfragen an der Unterelbe, Jena, 1927

52 ders., Zeitfragen der Architektur, Diederichs, Jena, 1929

53 ders., Das Werden einer Wohnstadt, Hamburg, Hausbibliothek, 1932
54 ders., Wesen und Organisation der Landesplanung, Hamburg, 1932
55 Probleme der Großstadt vor und nach dem Kriege, Seemann, Köln, 1946
56 ders., Stufen des Lebens, DVA, Stuttgart-Berlin, 1935
57 Schmidt, R., Grundsätze zur Aufstellung eines General-Siedlungsplanes für den Regierungsbezirk Düsseldorf (rechtsrheinisch), Diss., 1912 außerdem: Siedlungsverband Ruhrkohlenbezirk, Gebietsentwicklungsplan, 1966, Dt. Gemeindeverlag u. W. Kohlhammer, Köln, 1967
58 Sitte, C., Der Städtebau nach seinen künstlerischen Grundsätzen. Nachdruck der 3. Auflage, Wien 1901 und des Originalmanuscriptes aus dem Jahre 1889 als Bd. 19 der Schriftenreihe des Institutes für Städtebau, Raumplanung und Raumordnung, TH Wien, 1972
59 Wurzer, R., Camillo Sitte – Lebenslauf und Werk, in Berichte zur Raumordnung und Raumplanung der Österreichischen Gesellschaft für Raumforschung und Raumplanung, 12. Jg. 1968, Heft 4
60 ›Charte d'Athènes‹, Paris 1942, dt. in rowohlts deutsche enzyklopädie rde Nr. 141, Hamburg, 1962
61 Conrads, U., Programme und Manifeste zur Architektur des 20. Jahrhunderts, Bauwelt-Fundamente 1, Gütersloh, 1971
62 Christaller, W., Die zentralen Orte in Süddeutschland, Eine ökonomisch-geographische Untersuchung über die Gesetzmäßigkeit der Verbreitung und Entwicklung der Siedlungen mit städtischen Funktionen, Jena, 1933
63 Perényi, I., Die moderne Stadt, Akadémiai Kiadó, Budapest, 1970
64 Lichtenberger, E., Wirtschaftsfunktion und Sozialstruktur der Wiener Ringstraße, Bd. 6 der Reihe ›Die Wiener Ringstraße – Bild einer Epoche‹; Böhlau, Wien-Köln-Graz, 1970
65 dies., Sozialwirtschaftliche Aspekte zur Wiener Ringstraße, in Handbuch der Stadt Wien, 87. Jg., 1973
66 Hegemann, W., Das steinerne Berlin; Berlin, 1930
67 Göderitz, Rainer, Hoffmann, Die gegliederte und aufgelockerte Stadt, Tübingen, 1957
68 Hillebrecht, R., Städtebau und Stadtentwicklung in Archiv für Kommunalwissenschaften, Jg. 1/1962
69 ders., und Müller-Ibold, K., Städte verändern ihr Gesicht, Krämer, 1960
70 Gesetz zur Ordnung des Großraumes Hannover (GrRG) vom 14. 12. 1962 (Nds. GVBl. 1962 S. 235); außerdem:
Vorläufiger Plan für den Verbandsbereich Großraum Hannover, 1963, Schriften der Landesplanung Hannover;
Kappert, G., Riechels, E., Die Festlegung der zentralen Orte im Großraum Hannover, in Archiv für Kommunalwissenschaften, 1. Halbjahresband, 1967;
Verbandsplan 1967, Verband Großraum Hannover;
Ziegler, H. F., Entstehung und Verfassung des Verbandes Großraum Hannover, Neues Archiv für Niedersachsen, Band 16, Heft 4, 1967
71 Statistisches Jahrbuch Deutscher Gemeinden, 55. Jg.
72 Landesentwicklungsprogramm vom 7. 8. 1964, Ministerialblatt für das Land NW, 17. Jg., Nr. 107, 1964
73 Landesentwicklungsplan I vom 28. 11. 1966, SMBl. NW, 19/186/1966
74 Landesentwicklungsplan II vom 3. 3. 1970, SMBl. NW, 23/47/1970
75 Änderung des Landesentwicklungsplanes I vom 17. 12. 1970, SMBl. NW, 24/17/1971
76 Hotzan, J., Die Geschichte der Stadt – die Geschichte des Handels, Vortrag auf dem 4. Urbanicom-Kongreß in Rom, 13.–15. 5. 1974
77 Flächennutzungsplan, Entwurf 1970; Freiburg i. Breisgau, Stadtplanungsamt, 1970
78 Schumacher, F., Das Gebiet der Unterelbe im Rahmen einer Neugliederung des Reiches, Broschek, Hamburg, 1932
79 Studie zur Stadtentwicklung vom Oberstadtdirektor Heinz-Robert Kuhn unter Mitwirkung des Planungsamtes, Bielefeld, 1971 (vergriffener Eigendruck)
80 Bielefeld-Gesetz vom 24. 10. 1972 in GVB NW Nr. 49 vom 6. 11. 1972, außerdem: Gesetz-Entwurf vom 22. 3. 1972, Landtag NW, Drucksache 7/1580
81 Jaene, H. D., Kreuzpunkt Berlin, Starmann, Berlin
82 Herausgegeben vom Senator für Stadtentwicklung und Umweltschutz
-1: Landschaftsprogramm – Artenschutzprogramm, Juni 1984
-2: Umweltschutz Berlin, August 1984
83 Montesquieu, Ch., L'Esprit des Lois (Der Geist der Gesetze), 1748; dt. 1951
84 Verwaltungsentwurf für den Stellenplan einer Großstadt von 320000 Einwohnern, Bielefeld, 1974
85 Niewerth, H., und Schröder, J., Lexikon der Planung und Organisation, Schnelle, Quickborn, 1968
86 Goller, G., Scheuering, H., Tragesser, A., Das KI-System, Stuttgart, Berlin, Köln, Mainz, 1971
87 Statistisches Jahrbuch Deutscher Gemeinden, 60. Jg.
88 Hillebrecht, R., Tendenzen heutiger Stadtplanung in Archiv für Kommunalwissenschaften, Jg. 6/1967
89 Isenberg, G., Existenzgrundlagen in Stadt- und Landesplanung, Tübingen, 1965
90 Hotzan, J., Grundlagen und Instrumente kommunaler Entwicklungsplanungen, Vortrag im Städtebaulichen Colloquium der TU Stuttgart am 8. 2. 1974
91 Mäding, E., Organisationsprobleme der Stadtentwicklungsplanung, in Raumplanungsseminar 1969, Bd. 13 der Schriftenreihe des Institutes für Städtebau, Raumplanung und Raumordnung, TH Wien, Wien, 1970
92 Kommunale Gemeinschaftsstelle für Verwaltungsvereinfachung (KGSt), Verwaltungsgliederung für Städte, Köln 1953 (seitdem mehrfach überarbeitet)
93 Vorlage der Planerzusammenkunft des DST, erarbeitet am 25. 1. 1974 in Frankfurt
94 Landeshauptstadt Hannover, Stadtentwicklungsprogramm 1974–1985 (Diskussionsentwurf), Hannover, 1973
95 Hillebrecht, R., Bericht vor dem Plenum des DST in »leben in der Stadt?!«, Sonderauflage für den DST, Köln, 1965
96 Deutscher Rat für Stadtentwicklung, Empfehlungen zum Entwurf des Änderungsgesetzes zum BBauG, Bonn, 1973
97 Miserior-Arbeitsheft: Neue Wege in die Verarmung, Aachen, 1987
98 ARD-Tagesschau vom 11. 12. 1987 – 20 h, Nachrichten-Redaktion

99 Bulletin Nr. 26/S. 201 vom 13.3. 1987, hrsg. vom Presse- und Informationsamt der Bundesregierung, Bonn

100 Jöndl, S. P., Unterricht in der Land-Baukunst, Wien, 1840

101 Alexander, C., »Die Stadt ist kein Baum«, in: Bauen+Wohnen, Heft 7/1967

102 »Rettet unsere Städte jetzt«, Neue Schriften des Deutschen Städtetages, Heft 28, Köln, 1971

103 »Wege zur menschlichen Stadt«, wie (102), Heft 29, 1973

104 G zur Bekämpfung der Umweltkriminalität (18. StrafrechtsänderungsG vom 28.3. 1980 = neuer 28. Abschnitt des StGB)

105 G zum Schutz vor schädlichen Umwelteinwirkungen durch Luftverunreinigungen, Geräusche, Erschütterungen und ähnliche Vorgänge (Bundes-Immissionsschutzgesetz – BImSchG vom 15. 3. 74)

106 Flächennutzungsplan von Berlin, FNP 84 Erläuterungsbericht, Senator für Stadtentwicklung und Umweltschutz Berlin, 1988, hierzu zahlr. Vorläufer- und Erläuterungsschriften

107 Umweltaltlas Berlin, Hrsg.: wie (106), hier:
Band 1: Boden, Wasser, Luft, Klima, 1985
Band 2: Biotope, Flächennutzung, Verkehr/Lärm, .. 1988
ergänzend zahlr. Fachschriften:
Emissionskataster Kraftfahrzeugverkehr, 1984
Emissionskataster Industrie, 1984
Baulärm, 1985
Luftreinhalteplan, 1987
Luftgüte-Meßnetz (Blume), 1987

108 Daten zur Umwelt 1986/87, Umweltbundesamt, Berlin, 1986

109 Umwelt, Informationen des Bundesministers für Umwelt, Naturschutz und Reaktorsicherheit, Bonn, erscheint monatlich

110 Neue städtebauliche Aufgaben, Heft 03.115 des Bundesministers für Raumordnung, Bauwesen und Städtebau, Bonn, 1986

111 Investitionshilfen im Umweltschutz, Hrsg.: Bundesminister für Umwelt, Naturschutz und Reaktorsicherheit, Bonn, 1986

112 Mitscherlich, A., Die Idee des Friedens und die menschliche Aggressivität, Bibliothek Suhrkamp Band 233, 1969

113 Deutsche Olympische Gesellschaft (DOG), Entwurf der III. Fassung der »Richtlinien für die Schaffung von Erholungs-, Spiel- und Sportanlagen« (Goldener Plan, Stand vom 30. 9. 1973)

114 Bauverwaltung der Stadt Hannover, Bericht über Spielmöglichkeiten für Kinder, Denkschrift zur Flächennutzungsplanung, Hannover, 1967

115 Bund der Jugendfarmen e.V., Stuttgart, div. Druckschriften

116 Öffentliche Spielplätze in Städten und Gemeinden, hrsg. vom Institut für Landes- und Stadtentwicklungsforschung des Landes Nordrhein-Westfalen, Band 2.001, Dortmund, 1974

117 Wohlin, H., Freiflächen für Kinder – wo spielen sie morgen? Callwey, München, 1972

118 Hamburger Dokumente 7.73, Hrsg.: Baubehörde Hamburg, 1973

119 Im Allgemeinen gibt der Erläuterungsbericht zum Flächennutzungsplan der Gemeinde hinreichend Auskunft; doch gehen Städte und Gemeinden zunehmend dazu über, ihre planerischen Untersuchungen und Festlegungen im Rahmen der Entwicklungsplanung darzustellen, so z. B.:
Frankfurt: Programme und Modelle aus Frankfurt 1: »Vor der Schule«; Hrsg. vom Dezernat Schule und Sport der Stadt Frankfurt, 1971
Essen: Untersuchungen zur Stadtentwicklung, 3. Bericht: Kindergartenplan; Essen, 1972
Wolfsburg: Materialien zur Stadtentwicklung von Wolfsburg, Sozialplan, Teilentwicklungsplan Kindertagesstätten, Wolfsburg, 1974

120 Untersuchungen zur Gebietsreform, Stadt Bielefeld, 1970

121 Steilshoop, Broschüren und Faltblätter, hrsg. vom Senat der Freien und Hansestadt Hamburg, den Bauherren und der Gagfah, alle Hamburg, 1973

122 Deutscher Ausschuß f. d. Erziehungs- und Bildungswesen, Rahmenplan zur Umgestaltung und Vereinheitlichung des allgemeinbildenden öffentlichen Schulwesens, Stuttgart, 1959

123 Bund-Länder-Kommission für Bildungsplanung, Bildungsgesamtplan (Kurzfassung), Stuttgart, 1973

124 Der Bundesminister für Bildung und Wissenschaft, Bildungsbericht 1970; Bundestagsdrucksache VI/925, Bonn, 1970

125 Mitteilungen des DST vom 19. 10. 1973, Folge 20 (mit Bezug auf Primärquellen)

126 Gesamtschule und Schulzentrum in der Stadtplanung, DST-Beiträge zur Stadtentwicklung, Reihe E, Heft 1; Köln, 1972

127 Flößner, W., Gesamtschulen in Berlin, Berliner Forum 6/73, Berlin

128 Deutsches Institut für Urbanistik, Arbeitshilfe 1: Schulentwicklungsplanung, Hrsg. DST und DIFU; Berlin, 1974

129 Schulentwicklungsplanung, Schriftenreihe des Kultusministers NW, Heft 21/1973, Henn, Ratingen

130 Hotzan, J., Integration von Sportzentren und Schulbauten – aus der Sicht der Stadtplanung, in: Sportstätten und Bäderanlagen, 6. Jg., Heft 2, 1972

131 Schriftenreihe der Arbeitsgruppe Standortforschung, TU Hannover; Bd. 1: Geißler, C., Hochschulstandorte – Hochschulbesuch; Gebr. Jänicke Verlag Hannover, 1965

132 wie [131], Bd. 11: Cox, K.-H., Standortbestimmung von Hochschuleinrichtungen, Hannover, 1971

133 Schumpp, M. und Throll, M., Verflechtung Universität – Stadt, Soziologisches Forschungsinstitut Göttingen, Göttingen, 1969

134 Hochschulplanung und Stadtplanung, 4. Kolloquium der Hochschulstädte in Regensburg 1970, Dokumentation des DST, Köln, 1970

135 Bauplanung der Universität Bielefeld, Hrsg. Universität Bielefeld, Schriften zum Aufbau einer Universität, Heft 7, Bielefeld, 1974; außerdem: andere Veröffentlichungen der Universität Bielefeld

136 Empfehlungen des Deutschen Städtetages zum Planungsprozeß in Hochschulstädten, Umdruck B 2694 vom 17. 11. 1970 als Anlage zum Umdruck C 32 vom 6. 1. 1971 des DST

137 Mikat, P., Schelsky, H., Grundzüge einer neuen Universität in: Wissenschaftstheorie, Wissenschaftspolitik, Wissenschaftsgeschichte, Bd. 1, Gütersloh, 1966

138 Geißler, C., Storbeck, D., Standortbestimmung einer Universität, Materialien zur Raumplanung, Münster, 1967

139 von Hentig, H., Die Bielefelder Laborschule, Stuttgart, 1971

140 ders., Das Bielefelder Oberstufenkolleg, Klett, Stuttgart, 1971

141 Rückbrod, K., Das bauliche Bild der abendlän-

dischen Universität in den ersten fünfhundert Jahren ihres Bestehens unter dem Einfluß des Bautyps Kollegiums, Hrsg. Zentralarchiv für Hochschulbau, Stuttgart 1972; außerdem: Informationen des Zentralarchivs, Planen und Bauen, mehrere Hefte

142 Dietze, P., Analyse von Planungsdokumenten in: Bauwelt, Heft 31, 1974

143 Bundesinstitut für Sportwissenschaft, Broschüre zur Selbstdarstellung, Köln, ohne J.

144 Blecken, F., Wissenschaftliche Beiträge zur Funktion des Sports und der Sportstätten in der heutigen Gesellschaft; Diplomarbeit TU Hannover, 1970; gekürzte Fassung veröffentlicht in: Das Gartenamt, Jg. 21 (1972) und Jg. 22 (1973)

145 Hillebrecht, R., Der Goldene Plan: die menschliche Stadt, Vortrag auf der XII. Bundestagung der Deutschen Olympischen Gesellschaft in Frankfurt am 7. 12. 1973

146 Dokumentation über die Arbeitstagung des Internationalen Arbeitskreises Sportstättenbau e. V. über »Integration von Sportzentren und Schulbauten« 1972 in Berlin, hrsg. Bundesinstitut für Sportwissenschaft Köln, veröffentlicht in: Sportstättenbau und Bäderanlagen, 6. Jg., Heft 2/1972

147 Bahm, G., Dimensionierungsverfahren für Freibäder; Hrsg. Prof. Dr.-Ing. Lammers, G., Institut für Städtebau und Landesplanung, Universität Karlsruhe, Karlsruhe, 1973

148 Typenentwicklung für Turn- und Sporthallen, Hochbauamt der Stadt Bielefeld

149 de Witt, H. und mehrere andere, Funktionsgerechte und wirtschaftliche Bäder (Forschungsserie der Internationalen Akademie für Bäder-, Sport- und Freizeitbau) in: Sport+Bäderbauten, 13. Jg., Heft 4/1973

150 Satzung der Weltgesundheitsorganisation

151 Neumann, G., Zur Krebssterblichkeit in acht deutschen Großstädten, in ›Der Städtetag‹, Heft 8, 1974

152 Gesetz zur wirtschaftlichen Sicherung der Krankenhäuser und zur Regelung der Krankenhauspflegesätze vom 29. 6. 1972 (KHG)

153 Landeskrankenhausplan NW, Düsseldorf, 1971

154 diese Ergebnisse sind in einem Teil der Erstauflage von [42/1] veröffentlicht

155 R. Sahl forderte beim internat. Krankenhaus-Symposium 1974 in Berlin die »Verlagerung der jetzt von der Innenstadt meist entfernten Krankenhäuser von der grünen Wiese in die unmittelbare City«.

156 Entwurfverfasser Novotny, Mähner und Partner, dargestellt von Borck, F., Krankenhausplanung in: Bauwelt, Heft 46/1971

157 Urteil des BVerf.Gerichtes betr. BSHG und JWG vom 18. 7. 1967

158 Altenhilfe in Hannover, Landeshauptstadt Hannover, 1967

159 Altenplan für die Stadt Köln; Hrsg. Oberstadtdirektor der Stadt Köln, 1974

160 Dieck, M., Programmatik einer koordinierten Altenhilfe- und Gesundheitspolitik, vervielfältigtes Manuskript des Institutes für Altenwohnbau des Kuratoriums Deutsche Altershilfe e. V., o. J.

161 Haag, G., Zur Bedeutung ambulanter Dienste in der Altenhilfe; Rustemeyer, J., Bedeutung und Funktion der offenen Altenhilfe, in: Blätter der Wohlfahrtspflege, 6/1972

162 Unterlagen zum Bauwettbewerb für das Altenzentrum Baumheide, Stadt Bielefeld; 1972/73, (1. Preisträger und Entwurfsverfasser: Martin/Lausberg/Wollenburg, Bielefeld)

163 Pfizer, Th., Kulturökonomie?; in: Archiv für Kommunalwissenschaften, 12. Jg., 1973

164 Hotzan, J., Hannover als Standort kultureller Einrichtungen, Manuskript für einen Kulturbericht vor der Arbeitsgruppe Stadtentwicklung der Stadt Hannover (vgl. Sitzungsprotokolle Nr. 6/67 und Nr. 9/67)

165 Liste der Stadttafeln, entworfen vom Hochbauamt der Stadt Hannover, in Verbindung mit dem Stadtführer, Hrsg. Presseamt, Hannover, 1967

166 Neuffer, M., Städte für alle, Wegner, Hamburg, 1970

167 Experiment Straßenkunst Hannover, Faltblatt; hrsg. vom Kulturamt der Stadt Hannover, 1972

168 Honnef, K., und Kunstkreis Monschau, Umwelt-Akzente – die Expansion der Kunst, Monschau, 1970

169 Ludwig, E., Beispiele aus der Straßenkunst Hannover – Kriterien und Kritik, Prüfungsarbeit an der Fachhochschule Hannover, 1974

170 Köhl, W., Standortgefüge und Flächenbedarf von Freizeitanlagen; wie vor: Heft 4, Karlsruhe, 1973

171 Freizeitverhalten, Hrsg. Bayerisches Staatsministerium für Landesentwicklung und Umweltfragen, München, 1973 (Tabelle 29 ist dort zitiert nach Geschka, H., Schlicksupp, H.)

172 Köhl, W., Füsslin, K., Rabe, W., Gedanken zur Planung der Freizeitlandschaft; Institut für Städtebau und Landesplanung der Universität Karlsruhe, Karlsruhe, 1970

173 Hotzan, J., ›Stadt und Freizeit‹ in Adreßbuch Bielefeld, 1971; außerdem Ratsprotokoll vom 21. 4. 71, Bielefeld

174 wie [42], Bd. 3: Stadtgestaltung, Bielefeld, 1969

175 Bahrdt, H. P., Die moderne Großstadt, rowohlts deutsche enzyklopädie Bd. 127, Reinbek bei Hamburg, 1961

176 Kommunale Gemeinschaftsstelle für Verwaltungsvereinfachung (KGSt), Mehrfach- und Mehrzwecknutzung von Gemeinbedarfseinrichtungen, Gutachten, Köln, 1974

177 Henzler, Th., Dorfkerne-Funktion im Nahbereich der Großstadt in: Der Baumeister, Heft 3/1975

178 STATIO DRESDEN, Schrift zum Katholikentag 1987, zitiert in Bonifatiusblatt Nr. 3/1988

179 Die kleine Berlin-Statistik 1986, hrsg. Landeszentrale für politische Bildungsarbeit, Berlin

180 Die statistischen Angaben in unterschiedlichen Quellen differieren leicht; hier sind Mittelwerte für die DDR angegeben – nach Bonifatiusblatt Nr. 3/1989

181 Zeugnis der Bernadette Soubirous über die Selbstaussage der Jungfrau Maria am 25. März 1858, wiedergegeben in zahlreichen Schriften, insbes. der kath. Kirche, aus und über »Lourdes«

182 Platon verwendet als erster den Begriff »Seelsorge«, Apologie 30 B, in: Sämtliche Werke, Schneider, Heidelberg, 1982

183 Bäumler/Baur/Kretschmar/Krusche, Gottes Stadt und unsere Städte, Kaiser Traktate, München, 1978

184 Für die Gesamtkirche: Rahner, K., Vorgrimler, H., Kleines Konzilskompendium, Herderbücherei 270, hier: Nr. 13 auf S. 137 f.
für ein Bistum: Joachim Kardinal Meisner, Lex orandi – lex credendi, Zeitfragen 45, hrsg. Presseamt des Erzbistums Köln, 1989

185 Bengsch, H., Bistum Berlin, Stapp Verlag Berlin, 1985, sowie Knauft, W., Deutschland Deine Diözesen: Bistum Berlin, Pattloch, Aschaffenburg, 1987

186 ›Theologie der Stadt‹, Veranstaltungsreihe

1986/87 und Studientag (Juni 1987) des Seminars für Kath. Theologie an der FU Berlin, div. Referenten
187 Spengel, J.F., Beschreibung der harzischen Bergwerke nach ihrem ganzen Umfang, Berlin, 1753. – Der Begriff Wasserwirtschaft, entstanden aus der bergmännischen Wasserwirtschaft, erscheint erstmalig bei:
Freiesleben, J.C., Bergmännische Bemerkungen über den merkwürdigsten Teil des Harzes, Leipzig, 1795
188 DIN 4049: Gewässerkunde, Fachausdrücke und Begriffsbestimmungen
189 DIN 2000: Leitsätze für die zentrale Trinkwasserversorgung
190 Verordnung über Trinkwasser und über Brauchwasser für Lebensmittelbetriebe vom 31.1.1975 (Trinkwasser-VO)
191 Gesetz zur Ordnung des Wasserhaushalts vom 16.10.1976 (WHG)
192 Hartmann, L., Kurzschluß im Regelkreis der Natur, in: Bild d. Wissenschaft, 1972, S. 904 ff.
193 Asemann, K., Wirth, H., Der Wasserverbrauch Frankfurter Haushalte in Gegenwart und Zukunft; Sonderheft 23 der Statistischen Monatsberichte, Frankfurt a. M., 33. Jg., 1971
194 Raumordnungsbericht 1974, Bundestagsdrucksache 7/3582, Bonn, 1975
195 Grundwasser, Richtlinien für Beobachtung und Auswertung, hrsg. vom Deutschen Grundwasserausschuß, Hannover, 1961
196 Düngemittelgesetz vom 15.11.1977
197 Gesetz über Maßnahmen zur Sicherung der Altölbeseitigung vom 11.12.1979 (AltölG)
198 zitiert nach Graf Lennart Bernadotte, Festansprache beim Europäischen Abwasser- und Abfallsymposium in München, November 1972
199 Gesetz über Abgaben für das Einleiten von Abwasser in Gewässer (AbwasserabgabenG – AbwAG) vom 13.9.1976
200 Gesetz über die Vermeidung und Entsorgung von Abfällen (Abfallgesetz – AbfG) vom 27.8. 1986
201 Müller, H.-J., Stadtreinigung im Rahmen des Umweltschutzes, in: Der Städtetag, Heft 7, 1971
202 Tierkörperbeseitigungsgesetz vom 1.2.1939
203 Gesetz über die friedliche Verwendung der Kernenergie und Schutz gegen ihre Gefahren (Atomgesetz) vom 31.10.1976
204 Innenstadt, Hrsg.: Bauverwaltung der Stadt Hannover, 1957
205 National Travel Survey, in Town Planning Review, Vol. 38, 1967
206 ifas-Gutachten, Verflechtungen im Raum Hannover, Bad Godesberg, 1962
207 Gutachten der Sachverständigen-Kommission Verkehr vom 25.8. 1964, Bundestagsdrucksache IV/2661, Bonn, sog. »SKV-Gutachten«
208 Korte, J.W., Grundlagen der Straßenverkehrsplanung, Bauverlag, Wiesbaden, Berlin, 1960
209 Bundesfernstraßengesetz vom 6.8. 1961 (BFernStrG) in der Fassung vom 1.10. 1974, BGBl. I S 2414
210 Buchanan, C., Verkehr in Städten, Vulkan, Essen, 1964
211 wie [42; 174], Bd. 6: Gesamtfußwegenetz, Bielefeld, 1972
212 Kuldschun, H., Rossmann, E., Planen und Bauen für Behinderte, DVA, Stuttgart, 1974
213 vgl. [174; 220; 228]
214 Generalverkehrsplan Stuttgart, Bd. 2: Individualverkehr – Ruhender Verkehr, Fußgänger; Hrsg.: Stadt Stuttgart, 1965. Dort zitiert nach Oeding und Scholz
215 Monheim, R., Fußgängerbereiche (Dokumentation); DST-Beiträge zur Stadtentwicklung, Reihe E, Heft 4, Köln, 1975
216 Triebel, W., Fußgängerbereiche, Teil 1: Wohnwege; Schriftenreihe des Bundesministers für Raumordnung, Bauwesen und Städtebau Nr. 01.047, Bonn, 1974
217 Danielewski, G., Wo der Fußgänger König ist, Beton, Düsseldorf, 1974
218 Schumacher, F., Vom Wiederaufbau deutscher Städte, Dezember 1944 (Originalmanuskript Bibliothek der Baubehörde Hamburg)
219 Der Rat von Sachverständigen für Umweltfragen, Auto und Umwelt, Gutachten vom Sept. 1973, Kohlhammer, Stuttgart, 1973. Anmerkung: aufgrund des Erlasses über die Einrichtung eines Rates von Sachverständigen für Umweltfragen bei dem Bundesminister des Innern vom 28.12. 1971 (BMBl. 1972, Nr. 3) nahm der Rat seine Arbeit im Mai 1972 auf
220 Apel, D., Kraftverkehr und Umweltqualität von Stadtstraßen, Kohlhammer, Stuttgart, 1973
221 Straße und Wirtschaft, Heft Nr. 3/4, 1975
222 Hudelmaier, W., Erschließung in der Bauleitplanung, Vortrag, hrsg. vom Institut für Städtebau und Landesplanung der Universität Karlsruhe, 1973
223 Telegraphenwegegesetz vom 18.12. 1899, RGBl. S 705 bzw. BGBl. III 9021-1
224 Straßengesetze der Länder; als Beispiel: Niedersächsisches Straßengesetz vom 14.12.1962, Nds. GVBl. S. 251
225 Richtlinien für die rechtliche Behandlung von Ortsdurchfahrten und Ortsumgehungen der Bundesstraßen (Ortsdurchfahrten-Richtlinien), Verkehrsblatt, Heft 18/62
226 Baudezernat der Stadt Bielefeld, Verwaltungsrichtlinien für Entwurf und Gestaltung von Stadtstraßen vom 5.1.1974
227 in [42] zitiert nach Scholz, Fischer und Boukidis
228 Richtlinien für die Anlage von Stadtstraßen (RAST), Teil: Erschließung (RAST-E), Kirschbaum, Bonn, 1971
229 Stübben, J., Der Städtebau, 2. Auflage Stuttgart 1907, in: Handbuch der Architektur, Teil 4, Halbband 9
230 Bauverwaltung der Stadt Hannover, federführender Entwurfsverfasser: Boie, K., Städtebauliche Entwurfsgrundlagen für Wohnstraßen, Hannover, 1967
231 Zöllner, H., Stadt und Verkehr, Planungsgrundlagen, in: Deutsche Bauzeitung, Hefte 1 und 2, 1968
232 Stadt Bielefeld, Baudezernat, in Verb. mit Stadtwerke Bielefeld, Kocks-Ingenieure und Ing.-Büro Schächterle/Holdschuer: Stadtbahn Bielefeld – Gesamtergebnis, Bielefeld, 1974; dto. – Zwischenergebnis, Bielefeld, 1974
233 Nebelung, H., Gutachten über »Die Notwendigkeit einer unterirdischen Führung der Straßenbahn in Bielefeld«, Aachen, 1965
234 Schächterle, K., Holdschuer, G., Generalverkehrsplan Raum Bielefeld, 2 Bde., 1 Ergänzungsband, Bielefeld, 1971, als Bde. 5 und 6 erschienen wie [42; 174; 211], 1972
235 Kocks-Ingenieure, Begutachtung für die Fahrzeugbeschaffung unter Berücksichtigung des Stadtbahnausbaues in Bielefeld, 1974; dto. Großraum Bielefeld – Analyse des öff. Nahverkehrs, Text- und Bildband, Dortmund, 1975
236 Dornier System, Dual Mode Bus Systeme, Studie im Auftrage des Bundesministeriums für Forschung und Technologie, Friedrichshafen, München, Köln, 1975

237 Empfehlungen für Planung und Betrieb von P+R, VÖV-Schriften, Reihe Technik Nr. 1.68.1, Düsseldorf, 1974
238 Die Rolle des Verkehrs in Stadtplanung, Stadtentwicklung, und städtischer Umwelt, Schriftenreihe ›Städtebauliche Forschung‹ des Bundesministers für Raumordnung, Bauwesen und Städtebau, Heft 03.023, Bonn, 1974
239 Die Baujahre 1966–1969, Heft 50 der Hamburger Schriften zum Bau-, Wohnungs- und Siedlungswesen, Hamburg, 1970
240 Ebert, K. D., Parkprobleme in den Zentren einer Großstadt, Manuskript eines Vortrages, gehalten in Brüssel, 1975
241 Treffen der Regierungschefs der vier norddeutschen Länder am 11.9. 1975, Verlautbarung für die Presse
242 Verkehrspolitik – Konzepte, Richtlinien, Empfehlungen, Deutscher Städtetag, Reihe F, Heft 1, Köln, 1975
243 DIN 4022: Schichtenverzeichnis und Benennen der Boden- und Gesteinsarten
244 DIN 4023: Baugrund- und Wasserbohrungen, Zeichnerische Darstellung der Ergebnisse
245 Kubiena, W. L., Bestimmungsbuch und Systematik der Böden Europas, Madrid, 1950
246 Rothkegel, W., Geschichtliche Entwicklung der Bodenbonitierungen und Wesen und Bedeutung der deutschen Bodenschätzung, Stuttgart, 1950
247 Änderungsgesetz vom 13.8. 1965 zum Bodenschätzungsgesetz von 1934, BGBl. I S. 851
248 Raumordnungsbericht der Bundesregierung 1974, Bundestagsdrucksache 7/3582 vom 29.4. 1975
249 Gesetz zur Erhaltung des Waldes und zur Förderung der Forstwirtschaft (BWaldG) vom 2.5. 1975, BGBl. I S. 1037
250 Forstgesetz für das Land Nordrhein-Westfalen (LForstG) vom 29.7. 1969, GVBl. NW 23. Jg., Nr. 52, S. 588
251 Heinrich, D., Hergt, M., dtv-Atlas zur Ökologie, München, 1990
252 Verband Großraum Hannover, ›Richtlinien für die Entnahme von Bodenbestandteilen und die landschaftliche Eingliederung von Baggergruben, Mergelbrüchen und sonstigen Entnahmestellen von Steinen und Erden‹ vom 10.3. 1965 (Drucksache 20/65) und vom 1.2. 1968 (Drucksache 267/68)
253 Amstetten 1990, Städtebauliche Studienarbeit, hrsg. von Wurzer, R., in Schriftenreihe des Institutes für Städtebau, Raumplanung und Raumordnung der Technischen Hochschule Wien, Bd. 20, Wien, 1975
254 Gutschow, K., Städtebaulicher Grundstoff, in: Deutsche Bauzeitung, Hefte 3/58, 6/58, 12/58, 4/59, 10/60
255 Erläuterungen zur Waldfunktionskarte Nordrhein-Westfalen, Hrsg. Minister für Ernährung, Landwirtschaft und Forsten NW, Düsseldorf, 1975
256 Pilotstudie für das Forschungsvorhaben ›Entscheidungshilfen für die Freiraumplanung im Rahmen der Stadtentwicklungsplanung‹ des Innenministers NW, erstellt von der Arbeitsgruppe Freiraumplanung unter Federführung von J. Hotzan, vervielfältigtes Manuskript, Bielefeld, 1972
257 Freiraumplanung, Sozioökonomischer Teil, Materialband, hrsg. vom Institut für Landes- und Stadtentwicklungsforschung des Landes NW (ILS) im Auftrage des Innenministers NW, Dortmund, 1975. Dies war eine Vorarbeit für: Garbrecht, D., Matthes, U., Entscheidungshilfen für die Freiraumplanung – Planungshandbuch –, Schriftenreihe Landes- und Stadtentwicklungsforschung des Landes NW, Band 2.026, Dortmund, 1980
258 Bernatzky, A., Ökologische Grundlagen der Stadtplanung, in: Dt. Bauzeitung, Heft 9/1975
259 Klaffke, K., Funktion und Bedeutung des Grüns in der Stadt, in: Das Gartenamt, Heft 5/1972
260 Ständige Konferenz der Gartenbauamtsleiter beim Deutschen Städtetag, Empfehlungen zur Grünplanung in der Bauleitplanung, in: Das Gartenamt, Hefte 10 und 12/1973
261 Landschaftspläne und Grünordnungspläne im Rahmen der Bauleitplanung, Schriftenreihe ›Städtebauliche Forschung‹ des Bundesministers für Raumordnung, Bauwesen und Städtebau, Heft 03.014, Bonn, 1973
262 Gassner, E., ›Landschaftsplanung und Bauleitplanung, Subordination oder Kooperation?‹ in: Innere Kolonisation, Heft 4/1974
263 Beispiele für Literatur der Städte:
Perspektiven der Stadtentwicklung, Berlin, 1974
Parkanlagen und Neubaugebiete in Hamburg, Hamburg, 1973
Grünordnungsplan Hannover, Hannover, 1974
STEP Tübingen, Entwicklungskonzept 1974
264 Stadtentwicklungsplanung Salzburg, hrsg. vom Magistrat, Textband Salzburg, 1969; Kartenband, Salzburg, 1970
265 Mitteilungen des Franzius-Institutes für Grund- und Wasserbau der Technischen Hochschule Hannover,
a) Magens, K., Seegang und Brandung als Grundlage für Planung und Entwurf im Seebau und Küstenschutz, Heft 14, 1958
b) Dillo, H.-G., Sandwanderung in Tideflüssen, Heft 17, 1960
c) Hensen, W., Passlack, G., Modellversuche für das Emder Fahrwasser; Heft 20, 1961
d) Gutsche, H., Über den Einfluß von Strandbühnen, Heft 20, 1961
e) Laucht, H., Von den Eigenschaften des Eises, Heft 23, 1973
266 Westphal, H. W., Physik, Berlin, Göttingen, Heidelberg, 1963
267 Agatz, A., Seeverkehrswasserbau, in: Taschenbuch für Bauingenieure, hrsg. Schleicher, F., Berlin, Göttingen, Heidelberg, 1955
268 Büscher, G., Gohla, H., Insolvenzen in Hannover von 1949–74, in: Statistischer Vierteljahresbericht der Landeshauptstadt Hannover Heft April–Juni 1975
269 a: Weeser-Krell, L., Repräsentativumfrage in Ostwestfalen, in: Neue Westfälische Zeitung in Bielefeld vom 15.1. 1976
b: Konrad-Adenauer-Stiftung, Repräsentativumfrage in der BRD, in: Westfalenblatt in Bielefeld vom 15.1. 1976
270 Heuer, H., Sozioökonomische Bestimmungsfaktoren der Stadtentwicklung, Schriften des Deutschen Institutes für Urbanistik, Band 50, Stuttgart, 1975
271 Meadows, D., Die Grenzen des Wachstums, Stuttgart, 1972
272 Haetecke, W., Das ökologische Dilemma, in: Neue Rundschau, Heft 2/75, Frankfurt
273 Gruhl, H., Ein Planet wird geplündert, Frankfurt, 1975
274 Beiträge zum Nürnberg-Plan, Reihe E, Heft 7, Nürnberg, 1974
275 Arbeitsstättenbefragung 77, in: Statistische Nachrichten der Stadt Nürnberg, 4. Vierteljahresbericht 1977

276 Abstände zwischen Industrie-, bzw. Gewerbegebieten und Wohngebieten im Rahmen der Bauleitplanung, Runderlaß des Ministers für Arbeit, Gesundheit und Soziales NW vom 25.7.74. Ministerialblatt NW 1974, S. 992; geändert durch Runderlaß vom 2.11. 77, Ministerialblatt NW 1977, S. 1688

277 Gesetz zur Ordnung des Handwerks (Handwerksordnung) in der Fassung vom 28.12.1965, BGBl. I 1966 S. 2

278 Gewerbeordnung in der Fassung vom 26.7. 1900, RGBl. S. 871, zuletzt geändert zum 1.7. 1977, BGBl. I S. 2737

279 Verordnung über Arbeitsstätten (ArbStättVO) vom 20.3.1975, BGBl. I S. 729

280 Beiträge zum Nürnberg-Plan, Reihe E, Heft 7, Nürnberg, 1974

281 Arbeitshilfe 5, Räumliche Entwicklungsplanung, Heft 2, Hrsg.: Deutsches Institut für Stadtentwicklung, Berlin, 1976

282 Katalog E: Begriffsdefinitionen aus der Handels- und Absatzwirtschaft, Veröffentlichung der Katalogkommission beim Bundesminister für Wirtschaft, Bonn, 1970

283 Curdes, G., Haupt- und Nebenzentren als Konzentrationen der Stadtstruktur, in: Raum und Siedlung, Heft 6/1968

284 Hauptgemeinschaft des Deutschen Einzelhandels, Köln,
a) Einzelhandel 1975–1985, Köln, 1972
b) Strukturpolitisches Sofortprogramm für den Einzelhandel, 1972

285 Bundesforschungsanstalt für Landeskunde und Raumordnung, Standortprobleme bei Verbrauchermärkten, Bonn, Heft 9/1976

286 Hotzan, J., Stadtplanung und Einzelhandel, in: Schriftenreihe der Bundesarbeitsgemeinschaft der Mittel- und Großbetriebe des Einzelhandels e.V. Köln, Mai 1976

287 Seifert, V., Neue Betriebsformen im Handel – muß der Staat eingreifen?, Hrsg.: Bundesverband der Selbstbedienungswarenhäuser, Bonn, 1977

288 Stockholms Handelskammare, Swedish Shopping Centres, Stockholm, 1965

289 Ladenzentren, Hamburger Schriften zum Bau-, Wohnungs- und Siedlungswesen, Heft 45, 1969

290 Zentrale Standorte – Flächen des Einzelhandels, Veröffentlichungen der Akademie für Raumforschung und Landesplanung, Deutscher Planungsatlas Bd. VIII: Hamburg, Hannover, 1973

291 Ordnungsplan Zentrale Standorte – Teilbereich Ladenflächen, Hrsg.: Freie und Hansestadt Hamburg, Baubehörde, o.J.

292 vgl. die entsprechende »Zentren«-Literatur der Städte, z.B.:
a) Haupt- und Nebenzentren Dortmund, Infas-Schlußbericht, Dortmund, 1970
b) Zentrenstudie Köln, Hrsg..: Arbeitskreis Gewerbliche Ansiedlung Köln, 1974
c) Rahmenmodell der innerstädtischen Raumordnung: Achsen-Zentren-Modell, Landeshauptstadt Saarbrücken, 1975

293 Arbeitshilfe 4, Räumliche Entwicklungsplanung, Heft 1: Verbrauchermarktansiedlung, Hrsg.: Deutsches Institut für Urbanistik, Berlin, 1976

294 Hillebrecht, R., Städtebau als Herausforderung, Ausgewählte Schriften und Vorträge, Hrsg.: Deutscher Städtetag, Köln, 1975

295 Diverse Schriften zum Nürnberg-Plan, insbesondere: Struktur und Entwicklung im Großraum Nürnberg-Fürth-Erlangen-Schwabach, Reihe E, Heft 8

296 wie [280; 295], Heft 16, 1978

297 ifas, Vergleichende City-Studie, Bonn, 1965

298 Stadtmitte Hannover, Beiträge zur Aufbauplanung der Innenstadt, Hrsg.: Aufbaugemeinschaft Hannover e.V., Hannover, 1949

299 Ludmann, H., Die City, Architektur-Wettbewerbe, Heft 43, Stuttgart, 1965

300 Die Innenstadt, DST-Beiträge zur Stadtentwicklung und zum Umweltschutz, Reihe E, Heft 14, Köln, 1986

301 Wasserzieher, E., Woher? Ableitendes Wörterbuch der deutschen Sprache, Dümmler, Bonn, 1959

302 Ein Dokument Deutscher Kunst 1901–1976 Darmstadt, fünfbändiger Katalog zur o.a. Gedächtnisausstellung unter dem Patronat des Internationalen Museumsrates (ICOM), Roether, Darmstadt, 1976

303 Koch, A., Selbstbiographie, in: Menz, G., Der deutsche Buchhandel in Selbstdarstellungen, Leipzig, 1925

304 Müller-Raemisch, H.-R., Stadtplanung in Frankfurt am Main, in: Bauen in Frankfurt am Main seit 1900, Kramer, Frankfurt am Main, 1977, Anmerkung: Lex Adickes A: GS 1907, S. 259

305 Benevolo, L., Geschichte der Architektur des 19. und 20. Jahrhunderts, Wissenschaftliche Reihe dtv, München, 1978

306 Behrens, P., und de Vries, H., Vom sparsamen Bauen – Ein Beitrag zur Siedlungsfrage, Bauwelt, Berlin, 1918

307 Gemeinnützige Baugenossenschaft Brackwede e.G., Erweiterter Geschäftsbericht zum 50-jährigen Bestehen am 17.5.1974, Bielefeld, 1974

308 Becker, R.O., Der Funke des Lebens – Elektrizität und Lebensenergie, Der Einfluß elektrischer Ströme und elektromagnetischer Felder auf den menschlichen Körper – die Chancen der Energiemedizin und die Gefahren der elektromagnetischen Umweltverschmutzung, Scherz, Bern, München, Wien, 1991

309 Semm, P., in: Nature, 228 (1980), S. 206, neben vielen anderen diesbezüglichen Forschungsergebnissen zitiert in [308]

310 Freiherr von Pohl, G., Erdstrahlen als Krankheitserreger – Forschungen auf Neuland, Huber, Diessen vor München, 1932 und 1985 Lebenskunde, Düsseldorf

311 Aschoff, D., UKW-Feldstärkemessungen über Patientenbetten, Paffrath, Remscheid, 1979

312 Mücke, M., Jasper, W., Biologisches Bauen, Vertiefungsarbeit am Lehrstuhl für Städtebau und Landesplanung der RWTH Aachen, o.J. (um 1980)

313 König, H.L., Unsichtbare Umwelt: Der Mensch im Spielfeld elektromagnetischer Kräfte, Selbstverlag, München, 41983, sowie ders., Betz, H.D., Erdstrahlen? Der Wünschelruten-Report – Wissenschaftlicher Untersuchungsbericht, München, 1989

314 Neufert, E., Bauentwurfslehre, Vieweg, Braunschweig und Wiesbaden, 321984

315 Kopp, J.A., Der Mensch im Wirkungsfeld der Bodenstrahlungen, Gesundes Bauen und Wohnen e.V., Bielefeld, o.J.

316 Hotzan, I.-M. und J., Geophysikalische Einflüsse und ganzheitliche Zahnheilkunde in ›Ganzheitliche Zahnheilkunde in der Praxis‹. Hrsg. Werner Becker, Balingen, Spitta Fachbuchreihe, 1994

317 ›Biologisches Wohnen möglich‹, in Westfalen-Blatt vom 7.5.1980, Lokalteil Bielefeld

318 Iblher, P., Hauptstadt oder Hauptstädte? Die Machtverteilung zwischen den Großstädten der BRD, Analysen Bd. 4, Opladen, 1970
319 Lourdes (Deutsch), Fêtes et Saisons, du Cerf, 1979, Verlags-Nr.: 6100
320 Deutschlands christliches Erbe. Hrsg.: Freundeskreis Maria Goretti, München, 1985
321 Höcht, J. M., Träger der Wundmale – eine Geschichte der Stigmatisierten, Christiana, Stein am Rhein, [4]1986
322 Jeanneret, C.-E., Les trois Etablissements, Kollektion des Ascoral, Denoel, Paris, 1944 (zitiert bei Carlo Cresti, Le Corbusier)
323 Pahl, J., Über narzißtische Entwicklungslinien während des Katathymen Bilderlebens, Aufsatz in: Katathymes Bilderleben, Hrsg. Hanscarl Leuner, Huber, Bern, Stuttgart, Wien, 1980
324 Wedepohl, E., Eumetria, Das Glück der Proportionen, Bacht, Essen, 1967; hier: S. 253 ff.
325 von Gerkan, M., Die Verantwortung des Architekten, DVA, Stuttgart, 1982; hier: Kompetenz für Ästhetik, S. 90 ff.
Der Begriff des »gebildeten Durchschnittslaien« ist nach einem Grundsatzurteil des Bundesverfassungsgerichtes vom 28. Juni 1955 zu Fragen der Stadtgestaltung zum terminus technicus für den rechtlich kaum zu fassenden Bereich des Geschmacksbeurteilers geworden; dieses Urteil schützt zwar vor Behördenwillkür, nicht jedoch vor Geschmackswillkür der privaten und öff. Bauherren.
326 Hotzan, J., Vorlesung über ›Stadtplanung und Städtebau‹ an der Universität Bielefeld, Fachbereich Soziologie, SS 1978–80:
In 7 Gruppen von Befragten zu je ca. 30 Personen wurde bei einer Rücklaufquote von 96 % eine sehr starke Sympathie- und Bedeutungsbelegung der natürlichen Zahlen insbes. von 0 bis 23 ermittelt. Einige der statistischen Auswertungen sind auf S. 188 dargestellt.
327 Leuner, H., Lehrbuch des Katathymen Bilderlebens. Huber, Bern, Stuttgart, Toronto, Korr. Nachdruck 1989
328 Rank, O., Sachs, H., Die Bedeutung der Psychoanalyse für die Geisteswissenschaften, Bergmann, Wiesbaden, 1913
329 Jones, E., Die Theorie der Symbolik, 1919, zitiert in [327/S. 390]
330 Busch, G., Wie die Engel Gottes, Verlag Abtei Michaelsberg, 1989
331 von Franz, M.-L., Zahl und Zeit – Psychologische Überlegungen zu einer Annäherung von Tiefenpsychologie und Physik, Stuttgart, 1970
332 Platon, wie [181], hier: Definitionen 414 E
334 Caterina von Siena, Gespräch von Gottes Vorsehung, Johannes Verlag, Einsiedeln, 1964; hier: S. 33–39
335 Bauten und Plätze in München, ein Architekturführer, Hrsg.: O. Hederer, Callwey, München, 1979
336 Rohracher, H., Einführung in die Psychologie, Urban & Schwarzenberg, Wien-München-Berlin, [10]1971
337 von Helmholtz, H., Physiologische Optik, 1854
338 Frieling, H., Mensch und Farbe, Kompaktwissen Nr. 3, Heyne, München, 1973
339 Zur Farbe im Stadtbild, Hrsg.: Deutsche Akademie für Städtebau und Landesplanung, Landesgruppe Bayern, 1978
340 Stimpe, R., Platz-Verweise, in Bauwelt, Heft 15, 1984
341 Schischkoff, G., Philosophisches Wörterbuch, Kröner, Stuttgart, 1978
342 Kevin Lynch, Das Bild der Stadt, Bauwelt Fundamente 16, Ullstein, Berlin-Frankfurt/M.-Wien, 1965
343 Gedanken zur Gestalt der Stadt, Mitteilungen der Deutschen Akademie für Städtebau und Landesplanung, 13. Jg., Sonderdruck 1969
344 Bakos, E., Friaul+Triest+Venetien, in der Reihe ›Richtig reisen‹ bei DuMont Buchverlag Köln, [4]1989
345 Schumacher, F., Lesebuch für Baumeister: Äußerungen über Architektur und Städtebau, Bauwelt Fundamente 49, Braunschweig, 1977
346 Die Architekturzeichnung, Vom barocken Idealplan zur Axonometrie, Katalog zur Ausstellung, hrsg. von W. Nerdinger unter Mitarbeit von F. Zimmermann, Prestel, München, 1986
347 Das neue Denkmalschutzgesetz, in: Beilage der Nachrichten 1–81, Hrsg.: Landschaftsverband Westfalen-Lippe, Münster
348 Rembold, J. C., Perspectiva Practica, Jeremias Wolff, Augsburg, 1710
349 Anmerkung, nach Kölner Stadtanzeiger Nr. 211 vom 11. 9. 1991: Am 10. 9. 1991 wurde der 181 m hohe, wegen seiner Seilnetzkonstruktion sehr formschöne Kühlturm des Thorium-Hochtemperatur-Reaktors Hamm-Uentrup gesprengt, obwohl das westfälische Amt für Denkmalschutz ihn für einen der »wichtigsten Beiträge deutscher Architekten und Ingenieure zur internationalen Architektur seit den 60er Jahren« hielt.
350-1 Verwaltungsverfahrensgesetz vom 25. 5. 1976 in der Fassung vom 12. 9. 1990, sowie
350-2 Verwaltungsgerichtsordnung vom 21. 1. 1960 in der Fassung vom 17. 12. 1990, sowie
350-3 Muster einer Rechtsbehelfsbelehrung, Rundschreiben des BMI vom 24. 3. 1960, in Beck-Texte im dtv, München, 1991
351 Bauzulassungsverordnung (BauZVO) vom 20. Juni 1990, GBl. der DDR 1990, S. 739
352 Gesetz über die Bauordnung (BauO) vom 20. Juli 1990, GBl. der DDR, 1990, S. 929. Hier: BauOst
353 Musterbauordnung für die Länder des Bundesgebietes einschl. des Landes Berlin vom 1. 1. 1960, Schriftenreihe des Bundesministers für Wohnungsbau, Bd. 16, Kommunal-Verlag, Recklinghausen, 1960
354 Einigungsvertrag vom 31. August 1990, Anlage I, Kapitel XIV (Geschäftsbereich des Bundesministers für Raumordnung, Bauwesen und Städtebau), BGBl. II S. 889, 1122; in Beck-Texte im dtv 5564, 1990
355 Gesetz zur Erleichterung des Wohnungsbaus im Planungs- und Baurecht sowie zur Änderung mietrechtlicher Vorschriften (WoBauErlG) vom 17. Mai 1990, BGBl. I S. 926, auch als ›MaßnahmenG zum BauGB‹ bezeichnet
356 BMBau, Gemeinsamer Einführungserlaß zum Baugesetzbuch vom Oktober 1990, abgedruckt in [358]
357 Cholewa/David/Dyong/von der Heide, Baugesetzbuch (BauGB) Beck, München, 1990
358 dies., Das Baugesetzbuch in den neuen Ländern, Beilage zu [357], Beck, München, 1991
359 Dieser Bauantrag lag in einer Großstadt in NW vor; die zusätzlich beantragte Teilbaugenehmigung für Erdarbeiten wurde zügig erteilt. Bild B auf S. 210 kann in unterschiedl. Bundesländern unterschiedl. Inhalte enthalten, z. B. in NW: ZustVAItG–Verordnung zur Regelung von Zuständigkeiten auf dem Gebiet des Arbeits-, Immissions- und technischen Gefahrenschutzes

360 Schutz, W., Froberg, G., Kommentar zum Bundesbaugesetz, Luchterhand, Neuwied a. Rh., Berlin, 1962

361 Hotzan, J., Über Demokratie und kommunale Planung, in: Raumplanungsseminar 1969, hrsg. von Wurzer, R., Schriftenreihe des Institutes für Städtebau, Raumplanung und Raumordnung der Technischen Hochschule Wien, Bd. 13

362 Erläuterungsbericht zum Flächennutzungsplan der Stadt Bielefeld in der Fassung der Beschlußfassung des Rates vom 23. November 1978; Anmerkung: die Anregungen und Bedenken wurden zu Gruppen zusammengefaßt; es ergaben sich rd. 400 Gruppen im Vorverfahren, rd. 600 bei der 1. Offenlegung, rd. 300 bei der 2. Offenlegung

363 Gerichtliche Bestätigung des Notleitungsrechts analog Notwegerecht; Landgericht Bielefeld, Az: 23 0 207/90; OLG Hamm, Az: 5 U 49/91

364 Preußisches Gesetz betreffend die Anlegung und Veränderung von Straßen und Plätzen in Städten und ländlichen Ortschaften vom 2. 7. 1875 (Pr.FluchtlinienG), zuletzt in der Fassung vom 30. 1. 1939 (RGBl. I S. 106)

365 Preußische Einheitsbauordnung vom 25. 4. 1919 (EBO)

366 Grundeigentum und bauliche Ordnung in der Preußischen Verwaltung, Deutsches Volksheimstättenwerk, Köln, 1955

367 BVerfG Karlsruhe, Rechtsgutachten über die Zuständigkeit des Bundes zum Erlaß eines Baugesetzes vom 16. 5. 1954, Bd. 3 der Entscheidungssammlung S. 407 ff.: – 2 BPvV 2/52 –

368 Böckenförde/Temme/Krebs, Musterbauordnung für die Länder der Bundesrepublik Deutschland, Fassung Mai 1990, Werner, Düsseldorf, 1990

369 Molodovsky, P., Bayrische Bauordnung mit Durchführungsvorschriften, Textausgabe, Verl. für Verwaltungspraxis Rehm, München, ^{6}1991

370 Rainer, R., Planungskonzept Wien, hrsg. vom Stadtbauamt Wien gemeinsam mit dem Institut für Städtebau an der Akademie der Bildenden Künste, Monographie Nr. 13, Verlags-Nr. 2342/7210/20, 62, Juni 1962

371 Bauordnung für Berlin (BauO Bln), Textausgabe, Bauverlag, Wiesbaden und Berlin, 1985

372 Bauvorlagenverordnung NW vom 30. 1. 1975

373 Erklärung des Deutschen Städtetages vom 18. 1. 1975

374 Verdingungsordnung für Bauleistungen (VOB) – Ausgabe 1990 – Vergabeverfahren in den neuen Bundesländern vom 26. 6. 1991 Honorarordnung für Architekten und Ingenieure (HOAI) vom 4. 3. 1991 Beck-Texte im dtv Nr. 5034, ^{12}1991

375 Grundgesetz mit Zwei-plus-Vier-Vertrag, Menschenrechtskonvention Beck-Texte im dtv Nr. 5003, ^{26}1990

376 Zinkahn/Bielenberg, Raumordnungsgesetz des Bundes, Schmidt, Berlin, 1965

377 Strafgesetzbuch (StGB) in der ab 1. 4. 1987 geltenden Fassung, Beck-Texte im dtv Nr. 5007

378 Einigungsvertrag vom 31. August 1990, Kap. III/Justiz, 6. Anl. II, Sachgebiet C: Abschnitt I, Nrn. 4 und 5, betreffend G über die Unterbrechung der Schwangerschaft vom 9. März 1972, Beck-Texte im dtv 5564, 1990, hier: S. 504

379 Raumordnungsbericht 1990 der Bundesregierung, Hrsg. Bundesministerium für Raumordnung, Bauwesen und Städtebau, Bonn, 9/90

380 Aktuell '92, Das Lexikon der Gegenwart, Harenberg Lexikon-Verlag, Dortmund, 1991

381 Auskunft des Statistischen Bundesamtes, Frankfurt/Main

382 ›Wir haben abgetrieben und bereut‹, Sendung des Gesundheitsmagazins Praxis des ZDF vom 5. 12. 1991

383 Amtenbrink, B., Heidenreich, W., Petersen, P., Schwangerschaftsabbruch als Konflikt für den ausführenden Arzt, 1991

384 Auskunft des Bundesministeriums für Gesundheit von 12/1991; die ›Daten des Gesundheitswesens‹, hrsg. vom BMGesundheit, erschienen in zweijährigen Abständen im Kohlhammer-Verlag, Stuttgart

385 Auskünfte: Deutsche AIDS-Hilfe e. V., Berlin HIV e. V., Berlin

386 Stadt Bochum, Amt für Statistik, Stadtforschung und Wahlen, Ausgewählte Strukturdaten, Heft 12: Bochumer Bevölkerungsprognosemodell 2/1974

387 wie [386], Heft 23, 9/1980

388 wie [386], Heft 28, 3/1986

389 wie [386], Sonderbericht 1/1991

390 Landesamt für Datenverarbeitung und Statistik NW (LDS), Bevölkerungsprognose 1990 bis 2005/2020, – Eingabewerte, 311.1912 –

391 Kohl, H., Regierungserklärung vom 5. Januar 1991

392 Raumordnungsbericht 1991 der Bundesregierung, Hrsg. Bundesministerium für Raumordnung, Bauwesen und Städtebau, Bonn, 9/91

393 Landtag Nordrhein-Westfalen, Bürokratismus in Sachen »Bauen«, Drucksachen 8/3199 vom 13. 4. 1978 sowie 8/3049 vom 1. 3. 1978

394 Raumordnungsverordnung, Verordnung zu § 6a des BROG ›7‹, u. a. veröffentlicht in [393/178]

395 Kiesinger, K., Regierungserklärung der Großen Koalition vom 13. 12. 1966

396 Naturdenkmale in Köln, Bezirk 1 – Innenstadt, Hrsg.: Stadt Köln, Der Oberstadtdirektor, Amt für Umweltschutz, Köln 1 – 1/8/80

397 Artikel 10 des G zur Verbesserung des Mietrechts und zur Begrenzung des Mietanstiegs sowie zur Regelung von Ingenieur- und Architektenleistungen vom 4. 11. 1971 ermächtigt die Bundesregierung, eine Honorarordnung für Leistungen der Ingenieure (§ 1) und Architekten (§ 2) zu erlassen. Darin werden Leistungen … bei der Vorbereitung, Planung und Durchführung von städtebaulichen und verkehrstechnischen Maßnahmen gesondert aufgeführt und die Kopplung von Grundstückskaufverträgen mit Ingenieur- und Architektenverträgen als unwirksam erklärt (§ 3). Dieser Art. 10≙Gesetz zur Regelung von Ingenieur- und Architektenleistungen vom 4. 11. 1971, BGBl. I S. 1749, geändert durch Einheitsvertrag vom 31. 8. 1990; enthalten in [374, S. 207 f.]. Auf dieser Rechtsgrundlage beruht die Honorarordnung für Architekten und Ingenieure (HOAI)

398 Verordnung über die Honorare für Leistungen der Architekten und Ingenieure in der Fassung vom 4. 3. 1991 (HOAI 91), BGBl. I S. 533; enthalten in [374, S. 209 ff.]

399 Gesetz über das Wohnungseigentum und das Dauerwohnrecht vom 15. 3. 1951 (WohnungseigentumsG), BGBl. I S. 401, hier mit den Änderungen bis einschließlich vom 30. 7. 1970, BGBl. I S. 910)

400 von le Fort/Peters/Popp, Menschliche Maßstäbe in Wohngebieten – Sichtung sozio-ökologischer Erhebungen auf ablesbare Planungskriterien für »Wohnen« – Umsetzung in eine problembezogene räumlich-bauliche Aussage, Hrsg. Bundesvereinigung Deutscher Heimstätten e. V., Bonn, 1976

401 Gorbatschow, M., vollständiger Text der Rede zu seinem Rücktritt, Süddeutsche Zeitung Nr. 297, 27. Dezember 1991
402 Daub, M., Bebauungsplanung: Theorie – Methode – Kritik, Kohlhammer, Stuttgart, Berlin, Köln, Mainz, 1971
403 Arbeitsbericht 1992 der Bodelschwinghschen Anstalten Bethel, Dankort, Postfach 130260, 4800 Bielefeld 13
404 12 gute Gründe für den Wettbewerb, Eine Information der Architektenkammer Nordrhein-Westfalen, 1973 AK BW
405 Unser Dorf soll schöner werden, wiederkehrender Leistungswettbewerb von Kommunen auf Länder- und Bundesebene, Ansprechpartner sind unterschiedliche Ministerien/Dienststellen der Länder
Anmerkung: dieser Wettbewerb entstand aus Eigeninitiative im Kreis Herzogtum Lauenburg unter dem Motto »Unser schönes Dorf« und hat sich zum beliebtesten Wettbewerb in der BRDtl. entwickelt
406 Großstadt und Lebensbewältigung, Seminar für Führungskräfte der Anstalt Sarepta in Bethel am 21./22.11. 1980; Leitung: Pastor W. Finger, Referenten: für die ev. Theologie: Prof. D. theol. Stählin, für die Psychiatrie: Prof. Dr. med. Ahlsen, für den Städtebau: Beigeordneter Dipl.-Ing. Hotzan
407 Seattle, Wir sind ein Teil der Erde, Walter, Olten, 1982
408 von Doderer, A., Den edlen Wilden gibt es nicht, Leserbrief zum Leserbrief von Dr. Witzmann in der Süddeutschen Zeitung vom 7./8. 7. 1982
409 Foto von Barbara Klemm in: Phil Bosmans, Liebe wirkt täglich Wunder, Herder, [8]1985
410 Sämtliche Schriften der hl. Teresa von Jesu (von Avila), Kösel, München, Kempten, 5. Band: Die Seelenburg (Originaltitel: Las Moradas del Castillo interior, 1577)
411 wie [410], 6. Band: Weg der Vollkommenheit (Originaltitel: Camino de Perfección, 1562–1565)

Bildnachweise

Bildnachweise im einzelnen in laufender Folge von Seite, Bild: Quelle:
S. 12 A, S. 22, 24, 26, 36 A–C: [12]; S. 32 A–B: [19]; S. 38 A: [23]; S. 40: [27]; S. 42: [26]; S. 44: [32]; S. 46 A: [28; 34]; S. 48: [36–40]; S. 50: [41]; S. 56: [46–57]; S. 58 C: [63]; S. 58 D: [62]; S. 58 E: [64]; S. 60 C: [68]; S. 64 A: [77]; S. 66: [82]; S. 86 A: [97]; S. 86 B: [98]; S. 92: [103–111]; S. 96 C: [121]; S. 102: [144–149]; S. 104 B–C: [156]; S. 106 C–D: [160–162]; S. 108: [163–169]; S. 110 A–C: [170]; S. 114 A: [178]; S. 114 B: [186]; S. 126 A–B: [204]; S. 128–132: [211]; S. 138: [230]; S. 142: [231–238]; S. 144: [239–242]; S. 148 A–D: [253]; S. 154: [265–267]; S. 162 A: [274]; S. 164 A: [283]; S. 172 A: [302]; S. 172 B: [304]; S. 172 C: [306]; S. 174 A: [307]; S. 186 B: [322]; S. 196 E–F: [335]; S. 198 B–F: [340]; S. 202 A: [344]; S. 236 B: [379]; S. 236 C: [381]; S. 236 D: [381, 385]; S. 238 A: [392]; S. 240: [386–390]; S. 242 A–C: [392]; S. 254 A: [409].

Die fachliche Kompetenz zur Erstellung dieses Buches erwarb sich der Autor nach Studium und wissenschaftlicher Arbeit an der TU Hannover durch seine Tätigkeit als Persönlicher Referent von Stadtbaurat Prof. Rudolf Hillebrecht und als langjähriger Beigeordneter für das Bauwesen der Stadt Bielefeld. Die Mitarbeit in der Verbandsversammlung des Verbandes Großraum Hannover und im Bauausschuß des Deutschen Städtetages auf Bundes- und Landesebene, die Teilnahme an zahlreichen Preisgerichten, Gesprächen über Planen und Bauen mit Kollegen und Bürgern brachten zusätzliche Anregungen, Erweiterung der Kenntnisse und damit die Grundlage für den vorliegenden Atlas zur Stadt. Die umfangreichen Erfahrungen im Bauwesen gab er zusätzlich in praxisbezogenen Seminaren an die Wirtschaft, vorzugsweise des Einzelhandels und der Industrie- und Handelskammern, in mehrjährigen Vorlesungen an der Universität Bielefeld, sowie in zahlreichen Vorträgen im In- und Ausland weiter, wodurch ihre Vertiefung gefördert wurde.
Stellvertretend für die Persönlichkeiten, denen der Autor, weil er von ihnen lernen konnte, zu Dank verpflichtet ist, seien genannt:
als Lehrer und Vorbild:
Prof. Walter Hensen, Hannover,
Prof. Rudolf Hillebrecht, Hannover,
Prof. Rudolf Wurzer, Wien,
als langjährige Berater »im Dienst«:
Dr.-Ing. Dieter Ebert, Hamburg,
Prof. Karlheinz Schächterle, Ulm,
Prof. Peter Zlonicky, Dortmund,
als anregende, persönliche Ratgeber:
Pastor Wolfgang Finger, Anstalt Sarepta in Bethel/Bielefeld,
Herr Andreas Prößdorf, Baden-Baden,
Dipl.-Arch. Hannes Zöllner, Cape Town,
als vorbildlich in guter Zusammenarbeit:
Dipl.-Arch. J. G. Hanke, Bielefeld,
Dipl.-Arch. H. C. Martin, Bielefeld,
Prof. Fritz Novotny, Offenbach.
Im Deutschen Taschenbuch Verlag waren es besonders Karl-Friedrich Schäfer sowie die Graphiker Florian Urich und Joachim Schreiber, die das Konzept des Buches druckreif umsetzten.
Der größte Dank gilt meiner Frau Inge-Marie für ihre Mitwirkung, ihre anregenden Hinweise und ihre sachdienliche, ja oft umwerfende Kritik zum Vorteil des hiermit vorgelegten Sachbuches.

Der Autor

Verzeichnis der Tabellen

Verzeichnis der Personennamen

Verzeichnis der Städte und geographischen Namen

Verzeichnis der Stichwörter